非常规能源地质前沿译丛
总主编 张金川

水溶气溶解度

根据温度、盐度及压力计算

（原著第二版）

Dissolved Gas Concentration in Water

Computation as Functions of Temperature, Salinity and Pressure

(SECOND EDITION)

［美］John Colt 著
张瑜 刘飏 黄璜 唐玄 译

·上海·

图书在版编目(CIP)数据

水溶气溶解度：根据温度、盐度及压力计算：原著第二版 /（美）柯尔特（John Colt）著；张瑜等译. —上海：华东理工大学出版社，2019.9

（非常规能源地质前沿译丛）

书名原文：Dissolved Gas Concentration in Water Computation as Functions of Temperature, Salinity and Pressure (Second Edition)

ISBN 978-7-5628-5683-2

Ⅰ. ①水… Ⅱ. ①柯… ②张… Ⅲ. ①溶解气体—溶解度—研究 Ⅳ. ①O354

中国版本图书馆 CIP 数据核字(2019)第 185218 号

内容提要

本书主要介绍气体溶解度，全书共分七大部分，包括主要大气气体在淡水中的溶解度、主要大气气体在海水中的溶解度、气体过饱和程度的计算及报告结果、惰性气体的溶解度、痕量气体的溶解度、气体在卤水中的溶解度、水的物理性质等。

本书可供从事从事非常规油气、海洋工程、湖泊工程及其他工程研究的政府、高校、研究机构的专业人员借鉴学习，也可作为高等院校非常规油气相关专业的参考用书。

著作权合同登记号：图字 09-2018-740 号

项目统筹 / 马夫娇

责任编辑 / 韩　婷

装帧设计 / 吴佳斐

出版发行 / 华东理工大学出版社有限公司

地址：上海市梅陇路 130 号，200237

电话：021-64250306

网址：www.ecustpress.cn

邮箱：zongbianban@ecustpress.cn

印　　刷 / 上海中华商务联合印刷有限公司

开　　本 / 710 mm×1000 mm　1/16

印　　张 / 23.5

字　　数 / 382 千字

版　　次 / 2019 年 9 月第 1 版

印　　次 / 2019 年 9 月第 1 次

定　　价 / 198.00 元

Dissolved Gas Concentration in Water: Computation as Functions of Temperature, Salinity and Pressure, second edition
John Colt
ISBN: 9780124159167

Authorized Chinese translation published by East China University of Science and Technology Press Co., Ltd.

《水溶气溶解度：根据温度、盐度及压力计算》（原著第二版）（张瑜，刘飚，黄璜，唐玄 译）
ISBN: 9787562856832

非常规能源地质前沿译丛

编 委 会

非常规能源地质前沿译丛

编 译 组

组　长：张金川

副组长：张　瑜　唐　玄　韩双彪　刘　飏

成　员（排名不分先后）：

刘　萱　龚　雪　王向华　雷　越　洪　剑　郑玉岩
陈世敬　谢皇长　刘　通　刘恒山　李　哲　黄　璜
苏泽昕　许龙飞　于晓菲　韩美玲　黄　颖　李兴起
Taisiia Shepidchenko　魏晓亮　李　沛　李　振
刘君兰　郭睿波　郎　岳　陶　佳　丁江辉

非常规能源地质前沿译丛

序

世界油气工业史是一部以非常规油气为基础，理论、方法和技术逐渐发展和完善，勘探、开发及利用不断推进和突破的综合性科学与技术发展史。如果说人类对石油和地热的利用已有3000年历史的话，那么真正有目的地勘探开发和规模性工业利用的时间也只有不足300年的历史。

现代油气工业发祥于非常规，从地面的油砂矿开采到第一口石油井的钻探成功，期间经历了百余年历史，随后进入了以常规油气勘探发现和大规模工业化应用为主导的油气工业化时代。以法国人（1735）开始开采油砂矿为标志，人类将石油和天然气作为能源加以利用的时代可追溯至18世纪早中期。至19世纪早中期，世界第一口页岩气井的成功钻探（美国，1821—1825）、第一座页岩油炼厂的建成（法国，1835）、第一口石油井的完钻（美国，1859），标志着石油天然气工业的起步和开始。特别是，油苗与背斜关系的发现（W. E. Logan，1842）和油气聚集背斜理论的提出（T. S. Hunt，1861），奠定了现代常规油气地质理论和勘探发现的基础，保证了随后大规模油气的不断发现。至19世纪中晚期，逐步形成了以石油为主线的能源开发与利用体系。

20世纪中后期逐渐开启了以常规为主、非常规占比逐渐加大的油气新时代。20世纪早中期，地质理论与地球物理技术、海洋油气技术完美结合，一大批油气田获得了发现，常规油气勘探开发走向了巅峰。以致密砂岩气（美国，1927）、稠油（美国，1934）、水溶气（日本，1948）、煤层气（美国，1953）、水合物（苏联，1971）等非常规油气的勘探发现和开发利用等事件为代表，20世纪在推高常规油气工业快速发展的同时，在以北美为代表的世界许多地区获得了非常规油气的不断发现和工业应用，非常规油气生产试验和勘探开发工作在20世纪中后期得到了爆发式的发展。几乎是在我们把主要精力都放在常规油气藏，争论中国油气资源能够维持多久、油气工业是朝阳产业还是夕阳产业、油气勘探方向在哪里、有没有非常规油气等问题的同时，以北美为代表的其他技术先进国家和地区已经在各种油气资源类型、油气勘探开发技术等方面取得了突破，完成了各种油气资源类型的开发利用，实现了常规与非常规油气资源类型同步快速发展、非常规油气资源占比逐渐增加的历史变革。可以说，20 世纪是新中国成立的时代，是我们不断奋进、努力拼搏、不断缩小与发达国家之间技术水平和能力差距的时代。我们曾经在陆相油气地质、火山岩油气地质以及复杂条件油气地质等方面取得过耀眼成绩的世界领先成果，但与美国相比，我们在多种类型非常规油气勘探开发领域一直处于跟进状态。

21 世纪的今天，油气开发利用正在朝向多元化方向发展，天然气发展模式已经正式开启。以页岩气为代表的非常规天然气逐渐担当了历史重任，常规与非常规油气百花齐放。石油和天然气是工业运行必不可少的血液，我国的石油与天然气产量长期面临着巨大压力。自 1993 年成为石油净进口国以来，我国油气消费需求量强劲上升，油气进口量不断增加，目前的石油和天然气对外依存度分别达到了 70% 和 45%，成为世界最大的石油进口国和天然气进口国。2000 年以来，各种类型非常规天然气勘探开发技术进一步成熟，煤层气、致密砂岩气、页岩气、水合物等多种类型非常规天然气逐渐形成自身体系并得到了蓬勃发展，相关的产业技术大踏步前进，我国的勘探开发相关技术迅速成熟。我国多地正同时开展非常规油气的勘探发现和探索评价工作，以页岩气为例，目前正在向海相深层页岩气、陆相页岩油气、海陆过渡相复杂岩性页岩气、叠合盆地多类型复杂页岩油气以及中小型盆地煤系地层页岩油气方向快速推进，有望在复杂地质背景的非常规油气勘探开发技术领域取得国际领先水平成果。

回顾历史，从柴薪、煤炭、石油到天然气，人类探索利用传统能源的历史和能力足迹可溯、历历在目，可谓可圈可点。环顾当下，从焦油、油砂、地热到水合物，人类开发利用地质能源的技术和能力日新月异、突飞猛进，可谓一日千里。展望未来，从水能、风能、核能到太阳能，人类拓展利用全新能源的水平和能力赫赫巍巍，跃然纸上，可谓蓝图如画。在现今能源需求正旺的特殊历史时期，非常规能源正以无限的能量传承历史、承载使命、光耀未来。如前所述，非常规能源包括了传统类型以外的油、气、水等新兴资源类型，也包括了 1913 年正式开始用于商业发电（意大利）的地热能。在该领域，中国正以极大的关注、全新的姿态和积极的努力开创一个崭新的能源利用新时代。

非常规能源仍将是未来一段时间内我国能源领域中需要大力发展的重点方向。结合我国油气地质条件及非常规油气勘探开发工作进展，我们以研究进展和产业发展为主线，跟踪选择了页岩油气、致密气、煤层气、水合物、水溶气、重油及焦油砂、油砂、地热等类型非常规能源丛书进行翻译，通过实例解剖，分别系统介绍其背景资料、方法原理、技术进展、形势对策等内容，以满足国内目前对非常规能源勘探开发工作的实际需要，为我国相关产业发展提供参考借鉴。

在丛书的翻译、审校及定稿过程中，译校人员在百忙之中抽出宝贵时间承担了不同的书稿工作并提出了宝贵的修改意见，致以由衷的谢意。由于丛书涉及内容较多，成稿时间仓促，加之水平有限，书中难免存在疏漏和不足，敬请读者不吝斧正。

二〇一九年八月·北京

引　言

foreword

在海洋工程、湖泊工程、渔业工程、水产养殖及其他工程领域中，都需要用到气体溶解度资料。在水产动物养殖领域中，保持适当的溶解氧浓度是一个主要的问题。低浓度的溶解氧会减缓养殖动物的生长速度、降低饲养效率、增加疾病率，从而导致养殖动物的大量死亡。在高度集约的养殖系统中，我们必须控制二氧化碳的积聚。由于自然条件和人为因素的影响，湖泊、溪流和海洋环境中，较低浓度的溶解氧也是一个问题。在特定条件下，过饱和溶解气体对水产动物也是致命的。过饱和溶解气体的影响取决于过饱和的程度、气体的成分，以及水产动物在水体中的位置。在海洋环境中，惰性气体过饱和的信息可用作物理和生物过程的示踪剂。

对溶解气体浓度的测量和控制，都取决于对平衡浓度的精准掌握。能够根据温度、盐度、压力及气体成分的变化对平衡浓度进行计算，就显得很有必要。本书主要分为七大部分：

（1）主要大气气体在淡水中的溶解度；

（2）主要大气气体在海水中的溶解度；

（3）气体过饱和程度的计算及结果报告；

（4）惰性气体的溶解度；

（5）痕量气体的溶解度；

（6）气体在卤水中的溶解度；

（7）水的物理性质。

精确的气体溶解度方程式具有复杂的计算关系。在一些领域中，这类计算关系是必需的。然而，在某些工程领域中，精度要求并不是很严格，可以应用简化的溶解度方程进行计算。

本书用方程和表格两种形式给出溶解度数据。有了这些数据信息，就可以计算纯气体、空气或混合气体的平衡浓度。在大多数情况下，我们不需要插补文字，每部分都有示例说明问题。

本书还提供了两个独立的运行程序，根据温度、盐度、压力及气体成分等变化来估算气体溶解度。第一个程序是 AIRSAT，是 Windows 系统下的可执行程序，用来计算标准空气溶解浓度，或者书中所指 11 种气体的空气溶解度。第二个程序是 ARBSAT，对任意摩尔分数的气体进行溶解度计算。这两个程序都可以从以下网址下载：http：//www. elsevierdirect. com/companion. jsp？ISBN = 9780124159167。

勘误表和更新文件也可以从上述网址中获得（如果有改进的溶解度信息出版，勘误表将被列出）。如果您有任何建议、问题或纠正，可以通过电子邮件联系：john. colt@ noaa. gov；johncolt@ halcyon. com。

气体溶解度及物理性质表

vii[1]

1. 溶解度（单位：μmol/kg 或 nmol/kg）

气　体	淡　水	海水（0~40 g/kg）	海水（33~37 g/kg）	卤水（0~225 g/kg）
O_2	1.2 {25}[2]	2.1 {78}	2.2 {79}	6.1 {216}，6.2 {217}
N_2	1.3 {26}	2.3 {80}	2.4 {81}	
Ar	1.4 {27}	2.5 {82}	2.6 {83}	
CO_2（2010 年）	1.5 {28}	2.7 {84}	2.8 {85}	6.3 {218}，6.4 {219}
CO_2（2030 年）	1.6 {29}	2.9 {87}	2.10 {88}	6.5 {220}，6.5 {211}
He	4.1 {182}	4.2 {183}		
Ne	4.5 {186}	4.6 {187}		
Kr	4.9 {190}	4.10 {191}		
Xe	4.13 {194}	4.14 {195}		
H_2	5.1 {201}	5.2 {202}		
CH_4	5.5 {205}	5.6 {206}		
N_2O	5.9 {209}	5.10 {210}		

2. 溶解度（单位：mg/L）

气　体	淡　水	海水（0~40 g/kg）	海水（33~37 g/kg）	卤水（0~225 g/kg）
O_2	1.9 {32}	2.11 {88}	2.12 {89}	6.7 {222}，6.8 {223}
N_2	1.10 {33}	2.13 {90}	2.14 {91}	
Ar	1.11 {34}	2.15 {92}	2.16 {93}	
CO_2（2010 年）	1.12 {35}	2.17 {94}	2.18 {95}	6.9 {224}，6.10 {225}
CO_2（2030 年）	1.13 {36}	2.19 {96}	2.20 {97}	6.11 {226}，6.12 {227}

① 本书的边栏数字为原著页码，书中的索引页码与此对应。

② 本书 {×} 表示原书第“×”页。

viii

3. 溶解度（单位：mL/L）

气　体	淡　水	海水（0~40 g/kg）	海水（33~37 g/kg）	卤水（0~225 g/kg）
O_2	1.14 {37}			
N_2	1.15 {38}			
Ar	1.16 {39}			
CO_2（2010 年）	1.17 {40}			
CO_2（2030 年）	1.18 {41}			

4. 气体张力［单位：mmHg①/（mg/L）］

气　体	淡　水	海水（0~40 g/kg）	海水（33~37 g/kg）	卤水（0~225 g/kg）
O_2	1.44 {67}	2.45 {122}	2.46 {123}	
N_2	1.45 {68}	2.47 {124}	2.48 {125}	
Ar	1.46 {69}	2.49 {126}	2.50 {127}	
N_2+Ar	1.47 {70}	2.51 {128}	2.52 {129}	
CO_2	1.48 {71}	2.53 {130}	2.54 {131}	

5. 本森系数［单位：L/（L/atm②）］

气　体	淡　水	海水（0~40 g/kg）	海水（33~37 g/kg）	卤水（0~225 g/kg）
O_2	1.32 {55}	2.25 {102}	2.26 {103}	6.13 {228}，6.14 {229}
N_2	1.33 {56}	2.27 {104}	2.28 {105}	
N_2+Ar	3.3 {153}	3.4 {154}	3.5 {155}	
Ar	1.34 {57}	2.29 {106}	2.30 {107}	
CO_2	1.35 {58}	2.31 {108}	2.32 {109}	6.15 {230}，6.16 {231}
He	4.3 {184}	4.4 {185}		
Ne	4.7 {188}	4.8 {189}		
Kr	4.11 {192}	4.12 {193}		
Xe	4.15 {196}	4.16 {197}		

① 1 mmHg = 0.133 kPa。

② 1 atm = 101.325 kPa = 760 mmHg。

续 表

气体	淡水	海水（0~40 g/kg）	海水（33~37 g/kg）	卤水（0~225 g/kg）
H_2	5.3 {203}	5.4 {204}		
CH_4	5.7 {207}	5.8 {208}		
N_2O	5.11 {211}	5.12 {212}		

ix

6. 本森系数［单位：L/（L·mmHg）］

气体	淡水	海水（0~40 g/kg）	海水（33~37 g/kg）	卤水（0~225 g/kg）
O_2	1.36 {59}	2.33 {110}	2.34 {111}	
N_2	1.37 {60}	2.35 {112}	2.36 {113}	
Ar	1.38 {61}	2.37 {114}	2.38 {115}	
CO_2	1.39 {62}	2.39 {116}	2.40 {117}	

7. 本森系数［单位：L/（L·kPa）］

气体	淡水	海水（0~40 g/kg）	海水（33~37 g/kg）	卤水（0~225 g/kg）
O_2	1.40 {63}			
N_2	1.41 {64}			
Ar	1.42 {65}			
CO_2	1.43 {66}			

8. 物理性质

参数	淡水	海水（0~40 g/kg）	海水（33~37 g/kg）	卤水（0~225 g/kg）
密度	7.1 {238}	7.2 {239}	7.3 {240}	6.19 {234}，6.20 {235}
相对密度				
kN/m^3		7.4 {241}		
mmHg/m	1.29 {52}	2.43 {120}		
kPa/m	1.30 {53}	2.44 {121}		

续　表

参　数	淡　水	海水（0~40 g/kg）	海水（33~37 g/kg）	卤水（0~225 g/kg）
蒸气压				
mmHg	1.21 {44}	2.41 {118}， 7.5 {242}		6.17 {231}， 6.18 {233}
kPa	1.22 {45}	2.42 {119}		
大气	1.23 {46}			
psi①	1.24 {47}			
热能		7.6 {243}		
黏度		7.7 {244}		
运动黏度		7.8 {245}		
表面张力		7.9 {246}		
蒸发热	7.10 {247}			

① 1磅力/平方英寸（psi）= 6 894.757 帕斯卡（Pa）。

实 例 索 引

① 页码为原著页码。

续 表

表页索引

① 页码为原著页码。

续 表

目 录

contents

第1章　淡水中大气气体的溶解度

1.1　气体溶解度的一般关系式

本书中气体的溶解度将根据以下参数进行介绍。

$c_o^{\dagger}$或c_o^{*}：标准空气饱和度。它是1个标准大气压（1 atm）下湿空气的饱和度。上标“†”和“*”分别是以质量（kg）和体积（L或dm^3）为单位表示的浓度（Benson，Krause，1984）。

$c_p^{\dagger}$或c_o^{*}：空气饱和度。它是p atm总压下湿空气的饱和度。

$c_{p,x}^{\dagger}$或$c_{p,x}^{*}$：饱和度。它是p atm总压下目标湿气体的饱和度，其中目标气体的摩尔分数为χ。

β：本森（Benson）系数。它是气体的分压（或逸度）为1 atm时，单位体积液体所吸收的SPT（标准状态，即压力=1 atm，温度=0℃）下气体的体积，气体体积可以用理想气体或真实气体来表示。

根据本森（Benson）和克洛斯（Krause）的定义（1984），标准空气饱和度和空气饱和度分别等于“单位标准大气浓度”（USAC）和“标准大气浓度”（SAC）。对于常规使用浓度而言，这些定义有点冗长，且不表示这就是饱和度。

$c_o^{\dagger}$，c_o^{*}，$c_p^{\dagger}$或c_p^{*}是基于以下假设：气体中包含空气［氧气占20.946%，氮气占78.084%，氩气占0.934%和二氧化碳占0.039 0%（2010年）］，并且空气水蒸气饱和（相对湿度=100）。在空气-水界面附近，气体发生转移，相对湿度假定为100%。大气中二氧化碳的浓度不断发生变化，因此计算大气溶解度需要一种特殊的方法。大气中二氧化碳的变化对其他主要大气气体的组成基本上没有影响。

根据气体的溶解程度（即易溶的、不易溶的及难溶的）来介绍气体是很常见的，但是，这种分类没有统一的分配标准。一般来说，分类取决于所要研究的是哪些气体。根据本森系数 β [mL/(L·atm)] 和 $c_o^\dagger$ (nmol/kg)，本书对温度为 20℃，盐度为 35 g/kg 条件下气体溶解度的概述如下。

2

气　　体	β/ [mL/(L·atm)]	$c_o^\dagger$/(nmol/kg)
(O_2)	25. 28	225 540
氮气 (N_2)	12. 63	419 773
氩气 (Ar)	27. 84	11 075
二氧化碳 (CO_2)	739. 50	12 311
氦气 (He)	7. 46	2
氖气 (Ne)	8. 83	7
氪气 (Kr)	50. 23	2
氙气 (Xe)	86. 51	0. 3
氢气 (H_2)	15. 38	0. 4
甲烷 (CH_4)	27. 87	2
一氧化二氮 (N_2O)	532. 80	7

β 值是纯气体的溶解度的大小，通常用 [L/(L·atm)] 来表示。在该表中，β 乘以 1 000，单位为 [mL/(L·atm)]，这个单位可以充分表示气体全部溶解度的范围。在本书中，二氧化碳、一氧化二氮和氙气是最易溶解的气体，氦气和氖气是最难溶的纯气体。$c_o^\dagger$是单一气体与湿空气处于平衡状态时的溶解度，这取决于纯气体的溶解度和大气中气体的摩尔分数。$c_o^\dagger$与每千克水的气体分子数成正比。需要注意的是，尽管纯氧气的可溶性是纯氮气的两倍，但氮气的空气溶解度是氧气的两倍。虽然纯氙气的溶解度在所研究的气体中排第三高，但它的空气溶解度是最低的，因为在大气中它的摩尔分数 (0. 000 000 09 atm 或 0. 09 μatm) 极其低。

气体的溶解度随温度（图 1. 1）和盐度（图 1. 2）的增加而降低。温度的影响是非线性的，尤其对稀有气体（氖气、氪气、氦气和氙气）来说，这是它们所特有的。

本书中使用的气体的空气溶解度的“主要单位”是 μmol/kg 或 nmol/kg。这与海洋作业要求的最高精度是一致的。因为在没有相关温度和盐度数据的情况下，提供溶液体积计算报告时会带来很大的不确定性，所以如果浓度表示的是单位质量溶液的浓度，就不会产生混淆（Mortimer，1981）。

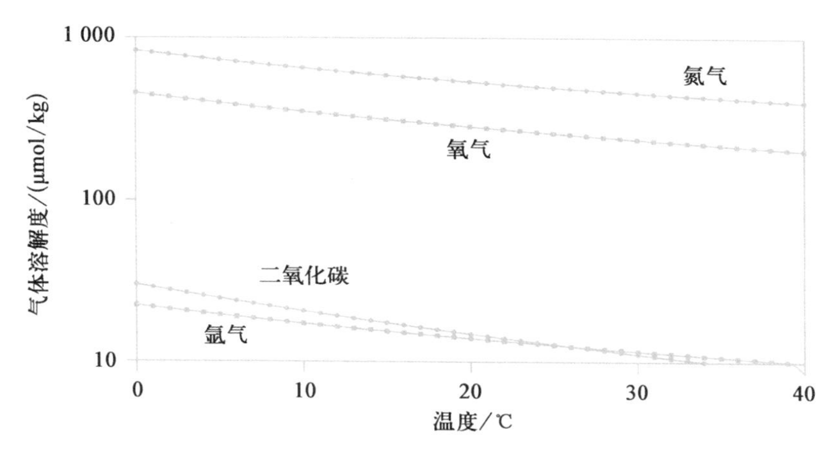

图 1.1　温度对主要大气气体溶解度的影响（淡水）

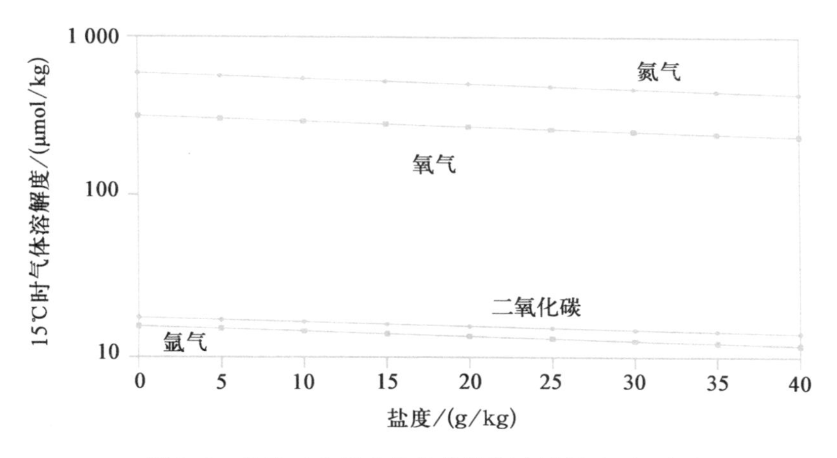

图 1.2　盐度对主要大气气体溶解度的影响（15℃）

清楚地区分原始溶解度方程和原始数据拟合方程也是十分必要的。通常，原始溶解度方程非常复杂且计算量很大，因此，许多人将随温度和盐度变化的原始数据，拟合成更简单的方程，用于常规作业。

在本书中，依据 μmol/kg 或 nmol/kg 的原始溶解度方程，来计算 $c_o^{\dagger}$。书中介绍的所有其他溶解度数据都是建立在这一数据及合理换算的基础上。以单位容积（c_o^*）表示溶解度信息时，它是基于 $c_o^{\dagger}$ 和水的密度，而不是基于 c_o^* 的一个单独表达式。与使用单独的表达式或方程对原始数据进行拟合相比，这可能会在表值中产生细微差别。拟合溶解度方程式可用于计算机程序，但应明确规定所使用的关系的基础。匹配原始溶解度方程中使用的内容

3

需要几个不同的水蒸气气压方程。虽然气体溶解度的“主要单位”是 μmol/kg 或 nmol/kg，但是它们在许多领域中并不常用，而更常用的单位是 mg/L 和 $mL_{真实气体}$/L，不太常用的单位是 $mL_{理想气体}$/L 或 μg-atom/L。按体积计算的浓度与质量的关系如下：

$$c^* = \rho c^\dagger \tag{1.1}$$

4 式中 c^*——浓度，μmol/L 或 nmol/L；

ρ——水的密度，kg/L；

$c^\dagger$——浓度，μmol/kg 或 nmol/kg。

表 1.1 给出了摩尔/质量和摩尔/体积以及其他替代单位之间的换算。当用 mL 或 L 表示溶解度时，它是 STP 下真实气体或理想气体的假想体积，并不表示溶液中气体的实际体积，这一点很重要。

5 在一般的海洋作业中，压力单位通常是标准大气压（760 mmHg，101. 325 kPa）。虽然毫米汞柱单位不是国际单位制（SI）单位，但是它们适用于总气体过饱和与生理学的研究。本书在附录 D 中介绍了不同压力单位之间的换算。海洋中的静水压大约每深 10 m，压力就增加 1 bar①。因此，以分巴②表示的压力约等于以米表示的水深。在海洋作业中，用分巴表示压力指的是静水压力，水面的压力为零分巴（Lewis，Wallace，1998）。

水蒸气气压用多种单位表示，以便换算为 SI 单位。用常规的单位升和毫升代替 SI 中的单位 dm^3 或 cm^3，水的密度可以用 kg/m^3 或 kg/L 表示。大多数表中所表示的温度为 0~40℃，盐度为 0~40 g/kg。如果原始数据不在该范围内，这些数据用阴影表示，意味着它们是推测的数据。要谨慎使用这些推测的数据，因为其精准度尚不明确。

本书中的表值是由 32 位微软 Windows 计算机上的 Absoft FORTRAN 编译器生成的。将这些结果与计算器计算出来的结果进行比较发现，由于计算机中使用了更多的数字，最后一位数字有差异。这些小数点后 5 位或 6 位的差异并不显著。本书用来描述气体溶解度方程式的详细内容在附录 A 中展示，附录 B 中描述了水的物理性质。本书计算机程序的一般资料载于附录 C，这些程序可从以下网址下载：http：//www. elsevierdirect. com/

① 1 巴（bar）= 100 千帕（kPa）= 100 000 帕斯卡（Pa）。

② 1 分巴（dbar）= 10 000 帕斯卡（Pa）。

companion. jsp? ISBN = 9780124159167。附录 D 中介绍了气体的性质、主要符号、单位及换算。

表 1.1　气体浓度换算为替代单位

单位质量的浓度[a]						
气体	基础单位	换算为替代单位，乘以 $c_o^\dagger$ 或 c^*				
	$c_o^\dagger$ 或 c^*	mg/kg	$mL_{真实气体}$/kg	$mL_{理想气体}$/kg	μg-atom/kg
O_2	μmol/kg	31.998×10^{-3}	22.392×10^{-3}	22.414×10^{-3}	2.000
N_2	μmol/kg	28.014×10^{-3}	22.404×10^{-3}	22.414×10^{-3}	2.000
Ar	μmol/kg	39.948×10^{-3}	22.393×10^{-3}	22.414×10^{-3}	—
CO_2	μmol/kg	44.009×10^{-3}	22.263×10^{-3}	22.414×10^{-3}	—
He	nmol/kg	4.0026×10^{-6}	22.426×10^{-6}	22.414×10^{-6}	—
Ne	nmol/kg	20.180×10^{-6}	22.424×10^{-6}	22.414×10^{-6}	—
Kr	nmol/kg	83.800×10^{-6}	22.351×10^{-6}	22.414×10^{-6}	—
Xe	nmol/kg	131.29×10^{-6}	22.260×10^{-6}	22.414×10^{-6}	—
H_2	nmol/kg	2.0158×10^{-6}	22.428×10^{-6}	22.414×10^{-6}	—
CH_4	nmol/kg	16.043×10^{-6}	22.360×10^{-6}	22.414×10^{-6}	—
N_2O	nmol/kg	44.013×10^{-6}	22.243×10^{-6}	22.414×10^{-6}	—
单位体积的浓度[a]					
气体	基础单位	换算为替代单位，乘以 $c_o^\dagger$ 或 c^*			
	$c_o^\dagger$ 或 c^*	mg/L	$mL_{真实气体}$/L	$mL_{理想气体}$/L	μg-atom/L
O_2	μmol/kg	$\rho31.999\times10^{-3}$	$\rho22.392\times10^{-3}$	$\rho22.414\times10^{-3}$	2.000
N_2	μmol/kg	$\rho28.013\times10^{-3}$	$\rho22.404\times10^{-3}$	$\rho22.414\times10^{-3}$	2.000
Ar	μmol/kg	$\rho39.948\times10^{-3}$	$\rho22.393\times10^{-3}$	$\rho22.414\times10^{-3}$	—
CO_2	μmol/kg	$\rho44.010\times10^{-3}$	$\rho22.263\times10^{-3}$	$\rho22.414\times10^{-3}$	—
He	nmol/kg	$\rho4.0026\times10^{-6}$	$\rho22.426\times10^{-6}$	$\rho22.414\times10^{-6}$	—
Ne	nmol/kg	$\rho20.180\times10^{-6}$	$\rho22.424\times10^{-6}$	$\rho22.414\times10^{-6}$	—
Kr	nmol/kg	$\rho83.800\times10^{-6}$	$\rho22.351\times10^{-6}$	$\rho22.414\times10^{-6}$	—
Xe	nmol/kg	$\rho131.29\times10^{-6}$	$\rho22.260\times10^{-6}$	$\rho22.414\times10^{-6}$	—
H_2	nmol/kg	$\rho2.0158\times10^{-6}$	$\rho22.428\times10^{-6}$	$\rho22.414\times10^{-6}$	—
CH_4	nmol/kg	$\rho16.043\times10^{-6}$	$\rho22.360\times10^{-6}$	$\rho22.414\times10^{-6}$	—
N_2O	nmol/kg	$\rho44.013\times10^{-6}$	$\rho22.243\times10^{-6}$	$\rho22.414\times10^{-6}$	—

阴影部分表明本书介绍了这些气体的列表数据。注：1 mL = 1 cm^3；1 L = dm^3。[a] $c_o^* = \rho c_o^\dagger$ 或 $c_o^\dagger = c_o^*/\rho$。式中，ρ 为水的密度，kg/L 或（kg/m^3）/

1 000。水的密度取决于温度和盐度（见表7. 1~7. 3）。

各种主要大气气体溶解度在约1 atm总压力下的最大不确定性是：

在四种主要的大气气体中，二氧化碳的溶解性比其他三种气体的要高很多倍。它与近似条件下的理想气体不同，而和测量其溶解度的准确度相比大些（Weiss，1974）。淡水和海水中二氧化碳的方程式对于高达10 atm的总压力是有效的，但是较高的压力则要求使用更复杂的状态方程（Weiss，1974）。

对于工程和养殖应用来说，精度达到1%~2%就足够了，且大气气体可

6

以作为理想气体处理，大大降低了计算的复杂度。在这些应用中，尤其是淡水情况，μmol/kg和μmol/L之间与mg/kg和mg/L之间的差异很小，基本可以忽略。

1.2 淡水中标准空气的溶解度（$c_o^\dagger$，μmol/kg）

标准状况下，淡水中主要大气气体的溶解度（$c_o^\dagger$，μmol/kg）如下表所示：

表	气体	表	气体
1.2	氧气	1.5	二氧化碳（2010年）
1.3	氮气	1.6	二氧化碳（2030年）
1.4	氩气		

二氧化碳的浓度是根据假定的摩尔分数390 μatm（2010年）和440 μatm（2030年）确立的。下面的章节中将描述一种单一的方法，计算二氧化碳气体随摩尔分数变化的标准空气溶解度。

例1-1

将温度为30. 3℃时标准空气下氧气的溶解度从单位μmol/kg，换算为mg/L，$mL_{真实气体}$/L，$mL_{理想气体}$/L和μg-atom/L。所使用的水的密度（表7. 1）和换算系数如表1. 1所示。

参数	值	来源
$c_o^\dagger$（30. 3℃）	236. 05 μmol/kg	表1. 2
ρ（30. 3℃）	0. 995 560 kg/L	表7. 1

续　表

参　数	值	来　源
μmol/L ⟶ mg/L	31.998×10^{-3}	表 1.1
μmol/L ⟶ $mL_{真实气体}$/L	22.392×10^{-3}	表 1.1
μmol/L ⟶ $mL_{理想气体}$/L	22.414×10^{-3}	表 1.1
μmol/L ⟶ μg-atom/L	2.000	表 1.1

首先，要把 $c_o^{\dagger}$ 转换为 c_o^*：

$$c_o^* = \rho_w c_o^{\dagger}$$

$$c_o^* = (0.995\,560\ \text{kg/L})(236.05\ \mu\text{mol/kg})$$

$$c_o^* = 235.002\ \mu\text{mol/L}$$

$$c_o^*(\text{mg/L}) = (235.002)(31.998\times10^{-3}) = 7.52\ \text{mg/L}$$

$$c_o^*(\text{mL}_{真实气体}/\text{L}) = (235.002)(22.392\times10^{-3}) = 5.26\ \text{mL}_{真实气体}/\text{L}$$

$$c_o^*(\text{mL}_{理想气体}/\text{L}) = (235.002)(22.414\times10^{-3}) = 5.27\ \text{mL}_{真实气体}/\text{L}$$

$$c_o^*(\mu\text{g-atom/L}) = (235.002)(2.000) = 470.004\ \mu\text{g-atom/L}$$

例 1－2

在温度为 14.1℃和 38.9℃的淡水条件下，计算四种主要大气气体在标准空气下的溶解度，单位分别是 μmol/kg、mg/L、$mL_{真实气体}$/L。具体数据参考表 1.2~1.5，表 1.9~1.12 和表 1.14~1.17，及大气中的二氧化碳（2010 年）。

单位：μmol/kg

气　体	14.1℃	38.9℃	来　源
O_2	321.61	205.44	表 1.2
N_2	600.08	405.64	表 1.3
Ar	15.744	10.109	表 1.4
CO_2	17.927	8.855	表 1.5
总计	955.361	630.044	

单位：mg/L

气　体	14.1℃	38.9℃	来　源
O_2	10.283	6.525	表 1.9
N_2	16.798	11.280	表 1.10
Ar	0.628 4	0.400 9	表 1.11
CO_2	0.788 3	0.386 8	表 1.12
总计	28.497 7	18.593	

单位：$mL_{真实气体}$/L

气　体	14.1℃	38.9℃	来　源
O_2	7.196	4.566	表 1.14
N_2	13.434	9.021	表 1.15
Ar	0.352 3	0.224 7	表 1.16
CO_2	0.398 8	0.195 7	表 1.17
总计	21.381	14.007	

8

1.3　计算标准空气下任意摩尔分数二氧化碳在淡水中的溶解度

韦斯（Weiss）和普赖斯（Price）（1980）提出了一种根据大气中二氧化碳的摩尔分数（χ_{CO_2}）来计算标准空气中二氧化碳溶解度的方法：

$$c_o^{\dagger} = F^{\dagger}\chi_{CO_2} \tag{1.2}$$

$$c_o^{*} = F^{*}\chi_{CO_2} \tag{1.3}$$

对于淡水环境来说，$F^{\dagger}$ 和 F^{*} 的值只取决于温度，分别列于表 1.7 与表 1.8。依据式（1.2）和式（1.3）及表 1.7 和表 1.8，任意摩尔分数可以用于计算二氧化碳标准空气下的溶解度。这种方法仅限于 $\chi_{CO_2} \ll 1$ 的条件。计算 χ_{CO_2} 值较大的条件下二氧化碳的溶解度，将在后面的章节中依据本森系数（β）来介绍。

由于化石燃料的燃烧和土地利用的变化（IPCC，2007），大气中二氧化碳的摩尔分数正在增加（图 1.3）。植物对二氧化碳的吸收，其长期的增加造成了季节性的变化。关于大气二氧化碳的较全的数据信息来自夏威夷群岛的莫纳罗亚。二氧化碳的当前数据和历史数据资料均可以在以下网址找到：

ftp：//ftp. cmdl. noaa. gov/ccg/co2/trends/co2_annmean_mlo. txt（二氧化碳年度数据）

ftp：//ftp. cmdl. noaa. gov/ccg/co2/trends/co2_mm_mlo. txt（二氧化碳月份数据）

http：//www. esrl. noaa. gov/gmd/ccgg/about/co2_measurements. html（二氧化碳测量数据）

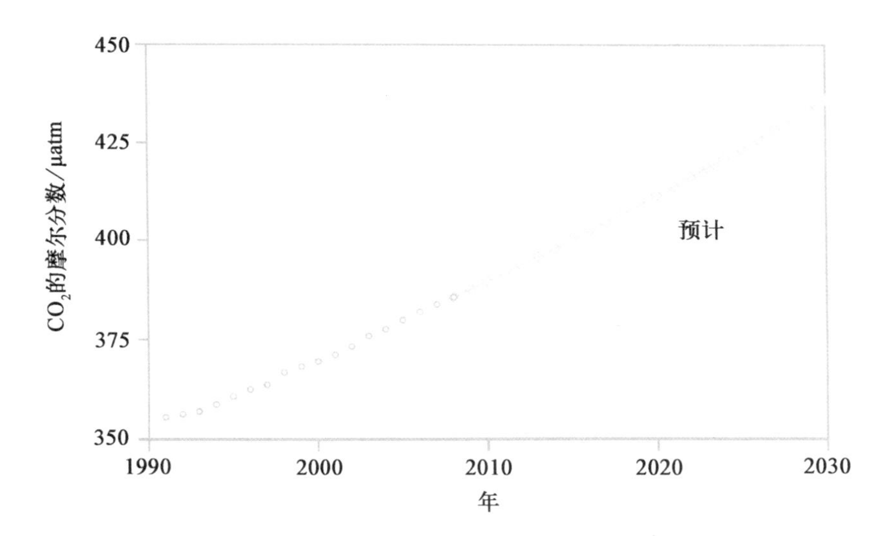

图 1.3　夏威夷莫纳罗亚二氧化碳的摩尔分数的变化

图 1.3 是以上述网址的年度数据为基础的。这些数据拟合成简单的二阶多项式方程，用于预测 2008—2030 年的二氧化碳浓度：

9

年	μatm	年	μatm	年	μatm
1991	355. 54	1995	360. 71	1999	368. 16
1992	356. 29	1996	362. 41	2000	369. 45
1993	356. 97	1997	363. 53	2001	371. 12
1994	358. 69	1998	366. 64	2002	373. 24

续 表

年	μatm	年	μatm	年	μatm
2003	375.88	2013	396.0	2023	418.8
2004	377.60	2014	398.2	2024	421.2
2005	379.87	2015	400.4	2025	423.6
2006	381.89	2016	402.6	2026	426.1
2007	383.79	2017	404.8	2027	428.5
2008	385.6	2018	407.1	2028	431.1
2009	387.6	2019	409.4	2029	433.6
2010	389.7	2020	411.7	2030	436.1
2011	391.8	2021	414.0		
2012	393.9	2022	416.4		

上述预测可以用来粗略估计未来的χ_{CO_2}和溶解度［式（1.2）和式（1.3）］。由于二氧化碳排放率在未来很不确定，所以，从之前列出的网站或依据当地χ_{CO_2}值，可以获得更准确的估算值。

例 1－3

分别计算 2010 年、2020 年及 2030 年，在温度为 11.5℃和 21.9℃时淡水中二氧化碳在标准空气下的溶解度（μmol/kg）。使用上表和式（1.2）所显示的摩尔分数数据，并与表 1.6 中 2030 年的数据进行比较。

（1）χ_{CO_2}

年 份	μatm	年 份	μatm	年 份	μatm
2010	389.7	2020	411.7	2030	436.1

气体	11.5℃	21.9℃
$F_o^{\dagger}$	5.0154×10^{-2}	3.6009×10^{-2}

根据式（1.2），得

$$c_o^{\dagger} = F^{\dagger}\chi_{CO_2}$$

2010 年，温度为 11.5℃时，$\chi_{CO_2} = 389.7 \times 10^{-6}$， $F^{\dagger} = 5.0153 \times 10^{-2}$ mol/(kg · atm)

$$c_o^{\dagger} = (5.0154 \times 10^{-2})(389.7 \times 10^{-6})(10^6\ \mu mol/mol) = 19.5450\ \mu mol/kg$$

（2）μmol/kg

年	11.5℃	21.9℃	来　源
2010	19.545	14.033	式 1.1
2020	20.648	14.825	式 1.1
2030	21.872	15.704	式 1.1

将这些结果与表 1.6 中的数值进行比较：

来　源	11.5℃	21.9℃
表 1.6	22.068	15.844
以上	21.872	15.704

表 1.6 的数值略大，因为它们的依据是 $\chi_{CO_2}=440$ 而不是上面使用的 $\chi_{CO_2}=436.1$。

1.4　常用单位表示标准空气下气体在淡水中的溶解度（c_o^*）

11

常用单位表示的主要大气气体标准空气下在淡水中的溶解度（c_o^*），如下表所示：

气　体	mg/L	mL$_{真实气体}$（STP）/L
	表	表
O_2	1.9	1.14
N_2	1.10	1.15
Ar	1.11	1.16
CO_2（2010 年）	1.12	1.17
CO_2（2030 年）	1.13	1.18

二氧化碳浓度基于假定的2010年摩尔分数为390 μatm和2030年摩尔分数为440 μatm。其他单位的换算系数在表1.1中已有介绍。莫蒂默（Mortimer）（1981）提出了各种单位之间换算的有效关系。

1.5 计算淡水中空气饱和度（$c_p^{\dagger}$或c_p^{*}）

虽然可以根据原始方程计算$c_p^{\dagger}$或c_p^{*}，但较为方便的情况是根据标准空气下的溶解度和基于当地大气压力的压力调整系数开发一个程序。本森（Benson）和克洛斯（Krause）（1984）提出了有关氧气的方程式，如下所示：

$$c_p = c_o BP\left[\frac{(1 - p_{wv}/BP)(1 - \theta_o BP)}{(1 - p_{wv})(1 - \theta_o)}\right] \tag{1.4}$$

式中 c_p——空气溶解度（依据质量或体积）；

c_o——标准空气溶解度（基于质量或体积）；

BP——当地大气压，atm；

p_{wv}——水蒸气气压，atm；

θ_o——取决于氧气的第二维里系数，atm。

这个方程可用于基于质量或体积的单位，也可用于标准单位或替代单位。c_p的单位与c_o的单位相对应，因为式（1.4）中BP[ ]的单位是无维量单位（Dimensionless）。式（1.4）已被标准方法（2005）和莫蒂默（1981）采用。

12

对于理想气体来说，$\theta_o = 0$，式（1.4）可以推出下述方程：

$$c_p = c_o\left[\frac{(BP - p_{wv})}{(1 - p_{wv})}\right] \tag{1.5}$$

用这个方程计算基于标准状况下空气饱和度和当地大气压下空气饱和度较为普遍（Hutchinson，1957）。式（1.5）中分母中1的值等于大气压中的压力测量值1。实际上，它是标准大气压p，例如，用kPa表示压力测量值，这个方程可以改写为

$$c_p = c_o\left[\frac{(BP - p_{wv})}{(101.325\ \text{kPa} - p_{wv})}\right] \tag{1.6}$$

其中，BP 和 p_{wv} 必须用 kPa 表示。

例 1-4

如果大气压力从 760 mmHg 降到 456 mmHg（温度为 13℃，淡水，2010 年），计算主要大气气体饱和度的下降辐度（减少量）。使用表 1.20、式（1.5）计算氧气的饱和度（大气压力 = 456 mmHg，温度 = 13.0℃，淡水，2010 年），并与之前的计算值进行比较。

输入数据

参 数	值	来 源
O_2 的 c_o^*	10.536 mg/L	表 1.9
N_2 的 c_o^*	17.175 mg/L	表 1.10
Ar 的 c_o^*	0.643 8 mg/L	表 1.11
CO_2 的 c_o^*	0.817 8 mg/L	表 1.12
PAF	0.594 0	表 1.20
p_{wv}	1.497 4 kPa	表 1.22

根据式（1.5）：

$$c_p = c_o \frac{(\mathrm{BP} - p_{wv})}{(1 - p_{wv})}$$

表 1.20 中的压力调整系数等于括号内的值，因此，根据这一方程可以导出：

$$c_p = c_o \times [\text{表 1.20 里的压力调整系数}]$$

$$\text{减少量}(\%) = \left(\frac{\mathrm{PAF} \times c_o^* - c_o^*}{c_o^*}\right) \times 100$$

$$\text{减少量}(\mathrm{mg/L}) = \mathrm{PAF} \times c_o^* - c_o^*$$

对于氧气来说，减少量等于：

$$\text{减少量}(\%) = \left(\frac{0.594\,0 \times 10.536 - 10.536}{10.536}\right) \times 100 = -40.59\%$$

$$\text{减少量}(\mathrm{mg/L}) = 0.594\,0 \times 10.536 - 10.536 = -4.28\ \mathrm{mg/L}$$

参　数	减少量/%	减少量/(mg/L)
O_2	-40.59	-4.28
N_2	-40.59	-6.97
Ar	-40.59	-0.26
CO_2	-40.59	-20.33

根据式（1.5）计算空气饱和度，用 mmHg 表示的水蒸气换算为 kPa（760 mmHg = 101.325 kPa）。

$$\left(\frac{456\ \text{mmHg}}{760\ \text{mmHg}}\right) \times 101.325\ \text{kPa} = 60.795\ \text{kPa}$$

代入式（1.5）为

$$c_p = c_o\left[\frac{(\text{BP} - p_{\text{wv}})}{(1 - p_{\text{wv}})}\right] = 10.536 \times \left[\frac{(60.795 - 1.4974)}{(101.325 - 1.4974)}\right] = 6.258\ \text{mg/L}$$

$$c_p = c_o \times [\text{表 1.19 中的压力调整系数}] = 10.536[0.5940] = 6.258\ \text{mg/L}$$

---

14 基于式（1.4）和式（1.5）的压力调整系数在表 1.19 和表 1.20 中根据温度和大气压力进行了描述。

大气压力至少可以利用四种不同的方法来估算：

（1）基于精密实验室气压计的数值；

（2）根据实验室单位校准的便携式电子气压计的现场值；

（3）根据基站读数和标高估算的现场值（Stringer，1972）；

（4）根据标准大气压模型估算的现场值（Mortimer，1981）。

气象站报告的大气压力可以校正到海平面，但不能直接使用。式（1.4）、式（1.5）及表 1.19 和表 1.20 中的实际压力，取决于研究过程中的时间框架。对于评价天然气输送系统来说，当地大气压力的估值点是合理的。对于湖泊中氧气的季节性研究来说，应该使用当地大气压力的季节均值或长期估值（Mortimer，1981）。使用标准大气模型会导致 1%～3%的误差，因为这种方法忽略了维度和压力的季节性变化（Mortimer，1981）。对于高精度作业来说，氧气的压力调整系数［式（1.4）］可以直接根据 θ_o（附录 A）

和 p_{wv} 计算。式（1.5）只需要当地温度和大气压（BP）下水蒸气气压（p_{wv}）的数据信息。对于氧气来说，无论选择使用式（1.4）还是式（1.5），取决于相应温度和压力测量的准确度。对温度 ± 0.001℃和±0.001 mmHg 产生的变化与氧气的式（1.4）和式（1.5）的差异进行比较，具体如下：

氧气溶解度百分比变化的绝对值		
温度（±0.001℃）	压力（±0.01 mmHg）（BP=760 mmHg）	式（1.4）与式（1.5）相对比（BP=740 mmHg）
0.002 844	0.001 323	0.001 282
0.002 352	0.001 329	0.001 105
0.001 967	0.001 347	0.000 943
0.001 694	0.001 373	0.000 793
0.001 545	0.001 418	0.000 665

对于日常作业而言，使用基于理想气体的压力调整系数［式（1.5）］是可以接受的。

1.6 淡水蒸气压（p_{wv}）

15

不同单位表示的水蒸气压值如下所述：

表	单 位	表	单 位
1.21	mmHg	1.23	atm
1.22	kPa	1.24	psi

只要 1 atm 标准压力、大气压力、水蒸气气压换算为相同的单位，任何压力单位都可以用于式（1.5）。同样，对于式（1.4）也是如此，只要 θ_o 的值换算为相同的压力单位。

1.7 计算淡水不同海拔高度的空气饱和度

如果大气压力是已知的，在任何海拔高度环境下，气体的溶解度都可以根据标准的空气饱和浓度和式（1.4）或式（1.5）进行计算。如果不能直接测量大气压，则可以参考第二个位置（Second Locality）中已知的标高和大气压来计算（Stringer，1972）：

$$\lg BP = \lg BP_o - \frac{h - h_0}{kT_a} \tag{1.7}$$

式中 BP——基站大气压，mmHg；

BP_o——参考站大气压，mmHg；

h——基站海拔标高；

h_0——参考站海拔标高；

$k=67.4$；

T_a——两站之间的平均气温，K（K=273.15+摄氏度）。

最常用的参考站是海平面，因此：

$$h_0 = 0(\text{海平面})；$$

$$BP_0 = 760\ \text{mmHg}；$$

$$T_a = 288.15\ \text{K}(15℃)；$$

[16] 在这种情况下，得出

$$\lg BP = 2.880\,814 - \frac{h}{19\,421.3} \tag{1.8}$$

在美国，大部分地形图都以英尺①为单位表示海拔高度，它们可以换算为米（附录D），这对于式（1.8）来说是有效的，但是要对此关系式进行修正，使用时才会更方便。在这种情况下，h_0、BP_0和T_a不变，但k不同，得到公式：

$$\lg BP = 2.880\,814 - \frac{h'}{63\,718.2} \tag{1.9}$$

式中，h'为英尺表示的基站标高。

一旦根据式（1.8）或式（1.9）计算出大气压力，空气溶解度就可以根据之前提出的关系式计算出来。氧气的溶解度都可依据温度和海拔来描

① 1英尺（ft）=0.3048米（m）。

述，如下表所示：

表	值	表	值
1.25	0～1 800 m	1.27	0～4 500 ft
1.26	2 000～3 800 m	1.28	5 000～9 500 ft

式（1.8）、式（1.9）和表 1.25 是以假设海平面大气压等于 760 mmHg，两站之间的平均气温等于 15℃为基础的。这种方法适用于日常作业，但直接测量大气压对高精度作业来说是必要的。如果需要，可以根据标准空气饱和度与式（1.8）或式（1.9），为其他气体提出类似的表值。

例 1－5

计算空气中氧气在 200～1 800 m（水温＝19℃，BP＝760 mmHg）水深时的溶解度差。使用表 1.21 和表 1.25，并与式（1.4）和式（1.7）进行比较。

根据表 1.21 和表 1.25：

输入数据

参　　数	值	来　源
0 m 时 O_2 的 c_o^*	9.276 mg/L	表 1.25
200 m 时 O_2 的 c_o^*	9.054 mg/L	表 1.25
1 800 m 时 O_2 的 c_o^*	7.455 mg/L	表 1.25
p_{wv}	16.482 mmHg	表 1.21

根据表 1.25，得

$$\Delta DO = DO_{200} - DO_{1\,800}$$

$$\Delta DO = 9.054 - 7.455 = 1.599 \text{ mg/L}$$

根据式（1.7）和式（1.4），得

$$\lg \text{BP} = 2.880\,814 - \frac{h}{19\,421.3}$$

$$\lg \text{BP}_{200} = 2.880\,814 - \frac{200}{19\,421.3} = 742.192 \text{ mmHg}$$

$$\lg BP_{1\,800} = 2.880\,814 - \frac{1\,800}{19\,421.3} = 613.949 \text{ mmHg}$$

$$c_p = c_o\left[\frac{(BP - p_{wv})}{(1 - p_{wv})}\right]$$

$$DO_{200} = 9.276 \times \left[\frac{(742.192 - 16.482)}{(760 - 16.482)}\right] = 9.054 \text{ mg/L}$$

$$DO_{1\,800} = 9.276 \times \left[\frac{(613.949 - 16.482)}{(760 - 16.482)}\right] = 7.454 \text{ mg/L}$$

$$\Delta DO = 9.054 - 7.454 = 1.600 \text{ mg/L}$$

1.8 计算不同水深下淡水中的空气饱和度

18

要计算气泡在水深 z 的空气饱和度，气泡内部的实际压力等于大气压与静水压的总和。本节中计算的值是以假设气泡与周围水域中的溶解气体处于平衡状态为基础的。这种情况很少发生，因为气泡上升到表面的速度远远快于达到平衡的速度。气体进出气泡将会改变气泡内气体的组分。因此，无论是标准空气的饱和度还是空气饱和度，都不可以用于计算饱和度。在这些条件下，饱和度的计算必须基于本森系数（下一节中介绍）。然而，这些值都是有用的，因为它们显示了曝气设备在更深处如何提高效率，还显示了通过气泡夹带如何形成气体过饱和。

在深度 z 处，总压力 p_t 为

$$p_t = BP + \rho g z \tag{1.10}$$

式中 p_t——总压力，kPa；

BP——大气压，atm；

ρ——水的密度，kg/m^3；

g——重力加速度，9.806 55 m/s^2；

z——水面之下的深度，m。

如前所述，式（1.10）已得到以 kPa 单位的总气压。由于总气体过饱和

用 mmHg 表示，所以用 mmHg/m（表 1.29）或 kPa/m（表 1.30）表示 ρg 较为方便。

一旦计算出总压力［式（1.10）］，就可以根据式（1.4）或式（1.5）计算出空气饱和度。氧气、氮气、氩气和二氧化碳在 0~40 m 深度下的空气溶解度如表 1.31 所示。

1.9 计算任意摩尔分数淡水的本森系数和气体溶解度

本森系数（β）是描述标准状态（STP）下用升表示的真正气体的溶解度，此时气相分压等于 1 标准大气压（1 atm）。大气中“i”气体的分压等于：

$$\text{分压(atm)} = \chi_i(\text{BP} - p_{\text{wv}}) \tag{1.11}$$

式中 χ_i——气体的摩尔分数，atm；

BP——大气压力，atm；

p_{wv}——水蒸气气压，atm。

因此，STP/L 水用单位 L 表示的气体的饱和浓度（$c_{p,\chi}$）等于：

$$c_{p,\chi} = \beta_i \chi_i(\text{BP} - p_{\text{wv}}) \tag{1.12}$$

对于 $\text{BP} = 1 + p_{\text{wv}}$，$c_{p,\chi} = \beta_i$ 的纯气体来说，式（1.12）可以用来计算任意压力、温度及气体组分条件下的气体的溶解度。虽然本森系数在历史上是用［L/(L · atm)］表示的，但这并不是大气气体最常用的单位。式（1.12）通过乘以右侧 1 000 mL/L×K_i（附录 D），换算为 mg/L，并将压力换算为 mmHg：

19

$$c_{p,\chi} = 1\,000 K_i \beta_i \chi_i \left(\frac{\text{BP} - p_{\text{wv}}}{760}\right) \tag{1.13}$$

根据 kPa 表示的压力，式（1.13）可以写成：

$$c_{p,\chi} = 1\,000 K_i \beta_i \chi_i \left(\frac{\text{BP} - p_{\text{wv}}}{101.325}\right) \tag{1.14}$$

式（1.13）和式（1.14）可以改写为

$$c_{p,\ \chi} = \left(\frac{1\,000K_i\,\beta_i}{760} \right)_i \chi_i(\mathrm{BP} - p_{\mathrm{wv}}) \tag{1.15}$$

$$c_{p,\ \chi} = \left(\frac{1\,000K_i\,\beta_i}{101.325} \right)_i \chi_i(\mathrm{BP} - p_{\mathrm{wv}}) \tag{1.16}$$

式（1.15）和式（1.16）括号内的项等于 β'_i[mg/(L · mmHg)] 和 β''_i[mg/(L kPa)]，式（1.15）和式（1.16）可以改写为

$$c_{p,\ \chi} = \beta'_i\chi_i(\mathrm{BP} - p_{\mathrm{wv}})(\mathrm{BP}\ 和\ p_{\mathrm{wv}}\ 单位是\ \mathrm{mmHg}) \tag{1.17}$$

$$c_{p,\ \chi} = \beta''_i\chi_i(\mathrm{BP} - p_{\mathrm{wv}})(\mathrm{BP}\ 和\ p_{\mathrm{wv}}\ 单位是\ \mathrm{kPa}) \tag{1.18}$$

使用式（1.17）和式（1.18）要比式（1.13）和式（1.14）方便。

20

例 1－6

在 $\chi = 1.00$，BP = 450 mmHg，温度为 35℃，湿空气及淡水环境下，计算大气主要气体的溶解度，使用式（1.13）。

输入数据

参数	值	来源
β_{O_2}	0.024 58 L/(L · atm)	表 1.32
β_{N_2}	0.012 89 L/(L · atm)	表 1.33
β_{Ar}	0.027 10 L/(L · atm)	表 1.34
β_{CO_2}	0.130 6 L/(L · atm)	表 1.35
p_{wv}	42.201 mmHg	表 1.21
K_{O_2}	1.428 99 mg/mL	D－1
K_{N_2}	1.250 40 mg/mL	D－1
K_{Ar}	1.783 95 mg/mL	D－1
K_{CO_2}	1.976 78 mg/mL	D－1

根据式（1.13）：

$$c_{p,\ \chi} = 1\,000K_i\,\beta_i\chi_i\left(\frac{\mathrm{BP} - p_{\mathrm{wv}}}{760} \right)$$

$$c_{O_2} = 1\,000 \times 1.428\,99 \times 0.024\,58 \times 1.000 \times \left(\frac{450 - 42.201}{760} \right) = 18.847\ \mathrm{mg/L}$$

$$c_{N_2} = 1\,000 \times 1.250\,40 \times 0.012\,89 \times 1.000 \times \left(\frac{450 - 42.201}{760}\right) = 8.648 \text{ mg/L}$$

$$c_{Ar} = 1\,000 \times 1.783\,95 \times 0.027\,10 \times 1.000 \times \left(\frac{450 - 42.201}{760}\right) = 25.941 \text{ mg/L}$$

$$c_{CO_2} = 1\,000 \times 1.976\,78 \times 0.130\,6 \times 1.000 \times \left(\frac{450 - 42.201}{760}\right) = 138.527 \text{ mg/L}$$

在 0~40℃内，0.1℃时氧气、氮气、氩气和二氧化碳的本森系数，如下表所示：

气体	本森系数（β）[$L_{真实气体}/(L_{atm})$]		本森系数（β'）[$mg/(L_{mmHg})$]		本森系数（β''）[$mg/(L_{kPa})$]	
	表	页	表	页	表	页
O_2	1.32	55	1.36	59	1.40	63
N_2	1.33	56	1.37	60	1.41	64
Ar	1.34	57	1.38	61	1.42	65
CO_2	1.35	58	1.39	62	1.43	66

利用本森系数［式（1.12）、式（1.17），或式（1.18）］直接计算任何组分的气体的溶解度，对许多工程应用都是有效的。但当需要高精度的溶解度信息时，尤其是接近大气值的摩尔分数，则不应该使用这些方程。

例 1-7

如果摩尔分数 χ 降低到 0.500，且压力表处于 15.0 m 的水深，重新计算例 1-6 中的溶解度。假定大气压等于 760 mmHg，温度为 35℃，条件为湿空气及淡水环境。使用式（1.9）和式（1.12）。

输入数据

参数	值	来源
ρg	73.117 mmHg/m	表 1.29

* 其他数据见例 1-6。

根据式（1.10）：

$$p_t = \mathrm{BP} + \rho g z$$

$$p_t = 760 + 73.117 \times 15.0 = 1\,856.755\ \mathrm{mmHg}$$

根据式（1.13）：

$$c_{p,\ \chi} = 1\,000 K_i \beta_i \chi_i \left[\frac{\mathrm{BP} - p_{\mathrm{wv}}}{760}\right]$$

$$c_{O_2} = 1\,000 \times 1.428\,99 \times 0.024\,58 \times 0.500\,0 \times \left(\frac{1\,856.755 - 42.201}{760}\right) = 41.932\ \mathrm{mg/L}$$

$$c_{N_2} = 1\,000 \times 1.250\,40 \times 0.012\,89 \times 0.500\,0 \times \left(\frac{1\,856.755 - 42.201}{760}\right) = 19.241\ \mathrm{mg/L}$$

$$c_{Ar} = 1\,000 \times 1.783\,95 \times 0.027\,10 \times 0.500\,0 \times \left(\frac{1\,856.755 - 42.201}{760}\right) = 55.714\ \mathrm{mg/L}$$

$$c_{CO_2} = 1\,000 \times 1.976\,78 \times 0.130\,6 \times 0.500\,0 \times \left(\frac{1\,856.755 - 42.201}{760}\right) = 308.200\ \mathrm{mg/L}$$

例 1－8

2010 年，在温度为 20℃、压力为 760 mmHg、湿空气及淡水环境下，计算空气中主要大气气体的溶解度，使用式（1.15），并将结果与表 1.9~1.12 中用单位 mg/L 和百分比表示的数值进行比较。

输入数据

参　数	值	来　源
β'_{O_2}	0.058 46 mg/(L · mmHg)	表 1.36
β'_{N_2}	0.025 92 mg/(L · mmHg)	表 1.37
β'_{Ar}	0.080 21 mg/(L · mmHg)	表 1.38
β'_{CO_2}	2.264 1 mg/(L · mmHg)	表 1.39
p_{wv}	17.539 mmHg	表 1.21
χ_{O_2}	0.209 46	D－1
χ_{N_2}	0.780 84	D－1
χ_{Ar}	0.009 34	D－1
χ_{CO_2}	0.000 390	2010 年

根据式（1.15）：

$$c_{p,\ \chi}=\beta_i\chi_i(BP-p_{wv})$$

$$c_{O_2}=0.058\ 46\times0.209\ 46\times(760-17.539)=9.091\ \mathrm{mg/L}$$

$$c_{N_2}=0.025\ 92\times0.780\ 84\times(760-17.539)=15.027\ \mathrm{mg/L}$$

$$c_{Ar}=0.080\ 21\times0.009\ 34\times(760-17.539)=0.556\ 2\ \mathrm{mg/L}$$

$$c_{CO_2}=2.264\ 1\times0.000\ 390\times(760-17.539)=0.655\ 6\ \mathrm{mg/L}$$

溶解度结果对比（mg/L）

参　数	基于式（1.16）	表1.9~1.12	差异（mg/L）	差异（%）
O_2	9.091	9.092	−0.001	−0.01
N_2	15.027	15.028	−0.001	−0.01
Ar	0.556 2	0.556 2	+0.000	0.00
CO_2	0.655 6	0.653 3	+0.002	+0.35

本章节中介绍的关系是以假设理想气体为基础的。因此，气体的逸度等于其分压［式（1.11）］。

虽然本森系数历史上是在分压为1 atm下确定的，但它还可以在逸度为1 atm下进行定义（Benson、Krause，1980；Weiss，1974）。

1.10　计算淡水中的气体张力（mmHg）

溶解气体的分压通常被称为气体张力，用单位mmHg表示。在平衡状态下，气相中气体的分压等于同一气体在液相中的分压。气体张力等于与所测量的气体浓度处于平衡状态的气相的分压。由此，式（1.13）可以改写为

$$\text{气体张力(mmHg)}=\frac{c}{\beta_i}\times\left(\frac{760}{1\ 000K_i}\right)\tag{1.19}$$

式中　c——i气体的浓度，mg/L；

β_i——i气体的本森系数，L/(L·atm)；

K_i——分子量体积比，STP条件下单位为mg/mL。

使式（1.19）中括号内项的值等于 A_i，这个方程可以写成：

$$气体张力(\mathrm{mmHg}) = c\left(\frac{A_i}{\beta_i}\right) \tag{1.20}$$

A_i值在附录 D 中表 D－1 中介绍。式（1.20）中括号内的项是单位mg/L

24

和 mmHg 之间的换算系数。下表列出了淡水中 5 种气体的这一换算系数随温度变化的值：

气体	表	页
O_2	1.44	67
N_2	1.45	68
Ar	1.46	69
N_2+Ar	1.47	70
CO_2	1.48	71

N_2+Ar 表示的气体是氮气与氩气的总和，该参数由几种类型的总气体监测设备进行测量，将在下一章节中讨论。

例 1－9

在淡水中，如果每种气体的浓度为 10.5 mg/L，温度为 32℃，计算主要大气气体在液相中的分压（气体张力），使用式（1.19）和表 1.44～1.48 中的数据。

输入数据

参　数	值	来　源
O_2	20.771 mmHg/(mg/L)	表 1.44
N_2	45.601 mmHg/(mg/L)	表 1.45
Ar	15.105 mmHg/(mg/L)	表 1.46
CO_2	0.608 07 mmHg/(mg/L)	表 1.48

根据式（1.19）：

$$气体张力(\mathrm{mmHg}) = c\left(\frac{A_i}{\beta_i}\right)$$

$$p_{O_2} = 10.5 \times 20.771 = 218.1 \text{ mmHg}$$

$$p_{N_2} = 10.5 \times 45.601 = 478.8 \text{ mmHg}$$

$$p_{Ar} = 10.5 \times 15.105 = 158.6 \text{ mmHg}$$

$$p_{CO_2} = 10.5 \times 0.608\,07 = 6.4 \text{ mmHg}$$

表 1.2　不同温度下大气中氧气的饱和度值
(μmol/kg，淡水，1 atm 湿空气)

温度/℃	Δt/℃									
	0.0	0.1	0.2	0.3	0.4	0.5	0.6	0.7	0.8	0.9
0	457.00	455.71	454.42	453.13	451.85	450.58	449.32	448.06	446.80	445.56
1	444.31	443.08	441.85	440.62	439.40	438.19	436.98	435.78	434.59	433.40
2	432.21	431.03	429.86	428.69	427.53	426.37	425.22	424.07	422.93	421.79
3	420.66	419.54	418.42	417.30	416.19	415.08	413.98	412.89	411.80	410.71
4	409.63	408.56	407.49	406.42	405.36	404.30	403.25	402.21	401.17	400.13
5	399.10	398.07	397.04	396.03	395.01	394.00	393.00	392.00	391.00	390.01
6	389.02	388.04	387.06	386.08	385.11	384.15	383.19	382.23	381.28	380.33
7	379.38	378.44	377.51	376.57	375.65	374.72	373.80	372.88	371.97	371.06
8	370.16	369.26	368.36	367.47	366.58	365.70	364.81	363.94	363.06	362.19
9	361.33	360.46	359.60	358.75	357.90	357.05	356.20	355.36	354.53	353.69
10	352.86	352.03	351.21	350.39	349.57	348.76	347.95	347.15	346.34	345.54
11	344.75	343.95	343.16	342.38	341.59	340.81	340.04	339.26	338.49	337.73
12	336.96	336.20	335.44	334.69	333.94	333.19	332.44	331.70	330.96	330.22
13	329.49	328.76	328.03	327.31	326.58	325.86	325.15	324.43	323.72	323.02
14	322.31	321.61	320.91	320.21	319.52	318.83	318.14	317.46	316.77	316.09
15	315.42	314.74	314.07	313.40	312.73	312.07	311.41	310.75	310.09	309.44
16	308.79	308.14	307.49	306.85	306.20	305.56	304.93	304.29	303.66	303.03
17	302.41	301.78	301.16	300.54	299.92	299.31	298.69	298.08	297.47	296.87
18	296.27	295.66	295.06	294.47	293.87	293.28	292.69	292.10	291.52	290.93
19	290.35	289.77	289.19	288.62	288.05	287.47	286.91	286.34	285.77	285.21
20	284.65	284.09	283.53	282.98	282.43	281.88	281.33	280.78	280.24	279.69
21	279.15	278.61	278.08	277.54	277.01	276.48	275.95	275.42	274.89	274.37
22	273.85	273.33	272.81	272.29	271.78	271.27	270.75	270.24	269.74	269.23
23	268.73	268.22	267.72	267.22	266.73	266.23	265.74	265.25	264.75	264.27

续 表

温度/℃	Δt/℃									
	0.0	0.1	0.2	0.3	0.4	0.5	0.6	0.7	0.8	0.9
24	263.78	263.29	262.81	262.33	261.85	261.37	260.89	260.41	259.94	259.47
25	258.99	258.52	258.06	257.59	257.12	256.66	256.20	255.74	255.28	254.82
26	254.37	253.91	253.46	253.01	252.56	252.11	251.66	251.21	250.77	250.33
27	249.88	249.44	249.00	248.57	248.13	247.70	247.26	246.83	246.40	245.97
28	245.54	245.12	244.69	244.27	243.84	243.42	243.00	242.58	242.17	241.75
29	241.33	240.92	240.51	240.10	239.69	239.28	238.87	238.46	238.06	237.65
30	237.25	236.85	236.45	236.05	235.65	235.25	234.86	234.46	234.07	233.68
31	233.29	232.90	232.51	232.12	231.73	231.35	230.96	230.58	230.19	229.81
32	229.43	229.05	228.68	228.30	227.92	227.55	227.17	226.80	226.43	226.06
33	225.69	225.32	224.95	224.58	224.22	223.85	223.49	223.12	222.76	222.40
34	222.04	221.68	221.32	220.96	220.61	220.25	219.90	219.54	219.19	218.84
35	218.49	218.14	217.79	217.44	217.09	216.75	216.40	216.05	215.71	215.37
36	215.02	214.68	214.34	214.00	213.66	213.32	212.99	212.65	212.31	211.98
37	211.65	211.31	210.98	210.65	210.32	209.99	209.66	209.33	209.00	208.67
38	208.34	208.02	207.69	207.37	207.05	206.72	206.40	206.08	205.76	205.44
39	205.12	204.80	204.48	204.16	203.85	203.53	203.22	202.90	202.59	202.27
40	201.96	201.65	201.34	201.03	200.72	200.41	200.10	199.79	199.48	199.17

来源：方程 22，Benson，Krause（1984）。

26

表 1.3 不同温度下大气中氮气的饱和度值
（μmol/kg，淡水，1 atm 湿空气）

温度/℃	Δt/℃									
	0.0	0.1	0.2	0.3	0.4	0.5	0.6	0.7	0.8	0.9
0	830.45	828.25	826.05	823.87	821.70	819.54	817.38	815.24	813.11	810.99
1	808.87	806.77	804.68	802.59	800.52	798.46	796.40	794.36	792.32	790.30
2	788.28	786.28	784.28	782.29	780.31	778.34	776.38	774.43	772.49	770.55
3	768.63	766.71	764.80	762.90	761.01	759.13	757.26	755.40	753.54	751.69
4	749.85	748.02	746.20	744.39	742.58	740.78	738.99	737.21	735.44	733.67
5	731.91	730.16	728.42	726.69	724.96	723.24	721.53	719.83	718.13	716.44
6	714.76	713.09	711.42	709.76	708.11	706.47	704.83	703.20	701.58	699.96
7	698.35	696.75	695.16	693.57	691.99	690.42	688.85	687.29	685.74	684.19

续 表

温度/℃	Δt/℃									
	0.0	0.1	0.2	0.3	0.4	0.5	0.6	0.7	0.8	0.9
8	682.65	681.12	679.59	678.07	676.56	675.05	673.55	672.06	670.57	669.09
9	667.61	666.14	664.68	663.23	661.78	660.33	658.90	657.47	656.04	654.62
10	653.21	651.80	650.40	649.01	647.62	646.23	644.85	643.48	642.12	640.76
11	639.40	638.05	636.71	635.37	634.04	632.71	631.39	630.08	628.77	627.46
12	626.16	624.87	623.58	622.30	621.02	619.75	618.48	617.22	615.96	614.71
13	613.46	612.22	610.98	609.75	608.52	607.30	606.09	604.87	603.67	602.46
14	601.27	600.08	598.89	597.71	596.53	595.35	594.19	593.02	591.86	590.71
15	589.56	588.41	587.27	586.14	585.00	583.88	582.75	581.64	580.52	579.41
16	578.31	577.21	576.11	575.02	573.93	572.85	571.77	570.69	569.62	568.55
17	567.49	566.43	565.38	564.33	563.28	562.24	561.20	560.17	559.14	558.11
18	557.09	556.07	555.06	554.05	553.04	552.04	551.04	550.04	549.05	548.06
19	547.08	546.10	545.12	544.15	543.18	542.22	541.25	540.30	539.34	538.39
20	537.44	536.50	535.56	534.62	533.69	532.76	531.83	530.91	529.99	529.07
21	528.16	527.25	526.34	525.44	524.54	523.65	522.75	521.86	520.98	520.09
22	519.21	518.34	517.46	516.59	515.72	514.86	514.00	513.14	512.29	511.43
23	510.59	509.74	508.90	508.06	507.22	506.39	505.56	504.73	503.90	503.08
24	502.26	501.45	500.63	499.82	499.01	498.21	497.41	496.61	495.81	495.02
25	494.23	493.44	492.65	491.87	491.09	490.31	489.54	488.77	488.00	487.23
26	486.47	485.70	484.95	484.19	483.44	482.68	481.94	481.19	480.45	479.70
27	478.97	478.23	477.50	476.76	476.04	475.31	474.58	473.86	473.14	472.43
28	471.71	471.00	470.29	469.58	468.88	468.18	467.47	466.78	466.08	465.39
29	464.70	464.01	463.32	462.63	461.95	461.27	460.59	459.92	459.24	458.57
30	457.90	457.23	456.57	455.90	455.24	454.58	453.93	453.27	452.62	451.97
31	451.32	450.67	450.03	449.38	448.74	448.11	447.47	446.83	446.20	445.57
32	444.94	444.31	443.69	443.06	442.44	441.82	441.20	440.59	439.97	439.36
33	438.75	438.14	437.54	436.93	436.33	435.73	435.13	434.53	433.93	433.34
34	432.74	432.15	431.56	430.98	430.39	429.81	429.22	428.64	428.06	427.49
35	426.91	426.34	425.76	425.19	424.62	424.05	423.49	422.92	422.36	421.80
36	421.24	420.68	420.12	419.57	419.01	418.46	417.91	417.36	416.81	416.27
37	415.72	415.18	414.64	414.10	413.56	413.02	412.48	411.95	411.42	410.88
38	410.35	409.82	409.30	408.77	408.25	407.72	407.20	406.68	406.16	405.64
39	405.12	404.61	404.09	403.58	403.07	402.56	402.05	401.54	401.03	400.53
40	400.02	399.52	399.02	398.52	398.02	397.52	397.02	396.53	396.03	395.54

来源：方程1，Hamme，Emerson（2004）。

27

表 1.4 不同温度下大气中氩气的饱和度值
(μmol/kg，淡水，1 atm 湿空气)

温度/℃	Δt/℃									
	0.0	0.1	0.2	0.3	0.4	0.5	0.6	0.7	0.8	0.9
0	22.301	22.238	22.176	22.114	22.052	21.991	21.930	21.869	21.808	21.748
1	21.688	21.628	21.569	21.509	21.450	21.392	21.333	21.275	21.218	21.160
2	21.103	21.046	20.989	20.932	20.876	20.820	20.764	20.709	20.654	20.599
3	20.544	20.490	20.435	20.381	20.328	20.274	20.221	20.168	20.115	20.063
4	20.010	19.958	19.907	19.855	19.804	19.752	19.702	19.651	19.600	19.550
5	19.500	19.451	19.401	19.352	19.303	19.254	19.205	19.156	19.108	19.060
6	19.012	18.965	18.917	18.870	18.823	18.776	18.730	18.683	18.637	18.591
7	18.546	18.500	18.455	18.409	18.364	18.320	18.275	18.231	18.186	18.142
8	18.099	18.055	18.011	17.968	17.925	17.882	17.839	17.797	17.755	17.712
9	17.670	17.629	17.587	17.545	17.504	17.463	17.422	17.381	17.341	17.300
10	17.260	17.220	17.180	17.140	17.101	17.061	17.022	16.983	16.944	16.905
11	16.866	16.828	16.790	16.751	16.713	16.676	16.638	16.600	16.563	16.526
12	16.489	16.452	16.415	16.378	16.342	16.305	16.269	16.233	16.197	16.162
13	16.126	16.091	16.055	16.020	15.985	15.950	15.915	15.881	15.846	15.812
14	15.778	15.744	15.710	15.676	15.642	15.609	15.575	15.542	15.509	15.476
15	15.443	15.410	15.377	15.345	15.313	15.280	15.248	15.216	15.184	15.152
16	15.121	15.089	15.058	15.027	14.995	14.964	14.934	14.903	14.872	14.841
17	14.811	14.781	14.750	14.720	14.690	14.660	14.631	14.601	14.571	14.542
18	14.513	14.484	14.454	14.425	14.397	14.368	14.339	14.310	14.282	14.254
19	14.225	14.197	14.169	14.141	14.113	14.086	14.058	14.030	14.003	13.976
20	13.948	13.921	13.894	13.867	13.840	13.814	13.787	13.760	13.734	13.708
21	13.681	13.655	13.629	13.603	13.577	13.551	13.526	13.500	13.474	13.449
22	13.424	13.398	13.373	13.348	13.323	13.298	13.273	13.248	13.224	13.199
23	13.175	13.150	13.126	13.102	13.078	13.053	13.029	13.006	12.982	12.958
24	12.934	12.911	12.887	12.864	12.840	12.817	12.794	12.771	12.748	12.725
25	12.702	12.679	12.656	12.634	12.611	12.588	12.566	12.544	12.521	12.499
26	12.477	12.455	12.433	12.411	12.389	12.367	12.346	12.324	12.302	12.281
27	12.259	12.238	12.217	12.195	12.174	12.153	12.132	12.111	12.090	12.069
28	12.049	12.028	12.007	11.987	11.966	11.946	11.925	11.905	11.885	11.864
29	11.844	11.824	11.804	11.784	11.764	11.744	11.725	11.705	11.685	11.666
30	11.646	11.627	11.607	11.588	11.569	11.549	11.530	11.511	11.492	11.473

续　表

温度/℃	Δt/℃									
	0.0	0.1	0.2	0.3	0.4	0.5	0.6	0.7	0.8	0.9
31	11.454	11.435	11.416	11.397	11.379	11.360	11.341	11.323	11.304	11.286
32	11.267	11.249	11.231	11.212	11.194	11.176	11.158	11.140	11.122	11.104
33	11.086	11.068	11.050	11.032	11.015	10.997	10.979	10.962	10.944	10.927
34	10.909	10.892	10.875	10.857	10.840	10.823	10.806	10.789	10.772	10.755
35	10.738	10.721	10.704	10.687	10.670	10.654	10.637	10.620	10.604	10.587
36	10.571	10.554	10.538	10.521	10.505	10.489	10.473	10.456	10.440	10.424
37	10.408	10.392	10.376	10.360	10.344	10.328	10.312	10.296	10.281	10.265
38	10.249	10.233	10.218	10.202	10.187	10.171	10.156	10.140	10.125	10.109
39	10.094	10.079	10.064	10.048	10.033	10.018	10.003	9.988	9.973	9.958
40	9.943	9.928	9.913	9.898	9.883	9.868	9.854	9.839	9.824	9.809

来源：方程1，Hamme，Emerson（2004）。

表1.5　不同温度下大气中二氧化碳的饱和度值（μmol/kg，淡水，1 atm湿空气，摩尔分数=390 μatm）

28

温度/℃	Δt/℃									
	0.0	0.1	0.2	0.3	0.4	0.5	0.6	0.7	0.8	0.9
0	29.940	29.820	29.701	29.583	29.465	29.348	29.231	29.115	29.000	28.885
1	28.771	28.658	28.545	28.433	28.321	28.210	28.099	27.989	27.880	27.771
2	27.663	27.556	27.449	27.342	27.236	27.131	27.026	26.922	26.819	26.715
3	26.613	26.511	26.409	26.308	26.208	26.108	26.009	25.910	25.811	25.714
4	25.616	25.520	25.423	25.327	25.232	25.137	25.043	24.949	24.856	24.763
5	24.670	24.578	24.487	24.396	24.305	24.215	24.126	24.037	23.948	23.860
6	23.772	23.685	23.598	23.511	23.425	23.340	23.254	23.170	23.085	23.001
7	22.918	22.835	22.752	22.670	22.588	22.507	22.426	22.345	22.265	22.185
8	22.106	22.027	21.948	21.870	21.792	21.715	21.638	21.561	21.485	21.409
9	21.334	21.258	21.184	21.109	21.035	20.961	20.888	20.815	20.742	20.670
10	20.598	20.527	20.455	20.384	20.314	20.244	20.174	20.104	20.035	19.966
11	19.898	19.829	19.762	19.694	19.627	19.560	19.493	19.427	19.361	19.295
12	19.230	19.165	19.100	19.036	18.972	18.908	18.845	18.781	18.718	18.656
13	18.594	18.532	18.470	18.408	18.347	18.286	18.226	18.166	18.105	18.046
14	17.986	17.927	17.868	17.810	17.751	17.693	17.635	17.578	17.520	17.463
15	17.407	17.350	17.294	17.238	17.182	17.127	17.071	17.016	16.962	16.907

续 表

温度/℃	Δt/℃									
	0.0	0.1	0.2	0.3	0.4	0.5	0.6	0.7	0.8	0.9
16	16.853	16.799	16.745	16.692	16.638	16.585	16.533	16.480	16.428	16.376
17	16.324	16.272	16.221	16.170	16.119	16.068	16.017	15.967	15.917	15.867
18	15.818	15.768	15.719	15.670	15.622	15.573	15.525	15.477	15.429	15.381
19	15.334	15.287	15.240	15.193	15.146	15.100	15.053	15.007	14.962	14.916
20	14.871	14.825	14.780	14.735	14.691	14.646	14.602	14.558	14.514	14.470
21	14.427	14.383	14.340	14.297	14.255	14.212	14.170	14.127	14.085	14.043
22	14.002	13.960	13.919	13.878	13.837	13.796	13.755	13.715	13.674	13.634
23	13.594	13.554	13.515	13.475	13.436	13.397	13.358	13.319	13.280	13.241
24	13.203	13.165	13.127	13.089	13.051	13.013	12.976	12.939	12.902	12.865
25	12.828	12.791	12.754	12.718	12.682	12.646	12.610	12.574	12.538	12.503
26	12.467	12.432	12.397	12.362	12.327	12.292	12.258	12.223	12.189	12.155
27	12.121	12.087	12.053	12.020	11.986	11.953	11.920	11.887	11.854	11.821
28	11.788	11.755	11.723	11.691	11.658	11.626	11.594	11.563	11.531	11.499
29	11.468	11.436	11.405	11.374	11.343	11.312	11.281	11.251	11.220	11.190
30	11.159	11.129	11.099	11.069	11.039	11.010	10.980	10.950	10.921	10.892
31	10.862	10.833	10.804	10.776	10.747	10.718	10.690	10.661	10.633	10.605
32	10.576	10.548	10.520	10.493	10.465	10.437	10.410	10.382	10.355	10.328
33	10.300	10.273	10.246	10.220	10.193	10.166	10.140	10.113	10.087	10.060
34	10.034	10.008	9.982	9.956	9.930	9.905	9.879	9.853	9.828	9.803
35	9.777	9.752	9.727	9.702	9.677	9.652	9.627	9.603	9.578	9.554
36	9.529	9.505	9.480	9.456	9.432	9.408	9.384	9.360	9.336	9.313
37	9.289	9.266	9.242	9.219	9.195	9.172	9.149	9.126	9.103	9.080
38	9.057	9.034	9.012	8.989	8.966	8.944	8.921	8.899	8.877	8.855
39	8.832	8.810	8.788	8.766	8.745	8.723	8.701	8.679	8.658	8.636
40	8.615	8.593	8.572	8.551	8.530	8.509	8.488	8.467	8.446	8.425

来源：方程 5 和方程 9，Weiss（1974）；根据莫纳罗亚数据估算的 2020 年 CO_2 的摩尔分数。

29

表 1.6　不同温度下大气中二氧化碳的饱和度值（μmol/kg，淡水，1 atm 湿空气，摩尔分数 = 440 μatm）

温度/℃	Δt/℃									
	0.0	0.1	0.2	0.3	0.4	0.5	0.6	0.7	0.8	0.9
0	33.779	33.644	33.509	33.376	33.243	33.110	32.979	32.848	32.718	32.588
1	32.460	32.332	32.204	32.078	31.952	31.826	31.702	31.578	31.455	31.332

续 表

温度/℃	Δt/℃									
	0.0	0.1	0.2	0.3	0.4	0.5	0.6	0.7	0.8	0.9
2	31.210	31.088	30.968	30.848	30.728	30.609	30.491	30.374	30.257	30.140
3	30.025	29.910	29.795	29.681	29.568	29.455	29.343	29.232	29.121	29.010
4	28.900	28.791	28.683	28.574	28.467	28.360	28.254	28.148	28.042	27.937
5	27.833	27.730	27.626	27.524	27.422	27.320	27.219	27.118	27.018	26.919
6	26.820	26.721	26.623	26.525	26.428	26.332	26.236	26.140	26.045	25.950
7	25.856	25.763	25.669	25.577	25.484	25.392	25.301	25.210	25.120	25.030
8	24.940	24.851	24.762	24.674	24.586	24.499	24.412	24.326	24.239	24.154
9	24.069	23.984	23.899	23.815	23.732	23.649	23.566	23.484	23.402	23.320
10	23.239	23.158	23.078	22.998	22.918	22.839	22.760	22.682	22.604	22.526
11	22.449	22.372	22.295	22.219	22.143	22.068	21.992	21.918	21.843	21.769
12	21.696	21.622	21.549	21.477	21.404	21.332	21.261	21.189	21.118	21.048
13	20.977	20.907	20.838	20.768	20.699	20.631	20.562	20.494	20.427	20.359
14	20.292	20.225	20.159	20.093	20.027	19.961	19.896	19.831	19.767	19.702
15	19.638	19.574	19.511	19.448	19.385	19.322	19.260	19.198	19.136	19.075
16	19.013	18.953	18.892	18.832	18.771	18.712	18.652	18.593	18.534	18.475
17	18.417	18.358	18.300	18.243	18.185	18.128	18.071	18.014	17.958	17.902
18	17.846	17.790	17.735	17.679	17.624	17.570	17.515	17.461	17.407	17.353
19	17.300	17.246	17.193	17.140	17.088	17.035	16.983	16.931	16.880	16.828
20	16.777	16.726	16.675	16.625	16.574	16.524	16.474	16.424	16.375	16.326
21	16.276	16.228	16.179	16.130	16.082	16.034	15.986	15.939	15.891	15.844
22	15.797	15.750	15.703	15.657	15.610	15.564	15.519	15.473	15.427	15.382
23	15.337	15.292	15.247	15.203	15.158	15.114	15.070	15.026	14.983	14.939
24	14.896	14.853	14.810	14.767	14.724	14.682	14.640	14.598	14.556	14.514
25	14.472	14.431	14.390	14.349	14.308	14.267	14.226	14.186	14.146	14.106
26	14.066	14.026	13.986	13.947	13.908	13.868	13.829	13.791	13.752	13.713
27	13.675	13.637	13.599	13.561	13.523	13.485	13.448	13.410	13.373	13.336
28	13.299	13.263	13.226	13.189	13.153	13.117	13.081	13.045	13.009	12.973
29	12.938	12.903	12.867	12.832	12.797	12.762	12.728	12.693	12.659	12.624
30	12.590	12.556	12.522	12.488	12.455	12.421	12.388	12.354	12.321	12.288
31	12.255	12.222	12.190	12.157	12.125	12.092	12.060	12.028	11.996	11.964
32	11.932	11.901	11.869	11.838	11.806	11.775	11.744	11.713	11.682	11.652
33	11.621	11.591	11.560	11.530	11.500	11.470	11.440	11.410	11.380	11.350
34	11.321	11.291	11.262	11.233	11.204	11.175	11.146	11.117	11.088	11.059

续 表

温度/℃	Δt/℃									
	0.0	0.1	0.2	0.3	0.4	0.5	0.6	0.7	0.8	0.9
35	11.031	11.002	10.974	10.946	10.918	10.890	10.862	10.834	10.806	10.778
36	10.751	10.723	10.696	10.669	10.641	10.614	10.587	10.560	10.533	10.507
37	10.480	10.453	10.427	10.401	10.374	10.348	10.322	10.296	10.270	10.244
38	10.218	10.192	10.167	10.141	10.116	10.090	10.065	10.040	10.015	9.990
39	9.965	9.940	9.915	9.890	9.866	9.841	9.817	9.792	9.768	9.744
40	9.719	9.695	9.671	9.647	9.623	9.599	9.576	9.552	9.528	9.505

来源：方程5和方程9，Weiss（1974）；根据莫纳罗亚数据估算的2030年CO_2的摩尔分数。

30

表1.7 不同温度下二氧化碳的$F^{\dagger}\times10^2$ [mol/(kg·atm)，10℃时表值为5.2816，$F^{\dagger}$为5.2816/100或0.052816 mol/(kg·atm)]

温度/℃	Δt/℃									
	0.0	0.1	0.2	0.3	0.4	0.5	0.6	0.7	0.8	0.9
0	7.6770	7.6463	7.6157	7.5853	7.5551	7.5251	7.4952	7.4655	7.4359	7.4065
1	7.3772	7.3481	7.3192	7.2904	7.2618	7.2333	7.2050	7.1768	7.1488	7.1209
2	7.0931	7.0656	7.0381	7.0108	6.9837	6.9567	6.9298	6.9031	6.8765	6.8501
3	6.8238	6.7977	6.7716	6.7457	6.7200	6.6944	6.6689	6.6435	6.6183	6.5932
4	6.5683	6.5435	6.5188	6.4942	6.4698	6.4454	6.4213	6.3972	6.3732	6.3494
5	6.3257	6.3022	6.2787	6.2554	6.2322	6.2091	6.1861	6.1632	6.1405	6.1179
6	6.0954	6.0730	6.0507	6.0285	6.0064	5.9845	5.9627	5.9409	5.9193	5.8978
7	5.8764	5.8551	5.8339	5.8129	5.7919	5.7710	5.7502	5.7296	5.7090	5.6886
8	5.6682	5.6480	5.6278	5.6078	5.5878	5.5680	5.5482	5.5285	5.5090	5.4895
9	5.4701	5.4509	5.4317	5.4126	5.3936	5.3747	5.3559	5.3372	5.3186	5.3000
10	5.2816	5.2632	5.2450	5.2268	5.2087	5.1907	5.1728	5.1549	5.1372	5.1195
11	5.1020	5.0845	5.0671	5.0498	5.0325	5.0154	4.9983	4.9813	4.9644	4.9476
12	4.9308	4.9141	4.8975	4.8810	4.8646	4.8482	4.8319	4.8157	4.7996	4.7836
13	4.7676	4.7517	4.7359	4.7201	4.7044	4.6888	4.6733	4.6578	4.6424	4.6271
14	4.6119	4.5967	4.5816	4.5665	4.5516	4.5367	4.5219	4.5071	4.4924	4.4778
15	4.4632	4.4487	4.4343	4.4199	4.4057	4.3914	4.3773	4.3632	4.3491	4.3352
16	4.3212	4.3074	4.2936	4.2799	4.2662	4.2526	4.2391	4.2256	4.2122	4.1989
17	4.1856	4.1723	4.1592	4.1460	4.1330	4.1200	4.1070	4.0942	4.0813	4.0686

续　表

温度/℃	Δt/℃									
	0.0	0.1	0.2	0.3	0.4	0.5	0.6	0.7	0.8	0.9
18	4.055 8	4.043 2	4.030 6	4.018 0	4.005 5	3.993 1	3.980 7	3.968 4	3.956 1	3.943 9
19	3.931 7	3.919 6	3.907 6	3.895 6	3.883 6	3.871 7	3.859 8	3.848 0	3.836 3	3.824 6
20	3.813 0	3.801 4	3.789 8	3.778 3	3.766 9	3.755 5	3.744 1	3.732 8	3.721 6	3.710 3
21	3.699 2	3.688 1	3.677 0	3.666 0	3.655 0	3.644 1	3.633 2	3.622 4	3.611 6	3.600 9
22	3.590 2	3.579 5	3.568 9	3.558 4	3.547 8	3.537 4	3.526 9	3.516 6	3.506 2	3.495 9
23	3.485 7	3.475 4	3.465 3	3.455 1	3.445 1	3.435 0	3.425 0	3.415 0	3.405 1	3.395 2
24	3.385 4	3.375 6	3.365 8	3.356 1	3.346 4	3.336 8	3.327 2	3.317 6	3.308 1	3.298 6
25	3.289 2	3.279 8	3.270 4	3.261 0	3.251 7	3.242 5	3.233 3	3.224 1	3.214 9	3.205 8
26	3.196 7	3.187 7	3.178 7	3.169 7	3.160 8	3.151 9	3.143 0	3.134 2	3.125 4	3.116 7
27	3.107 9	3.099 3	3.090 6	3.082 0	3.073 4	3.064 8	3.056 3	3.047 8	3.039 4	3.031 0
28	3.022 6	3.014 2	3.005 9	2.997 6	2.989 3	2.981 1	2.972 9	2.964 7	2.956 6	2.948 5
29	2.940 4	2.932 4	2.924 4	2.916 4	2.908 5	2.900 5	2.892 6	2.884 8	2.877 0	2.869 2
30	2.861 4	2.853 6	2.845 9	2.838 2	2.830 6	2.823 0	2.815 4	2.807 8	2.800 3	2.792 7
31	2.785 3	2.777 8	2.770 4	2.763 0	2.755 6	2.748 2	2.740 9	2.733 6	2.726 3	2.719 1
32	2.711 9	2.704 7	2.697 5	2.690 4	2.683 3	2.676 2	2.669 1	2.662 1	2.655 1	2.648 1
33	2.641 1	2.634 2	2.627 3	2.620 4	2.613 6	2.606 7	2.599 9	2.593 1	2.586 4	2.579 6
34	2.572 9	2.566 2	2.559 5	2.552 9	2.546 3	2.539 7	2.533 1	2.526 5	2.520 0	2.513 5
35	2.507 0	2.500 5	2.494 1	2.487 7	2.481 3	2.474 9	2.468 6	2.462 2	2.455 9	2.449 6
36	2.443 4	2.437 1	2.430 9	2.424 7	2.418 5	2.412 3	2.406 2	2.400 1	2.394 0	2.387 9
37	2.381 8	2.375 8	2.369 8	2.363 8	2.357 8	2.351 8	2.345 9	2.340 0	2.334 1	2.328 2
38	2.322 3	2.316 5	2.310 7	2.304 8	2.299 1	2.293 3	2.287 5	2.281 8	2.276 1	2.270 4
39	2.264 7	2.259 1	2.253 4	2.247 8	2.242 2	2.236 6	2.231 0	2.225 5	2.220 0	2.214 4
40	2.208 9	2.203 5	2.198 0	2.192 5	2.187 1	2.181 7	2.176 3	2.170 9	2.165 6	2.160 2

来源：Weiss（1974），Weiss 和 Price（1980）。

31

表 1.8　不同温度下二氧化碳的 $F^{*} \times 10^{2}$ [mol/(L·atm)，10℃时表值为 5.280 0，F^{*} 为 5.280 0/100 或 0.052 800 mol/(L·atm)]

温度/℃	Δt/℃									
	0.0	0.1	0.2	0.3	0.4	0.5	0.6	0.7	0.8	0.9
0	7.675 8	7.645 1	7.614 6	7.584 3	7.554 1	7.524 1	7.494 3	7.464 6	7.435 1	7.405 7
1	7.376 5	7.347 4	7.318 5	7.289 8	7.261 2	7.232 7	7.204 4	7.176 3	7.148 3	7.120 4

续 表

温度/℃	Δt/℃									
	0.0	0.1	0.2	0.3	0.4	0.5	0.6	0.7	0.8	0.9
2	7.092 7	7.065 2	7.037 8	7.010 5	6.983 4	6.956 4	6.929 6	6.902 9	6.876 3	6.849 9
3	6.823 6	6.797 4	6.771 4	6.745 6	6.719 8	6.694 2	6.668 7	6.643 4	6.618 2	6.593 1
4	6.568 1	6.543 3	6.518 6	6.494 0	6.469 6	6.445 3	6.421 1	6.397 0	6.373 1	6.349 2
5	6.325 5	6.301 9	6.278 5	6.255 1	6.231 9	6.208 8	6.185 8	6.162 9	6.140 2	6.117 5
6	6.095 0	6.072 6	6.050 3	6.028 1	6.006 0	5.984 0	5.962 2	5.940 4	5.918 8	5.897 3
7	5.875 8	5.854 5	5.833 3	5.812 2	5.791 2	5.770 3	5.749 5	5.728 8	5.708 2	5.687 8
8	5.667 4	5.647 1	5.626 9	5.606 8	5.586 8	5.566 9	5.547 2	5.527 5	5.507 9	5.488 4
9	5.469 0	5.449 6	5.430 4	5.411 3	5.392 3	5.373 3	5.354 5	5.335 7	5.317 1	5.298 5
10	5.280 0	5.261 6	5.243 3	5.225 1	5.206 9	5.188 9	5.170 9	5.153 1	5.135 3	5.117 6
11	5.100 0	5.082 4	5.065 0	5.047 6	5.030 3	5.013 1	4.996 0	4.979 0	4.962 0	4.945 1
12	4.928 3	4.911 6	4.895 0	4.878 4	4.861 9	4.845 5	4.829 2	4.812 9	4.796 8	4.780 7
13	4.764 6	4.748 7	4.732 8	4.717 0	4.701 3	4.685 6	4.670 0	4.654 5	4.639 1	4.623 7
14	4.608 4	4.593 2	4.578 0	4.562 9	4.547 9	4.532 9	4.518 1	4.503 2	4.488 5	4.473 8
15	4.459 2	4.444 7	4.430 2	4.415 8	4.401 4	4.387 1	4.372 9	4.358 8	4.344 7	4.330 7
16	4.316 7	4.302 8	4.288 9	4.275 2	4.261 5	4.247 8	4.234 2	4.220 7	4.207 2	4.193 8
17	4.180 5	4.167 2	4.153 9	4.140 8	4.127 6	4.114 6	4.101 6	4.088 6	4.075 8	4.062 9
18	4.050 2	4.037 4	4.024 8	4.012 2	3.999 6	3.987 1	3.974 7	3.962 3	3.950 0	3.937 7
19	3.925 5	3.913 3	3.901 2	3.889 1	3.877 1	3.865 2	3.853 2	3.841 4	3.829 6	3.817 8
20	3.806 1	3.794 5	3.782 9	3.771 3	3.759 8	3.748 3	3.736 9	3.725 6	3.714 2	3.703 0
21	3.691 8	3.680 6	3.669 5	3.658 4	3.647 4	3.636 4	3.625 5	3.614 6	3.603 7	3.592 9
22	3.582 2	3.571 5	3.560 8	3.550 2	3.539 6	3.529 1	3.518 6	3.508 2	3.497 8	3.487 4
23	3.477 1	3.466 8	3.456 6	3.446 4	3.436 3	3.426 1	3.416 1	3.406 1	3.396 1	3.386 1
24	3.376 3	3.366 4	3.356 6	3.346 8	3.337 1	3.327 4	3.317 7	3.308 1	3.298 5	3.289 0
25	3.279 5	3.270 0	3.260 6	3.251 2	3.241 8	3.232 5	3.223 2	3.214 0	3.204 8	3.195 6
26	3.186 5	3.177 4	3.168 3	3.159 3	3.150 3	3.141 4	3.132 4	3.123 6	3.114 7	3.105 9
27	3.097 1	3.088 4	3.079 7	3.071 0	3.062 3	3.053 7	3.045 2	3.036 6	3.028 1	3.019 6
28	3.011 2	3.002 8	2.994 4	2.986 1	2.977 7	2.969 5	2.961 2	2.953 0	2.944 8	2.936 7
29	2.928 5	2.920 4	2.912 4	2.904 3	2.896 3	2.888 4	2.880 4	2.872 5	2.864 6	2.856 8
30	2.848 9	2.841 1	2.833 4	2.825 6	2.817 9	2.810 3	2.802 6	2.795 0	2.787 4	2.779 8
31	2.772 3	2.764 8	2.757 3	2.749 8	2.742 4	2.735 0	2.727 6	2.720 3	2.713 0	2.705 7
32	2.698 4	2.691 2	2.684 0	2.676 8	2.669 6	2.662 5	2.655 4	2.648 3	2.641 2	2.634 2
33	2.627 2	2.620 2	2.613 2	2.606 3	2.599 4	2.592 5	2.585 6	2.578 8	2.572 0	2.565 2
34	2.558 4	2.551 7	2.545 0	2.538 3	2.531 6	2.525 0	2.518 3	2.511 7	2.505 1	2.498 6

续　表

温度/℃	Δt/℃									
	0.0	0.1	0.2	0.3	0.4	0.5	0.6	0.7	0.8	0.9
35	2.492 1	2.485 5	2.479 1	2.472 6	2.466 1	2.459 7	2.453 3	2.446 9	2.440 6	2.434 2
36	2.427 9	2.421 6	2.415 4	2.409 1	2.402 9	2.396 7	2.390 5	2.384 3	2.378 2	2.372 1
37	2.366 0	2.359 9	2.353 8	2.347 8	2.341 7	2.335 7	2.329 7	2.323 8	2.317 8	2.311 9
38	2.306 0	2.300 1	2.294 2	2.288 4	2.282 6	2.276 7	2.270 9	2.265 2	2.259 4	2.253 7
39	2.248 0	2.242 3	2.236 6	2.230 9	2.225 3	2.219 6	2.214 0	2.208 4	2.202 9	2.197 3
40	2.191 8	2.186 2	2.180 7	2.175 2	2.169 8	2.164 3	2.158 9	2.153 4	2.148 0	2.142 6

来源：Weiss（1974），Weiss 和 Price（1980）。

32

表 1.9　不同温度下大气中氧气的饱和度值
（mg/L，淡水，1 atm 湿空气）

温度/℃	Δt/℃									
	0.0	0.1	0.2	0.3	0.4	0.5	0.6	0.7	0.8	0.9
0	14.621	14.579	14.538	14.497	14.457	14.416	14.376	14.335	14.295	14.255
1	14.216	14.176	14.137	14.098	14.059	14.020	13.982	13.943	13.905	13.867
2	13.829	13.791	13.754	13.717	13.679	13.642	13.606	13.569	13.532	13.496
3	13.460	13.424	13.388	13.352	13.317	13.282	13.246	13.211	13.176	13.142
4	13.107	13.073	13.038	13.004	12.970	12.937	12.903	12.869	12.836	12.803
5	12.770	12.737	12.704	12.672	12.639	12.607	12.575	12.542	12.511	12.479
6	12.447	12.416	12.384	12.353	12.322	12.291	12.260	12.230	12.199	12.169
7	12.138	12.108	12.078	12.048	12.019	11.989	11.959	11.930	11.901	11.872
8	11.843	11.814	11.785	11.756	11.728	11.699	11.671	11.643	11.615	11.587
9	11.559	11.532	11.504	11.476	11.449	11.422	11.395	11.368	11.341	11.314
10	11.288	11.261	11.235	11.208	11.182	11.156	11.130	11.104	11.078	11.052
11	11.027	11.001	10.976	10.951	10.926	10.900	10.876	10.851	10.826	10.801
12	10.777	10.752	10.728	10.704	10.679	10.655	10.631	10.607	10.584	10.560
13	10.536	10.513	10.490	10.466	10.443	10.420	10.397	10.374	10.351	10.328
14	10.306	10.283	10.260	10.238	10.216	10.194	10.171	10.149	10.127	10.105
15	10.084	10.062	10.040	10.019	9.997	9.976	9.955	9.933	9.912	9.891
16	9.870	9.849	9.828	9.808	9.787	9.766	9.746	9.725	9.705	9.685
17	9.665	9.644	9.624	9.604	9.584	9.565	9.545	9.525	9.506	9.486
18	9.467	9.447	9.428	9.409	9.389	9.370	9.351	9.332	9.313	9.295

续 表

温度/℃	Δt/℃									
	0.0	0.1	0.2	0.3	0.4	0.5	0.6	0.7	0.8	0.9
19	9.276	9.257	9.239	9.220	9.201	9.183	9.165	9.146	9.128	9.110
20	9.092	9.074	9.056	9.038	9.020	9.002	8.985	8.967	8.949	8.932
21	8.914	8.897	8.880	8.862	8.845	8.828	8.811	8.794	8.777	8.760
22	8.743	8.726	8.710	8.693	8.676	8.660	8.643	8.627	8.610	8.594
23	8.578	8.561	8.545	8.529	8.513	8.497	8.481	8.465	8.449	8.433
24	8.418	8.402	8.386	8.371	8.355	8.340	8.324	8.309	8.293	8.278
25	8.263	8.248	8.232	8.217	8.202	8.187	8.172	8.157	8.143	8.128
26	8.113	8.098	8.084	8.069	8.054	8.040	8.025	8.011	7.997	7.982
27	7.968	7.954	7.939	7.925	7.911	7.897	7.883	7.869	7.855	7.841
28	7.827	7.813	7.800	7.786	7.772	7.759	7.745	7.731	7.718	7.704
29	7.691	7.677	7.664	7.651	7.637	7.624	7.611	7.598	7.585	7.572
30	7.559	7.545	7.533	7.520	7.507	7.494	7.481	7.468	7.455	7.443
31	7.430	7.417	7.405	7.392	7.379	7.367	7.354	7.342	7.330	7.317
32	7.305	7.293	7.280	7.268	7.256	7.244	7.232	7.219	7.207	7.195
33	7.183	7.171	7.159	7.147	7.136	7.124	7.112	7.100	7.088	7.077
34	7.065	7.053	7.042	7.030	7.018	7.007	6.995	6.984	6.972	6.961
35	6.949	6.938	6.927	6.915	6.904	6.893	6.882	6.870	6.859	6.848
36	6.837	6.826	6.815	6.804	6.793	6.782	6.771	6.760	6.749	6.738
37	6.727	6.716	6.705	6.695	6.684	6.673	6.662	6.652	6.641	6.630
38	6.620	6.609	6.599	6.588	6.577	6.567	6.556	6.546	6.536	6.525
39	6.515	6.504	6.494	6.484	6.473	6.463	6.453	6.443	6.432	6.422
40	6.412	6.402	6.392	6.382	6.372	6.361	6.351	6.341	6.331	6.321

来源：方程 22，Benson 和 Krause（1984），Millero 和 Poisson（1981）。

33

表 1.10 不同温度下大气中氮气的饱和度值
（mg/L，淡水，1 atm 湿空气）

温度/℃	Δt/℃									
	0.0	0.1	0.2	0.3	0.4	0.5	0.6	0.7	0.8	0.9
0	23.261	23.199	23.138	23.077	23.016	22.956	22.895	22.836	22.776	22.717
1	22.658	22.599	22.540	22.482	22.424	22.366	22.309	22.252	22.195	22.138
2	22.082	22.026	21.970	21.914	21.859	21.804	21.749	21.694	21.640	21.586

续　表

温度/℃	Δt/℃									
	0.0	0.1	0.2	0.3	0.4	0.5	0.6	0.7	0.8	0.9
3	21.532	21.478	21.425	21.371	21.318	21.266	21.213	21.161	21.109	21.057
4	21.006	20.955	20.904	20.853	20.802	20.752	20.702	20.652	20.602	20.552
5	20.503	20.454	20.405	20.357	20.308	20.260	20.212	20.164	20.117	20.069
6	20.022	19.975	19.928	19.882	19.836	19.789	19.744	19.698	19.652	19.607
7	19.562	19.517	19.472	19.428	19.383	19.339	19.295	19.251	19.208	19.164
8	19.121	19.078	19.035	18.992	18.950	18.907	18.865	18.823	18.782	18.740
9	18.698	18.657	18.616	18.575	18.534	18.494	18.453	18.413	18.373	18.333
10	18.294	18.254	18.215	18.175	18.136	18.097	18.059	18.020	17.982	17.943
11	17.905	17.867	17.829	17.792	17.754	17.717	17.680	17.643	17.606	17.569
12	17.533	17.496	17.460	17.424	17.388	17.352	17.316	17.281	17.245	17.210
13	17.175	17.140	17.105	17.070	17.036	17.001	16.967	16.933	16.899	16.865
14	16.831	16.798	16.764	16.731	16.698	16.665	16.632	16.599	16.566	16.533
15	16.501	16.469	16.437	16.405	16.373	16.341	16.309	16.278	16.246	16.215
16	16.184	16.153	16.122	16.091	16.060	16.029	15.999	15.969	15.938	15.908
17	15.878	15.848	15.819	15.789	15.759	15.730	15.701	15.671	15.642	15.613
18	15.584	15.556	15.527	15.498	15.470	15.442	15.413	15.385	15.357	15.329
19	15.302	15.274	15.246	15.219	15.191	15.164	15.137	15.110	15.083	15.056
20	15.029	15.002	14.976	14.949	14.923	14.896	14.870	14.844	14.818	14.792
21	14.766	14.740	14.715	14.689	14.664	14.638	14.613	14.588	14.563	14.538
22	14.513	14.488	14.463	14.439	14.414	14.390	14.365	14.341	14.317	14.292
23	14.268	14.244	14.221	14.197	14.173	14.149	14.126	14.102	14.079	14.056
24	14.032	14.009	13.986	13.963	13.940	13.917	13.895	13.872	13.849	13.827
25	13.804	13.782	13.760	13.738	13.715	13.693	13.671	13.649	13.628	13.606
26	13.584	13.562	13.541	13.519	13.498	13.477	13.455	13.434	13.413	13.392
27	13.371	13.350	13.329	13.308	13.288	13.267	13.246	13.226	13.206	13.185
28	13.165	13.145	13.124	13.104	13.084	13.064	13.044	13.024	13.005	12.985
29	12.965	12.946	12.926	12.907	12.887	12.868	12.848	12.829	12.810	12.791
30	12.772	12.753	12.734	12.715	12.696	12.677	12.659	12.640	12.621	12.603
31	12.584	12.566	12.548	12.529	12.511	12.493	12.475	12.457	12.439	12.421
32	12.403	12.385	12.367	12.349	12.331	12.314	12.296	12.279	12.261	12.244
33	12.226	12.209	12.191	12.174	12.157	12.140	12.123	12.106	12.089	12.072
34	12.055	12.038	12.021	12.004	11.988	11.971	11.954	11.938	11.921	11.905
35	11.888	11.872	11.855	11.839	11.823	11.807	11.790	11.774	11.758	11.742

续 表

温度/℃	Δt/℃									
	0.0	0.1	0.2	0.3	0.4	0.5	0.6	0.7	0.8	0.9
36	11.726	11.710	11.694	11.678	11.663	11.647	11.631	11.615	11.600	11.584
37	11.568	11.553	11.537	11.522	11.506	11.491	11.476	11.460	11.445	11.430
38	11.415	11.400	11.385	11.370	11.354	11.340	11.325	11.310	11.295	11.280
39	11.265	11.250	11.236	11.221	11.206	11.192	11.177	11.163	11.148	11.134
40	11.119	11.105	11.090	11.076	11.062	11.047	11.033	11.019	11.005	10.991

来源：方程 1，Hamme 和 Emerson（2004），Millero 和 Poisson（1981）。

34

表 1.11 不同温度下大气中氩气的饱和度值
（mg/L，淡水，1 atm 湿空气）

温度/℃	Δt/℃									
	0.0	0.1	0.2	0.3	0.4	0.5	0.6	0.7	0.8	0.9
0	0.890 7	0.888 2	0.885 8	0.883 3	0.880 8	0.878 4	0.875 9	0.873 5	0.871 1	0.868 7
1	0.866 3	0.863 9	0.861 5	0.859 2	0.856 8	0.854 5	0.852 2	0.849 8	0.847 5	0.845 2
2	0.843 0	0.840 7	0.838 4	0.836 2	0.833 9	0.831 7	0.829 5	0.827 2	0.825 0	0.822 9
3	0.820 7	0.818 5	0.816 3	0.814 2	0.812 0	0.809 9	0.807 8	0.805 6	0.803 5	0.801 4
4	0.799 4	0.797 3	0.795 2	0.793 1	0.791 1	0.789 0	0.787 0	0.785 0	0.783 0	0.781 0
5	0.779 0	0.777 0	0.775 0	0.773 0	0.771 1	0.769 1	0.767 2	0.765 2	0.763 3	0.761 4
6	0.759 5	0.757 6	0.755 7	0.753 8	0.751 9	0.750 0	0.748 2	0.746 3	0.744 5	0.742 6
7	0.740 8	0.739 0	0.737 1	0.735 3	0.733 5	0.731 7	0.730 0	0.728 2	0.726 4	0.724 6
8	0.722 9	0.721 1	0.719 4	0.717 7	0.715 9	0.714 2	0.712 5	0.710 8	0.709 1	0.707 4
9	0.705 7	0.704 1	0.702 4	0.700 7	0.699 1	0.697 4	0.695 8	0.694 2	0.692 5	0.690 9
10	0.689 3	0.687 7	0.686 1	0.684 5	0.682 9	0.681 3	0.679 7	0.678 2	0.676 6	0.675 1
11	0.673 5	0.672 0	0.670 4	0.668 9	0.667 4	0.665 9	0.664 3	0.662 8	0.661 3	0.659 8
12	0.658 4	0.656 9	0.655 4	0.653 9	0.652 5	0.651 0	0.649 6	0.648 1	0.646 7	0.645 2
13	0.643 8	0.642 4	0.641 0	0.639 5	0.638 1	0.636 7	0.635 3	0.633 9	0.632 6	0.631 2
14	0.629 8	0.628 4	0.627 1	0.625 7	0.624 4	0.623 0	0.621 7	0.620 3	0.619 0	0.617 7
15	0.616 4	0.615 0	0.613 7	0.612 4	0.611 1	0.609 8	0.608 5	0.607 2	0.606 0	0.604 7
16	0.603 4	0.602 1	0.600 9	0.599 6	0.598 4	0.597 1	0.595 9	0.594 6	0.593 4	0.592 2
17	0.590 9	0.589 7	0.588 5	0.587 3	0.586 1	0.584 9	0.583 7	0.582 5	0.581 3	0.580 1
18	0.578 9	0.577 8	0.576 6	0.575 4	0.574 3	0.573 1	0.571 9	0.570 8	0.569 7	0.568 5
19	0.567 4	0.566 2	0.565 1	0.564 0	0.562 9	0.561 7	0.560 6	0.559 5	0.558 4	0.557 3

续 表

温度/℃	Δt/℃									
	0.0	0.1	0.2	0.3	0.4	0.5	0.6	0.7	0.8	0.9
20	0.5562	0.5551	0.5540	0.5529	0.5519	0.5508	0.5497	0.5486	0.5476	0.5465
21	0.5454	0.5444	0.5433	0.5423	0.5412	0.5402	0.5392	0.5381	0.5371	0.5361
22	0.5350	0.5340	0.5330	0.5320	0.5310	0.5300	0.5290	0.5280	0.5270	0.5260
23	0.5250	0.5240	0.5230	0.5221	0.5211	0.5201	0.5191	0.5182	0.5172	0.5163
24	0.5153	0.5143	0.5134	0.5125	0.5115	0.5106	0.5096	0.5087	0.5078	0.5068
25	0.5059	0.5050	0.5041	0.5032	0.5022	0.5013	0.5004	0.4995	0.4986	0.4977
26	0.4968	0.4959	0.4950	0.4942	0.4933	0.4924	0.4915	0.4906	0.4898	0.4889
27	0.4880	0.4872	0.4863	0.4854	0.4846	0.4837	0.4829	0.4820	0.4812	0.4803
28	0.4795	0.4787	0.4778	0.4770	0.4762	0.4753	0.4745	0.4737	0.4729	0.4721
29	0.4712	0.4704	0.4696	0.4688	0.4680	0.4672	0.4664	0.4656	0.4648	0.4640
30	0.4632	0.4624	0.4616	0.4609	0.4601	0.4593	0.4585	0.4577	0.4570	0.4562
31	0.4554	0.4547	0.4539	0.4531	0.4524	0.4516	0.4509	0.4501	0.4494	0.4486
32	0.4479	0.4471	0.4464	0.4456	0.4449	0.4442	0.4434	0.4427	0.4420	0.4412
33	0.4405	0.4398	0.4391	0.4383	0.4376	0.4369	0.4362	0.4355	0.4348	0.4341
34	0.4334	0.4327	0.4320	0.4313	0.4306	0.4299	0.4292	0.4285	0.4278	0.4271
35	0.4264	0.4257	0.4250	0.4243	0.4237	0.4230	0.4223	0.4216	0.4210	0.4203
36	0.4196	0.4189	0.4183	0.4176	0.4169	0.4163	0.4156	0.4150	0.4143	0.4137
37	0.4130	0.4123	0.4117	0.4110	0.4104	0.4098	0.4091	0.4085	0.4078	0.4072
38	0.4066	0.4059	0.4053	0.4046	0.4040	0.4034	0.4028	0.4021	0.4015	0.4009
39	0.4003	0.3996	0.3990	0.3984	0.3978	0.3972	0.3965	0.3959	0.3953	0.3947
40	0.3941	0.3935	0.3929	0.3923	0.3917	0.3911	0.3905	0.3899	0.3893	0.3887

来源：方程1，Hamme和Emerson（2004），Millero和Poisson（1981）。

35

表1.12 不同温度下大气中二氧化碳的饱和度值（mg/L，1 atm湿空气，淡水，摩尔分数=390 μatm）

温度/℃	Δt/℃									
	0.0	0.1	0.2	0.3	0.4	0.5	0.6	0.7	0.8	0.9
0	1.3174	1.3122	1.3069	1.3017	1.2966	1.2914	1.2863	1.2812	1.2761	1.2711
1	1.2661	1.2611	1.2561	1.2512	1.2463	1.2414	1.2365	1.2317	1.2269	1.2221
2	1.2174	1.2126	1.2079	1.2032	1.1986	1.1940	1.1894	1.1848	1.1802	1.1757
3	1.1712	1.1667	1.1622	1.1578	1.1534	1.1490	1.1446	1.1402	1.1359	1.1316

续 表

温度/℃	Δt/℃									
	0.0	0.1	0.2	0.3	0.4	0.5	0.6	0.7	0.8	0.9
4	1.127 3	1.123 1	1.118 8	1.114 6	1.110 4	1.106 2	1.102 1	1.097 9	1.093 8	1.089 8
5	1.085 7	1.081 6	1.077 6	1.073 6	1.069 6	1.065 6	1.061 7	1.057 8	1.053 9	1.050 0
6	1.046 1	1.042 3	1.038 4	1.034 6	1.030 8	1.027 1	1.023 3	1.019 6	1.015 9	1.012 2
7	1.008 5	1.004 8	1.001 2	0.997 6	0.994 0	0.990 4	0.986 8	0.983 3	0.979 7	0.976 2
8	0.972 7	0.969 2	0.965 8	0.962 3	0.958 9	0.955 5	0.952 1	0.948 7	0.945 3	0.942 0
9	0.938 7	0.935 3	0.932 1	0.928 8	0.925 5	0.922 3	0.919 0	0.915 8	0.912 6	0.909 4
10	0.906 2	0.903 1	0.899 9	0.896 8	0.893 7	0.890 6	0.887 5	0.884 4	0.881 4	0.878 4
11	0.875 3	0.872 3	0.869 3	0.866 3	0.863 4	0.860 4	0.857 5	0.854 6	0.851 7	0.848 8
12	0.845 9	0.843 0	0.840 1	0.837 3	0.834 5	0.831 7	0.828 9	0.826 1	0.823 3	0.820 5
13	0.817 8	0.815 0	0.812 3	0.809 6	0.806 9	0.804 2	0.801 5	0.798 9	0.796 2	0.793 6
14	0.791 0	0.788 3	0.785 7	0.783 2	0.780 6	0.778 0	0.775 5	0.772 9	0.770 4	0.767 9
15	0.765 4	0.762 9	0.760 4	0.757 9	0.755 4	0.753 0	0.750 5	0.748 1	0.745 7	0.743 3
16	0.740 9	0.738 5	0.736 1	0.733 8	0.731 4	0.729 1	0.726 7	0.724 4	0.722 1	0.719 8
17	0.717 5	0.715 2	0.713 0	0.710 7	0.708 4	0.706 2	0.704 0	0.701 8	0.699 5	0.697 3
18	0.695 1	0.693 0	0.690 8	0.688 6	0.686 5	0.684 3	0.682 2	0.680 1	0.678 0	0.675 8
19	0.673 8	0.671 7	0.669 6	0.667 5	0.665 4	0.663 4	0.661 4	0.659 3	0.657 3	0.655 3
20	0.653 3	0.651 3	0.649 3	0.647 3	0.645 3	0.643 3	0.641 4	0.639 4	0.637 5	0.635 6
21	0.633 6	0.631 7	0.629 8	0.627 9	0.626 0	0.624 1	0.622 3	0.620 4	0.618 5	0.616 7
22	0.614 8	0.613 0	0.611 2	0.609 3	0.607 5	0.605 7	0.603 9	0.602 1	0.600 3	0.598 6
23	0.596 8	0.595 0	0.593 3	0.591 5	0.589 8	0.588 0	0.586 3	0.584 6	0.582 9	0.581 2
24	0.579 5	0.577 8	0.576 1	0.574 4	0.572 8	0.571 1	0.569 4	0.567 8	0.566 1	0.564 5
25	0.562 9	0.561 2	0.559 6	0.558 0	0.556 4	0.554 8	0.553 2	0.551 6	0.550 1	0.548 5
26	0.546 9	0.545 3	0.543 8	0.542 2	0.540 7	0.539 2	0.537 6	0.536 1	0.534 6	0.533 1
27	0.531 6	0.530 1	0.528 6	0.527 1	0.525 6	0.524 1	0.522 7	0.521 2	0.519 7	0.518 3
28	0.516 8	0.515 4	0.513 9	0.512 5	0.511 1	0.509 7	0.508 2	0.506 8	0.505 4	0.504 0
29	0.502 6	0.501 2	0.499 9	0.498 5	0.497 1	0.495 7	0.494 4	0.493 0	0.491 7	0.490 3
30	0.489 0	0.487 6	0.486 3	0.485 0	0.483 7	0.482 3	0.481 0	0.479 7	0.478 4	0.477 1
31	0.475 8	0.474 5	0.473 2	0.472 0	0.470 7	0.469 4	0.468 2	0.466 9	0.465 6	0.464 4
32	0.463 1	0.461 9	0.460 7	0.459 4	0.458 2	0.457 0	0.455 8	0.454 5	0.453 3	0.452 1
33	0.450 9	0.449 7	0.448 5	0.447 3	0.446 1	0.445 0	0.443 8	0.442 6	0.441 4	0.440 3
34	0.439 1	0.438 0	0.436 8	0.435 7	0.434 5	0.433 4	0.432 2	0.431 1	0.430 0	0.428 8
35	0.427 7	0.426 6	0.425 5	0.424 4	0.423 3	0.422 2	0.421 1	0.420 0	0.418 9	0.417 8
36	0.416 7	0.415 6	0.414 6	0.413 5	0.412 4	0.411 4	0.410 3	0.409 2	0.408 2	0.407 1

续　表

温度/℃	Δt/℃ 0.0	0.1	0.2	0.3	0.4	0.5	0.6	0.7	0.8	0.9
37	0.406 1	0.405 0	0.404 0	0.403 0	0.401 9	0.400 9	0.399 9	0.398 8	0.397 8	0.396 8
38	0.395 8	0.394 8	0.393 8	0.392 8	0.391 8	0.390 8	0.389 8	0.388 8	0.387 8	0.386 8
39	0.385 8	0.384 9	0.383 9	0.382 9	0.381 9	0.381 0	0.380 0	0.379 0	0.378 1	0.377 1
40	0.376 2	0.375 2	0.374 3	0.373 3	0.372 4	0.371 5	0.370 5	0.369 6	0.368 7	0.367 8

来源：方程5和方程9，Weiss（1974），Millero和Poisson（1981）；根据莫纳罗亚数据估算的2010年CO_2的摩尔分数。

36

表1.13　不同温度下大气中二氧化碳的饱和度值（mg/L，1 atm湿空气，淡水，摩尔分数=440 μatm）

温度/℃	Δt/℃ 0.0	0.1	0.2	0.3	0.4	0.5	0.6	0.7	0.8	0.9
0	1.486 3	1.480 4	1.474 5	1.468 6	1.462 8	1.457 0	1.451 2	1.445 4	1.439 7	1.434 0
1	1.428 4	1.422 8	1.417 2	1.411 6	1.406 1	1.400 5	1.395 1	1.389 6	1.384 2	1.378 8
2	1.373 4	1.368 1	1.362 8	1.357 5	1.352 3	1.347 0	1.341 8	1.336 7	1.331 5	1.326 4
3	1.321 3	1.316 3	1.311 2	1.306 2	1.301 2	1.296 3	1.291 3	1.286 4	1.281 5	1.276 7
4	1.271 8	1.267 0	1.262 3	1.257 5	1.252 8	1.248 1	1.243 4	1.238 7	1.234 1	1.229 5
5	1.224 9	1.220 3	1.215 8	1.211 2	1.206 7	1.202 3	1.197 8	1.193 4	1.189 0	1.184 6
6	1.180 2	1.175 9	1.171 6	1.167 3	1.163 0	1.158 7	1.154 5	1.150 3	1.146 1	1.141 9
7	1.137 8	1.133 7	1.129 6	1.125 5	1.121 4	1.117 4	1.113 3	1.109 3	1.105 3	1.101 4
8	1.097 4	1.093 5	1.089 6	1.085 7	1.081 8	1.078 0	1.074 1	1.070 3	1.066 5	1.062 8
9	1.059 0	1.055 3	1.051 5	1.047 8	1.044 2	1.040 5	1.036 8	1.033 2	1.029 6	1.026 0
10	1.022 4	1.018 9	1.015 3	1.011 8	1.008 3	1.004 8	1.001 3	0.997 8	0.994 4	0.991 0
11	0.987 6	0.984 2	0.980 8	0.977 4	0.974 1	0.970 7	0.967 4	0.964 1	0.960 8	0.957 6
12	0.954 3	0.951 1	0.947 9	0.944 7	0.941 5	0.938 3	0.935 1	0.932 0	0.928 8	0.925 7
13	0.922 6	0.919 5	0.916 5	0.913 4	0.910 4	0.907 3	0.904 3	0.901 3	0.898 3	0.895 3
14	0.892 4	0.889 4	0.886 5	0.883 6	0.880 7	0.877 8	0.874 9	0.872 0	0.869 2	0.866 3
15	0.863 5	0.860 7	0.857 9	0.855 1	0.852 3	0.849 5	0.846 8	0.844 0	0.841 3	0.838 6
16	0.835 9	0.833 2	0.830 5	0.827 8	0.825 2	0.822 5	0.819 9	0.817 3	0.814 7	0.812 1
17	0.809 5	0.806 9	0.804 4	0.801 8	0.799 3	0.796 7	0.794 2	0.791 7	0.789 2	0.786 7
18	0.784 3	0.781 8	0.779 4	0.776 9	0.774 5	0.772 1	0.769 7	0.767 3	0.764 9	0.762 5
19	0.760 1	0.757 8	0.755 4	0.753 1	0.750 8	0.748 4	0.746 1	0.743 8	0.741 6	0.739 3

续 表

温度/℃	Δt/℃									
	0.0	0.1	0.2	0.3	0.4	0.5	0.6	0.7	0.8	0.9
20	0.7370	0.7348	0.7325	0.7303	0.7280	0.7258	0.7236	0.7214	0.7192	0.7170
21	0.7149	0.7127	0.7106	0.7084	0.7063	0.7042	0.7020	0.6999	0.6978	0.6957
22	0.6937	0.6916	0.6895	0.6875	0.6854	0.6834	0.6813	0.6793	0.6773	0.6753
23	0.6733	0.6713	0.6693	0.6674	0.6654	0.6634	0.6615	0.6595	0.6576	0.6557
24	0.6538	0.6519	0.6500	0.6481	0.6462	0.6443	0.6424	0.6406	0.6387	0.6369
25	0.6350	0.6332	0.6314	0.6296	0.6277	0.6259	0.6241	0.6224	0.6206	0.6188
26	0.6170	0.6153	0.6135	0.6118	0.6100	0.6083	0.6066	0.6048	0.6031	0.6014
27	0.5997	0.5980	0.5963	0.5947	0.5930	0.5913	0.5897	0.5880	0.5864	0.5847
28	0.5831	0.5815	0.5798	0.5782	0.5766	0.5750	0.5734	0.5718	0.5702	0.5687
29	0.5671	0.5655	0.5639	0.5624	0.5608	0.5593	0.5578	0.5562	0.5547	0.5532
30	0.5517	0.5502	0.5487	0.5472	0.5457	0.5442	0.5427	0.5412	0.5397	0.5383
31	0.5368	0.5354	0.5339	0.5325	0.5310	0.5296	0.5282	0.5268	0.5253	0.5239
32	0.5225	0.5211	0.5197	0.5183	0.5169	0.5156	0.5142	0.5128	0.5114	0.5101
33	0.5087	0.5074	0.5060	0.5047	0.5033	0.5020	0.5007	0.4994	0.4980	0.4967
34	0.4954	0.4941	0.4928	0.4915	0.4902	0.4889	0.4876	0.4864	0.4851	0.4838
35	0.4826	0.4813	0.4800	0.4788	0.4775	0.4763	0.4751	0.4738	0.4726	0.4714
36	0.4701	0.4689	0.4677	0.4665	0.4653	0.4641	0.4629	0.4617	0.4605	0.4593
37	0.4581	0.4570	0.4558	0.4546	0.4535	0.4523	0.4511	0.4500	0.4488	0.4477
38	0.4465	0.4454	0.4443	0.4431	0.4420	0.4409	0.4397	0.4386	0.4375	0.4364
39	0.4353	0.4342	0.4331	0.4320	0.4309	0.4298	0.4287	0.4276	0.4266	0.4255
40	0.4244	0.4233	0.4223	0.4212	0.4202	0.4191	0.4180	0.4170	0.4159	0.4149

来源：方程 5 和方程 9，Weiss（1974），Millero 和 Poisson（1981）；根据莫纳罗亚数据估算的 2030 年 CO_2的摩尔分数。

37

表 1.14　不同温度下大气中氧气的饱和度值（STP/L，$mL_{真实气体}$，淡水，1 atm 湿空气）

温度/℃	Δt/℃									
	0.0	0.1	0.2	0.3	0.4	0.5	0.6	0.7	0.8	0.9
0	10.232	10.203	10.174	10.145	10.117	10.088	10.060	10.032	10.004	9.976
1	9.948	9.920	9.893	9.866	9.838	9.811	9.784	9.757	9.731	9.704
2	9.678	9.651	9.625	9.599	9.573	9.547	9.521	9.495	9.470	9.444

续　表

温度/℃	Δt/℃									
	0.0	0.1	0.2	0.3	0.4	0.5	0.6	0.7	0.8	0.9
3	9.419	9.394	9.369	9.344	9.319	9.294	9.270	9.245	9.221	9.196
4	9.172	9.148	9.124	9.100	9.077	9.053	9.029	9.006	8.983	8.959
5	8.936	8.913	8.890	8.867	8.845	8.822	8.800	8.777	8.755	8.733
6	8.710	8.688	8.666	8.645	8.623	8.601	8.580	8.558	8.537	8.516
7	8.494	8.473	8.452	8.431	8.410	8.390	8.369	8.349	8.328	8.308
8	8.287	8.267	8.247	8.227	8.207	8.187	8.167	8.148	8.128	8.109
9	8.089	8.070	8.050	8.031	8.012	7.993	7.974	7.955	7.936	7.918
10	7.899	7.880	7.862	7.843	7.825	7.807	7.789	7.770	7.752	7.734
11	7.717	7.699	7.681	7.663	7.646	7.628	7.611	7.593	7.576	7.559
12	7.541	7.524	7.507	7.490	7.473	7.457	7.440	7.423	7.406	7.390
13	7.373	7.357	7.341	7.324	7.308	7.292	7.276	7.260	7.244	7.228
14	7.212	7.196	7.180	7.165	7.149	7.133	7.118	7.102	7.087	7.072
15	7.056	7.041	7.026	7.011	6.996	6.981	6.966	6.951	6.936	6.922
16	6.907	6.892	6.878	6.863	6.849	6.834	6.820	6.806	6.792	6.777
17	6.763	6.749	6.735	6.721	6.707	6.693	6.679	6.666	6.652	6.638
18	6.625	6.611	6.598	6.584	6.571	6.557	6.544	6.531	6.517	6.504
19	6.491	6.478	6.465	6.452	6.439	6.426	6.413	6.401	6.388	6.375
20	6.362	6.350	6.337	6.325	6.312	6.300	6.287	6.275	6.263	6.250
21	6.238	6.226	6.214	6.202	6.190	6.178	6.166	6.154	6.142	6.130
22	6.118	6.107	6.095	6.083	6.072	6.060	6.048	6.037	6.025	6.014
23	6.003	5.991	5.980	5.969	5.957	5.946	5.935	5.924	5.913	5.902
24	5.891	5.880	5.869	5.858	5.847	5.836	5.825	5.814	5.804	5.793
25	5.782	5.772	5.761	5.750	5.740	5.729	5.719	5.709	5.698	5.688
26	5.677	5.667	5.657	5.647	5.636	5.626	5.616	5.606	5.596	5.586
27	5.576	5.566	5.556	5.546	5.536	5.526	5.517	5.507	5.497	5.487
28	5.478	5.468	5.458	5.449	5.439	5.429	5.420	5.410	5.401	5.391
29	5.382	5.373	5.363	5.354	5.345	5.335	5.326	5.317	5.308	5.299
30	5.289	5.280	5.271	5.262	5.253	5.244	5.235	5.226	5.217	5.208
31	5.199	5.191	5.182	5.173	5.164	5.155	5.147	5.138	5.129	5.121
32	5.112	5.103	5.095	5.086	5.078	5.069	5.061	5.052	5.044	5.035
33	5.027	5.018	5.010	5.002	4.993	4.985	4.977	4.969	4.960	4.952
34	4.944	4.936	4.928	4.920	4.911	4.903	4.895	4.887	4.879	4.871
35	4.863	4.855	4.847	4.839	4.831	4.824	4.816	4.808	4.800	4.792

续 表

温度/℃	Δt/℃									
	0.0	0.1	0.2	0.3	0.4	0.5	0.6	0.7	0.8	0.9
36	4.784	4.777	4.769	4.761	4.753	4.746	4.738	4.730	4.723	4.715
37	4.708	4.700	4.692	4.685	4.677	4.670	4.662	4.655	4.647	4.640
38	4.632	4.625	4.618	4.610	4.603	4.596	4.588	4.581	4.574	4.566
39	4.559	4.552	4.545	4.537	4.530	4.523	4.516	4.509	4.501	4.494
40	4.487	4.480	4.473	4.466	4.459	4.452	4.445	4.438	4.431	4.424

来源：方程 22，Benson 和 Krause（1984），Millero 和 Poisson（1981）。

38

表 1.15 不同温度下大气中氮气的饱和度值（STP/L，$mL_{真实气体}$，淡水，1 atm 湿空气）

温度/℃	Δt/℃									
	0.0	0.1	0.2	0.3	0.4	0.5	0.6	0.7	0.8	0.9
0	18.603	18.553	18.504	18.455	18.407	18.359	18.310	18.263	18.215	18.167
1	18.120	18.073	18.026	17.980	17.933	17.887	17.841	17.796	17.750	17.705
2	17.660	17.615	17.570	17.526	17.481	17.437	17.393	17.350	17.306	17.263
3	17.220	17.177	17.134	17.092	17.049	17.007	16.965	16.923	16.882	16.840
4	16.799	16.758	16.717	16.677	16.636	16.596	16.556	16.516	16.476	16.437
5	16.397	16.358	16.319	16.280	16.241	16.203	16.164	16.126	16.088	16.050
6	16.013	15.975	15.938	15.900	15.863	15.826	15.790	15.753	15.717	15.680
7	15.644	15.608	15.573	15.537	15.502	15.466	15.431	15.396	15.361	15.326
8	15.292	15.257	15.223	15.189	15.155	15.121	15.087	15.054	15.020	14.987
9	14.954	14.921	14.888	14.855	14.823	14.790	14.758	14.726	14.694	14.662
10	14.630	14.598	14.567	14.536	14.504	14.473	14.442	14.411	14.381	14.350
11	14.320	14.289	14.259	14.229	14.199	14.169	14.139	14.110	14.080	14.051
12	14.022	13.992	13.963	13.934	13.906	13.877	13.848	13.820	13.792	13.764
13	13.735	13.707	13.680	13.652	13.624	13.597	13.569	13.542	13.515	13.488
14	13.461	13.434	13.407	13.380	13.354	13.327	13.301	13.275	13.249	13.223
15	13.197	13.171	13.145	13.119	13.094	13.068	13.043	13.018	12.993	12.968
16	12.943	12.918	12.893	12.868	12.844	12.819	12.795	12.771	12.747	12.723
17	12.699	12.675	12.651	12.627	12.603	12.580	12.556	12.533	12.510	12.487
18	12.464	12.441	12.418	12.395	12.372	12.349	12.327	12.304	12.282	12.260
19	12.237	12.215	12.193	12.171	12.149	12.127	12.106	12.084	12.062	12.041

续 表

温度/℃	Δt/℃ 0.0	0.1	0.2	0.3	0.4	0.5	0.6	0.7	0.8	0.9
20	12.019	11.998	11.977	11.955	11.934	11.913	11.892	11.871	11.851	11.830
21	11.809	11.789	11.768	11.748	11.727	11.707	11.687	11.667	11.646	11.626
22	11.607	11.587	11.567	11.547	11.528	11.508	11.488	11.469	11.450	11.430
23	11.411	11.392	11.373	11.354	11.335	11.316	11.297	11.278	11.260	11.241
24	11.222	11.204	11.185	11.167	11.149	11.130	11.112	11.094	11.076	11.058
25	11.040	11.022	11.004	10.986	10.969	10.951	10.934	10.916	10.899	10.881
26	10.864	10.846	10.829	10.812	10.795	10.778	10.761	10.744	10.727	10.710
27	10.693	10.677	10.660	10.643	10.627	10.610	10.594	10.577	10.561	10.545
28	10.528	10.512	10.496	10.480	10.464	10.448	10.432	10.416	10.400	10.385
29	10.369	10.353	10.338	10.322	10.306	10.291	10.275	10.260	10.245	10.229
30	10.214	10.199	10.184	10.169	10.154	10.139	10.124	10.109	10.094	10.079
31	10.064	10.050	10.035	10.020	10.006	9.991	9.977	9.962	9.948	9.933
32	9.919	9.905	9.890	9.876	9.862	9.848	9.834	9.820	9.806	9.792
33	9.778	9.764	9.750	9.736	9.722	9.709	9.695	9.681	9.668	9.654
34	9.641	9.627	9.614	9.600	9.587	9.574	9.560	9.547	9.534	9.521
35	9.507	9.494	9.481	9.468	9.455	9.442	9.429	9.416	9.404	9.391
36	9.378	9.365	9.352	9.340	9.327	9.314	9.302	9.289	9.277	9.264
37	9.252	9.239	9.227	9.215	9.202	9.190	9.178	9.165	9.153	9.141
38	9.129	9.117	9.105	9.093	9.081	9.069	9.057	9.045	9.033	9.021
39	9.009	8.997	8.986	8.974	8.962	8.950	8.939	8.927	8.916	8.904
40	8.892	8.881	8.869	8.858	8.846	8.835	8.824	8.812	8.801	8.790

来源：方程1，Hamme和Emerson（2004），Millero和Poisson（1981）。

39

表1.16 不同温度下大气中氩气的饱和度值（STP/L，$mL_{真实气体}$，淡水，1 atm湿空气）

温度/℃	Δt/℃ 0.0	0.1	0.2	0.3	0.4	0.5	0.6	0.7	0.8	0.9
0	0.4993	0.4979	0.4965	0.4951	0.4937	0.4924	0.4910	0.4896	0.4883	0.4869
1	0.4856	0.4843	0.4829	0.4816	0.4803	0.4790	0.4777	0.4764	0.4751	0.4738
2	0.4725	0.4712	0.4700	0.4687	0.4675	0.4662	0.4650	0.4637	0.4625	0.4613
3	0.4600	0.4588	0.4576	0.4564	0.4552	0.4540	0.4528	0.4516	0.4504	0.4493

续　表

温度/℃	Δt/℃									
	0.0	0.1	0.2	0.3	0.4	0.5	0.6	0.7	0.8	0.9
4	0.448 1	0.446 9	0.445 8	0.444 6	0.443 4	0.442 3	0.441 2	0.440 0	0.438 9	0.437 8
5	0.436 7	0.435 5	0.434 4	0.433 3	0.432 2	0.431 1	0.430 0	0.429 0	0.427 9	0.426 8
6	0.425 7	0.424 7	0.423 6	0.422 5	0.421 5	0.420 4	0.419 4	0.418 3	0.417 3	0.416 3
7	0.415 3	0.414 2	0.413 2	0.412 2	0.411 2	0.410 2	0.409 2	0.408 2	0.407 2	0.406 2
8	0.405 2	0.404 2	0.403 3	0.402 3	0.401 3	0.400 4	0.399 4	0.398 4	0.397 5	0.396 6
9	0.395 6	0.394 7	0.393 7	0.392 8	0.391 9	0.390 9	0.390 0	0.389 1	0.388 2	0.387 3
10	0.386 4	0.385 5	0.384 6	0.383 7	0.382 8	0.381 9	0.381 0	0.380 2	0.379 3	0.378 4
11	0.377 5	0.376 7	0.375 8	0.375 0	0.374 1	0.373 2	0.372 4	0.371 6	0.370 7	0.369 9
12	0.369 0	0.368 2	0.367 4	0.366 6	0.365 7	0.364 9	0.364 1	0.363 3	0.362 5	0.361 7
13	0.360 9	0.360 1	0.359 3	0.358 5	0.357 7	0.356 9	0.356 1	0.355 4	0.354 6	0.353 8
14	0.353 0	0.352 3	0.351 5	0.350 7	0.350 0	0.349 2	0.348 5	0.347 7	0.347 0	0.346 2
15	0.345 5	0.344 8	0.344 0	0.343 3	0.342 6	0.341 8	0.341 1	0.340 4	0.339 7	0.339 0
16	0.338 2	0.337 5	0.336 8	0.336 1	0.335 4	0.334 7	0.334 0	0.333 3	0.332 6	0.331 9
17	0.331 3	0.330 6	0.329 9	0.329 2	0.328 5	0.327 9	0.327 2	0.326 5	0.325 9	0.325 2
18	0.324 5	0.323 9	0.323 2	0.322 6	0.321 9	0.321 3	0.320 6	0.320 0	0.319 3	0.318 7
19	0.318 0	0.317 4	0.316 8	0.316 1	0.315 5	0.314 9	0.314 3	0.313 6	0.313 0	0.312 4
20	0.311 8	0.311 2	0.310 6	0.310 0	0.309 3	0.308 7	0.308 1	0.307 5	0.306 9	0.306 3
21	0.305 8	0.305 2	0.304 6	0.304 0	0.303 4	0.302 8	0.302 2	0.301 7	0.301 1	0.300 5
22	0.299 9	0.299 4	0.298 8	0.298 2	0.297 6	0.297 1	0.296 5	0.296 0	0.295 4	0.294 8
23	0.294 3	0.293 7	0.293 2	0.292 6	0.292 1	0.291 6	0.291 0	0.290 5	0.289 9	0.289 4
24	0.288 9	0.288 3	0.287 8	0.287 3	0.286 7	0.286 2	0.285 7	0.285 2	0.284 6	0.284 1
25	0.283 6	0.283 1	0.282 6	0.282 0	0.281 5	0.281 0	0.280 5	0.280 0	0.279 5	0.279 0
26	0.278 5	0.278 0	0.277 5	0.277 0	0.276 5	0.276 0	0.275 5	0.275 0	0.274 5	0.274 1
27	0.273 6	0.273 1	0.272 6	0.272 1	0.271 6	0.271 2	0.270 7	0.270 2	0.269 7	0.269 3
28	0.268 8	0.268 3	0.267 8	0.267 4	0.266 9	0.266 5	0.266 0	0.265 5	0.265 1	0.264 6
29	0.264 2	0.263 7	0.263 2	0.262 8	0.262 3	0.261 9	0.261 4	0.261 0	0.260 5	0.260 1
30	0.259 7	0.259 2	0.258 8	0.258 3	0.257 9	0.257 5	0.257 0	0.256 6	0.256 2	0.255 7
31	0.255 3	0.254 9	0.254 4	0.254 0	0.253 6	0.253 2	0.252 7	0.252 3	0.251 9	0.251 5
32	0.251 1	0.250 6	0.250 2	0.249 8	0.249 4	0.249 0	0.248 6	0.248 2	0.247 7	0.247 3
33	0.246 9	0.246 5	0.246 1	0.245 7	0.245 3	0.244 9	0.244 5	0.244 1	0.243 7	0.243 3
34	0.242 9	0.242 5	0.242 1	0.241 7	0.241 3	0.241 0	0.240 6	0.240 2	0.239 8	0.239 4
35	0.239 0	0.238 6	0.238 2	0.237 9	0.237 5	0.237 1	0.236 7	0.236 3	0.236 0	0.235 6
36	0.235 2	0.234 8	0.234 5	0.234 1	0.233 7	0.233 4	0.233 0	0.232 6	0.232 2	0.231 9

续　表

温度/℃	Δt/℃									
	0.0	0.1	0.2	0.3	0.4	0.5	0.6	0.7	0.8	0.9
37	0.231 5	0.231 1	0.230 8	0.230 4	0.230 1	0.229 7	0.229 3	0.229 0	0.228 6	0.228 3
38	0.227 9	0.227 5	0.227 2	0.226 8	0.226 5	0.226 1	0.225 8	0.225 4	0.225 1	0.224 7
39	0.224 4	0.224 0	0.223 7	0.223 3	0.223 0	0.222 6	0.222 3	0.221 9	0.221 6	0.221 3
40	0.220 9	0.220 6	0.220 2	0.219 9	0.219 6	0.219 2	0.218 9	0.218 5	0.218 2	0.217 9

来源：方程 1，Hamme 和 Emerson（2004），Millero 和 Poisson（1981）。

40

表 1.17　不同温度下大气中二氧化碳的饱和度值（STP/L，$mL_{真实气体}$，淡水，1 atm 湿空气，摩尔分数 = 390 μatm）

温度/℃	Δt/℃									
	0.0	0.1	0.2	0.3	0.4	0.5	0.6	0.7	0.8	0.9
0	0.666 5	0.663 8	0.661 1	0.658 5	0.655 9	0.653 3	0.650 7	0.648 1	0.645 6	0.643 0
1	0.640 5	0.637 9	0.635 4	0.632 9	0.630 5	0.628 0	0.625 5	0.623 1	0.620 7	0.618 2
2	0.615 8	0.613 4	0.611 1	0.608 7	0.606 3	0.604 0	0.601 7	0.599 3	0.597 0	0.594 7
3	0.592 5	0.590 2	0.587 9	0.585 7	0.583 5	0.581 2	0.579 0	0.576 8	0.574 6	0.572 4
4	0.570 3	0.568 1	0.566 0	0.563 8	0.561 7	0.559 6	0.557 5	0.555 4	0.553 3	0.551 3
5	0.549 2	0.547 2	0.545 1	0.543 1	0.541 1	0.539 1	0.537 1	0.535 1	0.533 1	0.531 2
6	0.529 2	0.527 3	0.525 3	0.523 4	0.521 5	0.519 6	0.517 7	0.515 8	0.513 9	0.512 0
7	0.510 2	0.508 3	0.506 5	0.504 6	0.502 8	0.501 0	0.499 2	0.497 4	0.495 6	0.493 8
8	0.492 1	0.490 3	0.488 6	0.486 8	0.485 1	0.483 4	0.481 6	0.479 9	0.478 2	0.476 5
9	0.474 8	0.473 2	0.471 5	0.469 8	0.468 2	0.466 5	0.464 9	0.463 3	0.461 7	0.460 0
10	0.458 4	0.456 8	0.455 3	0.453 7	0.452 1	0.450 5	0.449 0	0.447 4	0.445 9	0.444 3
11	0.442 8	0.441 3	0.439 8	0.438 3	0.436 8	0.435 3	0.433 8	0.432 3	0.430 8	0.429 4
12	0.427 9	0.426 5	0.425 0	0.423 6	0.422 1	0.420 7	0.419 3	0.417 9	0.416 5	0.415 1
13	0.413 7	0.412 3	0.410 9	0.409 6	0.408 2	0.406 8	0.405 5	0.404 1	0.402 8	0.401 5
14	0.400 1	0.398 8	0.397 5	0.396 2	0.394 9	0.393 6	0.392 3	0.391 0	0.389 7	0.388 4
15	0.387 2	0.385 9	0.384 7	0.383 4	0.382 2	0.380 9	0.379 7	0.378 5	0.377 2	0.376 0
16	0.374 8	0.373 6	0.372 4	0.371 2	0.370 0	0.368 8	0.367 6	0.366 5	0.365 3	0.364 1
17	0.363 0	0.361 8	0.360 7	0.359 5	0.358 4	0.357 3	0.356 1	0.355 0	0.353 9	0.352 8
18	0.351 7	0.350 6	0.349 5	0.348 4	0.347 3	0.346 2	0.345 1	0.344 0	0.343 0	0.341 9
19	0.340 8	0.339 8	0.338 7	0.337 7	0.336 6	0.335 6	0.334 6	0.333 5	0.332 5	0.331 5
20	0.330 5	0.329 5	0.328 4	0.327 4	0.326 4	0.325 5	0.324 5	0.323 5	0.322 5	0.321 5

续 表

温度/℃	Δt/℃									
	0.0	0.1	0.2	0.3	0.4	0.5	0.6	0.7	0.8	0.9
21	0.320 5	0.319 6	0.318 6	0.317 6	0.316 7	0.315 7	0.314 8	0.313 8	0.312 9	0.312 0
22	0.311 0	0.310 1	0.309 2	0.308 2	0.307 3	0.306 4	0.305 5	0.304 6	0.303 7	0.302 8
23	0.301 9	0.301 0	0.300 1	0.299 2	0.298 4	0.297 5	0.296 6	0.295 7	0.294 9	0.294 0
24	0.293 1	0.292 3	0.291 4	0.290 6	0.289 7	0.288 9	0.288 1	0.287 2	0.286 4	0.285 6
25	0.284 7	0.283 9	0.283 1	0.282 3	0.281 5	0.280 7	0.279 9	0.279 1	0.278 3	0.277 5
26	0.276 7	0.275 9	0.275 1	0.274 3	0.273 5	0.272 8	0.272 0	0.271 2	0.270 4	0.269 7
27	0.268 9	0.268 2	0.267 4	0.266 6	0.265 9	0.265 1	0.264 4	0.263 7	0.262 9	0.262 2
28	0.261 4	0.260 7	0.260 0	0.259 3	0.258 5	0.257 8	0.257 1	0.256 4	0.255 7	0.255 0
29	0.254 3	0.253 6	0.252 9	0.252 2	0.251 5	0.250 8	0.250 1	0.249 4	0.248 7	0.248 0
30	0.247 4	0.246 7	0.246 0	0.245 3	0.244 7	0.244 0	0.243 3	0.242 7	0.242 0	0.241 4
31	0.240 7	0.240 1	0.239 4	0.238 8	0.238 1	0.237 5	0.236 8	0.236 2	0.235 6	0.234 9
32	0.234 3	0.233 7	0.233 0	0.232 4	0.231 8	0.231 2	0.230 6	0.229 9	0.229 3	0.228 7
33	0.228 1	0.227 5	0.226 9	0.226 3	0.225 7	0.225 1	0.224 5	0.223 9	0.223 3	0.222 7
34	0.222 1	0.221 6	0.221 0	0.220 4	0.219 8	0.219 2	0.218 7	0.218 1	0.217 5	0.216 9
35	0.216 4	0.215 8	0.215 2	0.214 7	0.214 1	0.213 6	0.213 0	0.212 5	0.211 9	0.211 4
36	0.210 8	0.210 3	0.209 7	0.209 2	0.208 6	0.208 1	0.207 6	0.207 0	0.206 5	0.206 0
37	0.205 4	0.204 9	0.204 4	0.203 8	0.203 3	0.202 8	0.202 3	0.201 8	0.201 2	0.200 7
38	0.200 2	0.199 7	0.199 2	0.198 7	0.198 2	0.197 7	0.197 2	0.196 7	0.196 2	0.195 7
39	0.195 2	0.194 7	0.194 2	0.193 7	0.193 2	0.192 7	0.192 2	0.191 7	0.191 3	0.190 8
40	0.190 3	0.189 8	0.189 3	0.188 9	0.188 4	0.187 9	0.187 4	0.187 0	0.186 5	0.186 0

来源：方程 5 和方程 9，Weiss（1974），Millero 和 Poisson（1981）；依据莫纳罗亚数据估算的 2010 年 CO_2的摩尔分数。

41

表 1.18 不同温度下大气中二氧化碳的饱和度值（STP/L，$mL_{真实气体}$，淡水，1 atm 湿空气，摩尔分数 = 440 μatm）

温度/℃	Δt/℃									
	0.0	0.1	0.2	0.3	0.4	0.5	0.6	0.7	0.8	0.9
0	0.751 9	0.748 9	0.745 9	0.742 9	0.740 0	0.737 0	0.734 1	0.731 2	0.728 3	0.725 4
1	0.722 6	0.719 7	0.716 9	0.714 1	0.711 3	0.708 5	0.705 7	0.703 0	0.700 2	0.697 5
2	0.694 8	0.692 1	0.689 4	0.686 7	0.684 1	0.681 4	0.678 8	0.676 2	0.673 6	0.671 0
3	0.668 4	0.665 9	0.663 3	0.660 8	0.658 3	0.655 7	0.653 2	0.650 8	0.648 3	0.645 8

续 表

温度/℃	Δt/℃									
	0.0	0.1	0.2	0.3	0.4	0.5	0.6	0.7	0.8	0.9
4	0.6434	0.6410	0.6385	0.6361	0.6337	0.6314	0.6290	0.6266	0.6243	0.6220
5	0.6196	0.6173	0.6150	0.6127	0.6105	0.6082	0.6059	0.6037	0.6015	0.5993
6	0.5970	0.5949	0.5927	0.5905	0.5883	0.5862	0.5840	0.5819	0.5798	0.5777
7	0.5756	0.5735	0.5714	0.5693	0.5673	0.5652	0.5632	0.5612	0.5592	0.5572
8	0.5552	0.5532	0.5512	0.5492	0.5473	0.5453	0.5434	0.5415	0.5395	0.5376
9	0.5357	0.5338	0.5319	0.5301	0.5282	0.5264	0.5245	0.5227	0.5208	0.5190
10	0.5172	0.5154	0.5136	0.5118	0.5101	0.5083	0.5065	0.5048	0.5030	0.5013
11	0.4996	0.4979	0.4962	0.4945	0.4928	0.4911	0.4894	0.4877	0.4861	0.4844
12	0.4828	0.4811	0.4795	0.4779	0.4763	0.4747	0.4731	0.4715	0.4699	0.4683
13	0.4667	0.4652	0.4636	0.4621	0.4605	0.4590	0.4575	0.4559	0.4544	0.4529
14	0.4514	0.4499	0.4484	0.4470	0.4455	0.4440	0.4426	0.4411	0.4397	0.4382
15	0.4368	0.4354	0.4340	0.4326	0.4312	0.4298	0.4284	0.4270	0.4256	0.4242
16	0.4229	0.4215	0.4201	0.4188	0.4174	0.4161	0.4148	0.4134	0.4121	0.4108
17	0.4095	0.4082	0.4069	0.4056	0.4043	0.4031	0.4018	0.4005	0.3992	0.3980
18	0.3967	0.3955	0.3943	0.3930	0.3918	0.3906	0.3894	0.3881	0.3869	0.3857
19	0.3845	0.3833	0.3821	0.3810	0.3798	0.3786	0.3775	0.3763	0.3751	0.3740
20	0.3728	0.3717	0.3706	0.3694	0.3683	0.3672	0.3661	0.3649	0.3638	0.3627
21	0.3616	0.3605	0.3595	0.3584	0.3573	0.3562	0.3551	0.3541	0.3530	0.3520
22	0.3509	0.3499	0.3488	0.3478	0.3467	0.3457	0.3447	0.3436	0.3426	0.3416
23	0.3406	0.3396	0.3386	0.3376	0.3366	0.3356	0.3346	0.3336	0.3327	0.3317
24	0.3307	0.3298	0.3288	0.3278	0.3269	0.3259	0.3250	0.3241	0.3231	0.3222
25	0.3212	0.3203	0.3194	0.3185	0.3176	0.3166	0.3157	0.3148	0.3139	0.3130
26	0.3121	0.3112	0.3104	0.3095	0.3086	0.3077	0.3068	0.3060	0.3051	0.3042
27	0.3034	0.3025	0.3017	0.3008	0.3000	0.2991	0.2983	0.2975	0.2966	0.2958
28	0.2950	0.2941	0.2933	0.2925	0.2917	0.2909	0.2901	0.2893	0.2885	0.2877
29	0.2869	0.2861	0.2853	0.2845	0.2837	0.2829	0.2822	0.2814	0.2806	0.2798
30	0.2791	0.2783	0.2776	0.2768	0.2760	0.2753	0.2745	0.2738	0.2730	0.2723
31	0.2716	0.2708	0.2701	0.2694	0.2686	0.2679	0.2672	0.2665	0.2658	0.2650
32	0.2643	0.2636	0.2629	0.2622	0.2615	0.2608	0.2601	0.2594	0.2587	0.2580
33	0.2574	0.2567	0.2560	0.2553	0.2546	0.2540	0.2533	0.2526	0.2519	0.2513
34	0.2506	0.2500	0.2493	0.2486	0.2480	0.2473	0.2467	0.2460	0.2454	0.2448
35	0.2441	0.2435	0.2428	0.2422	0.2416	0.2409	0.2403	0.2397	0.2391	0.2385
36	0.2378	0.2372	0.2366	0.2360	0.2354	0.2348	0.2342	0.2336	0.2330	0.2324

续 表

温度/℃	Δt/℃									
	0.0	0.1	0.2	0.3	0.4	0.5	0.6	0.7	0.8	0.9
37	0.231 8	0.231 2	0.230 6	0.230 0	0.229 4	0.228 8	0.228 2	0.227 6	0.227 0	0.226 5
38	0.225 9	0.225 3	0.224 7	0.224 2	0.223 6	0.223 0	0.222 5	0.221 9	0.221 3	0.220 8
39	0.220 2	0.219 6	0.219 1	0.218 5	0.218 0	0.217 4	0.216 9	0.216 3	0.215 8	0.215 2
40	0.214 7	0.214 2	0.213 6	0.213 1	0.212 5	0.212 0	0.211 5	0.210 9	0.210 4	0.209 9

来源：方程 5 和方程 9，Weiss（1974），Millero 和 Poisson（1981）；依据莫纳罗亚数据估算的 2030 年 CO_2的摩尔分数。

42

表 1.19 不同温度和大气压下氧气的压力调整系数

	大气压									
atm→	1.10	1.00	0.95	0.90	0.85	0.80	0.75	0.70	0.65	0.60
kPa→	111.46	101.33	96.26	91.19	86.13	81.06	75.99	70.93	65.86	60.80
mmHg→	836.0	760.0	722.0	684.0	646.0	608.0	570.0	532.0	494.0	456.0
毫巴→	1 115	1.13	963	912	861	811	760	709	659	608
温度/℃										
0	1.100 5	1.000 0	0.949 7	0.899 5	0.849 2	0.798 9	0.748 7	0.698 4	0.648 1	0.597 8
1	1.100 5	1.000 0	0.949 7	0.899 4	0.849 1	0.798 9	0.748 6	0.698 2	0.647 9	0.597 6
2	1.100 6	1.000 0	0.949 7	0.899 4	0.849 1	0.798 8	0.748 4	0.698 1	0.647 8	0.597 4
3	1.100 6	1.000 0	0.949 7	0.899 3	0.849 0	0.798 6	0.748 3	0.697 9	0.647 6	0.597 2
4	1.100 7	1.000 0	0.949 6	0.899 3	0.848 9	0.798 5	0.748 2	0.697 8	0.647 4	0.597 0
5	1.100 8	1.000 0	0.949 6	0.899 2	0.848 8	0.798 4	0.748 0	0.697 6	0.647 2	0.596 7
6	1.100 8	1.000 0	0.949 6	0.899 1	0.848 7	0.798 3	0.747 8	0.697 4	0.646 9	0.596 5
7	1.100 9	1.000 0	0.949 5	0.899 1	0.848 6	0.798 1	0.747 7	0.697 2	0.646 7	0.596 2
8	1.101 0	1.000 0	0.949 5	0.899 0	0.848 5	0.798 0	0.747 5	0.697 0	0.646 5	0.595 9
9	1.101 1	1.000 0	0.949 5	0.898 9	0.848 4	0.797 8	0.747 3	0.696 7	0.646 2	0.595 6
10	1.101 1	1.000 0	0.949 4	0.898 9	0.848 3	0.797 7	0.747 1	0.696 5	0.645 9	0.595 3
11	1.101 2	1.000 0	0.949 4	0.898 8	0.848 1	0.797 5	0.746 9	0.696 2	0.645 6	0.595 0
12	1.101 3	1.000 0	0.949 3	0.898 7	0.848 0	0.797 3	0.746 6	0.696 0	0.645 3	0.594 6
13	1.101 4	1.000 0	0.949 3	0.898 6	0.847 9	0.797 1	0.746 4	0.695 7	0.644 9	0.594 2
14	1.101 5	1.000 0	0.949 2	0.898 5	0.847 7	0.796 9	0.746 1	0.695 4	0.644 6	0.593 8
15	1.101 6	1.000 0	0.949 2	0.898 4	0.847 5	0.796 7	0.745 9	0.695 0	0.644 2	0.593 3
16	1.101 7	1.000 0	0.949 1	0.898 2	0.847 4	0.796 5	0.745 6	0.694 7	0.643 8	0.592 9

续　表

	大气压									
17	1.101 9	1.000 0	0.949 1	0.898 1	0.847 2	0.796 2	0.745 3	0.694 3	0.643 4	0.592 4
18	1.102 0	1.000 0	0.949 0	0.898 0	0.847 0	0.796 0	0.744 9	0.693 9	0.642 9	0.591 9
19	1.102 1	1.000 0	0.948 9	0.897 9	0.846 8	0.795 7	0.744 6	0.693 5	0.642 4	0.591 3
20	1.102 3	1.000 0	0.948 9	0.897 7	0.846 6	0.795 4	0.744 2	0.693 1	0.641 9	0.590 7
21	1.102 4	1.000 0	0.948 8	0.897 5	0.846 3	0.795 1	0.743 8	0.692 6	0.641 4	0.590 1
22	1.102 6	1.000 0	0.948 7	0.897 4	0.846 1	0.794 8	0.743 4	0.692 1	0.640 8	0.589 5
23	1.102 8	1.000 0	0.948 6	0.897 2	0.845 8	0.794 4	0.743 0	0.691 6	0.640 2	0.588 8
24	1.103 0	1.000 0	0.948 5	0.897 0	0.845 5	0.794 0	0.742 5	0.691 0	0.639 5	0.588 0
25	1.103 2	1.000 0	0.948 4	0.896 8	0.845 2	0.793 7	0.742 1	0.690 5	0.638 9	0.587 3
26	1.103 4	1.000 0	0.948 3	0.896 6	0.844 9	0.793 2	0.741 5	0.689 8	0.638 1	0.586 4
27	1.103 6	1.000 0	0.948 2	0.896 4	0.844 6	0.792 8	0.741 0	0.689 2	0.637 4	0.585 6
28	1.103 8	1.000 0	0.948 1	0.896 2	0.844 3	0.792 4	0.740 4	0.688 5	0.636 6	0.584 7
29	1.104 0	1.000 0	0.948 0	0.895 9	0.843 9	0.791 9	0.739 8	0.687 8	0.635 7	0.583 7
30	1.104 3	1.000 0	0.947 8	0.895 7	0.843 5	0.791 4	0.739 2	0.687 0	0.634 8	0.582 7
31	1.104 6	1.000 0	0.947 7	0.895 4	0.843 1	0.790 8	0.738 5	0.686 2	0.633 9	0.581 6
32	1.104 9	1.000 0	0.947 6	0.895 1	0.842 7	0.790 3	0.737 8	0.685 4	0.632 9	0.580 5
33	1.105 2	1.000 0	0.947 4	0.894 8	0.842 2	0.789 6	0.737 1	0.684 5	0.631 9	0.579 2
34	1.105 5	1.000 0	0.947 3	0.894 5	0.841 8	0.789 0	0.736 3	0.683 5	0.630 7	0.578 0
35	1.105 8	1.000 0	0.947 1	0.894 2	0.841 3	0.788 3	0.735 4	0.682 5	0.629 6	0.576 6
36	1.106 2	1.000 0	0.946 9	0.893 8	0.840 7	0.787 6	0.734 5	0.681 4	0.628 3	0.575 2
37	1.106 5	1.000 0	0.946 7	0.893 4	0.840 2	0.786 9	0.733 6	0.680 3	0.627 0	0.573 7
38	1.106 9	1.000 0	0.946 5	0.893 1	0.839 6	0.786 1	0.732 6	0.679 1	0.625 6	0.572 1
39	1.107 4	1.000 0	0.946 3	0.892 6	0.839 0	0.785 3	0.731 6	0.677 9	0.624 2	0.570 5
40	1.107 8	1.000 0	0.946 1	0.892 2	0.838 3	0.784 4	0.730 5	0.676 6	0.622 6	0.568 7

PAF 包括 BP 和式（1.4）括号内的项。

来源：方程 24，Benson 和 Krause（1984）。

表 1.20　不同温度和大气压下理想气体的压力调整系数

43

	大气压									
atm→	1.10	1.00	0.95	0.90	0.85	0.80	0.75	0.70	0.65	0.60
kPa→	111.46	101.33	96.26	91.19	86.13	81.06	75.99	70.93	65.86	60.80
mmHg→	836.0	760.0	722.0	684.0	646.0	608.0	570.0	532.0	494.0	456.0
毫巴→	1 115	1.13	963	912	861	811	760	709	659	608
温度/℃										

续 表

	大气压									
0	1.100 6	1.000 0	0.949 7	0.899 4	0.849 1	0.798 8	0.748 5	0.698 2	0.647 9	0.597 6
1	1.100 7	1.000 0	0.949 7	0.899 3	0.849 0	0.798 7	0.748 4	0.698 0	0.647 7	0.597 4
2	1.100 7	1.000 0	0.949 6	0.899 3	0.848 9	0.798 6	0.748 2	0.697 9	0.647 5	0.597 2
3	1.100 8	1.000 0	0.949 6	0.899 2	0.848 9	0.798 5	0.748 1	0.697 7	0.647 4	0.597 0
4	1.100 8	1.000 0	0.949 6	0.899 2	0.848 8	0.798 4	0.748 0	0.697 6	0.647 2	0.596 8
5	1.100 9	1.000 0	0.949 6	0.899 1	0.848 7	0.798 3	0.747 8	0.697 4	0.647 0	0.596 5
6	1.100 9	1.000 0	0.949 5	0.899 1	0.848 6	0.798 1	0.747 7	0.697 2	0.646 7	0.596 3
7	1.101 0	1.000 0	0.949 5	0.899 0	0.848 5	0.798 0	0.747 5	0.697 0	0.646 5	0.596 0
8	1.101 1	1.000 0	0.949 5	0.898 9	0.848 4	0.797 9	0.747 3	0.696 8	0.646 3	0.595 7
9	1.101 1	1.000 0	0.949 4	0.898 9	0.848 3	0.797 7	0.747 1	0.696 6	0.646 0	0.595 4
10	1.101 2	1.000 0	0.949 4	0.898 8	0.848 2	0.797 5	0.746 9	0.696 3	0.645 7	0.595 1
11	1.101 3	1.000 0	0.949 3	0.898 7	0.848 0	0.797 4	0.746 7	0.696 1	0.645 4	0.594 8
12	1.101 4	1.000 0	0.949 3	0.898 6	0.847 9	0.797 2	0.746 5	0.695 8	0.645 1	0.594 4
13	1.101 5	1.000 0	0.949 3	0.898 5	0.847 8	0.797 0	0.746 3	0.695 5	0.644 8	0.594 0
14	1.101 6	1.000 0	0.949 2	0.898 4	0.847 6	0.796 8	0.746 0	0.695 2	0.644 4	0.593 6
15	1.101 7	1.000 0	0.949 1	0.898 3	0.847 4	0.796 6	0.745 7	0.694 9	0.644 0	0.593 2
16	1.101 8	1.000 0	0.949 1	0.898 2	0.847 3	0.796 3	0.745 4	0.694 5	0.643 6	0.592 7
17	1.101 9	1.000 0	0.949 0	0.898 1	0.847 1	0.796 1	0.745 1	0.694 2	0.643 2	0.592 2
18	1.102 1	1.000 0	0.949 0	0.897 9	0.846 9	0.795 8	0.744 8	0.693 8	0.642 7	0.591 7
19	1.102 2	1.000 0	0.948 9	0.897 8	0.846 7	0.795 6	0.744 5	0.693 4	0.642 3	0.591 1
20	1.102 4	1.000 0	0.948 8	0.897 6	0.846 5	0.795 3	0.744 1	0.692 9	0.641 7	0.590 6
21	1.102 5	1.000 0	0.948 7	0.897 5	0.846 2	0.795 0	0.743 7	0.692 5	0.641 2	0.589 9
22	1.102 7	1.000 0	0.948 7	0.897 3	0.846 0	0.794 6	0.743 3	0.692 0	0.640 6	0.589 3
23	1.102 8	1.000 0	0.948 6	0.897 2	0.845 7	0.794 3	0.742 9	0.691 5	0.640 0	0.588 6
24	1.103 0	1.000 0	0.948 5	0.897 0	0.845 5	0.793 9	0.742 4	0.690 9	0.639 4	0.587 9
25	1.103 2	1.000 0	0.948 4	0.896 8	0.845 2	0.793 6	0.741 9	0.690 3	0.638 7	0.587 1
26	1.103 4	1.000 0	0.948 3	0.896 6	0.844 9	0.793 1	0.741 4	0.689 7	0.638 0	0.586 3
27	1.103 6	1.000 0	0.948 2	0.896 4	0.844 5	0.792 7	0.740 9	0.689 1	0.637 2	0.585 4
28	1.103 9	1.000 0	0.948 1	0.896 1	0.844 2	0.792 3	0.740 3	0.688 4	0.636 4	0.584 5
29	1.104 1	1.000 0	0.947 9	0.895 9	0.843 8	0.791 8	0.739 7	0.687 7	0.635 6	0.583 5
30	1.104 4	1.000 0	0.947 8	0.895 6	0.843 4	0.791 3	0.739 1	0.686 9	0.634 7	0.582 5
31	1.104 6	1.000 0	0.947 7	0.895 4	0.843 0	0.790 7	0.738 4	0.686 1	0.633 8	0.581 5
32	1.104 9	1.000 0	0.947 5	0.895 1	0.842 6	0.790 2	0.737 7	0.685 2	0.632 8	0.580 3
33	1.105 2	1.000 0	0.947 4	0.894 8	0.842 2	0.789 6	0.736 9	0.684 3	0.631 7	0.579 1

续　表

	大气压									
34	1.105 5	1.000 0	0.947 2	0.894 5	0.841 7	0.788 9	0.736 2	0.683 4	0.630 6	0.577 8
35	1.105 9	1.000 0	0.947 1	0.894 1	0.841 2	0.788 3	0.735 3	0.682 4	0.629 4	0.576 5
36	1.106 2	1.000 0	0.946 9	0.893 8	0.840 7	0.787 5	0.734 4	0.681 3	0.628 2	0.575 1
37	1.106 6	1.000 0	0.946 7	0.893 4	0.840 1	0.786 8	0.733 5	0.680 2	0.626 9	0.573 6
38	1.107 0	1.000 0	0.946 5	0.893 0	0.839 5	0.786 0	0.732 5	0.679 0	0.625 5	0.572 0
39	1.107 4	1.000 0	0.946 3	0.892 6	0.838 9	0.785 2	0.731 5	0.677 8	0.624 1	0.570 4
40	1.107 8	1.000 0	0.946 1	0.892 2	0.838 2	0.784 3	0.730 4	0.676 5	0.622 5	0.568 6

PAF包括BP和式（1.4）括号内的项。
来源：Hutchinson（1957）。

44

表1.21　不同温度下淡水的蒸气压（mmHg）

温度/℃	Δt/℃									
	0.0	0.1	0.2	0.3	0.4	0.5	0.6	0.7	0.8	0.9
0	4.581	4.614	4.648	4.681	4.716	4.750	4.784	4.819	4.854	4.889
1	4.925	4.960	4.996	5.032	5.069	5.105	5.142	5.179	5.216	5.254
2	5.291	5.329	5.368	5.406	5.445	5.484	5.523	5.562	5.602	5.642
3	5.682	5.723	5.763	5.804	5.845	5.887	5.929	5.971	6.013	6.055
4	6.098	6.141	6.184	6.228	6.272	6.316	6.360	6.405	6.450	6.495
5	6.541	6.587	6.633	6.679	6.726	6.773	6.820	6.867	6.915	6.963
6	7.012	7.060	7.109	7.159	7.208	7.258	7.308	7.359	7.410	7.461
7	7.512	7.564	7.616	7.668	7.721	7.774	7.827	7.881	7.935	7.989
8	8.044	8.099	8.154	8.210	8.266	8.322	8.379	8.436	8.493	8.550
9	8.608	8.667	8.726	8.785	8.844	8.904	8.964	9.024	9.085	9.146
10	9.208	9.270	9.332	9.395	9.458	9.521	9.585	9.649	9.713	9.778
11	9.843	9.909	9.975	10.041	10.108	10,175	10.243	10.311	10.379	10.448
12	10.517	10.587	10.657	10.727	10.798	10.869	10.941	11.013	11.085	11.158
13	11.232	11.305	11.379	11.454	11.529	11.604	11.680	11.757	11.833	11.910
14	11.988	12.066	12.145	12.224	12.303	12.383	12.463	12.544	12.625	12.707
15	12.789	12.872	12.955	13.038	13.122	13.207	13.292	13.377	13.463	13.550
16	13.636	13.724	13.812	13.900	13.989	14.078	14.168	14.259	14.350	14.441
17	14.533	14.625	14.718	14.812	14.906	15.000	15.095	15.191	15.287	15.383
18	15.480	15.578	15.676	15.775	15.874	15.974	16.074	16.175	16.277	16.379
19	16.482	16.585	16.689	16.793	16.898	17.003	17.109	17.216	17.323	17.431

续 表

温度/℃	Δt/℃									
	0.0	0.1	0.2	0.3	0.4	0.5	0.6	0.7	0.8	0.9
20	17.539	17.648	17.758	17.868	17.978	18.090	18.202	18.314	18.427	18.541
21	18.656	18.770	18.886	19.002	19.119	19.237	19.355	19.473	19.593	19.713
22	19.834	19.955	20.077	20.199	20.323	20.447	20.571	20.696	20.822	20.949
23	21.076	21.204	21.333	21.462	21.592	21.722	21.854	21.986	22.119	22.252
24	22.386	22.521	22.656	22.793	22.930	23.067	23.206	23.345	23.485	23.625
25	23.767	23.909	24.051	24.195	24.339	24.484	24.630	24.776	24.924	25.072
26	25.221	25.370	25.521	25.672	25.824	25.976	26.130	26.284	26.439	26.595
27	26.752	26.909	27.067	27.227	27.386	27.547	27.709	27.871	28.034	28.198
28	28.363	28.529	28.695	28.863	29.031	29.200	29.370	29.541	29.712	29.885
29	30.058	30.233	30.408	30.584	30.761	30.939	31.117	31.297	31.477	31.659
30	31.841	32.024	32.208	32.393	32.579	32.766	32.954	33.143	33.333	33.523
31	33.715	33.907	34.101	34.295	34.491	34.687	34.885	35.083	35.282	35.483
32	35.684	35.886	36.089	36.294	36.499	36.705	36.912	37.121	37.330	37.540
33	37.752	37.964	38.178	38.392	38.608	38.824	39.042	39.260	39.480	39.701
34	39.923	40.146	40.370	40.595	40.821	41.048	41.277	41.506	41.737	41.969
35	42.201	42.435	42.670	42.907	43.144	43.382	43.622	43.863	44.105	44.348
36	44.592	44.837	45.084	45.331	45.580	45.830	46.082	46.334	46.588	46.842
37	47.098	47.356	47.614	47.874	48.135	48.397	48.660	48.925	49.191	49.458
38	49.726	49.996	50.267	50.539	50.812	51.087	51.363	51.640	51.919	52.198
39	52.480	52.762	53.046	53.331	53.617	53.905	54.194	54.485	54.776	55.069
40	55.364	55.660	55.957	56.255	56.555	56.857	57.159	57.463	57.769	58.076

来源：淡水，基于 Ambrose 和 Lawrenson（1972）。

45

表 1.22　不同温度下淡水的蒸气压（kPa）

温度/℃	Δt/℃									
	0.0	0.1	0.2	0.3	0.4	0.5	0.6	0.7	0.8	0.9
0	0.6107	0.6151	0.6196	0.6241	0.6287	0.6333	0.6379	0.6425	0.6472	0.6518
1	0.6566	0.6613	0.6661	0.6709	0.6758	0.6806	0.6855	0.6905	0.6954	0.7004
2	0.7055	0.7105	0.7156	0.7207	0.7259	0.7311	0.7363	0.7416	0.7469	0.7522
3	0.7576	0.7629	0.7684	0.7738	0.7793	0.7849	0.7904	0.7960	0.8016	0.8073
4	0.8130	0.8188	0.8245	0.8303	0.8362	0.8421	0.8480	0.8539	0.8599	0.8660

续　表

温度/℃	Δt/℃									
	0.0	0.1	0.2	0.3	0.4	0.5	0.6	0.7	0.8	0.9
5	0.8720	0.8781	0.8843	0.8905	0.8967	0.9029	0.9092	0.9156	0.9219	0.9284
6	0.9348	0.9413	0.9478	0.9544	0.9610	0.9677	0.9744	0.9811	0.9879	0.9947
7	1.0015	1.0084	1.0154	1.0224	1.0294	1.0364	1.0436	1.0507	1.0579	1.0651
8	1.0724	1.0798	1.0871	1.0945	1.1020	1.1095	1.1171	1.1246	1.1323	1.1400
9	1.1477	1.1555	1.1633	1.1712	1.1791	1.1871	1.1951	1.2031	1.2112	1.2194
10	1.2276	1.2358	1.2442	1.2525	1.2609	1.2693	1.2778	1.2864	1.2950	1.3036
11	1.3123	1.3211	1.3299	1.3388	1.3477	1.3566	1.3656	1.3747	1.3838	1.3930
12	1.4022	1.4115	1.4208	1.4302	1.4396	1.4491	1.4587	1.4683	1.4779	1.4877
13	1.4974	1.5073	1.5171	1.5271	1.5371	1.5471	1.5572	1.5674	1.5776	1.5879
14	1.5983	1.6087	1.6192	1.6297	1.6403	1.6509	1.6616	1.6724	1.6832	1.6941
15	1.7051	1.7161	1.7271	1.7383	1.7495	1.7608	1.7721	1.7835	1.7949	1.8065
16	1.8180	1.8297	1.8414	1.8532	1.8650	1.8770	1.8889	1.9010	1.9131	1.9253
17	1.9375	1.9499	1.9623	1.9747	1.9872	1.9998	2.0125	2.0252	2.0380	2.0509
18	2.0639	2.0769	2.0900	2.1032	2.1164	2.1297	2.1431	2.1565	2.1701	2.1837
19	2.1974	2.2111	2.2250	2.2389	2.2528	2.2669	2.2810	2.2952	2.3095	2.3239
20	2.3384	2.3529	2.3675	2.3822	2.3969	2.4118	2.4267	2.4417	2.4568	2.4719
21	2.4872	2.5025	2.5179	2.5334	2.5490	2.5647	2.5804	2.5963	2.6122	2.6282
22	2.6443	2.6604	2.6767	2.6930	2.7095	2.7260	2.7426	2.7593	2.7761	2.7930
23	2.8099	2.8270	2.8441	2.8613	2.8787	2.8961	2.9136	2.9312	2.9489	2.9667
24	2.9846	3.0025	3.0206	3.0388	3.0570	3.0754	3.0938	3.1124	3.1310	3.1498
25	3.1686	3.1875	3.2066	3.2257	3.2450	3.2643	3.2837	3.3033	3.3229	3.3426
26	3.3625	3.3824	3.4025	3.4226	3.4429	3.4632	3.4837	3.5043	3.5249	3.5457
27	3.5666	3.5876	3.6087	3.6299	3.6512	3.6727	3.6942	3.7158	3.7376	3.7595
28	3.7814	3.8035	3.8257	3.8480	3.8705	3.8930	3.9157	3.9384	3.9613	3.9843
29	4.0074	4.0307	4.0540	4.0775	4.1011	4.1248	4.1486	4.1726	4.1966	4.2208
30	4.2451	4.2695	4.2941	4.3188	4.3436	4.3685	4.3935	4.4187	4.4440	4.4694
31	4.4949	4.5206	4.5464	4.5723	4.5984	4.6246	4.6509	4.6773	4.7039	4.7306
32	4.7574	4.7844	4.8115	4.8387	4.8661	4.8936	4.9213	4.9490	4.9769	5.0050
33	5.0332	5.0615	5.0899	5.1185	5.1473	5.1761	5.2051	5.2343	5.2636	5.2930
34	5.3226	5.3523	5.3822	5.4122	5.4424	5.4727	5.5031	5.5337	5.5645	5.5954
35	5.6264	5.6576	5.6889	5.7204	5.7521	5.7838	5.8158	5.8479	5.8801	5.9125
36	5.9451	5.9778	6.0107	6.0437	6.0769	6.1102	6.1437	6.1774	6.2112	6.2451
37	6.2793	6.3136	6.3480	6.3827	6.4174	6.4524	6.4875	6.5228	6.5582	6.5938

续 表

温度/℃	Δt/℃									
	0.0	0.1	0.2	0.3	0.4	0.5	0.6	0.7	0.8	0.9
38	6.629 6	6.665 6	6.701 7	6.737 9	6.774 4	6.811 0	6.847 8	6.884 8	6.921 9	6.959 2
39	6.996 7	7.034 4	7.072 2	7.110 2	7.148 4	7.186 7	7.225 3	7.264 0	7.302 9	7.342 0
40	7.381 2	7.420 7	7.460 3	7.500 1	7.540 1	7.580 2	7.620 6	7.661 1	7.701 9	7.742 8

来源：淡水，基于 Ambrose 和 Lawrenson（1972）。

46

表 1.23 不同温度下淡水的蒸气压（atm）

温度/℃	Δt/℃									
	0.0	0.1	0.2	0.3	0.4	0.5	0.6	0.7	0.8	0.9
0	0.006 03	0.006 07	0.006 12	0.006 16	0.006 20	0.006 25	0.006 30	0.006 34	0.006 39	0.006 43
1	0.006 48	0.006 53	0.006 57	0.006 62	0.006 67	0.006 72	0.006 77	0.006 81	0.006 86	0.006 91
2	0.006 96	0.007 01	0.007 06	0.007 11	0.007 16	0.007 22	0.007 27	0.007 32	0.007 37	0.007 42
3	0.007 48	0.007 53	0.007 58	0.007 64	0.007 69	0.007 75	0.007 80	0.007 86	0.007 91	0.007 97
4	0.008 02	0.008 08	0.008 14	0.008 19	0.008 25	0.008 31	0.008 37	0.008 43	0.008 49	0.008 55
5	0.008 61	0.008 67	0.008 73	0.008 79	0.008 85	0.008 91	0.008 97	0.009 04	0.009 10	0.009 16
6	0.009 23	0.009 29	0.009 35	0.009 42	0.009 48	0.009 55	0.009 62	0.009 68	0.009 75	0.009 82
7	0.009 88	0.009 95	0.010 02	0.010 09	0.010 16	0.010 23	0.010 30	0.010 37	0.010 44	0.010 51
8	0.010 58	0.010 66	0.010 73	0.010 80	0.010 88	0.010 95	0.011 02	0.011 10	0.011 17	0.011 25
9	0.011 33	0.011 40	0.011 48	0.011 56	0.011 64	0.011 72	0.011 79	0.011 87	0.011 95	0.012 03
10	0.012 12	0.012 20	0.012 28	0.012 36	0.012 44	0.012 53	0.012 61	0.012 70	0.012 78	0.012 87
11	0.012 95	0.013 04	0.013 13	0.013 21	0.013 30	0.013 39	0.013 48	0.013 57	0.013 66	0.013 75
12	0.013 84	0.013 93	0.014 02	0.014 11	0.014 21	0.014 30	0.014 40	0.014 49	0.014 59	0.014 68
13	0.014 78	0.014 88	0.014 97	0.015 07	0.015 17	0.015 27	0.015 37	0.015 47	0.015 57	0.015 67
14	0.015 77	0.015 88	0.015 98	0.016 08	0.016 19	0.016 29	0.016 40	0.016 51	0.016 61	0.016 72
15	0.016 83	0.016 94	0.017 05	0.017 16	0.017 27	0.017 38	0.017 49	0.017 60	0.017 71	0.017 83
16	0.017 94	0.018 06	0.018 17	0.018 29	0.018 41	0.018 52	0.018 64	0.018 76	0.018 88	0.019 00
17	0.019 12	0.019 24	0.019 37	0.019 49	0.019 61	0.019 74	0.019 86	0.019 99	0.020 11	0.020 24
18	0.020 37	0.020 50	0.020 63	0.020 76	0.020 89	0.021 02	0.021 15	0.021 28	0.021 42	0.021 55
19	0.021 69	0.021 82	0.021 96	0.022 10	0.022 23	0.022 37	0.022 51	0.022 65	0.022 79	0.022 94
20	0.023 08	0.023 22	0.023 37	0.023 51	0.023 66	0.023 80	0.023 95	0.024 10	0.024 25	0.024 40
21	0.024 55	0.024 70	0.024 85	0.025 00	0.025 16	0.025 31	0.025 47	0.025 62	0.025 78	0.025 94
22	0.026 10	0.026 26	0.026 42	0.026 58	0.026 74	0.026 90	0.027 07	0.027 23	0.027 40	0.027 56

续　表

温度/℃	Δt/℃									
	0.0	0.1	0.2	0.3	0.4	0.5	0.6	0.7	0.8	0.9
23	0.027 73	0.027 90	0.028 07	0.028 24	0.028 41	0.028 58	0.028 75	0.028 93	0.029 10	0.029 28
24	0.029 46	0.029 63	0.029 81	0.029 99	0.030 17	0.030 35	0.030 53	0.030 72	0.030 90	0.031 09
25	0.031 27	0.031 46	0.031 65	0.031 84	0.032 03	0.032 22	0.032 41	0.032 60	0.032 79	0.032 99
26	0.033 19	0.033 38	0.033 58	0.033 78	0.033 98	0.034 18	0.034 38	0.034 58	0.034 79	0.034 99
27	0.035 20	0.035 41	0.035 62	0.035 82	0.036 03	0.036 25	0.036 46	0.036 67	0.036 89	0.037 10
28	0.037 32	0.037 54	0.037 76	0.037 98	0.038 20	0.038 42	0.038 64	0.038 87	0.039 10	0.039 32
29	0.039 55	0.039 78	0.040 01	0.040 24	0.040 47	0.040 71	0.040 94	0.041 18	0.041 42	0.041 66
30	0.041 90	0.042 14	0.042 38	0.042 62	0.042 87	0.043 11	0.043 36	0.043 61	0.043 86	0.044 11
31	0.044 36	0.044 62	0.044 87	0.045 13	0.045 38	0.045 64	0.045 90	0.046 16	0.046 42	0.046 69
32	0.046 95	0.047 22	0.047 49	0.047 75	0.048 02	0.048 30	0.048 57	0.048 84	0.049 12	0.049 40
33	0.049 67	0.049 95	0.050 23	0.050 52	0.050 80	0.051 08	0.051 37	0.051 66	0.051 95	0.052 24
34	0.052 53	0.052 82	0.053 12	0.053 41	0.053 71	0.054 01	0.054 31	0.054 61	0.054 92	0.055 22
35	0.055 53	0.055 84	0.056 15	0.056 46	0.056 77	0.057 08	0.057 40	0.057 71	0.058 03	0.058 35
36	0.058 67	0.059 00	0.059 32	0.059 65	0.059 97	0.060 30	0.060 63	0.060 97	0.061 30	0.061 63
37	0.061 97	0.062 31	0.062 65	0.062 99	0.063 34	0.063 68	0.064 03	0.064 37	0.064 72	0.065 08
38	0.065 43	0.065 78	0.066 14	0.066 50	0.066 86	0.067 22	0.067 58	0.067 95	0.068 31	0.068 68
39	0.069 05	0.069 42	0.069 80	0.070 17	0.070 55	0.070 93	0.071 31	0.071 69	0.072 07	0.072 46
40	0.072 85	0.073 24	0.073 63	0.074 02	0.074 41	0.074 81	0.075 21	0.075 61	0.076 01	0.076 42

来源：淡水，基于 Ambrose 和 Lawrenson（1972）。

47

表 1.24　不同温度下淡水的蒸气压（psi）

温度/℃	Δt/℃									
	0.0	0.1	0.2	0.3	0.4	0.5	0.6	0.7	0.8	0.9
0	0.088 6	0.089 2	0.089 9	0.090 5	0.091 2	0.091 8	0.092 5	0.093 2	0.093 9	0.094 5
1	0.095 2	0.095 9	0.096 6	0.097 3	0.098 0	0.098 7	0.099 4	0.100 1	0.100 9	0.101 6
2	0.102 3	0.103 1	0.103 8	0.104 5	0.105 3	0.106 0	0.106 8	0.107 6	0.108 3	0.109 1
3	0.109 9	0.110 7	0.111 4	0.112 2	0.113 0	0.113 8	0.114 6	0.115 5	0.116 3	0.117 1
4	0.117 9	0.118 8	0.119 6	0.120 4	0.121 3	0.122 1	0.123 0	0.123 9	0.124 7	0.125 6
5	0.126 5	0.127 4	0.128 3	0.129 2	0.130 1	0.131 0	0.131 9	0.132 8	0.133 7	0.134 6
6	0.135 6	0.136 5	0.137 5	0.138 4	0.139 4	0.140 3	0.141 3	0.142 3	0.143 3	0.144 3
7	0.145 3	0.146 3	0.147 3	0.148 3	0.149 3	0.150 3	0.151 4	0.152 4	0.153 4	0.154 5

续 表

温度/℃	Δt/℃									
	0.0	0.1	0.2	0.3	0.4	0.5	0.6	0.7	0.8	0.9
8	0.155 5	0.156 6	0.157 7	0.158 7	0.159 8	0.160 9	0.162 0	0.163 1	0.164 2	0.165 3
9	0.166 5	0.167 6	0.168 7	0.169 9	0.171 0	0.172 2	0.173 3	0.174 5	0.175 7	0.176 9
10	0.178 0	0.179 2	0.180 4	0.181 7	0.182 9	0.184 1	0.185 3	0.186 6	0.187 8	0.189 1
11	0.190 3	0.191 6	0.192 9	0.194 2	0.195 5	0.196 8	0.198 1	0.199 4	0.200 7	0.202 0
12	0.203 4	0.204 7	0.206 1	0.207 4	0.208 8	0.210 2	0.211 6	0.213 0	0.214 4	0.215 8
13	0.217 2	0.218 6	0.220 0	0.221 5	0.222 9	0.224 4	0.225 9	0.227 3	0.228 8	0.230 3
14	0.231 8	0.233 3	0.234 8	0.236 4	0.237 9	0.239 4	0.241 0	0.242 6	0.244 1	0.245 7
15	0.247 3	0.248 9	0.250 5	0.252 1	0.253 7	0.255 4	0.257 0	0.258 7	0.260 3	0.262 0
16	0.263 7	0.265 4	0.267 1	0.268 8	0.270 5	0.272 2	0.274 0	0.275 7	0.277 5	0.279 2
17	0.281 0	0.282 8	0.284 6	0.286 4	0.288 2	0.290 1	0.291 9	0.293 7	0.295 6	0.297 5
18	0.299 3	0.301 2	0.303 1	0.305 0	0.307 0	0.308 9	0.310 8	0.312 8	0.314 7	0.316 7
19	0.318 7	0.320 7	0.322 7	0.324 7	0.326 7	0.328 8	0.330 8	0.332 9	0.335 0	0.337 1
20	0.339 1	0.341 3	0.343 4	0.345 5	0.347 6	0.349 8	0.352 0	0.354 1	0.356 3	0.358 5
21	0.360 7	0.363 0	0.365 2	0.367 4	0.369 7	0.372 0	0.374 3	0.376 6	0.378 9	0.381 2
22	0.383 5	0.385 9	0.388 2	0.390 6	0.393 0	0.395 4	0.397 8	0.400 2	0.402 6	0.405 1
23	0.407 5	0.410 0	0.412 5	0.415 0	0.417 5	0.420 0	0.422 6	0.425 1	0.427 7	0.430 3
24	0.432 9	0.435 5	0.438 1	0.440 7	0.443 4	0.446 0	0.448 7	0.451 4	0.454 1	0.456 8
25	0.459 6	0.462 3	0.465 1	0.467 8	0.470 6	0.473 4	0.476 3	0.479 1	0.481 9	0.484 8
26	0.487 7	0.490 6	0.493 5	0.496 4	0.499 3	0.502 3	0.505 3	0.508 2	0.511 2	0.514 3
27	0.517 3	0.520 3	0.523 4	0.526 5	0.529 6	0.532 7	0.535 8	0.538 9	0.542 1	0.545 3
28	0.548 4	0.551 7	0.554 9	0.558 1	0.561 4	0.564 6	0.567 9	0.571 2	0.574 5	0.577 9
29	0.581 2	0.584 6	0.588 0	0.591 4	0.594 8	0.598 2	0.601 7	0.605 2	0.608 7	0.612 2
30	0.615 7	0.619 2	0.622 8	0.626 4	0.630 0	0.633 6	0.637 2	0.640 9	0.644 5	0.648 2
31	0.651 9	0.655 7	0.659 4	0.663 2	0.666 9	0.670 7	0.674 6	0.678 4	0.682 2	0.686 1
32	0.690 0	0.693 9	0.697 8	0.701 8	0.705 8	0.709 8	0.713 8	0.717 8	0.721 8	0.725 9
33	0.730 0	0.734 1	0.738 2	0.742 4	0.746 5	0.750 7	0.754 9	0.759 2	0.763 4	0.767 7
34	0.772 0	0.776 3	0.780 6	0.785 0	0.789 3	0.793 7	0.798 2	0.802 6	0.807 1	0.811 5
35	0.816 0	0.820 6	0.825 1	0.829 7	0.834 3	0.838 9	0.843 5	0.848 2	0.852 8	0.857 5
36	0.862 3	0.867 0	0.871 8	0.876 6	0.881 4	0.886 2	0.891 1	0.895 9	0.900 9	0.905 8
37	0.910 7	0.915 7	0.920 7	0.925 7	0.930 8	0.935 8	0.940 9	0.946 0	0.951 2	0.956 4
38	0.961 5	0.966 8	0.972 0	0.977 3	0.982 5	0.987 9	0.993 2	0.998 5	1.003 9	1.009 3
39	1.014 8	1.020 2	1.025 7	1.031 2	1.036 8	1.042 3	1.047 9	1.053 6	1.059 2	1.064 9
40	1.070 6	1.076 3	1.082 0	1.087 8	1.093 6	1.099 4	1.105 3	1.111 2	1.117 1	1.123 0

来源：淡水，基于 Ambrose 和 Lawrenson（1972）。

表 1.25　不同温度和海拔标高（0~1 800 m）下大气中溶解氧值（mg/L）

温度/℃	海拔标高/m									
	0	200	400	600	800	1 000	1 200	1 400	1 600	1 800
0	14.621	14.276	13.940	13.612	13.291	12.978	12.672	12.373	12.081	11.796
1	14.216	13.881	13.554	13.234	12.922	12.617	12.320	12.029	11.745	11.468
2	13.829	13.503	13.185	12.874	12.570	12.273	11.984	11.701	11.425	11.155
3	13.460	13.142	12.832	12.530	12.234	11.945	11.663	11.387	11.118	10.856
4	13.107	12.798	12.496	12.201	11.912	11.631	11.356	11.088	10.826	10.570
5	12.770	12.468	12.174	11.886	11.605	11.331	11.063	10.801	10.546	10.296
6	12.447	12.153	11.866	11.585	11.311	11.044	10.782	10.527	10.278	10.035
7	12.138	11.851	11.571	11.297	11.030	10.769	10.514	10.265	10.022	9.784
8	11.843	11.562	11.289	11.021	10.760	10.505	10.256	10.013	9.776	9.544
9	11.559	11.285	11.018	10.757	10.502	10.253	10.010	9.772	9.540	9.314
10	11.288	11.020	10.759	10.504	10.254	10.011	9.773	9.541	9.315	9.093
11	11.027	10.765	10.510	10.260	10.017	9.779	9.546	9.319	9.098	8.881
12	10.777	10.521	10.271	10.027	9.789	9.556	9.329	9.107	8.890	8.678
13	10.536	10.286	10.041	9.803	9.569	9.342	9.119	8.902	8.690	8.483
14	10.306	10.060	9.821	9.587	9.359	9.136	8.918	8.705	8.498	8.295
15	10.084	9.843	9.609	9.380	9.156	8.938	8.724	8.516	8.313	8.114
16	9.870	9.635	9.405	9.180	8.961	8.747	8.538	8.334	8.135	7.940
17	9.665	9.434	9.209	8.988	8.774	8.564	8.359	8.159	7.963	7.772
18	9.467	9.240	9.019	8.804	8.593	8.387	8.186	7.990	7.798	7.611
19	9.276	9.054	8.837	8.625	8.418	8.216	8.019	7.827	7.639	7.455
20	9.092	8.874	8.661	8.453	8.250	8.052	7.858	7.669	7.485	7.304
21	8.914	8.700	8.491	8.287	8.088	7.893	7.703	7.518	7.336	7.159
22	8.743	8.533	8.328	8.127	7.931	7.740	7.553	7.371	7.193	7.019
23	8.578	8.371	8.169	7.972	7.780	7.592	7.408	7.229	7.054	6.883
24	8.418	8.214	8.016	7.822	7.633	7.449	7.268	7.092	6.920	6.752
25	8.263	8.063	7.868	7.678	7.491	7.310	7.132	6.959	6.790	6.625
26	8.113	7.917	7.725	7.537	7.354	7.175	7.001	6.830	6.664	6.501
27	7.968	7.775	7.586	7.401	7.221	7.045	6.873	6.706	6.542	6.382
28	7.827	7.637	7.451	7.269	7.092	6.919	6.750	6.584	6.423	6.266
29	7.691	7.503	7.320	7.141	6.967	6.796	6.630	6.467	6.308	6.153
30	7.559	7.374	7.193	7.017	6.845	6.677	6.513	6.353	6.196	6.043
31	7.430	7.248	7.070	6.896	6.727	6.561	6.399	6.241	6.087	5.937

续　表

温度/℃	海拔标高/m									
	0	200	400	600	800	1 000	1 200	1 400	1 600	1 800
32	7. 305	7. 125	6. 950	6. 779	6. 612	6. 448	6. 289	6. 133	5. 981	5. 833
33	7. 183	7. 006	6. 833	6. 665	6. 500	6. 339	6. 181	6. 028	5. 878	5. 731
34	7. 065	6. 890	6. 720	6. 553	6. 390	6. 232	6. 077	5. 925	5. 777	5. 633
35	6. 949	6. 777	6. 609	6. 445	6. 284	6. 127	5. 974	5. 825	5. 679	5. 536
36	6. 837	6. 667	6. 501	6. 338	6. 180	6. 025	5. 874	5. 727	5. 583	5. 442
37	6. 727	6. 559	6. 395	6. 235	6. 078	5. 926	5. 776	5. 631	5. 489	5. 350
38	6. 620	6. 454	6. 292	6. 134	5. 979	5. 828	5. 681	5. 537	5. 396	5. 259
39	6. 515	6. 351	6. 191	6. 035	5. 882	5. 733	5. 587	5. 445	5. 306	5. 171
40	6. 412	6. 250	6. 092	5. 937	5. 787	5. 639	5. 495	5. 355	5. 218	5. 084

来源：式（1.7）。

49

表 1.26　不同温度和海拔标高（2 000~3 800 m）下大气中溶解氧值（mg/L）

温度/℃	海拔标高/m									
	2 000	2 200	2 400	2 600	2 800	3 000	3 200	3 400	3 600	3 800
0	11. 518	11. 246	10. 981	10. 722	10. 468	10. 221	9. 980	9. 744	9. 514	9. 289
1	11. 197	10. 933	10. 675	10. 423	10. 177	9. 936	9. 701	9. 472	9. 248	9. 029
2	10. 891	10. 634	10. 383	10. 137	9. 898	9. 664	9. 435	9. 212	8. 994	8. 781
3	10. 599	10. 349	10. 104	9. 865	9. 632	9. 404	9. 181	8. 964	8. 751	8. 544
4	10. 320	10. 076	9. 837	9. 604	9. 377	9. 155	8. 938	8. 726	8. 519	8. 317
5	10. 053	9. 815	9. 582	9. 355	9. 134	8. 917	8. 706	8. 499	8. 298	8. 101
6	9. 797	9. 565	9. 338	9. 117	8. 901	8. 689	8. 483	8. 282	8. 085	7. 893
7	9. 552	9. 326	9. 104	8. 888	8. 677	8. 471	8. 270	8. 074	7. 882	7. 694
8	9. 318	9. 096	8. 880	8. 670	8. 464	8. 262	8. 066	7. 874	7. 687	7. 504
9	9. 093	8. 877	8. 666	8. 460	8. 258	8. 062	7. 870	7. 683	7. 500	7. 321
10	8. 877	8. 666	8. 460	8. 258	8. 062	7. 870	7. 682	7. 499	7. 320	7. 145
11	8. 670	8. 464	8. 262	8. 065	7. 873	7. 685	7. 502	7. 323	7. 148	6. 977
12	8. 471	8. 269	8. 072	7. 880	7. 691	7. 508	7. 328	7. 153	6. 982	6. 815
13	8. 280	8. 083	7. 890	7. 701	7. 517	7. 337	7. 162	6. 990	6. 823	6. 659
14	8. 097	7. 903	7. 714	7. 530	7. 349	7. 173	7. 002	6. 834	6. 670	6. 510
15	7. 920	7. 730	7. 545	7. 364	7. 188	7. 016	6. 847	6. 683	6. 522	6. 365
16	7. 750	7. 564	7. 383	7. 205	7. 033	6. 864	6. 699	6. 538	6. 380	6. 227

续　表

温度/℃	海拔标高/m									
	2 000	2 200	2 400	2 600	2 800	3 000	3 200	3 400	3 600	3 800
17	7.586	7.404	7.226	7.052	6.883	6.717	6.555	6.397	6.243	6.093
18	7.428	7.249	7.075	6.905	6.738	6.576	6.417	6.262	6.111	5.963
19	7.275	7.100	6.929	6.762	6.599	6.439	6.284	6.132	5.983	5.838
20	7.128	6.956	6.788	6.624	6.464	6.308	6.155	6.006	5.860	5.718
21	6.986	6.817	6.653	6.491	6.334	6.181	6.031	5.884	5.741	5.601
22	6.849	6.683	6.521	6.363	6.208	6.057	5.910	5.766	5.626	5.488
23	6.716	6.553	6.394	6.238	6.087	5.938	5.794	5.652	5.514	5.379
24	6.588	6.427	6.271	6.118	5.969	5.823	5.681	5.542	5.406	5.273
25	6.463	6.306	6.152	6.001	5.854	5.711	5.571	5.434	5.301	5.170
26	6.342	6.187	6.036	5.888	5.744	5.603	5.465	5.330	5.199	5.071
27	6.225	6.073	5.924	5.778	5.636	5.497	5.362	5.229	5.100	4.974
28	6.112	5.962	5.815	5.671	5.532	5.395	5.261	5.131	5.004	4.879
29	6.001	5.853	5.709	5.568	5.430	5.295	5.164	5.035	4.910	4.788
30	5.894	5.748	5.606	5.467	5.331	5.198	5.069	4.942	4.819	4.698
31	5.789	5.646	5.505	5.368	5.235	5.104	4.976	4.852	4.730	4.611
32	5.688	5.546	5.408	5.273	5.141	5.012	4.886	4.763	4.643	4.526
33	5.588	5.449	5.312	5.179	5.049	4.922	4.798	4.677	4.558	4.443
34	5.492	5.354	5.219	5.088	4.959	4.834	4.712	4.592	4.475	4.361
35	5.397	5.261	5.128	4.998	4.872	4.748	4.627	4.509	4.394	4.282
36	5.304	5.170	5.039	4.911	4.786	4.664	4.545	4.428	4.315	4.204
37	5.214	5.081	4.952	4.825	4.702	4.582	4.464	4.349	4.237	4.127
38	5.125	4.994	4.866	4.742	4.620	4.501	4.384	4.271	4.160	4.052
39	5.038	4.909	4.783	4.659	4.539	4.421	4.306	4.194	4.084	3.977
40	4.953	4.825	4.700	4.578	4.459	4.343	4.229	4.119	4.010	3.905

来源：式（1.7）。

50

表 1.27　不同温度和海拔标高（0~4 500 ft）下大气中溶解氧值（mg/L）

温度/℃	海拔标高/ft									
	0	500	1 000	1 500	2 000	2 500	3 000	3 500	4 000	4 500
0	14.621	14.358	14.099	13.845	13.596	13.351	13.111	12.875	12.643	12.415
1	14.216	13.960	13.708	13.461	13.219	12.981	12.747	12.517	12.292	12.070

续 表

温度/℃	海拔标高/ft									
	0	500	1 000	1 500	2 000	2 500	3 000	3 500	4 000	4 500
2	13.829	13.580	13.335	13.095	12.859	12.627	12.400	12.176	11.956	11.741
3	13.460	13.217	12.979	12.745	12.515	12.289	12.068	11.850	11.636	11.426
4	13.107	12.871	12.639	12.411	12.187	11.967	11.751	11.539	11.330	11.126
5	12.770	12.539	12.313	12.091	11.872	11.658	11.448	11.241	11.038	10.838
6	12.447	12.222	12.002	11.785	11.572	11.363	11.157	10.956	10.758	10.563
7	12.138	11.919	11.704	11.492	11.284	11.080	10.880	10.683	10.490	10.300
8	11.843	11.628	11.418	11.212	11.009	10.809	10.614	10.422	10.233	10.048
9	11.559	11.350	11.145	10.943	10.745	10.550	10.359	10.171	9.987	9.806
10	11.288	11.083	10.882	10.685	10.491	10.301	10.114	9.931	9.751	9.574
11	11.027	10.827	10.631	10.438	10.249	10.063	9.880	9.701	9.524	9.351
12	10.777	10.581	10.389	10.201	10.015	9.833	9.655	9.479	9.307	9.138
13	10.536	10.345	10.157	9.973	9.791	9.613	9.438	9.267	9.098	8.932
14	10.306	10.118	9.934	9.754	9.576	9.402	9.231	9.062	8.897	8.735
15	10.084	9.900	9.720	9.543	9.369	9.198	9.031	8.866	8.704	8.545
16	9.870	9.690	9.514	9.340	9.170	9.003	8.838	8.677	8.518	8.363
17	9.665	9.488	9.315	9.145	8.978	8.814	8.653	8.495	8.339	8.187
18	9.467	9.294	9.124	8.957	8.793	8.632	8.474	8.319	8.167	8.017
19	9.276	9.106	8.940	8.776	8.615	8.457	8.302	8.150	8.001	7.854
20	9.092	8.925	8.762	8.601	8.443	8.289	8.136	7.987	7.840	7.696
21	8.914	8.751	8.590	8.433	8.278	8.126	7.976	7.829	7.685	7.544
22	8.743	8.582	8.425	8.270	8.118	7.968	7.821	7.677	7.536	7.397
23	8.578	8.420	8.265	8.112	7.963	7.816	7.672	7.530	7.391	7.254
24	8.418	8.262	8.110	7.960	7.813	7.669	7.527	7.388	7.251	7.117
25	8.263	8.110	7.960	7.813	7.668	7.526	7.387	7.250	7.116	6.983
26	8.113	7.963	7.815	7.671	7.528	7.389	7.251	7.117	6.984	6.854
27	7.968	7.820	7.675	7.532	7.392	7.255	7.120	6.987	6.857	6.729
28	7.827	7.682	7.539	7.399	7.261	7.125	6.992	6.862	6.734	6.608
29	7.691	7.548	7.407	7.269	7.133	7.000	6.869	6.740	6.614	6.490
30	7.559	7.417	7.279	7.143	7.009	6.877	6.748	6.622	6.497	6.375
31	7.430	7.291	7.154	7.020	6.888	6.759	6.632	6.507	6.384	6.264
32	7.305	7.168	7.033	6.901	6.771	6.643	6.518	6.395	6.274	6.155
33	7.183	7.048	6.915	6.785	6.657	6.531	6.407	6.286	6.167	6.049
34	7.065	6.931	6.800	6.672	6.545	6.421	6.299	6.179	6.062	5.946

续 表

温度/℃	海拔标高/ft									
	0	500	1 000	1 500	2 000	2 500	3 000	3 500	4 000	4 500
35	6.949	6.818	6.688	6.561	6.437	6.314	6.194	6.076	5.960	5.846
36	6.837	6.707	6.579	6.454	6.331	6.210	6.091	5.974	5.860	5.747
37	6.727	6.599	6.473	6.349	6.227	6.108	5.991	5.875	5.762	5.651
38	6.620	6.493	6.368	6.246	6.126	6.008	5.892	5.779	5.667	5.557
39	6.515	6.390	6.267	6.146	6.027	5.911	5.796	5.684	5.573	5.465
40	6.412	6.288	6.167	6.047	5.930	5.815	5.702	5.591	5.482	5.375

来源：式（1.8）。

表1.28 不同温度和海拔标高（4 500~9 000 ft）下大气中溶解氧值（mg/L）

温度/℃	海拔标高/ft									
	5 000	5 500	6 000	6 500	7 000	7 500	8 000	8 500	9 000	9 500
0	12.191	11.972	11.756	11.544	11.336	11.131	10.931	10.733	10.540	10.350
1	11.852	11.639	11.429	11.223	11.020	10.821	10.626	10.434	10.246	10.061
2	11.529	11.321	11.117	10.916	10.719	10.525	10.335	10.149	9.965	9.785
3	11.220	11.017	10.818	10.623	10.431	10.243	10.058	9.876	9.697	9.522
4	10.925	10.727	10.533	10.343	10.156	9.972	9.792	9.615	9.441	9.270
5	10.642	10.450	10.261	10.075	9.893	9.714	9.538	9.366	9.196	9.029
6	10.372	10.184	10.000	9.819	9.641	9.467	9.295	9.127	8.961	8.799
7	10.113	9.930	9.750	9.574	9.400	9.230	9.063	8.898	8.737	8.578
8	9.865	9.687	9.511	9.339	9.169	9.003	8.840	8.679	8.522	8.367
9	9.628	9.453	9.282	9.113	8.948	8.785	8.626	8.469	8.315	8.164
10	9.400	9.229	9.062	8.897	8.735	8.577	8.421	8.268	8.117	7.969
11	9.181	9.015	8.851	8.690	8.532	8.376	8.224	8.074	7.927	7.783
12	8.972	8.808	8.648	8.490	8.336	8.184	8.035	7.888	7.744	7.603
13	8.770	8.610	8.453	8.299	8.148	7.999	7.853	7.710	7.569	7.431
14	8.576	8.419	8.266	8.115	7.967	7.821	7.678	7.538	7.400	7.265
15	8.389	8.236	8.086	7.938	7.793	7.650	7.510	7.373	7.238	7.105
16	8.210	8.060	7.912	7.767	7.625	7.485	7.348	7.214	7.081	6.951
17	8.037	7.890	7.745	7.603	7.464	7.327	7.192	7.060	6.930	6.803
18	7.870	7.726	7.584	7.445	7.308	7.174	7.042	6.912	6.785	6.660

续 表

温度/℃	海拔标高/ft									
	5 000	5 500	6 000	6 500	7 000	7 500	8 000	8 500	9 000	9 500
19	7.710	7.568	7.429	7.292	7.158	7.026	6.897	6.770	6.645	6.522
20	7.554	7.415	7.279	7.145	7.013	6.884	6.757	6.632	6.509	6.389
21	7.405	7.268	7.134	7.002	6.873	6.746	6.621	6.499	6.378	6.260
22	7.260	7.126	6.994	6.865	6.738	6.613	6.490	6.370	6.252	6.136
23	7.120	6.988	6.859	6.732	6.607	6.484	6.364	6.246	6.129	6.015
24	6.985	6.855	6.728	6.603	6.480	6.360	6.241	6.125	6.011	5.899
25	6.854	6.726	6.601	6.478	6.357	6.239	6.122	6.008	5.896	5.786
26	6.727	6.601	6.478	6.357	6.238	6.122	6.007	5.895	5.784	5.676
27	6.604	6.480	6.359	6.240	6.123	6.008	5.896	5.785	5.676	5.569
28	6.484	6.363	6.243	6.126	6.011	5.898	5.787	5.678	5.571	5.466
29	6.368	6.248	6.131	6.015	5.902	5.791	5.681	5.574	5.469	5.365
30	6.255	6.137	6.022	5.908	5.796	5.687	5.579	5.473	5.369	5.267
31	6.145	6.029	5.915	5.803	5.693	5.585	5.479	5.375	5.272	5.172
32	6.039	5.924	5.812	5.701	5.593	5.486	5.381	5.279	5.178	5.079
33	5.934	5.822	5.711	5.602	5.495	5.390	5.286	5.185	5.086	4.988
34	5.833	5.721	5.612	5.505	5.399	5.295	5.194	5.094	4.996	4.899
35	5.734	5.624	5.516	5.410	5.306	5.203	5.103	5.004	4.907	4.812
36	5.637	5.528	5.422	5.317	5.214	5.113	5.014	4.917	4.821	4.727
37	5.542	5.435	5.330	5.226	5.125	5.025	4.927	4.831	4.737	4.644
38	5.449	5.344	5.240	5.138	5.037	4.939	4.842	4.747	4.654	4.562
39	5.359	5.254	5.151	5.050	4.951	4.854	4.759	4.665	4.573	4.482
40	5.269	5.166	5.065	4.965	4.867	4.771	4.676	4.584	4.493	4.403

来源：式（1.7）。

表 1.29　不同温度下水的静水压力（mmHg/m）

温度/℃	Δt/℃									
	0.0	0.1	0.2	0.3	0.4	0.5	0.6	0.7	0.8	0.9
0	73.544	73.545	73.545	73.546	73.546	73.547	73.547	73.548	73.548	73.548
1	73.549	73.549	73.549	73.550	73.550	73.550	73.551	73.551	73.551	73.551
2	73.552	73.552	73.552	73.552	73.553	73.553	73.553	73.553	73.553	73.553
3	73.554	73.554	73.554	73.554	73.554	73.554	73.554	73.554	73.554	73.554

续　表

温度/℃	Δt/℃									
	0.0	0.1	0.2	0.3	0.4	0.5	0.6	0.7	0.8	0.9
4	73.554	73.554	73.554	73.554	73.554	73.554	73.554	73.554	73.554	73.554
5	73.553	73.553	73.553	73.553	73.553	73.553	73.553	73.552	73.552	73.552
6	73.552	73.551	73.551	73.551	73.551	73.550	73.550	73.550	73.550	73.549
7	73.549	73.549	73.548	73.548	73.547	73.547	73.547	73.546	73.546	73.545
8	73.545	73.545	73.544	73.544	73.543	73.543	73.542	73.542	73.541	73.541
9	73.540	73.539	73.539	73.538	73.538	73.537	73.537	73.536	73.535	73.535
10	73.534	73.533	73.533	73.532	73.531	73.531	73.530	73.529	73.529	73.528
11	73.527	73.526	73.526	73.525	73.524	73.523	73.522	73.522	73.521	73.520
12	73.519	73.518	73.517	73.517	73.516	73.515	73.514	73.513	73.512	73.511
13	73.510	73.509	73.508	73.507	73.506	73.505	73.505	73.504	73.503	73.502
14	73.500	73.499	73.498	73.497	73.496	73.495	73.494	73.493	73.492	73.491
15	73.490	73.489	73.488	73.486	73.485	73.484	73.483	73.482	73.481	73.480
16	73.478	73.477	73.476	73.475	73.473	73.472	73.471	73.470	73.468	73.467
17	73.466	73.465	73.463	73.462	73.461	73.459	73.458	73.457	73.455	73.454
18	73.453	73.451	73.450	73.449	73.447	73.446	73.444	73.443	73.442	73.440
19	73.439	73.437	73.436	73.434	73.433	73.431	73.430	73.429	73.427	73.425
20	73.424	73.422	73.421	73.419	73.418	73.416	73.415	73.413	73.412	73.410
21	73.408	73.407	73.405	73.404	73.402	73.400	73.399	73.397	73.395	73.394
22	73.392	73.390	73.389	73.387	73.385	73.384	73.382	73.380	73.379	73.377
23	73.375	73.373	73.372	73.370	73.368	73.366	73.364	73.363	73.361	73.359
24	73.357	73.355	73.354	73.352	73.350	73.348	73.346	73.344	73.343	73.341
25	73.339	73.337	73.335	73.333	73.331	73.329	73.327	73.325	73.323	73.322
26	73.320	73.318	73.316	73.314	73.312	73.310	73.308	73.306	73.304	73.302
27	73.300	73.298	73.296	73.294	73.292	73.290	73.287	73.285	73.283	73.281
28	73.279	73.277	73.275	73.273	73.271	73.269	73.266	73.264	73.262	73.260
29	73.258	73.256	73.254	73.251	73.249	73.247	73.245	73.243	73.240	73.238
30	73.236	73.234	73.232	73.229	73.227	73.225	73.223	73.220	73.218	73.216
31	73.214	73.211	73.209	73.207	73.204	73.202	73.200	73.197	73.195	73.193
32	73.190	73.188	73.186	73.183	73.181	73.179	73.176	73.174	73.171	73.169
33	73.167	73.164	73.162	73.159	73.157	73.154	73.152	73.150	73.147	73.145
34	73.142	73.140	73.137	73.135	73.132	73.130	73.127	73.125	73.122	73.120
35	73.117	73.115	73.112	73.110	73.107	73.105	73.102	73.099	73.097	73.094
36	73.092	73.089	73.086	73.084	73.081	73.079	73.076	73.073	73.071	73.068

续　表

温度/℃	Δt/℃									
	0.0	0.1	0.2	0.3	0.4	0.5	0.6	0.7	0.8	0.9
37	73.066	73.063	73.060	73.058	73.055	73.052	73.050	73.047	73.044	73.041
38	73.039	73.036	73.033	73.031	73.028	73.025	73.022	73.020	73.017	73.014
39	73.012	73.009	73.006	73.003	73.000	72.998	72.995	72.992	72.989	72.986
40	72.984	72.981	72.978	72.975	72.972	72.970	72.967	72.964	72.961	72.958

来源：Millero 和 Poisson（1981）。

53

表 1.30　不同温度下水的静水压力（kPa/m）

温度/℃	Δt/℃									
	0.0	0.1	0.2	0.3	0.4	0.5	0.6	0.7	0.8	0.9
0	9.805 1	9.805 2	9.805 2	9.805 3	9.805 4	9.805 4	9.805 5	9.805 5	9.805 6	9.805 6
1	9.805 7	9.805 7	9.805 8	9.805 8	9.805 9	9.805 9	9.805 9	9.806 0	9.806 0	9.806 1
2	9.806 1	9.806 1	9.806 2	9.806 2	9.806 2	9.806 2	9.806 3	9.806 3	9.806 3	9.806 3
3	9.806 3	9.806 3	9.806 4	9.806 4	9.806 4	9.806 4	9.806 4	9.806 4	9.806 4	9.806 4
4	9.806 4	9.806 4	9.806 4	9.806 4	9.806 4	9.806 4	9.806 4	9.806 4	9.806 4	9.806 3
5	9.806 3	9.806 3	9.806 3	9.806 3	9.806 2	9.806 2	9.806 2	9.806 2	9.806 1	9.806 1
6	9.806 1	9.806 1	9.806 0	9.806 0	9.806 0	9.805 9	9.805 9	9.805 8	9.805 8	9.805 8
7	9.805 7	9.805 7	9.805 6	9.805 6	9.805 5	9.805 5	9.805 4	9.805 4	9.805 3	9.805 2
8	9.805 2	9.805 1	9.805 1	9.805 0	9.804 9	9.804 9	9.804 8	9.804 7	9.804 7	9.804 6
9	9.804 5	9.804 5	9.804 4	9.804 3	9.804 2	9.804 1	9.804 1	9.804 0	9.803 9	9.803 8
10	9.803 7	9.803 6	9.803 6	9.803 5	9.803 4	9.803 3	9.803 2	9.803 1	9.803 0	9.802 9
11	9.802 8	9.802 7	9.802 6	9.802 5	9.802 4	9.802 3	9.802 2	9.802 1	9.802 0	9.801 9
12	9.801 7	9.801 6	9.801 5	9.801 4	9.801 3	9.801 2	9.801 0	9.800 9	9.800 8	9.800 7
13	9.800 6	9.800 4	9.800 3	9.800 2	9.800 1	9.799 9	9.799 8	9.799 7	9.799 5	9.799 4
14	9.799 3	9.799 1	9.799 0	9.798 8	9.798 7	9.798 6	9.798 4	9.798 3	9.798 1	9.798 0
15	9.797 8	9.797 7	9.797 5	9.797 4	9.797 2	9.797 1	9.796 9	9.796 8	9.796 6	9.796 5
16	9.796 3	9.796 1	9.796 0	9.795 8	9.795 7	9.795 5	9.795 3	9.795 2	9.795 0	9.794 8
17	9.794 7	9.794 5	9.794 3	9.794 1	9.794 0	9.793 8	9.793 6	9.793 4	9.793 3	9.793 1
18	9.792 9	9.792 7	9.792 5	9.792 3	9.792 2	9.792 0	9.791 8	9.791 6	9.791 4	9.791 2
19	9.791 0	9.790 8	9.790 6	9.790 5	9.790 3	9.790 1	9.789 9	9.789 7	9.789 5	9.789 3
20	9.789 1	9.788 9	9.788 7	9.788 4	9.788 2	9.788 0	9.787 8	9.787 6	9.787 4	9.787 2
21	9.787 0	9.786 8	9.786 6	9.786 3	9.786 1	9.785 9	9.785 7	9.785 5	9.785 3	9.785 0

续　表

温度/℃	Δt/℃									
	0.0	0.1	0.2	0.3	0.4	0.5	0.6	0.7	0.8	0.9
22	9.784 8	9.784 6	9.784 4	9.784 1	9.783 9	9.783 7	9.783 5	9.783 2	9.783 0	9.782 8
23	9.782 5	9.782 3	9.782 1	9.781 8	9.781 6	9.781 4	9.781 1	9.780 9	9.780 6	9.780 4
24	9.780 2	9.779 9	9.779 7	9.779 4	9.779 2	9.778 9	9.778 7	9.778 5	9.778 2	9.778 0
25	9.777 7	9.777 4	9.777 2	9.776 9	9.776 7	9.776 4	9.776 2	9.775 9	9.775 7	9.775 4
26	9.775 1	9.774 9	9.774 6	9.774 4	9.774 1	9.773 8	9.773 6	9.773 3	9.773 0	9.772 8
27	9.772 5	9.772 2	9.771 9	9.771 7	9.771 4	9.771 1	9.770 9	9.770 6	9.770 3	9.770 0
28	9.769 7	9.769 5	9.769 2	9.768 9	9.768 6	9.768 3	9.768 1	9.767 8	9.767 5	9.767 2
29	9.766 9	9.766 6	9.766 3	9.766 1	9.765 8	9.765 5	9.765 2	9.764 9	9.764 6	9.764 3
30	9.764 0	9.763 7	9.763 4	9.763 1	9.762 8	9.762 5	9.762 2	9.761 9	9.761 6	9.761 3
31	9.761 0	9.760 7	9.760 4	9.760 1	9.759 8	9.759 5	9.759 2	9.758 8	9.758 5	9.758 2
32	9.757 9	9.757 6	9.757 3	9.757 0	9.756 7	9.756 3	9.756 0	9.755 7	9.755 4	9.755 1
33	9.754 7	9.754 4	9.754 1	9.753 8	9.753 5	9.753 1	9.752 8	9.752 5	9.752 1	9.751 8
34	9.751 5	9.751 2	9.750 8	9.750 5	9.750 2	9.749 8	9.749 5	9.749 2	9.748 8	9.748 5
35	9.748 2	9.747 8	9.747 5	9.747 1	9.746 8	9.746 5	9.746 1	9.745 8	9.745 4	9.745 1
36	9.744 8	9.744 4	9.744 1	9.743 7	9.743 4	9.743 0	9.742 7	9.742 3	9.742 0	9.741 6
37	9.741 3	9.740 9	9.740 6	9.740 2	9.739 9	9.739 5	9.739 1	9.738 8	9.738 4	9.738 1
38	9.737 7	9.737 3	9.737 0	9.736 6	9.736 3	9.735 9	9.735 5	9.735 2	9.734 8	9.734 4
39	9.734 1	9.733 7	9.733 3	9.733 0	9.732 6	9.732 2	9.731 9	9.731 5	9.731 1	9.730 7
40	9.730 4	9.730 0	9.729 6	9.729 2	9.728 9	9.728 5	9.728 1	9.727 7	9.727 3	9.727 0

来源：Millero 和 Poisson（1981）。

54

表 1.31　不同深度下大气中气体的溶解度（mg/L，湿空气，温度＝20.0℃，盐度＝0.0 g/kg，大气压力＝760 mmHg）

深度/m	气体/(mg/L)				
	O_2	N_2	Ar	CO_2	总　计
0	9.092	15.029	0.556	0.653	25.330
1	9.991	16.515	0.611	0.718	27.835
2	10.890	18.001	0.666	0.782	30.340
3	11.789	19.488	0.721	0.847	32.845
4	12.688	20.974	0.776	0.912	35.350
5	13.588	22.460	0.831	0.976	37.855
6	14.487	23.946	0.886	1.041	40.360

续 表

深度/m	气体/(mg/L)				
	O_2	N_2	Ar	CO_2	总 计
7	15.386	25.433	0.941	1.105	42.865
8	16.285	26.919	0.996	1.170	45.370
9	17.184	28.405	1.051	1.235	47.875
10	18.083	29.891	1.106	1.299	50.380
11	18.982	31.378	1.161	1.364	52.885
12	19.881	32.864	1.216	1.428	55.390
13	20.781	34.350	1.271	1.493	57.895
14	21.680	35.836	1.326	1.558	60.400
15	22.579	37.323	1.381	1.622	62.905
16	23.478	38.809	1.436	1.687	65.410
17	24.377	40.295	1.491	1.752	67.915
18	25.276	41.781	1.546	1.816	70.420
19	26.175	43.268	1.601	1.881	72.925
20	27.074	44.754	1.656	1.945	75.430
21	27.973	46.240	1.711	2.010	77.935
22	28.873	47.726	1.766	2.075	80.440
23	29.772	49.213	1.821	2.139	82.945
24	30.671	50.699	1.876	2.204	85.450
25	31.570	52.185	1.931	2.268	87.955
26	32.469	53.671	1.986	2.333	90.460
27	33.368	55.158	2.041	2.398	92.965
28	34.267	56.644	2.096	2.462	95.470
29	35.166	58.130	2.151	2.527	97.975
30	36.066	59.616	2.206	2.591	100.480
31	36.965	61.103	2.261	2.656	102.985
32	37.864	62.589	2.316	2.721	105.490
33	38.763	64.075	2.371	2.785	107.995
34	39.662	65.561	2.426	2.850	110.500
35	40.561	67.048	2.481	2.914	113.005
36	41.460	68.534	2.536	2.979	115.510
37	42.359	70.020	2.591	3.044	118.015
38	43.259	71.506	2.646	3.108	120.520
39	44.158	72.993	2.701	3.173	123.025
40	45.057	74.479	2.756	3.237	125.530

表 1.32　不同温度下氧气的本森系数 [β, $L_{真实气体}/(L\cdot atm)$]

温度/℃	Δt/℃									
	0.0	0.1	0.2	0.3	0.4	0.5	0.6	0.7	0.8	0.9
0	0.049 14	0.049 01	0.048 87	0.048 73	0.048 60	0.048 47	0.048 33	0.048 20	0.048 07	0.047 93
1	0.047 80	0.047 67	0.047 54	0.047 41	0.047 28	0.047 16	0.047 03	0.046 90	0.046 78	0.046 65
2	0.046 53	0.046 40	0.046 28	0.046 15	0.046 03	0.045 91	0.045 79	0.045 67	0.045 55	0.045 43
3	0.045 31	0.045 19	0.045 07	0.044 95	0.044 84	0.044 72	0.044 60	0.044 49	0.044 37	0.044 26
4	0.044 14	0.044 03	0.043 92	0.043 81	0.043 69	0.043 58	0.043 47	0.043 36	0.043 25	0.043 14
5	0.043 03	0.042 92	0.042 82	0.042 71	0.042 60	0.042 50	0.042 39	0.042 29	0.042 18	0.042 08
6	0.041 97	0.041 87	0.041 77	0.041 66	0.041 56	0.041 46	0.041 36	0.041 26	0.041 16	0.041 06
7	0.040 96	0.040 86	0.040 76	0.040 66	0.040 56	0.040 47	0.040 37	0.040 27	0.040 18	0.040 08
8	0.039 99	0.039 89	0.039 80	0.039 71	0.039 61	0.039 52	0.039 43	0.039 33	0.039 24	0.039 15
9	0.039 06	0.038 97	0.038 88	0.038 79	0.038 70	0.038 61	0.038 52	0.038 43	0.038 35	0.038 26
10	0.038 17	0.038 09	0.038 00	0.037 91	0.037 83	0.037 74	0.037 66	0.037 57	0.037 49	0.037 41
11	0.037 32	0.037 24	0.037 16	0.037 07	0.036 99	0.036 91	0.036 83	0.036 75	0.036 67	0.036 59
12	0.036 51	0.036 43	0.036 35	0.036 27	0.036 19	0.036 11	0.036 04	0.035 96	0.035 88	0.035 81
13	0.035 73	0.035 65	0.035 58	0.035 50	0.035 43	0.035 35	0.035 28	0.035 20	0.035 13	0.035 05
14	0.034 98	0.034 91	0.034 84	0.034 76	0.034 69	0.034 62	0.034 55	0.034 48	0.034 41	0.034 33
15	0.034 26	0.034 19	0.034 12	0.034 06	0.033 99	0.033 92	0.033 85	0.033 78	0.033 71	0.033 64
16	0.033 58	0.033 51	0.033 44	0.033 38	0.033 31	0.033 24	0.033 18	0.033 11	0.033 05	0.032 98
17	0.032 92	0.032 85	0.032 79	0.032 72	0.032 66	0.032 60	0.032 53	0.032 47	0.032 41	0.032 35
18	0.032 28	0.032 22	0.032 16	0.032 10	0.032 04	0.031 98	0.031 92	0.031 86	0.031 80	0.031 74
19	0.031 68	0.031 62	0.031 56	0.031 50	0.031 44	0.031 38	0.031 32	0.031 26	0.031 21	0.031 15
20	0.031 09	0.031 03	0.030 98	0.030 92	0.030 86	0.030 81	0.030 75	0.030 70	0.030 64	0.030 59
21	0.030 53	0.030 48	0.030 42	0.030 37	0.030 31	0.030 26	0.030 20	0.030 15	0.030 10	0.030 04
22	0.029 99	0.029 94	0.029 89	0.029 83	0.029 78	0.029 73	0.029 68	0.029 63	0.029 58	0.029 52
23	0.029 47	0.029 42	0.029 37	0.029 32	0.029 27	0.029 22	0.029 17	0.029 12	0.029 07	0.029 02
24	0.028 97	0.028 93	0.028 88	0.028 83	0.028 78	0.028 73	0.028 68	0.028 64	0.028 59	0.028 54
25	0.028 50	0.028 45	0.028 40	0.028 35	0.028 31	0.028 26	0.028 22	0.028 17	0.028 12	0.028 08
26	0.028 03	0.027 99	0.027 94	0.027 90	0.027 85	0.027 81	0.027 77	0.027 72	0.027 68	0.027 63
27	0.027 59	0.027 55	0.027 50	0.027 46	0.027 42	0.027 37	0.027 33	0.027 29	0.027 25	0.027 20
28	0.027 16	0.027 12	0.027 08	0.027 04	0.027 00	0.026 95	0.026 91	0.026 87	0.026 83	0.026 79
29	0.026 75	0.026 71	0.026 67	0.026 63	0.026 59	0.026 55	0.026 51	0.026 47	0.026 43	0.026 39
30	0.026 35	0.026 32	0.026 28	0.026 24	0.026 20	0.026 16	0.026 12	0.026 09	0.026 05	0.026 01
31	0.025 97	0.025 94	0.025 90	0.025 86	0.025 82	0.025 79	0.025 75	0.025 71	0.025 68	0.025 64
32	0.025 61	0.025 57	0.025 53	0.025 50	0.025 46	0.025 43	0.025 39	0.025 36	0.025 32	0.025 29

续 表

温度/℃	Δt/℃									
	0.0	0.1	0.2	0.3	0.4	0.5	0.6	0.7	0.8	0.9
33	0.025 25	0.025 22	0.025 18	0.025 15	0.025 11	0.025 08	0.025 04	0.025 01	0.024 98	0.024 94
34	0.024 91	0.024 88	0.024 84	0.024 81	0.024 78	0.024 74	0.024 71	0.024 68	0.024 65	0.024 61
35	0.024 58	0.024 55	0.024 52	0.024 48	0.024 45	0.024 42	0.024 39	0.024 36	0.024 33	0.024 29
36	0.024 26	0.024 23	0.024 20	0.024 17	0.024 14	0.024 11	0.024 08	0.024 05	0.024 02	0.023 99
37	0.023 96	0.023 93	0.023 90	0.023 87	0.023 84	0.023 81	0.023 78	0.023 75	0.023 72	0.023 69
38	0.023 66	0.023 63	0.023 60	0.023 58	0.023 55	0.023 52	0.023 49	0.023 46	0.023 43	0.023 41
39	0.023 38	0.023 35	0.023 32	0.023 29	0.023 27	0.023 24	0.023 21	0.023 18	0.023 16	0.023 13
40	0.023 10	0.023 08	0.023 05	0.023 02	0.023 00	0.022 97	0.022 94	0.022 92	0.022 89	0.022 86

来源：淡水，Benson 和 Krause（1980）。

56

表 1.33 不同温度下氮气的本森系数 [β，$L_{真实气体}$/(L·atm)]

温度/℃	Δt/℃									
	0.0	0.1	0.2	0.3	0.4	0.5	0.6	0.7	0.8	0.9
0	0.023 97	0.023 91	0.023 84	0.023 78	0.023 72	0.023 66	0.023 60	0.023 54	0.023 48	0.023 42
1	0.023 36	0.023 30	0.023 24	0.023 18	0.023 12	0.023 06	0.023 00	0.022 95	0.022 89	0.022 83
2	0.022 77	0.022 72	0.022 66	0.022 61	0.022 55	0.022 49	0.022 44	0.022 38	0.022 33	0.022 27
3	0.022 22	0.022 16	0.022 11	0.022 06	0.022 00	0.021 95	0.021 90	0.021 85	0.021 79	0.021 74
4	0.021 69	0.021 64	0.021 59	0.021 53	0.021 48	0.021 43	0.021 38	0.021 33	0.021 28	0.021 23
5	0.021 18	0.021 13	0.021 08	0.021 03	0.020 99	0.020 94	0.020 89	0.020 84	0.020 79	0.020 75
6	0.020 70	0.020 65	0.020 60	0.020 56	0.020 51	0.020 46	0.020 42	0.020 37	0.020 33	0.020 28
7	0.020 24	0.020 19	0.020 15	0.020 10	0.020 06	0.020 01	0.019 97	0.019 92	0.019 88	0.019 84
8	0.019 79	0.019 75	0.019 71	0.019 66	0.019 62	0.019 58	0.019 54	0.019 50	0.019 45	0.019 41
9	0.019 37	0.019 33	0.019 29	0.019 25	0.019 21	0.019 17	0.019 13	0.019 09	0.019 05	0.019 01
10	0.018 97	0.018 93	0.018 89	0.018 85	0.018 81	0.018 77	0.018 73	0.018 69	0.018 66	0.018 62
11	0.018 58	0.018 54	0.018 50	0.018 47	0.018 43	0.018 39	0.018 36	0.018 32	0.018 28	0.018 25
12	0.018 21	0.018 17	0.018 14	0.018 10	0.018 07	0.018 03	0.017 99	0.017 96	0.017 92	0.017 89
13	0.017 85	0.017 82	0.017 79	0.017 75	0.017 72	0.017 68	0.017 65	0.017 62	0.017 58	0.017 55
14	0.017 51	0.017 48	0.017 45	0.017 42	0.017 38	0.017 35	0.017 32	0.017 29	0.017 25	0.017 22
15	0.017 19	0.017 16	0.017 13	0.017 09	0.017 06	0.017 03	0.017 00	0.016 97	0.016 94	0.016 91
16	0.016 88	0.016 85	0.016 82	0.016 79	0.016 76	0.016 73	0.016 70	0.016 67	0.016 64	0.016 61
17	0.016 58	0.016 55	0.016 52	0.016 49	0.016 46	0.016 44	0.016 41	0.016 38	0.016 35	0.016 32

续　表

温度/℃	Δt/℃									
	0.0	0.1	0.2	0.3	0.4	0.5	0.6	0.7	0.8	0.9
18	0.016 29	0.016 27	0.016 24	0.016 21	0.016 18	0.016 16	0.016 13	0.016 10	0.016 07	0.016 05
19	0.016 02	0.015 99	0.015 97	0.015 94	0.015 91	0.015 89	0.015 86	0.015 83	0.015 81	0.015 78
20	0.015 76	0.015 73	0.015 71	0.015 68	0.015 65	0.015 63	0.015 60	0.015 58	0.015 55	0.015 53
21	0.015 50	0.015 48	0.015 46	0.015 43	0.015 41	0.015 38	0.015 36	0.015 33	0.015 31	0.015 29
22	0.015 26	0.015 24	0.015 22	0.015 19	0.015 17	0.015 15	0.015 12	0.015 10	0.015 08	0.015 05
23	0.015 03	0.015 01	0.014 99	0.014 96	0.014 94	0.014 92	0.014 90	0.014 87	0.014 85	0.014 83
24	0.014 81	0.014 79	0.014 76	0.014 74	0.014 72	0.014 70	0.014 68	0.014 66	0.014 64	0.014 62
25	0.014 59	0.014 57	0.014 55	0.014 53	0.014 51	0.014 49	0.014 47	0.014 45	0.014 43	0.014 41
26	0.014 39	0.014 37	0.014 35	0.014 33	0.014 31	0.014 29	0.014 27	0.014 25	0.014 23	0.014 21
27	0.014 19	0.014 18	0.014 16	0.014 14	0.014 12	0.014 10	0.014 08	0.014 06	0.014 04	0.014 02
28	0.014 01	0.013 99	0.013 97	0.013 95	0.013 93	0.013 92	0.013 90	0.013 88	0.013 86	0.013 84
29	0.013 83	0.013 81	0.013 79	0.013 77	0.013 76	0.013 74	0.013 72	0.013 70	0.013 69	0.013 67
30	0.013 65	0.013 64	0.013 62	0.013 60	0.013 59	0.013 57	0.013 55	0.013 54	0.013 52	0.013 50
31	0.013 49	0.013 47	0.013 46	0.013 44	0.013 42	0.013 41	0.013 39	0.013 38	0.013 36	0.013 34
32	0.013 33	0.013 31	0.013 30	0.013 28	0.013 27	0.013 25	0.013 24	0.013 22	0.013 21	0.013 19
33	0.013 18	0.013 16	0.013 15	0.013 13	0.013 12	0.013 10	0.013 09	0.013 07	0.013 06	0.013 05
34	0.013 03	0.013 02	0.013 00	0.012 99	0.012 97	0.012 96	0.012 95	0.012 93	0.012 92	0.012 91
35	0.012 89	0.012 88	0.012 86	0.012 85	0.012 84	0.012 82	0.012 81	0.012 80	0.012 78	0.012 77
36	0.012 76	0.012 75	0.012 73	0.012 72	0.012 71	0.012 69	0.012 68	0.012 67	0.012 66	0.012 64
37	0.012 63	0.012 62	0.012 61	0.012 59	0.012 58	0.012 57	0.012 56	0.012 55	0.012 53	0.012 52
38	0.012 51	0.012 50	0.012 49	0.012 47	0.012 46	0.012 45	0.012 44	0.012 43	0.012 42	0.012 40
39	0.012 39	0.012 38	0.012 37	0.012 36	0.012 35	0.012 34	0.012 33	0.012 32	0.012 30	0.012 29
40	0.012 28	0.012 27	0.012 26	0.012 25	0.012 24	0.012 23	0.012 22	0.012 21	0.012 20	0.012 19

来源：淡水，Hamme 和 Emerson（2004）。

表 1.34　不同温度下氩气的本森系数 [β，$L_{真实气体}/(L\cdot atm)$]

57

温度/℃	Δt/℃									
	0.0	0.1	0.2	0.3	0.4	0.5	0.6	0.7	0.8	0.9
0	0.053 78	0.053 63	0.053 49	0.053 34	0.053 19	0.053 05	0.052 90	0.052 76	0.052 62	0.052 47
1	0.052 33	0.052 19	0.052 05	0.051 91	0.051 77	0.051 63	0.051 49	0.051 35	0.051 22	0.051 08
2	0.050 95	0.050 81	0.050 68	0.050 54	0.050 41	0.050 28	0.050 15	0.050 01	0.049 88	0.049 75

续 表

温度/℃	Δt/℃									
	0.0	0.1	0.2	0.3	0.4	0.5	0.6	0.7	0.8	0.9
3	0.049 62	0.049 50	0.049 37	0.049 24	0.049 11	0.048 99	0.048 86	0.048 74	0.048 61	0.048 49
4	0.048 36	0.048 24	0.048 12	0.048 00	0.047 87	0.047 75	0.047 63	0.047 51	0.047 39	0.047 28
5	0.047 16	0.047 04	0.046 92	0.046 81	0.046 69	0.046 57	0.046 46	0.046 34	0.046 23	0.046 12
6	0.046 00	0.045 89	0.045 78	0.045 67	0.045 56	0.045 45	0.045 34	0.045 23	0.045 12	0.045 01
7	0.044 90	0.044 80	0.044 69	0.044 58	0.044 48	0.044 37	0.044 27	0.044 16	0.044 06	0.043 95
8	0.043 85	0.043 75	0.043 64	0.043 54	0.043 44	0.043 34	0.043 24	0.043 14	0.043 04	0.042 94
9	0.042 84	0.042 74	0.042 65	0.042 55	0.042 45	0.042 35	0.042 26	0.042 16	0.042 07	0.041 97
10	0.041 88	0.041 78	0.041 69	0.041 59	0.041 50	0.041 41	0.041 32	0.041 23	0.041 13	0.041 04
11	0.040 95	0.040 86	0.040 77	0.040 68	0.040 59	0.040 50	0.040 42	0.040 33	0.040 24	0.040 15
12	0.040 07	0.039 98	0.039 89	0.039 81	0.039 72	0.039 64	0.039 55	0.039 47	0.039 39	0.039 30
13	0.039 22	0.039 14	0.039 05	0.038 97	0.038 89	0.038 81	0.038 73	0.038 65	0.038 56	0.038 48
14	0.038 40	0.038 33	0.038 25	0.038 17	0.038 09	0.038 01	0.037 93	0.037 86	0.037 78	0.037 70
15	0.037 62	0.037 55	0.037 47	0.037 40	0.037 32	0.037 25	0.037 17	0.037 10	0.037 02	0.036 95
16	0.036 88	0.036 80	0.036 73	0.036 66	0.036 59	0.036 51	0.036 44	0.036 37	0.036 30	0.036 23
17	0.036 16	0.036 09	0.036 02	0.035 95	0.035 88	0.035 81	0.035 74	0.035 67	0.035 60	0.035 54
18	0.035 47	0.035 40	0.035 33	0.035 27	0.035 20	0.035 13	0.035 07	0.035 00	0.034 94	0.034 87
19	0.034 81	0.034 74	0.034 68	0.034 61	0.034 55	0.034 49	0.034 42	0.034 36	0.034 30	0.034 23
20	0.034 17	0.034 11	0.034 05	0.033 98	0.033 92	0.033 86	0.033 80	0.033 74	0.033 68	0.033 62
21	0.033 56	0.033 50	0.033 44	0.033 38	0.033 32	0.033 26	0.033 20	0.033 15	0.033 09	0.033 03
22	0.032 97	0.032 91	0.032 86	0.032 80	0.032 74	0.032 69	0.032 63	0.032 57	0.032 52	0.032 46
23	0.032 41	0.032 35	0.032 30	0.032 24	0.032 19	0.032 13	0.032 08	0.032 03	0.031 97	0.031 92
24	0.031 87	0.031 81	0.031 76	0.031 71	0.031 65	0.031 60	0.031 55	0.031 50	0.031 45	0.031 39
25	0.031 34	0.031 29	0.031 24	0.031 19	0.031 14	0.031 09	0.031 04	0.030 99	0.030 94	0.030 89
26	0.030 84	0.030 79	0.030 74	0.030 69	0.030 65	0.030 60	0.030 55	0.030 50	0.030 45	0.030 41
27	0.030 36	0.030 31	0.030 26	0.030 22	0.030 17	0.030 12	0.030 08	0.030 03	0.029 99	0.029 94
28	0.029 89	0.029 85	0.029 80	0.029 76	0.029 71	0.029 67	0.029 62	0.029 58	0.029 53	0.029 49
29	0.029 45	0.029 40	0.029 36	0.029 32	0.029 27	0.029 23	0.029 19	0.029 14	0.029 10	0.029 06
30	0.029 02	0.028 97	0.028 93	0.028 89	0.028 85	0.028 81	0.028 77	0.028 72	0.028 68	0.028 64
31	0.028 60	0.028 56	0.028 52	0.028 48	0.028 44	0.028 40	0.028 36	0.028 32	0.028 28	0.028 24
32	0.028 20	0.028 16	0.028 13	0.028 09	0.028 05	0.028 01	0.027 97	0.027 93	0.027 90	0.027 86
33	0.027 82	0.027 78	0.027 74	0.027 71	0.027 67	0.027 63	0.027 60	0.027 56	0.027 52	0.027 49
34	0.027 45	0.027 41	0.027 38	0.027 34	0.027 31	0.027 27	0.027 24	0.027 20	0.027 17	0.027 13
35	0.027 10	0.027 06	0.027 03	0.026 99	0.026 96	0.026 92	0.026 89	0.026 85	0.026 82	0.026 79

续　表

温度/℃	Δt/℃ 0.0	0.1	0.2	0.3	0.4	0.5	0.6	0.7	0.8	0.9
36	0.026 75	0.026 72	0.026 69	0.026 65	0.026 62	0.026 59	0.026 55	0.026 52	0.026 49	0.026 46
37	0.026 42	0.026 39	0.026 36	0.026 33	0.026 30	0.026 26	0.026 23	0.026 20	0.026 17	0.026 14
38	0.026 11	0.026 08	0.026 05	0.026 02	0.025 98	0.025 95	0.025 92	0.025 89	0.025 86	0.025 83
39	0.025 80	0.025 77	0.025 74	0.025 71	0.025 69	0.025 66	0.025 63	0.025 60	0.025 57	0.025 54
40	0.025 51	0.025 48	0.025 45	0.025 43	0.025 40	0.025 37	0.025 34	0.025 31	0.025 29	0.025 26

来源：淡水，Hamme 和 Emerson（2004）。

表1.35　不同温度下二氧化碳的本森系数［β，$L_{真实气体}/(L \cdot atm)$］

温度/℃	Δt/℃ 0.0	0.1	0.2	0.3	0.4	0.5	0.6	0.7	0.8	0.9
0	1.727 2	1.720 3	1.713 5	1.706 8	1.700 0	1.693 3	1.686 7	1.680 1	1.673 5	1.666 9
1	1.660 4	1.654 0	1.647 5	1.641 1	1.634 7	1.628 4	1.622 1	1.615 8	1.609 6	1.603 4
2	1.597 2	1.591 1	1.585 0	1.578 9	1.572 9	1.566 9	1.560 9	1.555 0	1.549 0	1.543 2
3	1.537 3	1.531 5	1.525 7	1.519 9	1.514 2	1.508 5	1.502 9	1.497 2	1.491 6	1.486 0
4	1.480 5	1.475 0	1.469 5	1.464 0	1.458 6	1.453 2	1.447 8	1.442 4	1.437 1	1.431 8
5	1.426 5	1.421 3	1.416 1	1.410 9	1.405 7	1.400 6	1.395 5	1.390 4	1.385 4	1.380 3
6	1.375 3	1.370 4	1.365 4	1.360 5	1.355 6	1.350 7	1.345 8	1.341 0	1.336 2	1.331 4
7	1.326 7	1.322 0	1.317 3	1.312 6	1.307 9	1.303 3	1.298 7	1.294 1	1.289 5	1.285 0
8	1.280 5	1.276 0	1.271 5	1.267 0	1.262 6	1.258 2	1.253 8	1.249 4	1.245 1	1.240 8
9	1.236 5	1.232 2	1.228 0	1.223 7	1.219 5	1.215 3	1.211 1	1.207 0	1.202 9	1.198 8
10	1.194 7	1.190 6	1.186 5	1.182 5	1.178 5	1.174 5	1.170 5	1.166 6	1.162 7	1.158 7
11	1.154 8	1.151 0	1.147 1	1.143 3	1.139 5	1.135 7	1.131 9	1.128 1	1.124 4	1.120 6
12	1.116 9	1.113 2	1.109 6	1.105 9	1.102 3	1.098 7	1.095 1	1.091 5	1.087 9	1.084 3
13	1.080 8	1.077 3	1.073 8	1.070 3	1.066 8	1.063 4	1.060 0	1.056 5	1.053 1	1.049 8
14	1.046 4	1.043 0	1.039 7	1.036 4	1.033 1	1.029 8	1.026 5	1.023 2	1.020 0	1.016 8
15	1.013 5	1.010 3	1.007 2	1.004 0	1.000 8	0.997 7	0.994 6	0.991 5	0.988 4	0.985 3
16	0.982 2	0.979 2	0.976 1	0.973 1	0.970 1	0.967 1	0.964 1	0.961 2	0.958 2	0.955 3
17	0.952 3	0.949 4	0.946 5	0.943 6	0.940 8	0.937 9	0.935 0	0.932 2	0.929 4	0.926 6
18	0.923 8	0.921 0	0.918 2	0.915 5	0.912 7	0.910 0	0.907 3	0.904 6	0.901 9	0.899 2
19	0.896 5	0.893 9	0.891 2	0.888 6	0.885 9	0.883 3	0.880 7	0.878 1	0.875 6	0.873 0

续 表

温度/℃	Δt/℃									
	0.0	0.1	0.2	0.3	0.4	0.5	0.6	0.7	0.8	0.9
20	0.8705	0.8679	0.8654	0.8629	0.8604	0.8579	0.8554	0.8529	0.8504	0.8480
21	0.8455	0.8431	0.8407	0.8383	0.8359	0.8335	0.8311	0.8288	0.8264	0.8240
22	0.8217	0.8194	0.8171	0.8148	0.8125	0.8102	0.8079	0.8056	0.8034	0.8011
23	0.7989	0.7967	0.7945	0.7923	0.7901	0.7879	0.7857	0.7835	0.7814	0.7792
24	0.7771	0.7750	0.7728	0.7707	0.7686	0.7665	0.7644	0.7624	0.7603	0.7582
25	0.7562	0.7542	0.7521	0.7501	0.7481	0.7461	0.7441	0.7421	0.7401	0.7381
26	0.7362	0.7342	0.7323	0.7303	0.7284	0.7265	0.7246	0.7227	0.7208	0.7189
27	0.7170	0.7151	0.7133	0.7114	0.7096	0.7077	0.7059	0.7040	0.7022	0.7004
28	0.6986	0.6968	0.6950	0.6932	0.6915	0.6897	0.6879	0.6862	0.6845	0.6827
29	0.6810	0.6793	0.6775	0.6758	0.6741	0.6724	0.6708	0.6691	0.6674	0.6657
30	0.6641	0.6624	0.6608	0.6591	0.6575	0.6559	0.6543	0.6526	0.6510	0.6494
31	0.6478	0.6463	0.6447	0.6431	0.6415	0.6400	0.6384	0.6369	0.6353	0.6338
32	0.6323	0.6307	0.6292	0.6277	0.6262	0.6247	0.6232	0.6217	0.6203	0.6188
33	0.6173	0.6158	0.6144	0.6129	0.6115	0.6101	0.6086	0.6072	0.6058	0.6044
34	0.6029	0.6015	0.6001	0.5987	0.5974	0.5960	0.5946	0.5932	0.5919	0.5905
35	0.5891	0.5878	0.5864	0.5851	0.5838	0.5824	0.5811	0.5798	0.5785	0.5772
36	0.5759	0.5746	0.5733	0.5720	0.5707	0.5694	0.5682	0.5669	0.5656	0.5644
37	0.5631	0.5619	0.5606	0.5594	0.5582	0.5569	0.5557	0.5545	0.5533	0.5521
38	0.5509	0.5497	0.5485	0.5473	0.5461	0.5449	0.5437	0.5426	0.5414	0.5402
39	0.5391	0.5379	0.5368	0.5356	0.5345	0.5333	0.5322	0.5311	0.5299	0.5288
40	0.5277	0.5266	0.5255	0.5244	0.5233	0.5222	0.5211	0.5200	0.5189	0.5179

来源：淡水，Weiss（1974）。

59

表 1.36 不同温度下氧气的本森系数［β′，mg/(L·mmHg)］

温度/℃	Δt/℃									
	0.0	0.1	0.2	0.3	0.4	0.5	0.6	0.7	0.8	0.9
0	0.09240	0.09214	0.09189	0.09163	0.09138	0.09113	0.09088	0.09063	0.09038	0.09013
1	0.08988	0.08964	0.08939	0.08915	0.08891	0.08867	0.08843	0.08819	0.08795	0.08772
2	0.08748	0.08725	0.08701	0.08678	0.08655	0.08632	0.08609	0.08586	0.08564	0.08541
3	0.08519	0.08497	0.08474	0.08452	0.08430	0.08408	0.08386	0.08365	0.08343	0.08322

续　表

温度/℃	Δt/℃									
	0.0	0.1	0.2	0.3	0.4	0.5	0.6	0.7	0.8	0.9
4	0.083 00	0.082 79	0.082 58	0.082 36	0.082 15	0.081 95	0.081 74	0.081 53	0.081 32	0.081 12
5	0.080 91	0.080 71	0.080 51	0.080 30	0.080 10	0.079 90	0.079 70	0.079 51	0.079 31	0.079 11
6	0.078 92	0.078 72	0.078 53	0.078 34	0.078 14	0.077 95	0.077 76	0.077 57	0.077 39	0.077 20
7	0.077 01	0.076 82	0.076 64	0.076 46	0.076 27	0.076 09	0.075 91	0.075 73	0.075 55	0.075 37
8	0.075 19	0.075 01	0.074 83	0.074 66	0.074 48	0.074 31	0.074 13	0.073 96	0.073 79	0.073 61
9	0.073 44	0.073 27	0.073 10	0.072 93	0.072 77	0.072 60	0.072 43	0.072 27	0.072 10	0.071 94
10	0.071 77	0.071 61	0.071 45	0.071 29	0.071 13	0.070 97	0.070 81	0.070 65	0.070 49	0.070 33
11	0.070 18	0.070 02	0.069 86	0.069 71	0.069 56	0.069 40	0.069 25	0.069 10	0.068 95	0.068 80
12	0.068 65	0.068 50	0.068 35	0.068 20	0.068 05	0.067 90	0.067 76	0.067 61	0.067 47	0.067 32
13	0.067 18	0.067 04	0.066 89	0.066 75	0.066 61	0.066 47	0.066 33	0.066 19	0.066 05	0.065 91
14	0.065 77	0.065 64	0.065 50	0.065 36	0.065 23	0.065 09	0.064 96	0.064 82	0.064 69	0.064 56
15	0.064 43	0.064 29	0.064 16	0.064 03	0.063 90	0.063 77	0.063 64	0.063 51	0.063 39	0.063 26
16	0.063 13	0.063 01	0.062 88	0.062 76	0.062 63	0.062 51	0.062 38	0.062 26	0.062 14	0.062 01
17	0.061 89	0.061 77	0.061 65	0.061 53	0.061 41	0.061 29	0.061 17	0.061 05	0.060 94	0.060 82
18	0.060 70	0.060 59	0.060 47	0.060 35	0.060 24	0.060 12	0.060 01	0.059 90	0.059 78	0.059 67
19	0.059 56	0.059 45	0.059 34	0.059 22	0.059 11	0.059 00	0.058 89	0.058 79	0.058 68	0.058 57
20	0.058 46	0.058 35	0.058 25	0.058 14	0.058 03	0.057 93	0.057 82	0.057 72	0.057 61	0.057 51
21	0.057 41	0.057 30	0.057 20	0.057 10	0.056 99	0.056 89	0.056 79	0.056 69	0.056 59	0.056 49
22	0.056 39	0.056 29	0.056 19	0.056 10	0.056 00	0.055 90	0.055 80	0.055 71	0.055 61	0.055 51
23	0.055 42	0.055 32	0.055 23	0.055 13	0.055 04	0.054 94	0.054 85	0.054 76	0.054 66	0.054 57
24	0.054 48	0.054 39	0.054 30	0.054 21	0.054 11	0.054 02	0.053 93	0.053 84	0.053 76	0.053 67
25	0.053 58	0.053 49	0.053 40	0.053 31	0.053 23	0.053 14	0.053 05	0.052 97	0.052 88	0.052 80
26	0.052 71	0.052 63	0.052 54	0.052 46	0.052 37	0.052 29	0.052 21	0.052 12	0.052 04	0.051 96
27	0.051 88	0.051 79	0.051 71	0.051 63	0.051 55	0.051 47	0.051 39	0.051 31	0.051 23	0.051 15
28	0.051 07	0.050 99	0.050 92	0.050 84	0.050 76	0.050 68	0.050 60	0.050 53	0.050 45	0.050 37
29	0.050 30	0.050 22	0.050 15	0.050 07	0.050 00	0.049 92	0.049 85	0.049 77	0.049 70	0.049 63
30	0.049 55	0.049 48	0.049 41	0.049 34	0.049 26	0.049 19	0.049 12	0.049 05	0.048 98	0.048 91
31	0.048 84	0.048 77	0.048 70	0.048 63	0.048 56	0.048 49	0.048 42	0.048 35	0.048 28	0.048 21
32	0.048 14	0.048 08	0.048 01	0.047 94	0.047 88	0.047 81	0.047 74	0.047 68	0.047 61	0.047 54
33	0.047 48	0.047 41	0.047 35	0.047 28	0.047 22	0.047 15	0.047 09	0.047 03	0.046 96	0.046 90
34	0.046 84	0.046 77	0.046 71	0.046 65	0.046 59	0.046 52	0.046 46	0.046 40	0.046 34	0.046 28
35	0.046 22	0.046 16	0.046 10	0.046 04	0.045 98	0.045 92	0.045 86	0.045 80	0.045 74	0.045 68
36	0.045 62	0.045 56	0.045 50	0.045 45	0.045 39	0.045 33	0.045 27	0.045 22	0.045 16	0.045 10

续 表

温度/℃	Δt/℃									
	0.0	0.1	0.2	0.3	0.4	0.5	0.6	0.7	0.8	0.9
37	0.045 05	0.044 99	0.044 93	0.044 88	0.044 82	0.044 77	0.044 71	0.044 65	0.044 60	0.044 55
38	0.044 49	0.044 44	0.044 38	0.044 33	0.044 27	0.044 22	0.044 17	0.044 11	0.044 06	0.044 01
39	0.043 96	0.043 90	0.043 85	0.043 80	0.043 75	0.043 69	0.043 64	0.043 59	0.043 54	0.043 49
40	0.043 44	0.043 39	0.043 34	0.043 29	0.043 24	0.043 19	0.043 14	0.043 09	0.043 04	0.042 99

来源：Benson 和 Krause（1980）及式（1.16）。

60

表 1.37 不同温度下氮气的本森系数［β'，mg/(L·mmHg)］

温度/℃	Δt/℃									
	0.0	0.1	0.2	0.3	0.4	0.5	0.6	0.7	0.8	0.9
0	0.039 43	0.039 33	0.039 23	0.039 13	0.039 03	0.038 93	0.038 83	0.038 73	0.038 63	0.038 53
1	0.038 43	0.038 33	0.038 23	0.038 14	0.038 04	0.037 94	0.037 85	0.037 75	0.037 66	0.037 56
2	0.037 47	0.037 38	0.037 28	0.037 19	0.037 10	0.037 01	0.036 92	0.036 83	0.036 74	0.036 65
3	0.036 56	0.036 47	0.036 38	0.036 29	0.036 20	0.036 11	0.036 03	0.035 94	0.035 85	0.035 77
4	0.035 68	0.035 60	0.035 51	0.035 43	0.035 35	0.035 26	0.035 18	0.035 10	0.035 01	0.034 93
5	0.034 85	0.034 77	0.034 69	0.034 61	0.034 53	0.034 45	0.034 37	0.034 29	0.034 21	0.034 13
6	0.034 05	0.033 98	0.033 90	0.033 82	0.033 74	0.033 67	0.033 59	0.033 52	0.033 44	0.033 37
7	0.033 29	0.033 22	0.033 14	0.033 07	0.033 00	0.032 92	0.032 85	0.032 78	0.032 71	0.032 64
8	0.032 57	0.032 49	0.032 42	0.032 35	0.032 28	0.032 21	0.032 14	0.032 08	0.032 01	0.031 94
9	0.031 87	0.031 80	0.031 73	0.031 67	0.031 60	0.031 53	0.031 47	0.031 40	0.031 34	0.031 27
10	0.031 20	0.031 14	0.031 07	0.031 01	0.030 95	0.030 88	0.030 82	0.030 76	0.030 69	0.030 63
11	0.030 57	0.030 51	0.030 44	0.030 38	0.030 32	0.030 26	0.030 20	0.030 14	0.030 08	0.030 02
12	0.029 96	0.029 90	0.029 84	0.029 78	0.029 72	0.029 66	0.029 61	0.029 55	0.029 49	0.029 43
13	0.029 38	0.029 32	0.029 26	0.029 21	0.029 15	0.029 09	0.029 04	0.028 98	0.028 93	0.028 87
14	0.028 82	0.028 76	0.028 71	0.028 65	0.028 60	0.028 55	0.028 49	0.028 44	0.028 39	0.028 33
15	0.028 28	0.028 23	0.028 18	0.028 13	0.028 07	0.028 02	0.027 97	0.027 92	0.027 87	0.027 82
16	0.027 77	0.027 72	0.027 67	0.027 62	0.027 57	0.027 52	0.027 47	0.027 42	0.027 37	0.027 33
17	0.027 28	0.027 23	0.027 18	0.027 13	0.027 09	0.027 04	0.026 99	0.026 95	0.026 90	0.026 85
18	0.026 81	0.026 76	0.026 72	0.026 67	0.026 62	0.026 58	0.026 53	0.026 49	0.026 44	0.026 40
19	0.026 36	0.026 31	0.026 27	0.026 22	0.026 18	0.026 14	0.026 09	0.026 05	0.026 01	0.025 97
20	0.025 92	0.025 88	0.025 84	0.025 80	0.025 76	0.025 71	0.025 67	0.025 63	0.025 59	0.025 55
21	0.025 51	0.025 47	0.025 43	0.025 39	0.025 35	0.025 31	0.025 27	0.025 23	0.025 19	0.025 15

续 表

温度/℃	Δt/℃									
	0.0	0.1	0.2	0.3	0.4	0.5	0.6	0.7	0.8	0.9
22	0.025 11	0.025 07	0.025 03	0.024 99	0.024 96	0.024 92	0.024 88	0.024 84	0.024 80	0.024 77
23	0.024 73	0.024 69	0.024 65	0.024 62	0.024 58	0.024 54	0.024 51	0.024 47	0.024 44	0.024 40
24	0.024 36	0.024 33	0.024 29	0.024 26	0.024 22	0.024 19	0.024 15	0.024 12	0.024 08	0.024 05
25	0.024 01	0.023 98	0.023 94	0.023 91	0.023 88	0.023 84	0.023 81	0.023 78	0.023 74	0.023 71
26	0.023 68	0.023 64	0.023 61	0.023 58	0.023 55	0.023 51	0.023 48	0.023 45	0.023 42	0.023 39
27	0.023 35	0.023 32	0.023 29	0.023 26	0.023 23	0.023 20	0.023 17	0.023 14	0.023 10	0.023 07
28	0.023 04	0.023 01	0.022 98	0.022 95	0.022 92	0.022 89	0.022 86	0.022 83	0.022 81	0.022 78
29	0.022 75	0.022 72	0.022 69	0.022 66	0.022 63	0.022 60	0.022 58	0.022 55	0.022 52	0.022 49
30	0.022 46	0.022 44	0.022 41	0.022 38	0.022 35	0.022 33	0.022 30	0.022 27	0.022 24	0.022 22
31	0.022 19	0.022 16	0.022 14	0.022 11	0.022 08	0.022 06	0.022 03	0.022 01	0.021 98	0.021 95
32	0.021 93	0.021 90	0.021 88	0.021 85	0.021 83	0.021 80	0.021 78	0.021 75	0.021 73	0.021 70
33	0.021 68	0.021 65	0.021 63	0.021 61	0.021 58	0.021 56	0.021 53	0.021 51	0.021 49	0.021 46
34	0.021 44	0.021 42	0.021 39	0.021 37	0.021 35	0.021 32	0.021 30	0.021 28	0.021 26	0.021 23
35	0.021 21	0.021 19	0.021 17	0.021 14	0.021 12	0.021 10	0.021 08	0.021 06	0.021 03	0.021 01
36	0.020 99	0.020 97	0.020 95	0.020 93	0.020 91	0.020 89	0.020 86	0.020 84	0.020 82	0.020 80
37	0.020 78	0.020 76	0.020 74	0.020 72	0.020 70	0.020 68	0.020 66	0.020 64	0.020 62	0.020 60
38	0.020 58	0.020 56	0.020 54	0.020 52	0.020 50	0.020 49	0.020 47	0.020 45	0.020 43	0.020 41
39	0.020 39	0.020 37	0.020 35	0.020 34	0.020 32	0.020 30	0.020 28	0.020 26	0.020 24	0.020 23
40	0.020 21	0.020 19	0.020 17	0.020 16	0.020 14	0.020 12	0.020 10	0.020 09	0.020 07	0.020 05

来源：淡水，Hamme 和 Emerson（2004）及式（1.16）。

表 1.38 不同温度下氩气的本森系数 [β', mg/(L · mmHg)]

61

温度/℃	Δt/℃									
	0.0	0.1	0.2	0.3	0.4	0.5	0.6	0.7	0.8	0.9
0	0.126 24	0.125 90	0.125 55	0.125 21	0.124 86	0.124 52	0.124 18	0.123 84	0.123 51	0.123 17
1	0.122 84	0.122 51	0.122 17	0.121 85	0.121 52	0.121 19	0.120 87	0.120 55	0.120 22	0.119 90
2	0.119 59	0.119 27	0.118 95	0.118 64	0.118 33	0.118 02	0.117 71	0.117 40	0.117 09	0.116 79
3	0.116 48	0.116 18	0.115 88	0.115 58	0.115 28	0.114 99	0.114 69	0.114 40	0.114 10	0.113 81
4	0.113 52	0.113 23	0.112 95	0.112 66	0.112 37	0.112 09	0.111 81	0.111 53	0.111 25	0.110 97
5	0.110 69	0.110 42	0.110 14	0.109 87	0.109 60	0.109 32	0.109 05	0.108 79	0.108 52	0.108 25
6	0.107 99	0.107 72	0.107 46	0.107 20	0.106 94	0.106 68	0.106 42	0.106 17	0.105 91	0.105 65
7	0.105 40	0.105 15	0.104 90	0.104 65	0.104 40	0.104 15	0.103 90	0.103 66	0.103 41	0.103 17

续 表

温度/℃	Δt/℃									
	0.0	0.1	0.2	0.3	0.4	0.5	0.6	0.7	0.8	0.9
8	0.102 93	0.102 69	0.102 45	0.102 21	0.101 97	0.101 73	0.101 50	0.101 26	0.101 03	0.100 79
9	0.100 56	0.100 33	0.100 10	0.099 87	0.099 64	0.099 42	0.099 19	0.098 97	0.098 74	0.098 52
10	0.098 30	0.098 08	0.097 86	0.097 64	0.097 42	0.097 20	0.096 98	0.096 77	0.096 55	0.096 34
11	0.096 13	0.095 92	0.095 70	0.095 49	0.095 29	0.095 08	0.094 87	0.094 66	0.094 46	0.094 25
12	0.094 05	0.093 85	0.093 64	0.093 44	0.093 24	0.093 04	0.092 84	0.092 65	0.092 45	0.092 25
13	0.092 06	0.091 86	0.091 67	0.091 48	0.091 28	0.091 09	0.090 90	0.090 71	0.090 52	0.090 33
14	0.090 15	0.089 96	0.089 78	0.089 59	0.089 41	0.089 22	0.089 04	0.088 86	0.088 68	0.088 50
15	0.088 32	0.088 14	0.087 96	0.087 78	0.087 60	0.087 43	0.087 25	0.087 08	0.086 91	0.086 73
16	0.086 56	0.086 39	0.086 22	0.086 05	0.085 88	0.085 71	0.085 54	0.085 37	0.085 21	0.085 04
17	0.084 87	0.084 71	0.084 54	0.084 38	0.084 22	0.084 06	0.083 89	0.083 73	0.083 57	0.083 41
18	0.083 26	0.083 10	0.082 94	0.082 78	0.082 63	0.082 47	0.082 32	0.082 16	0.082 01	0.081 85
19	0.081 70	0.081 55	0.081 40	0.081 25	0.081 10	0.080 95	0.080 80	0.080 65	0.080 50	0.080 35
20	0.080 21	0.080 06	0.079 92	0.079 77	0.079 63	0.079 48	0.079 34	0.079 20	0.079 06	0.078 92
21	0.078 77	0.078 63	0.078 49	0.078 35	0.078 22	0.078 08	0.077 94	0.077 80	0.077 67	0.077 53
22	0.077 40	0.077 26	0.077 13	0.076 99	0.076 86	0.076 73	0.076 59	0.076 46	0.076 33	0.076 20
23	0.076 07	0.075 94	0.075 81	0.075 68	0.075 56	0.075 43	0.075 30	0.075 17	0.075 05	0.074 92
24	0.074 80	0.074 67	0.074 55	0.074 42	0.074 30	0.074 18	0.074 06	0.073 93	0.073 81	0.073 69
25	0.073 57	0.073 45	0.073 33	0.073 21	0.073 10	0.072 98	0.072 86	0.072 74	0.072 63	0.072 51
26	0.072 39	0.072 28	0.072 16	0.072 05	0.071 94	0.071 82	0.071 71	0.071 60	0.071 48	0.071 37
27	0.071 26	0.071 15	0.071 04	0.070 93	0.070 82	0.070 71	0.070 60	0.070 49	0.070 38	0.070 28
28	0.070 17	0.070 06	0.069 96	0.069 85	0.069 74	0.069 64	0.069 54	0.069 43	0.069 33	0.069 22
29	0.069 12	0.069 02	0.068 91	0.068 81	0.068 71	0.068 61	0.068 51	0.068 41	0.068 31	0.068 21
30	0.068 11	0.068 01	0.067 91	0.067 81	0.067 72	0.067 62	0.067 52	0.067 43	0.067 33	0.067 23
31	0.067 14	0.067 04	0.066 95	0.066 85	0.066 76	0.066 67	0.066 57	0.066 48	0.066 39	0.066 29
32	0.066 20	0.066 11	0.066 02	0.065 93	0.065 84	0.065 75	0.065 66	0.065 57	0.065 48	0.065 39
33	0.065 30	0.065 21	0.065 13	0.065 04	0.064 95	0.064 86	0.064 78	0.064 69	0.064 61	0.064 52
34	0.064 44	0.064 35	0.064 27	0.064 18	0.064 10	0.064 01	0.063 93	0.063 85	0.063 77	0.063 68
35	0.063 60	0.063 52	0.063 44	0.063 36	0.063 28	0.063 20	0.063 12	0.063 04	0.062 96	0.062 88
36	0.062 80	0.062 72	0.062 64	0.062 56	0.062 49	0.062 41	0.062 33	0.062 25	0.062 18	0.062 10
37	0.062 03	0.061 95	0.061 88	0.061 80	0.061 73	0.061 65	0.061 58	0.061 50	0.061 43	0.061 36
38	0.061 28	0.061 21	0.061 14	0.061 07	0.060 99	0.060 92	0.060 85	0.060 78	0.060 71	0.060 64
39	0.060 57	0.060 50	0.060 43	0.060 36	0.060 29	0.060 22	0.060 15	0.060 09	0.060 02	0.059 95
40	0.059 88	0.059 81	0.059 75	0.059 68	0.059 61	0.059 55	0.059 48	0.059 42	0.059 35	0.059 29

来源：淡水，Hamme 和 Emerson（2004）及式（1.16）。

表1.39 不同温度下二氧化碳的本森系数 [β', mg/(L·mmHg)]

温度/℃	Δ*t*/℃									
	0.0	0.1	0.2	0.3	0.4	0.5	0.6	0.7	0.8	0.9
0	4.492 4	4.474 6	4.456 9	4.439 3	4.421 8	4.404 4	4.387 1	4.369 9	4.352 8	4.335 8
1	4.318 8	4.302 0	4.285 3	4.268 6	4.252 0	4.235 5	4.219 1	4.202 8	4.186 6	4.170 5
2	4.154 4	4.138 5	4.122 6	4.106 8	4.091 1	4.075 5	4.059 9	4.044 5	4.029 1	4.013 8
3	3.998 6	3.983 4	3.968 4	3.953 4	3.938 5	3.923 7	3.909 0	3.894 3	3.879 7	3.865 2
4	3.850 8	3.836 4	3.822 1	3.807 9	3.793 8	3.779 7	3.765 7	3.751 8	3.737 9	3.724 2
5	3.710 5	3.696 8	3.683 3	3.669 8	3.656 4	3.643 0	3.629 7	3.616 5	3.603 4	3.590 3
6	3.577 3	3.564 3	3.551 5	3.538 6	3.525 9	3.513 2	3.500 6	3.488 0	3.475 5	3.463 1
7	3.450 8	3.438 4	3.426 2	3.414 0	3.401 9	3.389 9	3.377 9	3.365 9	3.354 1	3.342 2
8	3.330 5	3.318 8	3.307 2	3.295 6	3.284 1	3.272 6	3.261 2	3.249 8	3.238 6	3.227 3
9	3.216 1	3.205 0	3.193 9	3.182 9	3.172 0	3.161 1	3.150 2	3.139 4	3.128 7	3.118 0
10	3.107 3	3.096 8	3.086 2	3.075 7	3.065 3	3.054 9	3.044 6	3.034 3	3.024 1	3.013 9
11	3.003 8	2.993 7	2.983 7	2.973 7	2.963 8	2.953 9	2.944 0	2.934 3	2.924 5	2.914 8
12	2.905 2	2.895 6	2.886 0	2.876 5	2.867 0	2.857 6	2.848 3	2.838 9	2.829 6	2.820 4
13	2.811 2	2.802 1	2.793 0	2.783 9	2.774 9	2.765 9	2.757 0	2.748 1	2.739 2	2.730 4
14	2.721 7	2.712 9	2.704 3	2.695 6	2.687 0	2.678 5	2.669 9	2.661 5	2.653 0	2.644 6
15	2.636 3	2.627 9	2.619 7	2.611 4	2.603 2	2.595 1	2.586 9	2.578 8	2.570 8	2.562 8
16	2.554 8	2.546 9	2.539 0	2.531 1	2.523 3	2.515 5	2.507 7	2.500 0	2.492 3	2.484 6
17	2.477 0	2.469 5	2.461 9	2.454 4	2.446 9	2.439 5	2.432 1	2.424 7	2.417 4	2.410 1
18	2.402 8	2.395 5	2.388 3	2.381 2	2.374 0	2.366 9	2.359 8	2.352 8	2.345 8	2.338 8
19	2.331 9	2.324 9	2.318 1	2.311 2	2.304 4	2.297 6	2.290 8	2.284 1	2.277 4	2.270 7
20	2.264 1	2.257 5	2.250 9	2.244 3	2.237 8	2.231 3	2.224 8	2.218 4	2.212 0	2.205 6
21	2.199 3	2.193 0	2.186 7	2.180 4	2.174 2	2.167 9	2.161 8	2.155 6	2.149 5	2.143 4
22	2.137 3	2.131 2	2.125 2	2.119 2	2.113 3	2.107 3	2.101 4	2.095 5	2.089 6	2.083 8
23	2.078 0	2.072 2	2.066 4	2.060 7	2.055 0	2.049 3	2.043 6	2.038 0	2.032 4	2.026 8
24	2.021 2	2.015 7	2.010 2	2.004 7	1.999 2	1.993 8	1.988 3	1.982 9	1.977 6	1.972 2
25	1.966 9	1.961 6	1.956 3	1.951 0	1.945 8	1.940 6	1.935 4	1.930 2	1.925 1	1.919 9
26	1.914 8	1.909 7	1.904 7	1.899 6	1.894 6	1.889 6	1.884 6	1.879 7	1.874 7	1.869 8
27	1.864 9	1.860 1	1.855 2	1.850 4	1.845 6	1.840 8	1.836 0	1.831 3	1.826 5	1.821 8
28	1.817 1	1.812 4	1.807 8	1.803 2	1.798 5	1.793 9	1.789 4	1.784 8	1.780 3	1.775 8
29	1.771 3	1.766 8	1.762 3	1.757 9	1.753 4	1.749 0	1.744 6	1.740 3	1.735 9	1.731 6
30	1.727 3	1.723 0	1.718 7	1.714 4	1.710 2	1.706 0	1.701 7	1.697 5	1.693 4	1.689 2
31	1.685 1	1.680 9	1.676 8	1.672 7	1.668 7	1.664 6	1.660 6	1.656 5	1.652 5	1.648 5
32	1.644 5	1.640 6	1.636 6	1.632 7	1.628 8	1.624 9	1.621 0	1.617 2	1.613 3	1.609 5

续 表

温度/℃	Δt/℃									
	0.0	0.1	0.2	0.3	0.4	0.5	0.6	0.7	0.8	0.9
33	1.605 6	1.601 8	1.598 1	1.594 3	1.590 5	1.586 8	1.583 0	1.579 3	1.575 6	1.571 9
34	1.568 3	1.564 6	1.561 0	1.557 4	1.553 7	1.550 1	1.546 6	1.543 0	1.539 4	1.535 9
35	1.532 4	1.528 9	1.525 4	1.521 9	1.518 4	1.515 0	1.511 5	1.508 1	1.504 7	1.501 3
36	1.497 9	1.494 5	1.491 1	1.487 8	1.484 4	1.481 1	1.477 8	1.474 5	1.471 2	1.468 0
37	1.464 7	1.461 5	1.458 2	1.455 0	1.451 8	1.448 6	1.445 4	1.442 2	1.439 1	1.435 9
38	1.432 8	1.429 7	1.426 6	1.423 5	1.420 4	1.417 3	1.414 2	1.411 2	1.408 2	1.405 1
39	1.402 1	1.399 1	1.396 1	1.393 1	1.390 2	1.387 2	1.384 3	1.381 3	1.378 4	1.375 5
40	1.372 6	1.369 7	1.366 8	1.363 9	1.361 1	1.358 2	1.355 4	1.352 6	1.349 8	1.347 0

来源：淡水，Weiss（1974）和式（1.16）。

63

表 1.40 不同温度下氧气的本森系数［β″，mg/(L · kPa)］

温度/℃	Δt/℃									
	0.0	0.1	0.2	0.3	0.4	0.5	0.6	0.7	0.8	0.9
0	0.693 07	0.691 14	0.689 22	0.687 30	0.685 40	0.683 51	0.681 62	0.679 75	0.677 88	0.676 02
1	0.674 17	0.672 33	0.670 50	0.668 68	0.666 86	0.665 06	0.663 26	0.661 47	0.659 69	0.657 92
2	0.656 15	0.654 40	0.652 65	0.650 91	0.649 18	0.647 46	0.645 74	0.644 04	0.642 34	0.640 65
3	0.638 97	0.637 29	0.635 62	0.633 96	0.632 31	0.630 67	0.629 03	0.627 40	0.625 78	0.624 17
4	0.622 56	0.620 96	0.619 37	0.617 79	0.616 21	0.614 64	0.613 08	0.611 52	0.609 97	0.608 43
5	0.606 90	0.605 37	0.603 85	0.602 33	0.600 83	0.599 33	0.597 84	0.596 35	0.594 87	0.593 40
6	0.591 93	0.590 47	0.589 02	0.587 57	0.586 13	0.584 70	0.583 27	0.581 85	0.580 44	0.579 03
7	0.577 63	0.576 23	0.574 84	0.573 46	0.572 08	0.570 71	0.569 35	0.567 99	0.566 64	0.565 29
8	0.563 95	0.562 62	0.561 29	0.559 97	0.558 65	0.557 34	0.556 03	0.554 73	0.553 44	0.552 15
9	0.550 87	0.549 59	0.548 32	0.547 05	0.545 79	0.544 54	0.543 29	0.542 05	0.540 81	0.539 58
10	0.538 35	0.537 13	0.535 91	0.534 70	0.533 49	0.532 29	0.531 09	0.529 90	0.528 72	0.527 54
11	0.526 36	0.525 19	0.524 03	0.522 87	0.521 71	0.520 56	0.519 42	0.518 27	0.517 14	0.516 01
12	0.514 88	0.513 76	0.512 64	0.511 53	0.510 43	0.509 32	0.508 23	0.507 13	0.506 05	0.504 96
13	0.503 88	0.502 81	0.501 74	0.500 67	0.499 61	0.498 56	0.497 50	0.496 46	0.495 41	0.494 37
14	0.493 34	0.492 31	0.491 28	0.490 26	0.489 25	0.488 23	0.487 22	0.486 22	0.485 22	0.484 22
15	0.483 23	0.482 24	0.481 26	0.480 28	0.479 30	0.478 33	0.477 36	0.476 40	0.475 44	0.474 49
16	0.473 53	0.472 59	0.471 64	0.470 70	0.469 77	0.468 83	0.467 91	0.466 98	0.466 06	0.465 14
17	0.464 23	0.463 32	0.462 41	0.461 51	0.460 61	0.459 72	0.458 83	0.457 94	0.457 06	0.456 18

续　表

温度/℃	Δt/℃ 0.0	0.1	0.2	0.3	0.4	0.5	0.6	0.7	0.8	0.9
18	0.455 30	0.454 43	0.453 56	0.452 69	0.451 83	0.450 97	0.450 11	0.449 26	0.448 41	0.447 57
19	0.446 72	0.445 89	0.445 05	0.444 22	0.443 39	0.442 56	0.441 74	0.440 92	0.440 11	0.439 30
20	0.438 49	0.437 68	0.436 88	0.436 08	0.435 29	0.434 49	0.433 70	0.432 92	0.432 13	0.431 35
21	0.430 58	0.429 80	0.429 03	0.428 26	0.427 50	0.426 74	0.425 98	0.425 22	0.424 47	0.423 72
22	0.422 97	0.422 23	0.421 49	0.420 75	0.420 01	0.419 28	0.418 55	0.417 82	0.417 10	0.416 38
23	0.415 66	0.414 94	0.414 23	0.413 52	0.412 82	0.412 11	0.411 41	0.410 71	0.410 01	0.409 32
24	0.408 63	0.407 94	0.407 26	0.406 57	0.405 89	0.405 22	0.404 54	0.403 87	0.403 20	0.402 53
25	0.401 87	0.401 21	0.400 55	0.399 89	0.399 24	0.398 58	0.397 93	0.397 29	0.396 64	0.396 00
26	0.395 36	0.394 73	0.394 09	0.393 46	0.392 83	0.392 20	0.391 58	0.390 95	0.390 33	0.389 72
27	0.389 10	0.388 49	0.387 88	0.387 27	0.386 66	0.386 06	0.385 46	0.384 86	0.384 26	0.383 67
28	0.383 07	0.382 48	0.381 90	0.381 31	0.380 73	0.380 15	0.379 57	0.378 99	0.378 42	0.377 84
29	0.377 27	0.376 70	0.376 14	0.375 57	0.375 01	0.374 45	0.373 89	0.373 34	0.372 79	0.372 23
30	0.371 68	0.371 14	0.370 59	0.370 05	0.369 51	0.368 97	0.368 43	0.367 90	0.367 36	0.366 83
31	0.366 30	0.365 77	0.365 25	0.364 73	0.364 20	0.363 68	0.363 17	0.362 65	0.362 14	0.361 63
32	0.361 12	0.360 61	0.360 10	0.359 60	0.359 09	0.358 59	0.358 10	0.357 60	0.357 10	0.356 61
33	0.356 12	0.355 63	0.355 14	0.354 66	0.354 17	0.353 69	0.353 21	0.352 73	0.352 25	0.351 78
34	0.351 30	0.350 83	0.350 36	0.349 89	0.349 43	0.348 96	0.348 50	0.348 04	0.347 58	0.347 12
35	0.346 66	0.346 21	0.345 75	0.345 30	0.344 85	0.344 40	0.343 95	0.343 51	0.343 07	0.342 62
36	0.342 18	0.341 75	0.341 31	0.340 87	0.340 44	0.340 01	0.339 58	0.339 15	0.338 72	0.338 29
37	0.337 87	0.337 45	0.337 02	0.336 60	0.336 19	0.335 77	0.335 35	0.334 94	0.334 53	0.334 12
38	0.333 71	0.333 30	0.332 89	0.332 49	0.332 08	0.331 68	0.331 28	0.330 88	0.330 48	0.330 09
39	0.329 69	0.329 30	0.328 91	0.328 51	0.328 13	0.327 74	0.327 35	0.326 97	0.326 58	0.326 20
40	0.325 82	0.325 44	0.325 06	0.324 68	0.324 31	0.323 93	0.323 56	0.323 19	0.322 82	0.322 45

来源：Benson 和 Krause（1980）及式（1.17）。

表 1.41　不同温度下氮气的本森系数［β″，mg/(L·kPa)］　64

温度/℃	Δt/℃ 0.0	0.1	0.2	0.3	0.4	0.5	0.6	0.7	0.8	0.9
0	0.295 78	0.295 01	0.294 24	0.293 48	0.292 72	0.291 97	0.291 21	0.290 47	0.289 72	0.288 98
1	0.288 24	0.287 51	0.286 78	0.286 05	0.285 33	0.284 60	0.283 89	0.283 17	0.282 46	0.281 76
2	0.281 05	0.280 35	0.279 65	0.278 96	0.278 27	0.277 58	0.276 90	0.276 22	0.275 54	0.274 86

续 表

温度/℃	Δt/℃									
	0.0	0.1	0.2	0.3	0.4	0.5	0.6	0.7	0.8	0.9
3	0.274 19	0.273 52	0.272 86	0.272 20	0.271 54	0.270 88	0.270 23	0.269 58	0.268 93	0.268 29
4	0.267 65	0.267 01	0.266 37	0.265 74	0.265 11	0.264 48	0.263 86	0.263 24	0.262 62	0.262 01
5	0.261 39	0.260 78	0.260 18	0.259 57	0.258 97	0.258 37	0.257 78	0.257 18	0.256 59	0.256 01
6	0.255 42	0.254 84	0.254 26	0.253 68	0.253 11	0.252 54	0.251 97	0.251 40	0.250 83	0.250 27
7	0.249 71	0.249 16	0.248 60	0.248 05	0.247 50	0.246 96	0.246 41	0.245 87	0.245 33	0.244 79
8	0.244 26	0.243 73	0.243 20	0.242 67	0.242 14	0.241 62	0.241 10	0.240 58	0.240 07	0.239 55
9	0.239 04	0.238 53	0.238 03	0.237 52	0.237 02	0.236 52	0.236 02	0.235 53	0.235 03	0.234 54
10	0.234 05	0.233 56	0.233 08	0.232 60	0.232 12	0.231 64	0.231 16	0.230 69	0.230 22	0.229 75
11	0.229 28	0.228 81	0.228 35	0.227 89	0.227 43	0.226 97	0.226 51	0.226 06	0.225 61	0.225 16
12	0.224 71	0.224 26	0.223 82	0.223 38	0.222 93	0.222 50	0.222 06	0.221 63	0.221 19	0.220 76
13	0.220 33	0.219 91	0.219 48	0.219 06	0.218 64	0.218 22	0.217 80	0.217 38	0.216 97	0.216 55
14	0.216 14	0.215 73	0.215 33	0.214 92	0.214 52	0.214 12	0.213 71	0.213 32	0.212 92	0.212 52
15	0.212 13	0.211 74	0.211 35	0.210 96	0.210 57	0.210 19	0.209 80	0.209 42	0.209 04	0.208 66
16	0.208 29	0.207 91	0.207 54	0.207 16	0.206 79	0.206 42	0.206 06	0.205 69	0.205 33	0.204 96
17	0.204 60	0.204 24	0.203 88	0.203 53	0.203 17	0.202 82	0.202 47	0.202 11	0.201 77	0.201 42
18	0.201 07	0.200 73	0.200 38	0.200 04	0.199 70	0.199 36	0.199 02	0.198 69	0.198 35	0.198 02
19	0.197 69	0.197 36	0.197 03	0.196 70	0.196 37	0.196 05	0.195 72	0.195 40	0.195 08	0.194 76
20	0.194 44	0.194 12	0.193 81	0.193 49	0.193 18	0.192 87	0.192 56	0.192 25	0.191 94	0.191 64
21	0.191 33	0.191 03	0.190 72	0.190 42	0.190 12	0.189 82	0.189 52	0.189 23	0.188 93	0.188 64
22	0.188 35	0.188 05	0.187 76	0.187 48	0.187 19	0.186 90	0.186 62	0.186 33	0.186 05	0.185 77
23	0.185 49	0.185 21	0.184 93	0.184 65	0.184 37	0.184 10	0.183 82	0.183 55	0.183 28	0.183 01
24	0.182 74	0.182 47	0.182 21	0.181 94	0.181 68	0.181 41	0.181 15	0.180 89	0.180 63	0.180 37
25	0.180 11	0.179 85	0.179 60	0.179 34	0.179 09	0.178 83	0.178 58	0.178 33	0.178 08	0.177 83
26	0.177 59	0.177 34	0.177 09	0.176 85	0.176 60	0.176 36	0.176 12	0.175 88	0.175 64	0.175 40
27	0.175 16	0.174 93	0.174 69	0.174 46	0.174 22	0.173 99	0.173 76	0.173 53	0.173 30	0.173 07
28	0.172 84	0.172 62	0.172 39	0.172 17	0.171 94	0.171 72	0.171 50	0.171 28	0.171 06	0.170 84
29	0.170 62	0.170 40	0.170 18	0.169 97	0.169 75	0.169 54	0.169 33	0.169 12	0.168 90	0.168 69
30	0.168 49	0.168 28	0.168 07	0.167 86	0.167 66	0.167 45	0.167 25	0.167 05	0.166 84	0.166 64
31	0.166 44	0.166 24	0.166 04	0.165 84	0.165 65	0.165 45	0.165 26	0.165 06	0.164 87	0.164 67
32	0.164 48	0.164 29	0.164 10	0.163 91	0.163 72	0.163 53	0.163 35	0.163 16	0.162 97	0.162 79
33	0.162 61	0.162 42	0.162 24	0.162 06	0.161 88	0.161 70	0.161 52	0.161 34	0.161 16	0.160 99
34	0.160 81	0.160 63	0.160 46	0.160 29	0.160 11	0.159 94	0.159 77	0.159 60	0.159 43	0.159 26
35	0.159 09	0.158 92	0.158 76	0.158 59	0.158 42	0.158 26	0.158 10	0.157 93	0.157 77	0.157 61

续　表

温度/℃	Δt/℃									
	0.0	0.1	0.2	0.3	0.4	0.5	0.6	0.7	0.8	0.9
36	0.157 45	0.157 29	0.157 13	0.156 97	0.156 81	0.156 65	0.156 50	0.156 34	0.156 18	0.156 03
37	0.155 88	0.155 72	0.155 57	0.155 42	0.155 27	0.155 12	0.154 97	0.154 82	0.154 67	0.154 52
38	0.154 38	0.154 23	0.154 08	0.153 94	0.153 79	0.153 65	0.153 51	0.153 37	0.153 22	0.153 08
39	0.152 94	0.152 80	0.152 67	0.152 53	0.152 39	0.152 25	0.152 12	0.151 98	0.151 85	0.151 71
40	0.151 58	0.151 45	0.151 31	0.151 18	0.151 05	0.150 92	0.150 79	0.150 66	0.150 53	0.150 41

来源：Hamme 和 Emerson（2004）及式（1.17）。

65

表 1.42　不同温度下氩气的本森系数［β''，mg/(L·kPa)］

温度/℃	Δt/℃									
	0.0	0.1	0.2	0.3	0.4	0.5	0.6	0.7	0.8	0.9
0	0.946 91	0.944 30	0.941 70	0.939 12	0.936 54	0.933 98	0.931 43	0.928 89	0.926 37	0.923 86
1	0.921 35	0.918 86	0.916 38	0.913 92	0.911 46	0.909 02	0.906 59	0.904 17	0.901 76	0.899 36
2	0.896 97	0.894 59	0.892 23	0.889 88	0.887 53	0.885 20	0.882 88	0.880 57	0.878 27	0.875 98
3	0.873 70	0.871 43	0.869 17	0.866 93	0.864 69	0.862 46	0.860 25	0.858 04	0.855 84	0.853 66
4	0.851 48	0.849 31	0.847 16	0.845 01	0.842 87	0.840 75	0.838 63	0.836 52	0.834 42	0.832 33
5	0.830 25	0.828 18	0.826 12	0.824 07	0.822 03	0.820 00	0.817 97	0.815 96	0.813 95	0.811 96
6	0.809 97	0.807 99	0.806 02	0.804 06	0.802 11	0.800 16	0.798 23	0.796 30	0.794 39	0.792 48
7	0.790 58	0.788 68	0.786 80	0.784 92	0.783 06	0.781 20	0.779 35	0.777 51	0.775 67	0.773 84
8	0.772 03	0.770 22	0.768 41	0.766 62	0.764 83	0.763 05	0.761 28	0.759 52	0.757 76	0.756 02
9	0.754 28	0.752 54	0.750 82	0.749 10	0.747 39	0.745 69	0.743 99	0.742 30	0.740 62	0.738 95
10	0.737 28	0.735 63	0.733 97	0.732 33	0.730 69	0.729 06	0.727 44	0.725 82	0.724 21	0.722 61
11	0.721 01	0.719 42	0.717 84	0.716 27	0.714 70	0.713 13	0.711 58	0.710 03	0.708 49	0.706 95
12	0.705 42	0.703 90	0.702 39	0.700 88	0.699 37	0.697 88	0.696 38	0.694 90	0.693 42	0.691 95
13	0.690 48	0.689 03	0.687 57	0.686 12	0.684 68	0.683 25	0.681 82	0.680 40	0.678 98	0.677 57
14	0.676 16	0.674 76	0.673 37	0.671 98	0.670 60	0.669 22	0.667 85	0.666 49	0.665 13	0.663 77
15	0.662 43	0.661 08	0.659 75	0.658 42	0.657 09	0.655 77	0.654 46	0.653 15	0.651 84	0.650 54
16	0.649 25	0.647 96	0.646 68	0.645 40	0.644 13	0.642 86	0.641 60	0.640 34	0.639 09	0.637 85
17	0.636 60	0.635 37	0.634 14	0.632 91	0.631 69	0.630 47	0.629 26	0.628 06	0.626 85	0.625 66
18	0.624 47	0.623 28	0.622 10	0.620 92	0.619 75	0.618 58	0.617 41	0.616 26	0.615 10	0.613 95
19	0.612 81	0.611 67	0.610 53	0.609 40	0.608 28	0.607 15	0.606 04	0.604 92	0.603 82	0.602 71
20	0.601 61	0.600 52	0.599 43	0.598 34	0.597 26	0.596 18	0.595 11	0.594 04	0.592 97	0.591 91

续 表

温度/℃	Δt/℃									
	0.0	0.1	0.2	0.3	0.4	0.5	0.6	0.7	0.8	0.9
21	0.590 85	0.589 80	0.588 75	0.587 71	0.586 67	0.585 63	0.584 60	0.583 58	0.582 55	0.581 53
22	0.580 52	0.579 51	0.578 50	0.577 49	0.576 49	0.575 50	0.574 51	0.573 52	0.572 54	0.571 56
23	0.570 58	0.569 61	0.568 64	0.567 67	0.566 71	0.565 76	0.564 80	0.563 85	0.562 91	0.561 96
24	0.561 02	0.560 09	0.559 16	0.558 23	0.557 31	0.556 39	0.555 47	0.554 56	0.553 65	0.552 74
25	0.551 84	0.550 94	0.550 04	0.549 15	0.548 26	0.547 37	0.546 49	0.545 61	0.544 74	0.543 87
26	0.543 00	0.542 13	0.541 27	0.540 41	0.539 56	0.538 71	0.537 86	0.537 01	0.536 17	0.535 33
27	0.534 50	0.533 66	0.532 83	0.532 01	0.531 19	0.530 37	0.529 55	0.528 74	0.527 93	0.527 12
28	0.526 32	0.525 51	0.524 72	0.523 92	0.523 13	0.522 34	0.521 56	0.520 77	0.519 99	0.519 22
29	0.518 44	0.517 67	0.516 90	0.516 14	0.515 38	0.514 62	0.513 86	0.513 11	0.512 36	0.511 61
30	0.510 87	0.510 13	0.509 39	0.508 65	0.507 92	0.507 19	0.506 46	0.505 73	0.505 01	0.504 29
31	0.503 58	0.502 86	0.502 15	0.501 44	0.500 74	0.500 03	0.499 33	0.498 64	0.497 94	0.497 25
32	0.496 56	0.495 87	0.495 19	0.494 51	0.493 83	0.493 15	0.492 48	0.491 80	0.491 13	0.490 47
33	0.489 80	0.489 14	0.488 48	0.487 83	0.487 17	0.486 52	0.485 87	0.485 23	0.484 58	0.483 94
34	0.483 30	0.482 67	0.482 03	0.481 40	0.480 77	0.480 15	0.479 52	0.478 90	0.478 28	0.477 66
35	0.477 05	0.476 43	0.475 82	0.475 22	0.474 61	0.474 01	0.473 41	0.472 81	0.472 21	0.471 62
36	0.471 03	0.470 44	0.469 85	0.469 27	0.468 68	0.468 10	0.467 52	0.466 95	0.466 37	0.465 80
37	0.465 23	0.464 67	0.464 10	0.463 54	0.462 98	0.462 42	0.461 87	0.461 31	0.460 76	0.460 21
38	0.459 66	0.459 12	0.458 57	0.458 03	0.457 49	0.456 96	0.456 42	0.455 89	0.455 36	0.454 83
39	0.454 30	0.453 78	0.453 26	0.452 74	0.452 22	0.451 70	0.451 19	0.450 68	0.450 17	0.449 66
40	0.449 15	0.448 65	0.448 15	0.447 65	0.447 15	0.446 65	0.446 16	0.445 67	0.445 18	0.444 69

来源：Hamme 和 Emerson（2004）及式（1.17）。

66

表 1.43 不同温度下二氧化碳的本森系数［β″，mg/(L·kPa)］

温度/℃	Δt/℃									
	0.0	0.1	0.2	0.3	0.4	0.5	0.6	0.7	0.8	0.9
0	33.696	33.562	33.430	33.298	33.166	33.036	32.906	32.777	32.649	32.521
1	32.394	32.268	32.142	32.017	31.893	31.769	31.646	31.524	31.402	31.281
2	31.161	31.041	30.922	30.804	30.686	30.569	30.452	30.336	30.221	30.106
3	29.992	29.878	29.765	29.653	29.541	29.430	29.320	29.210	29.100	28.991
4	28.883	28.775	28.668	28.562	28.456	28.350	28.245	28.141	28.037	27.934
5	27.831	27.729	27.627	27.526	27.425	27.325	27.225	27.126	27.028	26.929
6	26.832	26.735	26.638	26.542	26.446	26.351	26.257	26.162	26.069	25.975

续　表

温度/℃	Δt/℃									
	0.0	0.1	0.2	0.3	0.4	0.5	0.6	0.7	0.8	0.9
7	25.883	25.790	25.699	25.607	25.516	25.426	25.336	25.247	25.158	25.069
8	24.981	24.893	24.806	24.719	24.632	24.547	24.461	24.376	24.291	24.207
9	24.123	24.040	23.957	23.874	23.792	23.710	23.629	23.548	23.467	23.387
10	23.307	23.228	23.149	23.070	22.992	22.914	22.836	22.759	22.683	22.606
11	22.530	22.455	22.379	22.305	22.230	22.156	22.082	22.009	21.936	21.863
12	21.791	21.719	21.647	21.576	21.505	21.434	21.364	21.294	21.224	21.155
13	21.086	21.017	20.949	20.881	20.813	20.746	20.679	20.612	20.546	20.480
14	20.414	20.349	20.284	20.219	20.154	20.090	20.026	19.963	19.899	19.836
15	19.774	19.711	19.649	19.587	19.526	19.465	19.404	19.343	19.282	19.222
16	19.163	19.103	19.044	18.985	18.926	18.868	18.809	18.751	18.694	18.636
17	18.579	18.522	18.466	18.410	18.353	18.298	18.242	18.187	18.132	18.077
18	18.022	17.968	17.914	17.860	17.807	17.753	17.700	17.647	17.595	17.542
19	17.490	17.438	17.387	17.335	17.284	17.233	17.183	17.132	17.082	17.032
20	16.982	16.932	16.883	16.834	16.785	16.736	16.688	16.639	16.591	16.544
21	16.496	16.448	16.401	16.354	16.307	16.261	16.215	16.168	16.122	16.077
22	16.031	15.986	15.941	15.896	15.851	15.806	15.762	15.718	15.674	15.630
23	15.586	15.543	15.500	15.457	15.414	15.371	15.329	15.286	15.244	15.202
24	15.161	15.119	15.078	15.036	14.995	14.954	14.914	14.873	14.833	14.793
25	14.753	14.713	14.673	14.634	14.595	14.556	14.517	14.478	14.439	14.401
26	14.362	14.324	14.286	14.248	14.211	14.173	14.136	14.099	14.062	14.025
27	13.988	13.952	13.915	13.879	13.843	13.807	13.771	13.736	13.700	13.665
28	13.629	13.594	13.560	13.525	13.490	13.456	13.421	13.387	13.353	13.319
29	13.286	13.252	13.218	13.185	13.152	13.119	13.086	13.053	13.021	12.988
30	12.956	12.923	12.891	12.859	12.827	12.796	12.764	12.733	12.701	12.670
31	12.639	12.608	12.577	12.547	12.516	12.486	12.455	12.425	12.395	12.365
32	12.335	12.305	12.276	12.246	12.217	12.188	12.159	12.130	12.101	12.072
33	12.043	12.015	11.986	11.958	11.930	11.902	11.874	11.846	11.818	11.791
34	11.763	11.736	11.708	11.681	11.654	11.627	11.600	11.573	11.547	11.520
35	11.494	11.467	11.441	11.415	11.389	11.363	11.337	11.312	11.286	11.260
36	11.235	11.210	11.184	11.159	11.134	11.109	11.084	11.060	11.035	11.011
37	10.986	10.962	10.938	10.913	10.889	10.865	10.841	10.818	10.794	10.770
38	10.747	10.723	10.700	10.677	10.654	10.631	10.608	10.585	10.562	10.539
39	10.517	10.494	10.472	10.449	10.427	10.405	10.383	10.361	10.339	10.317
40	10.295	10.274	10.252	10.230	10.209	10.188	10.166	10.145	10.124	10.103

来源：Weiss（1974）和式（1.17）。

67

表 1.44 氧气 [mmHg/(mg/L)]随温度的变化关系（盐度为 0.0 g/kg）

温度/℃	Δt/℃									
	0.0	0.1	0.2	0.3	0.4	0.5	0.6	0.7	0.8	0.9
0	10.822	10.853	10.883	10.913	10.943	10.974	11.004	11.034	11.065	11.095
1	11.126	11.156	11.187	11.217	11.248	11.278	11.309	11.339	11.370	11.401
2	11.431	11.462	11.493	11.523	11.554	11.585	11.615	11.646	11.677	11.708
3	11.739	11.770	11.800	11.831	11.862	11.893	11.924	11.955	11.986	12.017
4	12.048	12.079	12.110	12.141	12.172	12.203	12.234	12.266	12.297	12.328
5	12.359	12.390	12.421	12.453	12.484	12.515	12.546	12.578	12.609	12.640
6	12.671	12.703	12.734	12.765	12.797	12.828	12.860	12.891	12.922	12.954
7	12.985	13.017	13.048	13.080	13.111	13.143	13.174	13.206	13.237	13.269
8	13.300	13.332	13.363	13.395	13.426	13.458	13.490	13.521	13.553	13.584
9	13.616	13.648	13.679	13.711	13.743	13.774	13.806	13.838	13.869	13.901
10	13.933	13.964	13.996	14.028	14.059	14.091	14.123	14.155	14.186	14.218
11	14.250	14.282	14.313	14.345	14.377	14.409	14.441	14.472	14.504	14.536
12	14.568	14.599	14.631	14.663	14.695	14.727	14.758	14.790	14.822	14.854
13	14.886	14.917	14.949	14.981	15.013	15.045	15.077	15.108	15.140	15.172
14	15.204	15.236	15.267	15.299	15.331	15.363	15.395	15.426	15.458	15.490
15	15.522	15.554	15.585	15.617	15.649	15.681	15.713	15.744	15.776	15.808
16	15.840	15.871	15.903	15.935	15.967	15.998	16.030	16.062	16.094	16.125
17	16.157	16.189	16.221	16.252	16.284	16.316	16.347	16.379	16.411	16.442
18	16.474	16.506	16.537	16.569	16.601	16.632	16.664	16.695	16.727	16.759
19	16.790	16.822	16.853	16.885	16.917	16.948	16.980	17.011	17.043	17.074
20	17.106	17.137	17.169	17.200	17.231	17.263	17.294	17.326	17.357	17.389
21	17.420	17.451	17.483	17.514	17.545	17.577	17.608	17.639	17.671	17.702
22	17.733	17.764	17.796	17.827	17.858	17.889	17.920	17.952	17.983	18.014
23	18.045	18.076	18.107	18.138	18.169	18.200	18.232	18.263	18.294	18.325
24	18.356	18.386	18.417	18.448	18.479	18.510	18.541	18.572	18.603	18.634
25	18.664	18.695	18.726	18.757	18.787	18.818	18.849	18.880	18.910	18.941
26	18.971	19.002	19.033	19.063	19.094	19.124	19.155	19.185	19.216	19.246
27	19.277	19.307	19.338	19.368	19.398	19.429	19.459	19.489	19.520	19.550
28	19.580	19.610	19.640	19.671	19.701	19.731	19.761	19.791	19.821	19.851
29	19.881	19.911	19.941	19.971	20.001	20.031	20.061	20.091	20.120	20.150
30	20.180	20.210	20.240	20.269	20.299	20.329	20.358	20.388	20.418	20.447
31	20.477	20.506	20.536	20.565	20.595	20.624	20.653	20.683	20.712	20.741
32	20.771	20.800	20.829	20.858	20.888	20.917	20.946	20.975	21.004	21.033

续 表

温度/℃	Δt/℃									
	0.0	0.1	0.2	0.3	0.4	0.5	0.6	0.7	0.8	0.9
33	21.062	21.091	21.120	21.149	21.178	21.207	21.236	21.265	21.293	21.322
34	21.351	21.380	21.408	21.437	21.466	21.494	21.523	21.551	21.580	21.608
35	21.637	21.665	21.694	21.722	21.750	21.779	21.807	21.835	21.863	21.892
36	21.920	21.948	21.976	22.004	22.032	22.060	22.088	22.116	22.144	22.172
37	22.200	22.228	22.255	22.283	22.311	22.339	22.366	22.394	22.422	22.449
38	22.477	22.504	22.532	22.559	22.587	22.614	22.641	22.669	22.696	22.723
39	22.750	22.778	22.805	22.832	22.859	22.886	22.913	22.940	22.967	22.994
40	23.021	23.048	23.075	23.101	23.128	23.155	23.181	23.208	23.235	23.261

表1.45 氮气[mmHg/(mg/L)]随温度的变化关系(盐度为0.0 g/kg)

68

温度/℃	Δt/℃									
	0.0	0.1	0.2	0.3	0.4	0.5	0.6	0.7	0.8	0.9
0	25.359	25.425	25.491	25.557	25.624	25.690	25.756	25.823	25.889	25.956
1	26.022	26.088	26.155	26.221	26.288	26.355	26.421	26.488	26.554	26.621
2	26.688	26.754	26.821	26.888	26.954	27.021	27.088	27.155	27.222	27.288
3	27.355	27.422	27.489	27.556	27.623	27.690	27.757	27.824	27.890	27.957
4	28.024	28.091	28.158	28.225	28.292	28.359	28.427	28.494	28.561	28.628
5	28.695	28.762	28.829	28.896	28.963	29.030	29.097	29.164	29.231	29.299
6	29.366	29.433	29.500	29.567	29.634	29.701	29.768	29.835	29.903	29.970
7	30.037	30.104	30.171	30.238	30.305	30.372	30.439	30.506	30.574	30.641
8	30.708	30.775	30.842	30.909	30.976	31.043	31.110	31.177	31.244	31.311
9	31.378	31.445	31.512	31.579	31.646	31.713	31.779	31.846	31.913	31.980
10	32.047	32.114	32.180	32.247	32.314	32.381	32.447	32.514	32.581	32.648
11	32.714	32.781	32.847	32.914	32.981	33.047	33.114	33.180	33.247	33.313
12	33.379	33.446	33.512	33.579	33.645	33.711	33.777	33.844	33.910	33.976
13	34.042	34.108	34.174	34.241	34.307	34.373	34.439	34.504	34.570	34.636
14	34.702	34.768	34.834	34.899	34.965	35.031	35.096	35.162	35.228	35.293
15	35.359	35.424	35.489	35.555	35.620	35.685	35.751	35.816	35.881	35.946
16	36.011	36.076	36.141	36.206	36.271	36.336	36.401	36.466	36.530	36.595
17	36.660	36.724	36.789	36.853	36.918	36.982	37.046	37.111	37.175	37.239
18	37.303	37.367	37.431	37.495	37.559	37.623	37.687	37.751	37.815	37.878

续 表

温度/℃	Δt/℃									
	0.0	0.1	0.2	0.3	0.4	0.5	0.6	0.7	0.8	0.9
19	37.942	38.006	38.069	38.133	38.196	38.259	38.323	38.386	38.449	38.512
20	38.575	38.638	38.701	38.764	38.827	38.890	38.952	39.015	39.078	39.140
21	39.203	39.265	39.327	39.389	39.452	39.514	39.576	39.638	39.700	39.762
22	39.824	39.885	39.947	40.009	40.070	40.132	40.193	40.254	40.316	40.377
23	40.438	40.499	40.560	40.621	40.682	40.742	40.803	40.864	40.924	40.985
24	41.045	41.105	41.166	41.226	41.286	41.346	41.406	41.466	41.525	41.585
25	41.645	41.704	41.764	41.823	41.883	41.942	42.001	42.060	42.119	42.178
26	42.237	42.295	42.354	42.413	42.471	42.530	42.588	42.646	42.704	42.762
27	42.820	42.878	42.936	42.994	43.051	43.109	43.166	43.224	43.281	43.338
28	43.395	43.452	43.509	43.566	43.623	43.679	43.736	43.792	43.849	43.905
29	43.961	44.017	44.073	44.129	44.185	44.241	44.296	44.352	44.407	44.463
30	44.518	44.573	44.628	44.683	44.738	44.793	44.847	44.902	44.956	45.011
31	45.065	45.119	45.173	45.227	45.281	45.334	45.388	45.442	45.495	45.548
32	45.601	45.655	45.708	45.760	45.813	45.866	45.918	45.971	46.023	46.075
33	46.128	46.180	46.232	46.283	46.335	46.387	46.438	46.489	46.541	46.592
34	46.643	46.694	46.745	46.795	46.846	46.896	46.947	46.997	47.047	47.097
35	47.147	47.197	47.246	47.296	47.345	47.394	47.444	47.493	47.542	47.590
36	47.639	47.688	47.736	47.784	47.833	47.881	47.929	47.976	48.024	48.072
37	48.119	48.167	48.214	48.261	48.308	48.355	48.401	48.448	48.494	48.541
38	48.587	48.633	48.679	48.725	48.770	48.816	48.861	48.907	48.952	48.997
39	49.042	49.086	49.131	49.176	49.220	49.264	49.308	49.352	49.396	49.440
40	49.483	49.527	49.570	49.613	49.656	49.699	49.742	49.784	49.827	49.869

69

表 1.46 氩气 [mmHg/(mg/L)] 随温度的变化关系（盐度为 0.0 g/kg）

温度/℃	Δt/℃									
	0.0	0.1	0.2	0.3	0.4	0.5	0.6	0.7	0.8	0.9
0	7.921	7.943	7.965	7.987	8.009	8.031	8.053	8.075	8.097	8.119
1	8.141	8.163	8.185	8.207	8.229	8.251	8.273	8.296	8.318	8.340
2	8.362	8.384	8.407	8.429	8.451	8.473	8.496	8.518	8.540	8.563
3	8.585	8.607	8.630	8.652	8.674	8.697	8.719	8.742	8.764	8.786
4	8.809	8.831	8.854	8.876	8.899	8.921	8.944	8.966	8.989	9.012

续　表

温度/℃	Δt/℃									
	0.0	0.1	0.2	0.3	0.4	0.5	0.6	0.7	0.8	0.9
5	9.034	9.057	9.079	9.102	9.124	9.147	9.170	9.192	9.215	9.238
6	9.260	9.283	9.306	9.328	9.351	9.374	9.397	9.419	9.442	9.465
7	9.488	9.510	9.533	9.556	9.579	9.601	9.624	9.647	9.670	9.693
8	9.715	9.738	9.761	9.784	9.807	9.830	9.853	9.875	9.898	9.921
9	9.944	9.967	9.990	10.013	10.036	10.059	10.082	10.105	10.127	10.150
10	10.173	10.196	10.219	10.242	10.265	10.288	10.311	10.334	10.357	10.380
11	10.403	10.426	10.449	10.472	10.495	10.518	10.541	10.564	10.587	10.610
12	10.633	10.656	10.679	10.702	10.725	10.748	10.771	10.794	10.817	10.840
13	10.863	10.886	10.909	10.932	10.955	10.978	11.001	11.024	11.047	11.070
14	11.093	11.116	11.139	11.162	11.185	11.208	11.231	11.254	11.277	11.300
15	11.323	11.346	11.369	11.392	11.415	11.438	11.461	11.484	11.507	11.530
16	11.553	11.576	11.599	11.622	11.645	11.668	11.690	11.713	11.736	11.759
17	11.782	11.805	11.828	11.851	11.874	11.897	11.920	11.943	11.965	11.988
18	12.011	12.034	12.057	12.080	12.103	12.126	12.148	12.171	12.194	12.217
19	12.240	12.263	12.285	12.308	12.331	12.354	12.377	12.399	12.422	12.445
20	12.468	12.490	12.513	12.536	12.558	12.581	12.604	12.627	12.649	12.672
21	12.695	12.717	12.740	12.762	12.785	12.808	12.830	12.853	12.875	12.898
22	12.921	12.943	12.966	12.988	13.011	13.033	13.056	13.078	13.101	13.123
23	13.146	13.168	13.190	13.213	13.235	13.258	13.280	13.302	13.325	13.347
24	13.369	13.392	13.414	13.436	13.459	13.481	13.503	13.525	13.548	13.570
25	13.592	13.614	13.636	13.659	13.681	13.703	13.725	13.747	13.769	13.791
26	13.813	13.835	13.857	13.879	13.901	13.923	13.945	13.967	13.989	14.011
27	14.033	14.055	14.077	14.099	14.121	14.142	14.164	14.186	14.208	14.229
28	14.251	14.273	14.295	14.316	14.338	14.360	14.381	14.403	14.424	14.446
29	14.468	14.489	14.511	14.532	14.554	14.575	14.597	14.618	14.639	14.661
30	14.682	14.703	14.725	14.746	14.767	14.789	14.810	14.831	14.852	14.874
31	14.895	14.916	14.937	14.958	14.979	15.000	15.021	15.042	15.063	15.084
32	15.105	15.126	15.147	15.168	15.189	15.210	15.230	15.251	15.272	15.293
33	15.313	15.334	15.355	15.376	15.396	15.417	15.437	15.458	15.478	15.499
34	15.519	15.540	15.560	15.581	15.601	15.622	15.642	15.662	15.682	15.703
35	15.723	15.743	15.763	15.784	15.804	15.824	15.844	15.864	15.884	15.904
36	15.924	15.944	15.964	15.984	16.004	16.023	16.043	16.063	16.083	16.103
37	16.122	16.142	16.162	16.181	16.201	16.220	16.240	16.259	16.279	16.298

续 表

温度/℃	Δt/℃									
	0.0	0.1	0.2	0.3	0.4	0.5	0.6	0.7	0.8	0.9
38	16.318	16.337	16.356	16.376	16.395	16.414	16.434	16.453	16.472	16.491
39	16.510	16.529	16.548	16.567	16.586	16.605	16.624	16.643	16.662	16.681
40	16.699	16.718	16.737	16.756	16.774	16.793	16.812	16.830	16.849	16.867

70

表 1.47 N_2+Ar [mmHg/(mg/L)]随温度的变化关系（盐度为 0.0 g/kg）

温度/℃	Δt/℃									
	0.0	0.1	0.2	0.3	0.4	0.5	0.6	0.7	0.8	0.9
0	24.716	24.780	24.845	24.910	24.974	25.039	25.104	25.169	25.234	25.299
1	25.363	25.428	25.493	25.558	25.623	25.688	25.753	25.818	25.884	25.949
2	26.014	26.079	26.144	26.209	26.274	26.340	26.405	26.470	26.535	26.601
3	26.666	26.731	26.797	26.862	26.927	26.993	27.058	27.124	27.189	27.255
4	27.320	27.385	27.451	27.516	27.582	27.647	27.713	27.778	27.844	27.910
5	27.975	28.041	28.106	28.172	28.237	28.303	28.369	28.434	28.500	28.565
6	28.631	28.697	28.762	28.828	28.893	28.959	29.025	29.090	29.156	29.221
7	29.287	29.353	29.418	29.484	29.549	29.615	29.681	29.746	29.812	29.877
8	29.943	30.009	30.074	30.140	30.205	30.271	30.336	30.402	30.467	30.533
9	30.598	30.664	30.729	30.795	30.860	30.926	30.991	31.056	31.122	31.187
10	31.253	31.318	31.383	31.449	31.514	31.579	31.644	31.710	31.775	31.840
11	31.905	31.971	32.036	32.101	32.166	32.231	32.296	32.361	32.426	32.491
12	32.556	32.621	32.686	32.751	32.816	32.881	32.946	33.010	33.075	33.140
13	33.205	33.269	33.334	33.399	33.463	33.528	33.593	33.657	33.722	33.786
14	33.851	33.915	33.979	34.044	34.108	34.172	34.236	34.301	34.365	34.429
15	34.493	34.557	34.621	34.685	34.749	34.813	34.877	34.941	35.005	35.068
16	35.132	35.196	35.259	35.323	35.386	35.450	35.513	35.577	35.640	35.704
17	35.767	35.830	35.893	35.957	36.020	36.083	36.146	36.209	36.272	36.335
18	36.397	36.460	36.523	36.586	36.648	36.711	36.773	36.836	36.898	36.961
19	37.023	37.085	37.148	37.210	37.272	37.334	37.396	37.458	37.520	37.582
20	37.643	37.705	37.767	37.828	37.890	37.952	38.013	38.074	38.136	38.197
21	38.258	38.319	38.380	38.441	38.502	38.563	38.624	38.685	38.746	38.806
22	38.867	38.927	38.988	39.048	39.109	39.169	39.229	39.289	39.349	39.409

续　表

温度/℃	Δt/℃									
	0.0	0.1	0.2	0.3	0.4	0.5	0.6	0.7	0.8	0.9
23	39.469	39.529	39.589	39.649	39.708	39.768	39.827	39.887	39.946	40.006
24	40.065	40.124	40.183	40.242	40.301	40.360	40.419	40.477	40.536	40.595
25	40.653	40.711	40.770	40.828	40.886	40.944	41.002	41.060	41.118	41.176
26	41.234	41.291	41.349	41.407	41.464	41.521	41.578	41.636	41.693	41.750
27	41.807	41.863	41.920	41.977	42.033	42.090	42.146	42.203	42.259	42.315
28	42.371	42.427	42.483	42.539	42.595	42.650	42.706	42.761	42.816	42.872
29	42.927	42.982	43.037	43.092	43.147	43.201	43.256	43.311	43.365	43.419
30	43.474	43.528	43.582	43.636	43.690	43.744	43.797	43.851	43.904	43.958
31	44.011	44.064	44.117	44.170	44.223	44.276	44.329	44.381	44.434	44.486
32	44.539	44.591	44.643	44.695	44.747	44.799	44.850	44.902	44.953	45.005
33	45.056	45.107	45.158	45.209	45.260	45.311	45.361	45.412	45.462	45.513
34	45.563	45.613	45.663	45.713	45.762	45.812	45.862	45.911	45.960	46.010
35	46.059	46.108	46.157	46.205	46.254	46.302	46.351	46.399	46.447	46.495
36	46.543	46.591	46.639	46.686	46.734	46.781	46.829	46.876	46.923	46.970
37	47.016	47.063	47.109	47.156	47.202	47.248	47.294	47.340	47.386	47.432
38	47.477	47.523	47.568	47.613	47.658	47.703	47.748	47.792	47.837	47.881
39	47.926	47.970	48.014	48.058	48.101	48.145	48.188	48.232	48.275	48.318
40	48.361	48.404	48.447	48.489	48.532	48.574	48.616	48.658	48.700	48.742

表 1.48　二氧化碳 [mmHg/(mg/L)] 随温度的变化关系（盐度为 0.0 g/kg）

温度/℃	Δt/℃									
	0.0	0.1	0.2	0.3	0.4	0.5	0.6	0.7	0.8	0.9
0	0.222 60	0.223 48	0.224 37	0.225 26	0.226 15	0.227 04	0.227 94	0.228 84	0.229 74	0.230 64
1	0.231 54	0.232 45	0.233 36	0.234 27	0.235 18	0.236 10	0.237 02	0.237 93	0.238 86	0.239 78
2	0.240 71	0.241 64	0.242 57	0.243 50	0.244 43	0.245 37	0.246 31	0.247 25	0.248 19	0.249 14
3	0.250 09	0.251 04	0.251 99	0.252 95	0.253 90	0.254 86	0.255 82	0.256 79	0.257 75	0.258 72
4	0.259 69	0.260 66	0.261 64	0.262 61	0.263 59	0.264 57	0.265 55	0.266 54	0.267 53	0.268 52
5	0.269 51	0.270 50	0.271 50	0.272 50	0.273 50	0.274 50	0.275 50	0.276 51	0.277 52	0.278 53
6	0.279 54	0.280 56	0.281 57	0.282 59	0.283 62	0.284 64	0.285 67	0.286 69	0.287 72	0.288 76
7	0.289 79	0.290 83	0.291 87	0.292 91	0.293 95	0.295 00	0.296 04	0.297 09	0.298 15	0.299 20

续 表

温度/℃	Δt/℃									
	0.0	0.1	0.2	0.3	0.4	0.5	0.6	0.7	0.8	0.9
8	0.300 26	0.301 31	0.302 37	0.303 44	0.304 50	0.305 57	0.306 64	0.307 71	0.308 78	0.309 85
9	0.310 93	0.312 01	0.313 09	0.314 18	0.315 26	0.316 35	0.317 44	0.318 53	0.319 62	0.320 72
10	0.321 82	0.322 92	0.324 02	0.325 13	0.326 23	0.327 34	0.328 45	0.329 56	0.330 68	0.331 79
11	0.332 91	0.334 03	0.335 16	0.336 28	0.337 41	0.338 54	0.339 67	0.340 80	0.341 94	0.343 07
12	0.344 21	0.345 36	0.346 50	0.347 64	0.348 79	0.349 94	0.351 09	0.352 25	0.353 40	0.354 56
13	0.355 72	0.356 88	0.358 04	0.359 21	0.360 38	0.361 54	0.362 72	0.363 89	0.365 07	0.366 24
14	0.367 42	0.368 60	0.369 79	0.370 97	0.372 16	0.373 35	0.374 54	0.375 73	0.376 93	0.378 13
15	0.379 32	0.380 53	0.381 73	0.382 93	0.384 14	0.385 35	0.386 56	0.387 77	0.388 99	0.390 20
16	0.391 42	0.392 64	0.393 86	0.395 09	0.396 31	0.397 54	0.398 77	0.400 00	0.401 24	0.402 47
17	0.403 71	0.404 95	0.406 19	0.407 43	0.408 68	0.409 92	0.411 17	0.412 42	0.413 67	0.414 93
18	0.416 18	0.417 44	0.418 70	0.419 96	0.421 23	0.422 49	0.423 76	0.425 03	0.426 30	0.427 57
19	0.428 84	0.430 12	0.431 40	0.432 68	0.433 96	0.435 24	0.436 52	0.437 81	0.439 10	0.440 39
20	0.441 68	0.442 98	0.444 27	0.445 57	0.446 87	0.448 17	0.449 47	0.450 77	0.452 08	0.453 39
21	0.454 70	0.456 01	0.457 32	0.458 63	0.459 95	0.461 27	0.462 59	0.463 91	0.465 23	0.466 55
22	0.467 88	0.469 21	0.470 54	0.471 87	0.473 20	0.474 54	0.475 87	0.477 21	0.478 55	0.479 89
23	0.481 23	0.482 58	0.483 92	0.485 27	0.486 62	0.487 97	0.489 32	0.490 68	0.492 03	0.493 39
24	0.494 75	0.496 11	0.497 47	0.498 83	0.500 20	0.501 56	0.502 93	0.504 30	0.505 67	0.507 04
25	0.508 42	0.509 79	0.511 17	0.512 55	0.513 93	0.515 31	0.516 69	0.518 08	0.519 46	0.520 85
26	0.522 24	0.523 63	0.525 02	0.526 42	0.527 81	0.529 21	0.530 61	0.532 01	0.533 41	0.534 81
27	0.536 21	0.537 62	0.539 02	0.540 43	0.541 84	0.543 25	0.544 66	0.546 07	0.547 49	0.548 91
28	0.550 32	0.551 74	0.553 16	0.554 58	0.556 01	0.557 43	0.558 85	0.560 28	0.561 71	0.563 14
29	0.564 57	0.566 00	0.567 44	0.568 87	0.570 31	0.571 74	0.573 18	0.574 62	0.576 06	0.577 50
30	0.578 95	0.580 39	0.581 84	0.583 29	0.584 73	0.586 18	0.587 63	0.589 09	0.590 54	0.591 99
31	0.593 45	0.594 91	0.596 36	0.597 82	0.599 28	0.600 75	0.602 21	0.603 67	0.605 14	0.606 60
32	0.608 07	0.609 54	0.611 01	0.612 48	0.613 95	0.615 42	0.616 90	0.618 37	0.619 85	0.621 32
33	0.622 80	0.624 28	0.625 76	0.627 24	0.628 73	0.630 21	0.631 69	0.633 18	0.634 67	0.636 15
34	0.637 64	0.639 13	0.640 62	0.642 11	0.643 61	0.645 10	0.646 59	0.648 09	0.649 59	0.651 08
35	0.652 58	0.654 08	0.655 58	0.657 08	0.658 58	0.660 09	0.661 59	0.663 10	0.664 60	0.666 11
36	0.667 61	0.669 12	0.670 63	0.672 14	0.673 65	0.675 16	0.676 68	0.678 19	0.679 70	0.681 22
37	0.682 74	0.684 25	0.685 77	0.687 29	0.688 81	0.690 33	0.691 85	0.693 37	0.694 89	0.696 41
38	0.697 94	0.699 46	0.700 99	0.702 51	0.704 04	0.705 56	0.707 09	0.708 62	0.710 15	0.711 68
39	0.713 21	0.714 74	0.716 27	0.717 81	0.719 34	0.720 87	0.722 41	0.723 94	0.725 48	0.727 02
40	0.728 55	0.730 09	0.731 63	0.733 17	0.734 71	0.736 25	0.737 79	0.739 33	0.740 87	0.742 41

第2章 海水及咸水中大气气体的溶解度

根据标准空气溶解度和本森系数，由附录A中的公式计算出不同温度和盐度下氧气、氮气、氩气和二氧化碳的溶解度值。给出的粗盐含量介于0~40 g/kg（它包含了在最常见的近海环境下可能遇到的范围），开放水域的细粒盐含量介于33~37 g/kg。对于给定的温度和盐度来说，一旦确定$c_o^{\dagger}$或c_o^{*}的值，可以利用第1章介绍的方程，根据深度、海拔标高或大气压调整溶解度。其他溶解度单位的换算系数见表1.1。本森系数可以用于计算具有任意摩尔分数的气体的溶解度，这些表格数据如下所示。

2.1 在标准空气下气体在水中的溶解度

气体/(g/kg)	$c_o^{\dagger}$ (μmol/kg)	c_o^{*} (mg/L)
	表	表
氧气		
0~40	2.1	2.11
33~37	2.2	2.12
氮气		
0~40	2.3	2.13
33~37	2.4	2.14
氩气		
0~40	2.5	2.15
33~37	2.6	2.16
二氧化碳（2010年）		
0~40	2.7	2.17
33~37	2.8	2.18
二氧化碳（2030年）		
0~40	2.9	2.19
33~37	2.10	2.20

74

对于给定的温度和盐度来说，一旦确定 $c_o^{\dagger}$ 或 c_o^{*} 的值，可以利用第 1 章介绍的方程，根据深度、海拔标高或大气压调整溶解度。其他溶解度单位的换算系数见表 1. 1。

2. 2 在标准空气下海水中的二氧化碳溶解度随摩尔分数的变化

对于两个盐度区间范围的质量和体积单位来说，标准空气下气体溶解度系数 F 如下所述。

气体/(g/kg)	$F^{\dagger}$/(μmol/kg)	F^{*}/(μmol/L)
	表	表
0~40	2. 21	2. 23
33~37	2. 22	2. 24

2. 3 本 森 系 数

气体/(g/kg)	本森系数（β）/［$L_{真实气体}$/(L · atm)］	本森系数（β'）/［mg/(L · mmHg)］
	表	表
氧气		
0~40	2. 25	2. 33
33~37	2. 26	2. 34
氮气		
0~40	2. 27	2. 35
33~37	2. 28	2. 36
氩气		
0~40	2. 29	2. 37
33~37	2. 30	2. 38
二氧化碳		
0~40	2. 31	2. 39
33~37	2. 32	2. 40

2.4 海水蒸气压（p_{wv}）

根据盐度和温度的变化，在表2.41（mmHg）和表2.42（kPa）中描述海水蒸气压。

2.5 海水静水压头

根据盐度和温度的变化，在表2.43（mmHg/m）和表2.44（kPa/m）中描述静水压头。

2.6 计算海水中的气体张力（mmHg）

两种区间范围盐度的mg/L和mmHg之间的换算系数在下述表中给出：

气体/(g/kg)	mmHg/(mg/L) 表	气体/(g/kg)	mmHg/(mg/L) 表
氧气		33～37	2.50
0～40	2.45	氮气+氩气	
33～37	2.46	0～40	2.51
氮气		33～37	2.52
0～40	2.47	二氧化碳	
33～37	2.48	0～40	2.53
氩气		33～37	2.54
0～40	2.49		

例2－1

计算四种主要大气气体在标准空气下的溶解度，用μmol/kg表示，温度为23℃，盐度为0 g/kg、5 g/kg及40 g/kg。可以使用表2.1、表2.3、表2.5及表2.7进行计算，具体如下表。

气　体	0 g/kg	5 g/kg	40 g/kg	来　源
O_2	268.73	260.12	207.05	表 2.1
N_2	510.59	493.10	386.97	表 2.3
Ar	13.175	12.756	10.174	表 2.5
CO_2	13.594	13.240	11.009	表 2.7
总计	806.089	779.216	615.203	

76

例 2-2

在温度为0℃和40℃时，通过气体张力（mmHg）计算标准空气下的氧气在淡水（盐度=40 g/kg）中的溶解度（mg/L）。比较空气中气体张力与分压，使用式（3.4）及式（3.5）。

（1）必要数据

温度/℃	盐度/(g/kg)	c_o^*/(mg/L)	来源	β/［L/(L·atm)］	来　源
0	0	14.621	表 1.9	0.049 14	表 1.32
40	0	6.412	表 1.9	0.023 10	表 1.32
0	40	11.050	表 2.11	0.037 14	表 2.25
40	40	5.215	表 2.11	0.018 76	表 2.25

温度/℃	盐度/(g/kg)	p_{wv}/mmHg	来源	参数	值	来源
0	0	4.581	表 2.41	A_{O_2}	0.531 8	表 D-1
40	0	55.364	表 2.41	χ_{O_2}	0.209 46	表 D-1
0	40	4.482	表 2.41			
40	40	54.171	表 2.41			

（2）用 mg/L 表示的标准空气下氧气溶解度降低

利用上述溶解度数据信息得到：

温度/℃	淡　水	40 g/kg	变化率%
0	14.621	11.050	-24.42
40	6.412	5.215	-18.57

盐度从 0 g/kg 增加到 40 g/kg，会显著降低标准空气下氧气的溶解度。

（3）根据气体张力（mmHg）降低空气溶解度

根据式（3.4）：

$$\text{气体张力(mmHg)} = c \times \left(\frac{A_i}{\beta_i}\right)$$

77

温度为 0℃时，盐度为 0 g/kg：

$$\text{气体张力(mmHg)} = 14.621 \times \left(\frac{0.5318}{0.04914}\right) = 158.23 \text{ mmHg}$$

温度/℃	淡　水	40 g/kg	变化率%
0	158.23	147.62	-6.71
40	158.22	147.83	-6.57

当盐度从 0 g/kg 增加到 40 g/kg 时，氧气的气体张力降低，但远远小于用 mg/L 表示的值。温度升高对气体张力的影响可以忽略不计。

（4）计算空气中氧气的分压

根据式（3.5）：

$$p_i^g = \chi_i(\text{BP} - p_{\text{wv}})$$

温度为 0℃时，盐度为 0 g/kg：

$$p_{O_2}^g = 0.20946 \times (760.0 - 4.581) = 158.23 \text{ mmHg}$$

温度/℃	盐度/(g/kg)	气体张力/mmHg	气体分压/mmHg
0	0	158.23	158.23
40	0	147.62	147.59
0	40	158.22	158.25
40	40	147.83	147.84

水的气体张力等于饱和时空气中的分压（在计算不确定性范围内）。

78

表 2.1　海水中不同温度及盐度（0~40 g/kg）下大气中的饱和氧值（μmol/kg，1 atm 湿空气）

温度/℃	盐度/（g/kg）								
	0.0	5.0	10.0	15.0	20.0	25.0	30.0	35.0	40.0
0	457.00	439.55	422.77	406.61	391.07	376.12	361.74	347.90	334.59
1	444.31	427.50	411.31	395.73	380.74	366.31	352.42	339.06	326.20
2	432.21	415.99	400.38	385.35	370.87	356.94	343.52	330.60	318.17
3	420.66	405.01	389.94	375.42	361.44	347.97	335.01	322.52	310.49
4	409.63	394.52	379.96	365.93	352.42	339.40	326.86	314.77	303.13
5	399.10	384.49	370.42	356.86	343.79	331.19	319.06	307.36	296.09
6	389.02	374.90	361.30	348.18	335.53	323.34	311.58	300.25	289.33
7	379.38	365.73	352.56	339.86	327.62	315.81	304.42	293.44	282.85
8	370.16	356.94	344.19	331.90	320.03	308.59	297.55	286.91	276.64
9	361.33	348.53	336.18	324.26	312.76	301.67	290.96	280.63	270.67
10	352.86	340.46	328.49	316.94	305.79	295.02	284.64	274.61	264.93
11	344.75	332.72	321.12	309.91	299.09	288.64	278.56	268.82	259.42
12	336.96	325.30	314.04	303.16	292.66	282.51	272.72	263.26	254.12
13	329.49	318.17	307.24	296.68	286.47	276.62	267.10	257.91	249.02
14	322.31	311.32	300.70	290.44	280.53	270.95	261.70	252.76	244.11
15	315.42	304.74	294.42	284.45	274.81	265.50	256.50	247.80	239.39
16	308.79	298.41	288.38	278.68	269.31	260.25	251.49	243.02	234.83
17	302.41	292.32	282.56	273.13	264.01	255.19	246.66	238.41	230.43
18	296.27	286.45	276.96	267.78	258.90	250.31	242.00	233.97	226.20
19	290.35	280.80	271.56	262.62	253.97	245.60	237.51	229.68	222.10
20	284.65	275.35	266.35	257.64	249.22	241.06	233.17	225.54	218.15
21	279.15	270.09	261.33	252.84	244.63	236.68	228.98	221.53	214.33
22	273.85	265.02	256.48	248.20	240.19	232.44	224.93	217.67	210.63
23	268.73	260.12	251.79	243.72	235.91	228.34	221.02	213.92	207.05
24	263.78	255.39	247.26	239.39	231.76	224.38	217.23	210.30	203.59
25	258.99	250.81	242.88	235.19	227.75	220.54	213.55	206.79	200.23
26	254.37	246.38	238.63	231.13	223.86	216.82	210.00	203.38	196.98
27	249.88	242.08	234.52	227.20	220.10	213.22	206.55	200.08	193.82
28	245.54	237.93	230.54	223.38	216.44	209.72	203.20	196.88	190.75
29	241.33	233.89	226.68	219.68	212.90	206.32	199.95	193.77	187.77
30	237.25	229.98	222.93	216.09	209.46	203.02	196.79	190.74	184.88
31	233.29	226.18	219.28	212.59	206.11	199.82	193.72	187.80	182.06
32	229.43	222.48	215.74	209.20	202.85	196.70	190.72	184.93	179.31

续　表

温度/℃	盐度/（g/kg）								
	0. 0	5. 0	10. 0	15. 0	20. 0	25. 0	30. 0	35. 0	40. 0
33	225. 69	218. 89	212. 29	205. 89	199. 68	193. 66	187. 81	182. 14	176. 64
34	222. 04	215. 39	208. 93	202. 67	196. 59	190. 69	184. 97	179. 41	174. 02
35	218. 49	211. 98	205. 66	199. 53	193. 58	187. 80	182. 20	176. 76	171. 48
36	215. 02	208. 65	202. 47	196. 47	190. 64	184. 98	179. 49	174. 16	168. 98
37	211. 65	205. 41	199. 35	193. 48	187. 77	182. 22	176. 84	171. 62	166. 55
38	208. 34	202. 24	196. 31	190. 55	184. 96	179. 53	174. 25	169. 13	164. 16
39	205. 12	199. 14	193. 33	187. 69	182. 21	176. 89	171. 72	166. 70	161. 82
40	201. 96	196. 10	190. 41	184. 88	179. 52	174. 30	169. 23	164. 31	159. 53

来源：式 22，Benson 和 Krause（1984）。

79

表 2. 2　海水中不同温度及盐度（33~37 g/kg）下大气中的饱和氧值（μmol/kg，1 atm 湿空气）

温度/℃	盐度/(g/kg)								
	33. 0	33. 5	34. 0	34. 5	35. 0	35. 5	36. 0	36. 5	37. 0
0	353. 37	352. 00	350. 63	349. 26	347. 90	346. 55	345. 20	343. 85	342. 51
1	344. 34	343. 01	341. 69	340. 37	339. 06	337. 75	336. 45	335. 15	333. 85
2	335. 71	334. 43	333. 15	331. 87	330. 60	329. 34	328. 08	326. 82	325. 57
3	327. 46	326. 21	324. 98	323. 74	322. 52	321. 29	320. 07	318. 86	317. 65
4	319. 55	318. 35	317. 15	315. 96	314. 77	313. 59	312. 41	311. 24	310. 07
5	311. 99	310. 82	309. 66	308. 51	307. 36	306. 21	305. 07	303. 93	302. 80
6	304. 74	303. 61	302. 49	301. 37	300. 25	299. 14	298. 04	296. 93	295. 84
7	297. 79	296. 69	295. 61	294. 52	293. 44	292. 36	291. 29	290. 22	289. 16
8	291. 12	290. 06	289. 00	287. 95	286. 91	285. 86	284. 82	283. 79	282. 75
9	284. 72	283. 69	282. 67	281. 65	280. 63	279. 62	278. 61	277. 61	276. 60
10	278. 58	277. 58	276. 59	275. 60	274. 61	273. 63	272. 65	271. 67	270. 70
11	272. 68	271. 71	270. 74	269. 78	268. 82	267. 87	266. 92	265. 97	265. 02
12	267. 00	266. 06	265. 12	264. 19	263. 26	262. 33	261. 41	260. 48	259. 57
13	261. 55	260. 63	259. 72	258. 81	257. 91	257. 00	256. 10	255. 21	254. 32
14	256. 30	255. 41	254. 52	253. 64	252. 76	251. 88	251. 00	250. 13	249. 26
15	251. 24	250. 37	249. 51	248. 65	247. 80	246. 94	246. 09	245. 24	244. 40
16	246. 37	245. 53	244. 69	243. 85	243. 02	242. 19	241. 36	240. 53	239. 71
17	241. 68	240. 85	240. 04	239. 22	238. 41	237. 60	236. 79	235. 99	235. 19

续　表

温度/℃	盐度/(g/kg)								
	33.0	33.5	34.0	34.5	35.0	35.5	36.0	36.5	37.0
18	237.15	236.35	235.55	234.76	233.97	233.18	232.39	231.61	230.83
19	232.78	232.00	231.22	230.45	229.68	228.91	228.14	227.38	226.62
20	228.56	227.80	227.04	226.29	225.54	224.79	224.04	223.29	222.55
21	224.48	223.74	223.00	222.27	221.53	220.80	220.07	219.35	218.62
22	220.54	219.82	219.10	218.38	217.67	216.95	216.24	215.53	214.82
23	216.73	216.03	215.32	214.62	213.92	213.22	212.53	211.84	211.15
24	213.04	212.35	211.67	210.98	210.30	209.62	208.94	208.26	207.59
25	209.47	208.80	208.12	207.45	206.79	206.12	205.46	204.80	204.14
26	206.00	205.35	204.69	204.04	203.38	202.73	202.09	201.44	200.80
27	202.64	202.00	201.36	200.72	200.08	199.45	198.82	198.18	197.55
28	199.38	198.75	198.13	197.50	196.88	196.26	195.64	195.02	194.41
29	196.22	195.60	194.99	194.38	193.77	193.16	192.55	191.95	191.35
30	193.14	192.54	191.94	191.34	190.74	190.15	189.55	188.96	188.37
31	190.14	189.55	188.97	188.38	187.80	187.22	186.64	186.06	185.48
32	187.23	186.65	186.08	185.50	184.93	184.36	183.79	183.23	182.66
33	184.39	183.82	183.26	182.70	182.14	181.58	181.02	180.47	179.92
34	181.62	181.06	180.51	179.96	179.41	178.87	178.32	177.78	177.24
35	178.91	178.37	177.83	177.29	176.76	176.22	175.69	175.16	174.63
36	176.27	175.74	175.21	174.69	174.16	173.63	173.11	172.59	172.07
37	173.69	173.17	172.65	172.14	171.62	171.11	170.59	170.08	169.57
38	171.16	170.65	170.15	169.64	169.13	168.63	168.13	167.63	167.13
39	168.69	168.19	167.69	167.19	166.70	166.21	165.71	165.22	164.73
40	166.26	165.77	165.28	164.80	164.31	163.83	163.34	162.86	162.38

来源：式 22，Benson 和 Krause（1984）。

80

表 2.3　海水中不同温度及盐度（0~40 g/kg）下大气中的饱和氮值（μmol/kg，1 atm 湿空气）

温度/℃	盐度/（g/kg）								
	0.0	5.0	10.0	15.0	20.0	25.0	30.0	35.0	40.0
0	830.45	796.87	764.64	733.71	704.04	675.57	648.25	622.03	596.87
1	808.87	776.45	745.32	715.44	686.76	659.22	632.80	607.43	583.08
2	788.28	756.95	726.87	697.98	670.24	643.60	618.02	593.46	569.88

续　表

温度/℃	盐度/（g/kg）								
	0.0	5.0	10.0	15.0	20.0	25.0	30.0	35.0	40.0
3	768.63	738.34	709.25	681.30	654.45	628.67	603.89	580.10	557.24
4	749.85	720.56	692.40	665.35	639.35	614.37	590.37	567.30	545.14
5	731.91	703.55	676.29	650.09	624.90	600.69	577.42	555.04	533.54
6	714.76	687.29	660.88	635.49	611.07	587.59	565.01	543.29	522.42
7	698.35	671.73	646.13	621.50	597.81	575.03	553.11	532.03	511.75
8	682.65	656.84	632.00	608.11	585.11	562.99	541.70	521.22	501.51
9	667.61	642.57	618.47	595.27	572.94	551.44	530.76	510.85	491.68
10	653.21	628.90	605.49	582.95	561.25	540.36	520.25	500.89	482.24
11	639.40	615.78	593.04	571.13	550.04	529.72	510.16	491.31	473.17
12	626.16	603.21	581.10	559.79	539.27	519.50	500.46	482.11	464.44
13	613.46	591.14	569.63	548.90	528.93	509.68	491.13	473.26	456.04
14	601.27	579.55	558.61	538.43	518.98	500.23	482.16	464.74	447.96
15	589.56	568.41	548.03	528.37	509.42	491.15	473.53	456.55	440.17
16	578.31	557.71	537.85	518.69	500.21	482.40	465.22	448.65	432.67
17	567.49	547.42	528.05	509.37	491.36	473.97	457.21	441.03	425.43
18	557.09	537.52	518.63	500.40	482.82	465.86	449.49	433.69	418.45
19	547.08	527.98	509.55	491.76	474.60	458.03	442.04	426.61	411.72
20	537.44	518.80	500.81	483.44	466.67	450.48	434.86	419.77	405.21
21	528.16	509.95	492.38	475.40	459.02	443.20	427.92	413.17	398.93
22	519.21	501.42	484.25	467.65	451.63	436.16	421.22	406.79	392.85
23	510.59	493.20	476.40	460.17	444.50	429.36	414.74	400.61	386.97
24	502.26	485.25	468.82	452.95	437.61	422.79	408.47	394.64	381.28
25	494.23	477.58	461.50	445.96	430.94	416.43	402.41	388.86	375.76
26	486.47	470.17	454.42	439.20	424.49	410.28	396.53	383.25	370.42
27	478.97	463.01	447.58	432.67	418.25	404.32	390.84	377.82	365.23
28	471.71	456.07	440.96	426.34	412.20	398.54	385.33	372.55	360.20
29	464.70	449.36	434.54	420.20	406.34	392.94	379.97	367.44	355.32
30	457.90	442.87	428.32	414.26	400.66	387.50	374.77	362.47	350.57
31	451.32	436.57	422.29	408.49	395.14	382.22	369.72	357.64	345.95
32	444.94	430.46	416.45	402.89	389.78	377.09	364.81	352.94	341.45
33	438.75	424.53	410.77	397.45	384.57	372.10	360.04	348.37	337.07
34	432.74	418.77	405.25	392.16	379.50	367.24	355.39	343.91	332.81
35	426.91	413.18	399.88	387.02	374.57	362.52	350.85	339.57	328.64
36	421.24	407.73	394.66	382.01	369.76	357.91	346.43	335.33	324.58

续 表

温度/℃	盐度/（g/kg）								
	0.0	5.0	10.0	15.0	20.0	25.0	30.0	35.0	40.0
37	415.72	402.44	389.58	377.13	365.08	353.41	342.12	331.19	320.61
38	410.35	397.28	384.63	372.37	360.51	349.03	337.91	327.14	316.72
39	405.12	392.25	379.79	367.73	356.05	344.74	333.79	323.19	312.92
40	400.02	387.35	375.08	363.20	351.69	340.55	329.76	319.31	309.20

来源：式 1，Hamme 和 Emerson（2004）。

81

表 2.4　海水中不同温度及盐度（33~37 g/kg）下大气中的饱和氮值（μmol/kg，1 atm 湿空气）

温度/℃	盐度/(g/kg)								
	33.0	33.5	34.0	34.5	35.0	35.5	36.0	36.5	37.0
0	632.39	629.78	627.19	624.60	622.03	619.47	616.91	614.37	611.84
1	617.45	614.93	612.42	609.92	607.43	604.95	602.48	600.02	597.57
2	603.17	600.73	598.30	595.87	593.46	591.06	588.67	586.29	583.91
3	589.50	587.14	584.78	582.43	580.10	577.77	575.45	573.14	570.84
4	576.42	574.12	571.84	569.57	567.30	565.04	562.80	560.56	558.33
5	563.89	561.66	559.45	557.24	555.04	552.85	550.67	548.50	546.34
6	551.88	549.72	547.57	545.43	543.29	541.17	539.05	536.95	534.85
7	540.36	538.27	536.18	534.10	532.03	529.97	527.91	525.86	523.82
8	529.32	527.28	525.25	523.23	521.22	519.22	517.22	515.23	513.25
9	518.72	516.74	514.77	512.80	510.85	508.90	506.96	505.02	503.09
10	508.54	506.62	504.70	502.79	500.89	498.99	497.10	495.22	493.34
11	498.77	496.89	495.03	493.17	491.31	489.47	487.63	485.80	483.97
12	489.37	487.54	485.73	483.92	482.11	480.31	478.52	476.74	474.96
13	480.33	478.55	476.78	475.02	473.26	471.51	469.77	468.03	466.30
14	471.64	469.90	468.18	466.46	464.74	463.04	461.34	459.64	457.96
15	463.26	461.58	459.89	458.22	456.55	454.88	453.22	451.57	449.92
16	455.20	453.56	451.91	450.28	448.65	447.02	445.40	443.79	442.19
17	447.43	445.83	444.22	442.63	441.03	439.45	437.87	436.30	434.73
18	439.94	438.37	436.81	435.25	433.69	432.15	430.60	429.06	427.53
19	432.72	431.18	429.65	428.13	426.61	425.10	423.59	422.09	420.59
20	425.74	424.24	422.75	421.26	419.77	418.29	416.82	415.35	413.89
21	419.01	417.54	416.08	414.62	413.17	411.72	410.28	408.84	407.41

续　表

温度/℃	盐度/(g/kg)								
	33.0	33.5	34.0	34.5	35.0	35.5	36.0	36.5	37.0
22	412.50	411.06	409.63	408.21	406.79	405.37	403.96	402.55	401.15
23	406.20	404.80	403.40	402.00	400.61	399.23	397.85	396.47	395.10
24	400.12	398.74	397.37	396.00	394.64	393.28	391.93	390.58	389.24
25	394.22	392.87	391.53	390.19	388.86	387.53	386.20	384.88	383.56
26	388.51	387.19	385.87	384.56	383.25	381.95	380.65	379.36	378.07
27	382.98	381.68	380.39	379.10	377.82	376.54	375.27	374.00	372.73
28	377.61	376.34	375.07	373.81	372.55	371.30	370.05	368.80	367.56
29	372.40	371.15	369.91	368.67	367.44	366.21	364.98	363.76	362.54
30	367.34	366.12	364.90	363.68	362.47	361.26	360.06	358.86	357.66
31	362.42	361.22	360.02	358.83	357.64	356.45	355.27	354.09	352.92
32	357.64	356.46	355.28	354.11	352.94	351.77	350.61	349.45	348.30
33	352.99	351.83	350.67	349.52	348.37	347.22	346.08	344.94	343.80
34	348.46	347.31	346.18	345.04	343.91	342.78	341.66	340.54	339.42
35	344.04	342.91	341.79	340.68	339.57	338.46	337.35	336.25	335.15
36	339.73	338.62	337.52	336.42	335.33	334.24	333.15	332.07	330.99
37	335.52	334.43	333.35	332.27	331.19	330.11	329.04	327.98	326.91
38	331.41	330.34	329.27	328.20	327.14	326.09	325.03	323.98	322.93
39	327.39	326.33	325.28	324.23	323.19	322.14	321.11	320.07	319.04
40	323.45	322.41	321.37	320.34	319.31	318.29	317.26	316.24	315.23

来源：式 1，Hamme 和 Emerson（2004）。

表 2.5　海水中不同温度及盐度（0~40 g/kg）下大气中的饱和氩值（μmol/kg，1 atm 湿空气）

82

温度/℃	盐度/(g/kg)								
	0.0	5.0	10.0	15.0	20.0	25.0	30.0	35.0	40.0
0	22.301	21.456	20.643	19.861	19.109	18.385	17.689	17.019	16.374
1	21.688	20.873	20.089	19.335	18.609	17.910	17.237	16.590	15.967
2	21.103	20.317	19.560	18.832	18.131	17.456	16.806	16.180	15.577
3	20.544	19.786	19.055	18.351	17.674	17.021	16.393	15.788	15.205
4	20.010	19.278	18.572	17.892	17.237	16.606	15.998	15.412	14.848
5	19.500	18.792	18.110	17.452	16.819	16.208	15.619	15.052	14.506
6	19.012	18.328	17.668	17.031	16.418	15.827	15.257	14.707	14.178
7	18.546	17.883	17.244	16.628	16.034	15.462	14.909	14.377	13.863

续 表

温度/℃	盐度/(g/kg)								
	0.0	5.0	10.0	15.0	20.0	25.0	30.0	35.0	40.0
8	18.099	17.457	16.839	16.242	15.666	15.111	14.576	14.059	13.561
9	17.670	17.049	16.450	15.872	15.314	14.775	14.256	13.755	13.271
10	17.260	16.658	16.077	15.516	14.975	14.453	13.949	13.462	12.993
11	16.866	16.283	15.719	15.175	14.650	14.143	13.653	13.181	12.725
12	16.489	15.922	15.376	14.847	14.338	13.845	13.370	12.911	12.467
13	16.126	15.576	15.045	14.533	14.037	13.559	13.097	12.650	12.219
14	15.778	15.244	14.728	14.230	13.749	13.283	12.834	12.400	11.980
15	15.443	14.924	14.423	13.939	13.471	13.018	12.581	12.159	11.750
16	15.121	14.617	14.129	13.658	13.203	12.763	12.337	11.926	11.528
17	14.811	14.321	13.847	13.388	12.945	12.517	12.102	11.702	11.314
18	14.513	14.036	13.574	13.128	12.697	12.279	11.876	11.485	11.108
19	14.225	13.761	13.312	12.877	12.457	12.050	11.657	11.276	10.908
20	13.948	13.496	13.059	12.635	12.226	11.829	11.446	11.075	10.715
21	13.681	13.241	12.814	12.402	12.002	11.616	11.241	10.879	10.529
22	13.424	12.994	12.578	12.176	11.786	11.409	11.044	10.691	10.349
23	13.175	12.756	12.350	11.958	11.577	11.209	10.853	10.508	10.174
24	12.934	12.526	12.130	11.747	11.376	11.016	10.668	10.331	10.005
25	12.702	12.303	11.917	11.542	11.180	10.829	10.489	10.160	9.841
26	12.477	12.088	11.710	11.345	10.991	10.648	10.315	9.993	9.681
27	12.259	11.879	11.510	11.153	10.807	10.472	10.147	9.832	9.527
28	12.049	11.677	11.317	10.967	10.629	10.301	9.983	9.675	9.377
29	11.844	11.481	11.129	10.787	10.456	10.135	9.825	9.523	9.231
30	11.646	11.291	10.946	10.612	10.288	9.975	9.670	9.375	9.089
31	11.454	11.106	10.769	10.442	10.125	9.818	9.520	9.231	8.951
32	11.267	10.927	10.597	10.277	9.967	9.666	9.374	9.091	8.816
33	11.086	10.753	10.430	10.116	9.812	9.517	9.231	8.954	8.685
34	10.909	10.583	10.267	9.960	9.662	9.373	9.093	8.821	8.557
35	10.738	10.418	10.108	9.807	9.515	9.232	8.957	8.691	8.432
36	10.571	10.257	9.954	9.659	9.372	9.095	8.825	8.564	8.310
37	10.408	10.101	9.803	9.514	9.233	8.960	8.696	8.440	8.191
38	10.249	9.948	9.656	9.372	9.097	8.829	8.570	8.318	8.074
39	10.094	9.799	9.512	9.234	8.963	8.701	8.446	8.199	7.959
40	9.943	9.653	9.371	9.098	8.833	8.575	8.325	8.083	7.847

来源：式 1，Hamme 和 Emerson（2004）。

表 2.6　海水中不同温度及盐度（33~37 g/kg）下大气中的饱和氩值（μmol/kg，1 atm 湿空气）

温度/℃	盐度/(g/kg)								
	33.0	33.5	34.0	34.5	35.0	35.5	36.0	36.5	37.0
0	17.284	17.217	17.151	17.084	17.019	16.953	16.888	16.823	16.758
1	16.846	16.781	16.717	16.654	16.590	16.526	16.463	16.400	16.338
2	16.427	16.365	16.303	16.241	16.180	16.119	16.058	15.997	15.936
3	16.027	15.967	15.907	15.847	15.788	15.728	15.669	15.610	15.552
4	15.644	15.585	15.527	15.470	15.412	15.355	15.297	15.240	15.184
5	15.277	15.220	15.164	15.108	15.052	14.997	14.941	14.886	14.831
6	14.925	14.870	14.816	14.761	14.707	14.654	14.600	14.546	14.493
7	14.587	14.534	14.482	14.429	14.377	14.324	14.272	14.221	14.169
8	14.264	14.212	14.161	14.110	14.059	14.009	13.958	13.908	13.858
9	13.953	13.903	13.854	13.804	13.755	13.706	13.657	13.608	13.559
10	13.655	13.606	13.558	13.510	13.462	13.414	13.367	13.320	13.272
11	13.368	13.321	13.274	13.227	13.181	13.135	13.088	13.042	12.997
12	13.092	13.047	13.001	12.956	12.911	12.865	12.821	12.776	12.731
13	12.827	12.783	12.738	12.694	12.650	12.607	12.563	12.519	12.476
14	12.572	12.529	12.485	12.443	12.400	12.357	12.315	12.272	12.230
15	12.326	12.284	12.242	12.200	12.159	12.117	12.076	12.035	11.994
16	12.089	12.048	12.007	11.967	11.926	11.886	11.845	11.805	11.765
17	11.860	11.821	11.781	11.741	11.702	11.662	11.623	11.584	11.545
18	11.640	11.601	11.562	11.524	11.485	11.447	11.409	11.371	11.333
19	11.427	11.389	11.351	11.314	11.276	11.239	11.202	11.165	11.128
20	11.222	11.185	11.148	11.111	11.075	11.038	11.002	10.966	10.930
21	11.023	10.987	10.951	10.915	10.879	10.844	10.808	10.773	10.738
22	10.831	10.795	10.760	10.726	10.691	10.656	10.621	10.587	10.553
23	10.645	10.610	10.576	10.542	10.508	10.474	10.440	10.407	10.373
24	10.465	10.431	10.398	10.364	10.331	10.298	10.265	10.232	10.199
25	10.290	10.257	10.225	10.192	10.160	10.127	10.095	10.063	10.031
26	10.121	10.089	10.057	10.025	9.993	9.962	9.930	9.899	9.867
27	9.957	9.925	9.894	9.863	9.832	9.801	9.770	9.739	9.709
28	9.797	9.767	9.736	9.706	9.675	9.645	9.615	9.585	9.555
29	9.643	9.613	9.583	9.553	9.523	9.493	9.464	9.435	9.405
30	9.492	9.463	9.433	9.404	9.375	9.346	9.317	9.288	9.260
31	9.346	9.317	9.288	9.260	9.231	9.203	9.174	9.146	9.118
32	9.203	9.175	9.147	9.119	9.091	9.063	9.035	9.008	8.980

续　表

温度/℃	盐度/(g/kg)								
	33.0	33.5	34.0	34.5	35.0	35.5	36.0	36.5	37.0
33	9.064	9.036	9.009	8.981	8.954	8.927	8.900	8.873	8.845
34	8.929	8.902	8.875	8.848	8.821	8.794	8.767	8.741	8.714
35	8.796	8.770	8.743	8.717	8.691	8.665	8.638	8.612	8.586
36	8.667	8.641	8.615	8.589	8.564	8.538	8.512	8.487	8.461
37	8.541	8.516	8.490	8.465	8.440	8.414	8.389	8.364	8.339
38	8.418	8.393	8.368	8.343	8.318	8.293	8.269	8.244	8.219
39	8.297	8.273	8.248	8.224	8.199	8.175	8.151	8.126	8.102
40	8.179	8.155	8.131	8.107	8.083	8.059	8.035	8.011	7.988

来源：方程 1，Hamme 和 Emerson（2004）。

84

表 2.7　不同温度及盐度（0~40 g/kg）下大气中二氧化碳在海水中的饱和度（μmol/kg，1 atm 湿空气，摩尔分数=390 μatm）

温度/℃	盐度/(g/kg)								
	0.0	5.0	10.0	15.0	20.0	25.0	30.0	35.0	40.0
0	29.940	29.055	28.196	27.362	26.554	25.768	25.007	24.267	23.550
1	28.771	27.923	27.101	26.302	25.527	24.775	24.045	23.337	22.649
2	27.663	26.851	26.063	25.298	24.555	23.834	23.135	22.456	21.796
3	26.613	25.835	25.079	24.346	23.634	22.943	22.272	21.620	20.988
4	25.616	24.870	24.146	23.443	22.760	22.097	21.453	20.828	20.222
5	24.670	23.955	23.260	22.585	21.930	21.294	20.676	20.077	19.494
6	23.772	23.085	22.419	21.771	21.142	20.532	19.939	19.363	18.804
7	22.918	22.259	21.619	20.998	20.394	19.808	19.238	18.685	18.148
8	22.106	21.474	20.859	20.262	19.682	19.119	18.572	18.041	17.524
9	21.334	20.726	20.136	19.563	19.006	18.464	17.939	17.428	16.932
10	20.598	20.015	19.448	18.897	18.361	17.841	17.336	16.845	16.367
11	19.898	19.337	18.792	18.262	17.748	17.248	16.762	16.289	15.830
12	19.230	18.691	18.167	17.658	17.163	16.682	16.215	15.760	15.319
13	18.594	18.075	17.572	17.082	16.606	16.143	15.693	15.256	14.831
14	17.986	17.488	17.004	16.532	16.074	15.629	15.196	14.775	14.366
15	17.407	16.927	16.461	16.008	15.567	15.138	14.722	14.316	13.922
16	16.853	16.392	15.943	15.507	15.083	14.670	14.269	13.878	13.498

续　表

温度/℃	盐度/(g/kg)								
	0.0	5.0	10.0	15.0	20.0	25.0	30.0	35.0	40.0
17	16.324	15.880	15.448	15.028	14.620	14.222	13.836	13.460	13.094
18	15.818	15.391	14.975	14.571	14.177	13.795	13.422	13.060	12.707
19	15.334	14.923	14.523	14.133	13.754	13.385	13.026	12.677	12.337
20	14.871	14.475	14.089	13.714	13.349	12.994	12.648	12.311	11.983
21	14.427	14.046	13.674	13.313	12.961	12.619	12.285	11.961	11.645
22	14.002	13.635	13.277	12.929	12.590	12.260	11.938	11.625	11.320
23	13.594	13.240	12.896	12.560	12.234	11.915	11.605	11.303	11.009
24	13.203	12.862	12.530	12.207	11.892	11.585	11.286	10.995	10.711
25	12.828	12.500	12.180	11.868	11.564	11.268	10.980	10.699	10.425
26	12.467	12.151	11.843	11.542	11.250	10.964	10.686	10.415	10.151
27	12.121	11.816	11.519	11.230	10.947	10.672	10.404	10.142	9.887
28	11.788	11.494	11.208	10.929	10.657	10.391	10.132	9.880	9.634
29	11.468	11.185	10.909	10.640	10.377	10.121	9.872	9.628	9.390
30	11.159	10.887	10.621	10.361	10.108	9.861	9.620	9.385	9.156
31	10.862	10.600	10.343	10.093	9.849	9.611	9.379	9.152	8.931
32	10.576	10.323	10.076	9.835	9.600	9.370	9.146	8.927	8.713
33	10.300	10.057	9.819	9.586	9.359	9.138	8.921	8.710	8.504
34	10.034	9.799	9.570	9.346	9.127	8.913	8.705	8.501	8.302
35	9.777	9.551	9.330	9.114	8.903	8.697	8.496	8.299	8.107
36	9.529	9.311	9.098	8.890	8.687	8.488	8.294	8.104	7.919
37	9.289	9.079	8.874	8.674	8.478	8.286	8.099	7.916	7.737
38	9.057	8.855	8.657	8.464	8.275	8.091	7.910	7.734	7.561
39	8.832	8.638	8.448	8.262	8.080	7.902	7.728	7.557	7.391
40	8.615	8.428	8.244	8.065	7.890	7.719	7.551	7.387	7.226

来源：方程 5 和方程 9，Weiss（1974）；根据莫纳罗亚数据估算的 2010 年摩尔分数。

表 2.8　不同温度及盐度（33~37 g/kg）下大气中的二氧化碳在海水中的饱和度（μmol/kg，湿空气，摩尔分数=390 μatm）

85

温度/℃	盐度/(g/kg)								
	33.0	33.5	34.0	34.5	35.0	35.5	36.0	36.5	37.0
0	24.560	24.487	24.413	24.340	24.267	24.195	24.122	24.050	23.978
1	23.618	23.547	23.477	23.407	23.337	23.267	23.198	23.129	23.059

续 表

温度/℃	盐度/(g/kg)								
	33.0	33.5	34.0	34.5	35.0	35.5	36.0	36.5	37.0
2	22.725	22.657	22.590	22.523	22.456	22.389	22.322	22.256	22.190
3	21.879	21.814	21.749	21.685	21.620	21.556	21.492	21.429	21.365
4	21.076	21.014	20.952	20.890	20.828	20.767	20.706	20.644	20.583
5	20.314	20.255	20.195	20.136	20.077	20.018	19.959	19.900	19.842
6	19.591	19.534	19.477	19.420	19.363	19.306	19.250	19.194	19.137
7	18.904	18.849	18.794	18.740	18.685	18.631	18.576	18.522	18.468
8	18.251	18.199	18.146	18.093	18.041	17.988	17.936	17.884	17.832
9	17.630	17.580	17.529	17.478	17.428	17.378	17.327	17.277	17.228
10	17.039	16.990	16.942	16.893	16.845	16.796	16.748	16.700	16.652
11	16.477	16.430	16.383	16.336	16.289	16.243	16.196	16.150	16.104
12	15.940	15.895	15.850	15.805	15.760	15.716	15.671	15.626	15.582
13	15.429	15.386	15.343	15.299	15.256	15.213	15.170	15.127	15.085
14	14.942	14.900	14.858	14.817	14.775	14.734	14.692	14.651	14.610
15	14.477	14.437	14.396	14.356	14.316	14.276	14.237	14.197	14.157
16	14.033	13.994	13.955	13.917	13.878	13.840	13.801	13.763	13.725
17	13.609	13.571	13.534	13.497	13.460	13.423	13.386	13.349	13.312
18	13.203	13.167	13.131	13.095	13.060	13.024	12.988	12.953	12.917
19	12.816	12.781	12.746	12.712	12.677	12.643	12.608	12.574	12.540
20	12.445	12.411	12.378	12.344	12.311	12.278	12.245	12.212	12.179
21	12.090	12.057	12.025	11.993	11.961	11.929	11.897	11.865	11.833
22	11.749	11.718	11.687	11.656	11.625	11.594	11.563	11.533	11.502
23	11.423	11.393	11.363	11.333	11.303	11.274	11.244	11.214	11.185
24	11.111	11.082	11.053	11.024	10.995	10.966	10.938	10.909	10.881
25	10.811	10.783	10.755	10.727	10.699	10.671	10.644	10.616	10.589
26	10.523	10.496	10.469	10.442	10.415	10.388	10.362	10.335	10.309
27	10.246	10.220	10.194	10.168	10.142	10.117	10.091	10.065	10.040
28	9.980	9.955	9.930	9.905	9.880	9.855	9.830	9.806	9.781
29	9.725	9.700	9.676	9.652	9.628	9.604	9.580	9.556	9.532
30	9.479	9.455	9.432	9.409	9.385	9.362	9.339	9.316	9.293
31	9.242	9.219	9.197	9.174	9.152	9.129	9.107	9.085	9.063
32	9.014	8.992	8.970	8.949	8.927	8.905	8.884	8.862	8.841
33	8.794	8.773	8.752	8.731	8.710	8.689	8.668	8.648	8.627
34	8.582	8.562	8.541	8.521	8.501	8.481	8.461	8.441	8.421
35	8.377	8.358	8.338	8.318	8.299	8.280	8.260	8.241	8.222

续　表

温度/℃	盐度/(g/kg)								
	33.0	33.5	34.0	34.5	35.0	35.5	36.0	36.5	37.0
36	8.179	8.161	8.142	8.123	8.104	8.085	8.067	8.048	8.029
37	7.988	7.970	7.952	7.934	7.916	7.898	7.880	7.862	7.844
38	7.804	7.786	7.769	7.751	7.734	7.716	7.699	7.681	7.664
39	7.625	7.608	7.591	7.574	7.557	7.541	7.524	7.507	7.490
40	7.452	7.436	7.419	7.403	7.387	7.370	7.354	7.338	7.322

来源：方程 5 和方程 9，Weiss（1974）；根据莫纳罗亚数据估算的 2010 年摩尔分数。

86

表 2.9　不同温度及盐度（0~40 g/kg）下大气中的二氧化碳在海水中的饱和度（μmol/kg，1 atm 湿空气，摩尔分数=440 μatm）

温度/℃	盐度/(g/kg)								
	0.0	5.0	10.0	15.0	20.0	25.0	30.0	35.0	40.0
0	33.779	32.780	31.811	30.871	29.958	29.072	28.213	27.379	26.569
1	32.460	31.503	30.575	29.674	28.800	27.952	27.128	26.329	25.553
2	31.210	30.294	29.404	28.541	27.703	26.890	26.101	25.335	24.591
3	30.025	29.147	28.294	27.467	26.664	25.884	25.127	24.392	23.679
4	28.900	28.059	27.241	26.448	25.678	24.930	24.204	23.499	22.814
5	27.833	27.026	26.242	25.481	24.742	24.024	23.327	22.651	21.994
6	26.820	26.045	25.293	24.562	23.853	23.164	22.495	21.845	21.215
7	25.856	25.113	24.391	23.690	23.009	22.347	21.705	21.081	20.475
8	24.940	24.227	23.533	22.860	22.206	21.570	20.953	20.354	19.771
9	24.069	23.383	22.717	22.071	21.442	20.832	20.238	19.662	19.102
10	23.239	22.581	21.941	21.319	20.715	20.128	19.558	19.004	18.466
11	22.449	21.816	21.201	20.604	20.023	19.459	18.911	18.378	17.860
12	21.696	21.087	20.496	19.922	19.364	18.821	18.294	17.781	17.282
13	20.977	20.393	19.825	19.272	18.735	18.213	17.705	17.212	16.732
14	20.292	19.730	19.183	18.652	18.135	17.633	17.144	16.669	16.208
15	19.638	19.097	18.572	18.060	17.563	17.079	16.609	16.152	15.707
16	19.013	18.493	17.987	17.495	17.016	16.551	16.098	15.657	15.229
17	18.417	17.916	17.429	16.955	16.494	16.046	15.610	15.185	14.772
18	17.846	17.364	16.895	16.439	15.995	15.563	15.143	14.734	14.336
19	17.300	16.836	16.384	15.945	15.517	15.101	14.696	14.302	13.919

续 表

温度/℃	盐度/(g/kg)								
	0.0	5.0	10.0	15.0	20.0	25.0	30.0	35.0	40.0
20	16.777	16.330	15.896	15.472	15.061	14.660	14.269	13.889	13.520
21	16.276	15.846	15.428	15.020	14.623	14.237	13.860	13.494	13.138
22	15.797	15.383	14.979	14.586	14.204	13.831	13.469	13.116	12.772
23	15.337	14.938	14.549	14.171	13.802	13.443	13.093	12.753	12.421
24	14.896	14.511	14.137	13.772	13.417	13.071	12.733	12.405	12.085
25	14.472	14.102	13.741	13.390	13.047	12.713	12.388	12.071	11.762
26	14.066	13.709	13.361	13.022	12.692	12.370	12.056	11.750	11.452
27	13.675	13.331	12.996	12.669	12.351	12.040	11.738	11.443	11.155
28	13.299	12.968	12.645	12.330	12.023	11.724	11.432	11.147	10.869
29	12.938	12.619	12.307	12.004	11.708	11.419	11.137	10.862	10.594
30	12.590	12.283	11.983	11.690	11.404	11.126	10.854	10.589	10.330
31	12.255	11.959	11.670	11.387	11.112	10.843	10.581	10.325	10.075
32	11.932	11.647	11.368	11.096	10.830	10.571	10.318	10.071	9.830
33	11.621	11.346	11.077	10.815	10.559	10.309	10.065	9.827	9.594
34	11.321	11.056	10.797	10.544	10.297	10.056	9.821	9.591	9.366
35	11.031	10.776	10.526	10.282	10.044	9.812	9.585	9.363	9.146
36	10.751	10.505	10.265	10.030	9.800	9.576	9.357	9.143	8.934
37	10.480	10.243	10.012	9.786	9.564	9.348	9.137	8.931	8.729
38	10.218	9.990	9.767	9.549	9.336	9.128	8.924	8.725	8.530
39	9.965	9.745	9.531	9.321	9.115	8.915	8.718	8.526	8.338
40	9.719	9.508	9.301	9.099	8.902	8.708	8.519	8.334	8.153

来源：方程 5 和方程 9，Weiss（1974）；根据莫纳罗亚数据估算的 2030 年摩尔分数。

87

表 2.10 不同温度及盐度（33~37 g/kg）下大气中的二氧化碳在海水中的饱和度（μmol/kg，1 atm 湿空气，摩尔分数=440 μatm）

温度/℃	盐度/(g/kg)								
	33.0	33.5	34.0	34.5	35.0	35.5	36.0	36.5	37.0
0	27.709	27.626	27.543	27.461	27.379	27.296	27.215	27.133	27.052
1	26.646	26.566	26.487	26.408	26.329	26.250	26.172	26.094	26.016
2	25.638	25.562	25.486	25.410	25.335	25.259	25.184	25.109	25.034
3	24.684	24.610	24.538	24.465	24.392	24.320	24.248	24.176	24.104

续　表

温度/℃	盐度/(g/kg)								
	33.0	33.5	34.0	34.5	35.0	35.5	36.0	36.5	37.0
4	23.778	23.708	23.638	23.568	23.499	23.429	23.360	23.291	23.222
5	22.919	22.852	22.784	22.717	22.651	22.584	22.518	22.451	22.385
6	22.103	22.038	21.974	21.910	21.845	21.782	21.718	21.654	21.591
7	21.328	21.266	21.204	21.142	21.081	21.019	20.958	20.897	20.836
8	20.591	20.532	20.472	20.413	20.354	20.295	20.236	20.177	20.119
9	19.891	19.833	19.776	19.719	19.662	19.605	19.549	19.492	19.436
10	19.224	19.169	19.114	19.059	19.004	18.950	18.895	18.841	18.787
11	18.589	18.536	18.483	18.430	18.378	18.325	18.273	18.221	18.169
12	17.984	17.933	17.882	17.831	17.781	17.730	17.680	17.630	17.580
13	17.408	17.358	17.309	17.261	17.212	17.163	17.115	17.067	17.018
14	16.858	16.810	16.763	16.716	16.669	16.623	16.576	16.529	16.483
15	16.333	16.288	16.242	16.197	16.152	16.107	16.062	16.017	15.972
16	15.832	15.788	15.744	15.701	15.657	15.614	15.571	15.528	15.485
17	15.354	15.311	15.269	15.227	15.185	15.143	15.102	15.060	15.019
18	14.896	14.855	14.815	14.774	14.734	14.694	14.653	14.613	14.573
19	14.459	14.419	14.380	14.341	14.302	14.264	14.225	14.186	14.148
20	14.040	14.002	13.965	13.927	13.889	13.852	13.815	13.777	13.740
21	13.639	13.603	13.567	13.530	13.494	13.458	13.422	13.386	13.350
22	13.256	13.220	13.185	13.150	13.116	13.081	13.046	13.011	12.977
23	12.888	12.854	12.820	12.786	12.753	12.719	12.686	12.652	12.619
24	12.535	12.502	12.470	12.437	12.405	12.372	12.340	12.308	12.276
25	12.197	12.165	12.134	12.102	12.071	12.040	12.008	11.977	11.946
26	11.872	11.841	11.811	11.781	11.750	11.720	11.690	11.660	11.630
27	11.560	11.530	11.501	11.472	11.443	11.413	11.384	11.356	11.327
28	11.260	11.231	11.203	11.175	11.147	11.119	11.091	11.063	11.035
29	10.971	10.944	10.917	10.889	10.862	10.835	10.808	10.781	10.754
30	10.694	10.667	10.641	10.615	10.589	10.562	10.536	10.510	10.484
31	10.427	10.401	10.376	10.350	10.325	10.300	10.275	10.250	10.225
32	10.169	10.145	10.120	10.096	10.071	10.047	10.023	9.998	9.974
33	9.921	9.898	9.874	9.850	9.827	9.803	9.780	9.756	9.733
34	9.682	9.659	9.636	9.613	9.591	9.568	9.545	9.523	9.500
35	9.451	9.429	9.407	9.385	9.363	9.341	9.319	9.297	9.276
36	9.228	9.207	9.186	9.164	9.143	9.122	9.101	9.080	9.059
37	9.013	8.992	8.972	8.951	8.931	8.910	8.890	8.870	8.849

续 表

温度/℃	盐度/(g/kg)								
	33.0	33.5	34.0	34.5	35.0	35.5	36.0	36.5	37.0
38	8.804	8.784	8.765	8.745	8.725	8.705	8.686	8.666	8.647
39	8.603	8.583	8.564	8.545	8.526	8.507	8.488	8.469	8.451
40	8.407	8.389	8.370	8.352	8.334	8.315	8.297	8.279	8.261

来源：方程 5 和方程 9，Weiss（1974）；根据莫纳罗亚数据估算的 2030 年摩尔分数。

88

表 2.11　不同温度及盐度（0~40 g/kg）下大气中的氧气在海水中的饱和度（mg/L，1 atm 湿空气）

温度/℃	盐度/(g/kg)								
	0.0	5.0	10.0	15.0	20.0	25.0	30.0	35.0	40.0
0	14.621	14.120	13.635	13.167	12.714	12.276	11.854	11.445	11.050
1	14.216	13.733	13.266	12.815	12.378	11.956	11.548	11.153	10.772
2	13.829	13.364	12.914	12.478	12.057	11.649	11.255	10.875	10.506
3	13.460	13.011	12.577	12.156	11.750	11.356	10.976	10.608	10.252
4	13.107	12.674	12.255	11.849	11.456	11.076	10.708	10.352	10.008
5	12.770	12.352	11.946	11.554	11.174	10.807	10.451	10.107	9.774
6	12.447	12.043	11.652	11.272	10.905	10.550	10.205	9.872	9.550
7	12.138	11.748	11.369	11.002	10.647	10.303	9.970	9.647	9.335
8	11.843	11.465	11.098	10.743	10.399	10.066	9.743	9.431	9.128
9	11.559	11.194	10.839	10.495	10.162	9.839	9.526	9.223	8.930
10	11.288	10.933	10.590	10.257	9.934	9.621	9.318	9.024	8.739
11	11.027	10.684	10.351	10.028	9.715	9.411	9.117	8.832	8.556
12	10.777	10.444	10.121	9.808	9.505	9.210	8.925	8.648	8.379
13	10.536	10.214	9.901	9.597	9.302	9.016	8.739	8.470	8.209
14	10.306	9.993	9.689	9.394	9.108	8.830	8.561	8.299	8.046
15	10.084	9.780	9.485	9.198	8.920	8.651	8.389	8.135	7.888
16	9.870	9.575	9.289	9.010	8.740	8.478	8.223	7.976	7.736
17	9.665	9.378	9.099	8.829	8.566	8.311	8.064	7.823	7.590
18	9.467	9.188	8.917	8.654	8.399	8.151	7.910	7.676	7.448
19	9.276	9.005	8.742	8.486	8.237	7.996	7.761	7.533	7.312
20	9.092	8.828	8.572	8.323	8.081	7.846	7.617	7.395	7.180
21	8.914	8.658	8.408	8.166	7.930	7.701	7.479	7.262	7.052
22	8.743	8.493	8.250	8.014	7.785	7.561	7.344	7.134	6.929

续　表

温度/℃	盐度/(g/kg)								
	0.0	5.0	10.0	15.0	20.0	25.0	30.0	35.0	40.0
23	8.578	8.334	8.098	7.868	7.644	7.426	7.215	7.009	6.809
24	8.418	8.181	7.950	7.726	7.507	7.295	7.089	6.888	6.693
25	8.263	8.032	7.807	7.588	7.375	7.168	6.967	6.771	6.581
26	8.113	7.888	7.668	7.455	7.247	7.045	6.849	6.658	6.472
27	7.968	7.748	7.534	7.326	7.123	6.926	6.734	6.548	6.366
28	7.827	7.613	7.404	7.201	7.003	6.811	6.623	6.441	6.263
29	7.691	7.482	7.278	7.079	6.886	6.698	6.515	6.337	6.164
30	7.559	7.354	7.155	6.961	6.773	6.589	6.410	6.236	6.066
31	7.430	7.230	7.036	6.847	6.662	6.483	6.308	6.138	5.972
32	7.305	7.110	6.920	6.735	6.555	6.379	6.208	6.042	5.880
33	7.183	6.993	6.807	6.626	6.450	6.279	6.111	5.949	5.790
34	7.065	6.879	6.697	6.521	6.348	6.180	6.017	5.857	5.702
35	6.949	6.768	6.590	6.417	6.249	6.085	5.925	5.769	5.617
36	6.837	6.659	6.486	6.316	6.152	5.991	5.834	5.682	5.533
37	6.727	6.553	6.383	6.218	6.057	5.899	5.746	5.597	5.451
38	6.620	6.450	6.284	6.122	5.964	5.810	5.660	5.514	5.371
39	6.515	6.348	6.186	6.027	5.873	5.722	5.575	5.432	5.292
40	6.412	6.249	6.090	5.935	5.784	5.636	5.492	5.352	5.215

来源：方程 22，Benson 和 Krause（1984）。

89

表 2.12　不同温度及盐度（33~37 g/kg）下大气中的氧气在海水中的饱和度（mg/L，1 atm 湿空气）

温度/℃	盐度/(g/kg)								
	33.0	33.5	34.0	34.5	35.0	35.5	36.0	36.5	37.0
0	11.607	11.566	11.526	11.485	11.445	11.405	11.365	11.325	11.285
1	11.310	11.270	11.231	11.192	11.153	11.115	11.076	11.038	10.999
2	11.025	10.987	10.950	10.912	10.875	10.837	10.800	10.763	10.726
3	10.753	10.717	10.680	10.644	10.608	10.572	10.536	10.500	10.464
4	10.493	10.458	10.422	10.387	10.352	10.317	10.282	10.248	10.213
5	10.243	10.209	10.175	10.141	10.107	10.073	10.040	10.006	9.973
6	10.004	9.971	9.938	9.905	9.872	9.840	9.807	9.774	9.742
7	9.775	9.743	9.711	9.679	9.647	9.615	9.584	9.552	9.521

续 表

温度/℃	盐度/(g/kg)								
	33.0	33.5	34.0	34.5	35.0	35.5	36.0	36.5	37.0
8	9.555	9.524	9.493	9.462	9.431	9.400	9.369	9.339	9.309
9	9.343	9.313	9.283	9.253	9.223	9.193	9.164	9.134	9.105
10	9.140	9.111	9.082	9.053	9.024	8.995	8.966	8.937	8.909
11	8.945	8.917	8.888	8.860	8.832	8.804	8.776	8.748	8.720
12	8.757	8.730	8.702	8.675	8.648	8.620	8.593	8.566	8.539
13	8.577	8.550	8.523	8.497	8.470	8.444	8.417	8.391	8.365
14	8.403	8.377	8.351	8.325	8.299	8.274	8.248	8.223	8.197
15	8.236	8.210	8.185	8.160	8.135	8.110	8.085	8.060	8.035
16	8.074	8.050	8.025	8.001	7.976	7.952	7.928	7.904	7.879
17	7.919	7.895	7.871	7.847	7.823	7.800	7.776	7.753	7.729
18	7.768	7.745	7.722	7.699	7.676	7.653	7.630	7.607	7.584
19	7.623	7.601	7.578	7.556	7.533	7.511	7.488	7.466	7.444
20	7.483	7.461	7.439	7.417	7.395	7.374	7.352	7.330	7.308
21	7.348	7.327	7.305	7.284	7.262	7.241	7.220	7.199	7.178
22	7.217	7.196	7.175	7.154	7.134	7.113	7.092	7.071	7.051
23	7.090	7.070	7.050	7.029	7.009	6.989	6.968	6.948	6.928
24	6.968	6.948	6.928	6.908	6.888	6.868	6.849	6.829	6.810
25	6.849	6.829	6.810	6.791	6.771	6.752	6.733	6.714	6.694
26	6.734	6.715	6.696	6.677	6.658	6.639	6.620	6.602	6.583
27	6.622	6.603	6.585	6.566	6.548	6.529	6.511	6.493	6.475
28	6.513	6.495	6.477	6.459	6.441	6.423	6.405	6.387	6.369
29	6.408	6.390	6.372	6.355	6.337	6.319	6.302	6.284	6.267
30	6.305	6.288	6.270	6.253	6.236	6.219	6.202	6.185	6.168
31	6.205	6.188	6.171	6.154	6.138	6.121	6.104	6.087	6.071
32	6.108	6.091	6.075	6.058	6.042	6.025	6.009	5.993	5.977
33	6.013	5.997	5.981	5.965	5.949	5.933	5.916	5.901	5.885
34	5.921	5.905	5.889	5.873	5.857	5.842	5.826	5.811	5.795
35	5.830	5.815	5.799	5.784	5.769	5.753	5.738	5.723	5.707
36	5.742	5.727	5.712	5.697	5.682	5.667	5.652	5.637	5.622
37	5.656	5.641	5.626	5.612	5.597	5.582	5.567	5.553	5.538
38	5.572	5.557	5.543	5.528	5.514	5.499	5.485	5.470	5.456
39	5.489	5.475	5.460	5.446	5.432	5.418	5.404	5.390	5.376
40	5.408	5.394	5.380	5.366	5.352	5.338	5.324	5.311	5.297

来源：方程 22，Benson 和 Krause（1984）。

90

表 2.13　不同温度及盐度（0~40 g/kg）下大气中的氮气在海水中的饱和度（mg/L，1 atm 湿空气）

温度/℃	盐度/(g/kg)								
	0.0	5.0	10.0	15.0	20.0	25.0	30.0	35.0	40.0
0	23.261	22.411	21.591	20.801	20.039	19.305	18.597	17.915	17.258
1	22.658	21.837	21.046	20.283	19.547	18.837	18.153	17.494	16.858
2	22.082	21.290	20.525	19.787	19.076	18.390	17.728	17.090	16.475
3	21.532	20.766	20.027	19.314	18.626	17.962	17.322	16.704	16.108
4	21.006	20.266	19.551	18.861	18.195	17.553	16.932	16.334	15.757
5	20.503	19.787	19.096	18.428	17.783	17.160	16.559	15.979	15.419
6	20.022	19.329	18.659	18.012	17.388	16.784	16.202	15.639	15.096
7	19.562	18.891	18.242	17.615	17.009	16.424	15.859	15.313	14.786
8	19.121	18.470	17.841	17.233	16.646	16.078	15.530	15.000	14.488
9	18.698	18.068	17.458	16.868	16.297	15.746	15.214	14.699	14.202
10	18.294	17.682	17.089	16.517	15.963	15.428	14.910	14.410	13.926
11	17.905	17.311	16.736	16.180	15.642	15.122	14.619	14.132	13.662
12	17.533	16.955	16.397	15.856	15.333	14.827	14.338	13.865	13.407
13	17.175	16.614	16.071	15.545	15.037	14.545	14.068	13.608	13.162
14	16.831	16.286	15.758	15.246	14.751	14.272	13.809	13.360	12.926
15	16.501	15.971	15.457	14.959	14.477	14.010	13.559	13.122	12.699
16	16.184	15.667	15.167	14.682	14.213	13.758	13.318	12.892	12.480
17	15.878	15.375	14.888	14.416	13.958	13.515	13.086	12.670	12.268
18	15.584	15.094	14.619	14.159	13.713	13.281	12.862	12.457	12.064
19	15.302	14.824	14.360	13.911	13.476	13.055	12.646	12.250	11.867
20	15.029	14.563	14.111	13.673	13.248	12.836	12.437	12.051	11.676
21	14.766	14.311	13.870	13.442	13.028	12.626	12.236	11.858	11.492
22	14.513	14.069	13.638	13.220	12.815	12.422	12.041	11.672	11.314
23	14.268	13.835	13.414	13.005	12.609	12.225	11.853	11.491	11.141
24	14.032	13.608	13.197	12.798	12.410	12.035	11.670	11.317	10.974
25	13.804	13.390	12.987	12.597	12.218	11.850	11.494	11.148	10.812
26	13.584	13.179	12.785	12.403	12.032	11.672	11.323	10.984	10.655
27	13.371	12.974	12.589	12.214	11.851	11.499	11.157	10.825	10.503
28	13.165	12.776	12.399	12.032	11.676	11.331	10.996	10.670	10.355
29	12.965	12.585	12.215	11.855	11.507	11.168	10.840	10.521	10.211
30	12.772	12.399	12.036	11.684	11.342	11.010	10.688	10.375	10.071
31	12.584	12.219	11.863	11.518	11.182	10.857	10.540	10.233	9.935
32	12.403	12.044	11.695	11.356	11.027	10.707	10.397	10.095	9.802

续 表

温度/℃	盐度/(g/kg)								
	0.0	5.0	10.0	15.0	20.0	25.0	30.0	35.0	40.0
33	12.226	11.874	11.532	11.199	10.876	10.562	10.257	9.961	9.673
34	12.055	11.709	11.373	11.046	10.729	10.420	10.121	9.830	9.547
35	11.888	11.549	11.218	10.897	10.586	10.283	9.988	9.702	9.424
36	11.726	11.392	11.068	10.753	10.446	10.148	9.859	9.578	9.304
37	11.568	11.240	10.921	10.611	10.310	10.017	9.732	9.456	9.187
38	11.415	11.092	10.779	10.474	10.177	9.889	9.609	9.337	9.072
39	11.265	10.948	10.639	10.339	10.047	9.764	9.488	9.220	8.960
40	11.119	10.807	10.503	10.208	9.920	9.641	9.370	9.106	8.850

来源：方程 1，Hamme 和 Emerson（2004）。

91

表 2.14 不同温度及盐度（33~37 g/kg）下大气中的氮气在海水中的饱和度（mg/L，1 atm 湿空气）

温度/℃	盐度/（g/kg）								
	33.0	33.5	34.0	34.5	35.0	35.5	36.0	36.5	37.0
0	18.185	18.117	18.050	17.982	17.915	17.848	17.782	17.716	17.650
1	17.755	17.689	17.624	17.559	17.494	17.429	17.365	17.301	17.237
2	17.343	17.279	17.216	17.153	17.090	17.028	16.965	16.903	16.842
3	16.948	16.887	16.826	16.765	16.704	16.643	16.583	16.523	16.463
4	16.571	16.511	16.452	16.393	16.334	16.275	16.217	16.159	16.101
5	16.209	16.151	16.094	16.036	15.979	15.922	15.866	15.809	15.753
6	15.862	15.806	15.750	15.695	15.639	15.584	15.529	15.474	15.420
7	15.529	15.475	15.421	15.367	15.313	15.259	15.206	15.153	15.100
8	15.210	15.157	15.104	15.052	15.000	14.948	14.896	14.844	14.793
9	14.903	14.852	14.801	14.750	14.699	14.648	14.598	14.548	14.498
10	14.608	14.558	14.509	14.459	14.410	14.361	14.312	14.263	14.215
11	14.325	14.276	14.228	14.180	14.132	14.084	14.037	13.989	13.942
12	14.052	14.005	13.958	13.912	13.865	13.819	13.772	13.726	13.680
13	13.790	13.744	13.699	13.653	13.608	13.563	13.518	13.473	13.428
14	13.538	13.493	13.449	13.405	13.360	13.316	13.272	13.229	13.185
15	13.295	13.251	13.208	13.165	13.122	13.079	13.036	12.993	12.951
16	13.061	13.018	12.976	12.934	12.892	12.850	12.808	12.767	12.725
17	12.835	12.794	12.752	12.711	12.670	12.630	12.589	12.548	12.508

续　表

温度/℃	盐度/（g/kg）								
	33.0	33.5	34.0	34.5	35.0	35.5	36.0	36.5	37.0
18	12.617	12.577	12.537	12.497	12.457	12.417	12.377	12.337	12.298
19	12.407	12.368	12.328	12.289	12.250	12.211	12.172	12.134	12.095
20	12.204	12.165	12.127	12.089	12.051	12.013	11.975	11.937	11.899
21	12.008	11.970	11.933	11.895	11.858	11.821	11.784	11.747	11.710
22	11.818	11.781	11.745	11.708	11.672	11.635	11.599	11.563	11.527
23	11.635	11.599	11.563	11.527	11.491	11.456	11.420	11.385	11.350
24	11.457	11.422	11.387	11.352	11.317	11.282	11.247	11.213	11.178
25	11.285	11.250	11.216	11.182	11.148	11.114	11.080	11.046	11.012
26	11.118	11.084	11.051	11.017	10.984	10.950	10.917	10.884	10.851
27	10.956	10.923	10.890	10.858	10.825	10.792	10.760	10.727	10.695
28	10.799	10.767	10.735	10.703	10.670	10.638	10.607	10.575	10.543
29	10.647	10.615	10.584	10.552	10.521	10.489	10.458	10.427	10.396
30	10.499	10.468	10.437	10.406	10.375	10.344	10.313	10.283	10.252
31	10.355	10.324	10.294	10.263	10.233	10.203	10.173	10.143	10.113
32	10.215	10.185	10.155	10.125	10.095	10.066	10.036	10.006	9.977
33	10.078	10.049	10.019	9.990	9.961	9.932	9.903	9.874	9.845
34	9.945	9.916	9.887	9.859	9.830	9.801	9.773	9.744	9.716
35	9.816	9.787	9.759	9.730	9.702	9.674	9.646	9.618	9.590
36	9.689	9.661	9.633	9.605	9.578	9.550	9.522	9.495	9.467
37	9.565	9.538	9.510	9.483	9.456	9.429	9.401	9.374	9.347
38	9.445	9.417	9.390	9.364	9.337	9.310	9.283	9.257	9.230
39	9.326	9.300	9.273	9.247	9.220	9.194	9.167	9.141	9.115
40	9.211	9.184	9.158	9.132	9.106	9.080	9.054	9.028	9.003

来源：方程 1，Hamme 和 Emerson（2004）。

92

表 2.15　不同温度及盐度（0~40 g/kg）下大气中的氩气在海水中的饱和度（mg/L，1 atm 湿空气）

温度/℃	盐度/(g/kg)								
	0.0	5.0	10.0	15.0	20.0	25.0	30.0	35.0	40.0
0	0.8907	0.8605	0.8312	0.8029	0.7756	0.7492	0.7236	0.6990	0.6751
1	0.8663	0.8371	0.8089	0.7817	0.7553	0.7298	0.7051	0.6813	0.6583
2	0.8430	0.8148	0.7876	0.7613	0.7359	0.7112	0.6874	0.6644	0.6422

续 表

温度/℃	盐度/(g/kg)								
	0.0	5.0	10.0	15.0	20.0	25.0	30.0	35.0	40.0
3	0.820 7	0.793 5	0.767 3	0.741 9	0.717 3	0.693 5	0.670 5	0.648 3	0.626 8
4	0.799 4	0.773 2	0.747 8	0.723 3	0.699 5	0.676 5	0.654 3	0.632 8	0.612 0
5	0.779 0	0.753 7	0.729 2	0.705 5	0.682 5	0.660 3	0.638 8	0.617 9	0.597 8
6	0.759 5	0.735 0	0.711 3	0.688 4	0.666 2	0.644 7	0.623 9	0.603 7	0.584 2
7	0.740 8	0.717 1	0.694 2	0.672 0	0.650 5	0.629 7	0.609 6	0.590 1	0.571 2
8	0.722 9	0.700 0	0.677 9	0.656 4	0.635 6	0.615 4	0.595 9	0.577 0	0.558 6
9	0.705 7	0.683 6	0.662 1	0.641 3	0.621 2	0.601 6	0.582 7	0.564 4	0.546 6
10	0.689 3	0.667 9	0.647 1	0.626 9	0.607 4	0.588 4	0.570 1	0.552 3	0.535 0
11	0.673 5	0.652 7	0.632 6	0.613 0	0.594 1	0.575 7	0.557 9	0.540 7	0.523 9
12	0.658 4	0.638 2	0.618 7	0.599 7	0.581 3	0.563 5	0.546 2	0.529 5	0.513 2
13	0.643 8	0.624 3	0.605 3	0.586 9	0.569 1	0.551 8	0.535 0	0.518 7	0.502 9
14	0.629 8	0.610 9	0.592 5	0.574 6	0.557 3	0.540 4	0.524 1	0.508 3	0.493 0
15	0.616 4	0.598 0	0.580 1	0.562 7	0.545 9	0.529 6	0.513 7	0.498 3	0.483 4
16	0.603 4	0.585 5	0.568 2	0.551 3	0.534 9	0.519 1	0.503 6	0.488 7	0.474 2
17	0.590 9	0.573 6	0.556 7	0.540 3	0.524 4	0.508 9	0.493 9	0.479 4	0.465 3
18	0.578 9	0.562 1	0.545 6	0.529 7	0.514 2	0.499 2	0.484 6	0.470 4	0.456 7
19	0.567 4	0.550 9	0.535 0	0.519 5	0.504 4	0.489 8	0.475 5	0.461 7	0.448 3
20	0.556 2	0.540 2	0.524 7	0.509 6	0.494 9	0.480 7	0.466 8	0.453 4	0.440 3
21	0.545 4	0.529 9	0.514 8	0.500 0	0.485 8	0.471 9	0.458 4	0.445 3	0.432 5
22	0.535 0	0.519 9	0.505 2	0.490 8	0.476 9	0.463 4	0.450 2	0.437 4	0.425 0
23	0.525 0	0.510 2	0.495 9	0.481 9	0.468 3	0.455 1	0.442 3	0.429 8	0.417 7
24	0.515 3	0.500 9	0.486 9	0.473 3	0.460 0	0.447 2	0.434 6	0.422 5	0.410 6
25	0.505 9	0.491 9	0.478 2	0.464 9	0.452 0	0.439 4	0.427 2	0.415 3	0.403 8
26	0.496 8	0.483 1	0.469 8	0.456 8	0.444 2	0.431 9	0.420 0	0.408 4	0.397 1
27	0.488 0	0.474 7	0.461 7	0.449 0	0.436 7	0.424 7	0.413 0	0.401 7	0.390 7
28	0.479 5	0.466 5	0.453 7	0.441 4	0.429 3	0.417 6	0.406 2	0.395 2	0.384 4
29	0.471 2	0.458 5	0.446 1	0.434 0	0.422 2	0.410 8	0.399 7	0.388 8	0.378 3
30	0.463 2	0.450 8	0.438 6	0.426 8	0.415 3	0.404 1	0.393 3	0.382 7	0.372 3
31	0.455 4	0.443 3	0.431 4	0.419 9	0.408 6	0.397 7	0.387 0	0.376 6	0.366 6
32	0.447 9	0.436 0	0.424 4	0.413 1	0.402 1	0.391 4	0.380 9	0.370 8	0.360 9
33	0.440 5	0.428 9	0.417 5	0.406 5	0.395 7	0.385 2	0.375 0	0.365 1	0.355 4
34	0.433 4	0.422 0	0.410 9	0.400 0	0.389 5	0.379 3	0.369 3	0.359 5	0.350 1
35	0.426 4	0.415 2	0.404 4	0.393 8	0.383 5	0.373 4	0.363 6	0.354 1	0.344 8
36	0.419 6	0.408 7	0.398 1	0.387 7	0.377 6	0.367 7	0.358 1	0.348 8	0.339 7

续　表

温度/℃	盐度/(g/kg)								
	0.0	5.0	10.0	15.0	20.0	25.0	30.0	35.0	40.0
37	0.413 0	0.402 3	0.391 9	0.381 7	0.371 8	0.362 2	0.352 8	0.343 6	0.334 7
38	0.406 6	0.396 1	0.385 9	0.375 9	0.366 2	0.356 7	0.347 5	0.338 5	0.329 8
39	0.400 3	0.390 0	0.380 0	0.370 2	0.360 7	0.351 4	0.342 4	0.333 6	0.325 0
40	0.394 1	0.384 0	0.374 2	0.364 6	0.355 3	0.346 2	0.337 3	0.328 7	0.320 3

来源：方程 1，Hamme 和 Emerson（2004）。

93

表 2.16　不同温度及盐度（33~37 g/kg）下大气中的氩气在海水中的饱和度（mg/L，1 atm 湿空气）

温度/℃	盐度/(g/kg)								
	33.0	33.5	34.0	34.5	35.0	35.5	36.0	36.5	37.0
0	0.708 7	0.706 3	0.703 8	0.701 4	0.699 0	0.696 5	0.694 1	0.691 7	0.689 3
1	0.690 7	0.688 4	0.686 0	0.683 7	0.681 3	0.679 0	0.676 7	0.674 3	0.672 0
2	0.673 5	0.671 3	0.669 0	0.666 7	0.664 4	0.662 2	0.659 9	0.657 7	0.655 4
3	0.657 1	0.654 9	0.652 7	0.650 5	0.648 3	0.646 1	0.643 9	0.641 7	0.639 6
4	0.641 3	0.639 2	0.637 0	0.634 9	0.632 8	0.630 7	0.628 6	0.626 5	0.624 4
5	0.626 2	0.624 1	0.622 1	0.620 0	0.617 9	0.615 9	0.613 9	0.611 8	0.609 8
6	0.611 7	0.609 7	0.607 7	0.605 7	0.603 7	0.601 7	0.599 8	0.597 8	0.595 8
7	0.597 8	0.595 9	0.593 9	0.592 0	0.590 1	0.588 1	0.586 2	0.584 3	0.582 4
8	0.584 5	0.582 6	0.580 7	0.578 8	0.577 0	0.575 1	0.573 3	0.571 4	0.569 6
9	0.571 6	0.569 8	0.568 0	0.566 2	0.564 4	0.562 6	0.560 8	0.559 0	0.557 2
10	0.559 3	0.557 6	0.555 8	0.554 0	0.552 3	0.550 5	0.548 8	0.547 1	0.545 3
11	0.547 5	0.545 8	0.544 1	0.542 4	0.540 7	0.539 0	0.537 3	0.535 6	0.533 9
12	0.536 1	0.534 4	0.532 8	0.531 1	0.529 5	0.527 8	0.526 2	0.524 5	0.522 9
13	0.525 1	0.523 5	0.521 9	0.520 3	0.518 7	0.517 1	0.515 5	0.513 9	0.512 3
14	0.514 6	0.513 0	0.511 4	0.509 9	0.508 3	0.506 8	0.505 2	0.503 7	0.502 1
15	0.504 4	0.502 9	0.501 4	0.499 8	0.498 3	0.496 8	0.495 3	0.493 8	0.492 3
16	0.494 6	0.493 1	0.491 6	0.490 2	0.488 7	0.487 2	0.485 7	0.484 3	0.482 8
17	0.485 2	0.483 7	0.482 3	0.480 8	0.479 4	0.478 0	0.476 5	0.475 1	0.473 7
18	0.476 0	0.474 6	0.473 2	0.471 8	0.470 4	0.469 0	0.467 6	0.466 2	0.464 9
19	0.467 2	0.465 8	0.464 5	0.463 1	0.461 7	0.460 4	0.459 0	0.457 7	0.456 3
20	0.458 7	0.457 4	0.456 0	0.454 7	0.453 4	0.452 0	0.450 7	0.449 4	0.448 1
21	0.450 5	0.449 2	0.447 8	0.446 6	0.445 3	0.444 0	0.442 7	0.441 4	0.440 1

续　表

温度/℃	盐度/(g/kg)								
	33.0	33.5	34.0	34.5	35.0	35.5	36.0	36.5	37.0
22	0.442 5	0.441 2	0.439 9	0.438 7	0.437 4	0.436 2	0.434 9	0.433 7	0.432 4
23	0.434 8	0.433 5	0.432 3	0.431 1	0.429 8	0.428 6	0.427 4	0.426 1	0.424 9
24	0.427 3	0.426 1	0.424 9	0.423 7	0.422 5	0.421 3	0.420 1	0.418 9	0.417 7
25	0.420 0	0.418 9	0.417 7	0.416 5	0.415 3	0.414 2	0.413 0	0.411 8	0.410 7
26	0.413 0	0.411 9	0.410 7	0.409 6	0.408 4	0.407 3	0.406 1	0.405 0	0.403 9
27	0.406 2	0.405 1	0.403 9	0.402 8	0.401 7	0.400 6	0.399 5	0.398 4	0.397 2
28	0.399 6	0.398 5	0.397 4	0.396 3	0.395 2	0.394 1	0.393 0	0.391 9	0.390 8
29	0.393 1	0.392 0	0.391 0	0.389 9	0.388 8	0.387 8	0.386 7	0.385 6	0.384 6
30	0.386 9	0.385 8	0.384 8	0.383 7	0.382 7	0.381 6	0.380 6	0.379 5	0.378 5
31	0.380 8	0.379 7	0.378 7	0.377 7	0.376 6	0.375 6	0.374 6	0.373 6	0.372 6
32	0.374 8	0.373 8	0.372 8	0.371 8	0.370 8	0.369 8	0.368 8	0.367 8	0.366 8
33	0.369 0	0.368 0	0.367 1	0.366 1	0.365 1	0.364 1	0.363 1	0.362 2	0.361 2
34	0.363 4	0.362 4	0.361 5	0.360 5	0.359 5	0.358 6	0.357 6	0.356 7	0.355 7
35	0.357 9	0.356 9	0.356 0	0.355 0	0.354 1	0.353 2	0.352 2	0.351 3	0.350 4
36	0.352 5	0.351 6	0.350 6	0.349 7	0.348 8	0.347 9	0.347 0	0.346 0	0.345 1
37	0.347 2	0.346 3	0.345 4	0.344 5	0.343 6	0.342 7	0.341 8	0.340 9	0.340 0
38	0.342 1	0.341 2	0.340 3	0.339 4	0.338 5	0.337 6	0.336 8	0.335 9	0.335 0
39	0.337 1	0.336 2	0.335 3	0.334 4	0.333 6	0.332 7	0.331 8	0.331 0	0.330 1
40	0.332 1	0.331 3	0.330 4	0.329 5	0.328 7	0.327 8	0.327 0	0.326 1	0.325 3

来源：方程 1，Hamme 和 Emerson（2004）。

94

表 2.17　不同温度及盐度（0~40 g/kg）下大气中的二氮化碳在海水中的饱和度（mg/L，1 atm 湿空气，摩尔分数 = 390 μatm）

温度/℃	盐度/(g/kg)								
	0.0	5.0	10.0	15.0	20.0	25.0	30.0	35.0	40.0
0	1.317 4	1.283 7	1.250 8	1.218 6	1.187 3	1.156 8	1.127 0	1.098 0	1.069 7
1	1.266 1	1.233 7	1.202 2	1.171 4	1.141 4	1.112 2	1.083 6	1.055 8	1.028 7
2	1.217 4	1.186 4	1.156 2	1.126 7	1.097 9	1.069 9	1.042 5	1.015 9	0.989 9
3	1.171 2	1.141 5	1.112 5	1.084 2	1.056 7	1.029 8	1.003 6	0.978 0	0.953 1
4	1.127 3	1.098 9	1.071 1	1.044 0	1.017 5	0.991 8	0.966 6	0.942 1	0.918 2
5	1.085 7	1.058 4	1.031 7	1.005 7	0.980 4	0.955 6	0.931 5	0.908 0	0.885 1

续　表

温度/℃	盐度/(g/kg)								
	0.0	5.0	10.0	15.0	20.0	25.0	30.0	35.0	40.0
6	1.046 1	1.019 9	0.994 4	0.969 4	0.945 1	0.921 4	0.898 2	0.875 6	0.853 6
7	1.008 5	0.983 4	0.958 8	0.934 9	0.911 5	0.888 8	0.866 5	0.844 9	0.823 7
8	0.972 7	0.948 6	0.925 1	0.902 1	0.879 6	0.857 8	0.836 4	0.815 6	0.795 3
9	0.938 7	0.915 5	0.892 9	0.870 8	0.849 3	0.828 3	0.807 8	0.787 8	0.768 3
10	0.906 2	0.884 0	0.862 3	0.841 1	0.820 4	0.800 2	0.780 5	0.761 3	0.742 5
11	0.875 3	0.854 0	0.833 1	0.812 8	0.792 9	0.773 5	0.754 5	0.736 1	0.718 0
12	0.845 9	0.825 4	0.805 3	0.785 8	0.766 6	0.748 0	0.729 8	0.712 0	0.694 7
13	0.817 8	0.798 1	0.778 8	0.760 0	0.741 6	0.723 7	0.706 2	0.689 1	0.672 5
14	0.791 0	0.772 0	0.753 5	0.735 4	0.717 8	0.700 5	0.683 7	0.667 3	0.651 2
15	0.765 4	0.747 2	0.729 4	0.712 0	0.695 0	0.678 4	0.662 2	0.646 4	0.631 0
16	0.740 9	0.723 4	0.706 3	0.689 6	0.673 2	0.657 3	0.641 7	0.626 5	0.611 6
17	0.717 5	0.700 7	0.684 2	0.668 1	0.652 4	0.637 1	0.622 1	0.607 5	0.593 2
18	0.695 1	0.679 0	0.663 1	0.647 7	0.632 6	0.617 8	0.603 4	0.589 3	0.575 5
19	0.673 8	0.658 2	0.643 0	0.628 1	0.613 5	0.599 3	0.585 4	0.571 9	0.558 6
20	0.653 3	0.638 3	0.623 6	0.609 3	0.595 3	0.581 7	0.568 3	0.555 2	0.542 4
21	0.633 6	0.619 2	0.605 1	0.591 4	0.577 9	0.564 7	0.551 9	0.539 3	0.527 0
22	0.614 8	0.601 0	0.587 4	0.574 2	0.561 2	0.548 5	0.536 1	0.524 0	0.512 2
23	0.596 8	0.583 5	0.570 4	0.557 7	0.545 2	0.533 0	0.521 0	0.509 4	0.497 9
24	0.579 5	0.566 7	0.554 1	0.541 8	0.529 8	0.518 1	0.506 6	0.495 3	0.484 3
25	0.562 9	0.550 5	0.538 5	0.526 6	0.515 1	0.503 8	0.492 7	0.481 9	0.471 3
26	0.546 9	0.535 0	0.523 4	0.512 0	0.500 9	0.490 0	0.479 4	0.468 9	0.458 7
27	0.531 6	0.520 2	0.509 0	0.498 0	0.487 3	0.476 8	0.466 5	0.456 5	0.446 7
28	0.516 8	0.505 8	0.495 1	0.484 5	0.474 2	0.464 1	0.454 2	0.444 6	0.435 1
29	0.502 6	0.492 1	0.481 7	0.471 6	0.461 6	0.451 9	0.442 4	0.433 1	0.423 9
30	0.489 0	0.478 8	0.468 9	0.459 1	0.449 5	0.440 2	0.431 0	0.422 0	0.413 2
31	0.475 8	0.466 1	0.456 5	0.447 1	0.437 9	0.428 9	0.420 0	0.411 4	0.402 9
32	0.463 1	0.453 7	0.444 5	0.435 5	0.426 6	0.418 0	0.409 5	0.401 1	0.393 0
33	0.450 9	0.441 9	0.433 0	0.424 3	0.415 8	0.407 5	0.399 3	0.391 2	0.383 4
34	0.439 1	0.430 4	0.421 9	0.413 6	0.405 4	0.397 3	0.389 4	0.381 7	0.374 1
35	0.427 7	0.419 4	0.411 2	0.403 2	0.395 3	0.387 5	0.379 9	0.372 5	0.365 2
36	0.416 7	0.408 7	0.400 8	0.393 1	0.385 5	0.378 1	0.370 8	0.363 6	0.356 6
37	0.406 1	0.398 4	0.390 8	0.383 4	0.376 1	0.368 9	0.361 9	0.355 0	0.348 3
38	0.395 8	0.388 4	0.381 1	0.374 0	0.367 0	0.360 1	0.353 4	0.346 7	0.340 2
39	0.385 8	0.378 7	0.371 8	0.364 9	0.358 2	0.351 6	0.345 1	0.338 7	0.332 4
40	0.376 2	0.369 4	0.362 7	0.356 1	0.349 6	0.343 3	0.337 0	0.330 9	0.324 9

来源：方程 5 和方程 9，Weiss（1974）；依据莫纳罗亚数据估算的 2010 年摩尔分数。

95

表 2.18 不同温度及盐度（33~37 g/kg）下大气中的二氧化碳在海水中的饱和度（mg/L，1 atm 湿空气，摩尔分数=390 μatm）

温度/℃	盐度/(g/kg)								
	33.0	33.5	34.0	34.5	35.0	35.5	36.0	36.5	37.0
0	1.109 5	1.106 6	1.103 7	1.100 9	1.098 0	1.095 1	1.092 3	1.089 4	1.086 6
1	1.066 9	1.064 1	1.061 3	1.058 6	1.055 8	1.053 1	1.050 4	1.047 6	1.044 9
2	1.026 5	1.023 8	1.021 2	1.018 5	1.015 9	1.013 3	1.010 6	1.008 0	1.005 4
3	0.988 2	0.985 6	0.983 1	0.980 6	0.978 0	0.975 5	0.973 0	0.970 5	0.968 0
4	0.951 8	0.949 4	0.947 0	0.944 5	0.942 1	0.939 7	0.937 3	0.934 9	0.932 5
5	0.917 3	0.915 0	0.912 7	0.910 3	0.908 0	0.905 7	0.903 4	0.901 1	0.898 8
6	0.884 6	0.882 3	0.880 1	0.877 9	0.875 6	0.873 4	0.871 2	0.869 0	0.866 8
7	0.853 5	0.851 3	0.849 2	0.847 0	0.844 9	0.842 7	0.840 6	0.838 5	0.836 3
8	0.823 9	0.821 8	0.819 7	0.817 7	0.815 6	0.813 6	0.811 5	0.809 5	0.807 4
9	0.795 7	0.793 7	0.791 7	0.789 8	0.787 8	0.785 8	0.783 8	0.781 9	0.779 9
10	0.768 9	0.767 0	0.765 1	0.763 2	0.761 3	0.759 4	0.757 5	0.755 6	0.753 7
11	0.743 4	0.741 6	0.739 7	0.737 9	0.736 1	0.734 2	0.732 4	0.730 6	0.728 8
12	0.719 1	0.717 3	0.715 6	0.713 8	0.712 0	0.710 3	0.708 5	0.706 8	0.705 1
13	0.695 9	0.694 2	0.692 5	0.690 8	0.689 1	0.687 4	0.685 8	0.684 1	0.682 4
14	0.673 8	0.672 2	0.670 5	0.668 9	0.667 3	0.665 6	0.664 0	0.662 4	0.660 8
15	0.652 7	0.651 1	0.649 5	0.648 0	0.646 4	0.644 8	0.643 3	0.641 7	0.640 2
16	0.632 5	0.631 0	0.629 5	0.628 0	0.626 5	0.625 0	0.623 5	0.622 0	0.620 5
17	0.613 3	0.611 8	0.610 4	0.608 9	0.607 5	0.606 0	0.604 6	0.603 1	0.601 7
18	0.594 9	0.593 5	0.592 1	0.590 7	0.589 3	0.587 9	0.586 5	0.585 1	0.583 7
19	0.577 3	0.575 9	0.574 6	0.573 2	0.571 9	0.570 5	0.569 2	0.567 9	0.566 5
20	0.560 4	0.559 1	0.557 8	0.556 5	0.555 2	0.553 9	0.552 6	0.551 4	0.550 1
21	0.544 3	0.543 0	0.541 8	0.540 5	0.539 3	0.538 0	0.536 8	0.535 6	0.534 3
22	0.528 8	0.527 6	0.526 4	0.525 2	0.524 0	0.522 8	0.521 6	0.520 4	0.519 2
23	0.514 0	0.512 8	0.511 7	0.510 5	0.509 4	0.508 2	0.507 1	0.505 9	0.504 8
24	0.499 8	0.498 7	0.497 6	0.496 4	0.495 3	0.494 2	0.493 1	0.492 0	0.490 9
25	0.486 2	0.485 1	0.484 0	0.482 9	0.481 9	0.480 8	0.479 7	0.478 6	0.477 6
26	0.473 1	0.472 0	0.471 0	0.470 0	0.468 9	0.467 9	0.466 9	0.465 8	0.464 8
27	0.460 5	0.459 5	0.458 5	0.457 5	0.456 5	0.455 5	0.454 5	0.453 5	0.452 5
28	0.448 4	0.447 4	0.446 5	0.445 5	0.444 6	0.443 6	0.442 6	0.441 7	0.440 7
29	0.436 8	0.435 8	0.434 9	0.434 0	0.433 1	0.432 1	0.431 2	0.430 3	0.429 4
30	0.425 6	0.424 7	0.423 8	0.422 9	0.422 0	0.421 1	0.420 2	0.419 4	0.418 5
31	0.414 8	0.414 0	0.413 1	0.412 2	0.411 4	0.410 5	0.409 7	0.408 8	0.408 0

续　表

温度/℃	盐度/(g/kg)								
	33.0	33.5	34.0	34.5	35.0	35.5	36.0	36.5	37.0
32	0.404 4	0.403 6	0.402 8	0.402 0	0.401 1	0.400 3	0.399 5	0.398 7	0.397 8
33	0.394 4	0.393 6	0.392 8	0.392 0	0.391 2	0.390 4	0.389 7	0.388 9	0.388 1
34	0.384 8	0.384 0	0.383 2	0.382 5	0.381 7	0.380 9	0.380 2	0.379 4	0.378 7
35	0.375 5	0.374 7	0.374 0	0.373 2	0.372 5	0.371 8	0.371 0	0.370 3	0.369 6
36	0.366 5	0.365 8	0.365 0	0.364 3	0.363 6	0.362 9	0.362 2	0.361 5	0.360 8
37	0.357 8	0.357 1	0.356 4	0.355 7	0.355 0	0.354 4	0.353 7	0.353 0	0.352 3
38	0.349 4	0.348 7	0.348 1	0.347 4	0.346 7	0.346 1	0.345 4	0.344 8	0.344 1
39	0.341 2	0.340 6	0.340 0	0.339 3	0.338 7	0.338 1	0.337 4	0.336 8	0.336 2
40	0.333 4	0.332 7	0.332 1	0.331 5	0.330 9	0.330 3	0.329 7	0.329 1	0.328 5

来源：方程 5 和方程 9，Weiss（1974）；依据莫纳罗亚数据估算的 2010 年摩尔分数。

96

表 2.19　不同温度及盐度（0~40 g/kg）下大气中的二氧化碳在海水中的饱和度（mg/L，1 atm 湿空气，摩尔分数=440 μatm）

温度/℃	盐度/(g/kg)								
	0.0	5.0	10.0	15.0	20.0	25.0	30.0	35.0	40.0
0	1.486 3	1.448 3	1.411 1	1.374 9	1.339 5	1.305 1	1.271 5	1.238 8	1.206 9
1	1.428 4	1.391 9	1.356 3	1.321 6	1.287 7	1.254 7	1.222 6	1.191 2	1.160 6
2	1.373 4	1.338 5	1.304 4	1.271 1	1.238 7	1.207 0	1.176 2	1.146 1	1.116 8
3	1.321 3	1.287 8	1.255 1	1.223 2	1.192 1	1.161 8	1.132 2	1.103 4	1.075 3
4	1.271 8	1.239 7	1.208 4	1.177 8	1.148 0	1.118 9	1.090 5	1.062 9	1.035 9
5	1.224 9	1.194 1	1.164 0	1.134 7	1.106 1	1.078 2	1.051 0	1.024 4	0.998 5
6	1.180 2	1.150 7	1.121 9	1.093 7	1.066 3	1.039 5	1.013 4	0.987 9	0.963 1
7	1.137 8	1.109 5	1.081 8	1.054 8	1.028 4	1.002 7	0.977 6	0.953 2	0.929 3
8	1.097 4	1.070 2	1.043 7	1.017 7	0.992 4	0.967 7	0.943 7	0.920 2	0.897 3
9	1.059 0	1.032 9	1.007 4	0.982 5	0.958 2	0.934 5	0.911 3	0.888 8	0.866 8
10	1.022 4	0.997 3	0.972 8	0.948 9	0.925 6	0.902 8	0.880 6	0.858 9	0.837 7
11	0.987 6	0.963 5	0.939 9	0.917 0	0.894 5	0.872 6	0.851 3	0.830 4	0.810 1
12	0.954 3	0.931 2	0.908 6	0.886 5	0.864 9	0.843 9	0.823 4	0.803 3	0.783 8
13	0.922 6	0.900 4	0.878 7	0.857 4	0.836 7	0.816 5	0.796 7	0.777 5	0.758 7
14	0.892 4	0.871 0	0.850 1	0.829 7	0.809 8	0.790 3	0.771 4	0.752 8	0.734 7
15	0.863 5	0.842 9	0.822 9	0.803 2	0.784 1	0.765 4	0.747 1	0.729 3	0.711 9
16	0.835 9	0.816 1	0.796 8	0.778 0	0.759 5	0.741 5	0.724 0	0.706 8	0.690 0

续 表

温度/℃	盐度/(g/kg)								
	0.0	5.0	10.0	15.0	20.0	25.0	30.0	35.0	40.0
17	0.809 5	0.790 5	0.771 9	0.753 8	0.736 1	0.718 8	0.701 9	0.685 3	0.669 2
18	0.784 3	0.766 0	0.748 2	0.730 7	0.713 7	0.697 0	0.680 7	0.664 8	0.649 3
19	0.760 1	0.742 6	0.725 4	0.708 6	0.692 2	0.676 2	0.660 5	0.645 2	0.630 2
20	0.737 0	0.720 1	0.703 6	0.687 4	0.671 7	0.656 2	0.641 1	0.626 4	0.612 0
21	0.714 9	0.698 6	0.682 7	0.667 2	0.652 0	0.637 1	0.622 6	0.608 4	0.594 5
22	0.693 7	0.678 0	0.662 7	0.647 8	0.633 1	0.618 8	0.604 9	0.591 2	0.577 8
23	0.673 3	0.658 3	0.643 6	0.629 2	0.615 1	0.601 3	0.587 8	0.574 7	0.561 8
24	0.653 8	0.639 3	0.625 2	0.611 3	0.597 7	0.584 5	0.571 5	0.558 8	0.546 4
25	0.635 0	0.621 1	0.607 5	0.594 2	0.581 1	0.568 3	0.555 8	0.543 6	0.531 7
26	0.617 0	0.603 6	0.590 5	0.577 7	0.565 1	0.552 8	0.540 8	0.529 0	0.517 5
27	0.599 7	0.586 8	0.574 2	0.561 9	0.549 8	0.537 9	0.526 4	0.515 0	0.503 9
28	0.583 1	0.570 7	0.558 6	0.546 7	0.535 0	0.523 6	0.512 5	0.501 5	0.490 9
29	0.567 1	0.555 2	0.543 5	0.532 0	0.520 8	0.509 9	0.499 1	0.488 6	0.478 3
30	0.551 7	0.540 2	0.529 0	0.518 0	0.507 2	0.496 6	0.486 3	0.476 1	0.466 2
31	0.536 8	0.525 8	0.515 0	0.504 4	0.494 0	0.483 8	0.473 9	0.464 1	0.454 6
32	0.522 5	0.511 9	0.501 5	0.491 3	0.481 3	0.471 5	0.462 0	0.452 6	0.443 3
33	0.508 7	0.498 5	0.488 5	0.478 7	0.469 1	0.459 7	0.450 5	0.441 4	0.432 5
34	0.495 4	0.485 6	0.476 0	0.466 6	0.457 3	0.448 3	0.439 4	0.430 6	0.422 1
35	0.482 6	0.473 1	0.463 9	0.454 8	0.445 9	0.437 2	0.428 7	0.420 3	0.412 0
36	0.470 1	0.461 1	0.452 2	0.443 5	0.434 9	0.426 6	0.418 3	0.410 2	0.402 3
37	0.458 1	0.449 5	0.440 9	0.432 5	0.424 3	0.416 2	0.408 3	0.400 6	0.392 9
38	0.446 5	0.438 2	0.430 0	0.421 9	0.414 0	0.406 3	0.398 7	0.391 2	0.383 9
39	0.435 3	0.427 3	0.419 4	0.411 7	0.404 1	0.396 6	0.389 3	0.382 1	0.375 1
40	0.424 4	0.416 7	0.409 2	0.401 8	0.394 5	0.387 3	0.380 3	0.373 3	0.366 6

来源：方程 5 和方程 9，Weiss（1974）；依据莫纳罗亚数据估算的 2030 年摩尔分数。

97

表 2.20　不同温度及盐度（33~37 g/kg）下大气中的二氧化碳在海水中的饱和度（mg/L，1 atm 湿空气，摩尔分数 = 440 μatm）

温度/℃	盐度/(g/kg)								
	33.0	33.5	34.0	34.5	35.0	35.5	36.0	36.5	37.0
0	1.251 8	1.248 5	1.245 2	1.242 0	1.238 8	1.235 5	1.232 3	1.229 1	1.225 9
1	1.203 7	1.200 5	1.197 4	1.194 3	1.191 2	1.188 1	1.185 0	1.182 0	1.178 9

续　表

温度/℃	盐度/(g/kg)								
	33.0	33.5	34.0	34.5	35.0	35.5	36.0	36.5	37.0
2	1.158 1	1.155 1	1.152 1	1.149 1	1.146 1	1.143 2	1.140 2	1.137 3	1.134 3
3	1.114 9	1.112 0	1.109 1	1.106 3	1.103 4	1.100 6	1.097 7	1.094 9	1.092 1
4	1.073 9	1.071 1	1.068 4	1.065 6	1.062 9	1.060 2	1.057 4	1.054 7	1.052 0
5	1.035 0	1.032 3	1.029 7	1.027 0	1.024 4	1.021 8	1.019 2	1.016 6	1.014 0
6	0.998 0	0.995 5	0.992 9	0.990 4	0.987 9	0.985 4	0.982 9	0.980 4	0.977 9
7	0.962 9	0.960 4	0.958 0	0.955 6	0.953 2	0.950 8	0.948 4	0.946 0	0.943 6
8	0.929 5	0.927 2	0.924 8	0.922 5	0.920 2	0.917 9	0.915 5	0.913 2	0.910 9
9	0.897 7	0.895 5	0.893 2	0.891 0	0.888 8	0.886 6	0.884 3	0.882 1	0.879 9
10	0.867 5	0.865 3	0.863 2	0.861 0	0.858 9	0.856 8	0.854 6	0.852 5	0.850 4
11	0.838 7	0.836 6	0.834 6	0.832 5	0.830 4	0.828 4	0.826 3	0.824 3	0.822 2
12	0.811 3	0.809 3	0.807 3	0.805 3	0.803 3	0.801 3	0.799 4	0.797 4	0.795 4
13	0.785 1	0.783 2	0.781 3	0.779 4	0.777 5	0.775 6	0.773 7	0.771 8	0.769 9
14	0.760 2	0.758 3	0.756 5	0.754 6	0.752 8	0.751 0	0.749 2	0.747 3	0.745 5
15	0.736 4	0.734 6	0.732 8	0.731 0	0.729 3	0.727 5	0.725 8	0.724 0	0.722 3
16	0.713 6	0.711 9	0.710 2	0.708 5	0.706 8	0.705 1	0.703 4	0.701 7	0.700 1
17	0.691 9	0.690 3	0.688 6	0.687 0	0.685 3	0.683 7	0.682 1	0.680 5	0.678 8
18	0.671 1	0.669 5	0.668 0	0.666 4	0.664 8	0.663 2	0.661 7	0.660 1	0.658 6
19	0.651 3	0.649 7	0.648 2	0.646 7	0.645 2	0.643 7	0.642 2	0.640 7	0.639 2
20	0.632 3	0.630 8	0.629 3	0.627 9	0.626 4	0.624 9	0.623 5	0.622 0	0.620 6
21	0.614 0	0.612 6	0.611 2	0.609 8	0.608 4	0.607 0	0.605 6	0.604 2	0.602 8
22	0.596 6	0.595 2	0.593 9	0.592 5	0.591 2	0.589 8	0.588 5	0.587 1	0.585 8
23	0.579 9	0.578 6	0.577 3	0.576 0	0.574 7	0.573 4	0.572 1	0.570 8	0.569 5
24	0.563 9	0.562 6	0.561 3	0.560 1	0.558 8	0.557 6	0.556 3	0.555 1	0.553 8
25	0.548 5	0.547 3	0.546 0	0.544 8	0.543 6	0.542 4	0.541 2	0.540 0	0.538 8
26	0.533 7	0.532 5	0.531 4	0.530 2	0.529 0	0.527 9	0.526 7	0.525 6	0.524 4
27	0.519 5	0.518 4	0.517 3	0.516 1	0.515 0	0.513 9	0.512 8	0.511 7	0.510 6
28	0.505 9	0.504 8	0.503 7	0.502 6	0.501 5	0.500 5	0.499 4	0.498 3	0.497 2
29	0.492 8	0.491 7	0.490 7	0.489 6	0.488 6	0.487 5	0.486 5	0.485 5	0.484 4
30	0.480 1	0.479 1	0.478 1	0.477 1	0.476 1	0.475 1	0.474 1	0.473 1	0.472 1
31	0.468 0	0.467 0	0.466 1	0.465 1	0.464 1	0.463 2	0.462 2	0.461 2	0.460 3
32	0.456 3	0.455 4	0.454 4	0.453 5	0.452 6	0.451 6	0.450 7	0.449 8	0.448 8
33	0.445 0	0.444 1	0.443 2	0.442 3	0.441 4	0.440 5	0.439 6	0.438 7	0.437 8
34	0.434 1	0.433 2	0.432 4	0.431 5	0.430 6	0.429 8	0.428 9	0.428 1	0.427 2
35	0.423 6	0.422 8	0.421 9	0.421 1	0.420 3	0.419 4	0.418 6	0.417 8	0.417 0

续 表

温度/℃	盐度/(g/kg)								
	33.0	33.5	34.0	34.5	35.0	35.5	36.0	36.5	37.0
36	0.413 5	0.412 7	0.411 8	0.411 0	0.410 2	0.409 4	0.408 7	0.407 9	0.407 1
37	0.403 7	0.402 9	0.402 1	0.401 3	0.400 6	0.399 8	0.399 0	0.398 3	0.397 5
38	0.394 2	0.393 4	0.392 7	0.391 9	0.391 2	0.390 5	0.389 7	0.389 0	0.388 2
39	0.385 0	0.384 3	0.383 6	0.382 8	0.382 1	0.381 4	0.380 7	0.380 0	0.379 3
40	0.376 1	0.375 4	0.374 7	0.374 0	0.373 3	0.372 7	0.372 0	0.371 3	0.370 6

来源：方程 5 和方程 9，Weiss（1974）；依据莫纳罗亚数据估算的 2030 年摩尔分数。

98

表 2.21 不同温度及盐度（0~40 g/kg）下二氧化碳的 $F^{\dagger}\times10^{2}$ [mol/(kg · atm)，10℃、35 g/kg 时表值为 4.319 1，$F^{\dagger}$ 值为 4.319 1/100 或 0.043 191 mol/(kg · atm)]

温度/℃	盐度/(g/kg)								
	0.0	5.0	10.0	15.0	20.0	25.0	30.0	35.0	40.0
0	7.677 0	7.450 0	7.229 8	7.016 0	6.808 6	6.607 3	6.412 0	6.222 4	6.038 4
1	7.377 2	7.159 9	6.948 9	6.744 2	6.545 5	6.352 6	6.165 5	5.983 8	5.807 5
2	7.093 1	6.884 9	6.682 8	6.486 6	6.296 2	6.111 4	5.932 0	5.757 9	5.588 8
3	6.823 8	6.624 3	6.430 5	6.242 5	6.059 9	5.882 7	5.710 7	5.543 7	5.381 6
4	6.568 3	6.377 0	6.191 2	6.010 9	5.835 8	5.665 8	5.500 8	5.340 6	5.185 0
5	6.325 7	6.142 3	5.964 1	5.791 1	5.623 1	5.460 0	5.301 6	5.147 9	4.998 5
6	6.095 4	5.919 3	5.748 4	5.582 4	5.421 1	5.264 6	5.112 5	4.964 9	4.821 5
7	5.876 4	5.707 5	5.543 4	5.384 0	5.229 2	5.078 9	4.932 9	4.791 1	4.653 3
8	5.668 2	5.506 0	5.348 5	5.195 4	5.046 8	4.902 4	4.762 1	4.625 8	4.493 5
9	5.470 1	5.314 4	5.163 1	5.016 0	4.873 2	4.734 5	4.599 6	4.468 7	4.341 4
10	5.281 6	5.131 9	4.986 6	4.845 3	4.708 0	4.574 7	4.445 1	4.319 1	4.196 8
11	5.102 0	4.958 2	4.818 5	4.682 7	4.550 7	4.422 5	4.297 9	4.176 7	4.059 0
12	4.930 8	4.792 6	4.658 3	4.527 7	4.400 8	4.277 5	4.157 6	4.041 1	3.927 8
13	4.767 6	4.634 7	4.505 6	4.380 0	4.258 0	4.139 3	4.023 9	3.911 8	3.802 8
14	4.611 9	4.484 1	4.359 9	4.239 1	4.121 7	4.007 5	3.896 4	3.788 5	3.683 5
15	4.463 2	4.340 3	4.220 8	4.104 6	3.991 6	3.881 7	3.774 8	3.670 8	3.569 7
16	4.321 2	4.203 0	4.088 0	3.976 1	3.867 3	3.761 5	3.658 6	3.558 5	3.461 1
17	4.185 6	4.071 8	3.961 1	3.853 4	3.748 7	3.646 8	3.547 6	3.451 2	3.357 4
18	4.055 8	3.946 3	3.839 8	3.736 1	3.635 2	3.537 1	3.441 5	3.348 6	3.258 2
19	3.931 7	3.826 3	3.723 7	3.623 9	3.526 7	3.432 1	3.340 1	3.250 5	3.163 4

续　表

温度/℃	盐度/(g/kg)								
	0.0	5.0	10.0	15.0	20.0	25.0	30.0	35.0	40.0
20	3.813 0	3.711 4	3.612 6	3.516 5	3.422 9	3.331 7	3.243 0	3.156 7	3.072 7
21	3.699 2	3.601 4	3.506 3	3.413 6	3.323 4	3.235 6	3.150 1	3.066 9	2.985 8
22	3.590 2	3.496 0	3.404 4	3.315 1	3.228 2	3.143 5	3.061 1	2.980 8	2.902 6
23	3.485 7	3.395 0	3.306 7	3.220 6	3.136 8	3.055 2	2.975 7	2.898 3	2.822 9
24	3.385 4	3.298 0	3.212 9	3.130 0	3.049 3	2.970 6	2.893 9	2.819 2	2.746 5
25	3.289 2	3.205 0	3.123 0	3.043 1	2.965 2	2.889 3	2.815 4	2.743 4	2.673 2
26	3.196 7	3.115 7	3.036 6	2.959 6	2.884 5	2.811 4	2.740 0	2.670 5	2.602 8
27	3.107 9	3.029 8	2.953 6	2.879 4	2.807 0	2.736 4	2.667 7	2.600 6	2.535 2
28	3.022 6	2.947 3	2.873 9	2.802 3	2.732 5	2.664 4	2.598 1	2.533 4	2.470 3
29	2.940 4	2.867 9	2.797 1	2.728 1	2.660 8	2.595 2	2.531 2	2.468 7	2.407 8
30	2.861 4	2.791 5	2.723 3	2.656 8	2.591 9	2.528 5	2.466 8	2.406 5	2.347 7
31	2.785 3	2.717 9	2.652 2	2.588 0	2.525 5	2.464 4	2.404 8	2.346 6	2.289 9
32	2.711 9	2.647 0	2.583 6	2.521 8	2.461 5	2.402 6	2.345 1	2.288 9	2.234 2
33	2.641 1	2.578 6	2.517 6	2.458 0	2.399 8	2.343 0	2.287 5	2.233 3	2.180 5
34	2.572 9	2.512 7	2.453 8	2.396 4	2.340 3	2.285 5	2.232 0	2.179 7	2.128 7
35	2.507 0	2.449 0	2.392 3	2.336 9	2.282 8	2.230 0	2.178 4	2.128 0	2.078 7
36	2.443 4	2.387 5	2.332 9	2.279 5	2.227 4	2.176 4	2.126 6	2.078 0	2.030 4
37	2.381 8	2.328 0	2.275 4	2.224 0	2.173 7	2.124 6	2.076 6	2.029 7	1.983 8
38	2.322 3	2.270 5	2.219 8	2.170 3	2.121 9	2.074 5	2.028 2	1.983 0	1.938 7
39	2.264 7	2.214 8	2.166 1	2.118 4	2.071 7	2.026 1	1.981 4	1.937 8	1.895 1
40	2.208 9	2.160 9	2.114 0	2.068 0	2.023 1	1.979 1	1.936 1	1.894 0	1.852 8

来源：Weiss（1974），Weiss and Price（1980）。

99

表 2.22　不同温度及盐度（33~37 g/kg）下二氧化碳的 $F^{\dagger}\times 10^{2}$ [mol/(kg·atm)，10℃、35 g/kg 时表值为 4.319 1，$F^{\dagger}$ 值为 4.319 1/100 或 0.043 191 mol/(kg·atm)]

温度/℃	盐度/(g/kg)								
	33.0	33.5	34.0	34.5	35.0	35.5	36.0	36.5	37.0
0	6.297 5	6.278 7	6.259 9	6.241 1	6.222 4	6.203 7	6.185 2	6.166 6	6.148 1
1	6.055 8	6.037 8	6.019 7	6.001 8	5.983 8	5.966 0	5.948 2	5.930 4	5.912 7
2	5.826 9	5.809 6	5.792 3	5.775 0	5.757 9	5.740 7	5.723 7	5.706 6	5.689 7
3	5.609 9	5.593 3	5.576 7	5.560 2	5.543 7	5.527 3	5.510 9	5.494 6	5.478 3

续 表

温度/℃	盐度/(g/kg)								
	33.0	33.5	34.0	34.5	35.0	35.5	36.0	36.5	37.0
4	5.404 1	5.388 2	5.372 3	5.356 4	5.340 6	5.324 8	5.309 1	5.293 4	5.277 8
5	5.208 8	5.193 5	5.178 3	5.163 0	5.147 9	5.132 7	5.117 7	5.102 6	5.087 6
6	5.023 4	5.008 7	4.994 1	4.979 5	4.964 9	4.950 4	4.935 9	4.921 4	4.907 0
7	4.847 3	4.833 2	4.819 1	4.805 0	4.791 1	4.777 1	4.763 2	4.749 3	4.735 5
8	4.679 8	4.666 3	4.652 8	4.639 3	4.625 8	4.612 4	4.599 0	4.585 7	4.572 4
9	4.520 6	4.507 6	4.494 6	4.481 6	4.468 7	4.455 8	4.442 9	4.430 1	4.417 3
10	4.369 1	4.356 5	4.344 0	4.331 6	4.319 1	4.306 7	4.294 4	4.282 0	4.269 8
11	4.224 8	4.212 7	4.200 7	4.188 7	4.176 7	4.164 8	4.152 9	4.141 1	4.129 3
12	4.087 3	4.075 7	4.064 1	4.052 6	4.041 1	4.029 6	4.018 2	4.006 8	3.995 4
13	3.956 3	3.945 1	3.934 0	3.922 9	3.911 8	3.900 8	3.889 8	3.878 8	3.867 8
14	3.831 3	3.820 6	3.809 8	3.799 2	3.788 5	3.777 9	3.767 3	3.756 7	3.746 2
15	3.712 1	3.701 7	3.691 4	3.681 1	3.670 8	3.660 6	3.650 4	3.640 2	3.630 1
16	3.598 2	3.588 2	3.578 3	3.568 4	3.558 5	3.548 6	3.538 8	3.529 0	3.519 2
17	3.489 4	3.479 8	3.470 3	3.460 7	3.451 2	3.441 7	3.432 2	3.422 8	3.413 3
18	3.385 5	3.376 2	3.367 0	3.357 8	3.348 6	3.339 5	3.330 3	3.321 2	3.312 2
19	3.286 1	3.277 2	3.268 3	3.259 4	3.250 5	3.241 7	3.232 9	3.224 1	3.215 4
20	3.190 9	3.182 3	3.173 8	3.165 2	3.156 7	3.148 2	3.139 7	3.131 2	3.122 8
21	3.099 9	3.091 6	3.083 3	3.075 1	3.066 9	3.058 6	3.050 5	3.042 3	3.034 2
22	3.012 7	3.004 7	2.996 7	2.988 7	2.980 8	2.972 9	2.965 0	2.957 1	2.949 3
23	2.929 1	2.921 3	2.913 6	2.906 0	2.898 3	2.890 7	2.883 1	2.875 5	2.867 9
24	2.848 9	2.841 4	2.834 0	2.826 6	2.819 2	2.811 9	2.804 5	2.797 2	2.789 9
25	2.772 0	2.764 8	2.757 6	2.750 5	2.743 4	2.736 3	2.729 2	2.722 1	2.715 1
26	2.698 1	2.691 2	2.684 3	2.677 4	2.670 5	2.663 7	2.656 9	2.650 0	2.643 2
27	2.627 2	2.620 5	2.613 9	2.607 2	2.600 6	2.594 0	2.587 4	2.580 8	2.574 2
28	2.559 0	2.552 6	2.546 2	2.539 8	2.533 4	2.527 0	2.520 6	2.514 3	2.507 9
29	2.493 5	2.487 3	2.481 1	2.474 9	2.468 7	2.462 5	2.456 4	2.450 3	2.444 2
30	2.430 4	2.424 4	2.418 4	2.412 5	2.406 5	2.400 6	2.394 6	2.388 7	2.382 8
31	2.369 7	2.363 9	2.358 1	2.352 4	2.346 6	2.340 9	2.335 2	2.329 5	2.323 8
32	2.311 2	2.305 6	2.300 1	2.294 5	2.288 9	2.283 4	2.277 9	2.272 4	2.266 9
33	2.254 8	2.249 5	2.244 1	2.238 7	2.233 3	2.228 0	2.222 7	2.217 3	2.212 0
34	2.200 5	2.195 3	2.190 1	2.184 9	2.179 7	2.174 6	2.169 4	2.164 3	2.159 2
35	2.148 0	2.143 0	2.137 9	2.132 9	2.128 0	2.123 0	2.118 0	2.113 1	2.108 1
36	2.097 3	2.092 5	2.087 6	2.082 8	2.078 0	2.073 2	2.068 4	2.063 6	2.058 8
37	2.048 3	2.043 6	2.039 0	2.034 3	2.029 7	2.025 0	2.020 4	2.015 8	2.011 2

续 表

温度/℃	盐度/(g/kg)								
	33.0	33.5	34.0	34.5	35.0	35.5	36.0	36.5	37.0
38	2.001 0	1.996 4	1.991 9	1.987 5	1.983 0	1.978 5	1.974 0	1.969 6	1.965 2
39	1.955 1	1.950 8	1.946 4	1.942 1	1.937 8	1.933 5	1.929 2	1.924 9	1.920 6
40	1.910 7	1.906 5	1.902 4	1.898 2	1.894 0	1.889 9	1.885 7	1.881 6	1.877 4

来源：Weiss (1974), Weiss and Price (1980)。

100

表 2.23 不同温度及盐度 (0~40 g/kg) 下二氧化碳的 $F^* \times 10^2$ [mol/(L·atm), 10℃、35 g/kg 时表值为 4.435 5, F^* 值为 4.435 5/100 或 0.044 355 mol/(L·atm)]

温度/℃	盐度/(g/kg)								
	0.0	5.0	10.0	15.0	20.0	25.0	30.0	35.0	40.0
0	7.675 8	7.479 2	7.287 3	7.100 1	6.917 6	6.739 7	6.566 3	6.397 3	6.232 5
1	7.376 5	7.188 2	7.004 4	6.825 1	6.650 2	6.479 8	6.313 6	6.151 7	5.993 8
2	7.092 7	6.912 3	6.736 2	6.564 4	6.396 8	6.233 4	6.074 2	5.918 9	5.767 6
3	6.823 6	6.650 6	6.481 8	6.317 1	6.156 5	5.999 9	5.847 2	5.698 3	5.553 2
4	6.568 1	6.402 3	6.240 4	6.082 5	5.928 5	5.778 3	5.631 8	5.489 0	5.349 8
5	6.325 5	6.166 5	6.011 3	5.859 8	5.712 0	5.567 9	5.427 4	5.290 3	5.156 7
6	6.095 0	5.942 5	5.793 5	5.648 2	5.506 4	5.368 1	5.233 2	5.101 7	4.973 4
7	5.875 8	5.729 5	5.586 5	5.447 0	5.311 0	5.178 2	5.048 7	4.922 4	4.799 3
8	5.667 4	5.526 9	5.389 7	5.255 8	5.125 1	4.997 6	4.873 3	4.752 0	4.633 7
9	5.469 0	5.334 1	5.202 3	5.073 8	4.948 3	4.825 8	4.706 4	4.589 9	4.476 2
10	5.280 0	5.150 5	5.024 0	4.900 5	4.779 9	4.662 3	4.547 5	4.435 5	4.326 3
11	5.100 0	4.975 6	4.854 0	4.735 4	4.619 6	4.506 5	4.396 2	4.288 6	4.183 5
12	4.928 3	4.808 8	4.692 1	4.578 0	4.466 7	4.358 1	4.252 0	4.148 5	4.047 6
13	4.764 6	4.649 8	4.537 6	4.428 0	4.321 0	4.216 5	4.114 6	4.015 0	3.917 9
14	4.608 4	4.498 0	4.390 2	4.284 8	4.182 0	4.081 5	3.983 4	3.887 7	3.794 3
15	4.459 2	4.353 1	4.249 4	4.148 2	4.049 2	3.952 6	3.858 3	3.766 2	3.676 2
16	4.316 7	4.214 7	4.115 0	4.017 6	3.922 4	3.829 5	3.738 7	3.650 1	3.563 6
17	4.180 5	4.082 4	3.986 5	3.892 8	3.801 3	3.711 9	3.624 5	3.539 2	3.455 9
18	4.050 2	3.955 9	3.863 7	3.773 5	3.685 5	3.599 4	3.515 4	3.433 2	3.353 0
19	3.925 5	3.834 8	3.746 1	3.659 4	3.574 7	3.491 8	3.410 9	3.331 9	3.254 6
20	3.806 1	3.718 9	3.633 6	3.550 1	3.468 6	3.388 9	3.311 0	3.234 9	3.160 5
21	3.691 8	3.607 9	3.525 8	3.445 5	3.367 0	3.290 3	3.215 3	3.142 0	3.070 3

续 表

温度/℃	盐度/(g/kg)								
	0.0	5.0	10.0	15.0	20.0	25.0	30.0	35.0	40.0
22	3.582 2	3.501 5	3.422 5	3.345 2	3.269 7	3.195 8	3.123 6	3.053 0	2.984 0
23	3.477 1	3.399 4	3.323 4	3.249 1	3.176 4	3.105 2	3.035 7	2.967 7	2.901 2
24	3.376 3	3.301 6	3.228 4	3.156 9	3.086 9	3.018 4	2.951 4	2.885 9	2.821 8
25	3.279 5	3.207 6	3.137 2	3.068 3	3.001 0	2.935 0	2.870 5	2.807 4	2.745 7
26	3.186 5	3.117 3	3.049 6	2.983 3	2.918 5	2.855 0	2.792 8	2.732 1	2.672 6
27	3.097 1	3.030 6	2.965 5	2.901 7	2.839 2	2.778 1	2.718 2	2.659 7	2.602 4
28	3.011 2	2.947 2	2.884 5	2.823 1	2.763 0	2.704 1	2.646 5	2.590 1	2.534 9
29	2.928 5	2.867 0	2.806 7	2.747 6	2.689 7	2.633 0	2.577 5	2.523 2	2.470 0
30	2.848 9	2.789 8	2.731 7	2.674 9	2.619 1	2.564 6	2.511 1	2.458 8	2.407 5
31	2.772 3	2.715 4	2.659 5	2.604 8	2.551 2	2.498 7	2.447 2	2.396 8	2.347 4
32	2.698 4	2.643 7	2.590 0	2.537 3	2.485 7	2.435 2	2.385 6	2.337 1	2.289 5
33	2.627 2	2.574 6	2.522 9	2.472 3	2.422 6	2.374 0	2.326 3	2.279 5	2.233 7
34	2.558 4	2.507 8	2.458 2	2.409 5	2.361 7	2.314 9	2.269 0	2.224 0	2.179 8
35	2.492 1	2.443 4	2.395 7	2.348 9	2.303 0	2.257 9	2.213 7	2.170 4	2.127 9
36	2.427 9	2.381 2	2.335 4	2.290 3	2.246 2	2.202 8	2.160 3	2.118 6	2.077 7
37	2.366 0	2.321 1	2.277 0	2.233 8	2.191 3	2.149 6	2.108 7	2.068 6	2.029 2
38	2.306 0	2.262 9	2.220 6	2.179 0	2.138 2	2.098 1	2.058 8	2.020 2	1.982 3
39	2.248 0	2.206 6	2.166 0	2.126 0	2.086 8	2.048 3	2.010 5	1.973 4	1.937 0
40	2.191 8	2.152 1	2.113 1	2.074 7	2.037 1	2.000 1	1.963 7	1.928 1	1.893 0

来源：Weiss（1974），Weiss and Price（1980）。

101

表 2.24 不同温度及盐度（33~37 g/kg）下二氧化碳的 $F^* \times 10^2$ [mol/(L·atm), 10℃、35 g/kg 时表值为 4.435 5, F^* 值为 4.435 5/100 或 0.044 355 mol/(L·atm)]

温度/℃	盐度/(g/kg)								
	33.0	33.5	34.0	34.5	35.0	35.5	36.0	36.5	37.0
0	6.464 4	6.447 5	6.430 7	6.414 0	6.397 3	6.380 6	6.364 0	6.347 4	6.330 9
1	6.215 9	6.199 8	6.183 7	6.167 7	6.151 7	6.135 7	6.119 8	6.103 9	6.088 0
2	5.980 6	5.965 1	5.949 7	5.934 3	5.918 9	5.903 6	5.888 3	5.873 1	5.857 9
3	5.757 4	5.742 6	5.727 8	5.713 0	5.698 3	5.683 6	5.669 0	5.654 4	5.639 8
4	5.545 7	5.531 5	5.517 3	5.503 1	5.489 0	5.474 9	5.460 9	5.446 8	5.432 9
5	5.344 7	5.331 1	5.317 5	5.303 9	5.290 3	5.276 8	5.263 3	5.249 9	5.236 5
6	5.153 9	5.140 8	5.127 7	5.114 7	5.101 7	5.088 7	5.075 8	5.062 9	5.050 0

续　表

温度/℃	盐度/(g/kg)								
	33.0	33.5	34.0	34.5	35.0	35.5	36.0	36.5	37.0
7	4.972 6	4.960 0	4.947 4	4.934 9	4.922 4	4.910 0	4.897 5	4.885 1	4.872 8
8	4.800 1	4.788 1	4.776 0	4.764 0	4.752 0	4.740 0	4.728 1	4.716 2	4.704 3
9	4.636 1	4.624 5	4.612 9	4.601 4	4.589 9	4.578 4	4.566 9	4.555 5	4.544 0
10	4.480 0	4.468 8	4.457 7	4.446 6	4.435 5	4.424 5	4.413 5	4.402 5	4.391 5
11	4.331 3	4.320 6	4.309 9	4.299 2	4.288 6	4.278 0	4.267 4	4.256 8	4.246 3
12	4.189 6	4.179 3	4.169 0	4.158 8	4.148 5	4.138 3	4.128 1	4.118 0	4.107 9
13	4.054 6	4.044 7	4.034 8	4.024 9	4.015 0	4.005 2	3.995 4	3.985 7	3.975 9
14	3.925 7	3.916 2	3.906 7	3.897 2	3.887 7	3.878 3	3.868 8	3.859 4	3.850 1
15	3.802 7	3.793 6	3.784 4	3.775 3	3.766 2	3.757 1	3.748 0	3.739 0	3.729 9
16	3.685 3	3.676 5	3.667 7	3.658 9	3.650 1	3.641 4	3.632 6	3.623 9	3.615 3
17	3.573 1	3.564 6	3.556 1	3.547 7	3.539 2	3.530 8	3.522 4	3.514 0	3.505 7
18	3.465 9	3.457 7	3.449 5	3.441 4	3.433 2	3.425 1	3.417 1	3.409 0	3.400 9
19	3.363 3	3.355 4	3.347 5	3.339 7	3.331 9	3.324 1	3.316 3	3.308 5	3.300 8
20	3.265 1	3.257 5	3.249 9	3.242 4	3.234 9	3.227 3	3.219 8	3.212 4	3.204 9
21	3.171 1	3.163 8	3.156 5	3.149 2	3.142 0	3.134 7	3.127 5	3.120 3	3.113 1
22	3.081 0	3.074 0	3.067 0	3.060 0	3.053 0	3.046 0	3.039 1	3.032 1	3.025 2
23	2.994 7	2.987 9	2.981 2	2.974 4	2.967 7	2.961 0	2.954 3	2.947 6	2.940 9
24	2.911 9	2.905 4	2.898 9	2.892 4	2.885 9	2.879 4	2.873 0	2.866 5	2.860 1
25	2.832 5	2.826 2	2.819 9	2.813 7	2.807 4	2.801 2	2.795 0	2.788 8	2.782 6
26	2.756 2	2.750 2	2.744 1	2.738 1	2.732 1	2.726 1	2.720 1	2.714 1	2.708 1
27	2.682 9	2.677 1	2.671 3	2.665 5	2.659 7	2.653 9	2.648 1	2.642 4	2.636 6
28	2.612 5	2.606 9	2.601 3	2.595 7	2.590 1	2.584 5	2.579 0	2.573 4	2.567 9
29	2.544 8	2.539 4	2.534 0	2.528 6	2.523 2	2.517 8	2.512 5	2.507 1	2.501 8
30	2.479 6	2.474 4	2.469 2	2.464 0	2.458 8	2.453 6	2.448 5	2.443 3	2.438 2
31	2.416 8	2.411 8	2.406 8	2.401 8	2.396 8	2.391 8	2.386 8	2.381 9	2.376 9
32	2.356 4	2.351 5	2.346 7	2.341 9	2.337 1	2.332 3	2.327 5	2.322 7	2.317 9
33	2.298 1	2.293 4	2.288 8	2.284 1	2.279 5	2.274 9	2.270 3	2.265 7	2.261 1
34	2.241 9	2.237 4	2.232 9	2.228 4	2.224 0	2.219 5	2.215 1	2.210 6	2.206 2
35	2.187 6	2.183 3	2.179 0	2.174 7	2.170 4	2.166 1	2.161 8	2.157 5	2.153 3
36	2.135 2	2.131 0	2.126 9	2.122 7	2.118 6	2.114 5	2.110 4	2.106 3	2.102 2
37	2.084 5	2.080 5	2.076 6	2.072 6	2.068 6	2.064 6	2.060 7	2.056 7	2.052 7
38	2.035 6	2.031 7	2.027 9	2.024 0	2.020 2	2.016 4	2.012 6	2.008 8	2.005 0
39	1.988 2	1.984 5	1.980 8	1.977 1	1.973 4	1.969 7	1.966 1	1.962 4	1.958 7
40	1.942 3	1.938 7	1.935 1	1.931 6	1.928 1	1.924 5	1.921 0	1.917 5	1.914 0

来源：Weiss（1974），Weiss and Price（1980）。

102

表 2.25 不同温度及盐度（0~40 g/kg）下氧气的本森系数［β，$L_{真实气体}/(L \cdot atm)$］

温度/℃	盐度/(g/kg)								
	0.0	5.0	10.0	15.0	20.0	25.0	30.0	35.0	40.0
0	0.049 14	0.047 46	0.045 83	0.044 25	0.042 73	0.041 26	0.039 84	0.038 46	0.037 14
1	0.047 80	0.046 18	0.044 61	0.043 09	0.041 62	0.040 20	0.038 83	0.037 50	0.036 22
2	0.046 53	0.044 96	0.043 44	0.041 98	0.040 56	0.039 19	0.037 86	0.036 58	0.035 34
3	0.045 31	0.043 80	0.042 33	0.040 92	0.039 55	0.038 22	0.036 94	0.035 70	0.034 50
4	0.044 14	0.042 68	0.041 27	0.039 90	0.038 58	0.037 30	0.036 06	0.034 86	0.033 70
5	0.043 03	0.041 62	0.040 26	0.038 93	0.037 65	0.036 41	0.035 21	0.034 05	0.032 93
6	0.041 97	0.040 61	0.039 29	0.038 01	0.036 77	0.035 57	0.034 41	0.033 28	0.032 20
7	0.040 96	0.039 64	0.038 36	0.037 12	0.035 92	0.034 76	0.033 63	0.032 55	0.031 49
8	0.039 99	0.038 71	0.037 47	0.036 27	0.035 11	0.033 98	0.032 89	0.031 84	0.030 81
9	0.039 06	0.037 82	0.036 62	0.035 46	0.034 33	0.033 24	0.032 18	0.031 16	0.030 17
10	0.038 17	0.036 97	0.035 81	0.034 68	0.033 59	0.032 53	0.031 50	0.030 51	0.029 55
11	0.037 32	0.036 16	0.035 03	0.033 94	0.032 88	0.031 85	0.030 85	0.029 89	0.028 95
12	0.036 51	0.035 38	0.034 29	0.033 22	0.032 19	0.031 20	0.030 23	0.029 29	0.028 38
13	0.035 73	0.034 63	0.033 57	0.032 54	0.031 54	0.030 57	0.029 63	0.028 71	0.027 83
14	0.034 98	0.033 92	0.032 88	0.031 88	0.030 91	0.029 97	0.029 05	0.028 16	0.027 30
15	0.034 26	0.033 23	0.032 23	0.031 25	0.030 31	0.029 39	0.028 50	0.027 63	0.026 80
16	0.033 58	0.032 57	0.031 60	0.030 65	0.029 73	0.028 83	0.027 97	0.027 12	0.026 31
17	0.032 92	0.031 94	0.030 99	0.030 07	0.029 17	0.028 30	0.027 46	0.026 64	0.025 84
18	0.032 28	0.031 33	0.030 41	0.029 51	0.028 64	0.027 79	0.026 97	0.026 17	0.025 39
19	0.031 68	0.030 75	0.029 85	0.028 97	0.028 12	0.027 30	0.026 49	0.025 71	0.024 96
20	0.031 09	0.030 19	0.029 31	0.028 46	0.027 63	0.026 82	0.026 04	0.025 28	0.024 54
21	0.030 53	0.029 65	0.028 79	0.027 96	0.027 15	0.026 37	0.025 60	0.024 86	0.024 14
22	0.029 99	0.029 13	0.028 30	0.027 49	0.026 70	0.025 93	0.025 18	0.024 46	0.023 75
23	0.029 47	0.028 64	0.027 82	0.027 03	0.026 26	0.025 51	0.024 78	0.024 07	0.023 38
24	0.028 97	0.028 16	0.027 36	0.026 59	0.025 83	0.025 10	0.024 39	0.023 70	0.023 02
25	0.028 50	0.027 70	0.026 92	0.026 16	0.025 43	0.024 71	0.024 01	0.023 34	0.022 68
26	0.028 03	0.027 25	0.026 49	0.025 75	0.025 03	0.024 33	0.023 65	0.022 99	0.022 35
27	0.027 59	0.026 83	0.026 08	0.025 36	0.024 66	0.023 97	0.023 30	0.022 66	0.022 03
28	0.027 16	0.026 42	0.025 69	0.024 98	0.024 29	0.023 62	0.022 97	0.022 33	0.021 72
29	0.026 75	0.026 02	0.025 31	0.024 62	0.023 94	0.023 29	0.022 65	0.022 02	0.021 42
30	0.026 35	0.025 64	0.024 94	0.024 26	0.023 60	0.022 96	0.022 33	0.021 73	0.021 13
31	0.025 97	0.025 27	0.024 59	0.023 93	0.023 28	0.022 65	0.022 03	0.021 44	0.020 86

续　表

温度/℃	盐度/(g/kg)								
	0.0	5.0	10.0	15.0	20.0	25.0	30.0	35.0	40.0
32	0.025 61	0.024 92	0.024 25	0.023 60	0.022 96	0.022 35	0.021 74	0.021 16	0.020 59
33	0.025 25	0.024 58	0.023 92	0.023 28	0.022 66	0.022 06	0.021 47	0.020 89	0.020 33
34	0.024 91	0.024 25	0.023 61	0.022 98	0.022 37	0.021 77	0.021 20	0.020 63	0.020 08
35	0.024 58	0.023 93	0.023 30	0.022 69	0.022 09	0.021 50	0.020 94	0.020 38	0.019 84
36	0.024 26	0.023 63	0.023 01	0.022 40	0.021 82	0.021 24	0.020 68	0.020 14	0.019 61
37	0.023 96	0.023 33	0.022 73	0.022 13	0.021 55	0.020 99	0.020 44	0.019 91	0.019 39
38	0.023 66	0.023 05	0.022 45	0.021 87	0.021 30	0.020 75	0.020 21	0.019 68	0.019 17
39	0.023 38	0.022 78	0.022 19	0.021 62	0.021 06	0.020 51	0.019 98	0.019 47	0.018 96
40	0.023 10	0.022 51	0.021 93	0.021 37	0.020 82	0.020 29	0.019 76	0.019 26	0.018 76

来源：Benson 和 Krause（1980）及式（1.16）。

103

表 2.26　不同温度及盐度（33~37 g/kg）下氧气的本森系数［β，$L_{真实气体}$/(L·atm)］

温度/℃	盐度/(g/kg)								
	33.0	33.5	34.0	34.5	35.0	35.5	36.0	36.5	37.0
0	0.039 01	0.038 87	0.038 74	0.038 60	0.038 46	0.038 33	0.038 20	0.038 06	0.037 93
1	0.038 03	0.037 89	0.037 76	0.037 63	0.037 50	0.037 37	0.037 24	0.037 11	0.036 98
2	0.037 09	0.036 96	0.036 83	0.036 71	0.036 58	0.036 46	0.036 33	0.036 20	0.036 08
3	0.036 19	0.036 07	0.035 95	0.035 82	0.035 70	0.035 58	0.035 46	0.035 34	0.035 22
4	0.035 33	0.035 21	0.035 10	0.034 98	0.034 86	0.034 74	0.034 62	0.034 51	0.034 39
5	0.034 51	0.034 40	0.034 28	0.034 17	0.034 05	0.033 94	0.033 83	0.033 71	0.033 60
6	0.033 73	0.033 62	0.033 51	0.033 39	0.033 28	0.033 17	0.033 06	0.032 95	0.032 84
7	0.032 98	0.032 87	0.032 76	0.032 65	0.032 55	0.032 44	0.032 33	0.032 23	0.032 12
8	0.032 26	0.032 15	0.032 05	0.031 94	0.031 84	0.031 73	0.031 63	0.031 53	0.031 42
9	0.031 57	0.031 46	0.031 36	0.031 26	0.031 16	0.031 06	0.030 96	0.030 86	0.030 76
10	0.030 90	0.030 81	0.030 71	0.030 61	0.030 51	0.030 41	0.030 31	0.030 22	0.030 12
11	0.030 27	0.030 17	0.030 08	0.029 98	0.029 89	0.029 79	0.029 70	0.029 60	0.029 51
12	0.029 66	0.029 57	0.029 47	0.029 38	0.029 29	0.029 20	0.029 10	0.029 01	0.028 92
13	0.029 08	0.028 99	0.028 89	0.028 80	0.028 71	0.028 62	0.028 54	0.028 45	0.028 36
14	0.028 52	0.028 43	0.028 34	0.028 25	0.028 16	0.028 08	0.027 99	0.027 90	0.027 82
15	0.027 98	0.027 89	0.027 80	0.027 72	0.027 63	0.027 55	0.027 46	0.027 38	0.027 30
16	0.027 46	0.027 37	0.027 29	0.027 21	0.027 12	0.027 04	0.026 96	0.026 88	0.026 80

续 表

温度/℃	盐度/(g/kg)								
	33.0	33.5	34.0	34.5	35.0	35.5	36.0	36.5	37.0
17	0.026 96	0.026 88	0.026 80	0.026 72	0.026 64	0.026 56	0.026 47	0.026 39	0.026 31
18	0.026 48	0.026 40	0.026 32	0.026 24	0.026 17	0.026 09	0.026 01	0.025 93	0.025 85
19	0.026 02	0.025 95	0.025 87	0.025 79	0.025 71	0.025 64	0.025 56	0.025 48	0.025 41
20	0.025 58	0.025 50	0.025 43	0.025 35	0.025 28	0.025 20	0.025 13	0.025 06	0.024 98
21	0.025 15	0.025 08	0.025 01	0.024 93	0.024 86	0.024 79	0.024 71	0.024 64	0.024 57
22	0.024 75	0.024 67	0.024 60	0.024 53	0.024 46	0.024 39	0.024 32	0.024 24	0.024 17
23	0.024 35	0.024 28	0.024 21	0.024 14	0.024 07	0.024 00	0.023 93	0.023 86	0.023 79
24	0.023 97	0.023 90	0.023 83	0.023 77	0.023 70	0.023 63	0.023 56	0.023 49	0.023 43
25	0.023 61	0.023 54	0.023 47	0.023 40	0.023 34	0.023 27	0.023 20	0.023 14	0.023 07
26	0.023 25	0.023 19	0.023 12	0.023 06	0.022 99	0.022 93	0.022 86	0.022 80	0.022 73
27	0.022 91	0.022 85	0.022 79	0.022 72	0.022 66	0.022 59	0.022 53	0.022 47	0.022 40
28	0.022 59	0.022 52	0.022 46	0.022 40	0.022 33	0.022 27	0.022 21	0.022 15	0.022 09
29	0.022 27	0.022 21	0.022 15	0.022 09	0.022 02	0.021 96	0.021 90	0.021 84	0.021 78
30	0.021 97	0.021 91	0.021 85	0.021 79	0.021 73	0.021 67	0.021 61	0.021 55	0.021 49
31	0.021 67	0.021 61	0.021 56	0.021 50	0.021 44	0.021 38	0.021 32	0.021 26	0.021 20
32	0.021 39	0.021 33	0.021 27	0.021 22	0.021 16	0.021 10	0.021 04	0.020 99	0.020 93
33	0.021 12	0.021 06	0.021 00	0.020 95	0.020 89	0.020 83	0.020 78	0.020 72	0.020 66
34	0.020 86	0.020 80	0.020 74	0.020 69	0.020 63	0.020 58	0.020 52	0.020 46	0.020 41
35	0.020 60	0.020 55	0.020 49	0.020 44	0.020 38	0.020 33	0.020 27	0.020 22	0.020 16
36	0.020 36	0.020 30	0.020 25	0.020 19	0.020 14	0.020 09	0.020 03	0.019 98	0.019 93
37	0.020 12	0.020 07	0.020 01	0.019 96	0.019 91	0.019 85	0.019 80	0.019 75	0.019 70
38	0.019 89	0.019 84	0.019 79	0.019 73	0.019 68	0.019 63	0.019 58	0.019 53	0.019 48
39	0.019 67	0.019 62	0.019 57	0.019 52	0.019 47	0.019 41	0.019 36	0.019 31	0.019 26
40	0.019 46	0.019 41	0.019 36	0.019 31	0.019 26	0.019 21	0.019 16	0.019 11	0.019 06

来源：Benson 和 Krause（1980）及式（1.16）。

104

表 2.27　不同温度及盐度（0~40 g/kg）下氮气的本森系数 [β, $L_{真实气体}/(L \cdot atm)$]

温度/℃	盐度/(g/kg)								
	0.0	5.0	10.0	15.0	20.0	25.0	30.0	35.0	40.0
0	0.023 97	0.023 09	0.022 25	0.021 43	0.020 65	0.019 89	0.019 16	0.018 46	0.017 78
1	0.023 36	0.022 51	0.021 70	0.020 91	0.020 15	0.019 42	0.018 71	0.018 03	0.017 38

续 表

温度/℃	盐度/(g/kg)								
	0.0	5.0	10.0	15.0	20.0	25.0	30.0	35.0	40.0
2	0.022 77	0.021 96	0.021 17	0.020 41	0.019 67	0.018 97	0.018 28	0.017 62	0.016 99
3	0.022 22	0.021 43	0.020 67	0.019 93	0.019 22	0.018 53	0.017 87	0.017 23	0.016 62
4	0.021 69	0.020 92	0.020 19	0.019 47	0.018 78	0.018 12	0.017 48	0.016 86	0.016 27
5	0.021 18	0.020 44	0.019 73	0.019 04	0.018 37	0.017 73	0.017 11	0.016 51	0.015 93
6	0.020 70	0.019 98	0.019 29	0.018 62	0.017 97	0.017 35	0.016 75	0.016 16	0.015 60
7	0.020 24	0.019 54	0.018 87	0.018 22	0.017 59	0.016 99	0.016 40	0.015 84	0.015 29
8	0.019 79	0.019 12	0.018 47	0.017 84	0.017 23	0.016 64	0.016 07	0.015 52	0.014 99
9	0.019 37	0.018 72	0.018 08	0.017 47	0.016 88	0.016 31	0.015 76	0.015 22	0.014 71
10	0.018 97	0.018 33	0.017 72	0.017 12	0.016 55	0.015 99	0.015 46	0.014 94	0.014 43
11	0.018 58	0.017 96	0.017 36	0.016 79	0.016 23	0.015 69	0.015 17	0.014 66	0.014 17
12	0.018 21	0.017 61	0.017 03	0.016 47	0.015 92	0.015 40	0.014 89	0.014 40	0.013 92
13	0.017 85	0.017 27	0.016 71	0.016 16	0.015 63	0.015 12	0.014 62	0.014 14	0.013 68
14	0.017 51	0.016 95	0.016 40	0.015 86	0.015 35	0.014 85	0.014 37	0.013 90	0.013 45
15	0.017 19	0.016 64	0.016 10	0.015 58	0.015 08	0.014 59	0.014 12	0.013 67	0.013 22
16	0.016 88	0.016 34	0.015 82	0.015 31	0.014 82	0.014 35	0.013 89	0.013 44	0.013 01
17	0.016 58	0.016 05	0.015 54	0.015 05	0.014 57	0.014 11	0.013 66	0.013 23	0.012 80
18	0.016 29	0.015 78	0.015 28	0.014 80	0.014 33	0.013 88	0.013 44	0.013 02	0.012 61
19	0.016 02	0.015 52	0.015 03	0.014 56	0.014 11	0.013 66	0.013 23	0.012 82	0.012 42
20	0.015 76	0.015 27	0.014 79	0.014 33	0.013 89	0.013 45	0.013 03	0.012 63	0.012 24
21	0.015 50	0.015 03	0.014 56	0.014 11	0.013 68	0.013 25	0.012 84	0.012 44	0.012 06
22	0.015 26	0.014 79	0.014 34	0.013 90	0.013 47	0.013 06	0.012 66	0.012 27	0.011 89
23	0.015 03	0.014 57	0.014 13	0.013 70	0.013 28	0.012 87	0.012 48	0.012 10	0.011 73
24	0.014 81	0.014 36	0.013 92	0.013 50	0.013 09	0.012 69	0.012 31	0.011 94	0.011 57
25	0.014 59	0.014 16	0.013 73	0.013 31	0.012 91	0.012 52	0.012 15	0.011 78	0.011 42
26	0.014 39	0.013 96	0.013 54	0.013 14	0.012 74	0.012 36	0.011 99	0.011 63	0.011 28
27	0.014 19	0.013 77	0.013 36	0.012 96	0.012 58	0.012 20	0.011 84	0.011 48	0.011 14
28	0.014 01	0.013 59	0.013 19	0.012 80	0.012 42	0.012 05	0.011 69	0.011 34	0.011 01
29	0.013 83	0.013 42	0.013 02	0.012 64	0.012 27	0.011 90	0.011 55	0.011 21	0.010 88
30	0.013 65	0.013 25	0.012 86	0.012 49	0.012 12	0.011 76	0.011 42	0.011 08	0.010 76
31	0.013 49	0.013 09	0.012 71	0.012 34	0.011 98	0.011 63	0.011 29	0.010 96	0.010 64
32	0.013 33	0.012 94	0.012 56	0.012 20	0.011 84	0.011 50	0.011 16	0.010 84	0.010 52
33	0.013 18	0.012 80	0.012 42	0.012 06	0.011 71	0.011 38	0.011 05	0.010 72	0.010 41
34	0.013 03	0.012 66	0.012 29	0.011 94	0.011 59	0.011 26	0.010 93	0.010 62	0.010 31
35	0.012 89	0.012 52	0.012 16	0.011 81	0.011 47	0.011 14	0.010 82	0.010 51	0.010 21

续 表

温度/℃	盐度/(g/kg)								
	0.0	5.0	10.0	15.0	20.0	25.0	30.0	35.0	40.0
36	0.012 76	0.012 39	0.012 04	0.011 69	0.011 36	0.011 03	0.010 72	0.010 41	0.010 11
37	0.012 63	0.012 27	0.011 92	0.011 58	0.011 25	0.010 93	0.010 62	0.010 31	0.010 02
38	0.012 51	0.012 15	0.011 81	0.011 47	0.011 14	0.010 83	0.010 52	0.010 22	0.009 93
39	0.012 39	0.012 04	0.011 70	0.011 37	0.011 05	0.010 73	0.010 43	0.010 13	0.009 84
40	0.012 28	0.011 94	0.011 60	0.011 27	0.010 95	0.010 64	0.010 34	0.010 04	0.009 76

来源：Hamme 和 Emerson（2004）及式（1.16）。

105

表 2.28 不同温度及盐度（33~37 g/kg）下氮气的本森系数［β，$L_{真实气体}/(L \cdot atm)$］

温度/℃	盐度/(g/kg)								
	33.0	33.5	34.0	34.5	35.0	35.5	36.0	36.5	37.0
0	0.018 74	0.018 67	0.018 60	0.018 53	0.018 46	0.018 39	0.018 32	0.018 25	0.018 18
1	0.018 30	0.018 23	0.018 17	0.018 10	0.018 03	0.017 97	0.017 90	0.017 83	0.017 77
2	0.017 88	0.017 82	0.017 75	0.017 69	0.017 62	0.017 56	0.017 50	0.017 43	0.017 37
3	0.017 49	0.017 42	0.017 36	0.017 30	0.017 23	0.017 17	0.017 11	0.017 05	0.016 99
4	0.017 11	0.017 05	0.016 98	0.016 92	0.016 86	0.016 80	0.016 74	0.016 68	0.016 62
5	0.016 74	0.016 68	0.016 62	0.016 56	0.016 51	0.016 45	0.016 39	0.016 33	0.016 27
6	0.016 39	0.016 34	0.016 28	0.016 22	0.016 16	0.016 11	0.016 05	0.015 99	0.015 94
7	0.016 06	0.016 00	0.015 95	0.015 89	0.015 84	0.015 78	0.015 73	0.015 67	0.015 62
8	0.015 74	0.015 69	0.015 63	0.015 58	0.015 52	0.015 47	0.015 42	0.015 36	0.015 31
9	0.015 44	0.015 38	0.015 33	0.015 28	0.015 22	0.015 17	0.015 12	0.015 07	0.015 02
10	0.015 14	0.015 09	0.015 04	0.014 99	0.014 94	0.014 89	0.014 83	0.014 78	0.014 73
11	0.014 86	0.014 81	0.014 76	0.014 71	0.014 66	0.014 61	0.014 56	0.014 51	0.014 46
12	0.014 59	0.014 54	0.014 49	0.014 44	0.014 40	0.014 35	0.014 30	0.014 25	0.014 20
13	0.014 33	0.014 28	0.014 24	0.014 19	0.014 14	0.014 10	0.014 05	0.014 00	0.013 96
14	0.014 08	0.014 04	0.013 99	0.013 94	0.013 90	0.013 85	0.013 81	0.013 76	0.013 72
15	0.013 85	0.013 80	0.013 76	0.013 71	0.013 67	0.013 62	0.013 58	0.013 53	0.013 49
16	0.013 62	0.013 57	0.013 53	0.013 48	0.013 44	0.013 40	0.013 35	0.013 31	0.013 27
17	0.013 40	0.013 35	0.013 31	0.013 27	0.013 23	0.013 18	0.013 14	0.013 10	0.013 06
18	0.013 19	0.013 14	0.013 10	0.013 06	0.013 02	0.012 98	0.012 94	0.012 89	0.012 85
19	0.012 98	0.012 94	0.012 90	0.012 86	0.012 82	0.012 78	0.012 74	0.012 70	0.012 66
20	0.012 79	0.012 75	0.012 71	0.012 67	0.012 63	0.012 59	0.012 55	0.012 51	0.012 47

续 表

温度/℃	盐度/(g/kg)								
	33.0	33.5	34.0	34.5	35.0	35.5	36.0	36.5	37.0
21	0.012 60	0.012 56	0.012 52	0.012 48	0.012 44	0.012 41	0.012 37	0.012 33	0.012 29
22	0.012 42	0.012 38	0.012 35	0.012 31	0.012 27	0.012 23	0.012 19	0.012 15	0.012 12
23	0.012 25	0.012 21	0.012 17	0.012 14	0.012 10	0.012 06	0.012 02	0.011 99	0.011 95
24	0.012 08	0.012 05	0.012 01	0.011 97	0.011 94	0.011 90	0.011 86	0.011 83	0.011 79
25	0.011 92	0.011 89	0.011 85	0.011 82	0.011 78	0.011 74	0.011 71	0.011 67	0.011 64
26	0.011 77	0.011 74	0.011 70	0.011 66	0.011 63	0.011 59	0.011 56	0.011 52	0.011 49
27	0.011 62	0.011 59	0.011 55	0.011 52	0.011 48	0.011 45	0.011 41	0.011 38	0.011 35
28	0.011 48	0.011 45	0.011 41	0.011 38	0.011 34	0.011 31	0.011 28	0.011 24	0.011 21
29	0.011 35	0.011 31	0.011 28	0.011 24	0.011 21	0.011 18	0.011 14	0.011 11	0.011 08
30	0.011 21	0.011 18	0.011 15	0.011 11	0.011 08	0.011 05	0.011 02	0.010 98	0.010 95
31	0.011 09	0.011 06	0.011 02	0.010 99	0.010 96	0.010 93	0.010 89	0.010 86	0.010 83
32	0.010 97	0.010 94	0.010 90	0.010 87	0.010 84	0.010 81	0.010 78	0.010 74	0.010 71
33	0.010 85	0.010 82	0.010 79	0.010 76	0.010 72	0.010 69	0.010 66	0.010 63	0.010 60
34	0.010 74	0.010 71	0.010 68	0.010 65	0.010 62	0.010 58	0.010 55	0.010 52	0.010 49
35	0.010 63	0.010 60	0.010 57	0.010 54	0.010 51	0.010 48	0.010 45	0.010 42	0.010 39
36	0.010 53	0.010 50	0.010 47	0.010 44	0.010 41	0.010 38	0.010 35	0.010 32	0.010 29
37	0.010 43	0.010 40	0.010 37	0.010 34	0.010 31	0.010 28	0.010 25	0.010 22	0.010 19
38	0.010 34	0.010 31	0.010 28	0.010 25	0.010 22	0.010 19	0.010 16	0.010 13	0.010 10
39	0.010 25	0.010 22	0.010 19	0.010 16	0.010 13	0.010 10	0.010 07	0.010 04	0.010 01
40	0.010 16	0.010 13	0.010 10	0.010 07	0.010 04	0.010 02	0.009 99	0.009 96	0.009 93

来源：Hamme 和 Emerson（2004）及式（1.16）。

106

表 2.29　不同温度及盐度（0~40 g/kg）下氩气的本森系数［β，$L_{\text{真实气体}}$/(L·atm)］

温度/℃	盐度/(g/kg)								
	0.0	5.0	10.0	15.0	20.0	25.0	30.0	35.0	40.0
0	0.053 78	0.051 96	0.050 19	0.048 48	0.046 83	0.045 23	0.043 69	0.042 20	0.040 76
1	0.052 33	0.050 57	0.048 86	0.047 22	0.045 62	0.044 08	0.042 59	0.041 15	0.039 76
2	0.050 95	0.049 25	0.047 60	0.046 01	0.044 47	0.042 98	0.041 54	0.040 15	0.038 81
3	0.049 62	0.047 98	0.046 39	0.044 86	0.043 37	0.041 93	0.040 54	0.039 19	0.037 89
4	0.048 36	0.046 78	0.045 24	0.043 76	0.042 32	0.040 93	0.039 58	0.038 28	0.037 02
5	0.047 16	0.045 62	0.044 14	0.042 70	0.041 31	0.039 97	0.038 66	0.037 40	0.036 18

续 表

温度/℃	盐度/(g/kg)								
	0.0	5.0	10.0	15.0	20.0	25.0	30.0	35.0	40.0
6	0.046 00	0.044 52	0.043 09	0.041 70	0.040 35	0.039 05	0.037 79	0.036 56	0.035 38
7	0.044 90	0.043 47	0.042 08	0.040 73	0.039 43	0.038 17	0.036 94	0.035 76	0.034 61
8	0.043 85	0.042 46	0.041 12	0.039 81	0.038 55	0.037 32	0.036 14	0.034 99	0.033 88
9	0.042 84	0.041 50	0.040 19	0.038 93	0.037 70	0.036 52	0.035 37	0.034 25	0.033 17
10	0.041 88	0.040 57	0.039 31	0.038 08	0.036 89	0.035 74	0.034 63	0.033 54	0.032 50
11	0.040 95	0.039 69	0.038 46	0.037 27	0.036 12	0.035 00	0.033 92	0.032 87	0.031 85
12	0.040 07	0.038 84	0.037 65	0.036 49	0.035 37	0.034 29	0.033 23	0.032 21	0.031 22
13	0.039 22	0.038 03	0.036 87	0.035 75	0.034 66	0.033 60	0.032 58	0.031 59	0.030 63
14	0.038 40	0.037 25	0.036 12	0.035 03	0.033 98	0.032 95	0.031 95	0.030 99	0.030 05
15	0.037 62	0.036 50	0.035 41	0.034 35	0.033 32	0.032 32	0.031 35	0.030 41	0.029 50
16	0.036 88	0.035 78	0.034 72	0.033 69	0.032 69	0.031 71	0.030 77	0.029 85	0.028 97
17	0.036 16	0.035 09	0.034 06	0.033 05	0.032 08	0.031 13	0.030 21	0.029 32	0.028 46
18	0.035 47	0.034 43	0.033 42	0.032 45	0.031 50	0.030 57	0.029 68	0.028 81	0.027 96
19	0.034 81	0.033 80	0.032 82	0.031 86	0.030 94	0.030 04	0.029 16	0.028 31	0.027 49
20	0.034 17	0.033 19	0.032 23	0.031 30	0.030 40	0.029 52	0.028 67	0.027 84	0.027 04
21	0.033 56	0.032 60	0.031 67	0.030 76	0.029 88	0.029 02	0.028 19	0.027 38	0.026 60
22	0.032 97	0.032 04	0.031 13	0.030 24	0.029 38	0.028 54	0.027 73	0.026 94	0.026 17
23	0.032 41	0.031 49	0.030 60	0.029 74	0.028 90	0.028 08	0.027 29	0.026 52	0.025 77
24	0.031 87	0.030 97	0.030 10	0.029 26	0.028 44	0.027 64	0.026 86	0.026 11	0.025 38
25	0.031 34	0.030 47	0.029 62	0.028 80	0.027 99	0.027 21	0.026 45	0.025 72	0.025 00
26	0.030 84	0.029 99	0.029 16	0.028 35	0.027 57	0.026 80	0.026 06	0.025 34	0.024 63
27	0.030 36	0.029 52	0.028 71	0.027 92	0.027 15	0.026 41	0.025 68	0.024 97	0.024 28
28	0.029 89	0.029 08	0.028 28	0.027 51	0.026 76	0.026 02	0.025 31	0.024 62	0.023 94
29	0.029 45	0.028 65	0.027 87	0.027 11	0.026 37	0.025 66	0.024 96	0.024 28	0.023 62
30	0.029 02	0.028 23	0.027 47	0.026 73	0.026 00	0.025 30	0.024 62	0.023 95	0.023 30
31	0.028 60	0.027 83	0.027 09	0.026 36	0.025 65	0.024 96	0.024 29	0.023 63	0.023 00
32	0.028 20	0.027 45	0.026 72	0.026 00	0.025 31	0.024 63	0.023 97	0.023 33	0.022 70
33	0.027 82	0.027 08	0.026 36	0.025 66	0.024 98	0.024 31	0.023 66	0.023 03	0.022 42
34	0.027 45	0.026 73	0.026 02	0.025 33	0.024 66	0.024 01	0.023 37	0.022 75	0.022 15
35	0.027 10	0.026 38	0.025 69	0.025 01	0.024 35	0.023 71	0.023 09	0.022 48	0.021 88
36	0.026 75	0.026 05	0.025 37	0.024 71	0.024 06	0.023 43	0.022 81	0.022 21	0.021 63
37	0.026 42	0.025 74	0.025 06	0.024 41	0.023 77	0.023 15	0.022 55	0.021 96	0.021 38
38	0.026 11	0.025 43	0.024 77	0.024 13	0.023 50	0.022 89	0.022 29	0.021 71	0.021 15
39	0.025 80	0.025 14	0.024 49	0.023 85	0.023 23	0.022 63	0.022 05	0.021 47	0.020 92
40	0.025 51	0.024 85	0.024 21	0.023 59	0.022 98	0.022 39	0.021 81	0.021 25	0.020 70

来源：Hamme 和 Emerson（2004）及式（1.16）。

表 2.30　不同温度及盐度（33~37 g/kg）下氩气的本森系数［β，$L_{真实气体}/(L\cdot atm)$］

温度/℃	盐度/(g/kg)								
	33.0	33.5	34.0	34.5	35.0	35.5	36.0	36.5	37.0
0	0.042 79	0.042 64	0.042 49	0.042 35	0.042 20	0.042 05	0.041 91	0.041 76	0.041 62
1	0.041 72	0.041 58	0.041 44	0.041 29	0.041 15	0.041 01	0.040 87	0.040 73	0.040 59
2	0.040 70	0.040 56	0.040 43	0.040 29	0.040 15	0.040 01	0.039 88	0.039 74	0.039 61
3	0.039 73	0.039 59	0.039 46	0.039 33	0.039 19	0.039 06	0.038 93	0.038 80	0.038 67
4	0.038 79	0.038 67	0.038 54	0.038 41	0.038 28	0.038 15	0.038 02	0.037 90	0.037 77
5	0.037 90	0.037 78	0.037 65	0.037 53	0.037 40	0.037 28	0.037 16	0.037 03	0.036 91
6	0.037 05	0.036 93	0.036 81	0.036 68	0.036 56	0.036 44	0.036 32	0.036 21	0.036 09
7	0.036 23	0.036 11	0.035 99	0.035 88	0.035 76	0.035 64	0.035 53	0.035 41	0.035 30
8	0.035 45	0.035 33	0.035 22	0.035 10	0.034 99	0.034 88	0.034 77	0.034 65	0.034 54
9	0.034 69	0.034 58	0.034 47	0.034 36	0.034 25	0.034 14	0.034 03	0.033 93	0.033 82
10	0.033 97	0.033 87	0.033 76	0.033 65	0.033 54	0.033 44	0.033 33	0.033 23	0.033 12
11	0.033 28	0.033 18	0.033 07	0.032 97	0.032 87	0.032 76	0.032 66	0.032 56	0.032 45
12	0.032 62	0.032 52	0.032 42	0.032 31	0.032 21	0.032 11	0.032 01	0.031 91	0.031 81
13	0.031 98	0.031 88	0.031 78	0.031 69	0.031 59	0.031 49	0.031 39	0.031 30	0.031 20
14	0.031 37	0.031 27	0.031 18	0.031 08	0.030 99	0.030 89	0.030 80	0.030 70	0.030 61
15	0.030 78	0.030 69	0.030 60	0.030 50	0.030 41	0.030 32	0.030 23	0.030 13	0.030 04
16	0.030 22	0.030 13	0.030 04	0.029 95	0.029 85	0.029 76	0.029 68	0.029 59	0.029 50
17	0.029 68	0.029 59	0.029 50	0.029 41	0.029 32	0.029 23	0.029 15	0.029 06	0.028 97
18	0.029 15	0.029 07	0.028 98	0.028 89	0.028 81	0.028 72	0.028 64	0.028 55	0.028 47
19	0.028 65	0.028 57	0.028 48	0.028 40	0.028 31	0.028 23	0.028 15	0.028 06	0.027 98
20	0.028 17	0.028 09	0.028 00	0.027 92	0.027 84	0.027 76	0.027 68	0.027 60	0.027 52
21	0.027 70	0.027 62	0.027 54	0.027 46	0.027 38	0.027 30	0.027 22	0.027 14	0.027 07
22	0.027 26	0.027 18	0.027 10	0.027 02	0.026 94	0.026 86	0.026 79	0.026 71	0.026 63
23	0.026 82	0.026 75	0.026 67	0.026 59	0.026 52	0.026 44	0.026 37	0.026 29	0.026 22
24	0.026 41	0.026 33	0.026 26	0.026 18	0.026 11	0.026 04	0.025 96	0.025 89	0.025 81
25	0.026 01	0.025 94	0.025 86	0.025 79	0.025 72	0.025 64	0.025 57	0.025 50	0.025 43
26	0.025 62	0.025 55	0.025 48	0.025 41	0.025 34	0.025 27	0.025 19	0.025 12	0.025 05
27	0.025 25	0.025 18	0.025 11	0.025 04	0.024 97	0.024 90	0.024 83	0.024 76	0.024 69
28	0.024 89	0.024 82	0.024 76	0.024 69	0.024 62	0.024 55	0.024 48	0.024 41	0.024 35
29	0.024 55	0.024 48	0.024 41	0.024 35	0.024 28	0.024 21	0.024 14	0.024 08	0.024 01
30	0.024 21	0.024 15	0.024 08	0.024 02	0.023 95	0.023 88	0.023 82	0.023 75	0.023 69
31	0.023 89	0.023 83	0.023 76	0.023 70	0.023 63	0.023 57	0.023 51	0.023 44	0.023 38

续 表

温度/℃	盐度/(g/kg)								
	33.0	33.5	34.0	34.5	35.0	35.5	36.0	36.5	37.0
32	0.023 58	0.023 52	0.023 46	0.023 39	0.023 33	0.023 27	0.023 20	0.023 14	0.023 08
33	0.023 28	0.023 22	0.023 16	0.023 10	0.023 03	0.022 97	0.022 91	0.022 85	0.022 79
34	0.023 00	0.022 93	0.022 87	0.022 81	0.022 75	0.022 69	0.022 63	0.022 57	0.022 51
35	0.022 72	0.022 66	0.022 60	0.022 54	0.022 48	0.022 42	0.022 36	0.022 30	0.022 24
36	0.022 45	0.022 39	0.022 33	0.022 27	0.022 21	0.022 15	0.022 09	0.022 04	0.021 98
37	0.022 19	0.022 13	0.022 07	0.022 02	0.021 96	0.021 90	0.021 84	0.021 78	0.021 73
38	0.021 94	0.021 88	0.021 83	0.021 77	0.021 71	0.021 65	0.021 60	0.021 54	0.021 48
39	0.021 70	0.021 64	0.021 59	0.021 53	0.021 47	0.021 42	0.021 36	0.021 31	0.021 25
40	0.021 47	0.021 41	0.021 36	0.021 30	0.021 25	0.021 19	0.021 13	0.021 08	0.021 02

来源：Hamme 和 Emerson（2004）及式（1.16）。

108

表 2.31 不同温度及盐度（0~40 g/kg）下二氧化碳的本森系数［β，$L_{真实气体}$/(L · atm)］

温度/℃	盐度/(g/kg)								
	0.0	5.0	10.0	15.0	20.0	25.0	30.0	35.0	40.0
0	1.727 2	1.682 7	1.639 5	1.597 3	1.556 2	1.516 2	1.477 2	1.439 2	1.402 2
1	1.660 4	1.617 9	1.576 4	1.536 0	1.496 7	1.458 3	1.420 9	1.384 5	1.349 0
2	1.597 2	1.556 4	1.516 7	1.478 0	1.440 2	1.403 4	1.367 6	1.332 7	1.298 7
3	1.537 3	1.498 2	1.460 1	1.422 9	1.386 7	1.351 5	1.317 1	1.283 6	1.250 9
4	1.480 5	1.443 0	1.406 4	1.370 8	1.336 0	1.302 2	1.269 2	1.237 0	1.205 7
5	1.426 5	1.390 6	1.355 5	1.321 3	1.287 9	1.255 4	1.223 8	1.192 9	1.162 8
6	1.375 3	1.340 8	1.307 1	1.274 3	1.242 3	1.211 1	1.180 7	1.151 0	1.122 1
7	1.326 7	1.293 5	1.261 2	1.229 7	1.198 9	1.168 9	1.139 7	1.111 2	1.083 4
8	1.280 5	1.248 6	1.217 5	1.187 2	1.157 7	1.128 9	1.100 8	1.073 4	1.046 7
9	1.236 5	1.205 9	1.176 0	1.146 9	1.118 5	1.090 9	1.063 9	1.037 5	1.011 8
10	1.194 7	1.165 2	1.136 6	1.108 6	1.081 3	1.054 7	1.028 7	1.003 4	0.978 7
11	1.154 8	1.126 6	1.099 0	1.072 1	1.045 8	1.020 2	0.995 3	0.970 9	0.947 1
12	1.116 9	1.089 7	1.063 2	1.037 3	1.012 1	0.987 5	0.963 4	0.940 0	0.917 1
13	1.080 8	1.054 7	1.029 1	1.004 2	0.979 9	0.956 2	0.933 1	0.910 5	0.888 5
14	1.046 4	1.021 2	0.996 7	0.972 7	0.949 3	0.926 5	0.904 2	0.882 5	0.861 3
15	1.013 5	0.989 3	0.965 7	0.942 6	0.920 1	0.898 1	0.876 7	0.855 8	0.835 3
16	0.982 2	0.958 9	0.936 2	0.914 0	0.892 3	0.871 1	0.850 4	0.830 3	0.810 6

续 表

温度/℃	盐度/(g/kg)								
	0.0	5.0	10.0	15.0	20.0	25.0	30.0	35.0	40.0
17	0.952 3	0.929 9	0.908 0	0.886 6	0.865 7	0.845 3	0.825 4	0.806 0	0.787 0
18	0.923 8	0.902 2	0.881 1	0.860 5	0.840 4	0.820 7	0.801 5	0.782 8	0.764 5
19	0.896 5	0.875 7	0.855 4	0.835 5	0.816 1	0.797 2	0.778 7	0.760 6	0.743 0
20	0.870 5	0.850 4	0.830 8	0.811 7	0.793 0	0.774 7	0.756 9	0.739 5	0.722 4
21	0.845 5	0.826 2	0.807 4	0.788 9	0.770 9	0.753 3	0.736 1	0.719 3	0.702 8
22	0.821 7	0.803 1	0.784 9	0.767 1	0.749 8	0.732 8	0.716 2	0.700 0	0.684 1
23	0.798 9	0.781 0	0.763 4	0.746 3	0.729 5	0.713 2	0.697 1	0.681 5	0.666 2
24	0.777 1	0.759 8	0.742 9	0.726 4	0.710 2	0.694 4	0.678 9	0.663 8	0.649 1
25	0.756 2	0.739 5	0.723 2	0.707 3	0.691 7	0.676 4	0.661 5	0.646 9	0.632 7
26	0.736 2	0.720 1	0.704 4	0.689 0	0.674 0	0.659 2	0.644 8	0.630 8	0.617 0
27	0.717 0	0.701 5	0.686 3	0.671 5	0.657 0	0.642 8	0.628 9	0.615 3	0.602 0
28	0.698 6	0.683 7	0.669 0	0.654 7	0.640 7	0.627 0	0.613 6	0.600 5	0.587 6
29	0.681 0	0.666 6	0.652 5	0.638 6	0.625 1	0.611 9	0.598 9	0.586 3	0.573 8
30	0.664 1	0.650 2	0.636 6	0.623 2	0.610 2	0.597 4	0.584 9	0.572 6	0.560 7
31	0.647 8	0.634 4	0.621 3	0.608 4	0.595 8	0.583 5	0.571 4	0.559 6	0.548 0
32	0.632 3	0.619 3	0.606 7	0.594 2	0.582 1	0.570 2	0.558 5	0.547 1	0.535 9
33	0.617 3	0.604 8	0.592 6	0.580 6	0.568 9	0.557 4	0.546 1	0.535 1	0.524 3
34	0.602 9	0.590 9	0.579 1	0.567 6	0.556 2	0.545 1	0.534 2	0.523 6	0.513 1
35	0.589 1	0.577 5	0.566 2	0.555 0	0.544 1	0.533 3	0.522 8	0.512 5	0.502 4
36	0.575 9	0.564 7	0.553 7	0.542 9	0.532 4	0.522 0	0.511 9	0.501 9	0.492 2
37	0.563 1	0.552 3	0.541 7	0.531 3	0.521 1	0.511 2	0.501 3	0.491 7	0.482 3
38	0.550 9	0.540 4	0.530 2	0.520 2	0.510 4	0.500 7	0.491 2	0.482 0	0.472 8
39	0.539 1	0.529 0	0.519 2	0.509 5	0.500 0	0.490 7	0.481 5	0.472 6	0.463 8
40	0.527 7	0.518 0	0.508 5	0.499 2	0.490 0	0.481 0	0.472 2	0.463 5	0.455 0

来源：Weiss (1974)。

表 2.32 不同温度及盐度 (33~37 g/kg) 下二氧化碳的本森系数 [β, $L_{真实气体}/(L \cdot atm)$]

109

温度/℃	盐度/(g/kg)								
	33.0	33.5	34.0	34.5	35.0	35.5	36.0	36.5	37.0
0	1.454 3	1.450 5	1.446 8	1.443 0	1.439 2	1.435 5	1.431 8	1.428 0	1.424 3
1	1.399 0	1.395 3	1.391 7	1.388 1	1.384 5	1.380 9	1.377 3	1.373 8	1.370 2

续 表

温度/℃	盐度/(g/kg)								
	33.0	33.5	34.0	34.5	35.0	35.5	36.0	36.5	37.0
2	1.346 5	1.343 1	1.339 6	1.336 1	1.332 7	1.329 2	1.325 8	1.322 4	1.319 0
3	1.296 9	1.293 5	1.290 2	1.286 9	1.283 6	1.280 3	1.277 0	1.273 7	1.270 4
4	1.249 8	1.246 6	1.243 4	1.240 2	1.237 0	1.233 9	1.230 7	1.227 6	1.224 4
5	1.205 2	1.202 1	1.199 0	1.195 9	1.192 9	1.189 9	1.186 8	1.183 8	1.180 8
6	1.162 8	1.159 8	1.156 9	1.153 9	1.151 0	1.148 1	1.145 2	1.142 2	1.139 3
7	1.122 5	1.119 7	1.116 9	1.114 0	1.111 2	1.108 4	1.105 6	1.102 8	1.100 0
8	1.084 3	1.081 6	1.078 9	1.076 1	1.073 4	1.070 7	1.068 0	1.065 4	1.062 7
9	1.048 0	1.045 4	1.042 7	1.040 1	1.037 5	1.034 9	1.032 3	1.029 8	1.027 2
10	1.013 4	1.010 9	1.008 4	1.005 9	1.003 4	1.000 9	0.998 4	0.995 9	0.993 4
11	0.980 6	0.978 1	0.975 7	0.973 3	0.970 9	0.968 5	0.966 1	0.963 7	0.961 3
12	0.949 3	0.946 9	0.944 6	0.942 3	0.940 0	0.937 7	0.935 3	0.933 0	0.930 8
13	0.919 5	0.917 2	0.915 0	0.912 8	0.910 5	0.908 3	0.906 1	0.903 9	0.901 7
14	0.891 1	0.888 9	0.886 8	0.884 6	0.882 5	0.880 3	0.878 2	0.876 1	0.873 9
15	0.864 1	0.862 0	0.859 9	0.857 8	0.855 8	0.853 7	0.851 6	0.849 6	0.847 5
16	0.838 3	0.836 3	0.834 3	0.832 3	0.830 3	0.828 3	0.826 3	0.824 3	0.822 3
17	0.813 7	0.811 7	0.809 8	0.807 9	0.806 0	0.804 0	0.802 1	0.800 2	0.798 3
18	0.790 2	0.788 3	0.786 5	0.784 6	0.782 8	0.780 9	0.779 1	0.777 2	0.775 4
19	0.767 8	0.766 0	0.764 2	0.762 4	0.760 6	0.758 8	0.757 1	0.755 3	0.753 5
20	0.746 4	0.744 7	0.742 9	0.741 2	0.739 5	0.737 7	0.736 0	0.734 3	0.732 6
21	0.725 9	0.724 3	0.722 6	0.720 9	0.719 3	0.717 6	0.715 9	0.714 3	0.712 6
22	0.706 4	0.704 8	0.703 2	0.701 6	0.700 0	0.698 4	0.696 8	0.695 2	0.693 6
23	0.687 7	0.686 2	0.684 6	0.683 0	0.681 5	0.679 9	0.678 4	0.676 9	0.675 3
24	0.669 8	0.668 3	0.666 8	0.665 3	0.663 8	0.662 3	0.660 9	0.659 4	0.657 9
25	0.652 7	0.651 3	0.649 8	0.648 4	0.646 9	0.645 5	0.644 1	0.642 6	0.641 2
26	0.636 4	0.635 0	0.633 6	0.632 2	0.630 8	0.629 4	0.628 0	0.626 6	0.625 2
27	0.620 7	0.619 3	0.618 0	0.616 6	0.615 3	0.613 9	0.612 6	0.611 3	0.609 9
28	0.605 7	0.604 4	0.603 1	0.601 8	0.600 5	0.599 2	0.597 9	0.596 6	0.595 3
29	0.591 3	0.590 0	0.588 8	0.587 5	0.586 3	0.585 0	0.583 8	0.582 5	0.581 3
30	0.577 5	0.576 3	0.575 1	0.573 9	0.572 6	0.571 4	0.570 2	0.569 0	0.567 8
31	0.564 3	0.563 1	0.561 9	0.560 8	0.559 6	0.558 4	0.557 3	0.556 1	0.554 9
32	0.551 6	0.550 5	0.549 3	0.548 2	0.547 1	0.546 0	0.544 8	0.543 7	0.542 6
33	0.539 5	0.538 4	0.537 3	0.536 2	0.535 1	0.534 0	0.532 9	0.531 8	0.530 7
34	0.527 8	0.526 7	0.525 7	0.524 6	0.523 6	0.522 5	0.521 5	0.520 4	0.519 4
35	0.516 6	0.515 6	0.514 6	0.513 5	0.512 5	0.511 5	0.510 5	0.509 5	0.508 5

续　表

温度/℃	盐度/(g/kg)								
	33.0	33.5	34.0	34.5	35.0	35.5	36.0	36.5	37.0
36	0.505 9	0.504 9	0.503 9	0.502 9	0.501 9	0.500 9	0.499 9	0.499 0	0.498 0
37	0.495 6	0.494 6	0.493 6	0.492 7	0.491 7	0.490 8	0.489 8	0.488 9	0.487 9
38	0.485 7	0.484 7	0.483 8	0.482 9	0.482 0	0.481 0	0.480 1	0.479 2	0.478 3
39	0.476 1	0.475 2	0.474 3	0.473 5	0.472 6	0.471 7	0.470 8	0.469 9	0.469 0
40	0.467 0	0.466 1	0.465 3	0.464 4	0.463 5	0.462 7	0.461 8	0.461 0	0.460 1

来源：Weiss（1974）。

110

表 2.33　不同温度及盐度（0~40 g/kg）下二氧化碳的本森系数［β，mg/(L·mmHg)］

温度/℃	盐度/(g/kg)								
	0.0	5.0	10.0	15.0	20.0	25.0	30.0	35.0	40.0
0	0.092 40	0.089 23	0.086 17	0.083 21	0.080 35	0.077 58	0.074 91	0.072 32	0.069 83
1	0.089 88	0.086 83	0.083 88	0.081 02	0.078 26	0.075 59	0.073 01	0.070 51	0.068 10
2	0.087 48	0.084 54	0.081 69	0.078 93	0.076 26	0.073 68	0.071 19	0.068 78	0.066 45
3	0.085 19	0.082 35	0.079 60	0.076 93	0.074 36	0.071 87	0.069 46	0.067 13	0.064 87
4	0.083 00	0.080 26	0.077 60	0.075 03	0.072 54	0.070 13	0.067 80	0.065 54	0.063 36
5	0.080 91	0.078 26	0.075 69	0.073 21	0.070 80	0.068 47	0.066 21	0.064 03	0.061 92
6	0.078 92	0.076 35	0.073 87	0.071 46	0.069 13	0.066 88	0.064 69	0.062 58	0.060 54
7	0.077 01	0.074 53	0.072 13	0.069 80	0.067 54	0.065 36	0.063 24	0.061 19	0.059 21
8	0.075 19	0.072 79	0.070 46	0.068 20	0.066 02	0.063 90	0.061 85	0.059 86	0.057 94
9	0.073 44	0.071 12	0.068 86	0.066 68	0.064 56	0.062 50	0.060 52	0.058 59	0.056 72
10	0.071 77	0.069 52	0.067 33	0.065 21	0.063 16	0.061 17	0.059 24	0.057 37	0.055 55
11	0.070 18	0.067 99	0.065 87	0.063 81	0.061 82	0.059 89	0.058 01	0.056 19	0.054 43
12	0.068 65	0.066 52	0.064 47	0.062 47	0.060 53	0.058 66	0.056 83	0.055 07	0.053 36
13	0.067 18	0.065 12	0.063 12	0.061 18	0.059 30	0.057 48	0.055 71	0.053 99	0.052 33
14	0.065 77	0.063 77	0.061 83	0.059 95	0.058 12	0.056 34	0.054 62	0.052 95	0.051 33
15	0.064 43	0.062 48	0.060 59	0.058 76	0.056 98	0.055 26	0.053 58	0.051 96	0.050 38
16	0.063 13	0.061 24	0.059 41	0.057 62	0.055 89	0.054 21	0.052 58	0.051 00	0.049 47
17	0.061 89	0.060 05	0.058 27	0.056 53	0.054 85	0.053 21	0.051 62	0.050 08	0.048 59
18	0.060 70	0.058 91	0.057 17	0.055 48	0.053 84	0.052 25	0.050 70	0.049 20	0.047 74
19	0.059 56	0.057 82	0.056 12	0.054 48	0.052 88	0.051 32	0.049 81	0.048 35	0.046 93
20	0.058 46	0.056 76	0.055 11	0.053 51	0.051 95	0.050 43	0.048 96	0.047 53	0.046 14

续 表

温度/℃	盐度/(g/kg)								
	0.0	5.0	10.0	15.0	20.0	25.0	30.0	35.0	40.0
21	0.057 41	0.055 75	0.054 14	0.052 57	0.051 05	0.049 58	0.048 14	0.046 74	0.045 39
22	0.056 39	0.054 78	0.053 21	0.051 68	0.050 19	0.048 75	0.047 35	0.045 99	0.044 66
23	0.055 42	0.053 84	0.052 31	0.050 82	0.049 37	0.047 96	0.046 59	0.045 26	0.043 96
24	0.054 48	0.052 94	0.051 44	0.049 99	0.048 57	0.047 20	0.045 86	0.044 56	0.043 29
25	0.053 58	0.052 08	0.050 61	0.049 19	0.047 81	0.046 46	0.045 15	0.043 88	0.042 64
26	0.052 71	0.051 24	0.049 81	0.048 42	0.047 07	0.045 75	0.044 47	0.043 23	0.042 02
27	0.051 88	0.050 44	0.049 04	0.047 68	0.046 36	0.045 07	0.043 82	0.042 60	0.041 42
28	0.051 07	0.049 67	0.048 30	0.046 97	0.045 68	0.044 42	0.043 19	0.042 00	0.040 83
29	0.050 30	0.048 93	0.047 59	0.046 28	0.045 02	0.043 78	0.042 58	0.041 41	0.040 27
30	0.049 55	0.048 21	0.046 90	0.045 62	0.044 38	0.043 17	0.042 00	0.040 85	0.039 73
31	0.048 84	0.047 52	0.046 24	0.044 99	0.043 77	0.042 58	0.041 43	0.040 31	0.039 21
32	0.048 14	0.046 85	0.045 60	0.044 37	0.043 18	0.042 02	0.040 89	0.039 78	0.038 71
33	0.047 48	0.046 21	0.044 98	0.043 78	0.042 61	0.041 47	0.040 36	0.039 28	0.038 23
34	0.046 84	0.045 60	0.044 39	0.043 21	0.042 06	0.040 94	0.039 85	0.038 79	0.037 76
35	0.046 22	0.045 00	0.043 81	0.042 66	0.041 53	0.040 43	0.039 36	0.038 32	0.037 31
36	0.045 62	0.044 43	0.043 26	0.042 13	0.041 02	0.039 94	0.038 89	0.037 87	0.036 87
37	0.045 05	0.043 87	0.042 73	0.041 61	0.040 53	0.039 47	0.038 44	0.037 43	0.036 45
38	0.044 49	0.043 34	0.042 22	0.041 12	0.040 05	0.039 01	0.038 00	0.037 01	0.036 04
39	0.043 96	0.042 82	0.041 72	0.040 64	0.039 59	0.038 57	0.037 57	0.036 60	0.035 65
40	0.043 44	0.042 33	0.041 24	0.040 18	0.039 15	0.038 14	0.037 16	0.036 21	0.035 27

来源：Benson 和 Krause（1980）及式（1.16）。

111

表 2.34 不同温度及盐度（33~37 g/kg）下二氧化碳的本森系数［β，mg/(L·mmHg)］

温度/℃	盐度/(g/kg)								
	33.0	33.5	34.0	34.5	35.0	35.5	36.0	36.5	37.0
0	0.073 34	0.073 09	0.072 83	0.072 58	0.072 32	0.072 07	0.071 82	0.071 56	0.071 31
1	0.071 50	0.071 25	0.071 00	0.070 76	0.070 51	0.070 27	0.070 02	0.069 78	0.069 54
2	0.069 74	0.069 50	0.069 26	0.069 02	0.068 78	0.068 54	0.068 31	0.068 07	0.067 84
3	0.068 05	0.067 82	0.067 59	0.067 36	0.067 13	0.066 90	0.066 67	0.066 44	0.066 22
4	0.066 44	0.066 21	0.065 99	0.065 77	0.065 54	0.065 32	0.065 10	0.064 88	0.064 66
5	0.064 89	0.064 68	0.064 46	0.064 25	0.064 03	0.063 82	0.063 60	0.063 39	0.063 18
6	0.063 42	0.063 21	0.063 00	0.062 79	0.062 58	0.062 37	0.062 17	0.061 96	0.061 75

续　表

温度/℃	盐度/(g/kg)								
	33.0	33.5	34.0	34.5	35.0	35.5	36.0	36.5	37.0
7	0.062 00	0.061 80	0.061 60	0.061 39	0.061 19	0.060 99	0.060 79	0.060 59	0.060 39
8	0.060 65	0.060 45	0.060 26	0.060 06	0.059 86	0.059 67	0.059 47	0.059 28	0.059 09
9	0.059 35	0.059 16	0.058 97	0.058 78	0.058 59	0.058 40	0.058 21	0.058 02	0.057 83
10	0.058 11	0.057 92	0.057 74	0.057 55	0.057 37	0.057 18	0.057 00	0.056 82	0.056 63
11	0.056 91	0.056 73	0.056 55	0.056 37	0.056 19	0.056 02	0.055 84	0.055 66	0.055 48
12	0.055 77	0.055 59	0.055 42	0.055 24	0.055 07	0.054 90	0.054 72	0.054 55	0.054 38
13	0.054 67	0.054 50	0.054 33	0.054 16	0.053 99	0.053 82	0.053 65	0.053 49	0.053 32
14	0.053 62	0.053 45	0.053 28	0.053 12	0.052 95	0.052 79	0.052 63	0.052 46	0.052 30
15	0.052 60	0.052 44	0.052 28	0.052 12	0.051 96	0.051 80	0.051 64	0.051 48	0.051 32
16	0.051 63	0.051 47	0.051 31	0.051 16	0.051 00	0.050 85	0.050 69	0.050 54	0.050 38
17	0.050 69	0.050 54	0.050 39	0.050 23	0.050 08	0.049 93	0.049 78	0.049 63	0.049 48
18	0.049 79	0.049 64	0.049 50	0.049 35	0.049 20	0.049 05	0.048 90	0.048 76	0.048 61
19	0.048 93	0.048 78	0.048 64	0.048 49	0.048 35	0.048 20	0.048 06	0.047 92	0.047 77
20	0.048 10	0.047 96	0.047 81	0.047 67	0.047 53	0.047 39	0.047 25	0.047 11	0.046 97
21	0.047 30	0.047 16	0.047 02	0.046 88	0.046 74	0.046 61	0.046 47	0.046 33	0.046 20
22	0.046 53	0.046 39	0.046 26	0.046 12	0.045 99	0.045 85	0.045 72	0.045 59	0.045 45
23	0.045 79	0.045 65	0.045 52	0.045 39	0.045 26	0.045 13	0.045 00	0.044 87	0.044 74
24	0.045 07	0.044 94	0.044 81	0.044 68	0.044 56	0.044 43	0.044 30	0.044 17	0.044 05
25	0.044 38	0.044 26	0.044 13	0.044 01	0.043 88	0.043 75	0.043 63	0.043 50	0.043 38
26	0.043 72	0.043 60	0.043 47	0.043 35	0.043 23	0.043 11	0.042 98	0.042 86	0.042 74
27	0.043 08	0.042 96	0.042 84	0.042 72	0.042 60	0.042 48	0.042 36	0.042 24	0.042 12
28	0.042 47	0.042 35	0.042 23	0.042 11	0.042 00	0.041 88	0.041 76	0.041 64	0.041 53
29	0.041 88	0.041 76	0.041 64	0.041 53	0.041 41	0.041 30	0.041 18	0.041 07	0.040 95
30	0.041 30	0.041 19	0.041 08	0.040 96	0.040 85	0.040 74	0.040 62	0.040 51	0.040 40
31	0.040 75	0.040 64	0.040 53	0.040 42	0.040 31	0.040 20	0.040 09	0.039 98	0.039 87
32	0.040 22	0.040 11	0.040 00	0.039 89	0.039 78	0.039 68	0.039 57	0.039 46	0.039 35
33	0.039 71	0.039 60	0.039 49	0.039 39	0.039 28	0.039 17	0.039 07	0.038 96	0.038 85
34	0.039 21	0.039 11	0.039 00	0.038 90	0.038 79	0.038 69	0.038 58	0.038 48	0.038 38
35	0.038 74	0.038 63	0.038 53	0.038 42	0.038 32	0.038 22	0.038 12	0.038 01	0.037 91
36	0.038 27	0.038 17	0.038 07	0.037 97	0.037 87	0.037 77	0.037 67	0.037 57	0.037 47
37	0.037 83	0.037 73	0.037 63	0.037 53	0.037 43	0.037 33	0.037 23	0.037 13	0.037 04
38	0.037 40	0.037 30	0.037 20	0.037 11	0.037 01	0.036 91	0.036 81	0.036 72	0.036 62
39	0.036 99	0.036 89	0.036 79	0.036 70	0.036 60	0.036 50	0.036 41	0.036 31	0.036 22
40	0.036 58	0.036 49	0.036 39	0.036 30	0.036 21	0.036 11	0.036 02	0.035 92	0.035 83

来源：Benson 和 Krause（1980）及式（1.16）。

112

表 2.35 不同温度及盐度（0~40 g/kg）下氮气的本森系数［β，mg/(L·mmHg)］

温度/℃	盐度/(g/kg)								
	0.0	5.0	10.0	15.0	20.0	25.0	30.0	35.0	40.0
0	0.039 43	0.037 99	0.036 60	0.035 26	0.033 97	0.032 72	0.031 52	0.030 37	0.029 25
1	0.038 43	0.037 04	0.035 69	0.034 40	0.033 15	0.031 95	0.030 79	0.029 67	0.028 59
2	0.037 47	0.036 13	0.034 83	0.033 58	0.032 37	0.031 20	0.030 08	0.029 00	0.027 95
3	0.036 56	0.035 26	0.034 00	0.032 79	0.031 62	0.030 49	0.029 41	0.028 36	0.027 34
4	0.035 68	0.034 43	0.033 21	0.032 04	0.030 91	0.029 81	0.028 76	0.027 74	0.026 76
5	0.034 85	0.033 63	0.032 46	0.031 32	0.030 22	0.029 16	0.028 14	0.027 16	0.026 20
6	0.034 05	0.032 87	0.031 73	0.030 63	0.029 57	0.028 54	0.027 55	0.026 59	0.025 67
7	0.033 29	0.032 15	0.031 04	0.029 98	0.028 94	0.027 95	0.026 99	0.026 06	0.025 16
8	0.032 57	0.031 46	0.030 38	0.029 35	0.028 35	0.027 38	0.026 44	0.025 54	0.024 67
9	0.031 87	0.030 79	0.029 75	0.028 75	0.027 77	0.026 83	0.025 93	0.025 05	0.024 20
10	0.031 20	0.030 16	0.029 15	0.028 17	0.027 23	0.026 31	0.025 43	0.024 57	0.023 75
11	0.030 57	0.029 55	0.028 57	0.027 62	0.026 70	0.025 81	0.024 95	0.024 12	0.023 32
12	0.029 96	0.028 97	0.028 02	0.027 09	0.026 20	0.025 33	0.024 49	0.023 69	0.022 90
13	0.029 38	0.028 41	0.027 49	0.026 59	0.025 71	0.024 87	0.024 06	0.023 27	0.022 51
14	0.028 82	0.027 88	0.026 98	0.026 10	0.025 25	0.024 43	0.023 64	0.022 87	0.022 12
15	0.028 28	0.027 37	0.026 49	0.025 63	0.024 81	0.024 01	0.023 23	0.022 48	0.021 76
16	0.027 77	0.026 88	0.026 02	0.025 19	0.024 38	0.023 60	0.022 85	0.022 11	0.021 40
17	0.027 28	0.026 41	0.025 57	0.024 76	0.023 97	0.023 21	0.022 47	0.021 76	0.021 07
18	0.026 81	0.025 96	0.025 14	0.024 35	0.023 58	0.022 84	0.022 12	0.021 42	0.020 74
19	0.026 36	0.025 53	0.024 73	0.023 96	0.023 21	0.022 48	0.021 77	0.021 09	0.020 43
20	0.025 92	0.025 12	0.024 34	0.023 58	0.022 85	0.022 13	0.021 45	0.020 78	0.020 13
21	0.025 51	0.024 72	0.023 96	0.023 22	0.022 50	0.021 80	0.021 13	0.020 48	0.019 84
22	0.025 11	0.024 34	0.023 59	0.022 87	0.022 17	0.021 49	0.020 82	0.020 18	0.019 56
23	0.024 73	0.023 98	0.023 24	0.022 54	0.021 85	0.021 18	0.020 53	0.019 91	0.019 30
24	0.024 36	0.023 63	0.022 91	0.022 21	0.021 54	0.020 89	0.020 25	0.019 64	0.019 04
25	0.024 01	0.023 29	0.022 59	0.021 91	0.021 25	0.020 60	0.019 98	0.019 38	0.018 79
26	0.023 68	0.022 97	0.022 28	0.021 61	0.020 96	0.020 33	0.019 72	0.019 13	0.018 56
27	0.023 35	0.022 66	0.021 98	0.021 33	0.020 69	0.020 07	0.019 47	0.018 89	0.018 33
28	0.023 04	0.022 36	0.021 70	0.021 05	0.020 43	0.019 82	0.019 24	0.018 66	0.018 11
29	0.022 75	0.022 08	0.021 43	0.020 79	0.020 18	0.019 58	0.019 01	0.018 44	0.017 90
30	0.022 46	0.021 80	0.021 16	0.020 54	0.019 94	0.019 35	0.018 78	0.018 23	0.017 70
31	0.022 19	0.021 54	0.020 91	0.020 30	0.019 71	0.019 13	0.018 57	0.018 03	0.017 50
32	0.021 93	0.021 29	0.020 67	0.020 07	0.019 49	0.018 92	0.018 37	0.017 83	0.017 31

续 表

温度/℃	盐度/(g/kg)								
	0.0	5.0	10.0	15.0	20.0	25.0	30.0	35.0	40.0
33	0.021 68	0.021 05	0.020 44	0.019 85	0.019 27	0.018 72	0.018 17	0.017 65	0.017 13
34	0.021 44	0.020 82	0.020 22	0.019 64	0.019 07	0.018 52	0.017 98	0.017 46	0.016 96
35	0.021 21	0.020 60	0.020 01	0.019 43	0.018 87	0.018 33	0.017 80	0.017 29	0.016 79
36	0.020 99	0.020 39	0.019 81	0.019 24	0.018 69	0.018 15	0.017 63	0.017 13	0.016 63
37	0.020 78	0.020 19	0.019 61	0.019 05	0.018 51	0.017 98	0.017 47	0.016 97	0.016 48
38	0.020 58	0.020 00	0.019 43	0.018 87	0.018 34	0.017 81	0.017 31	0.016 81	0.016 33
39	0.020 39	0.019 81	0.019 25	0.018 70	0.018 17	0.017 66	0.017 15	0.016 67	0.016 19
40	0.020 21	0.019 64	0.019 08	0.018 54	0.018 02	0.017 50	0.017 01	0.016 53	0.016 06

来源：Hamme 和 Emerson（2004）及式（1.16）。

113

表 2.36 不同温度及盐度（33~37 g/kg）下氮气的本森系数［β'，mg/(L·mmHg)］

温度/℃	盐度/(g/kg)								
	33.0	33.5	34.0	34.5	35.0	35.5	36.0	36.5	37.0
0	0.030 83	0.030 71	0.030 60	0.030 48	0.030 37	0.030 26	0.030 14	0.030 03	0.029 92
1	0.030 11	0.030 00	0.029 89	0.029 78	0.029 67	0.029 56	0.029 45	0.029 34	0.029 23
2	0.029 43	0.029 32	0.029 21	0.029 10	0.029 00	0.028 89	0.028 78	0.028 68	0.028 57
3	0.028 77	0.028 67	0.028 56	0.028 46	0.028 36	0.028 25	0.028 15	0.028 05	0.027 95
4	0.028 15	0.028 04	0.027 94	0.027 84	0.027 74	0.027 64	0.027 54	0.027 44	0.027 35
5	0.027 55	0.027 45	0.027 35	0.027 25	0.027 16	0.027 06	0.026 96	0.026 87	0.026 77
6	0.026 97	0.026 88	0.026 78	0.026 69	0.026 59	0.026 50	0.026 41	0.026 31	0.026 22
7	0.026 42	0.026 33	0.026 24	0.026 15	0.026 06	0.025 97	0.025 87	0.025 78	0.025 69
8	0.025 90	0.025 81	0.025 72	0.025 63	0.025 54	0.025 45	0.025 36	0.025 28	0.025 19
9	0.025 40	0.025 31	0.025 22	0.025 13	0.025 05	0.024 96	0.024 88	0.024 79	0.024 70
10	0.024 91	0.024 83	0.024 74	0.024 66	0.024 57	0.024 49	0.024 41	0.024 32	0.024 24
11	0.024 45	0.024 37	0.024 28	0.024 20	0.024 12	0.024 04	0.023 96	0.023 88	0.023 80
12	0.024 01	0.023 93	0.023 85	0.023 77	0.023 69	0.023 61	0.023 53	0.023 45	0.023 37
13	0.023 58	0.023 50	0.023 42	0.023 35	0.023 27	0.023 19	0.023 11	0.023 04	0.022 96
14	0.023 17	0.023 10	0.023 02	0.022 94	0.022 87	0.022 79	0.022 72	0.022 64	0.022 57
15	0.022 78	0.022 71	0.022 63	0.022 56	0.022 48	0.022 41	0.022 34	0.022 26	0.022 19
16	0.022 40	0.022 33	0.022 26	0.022 19	0.022 11	0.022 04	0.021 97	0.021 90	0.021 83
17	0.022 04	0.021 97	0.021 90	0.021 83	0.021 76	0.021 69	0.021 62	0.021 55	0.021 48

续 表

温度/℃	盐度/(g/kg)								
	33.0	33.5	34.0	34.5	35.0	35.5	36.0	36.5	37.0
18	0.021 70	0.021 63	0.021 56	0.021 49	0.021 42	0.021 35	0.021 28	0.021 21	0.021 15
19	0.021 36	0.021 29	0.021 23	0.021 16	0.021 09	0.021 02	0.020 96	0.020 89	0.020 82
20	0.021 04	0.020 98	0.020 91	0.020 84	0.020 78	0.020 71	0.020 65	0.020 58	0.020 52
21	0.020 73	0.020 67	0.020 60	0.020 54	0.020 48	0.020 41	0.020 35	0.020 28	0.020 22
22	0.020 44	0.020 37	0.020 31	0.020 25	0.020 18	0.020 12	0.020 06	0.020 00	0.019 93
23	0.020 15	0.020 09	0.020 03	0.019 97	0.019 91	0.019 84	0.019 78	0.019 72	0.019 66
24	0.019 88	0.019 82	0.019 76	0.019 70	0.019 64	0.019 58	0.019 52	0.019 46	0.019 40
25	0.019 62	0.019 56	0.019 50	0.019 44	0.019 38	0.019 32	0.019 26	0.019 20	0.019 14
26	0.019 37	0.019 31	0.019 25	0.019 19	0.019 13	0.019 07	0.019 02	0.018 96	0.018 90
27	0.019 12	0.019 07	0.019 01	0.018 95	0.018 89	0.018 84	0.018 78	0.018 72	0.018 67
28	0.018 89	0.018 83	0.018 78	0.018 72	0.018 66	0.018 61	0.018 55	0.018 50	0.018 44
29	0.018 67	0.018 61	0.018 55	0.018 50	0.018 44	0.018 39	0.018 33	0.018 28	0.018 22
30	0.018 45	0.018 40	0.018 34	0.018 29	0.018 23	0.018 18	0.018 12	0.018 07	0.018 02
31	0.018 24	0.018 19	0.018 14	0.018 08	0.018 03	0.017 98	0.017 92	0.017 87	0.017 82
32	0.018 05	0.017 99	0.017 94	0.017 89	0.017 83	0.017 78	0.017 73	0.017 68	0.017 62
33	0.017 85	0.017 80	0.017 75	0.017 70	0.017 65	0.017 59	0.017 54	0.017 49	0.017 44
34	0.017 67	0.017 62	0.017 57	0.017 52	0.017 46	0.017 41	0.017 36	0.017 31	0.017 26
35	0.017 49	0.017 44	0.017 39	0.017 34	0.017 29	0.017 24	0.017 19	0.017 14	0.017 09
36	0.017 33	0.017 28	0.017 23	0.017 17	0.017 13	0.017 08	0.017 03	0.016 98	0.016 93
37	0.017 16	0.017 11	0.017 06	0.017 01	0.016 97	0.016 92	0.016 87	0.016 82	0.016 77
38	0.017 01	0.016 96	0.016 91	0.016 86	0.016 81	0.016 76	0.016 72	0.016 67	0.016 62
39	0.016 86	0.016 81	0.016 76	0.016 71	0.016 67	0.016 62	0.016 57	0.016 52	0.016 47
40	0.016 72	0.016 67	0.016 62	0.016 57	0.016 53	0.016 48	0.016 43	0.016 38	0.016 34

来源：Hamme 和 Emerson（2004）及式（1.16）。

114

表 2.37 不同温度及盐度（0~40 g/kg）下氩气的本森系数［β′，mg/(L·mmHg)］

温度/℃	盐度/(g/kg)								
	0.0	5.0	10.0	15.0	20.0	25.0	30.0	35.0	40.0
0	0.126 24	0.121 96	0.117 81	0.113 79	0.109 92	0.106 17	0.102 55	0.099 05	0.095 67
1	0.122 84	0.118 70	0.114 70	0.110 83	0.107 09	0.103 47	0.099 98	0.096 60	0.093 33
2	0.119 59	0.115 60	0.111 73	0.108 00	0.104 38	0.100 89	0.097 51	0.094 25	0.091 09

续　表

温度/℃	盐度/(g/kg)								
	0.0	5.0	10.0	15.0	20.0	25.0	30.0	35.0	40.0
3	0.116 48	0.112 63	0.108 90	0.105 29	0.101 80	0.098 43	0.095 16	0.092 00	0.088 95
4	0.113 52	0.109 80	0.106 20	0.102 71	0.099 33	0.096 07	0.092 91	0.089 85	0.086 90
5	0.110 69	0.107 09	0.103 61	0.100 24	0.096 97	0.093 81	0.090 75	0.087 80	0.084 93
6	0.107 99	0.104 51	0.101 14	0.097 87	0.094 71	0.091 65	0.088 69	0.085 83	0.083 05
7	0.105 40	0.102 04	0.098 77	0.095 61	0.092 55	0.089 59	0.086 72	0.083 94	0.081 25
8	0.102 93	0.099 67	0.096 51	0.093 45	0.090 48	0.087 61	0.084 83	0.082 13	0.079 52
9	0.100 56	0.097 40	0.094 34	0.091 38	0.088 50	0.085 71	0.083 02	0.080 40	0.077 87
10	0.098 30	0.095 24	0.092 27	0.089 39	0.086 60	0.083 90	0.081 28	0.078 74	0.076 28
11	0.096 13	0.093 16	0.090 28	0.087 49	0.084 78	0.082 16	0.079 61	0.077 15	0.074 76
12	0.094 05	0.091 17	0.088 37	0.085 66	0.083 03	0.080 48	0.078 01	0.075 62	0.073 29
13	0.092 06	0.089 26	0.086 55	0.083 91	0.081 36	0.078 88	0.076 48	0.074 15	0.071 89
14	0.090 15	0.087 43	0.084 79	0.082 23	0.079 75	0.077 34	0.075 00	0.072 74	0.070 54
15	0.088 32	0.085 68	0.083 11	0.080 62	0.078 21	0.075 86	0.073 59	0.071 38	0.069 24
16	0.086 56	0.083 99	0.081 50	0.079 07	0.076 72	0.074 44	0.072 23	0.070 08	0.067 99
17	0.084 87	0.082 37	0.079 95	0.077 59	0.075 30	0.073 08	0.070 92	0.068 83	0.066 79
18	0.083 26	0.080 82	0.078 46	0.076 16	0.073 93	0.071 77	0.069 66	0.067 62	0.065 64
19	0.081 70	0.079 33	0.077 03	0.074 79	0.072 62	0.070 50	0.068 45	0.066 46	0.064 53
20	0.080 21	0.077 90	0.075 65	0.073 47	0.071 35	0.069 29	0.067 29	0.065 35	0.063 46
21	0.078 77	0.076 52	0.074 33	0.072 20	0.070 13	0.068 12	0.066 17	0.064 27	0.062 43
22	0.077 40	0.075 20	0.073 06	0.070 98	0.068 96	0.067 00	0.065 09	0.063 24	0.061 44
23	0.076 07	0.073 93	0.071 84	0.069 81	0.067 84	0.065 92	0.064 06	0.062 25	0.060 49
24	0.074 80	0.072 70	0.070 66	0.068 68	0.066 75	0.064 88	0.063 06	0.061 29	0.059 57
25	0.073 57	0.071 52	0.069 53	0.067 59	0.065 71	0.063 88	0.062 10	0.060 36	0.058 68
26	0.072 39	0.070 39	0.068 44	0.066 55	0.064 70	0.062 91	0.061 17	0.059 47	0.057 82
27	0.071 26	0.069 30	0.067 40	0.065 54	0.063 74	0.061 98	0.060 27	0.058 61	0.057 00
28	0.070 17	0.068 25	0.066 39	0.064 57	0.062 80	0.061 09	0.059 41	0.057 79	0.056 20
29	0.069 12	0.067 24	0.065 42	0.063 64	0.061 91	0.060 22	0.058 58	0.056 99	0.055 44
30	0.068 11	0.066 27	0.064 48	0.062 74	0.061 04	0.059 39	0.057 78	0.056 22	0.054 70
31	0.067 14	0.065 34	0.063 58	0.061 87	0.060 21	0.058 59	0.057 01	0.055 48	0.053 98
32	0.066 20	0.064 43	0.062 71	0.061 04	0.059 40	0.057 81	0.056 27	0.054 76	0.053 29
33	0.065 30	0.063 57	0.061 88	0.060 23	0.058 63	0.057 07	0.055 55	0.054 07	0.052 63
34	0.064 44	0.062 73	0.061 07	0.059 46	0.057 88	0.056 35	0.054 86	0.053 40	0.051 99
35	0.063 60	0.061 93	0.060 30	0.058 71	0.057 16	0.055 66	0.054 19	0.052 76	0.051 37
36	0.062 80	0.061 15	0.059 55	0.057 99	0.056 47	0.054 99	0.053 54	0.052 14	0.050 77

续 表

温度/℃	盐度/(g/kg)								
	0.0	5.0	10.0	15.0	20.0	25.0	30.0	35.0	40.0
37	0.062 03	0.060 41	0.058 83	0.057 30	0.055 80	0.054 34	0.052 92	0.051 54	0.050 19
38	0.061 28	0.059 69	0.058 14	0.056 63	0.055 16	0.053 72	0.052 33	0.050 96	0.049 64
39	0.060 57	0.059 00	0.057 48	0.055 99	0.054 54	0.053 13	0.051 75	0.050 41	0.049 10
40	0.059 88	0.058 34	0.056 84	0.055 37	0.053 94	0.052 55	0.051 19	0.049 87	0.048 58

来源：Hamme 和 Emerson（2004）及式（1.16）。

115

表 2.38 不同温度及盐度（33~37 g/kg）下氩气的本森系数［β'，mg/(L·mmHg)］

温度/℃	盐度/(g/kg)								
	33.0	33.5	34.0	34.5	35.0	35.5	36.0	36.5	37.0
0	0.100 44	0.100 09	0.099 74	0.099 40	0.099 05	0.098 71	0.098 37	0.098 03	0.097 69
1	0.097 93	0.097 60	0.097 26	0.096 93	0.096 60	0.096 26	0.095 93	0.095 60	0.095 28
2	0.095 54	0.095 22	0.094 89	0.094 57	0.094 25	0.093 93	0.093 61	0.093 29	0.092 97
3	0.093 25	0.092 94	0.092 62	0.092 31	0.092 00	0.091 69	0.091 38	0.091 07	0.090 77
4	0.091 06	0.090 76	0.090 46	0.090 15	0.089 85	0.089 55	0.089 25	0.088 95	0.088 66
5	0.088 97	0.088 67	0.088 38	0.088 09	0.087 80	0.087 51	0.087 22	0.086 93	0.086 64
6	0.086 96	0.086 68	0.086 39	0.086 11	0.085 83	0.085 55	0.085 26	0.084 98	0.084 71
7	0.085 04	0.084 77	0.084 49	0.084 21	0.083 94	0.083 67	0.083 40	0.083 12	0.082 85
8	0.083 20	0.082 93	0.082 67	0.082 40	0.082 13	0.081 87	0.081 61	0.081 34	0.081 08
9	0.081 44	0.081 18	0.080 92	0.080 66	0.080 40	0.080 14	0.079 89	0.079 63	0.079 38
10	0.079 75	0.079 49	0.079 24	0.078 99	0.078 74	0.078 49	0.078 24	0.077 99	0.077 75
11	0.078 12	0.077 88	0.077 63	0.077 39	0.077 15	0.076 90	0.076 66	0.076 42	0.076 18
12	0.076 57	0.076 33	0.076 09	0.075 85	0.075 62	0.075 38	0.075 15	0.074 91	0.074 68
13	0.075 07	0.074 84	0.074 61	0.074 38	0.074 15	0.073 92	0.073 69	0.073 46	0.073 24
14	0.073 64	0.073 41	0.073 18	0.072 96	0.072 74	0.072 51	0.072 29	0.072 07	0.071 85
15	0.072 26	0.072 04	0.071 82	0.071 60	0.071 38	0.071 16	0.070 95	0.070 73	0.070 52
16	0.070 93	0.070 72	0.070 50	0.070 29	0.070 08	0.069 87	0.069 66	0.069 45	0.069 24
17	0.069 66	0.069 45	0.069 24	0.069 03	0.068 83	0.068 62	0.068 41	0.068 21	0.068 01
18	0.068 43	0.068 23	0.068 03	0.067 82	0.067 62	0.067 42	0.067 22	0.067 02	0.066 82
19	0.067 25	0.067 05	0.066 86	0.066 66	0.066 46	0.066 27	0.066 07	0.065 88	0.065 68
20	0.066 12	0.065 92	0.065 73	0.065 54	0.065 35	0.065 16	0.064 97	0.064 78	0.064 59
21	0.065 03	0.064 84	0.064 65	0.064 46	0.064 27	0.064 09	0.063 90	0.063 72	0.063 53

续　表

温度/℃	盐度/(g/kg)								
	33.0	33.5	34.0	34.5	35.0	35.5	36.0	36.5	37.0
22	0.063 98	0.063 79	0.063 61	0.063 42	0.063 24	0.063 06	0.062 88	0.062 70	0.062 51
23	0.062 96	0.062 78	0.062 60	0.062 42	0.062 25	0.062 07	0.061 89	0.061 71	0.061 54
24	0.061 99	0.061 81	0.061 64	0.061 46	0.061 29	0.061 11	0.060 94	0.060 77	0.060 59
25	0.061 05	0.060 88	0.060 71	0.060 53	0.060 36	0.060 19	0.060 02	0.059 85	0.059 68
26	0.060 15	0.059 98	0.059 81	0.059 64	0.059 47	0.059 31	0.059 14	0.058 97	0.058 81
27	0.059 27	0.059 11	0.058 94	0.058 78	0.058 61	0.058 45	0.058 29	0.058 12	0.057 96
28	0.058 43	0.058 27	0.058 11	0.057 95	0.057 79	0.057 63	0.057 47	0.057 31	0.057 15
29	0.057 62	0.057 46	0.057 30	0.057 15	0.056 99	0.056 83	0.056 67	0.056 52	0.056 36
30	0.056 84	0.056 68	0.056 53	0.056 37	0.056 22	0.056 06	0.055 91	0.055 76	0.055 60
31	0.056 08	0.055 93	0.055 78	0.055 63	0.055 48	0.055 32	0.055 17	0.055 02	0.054 87
32	0.055 36	0.055 21	0.055 06	0.054 91	0.054 76	0.054 61	0.054 46	0.054 32	0.054 17
33	0.054 66	0.054 51	0.054 36	0.054 21	0.054 07	0.053 92	0.053 78	0.053 63	0.053 49
34	0.053 98	0.053 83	0.053 69	0.053 55	0.053 40	0.053 26	0.053 12	0.052 97	0.052 83
35	0.053 33	0.053 18	0.053 04	0.052 90	0.052 76	0.052 62	0.052 48	0.052 34	0.052 20
36	0.052 70	0.052 56	0.052 42	0.052 28	0.052 14	0.052 00	0.051 86	0.051 72	0.051 59
37	0.052 09	0.051 95	0.051 81	0.051 68	0.051 54	0.051 40	0.051 27	0.051 13	0.051 00
38	0.051 50	0.051 37	0.051 23	0.051 10	0.050 96	0.050 83	0.050 69	0.050 56	0.050 43
39	0.050 94	0.050 81	0.050 67	0.050 54	0.050 41	0.050 27	0.050 14	0.050 01	0.049 88
40	0.050 39	0.050 26	0.050 13	0.050 00	0.049 87	0.049 74	0.049 61	0.049 48	0.049 35

来源：Hamme 和 Emerson（2004）及式（1.16）。

表 2.39　不同温度及盐度（0~40 g/kg）下二氧化碳的本森系数［β'，mg/(L·mmHg)］

116

温度/℃	盐度/(g/kg)								
	0.0	5.0	10.0	15.0	20.0	25.0	30.0	35.0	40.0
0	4.492 4	4.376 9	4.264 3	4.154 6	4.047 8	3.943 7	3.842 3	3.743 5	3.647 2
1	4.318 8	4.208 2	4.100 3	3.995 2	3.892 8	3.793 1	3.695 9	3.601 2	3.508 9
2	4.154 4	4.048 3	3.945 0	3.844 2	3.746 1	3.650 4	3.557 2	3.466 4	3.377 8
3	3.998 6	3.896 9	3.797 7	3.701 1	3.607 0	3.515 2	3.425 8	3.338 6	3.253 7
4	3.850 8	3.753 2	3.658 1	3.565 4	3.475 1	3.387 0	3.301 2	3.217 6	3.136 1
5	3.710 5	3.616 9	3.525 6	3.436 7	3.350 0	3.265 4	3.183 1	3.102 8	3.024 5
6	3.577 3	3.487 4	3.399 8	3.314 4	3.231 2	3.150 0	3.070 9	2.993 8	2.918 6

续　表

温度/℃	盐度/(g/kg)								
	0.0	5.0	10.0	15.0	20.0	25.0	30.0	35.0	40.0
7	3.450 8	3.364 5	3.280 4	3.198 4	3.118 4	3.040 4	2.964 4	2.890 3	2.818 1
8	3.330 5	3.247 6	3.166 8	3.088 1	3.011 2	2.936 3	2.863 3	2.792 0	2.722 6
9	3.216 1	3.136 5	3.058 9	2.983 2	2.909 4	2.837 3	2.767 1	2.698 6	2.631 8
10	3.107 3	3.030 8	2.956 2	2.883 4	2.812 5	2.743 2	2.675 7	2.609 8	2.545 6
11	3.003 8	2.930 2	2.858 5	2.788 5	2.720 3	2.653 7	2.588 7	2.525 3	2.463 5
12	2.905 2	2.834 5	2.765 5	2.698 2	2.632 5	2.568 4	2.505 9	2.444 9	2.385 4
13	2.811 2	2.743 2	2.676 8	2.612 1	2.548 9	2.487 2	2.427 0	2.368 3	2.311 0
14	2.721 7	2.656 2	2.592 4	2.530 0	2.469 2	2.409 8	2.351 9	2.295 4	2.240 2
15	2.636 3	2.573 3	2.511 8	2.451 8	2.393 3	2.336 1	2.280 3	2.225 8	2.172 7
16	2.554 8	2.494 2	2.435 0	2.377 2	2.320 8	2.265 8	2.212 0	2.159 6	2.108 3
17	2.477 0	2.418 7	2.361 7	2.306 1	2.251 7	2.198 7	2.146 9	2.096 3	2.046 9
18	2.402 8	2.346 6	2.291 7	2.238 1	2.185 8	2.134 7	2.084 7	2.036 0	1.988 4
19	2.331 9	2.277 7	2.224 9	2.173 2	2.122 8	2.073 5	2.025 4	1.978 4	1.932 5
20	2.264 1	2.211 9	2.161 0	2.111 2	2.062 6	2.015 1	1.968 7	1.923 4	1.879 1
21	2.199 3	2.149 0	2.100 0	2.052 0	2.005 1	1.959 3	1.914 6	1.870 8	1.828 1
22	2.137 3	2.088 9	2.041 6	1.995 3	1.950 1	1.906 0	1.862 8	1.820 6	1.779 4
23	2.078 0	2.031 3	1.985 7	1.941 1	1.897 6	1.854 9	1.813 3	1.772 6	1.732 8
24	2.021 2	1.976 3	1.932 3	1.889 3	1.847 2	1.806 1	1.765 9	1.726 6	1.688 2
25	1.966 9	1.923 5	1.881 1	1.839 6	1.799 1	1.759 4	1.720 6	1.682 7	1.645 6
26	1.914 8	1.873 0	1.832 1	1.792 1	1.753 0	1.714 7	1.677 3	1.640 6	1.604 8
27	1.864 9	1.824 6	1.785 2	1.746 6	1.708 8	1.671 9	1.635 7	1.600 4	1.565 8
28	1.817 1	1.778 2	1.740 2	1.703 0	1.666 5	1.630 9	1.596 0	1.561 8	1.528 4
29	1.771 3	1.733 8	1.697 1	1.661 1	1.626 0	1.591 5	1.557 8	1.524 9	1.492 6
30	1.727 3	1.691 1	1.655 7	1.621 0	1.587 1	1.553 8	1.521 3	1.489 5	1.458 3
31	1.685 1	1.650 2	1.616 0	1.582 6	1.549 8	1.517 7	1.486 3	1.455 5	1.425 4
32	1.644 5	1.610 9	1.577 9	1.545 6	1.514 0	1.483 0	1.452 7	1.423 0	1.393 9
33	1.605 6	1.573 2	1.541 4	1.510 2	1.479 7	1.449 8	1.420 5	1.391 8	1.363 6
34	1.568 3	1.537 0	1.506 3	1.476 2	1.446 7	1.417 9	1.389 6	1.361 8	1.334 6
35	1.532 4	1.502 2	1.472 6	1.443 6	1.415 1	1.387 2	1.359 9	1.333 1	1.306 8
36	1.497 9	1.468 7	1.440 2	1.412 2	1.384 7	1.357 8	1.331 4	1.305 5	1.280 1
37	1.464 7	1.436 6	1.409 1	1.382 0	1.355 5	1.329 5	1.304 0	1.279 0	1.254 5
38	1.432 8	1.405 7	1.379 1	1.353 0	1.327 5	1.302 4	1.277 7	1.253 6	1.229 9
39	1.402 1	1.376 0	1.350 3	1.325 2	1.300 5	1.276 3	1.252 5	1.229 2	1.206 3
40	1.372 6	1.347 4	1.322 7	1.298 4	1.274 6	1.251 2	1.228 2	1.205 7	1.183 6

来源：Weiss（1974）。

117

表2.40 不同温度及盐度（33~37 g/kg）下二氧化碳的本森系数［β′，mg/(L·mmHg)］

温度/℃	盐度/(g/kg)								
	33.0	33.5	34.0	34.5	35.0	35.5	36.0	36.5	37.0
0	3.7827	3.7729	3.7630	3.7533	3.7435	3.7338	3.7240	3.7143	3.7047
1	3.6387	3.6293	3.6199	3.6105	3.6012	3.5918	3.5825	3.5732	3.5639
2	3.5024	3.4934	3.4843	3.4753	3.4664	3.4574	3.4485	3.4396	3.4307
3	3.3732	3.3646	3.3559	3.3473	3.3386	3.3301	3.3215	3.3129	3.3044
4	3.2508	3.2424	3.2341	3.2258	3.2176	3.2093	3.2011	3.1929	3.1847
5	3.1346	3.1266	3.1186	3.1107	3.1028	3.0948	3.0869	3.0791	3.0712
6	3.0244	3.0167	3.0091	3.0014	2.9938	2.9862	2.9786	2.9710	2.9635
7	2.9197	2.9124	2.9050	2.8976	2.8903	2.8830	2.8757	2.8684	2.8612
8	2.8203	2.8132	2.8061	2.7991	2.7920	2.7850	2.7780	2.7710	2.7640
9	2.7258	2.7190	2.7122	2.7054	2.6986	2.6919	2.6851	2.6784	2.6717
10	2.6360	2.6294	2.6228	2.6163	2.6098	2.6033	2.5968	2.5904	2.5839
11	2.5505	2.5442	2.5379	2.5316	2.5253	2.5191	2.5128	2.5066	2.5004
12	2.4691	2.4630	2.4570	2.4509	2.4449	2.4389	2.4329	2.4269	2.4209
13	2.3916	2.3858	2.3799	2.3741	2.3683	2.3625	2.3567	2.3510	2.3452
14	2.3178	2.3122	2.3066	2.3010	2.2954	2.2898	2.2842	2.2787	2.2731
15	2.2475	2.2420	2.2366	2.2312	2.2258	2.2205	2.2151	2.2098	2.2044
16	2.1804	2.1752	2.1699	2.1647	2.1596	2.1544	2.1492	2.1441	2.1389
17	2.1164	2.1114	2.1063	2.1013	2.0963	2.0913	2.0864	2.0814	2.0764
18	2.0553	2.0505	2.0456	2.0408	2.0360	2.0312	2.0264	2.0216	2.0168
19	1.9971	1.9924	1.9877	1.9830	1.9784	1.9737	1.9691	1.9645	1.9599
20	1.9414	1.9369	1.9324	1.9279	1.9234	1.9189	1.9144	1.9100	1.9055
21	1.8882	1.8838	1.8795	1.8752	1.8708	1.8665	1.8622	1.8579	1.8536
22	1.8374	1.8332	1.8290	1.8248	1.8206	1.8164	1.8123	1.8081	1.8040
23	1.7888	1.7847	1.7806	1.7766	1.7726	1.7686	1.7645	1.7605	1.7565
24	1.7423	1.7383	1.7344	1.7305	1.7266	1.7228	1.7189	1.7150	1.7112
25	1.6978	1.6940	1.6902	1.6865	1.6827	1.6790	1.6752	1.6715	1.6678
26	1.6552	1.6515	1.6479	1.6443	1.6406	1.6370	1.6334	1.6298	1.6262
27	1.6144	1.6109	1.6074	1.6039	1.6004	1.5969	1.5934	1.5899	1.5864
28	1.5754	1.5720	1.5686	1.5652	1.5618	1.5584	1.5551	1.5517	1.5484
29	1.5380	1.5347	1.5314	1.5281	1.5249	1.5216	1.5184	1.5151	1.5119
30	1.5021	1.4989	1.4958	1.4926	1.4895	1.4863	1.4832	1.4800	1.4769
31	1.4677	1.4647	1.4616	1.4586	1.4555	1.4525	1.4494	1.4464	1.4434
32	1.4348	1.4318	1.4289	1.4259	1.4230	1.4200	1.4171	1.4142	1.4113

续 表

温度/℃	盐度/(g/kg)								
	33.0	33.5	34.0	34.5	35.0	35.5	36.0	36.5	37.0
33	1.4032	1.4003	1.3975	1.3946	1.3918	1.3889	1.3861	1.3833	1.3804
34	1.3728	1.3701	1.3673	1.3646	1.3618	1.3591	1.3563	1.3536	1.3509
35	1.3437	1.3411	1.3384	1.3357	1.3331	1.3304	1.3278	1.3251	1.3225
36	1.3158	1.3132	1.3106	1.3081	1.3055	1.3029	1.3004	1.2978	1.2953
37	1.2890	1.2865	1.2840	1.2815	1.2790	1.2765	1.2741	1.2716	1.2691
38	1.2632	1.2608	1.2584	1.2560	1.2536	1.2512	1.2488	1.2464	1.2440
39	1.2384	1.2361	1.2338	1.2315	1.2292	1.2268	1.2245	1.2222	1.2199
40	1.2147	1.2124	1.2102	1.2079	1.2057	1.2035	1.2012	1.1990	1.1968

来源：Weiss（1974）。

118

表 2.41 海水蒸气压（mmHg）

温度/℃	盐度/(g/kg)								
	0.0	5.0	10.0	15.0	20.0	25.0	30.0	35.0	40.0
0	4.581	4.569	4.557	4.545	4.533	4.520	4.508	4.495	4.482
1	4.925	4.912	4.899	4.886	4.873	4.860	4.846	4.833	4.819
2	5.291	5.278	5.264	5.250	5.236	5.222	5.207	5.192	5.177
3	5.682	5.667	5.653	5.638	5.623	5.607	5.592	5.576	5.560
4	6.098	6.082	6.066	6.050	6.034	6.018	6.001	5.984	5.967
5	6.541	6.524	6.507	6.490	6.472	6.455	6.437	6.419	6.400
6	7.012	6.993	6.975	6.957	6.938	6.919	6.900	6.881	6.861
7	7.512	7.493	7.473	7.453	7.433	7.413	7.393	7.372	7.350
8	8.044	8.023	8.002	7.981	7.960	7.938	7.916	7.893	7.870
9	8.608	8.586	8.564	8.541	8.518	8.495	8.472	8.448	8.423
10	9.208	9.184	9.160	9.136	9.111	9.087	9.061	9.036	9.009
11	9.843	9.818	9.792	9.766	9.740	9.714	9.687	9.659	9.631
12	10.517	10.490	10.463	10.435	10.407	10.379	10.350	10.321	10.291
13	11.232	11.202	11.173	11.144	11.114	11.084	11.053	11.022	10.990
14	11.988	11.957	11.926	11.894	11.863	11.830	11.797	11.764	11.730
15	12.789	12.756	12.722	12.689	12.655	12.621	12.586	12.550	12.513
16	13.636	13.601	13.565	13.530	13.494	13.457	13.420	13.382	13.343
17	14.533	14.495	14.457	14.419	14.381	14.342	14.302	14.261	14.220
18	15.480	15.440	15.400	15.359	15.318	15.277	15.234	15.191	15.147

续　表

温度/℃	盐度/(g/kg)								
	0.0	5.0	10.0	15.0	20.0	25.0	30.0	35.0	40.0
19	16.482	16.439	16.396	16.353	16.309	16.265	16.220	16.173	16.126
20	17.539	17.493	17.448	17.402	17.355	17.308	17.260	17.211	17.161
21	18.656	18.607	18.558	18.509	18.460	18.410	18.359	18.307	18.253
22	19.834	19.782	19.730	19.678	19.626	19.573	19.518	19.463	19.406
23	21.076	21.021	20.966	20.911	20.855	20.799	20.741	20.682	20.622
24	22.386	22.328	22.269	22.211	22.152	22.091	22.030	21.968	21.904
25	23.767	23.705	23.643	23.580	23.518	23.454	23.389	23.322	23.254
26	25.221	25.155	25.089	25.023	24.956	24.889	24.820	24.749	24.677
27	26.752	26.682	26.612	26.542	26.472	26.400	26.326	26.252	26.175
28	28.363	28.289	28.215	28.141	28.066	27.990	27.912	27.833	27.752
29	30.058	29.980	29.902	29.823	29.743	29.663	29.580	29.496	29.410
30	31.841	31.758	31.675	31.592	31.507	31.422	31.335	31.246	31.155
31	33.715	33.627	33.539	33.451	33.362	33.271	33.179	33.085	32.988
32	35.684	35.591	35.498	35.404	35.310	35.214	35.116	35.017	34.915
33	37.752	37.653	37.555	37.456	37.356	37.255	37.152	37.046	36.938
34	39.923	39.819	39.715	39.610	39.505	39.397	39.288	39.177	39.062
35	42.201	42.091	41.982	41.871	41.759	41.646	41.530	41.412	41.292
36	44.592	44.476	44.359	44.243	44.125	44.005	43.883	43.758	43.631
37	47.098	46.976	46.853	46.730	46.605	46.479	46.350	46.218	46.083
38	49.726	49.597	49.467	49.337	49.205	49.072	48.936	48.797	48.654
39	52.480	52.343	52.206	52.069	51.930	51.789	51.645	51.498	51.349
40	55.364	55.219	55.075	54.930	54.784	54.635	54.484	54.329	54.171

来源：Ambrose 和 Lawrenson（1972）。

表 2.42　海水蒸气压（kPa）

119

温度/℃	盐度/(g/kg)								
	33.0	33.5	34.0	34.5	35.0	35.5	36.0	36.5	37.0
0	0.6107	0.6091	0.6075	0.6059	0.6043	0.6027	0.6010	0.5993	0.5975
1	0.6566	0.6549	0.6531	0.6514	0.6497	0.6479	0.6461	0.6443	0.6424
2	0.7055	0.7036	0.7018	0.6999	0.6981	0.6962	0.6942	0.6923	0.6903
3	0.7576	0.7556	0.7536	0.7516	0.7496	0.7476	0.7455	0.7434	0.7412
4	0.8130	0.8109	0.8088	0.8067	0.8045	0.8023	0.8001	0.7978	0.7955
5	0.8720	0.8698	0.8675	0.8652	0.8629	0.8606	0.8582	0.8557	0.8532

续 表

温度/℃	盐度/(g/kg)								
	33.0	33.5	34.0	34.5	35.0	35.5	36.0	36.5	37.0
6	0.9348	0.9324	0.9299	0.9275	0.9250	0.9225	0.9199	0.9173	0.9147
7	1.0015	0.9989	0.9963	0.9937	0.9910	0.9884	0.9856	0.9828	0.9799
8	1.0724	1.0696	1.0668	1.0640	1.0612	1.0583	1.0554	1.0524	1.0493
9	1.1477	1.1447	1.1417	1.1387	1.1357	1.1326	1.1295	1.1262	1.1230
10	1.2276	1.2244	1.2212	1.2180	1.2147	1.2114	1.2081	1.2046	1.2011
11	1.3123	1.3089	1.3055	1.3021	1.2986	1.2951	1.2915	1.2878	1.2841
12	1.4022	1.3985	1.3949	1.3912	1.3875	1.3837	1.3799	1.3760	1.3720
13	1.4974	1.4935	1.4896	1.4857	1.4817	1.4777	1.4736	1.4694	1.4652
14	1.5983	1.5941	1.5900	1.5858	1.5815	1.5772	1.5729	1.5684	1.5638
15	1.7051	1.7006	1.6962	1.6917	1.6872	1.6826	1.6779	1.6732	1.6683
16	1.8180	1.8133	1.8086	1.8038	1.7990	1.7941	1.7891	1.7841	1.7789
17	1.9375	1.9325	1.9274	1.9224	1.9173	1.9120	1.9067	1.9013	1.8958
18	2.0639	2.0585	2.0531	2.0477	2.0423	2.0367	2.0311	2.0253	2.0194
19	2.1974	2.1916	2.1859	2.1802	2.1744	2.1684	2.1624	2.1563	2.1500
20	2.3384	2.3323	2.3262	2.3201	2.3139	2.3076	2.3012	2.2946	2.2880
21	2.4872	2.4807	2.4742	2.4677	2.4611	2.4545	2.4477	2.4407	2.4336
22	2.6443	2.6374	2.6305	2.6236	2.6166	2.6095	2.6022	2.5948	2.5873
23	2.8099	2.8026	2.7953	2.7879	2.7805	2.7729	2.7652	2.7574	2.7493
24	2.9846	2.9768	2.9690	2.9612	2.9533	2.9453	2.9371	2.9288	2.9202
25	3.1686	3.1603	3.1521	3.1438	3.1354	3.1269	3.1182	3.1094	3.1003
26	3.3625	3.3537	3.3450	3.3362	3.3273	3.3182	3.3090	3.2996	3.2900
27	3.5666	3.5573	3.5480	3.5387	3.5292	3.5197	3.5099	3.4999	3.4897
28	3.7814	3.7716	3.7617	3.7518	3.7418	3.7317	3.7213	3.7107	3.6999
29	4.0074	3.9970	3.9866	3.9761	3.9655	3.9547	3.9437	3.9325	3.9211
30	4.2451	4.2341	4.2230	4.2119	4.2007	4.1892	4.1776	4.1658	4.1536
31	4.4949	4.4832	4.4715	4.4598	4.4479	4.4358	4.4235	4.4109	4.3981
32	4.7574	4.7450	4.7327	4.7202	4.7076	4.6948	4.6818	4.6685	4.6549
33	5.0332	5.0200	5.0069	4.9938	4.9804	4.9669	4.9531	4.9391	4.9247
34	5.3226	5.3087	5.2949	5.2809	5.2669	5.2526	5.2380	5.2231	5.2079
35	5.6264	5.6117	5.5971	5.5823	5.5675	5.5523	5.5369	5.5212	5.5051
36	5.9451	5.9296	5.9141	5.8985	5.8828	5.8668	5.8506	5.8339	5.8169
37	6.2793	6.2629	6.2466	6.2301	6.2135	6.1966	6.1794	6.1619	6.1439
38	6.6296	6.6123	6.5951	6.5777	6.5602	6.5424	6.5242	6.5057	6.4867
39	6.9967	6.9785	6.9602	6.9419	6.9234	6.9046	6.8855	6.8659	6.8459
40	7.3812	7.3620	7.3428	7.3235	7.3039	7.2841	7.2639	7.2432	7.2221

来源：Ambrose 和 Lawrenson（1972）。

表 2.43　不同温度及盐度下水的静水压力（mmHg/m）

温度/℃	盐度/(g/kg)								
	0.0	5.0	10.0	15.0	20.0	25.0	30.0	35.0	40.0
0	73.544	73.844	74.141	74.438	74.734	75.030	75.327	75.623	75.921
1	73.549	73.847	74.143	74.438	74.733	75.028	75.323	75.619	75.915
2	73.552	73.848	74.143	74.437	74.731	75.025	75.319	75.613	75.908
3	73.554	73.849	74.142	74.435	74.728	75.021	75.314	75.607	75.901
4	73.554	73.848	74.141	74.432	74.724	75.015	75.307	75.600	75.893
5	73.553	73.846	74.138	74.428	74.719	75.009	75.300	75.592	75.884
6	73.552	73.844	74.134	74.423	74.713	75.002	75.292	75.583	75.874
7	73.549	73.840	74.129	74.417	74.706	74.994	75.283	75.573	75.863
8	73.545	73.835	74.123	74.410	74.698	74.985	75.273	75.562	75.851
9	73.540	73.829	74.116	74.402	74.689	74.976	75.263	75.551	75.839
10	73.534	73.822	74.108	74.393	74.679	74.965	75.251	75.538	75.826
11	73.527	73.814	74.099	74.384	74.669	74.954	75.239	75.525	75.812
12	73.519	73.805	74.089	74.373	74.657	74.942	75.226	75.512	75.798
13	73.510	73.795	74.079	74.362	74.645	74.929	75.213	75.497	75.783
14	73.500	73.785	74.067	74.350	74.632	74.915	75.198	75.482	75.767
15	73.490	73.773	74.055	74.337	74.618	74.900	75.183	75.466	75.750
16	73.478	73.761	74.042	74.323	74.604	74.885	75.167	75.450	75.733
17	73.466	73.748	74.028	74.308	74.589	74.869	75.151	75.433	75.715
18	73.453	73.734	74.013	74.293	74.573	74.853	75.134	75.415	75.697
19	73.439	73.719	73.998	74.277	74.556	74.836	75.116	75.396	75.678
20	73.424	73.704	73.982	74.260	74.539	74.818	75.097	75.377	75.658
21	73.408	73.687	73.965	74.243	74.521	74.799	75.078	75.358	75.638
22	73.392	73.670	73.948	74.225	74.502	74.780	75.058	75.337	75.617
23	73.375	73.653	73.929	74.206	74.483	74.760	75.038	75.316	75.596
24	73.357	73.634	73.911	74.187	74.463	74.740	75.017	75.295	75.574
25	73.339	73.615	73.891	74.167	74.442	74.719	74.995	75.273	75.551
26	73.320	73.596	73.871	74.146	74.421	74.697	74.973	75.250	75.528
27	73.300	73.575	73.850	74.124	74.399	74.675	74.950	75.227	75.505
28	73.279	73.554	73.828	74.103	74.377	74.652	74.927	75.203	75.480
29	73.258	73.533	73.806	74.080	74.354	74.628	74.903	75.179	75.456
30	73.236	73.510	73.784	74.057	74.330	74.604	74.879	75.154	75.430
31	73.214	73.487	73.760	74.033	74.306	74.580	74.854	75.129	75.405
32	73.190	73.464	73.736	74.009	74.281	74.555	74.828	75.103	75.378

续 表

温度/℃	盐度/(g/kg)								
	0.0	5.0	10.0	15.0	20.0	25.0	30.0	35.0	40.0
33	73.167	73.440	73.712	73.984	74.256	74.529	74.802	75.077	75.351
34	73.142	73.415	73.687	73.958	74.230	74.503	74.776	75.050	75.324
35	73.117	73.390	73.661	73.932	74.204	74.476	74.749	75.022	75.296
36	73.092	73.364	73.635	73.906	74.177	74.449	74.721	74.994	75.268
37	73.066	73.337	73.608	73.879	74.150	74.421	74.693	74.966	75.239
38	73.039	73.310	73.581	73.851	74.122	74.393	74.665	74.937	75.210
39	73.012	73.283	73.553	73.823	74.093	74.364	74.636	74.908	75.181
40	72.984	73.255	73.525	73.795	74.065	74.335	74.606	74.878	75.151

来源：Millero 和 Poisson（1981）。

121

表 2.44 不同温度及盐度下水的静水压力（kPa/m）

温度/℃	盐度/(g/kg)								
	33.0	33.5	34.0	34.5	35.0	35.5	36.0	36.5	37.0
0	9.805	9.845	9.885	9.924	9.964	10.003	10.043	10.082	10.122
1	9.806	9.845	9.885	9.924	9.964	10.003	10.042	10.082	10.121
2	9.806	9.846	9.885	9.924	9.963	10.002	10.042	10.081	10.120
3	9.806	9.846	9.885	9.924	9.963	10.002	10.041	10.080	10.119
4	9.806	9.846	9.885	9.923	9.962	10.001	10.040	10.079	10.118
5	9.806	9.845	9.884	9.923	9.962	10.000	10.039	10.078	10.117
6	9.806	9.845	9.884	9.922	9.961	9.999	10.038	10.077	10.116
7	9.806	9.844	9.883	9.921	9.960	9.998	10.037	10.076	10.114
8	9.805	9.844	9.882	9.921	9.959	9.997	10.036	10.074	10.113
9	9.805	9.843	9.881	9.919	9.958	9.996	10.034	10.073	10.111
10	9.804	9.842	9.880	9.918	9.956	9.995	10.033	10.071	10.109
11	9.803	9.841	9.879	9.917	9.955	9.993	10.031	10.069	10.107
12	9.802	9.840	9.878	9.916	9.953	9.991	10.029	10.067	10.106
13	9.801	9.839	9.876	9.914	9.952	9.990	10.028	10.065	10.104
14	9.799	9.837	9.875	9.912	9.950	9.988	10.026	10.063	10.101
15	9.798	9.836	9.873	9.911	9.948	9.986	10.024	10.061	10.099
16	9.796	9.834	9.871	9.909	9.946	9.984	10.021	10.059	10.097
17	9.795	9.832	9.870	9.907	9.944	9.982	10.019	10.057	10.095
18	9.793	9.830	9.868	9.905	9.942	9.980	10.017	10.054	10.092

续 表

温度/℃	盐度/(g/kg)								
	33.0	33.5	34.0	34.5	35.0	35.5	36.0	36.5	37.0
19	9.791	9.828	9.866	9.903	9.940	9.977	10.015	10.052	10.090
20	9.789	9.826	9.863	9.901	9.938	9.975	10.012	10.049	10.087
21	9.787	9.824	9.861	9.898	9.935	9.972	10.010	10.047	10.084
22	9.785	9.822	9.859	9.896	9.933	9.970	10.007	10.044	10.081
23	9.783	9.820	9.856	9.893	9.930	9.967	10.004	10.041	10.079
24	9.780	9.817	9.854	9.891	9.928	9.964	10.001	10.039	10.076
25	9.778	9.815	9.851	9.888	9.925	9.962	9.999	10.036	10.073
26	9.775	9.812	9.849	9.885	9.922	9.959	9.996	10.033	10.070
27	9.772	9.809	9.846	9.882	9.919	9.956	9.993	10.029	10.066
28	9.770	9.806	9.843	9.880	9.916	9.953	9.989	10.026	10.063
29	9.767	9.804	9.840	9.877	9.913	9.950	9.986	10.023	10.060
30	9.764	9.801	9.837	9.873	9.910	9.946	9.983	10.020	10.057
31	9.761	9.798	9.834	9.870	9.907	9.943	9.980	10.016	10.053
32	9.758	9.794	9.831	9.867	9.903	9.940	9.976	10.013	10.050
33	9.755	9.791	9.827	9.864	9.900	9.936	9.973	10.009	10.046
34	9.751	9.788	9.824	9.860	9.897	9.933	9.969	10.006	10.042
35	9.748	9.784	9.821	9.857	9.893	9.929	9.966	10.002	10.039
36	9.745	9.781	9.817	9.853	9.889	9.926	9.962	9.998	10.035
37	9.741	9.778	9.814	9.850	9.886	9.922	9.958	9.995	10.031
38	9.738	9.774	9.810	9.846	9.882	9.918	9.954	9.991	10.027
39	9.734	9.770	9.806	9.842	9.878	9.914	9.951	9.987	10.023
40	9.730	9.766	9.802	9.838	9.874	9.911	9.947	9.983	10.019

来源：Millero 和 Poisson (1981)。

122

表 2.45 不同温度及盐度 (0~40 g/kg) 下溶解氧含量 [mmHg/(mg/L)]

温度/℃	盐度/(g/kg)								
	0.0	5.0	10.0	15.0	20.0	25.0	30.0	35.0	40.0
0	10.822	11.207	11.605	12.018	12.446	12.890	13.350	13.827	14.321
1	11.126	11.517	11.922	12.343	12.779	13.230	13.698	14.182	14.684
2	11.431	11.829	12.242	12.670	13.113	13.571	14.047	14.539	15.049
3	11.739	12.144	12.564	12.998	13.449	13.915	14.397	14.897	15.415
4	12.048	12.460	12.887	13.329	13.786	14.259	14.750	15.257	15.782
5	12.359	12.778	13.211	13.660	14.125	14.605	15.103	15.618	16.150

续 表

温度/℃	盐度/(g/kg)								
	0.0	5.0	10.0	15.0	20.0	25.0	30.0	35.0	40.0
6	12.671	13.097	13.537	13.993	14.465	14.953	15.457	15.979	16.519
7	12.985	13.417	13.865	14.327	14.806	15.301	15.812	16.342	16.889
8	13.300	13.739	14.193	14.662	15.148	15.650	16.168	16.705	17.259
9	13.616	14.061	14.522	14.998	15.490	15.999	16.525	17.068	17.630
10	13.933	14.384	14.851	15.334	15.833	16.349	16.881	17.432	18.001
11	14.250	14.708	15.182	15.671	16.176	16.699	17.238	17.795	18.371
12	14.568	15.032	15.512	16.008	16.520	17.049	17.595	18.159	18.741
13	14.886	15.356	15.842	16.345	16.863	17.399	17.951	18.522	19.111
14	15.204	15.681	16.173	16.681	17.206	17.748	18.307	18.884	19.480
15	15.522	16.005	16.503	17.018	17.549	18.097	18.663	19.246	19.849
16	15.840	16.328	16.833	17.354	17.891	18.445	19.017	19.607	20.216
17	16.157	16.652	17.162	17.689	18.232	18.793	19.371	19.967	20.582
18	16.474	16.974	17.491	18.024	18.573	19.139	19.723	20.326	20.947
19	16.790	17.296	17.819	18.357	18.912	19.485	20.075	20.683	21.310
20	17.106	17.617	18.145	18.689	19.250	19.829	20.425	21.039	21.672
21	17.420	17.937	18.471	19.020	19.587	20.171	20.773	21.393	22.032
22	17.733	18.256	18.795	19.350	19.922	20.512	21.119	21.745	22.390
23	18.045	18.573	19.117	19.678	20.256	20.851	21.464	22.096	22.746
24	18.356	18.889	19.438	20.005	20.588	21.188	21.807	22.444	23.100
25	18.664	19.203	19.758	20.329	20.917	21.523	22.147	22.790	23.451
26	18.971	19.515	20.075	20.652	21.245	21.856	22.485	23.133	23.800
27	19.277	19.825	20.390	20.972	21.571	22.187	22.821	23.474	24.146
28	19.580	20.133	20.703	21.290	21.894	22.515	23.154	23.812	24.489
29	19.881	20.439	21.014	21.606	22.214	22.840	23.485	24.148	24.830
30	20.180	20.743	21.322	21.919	22.532	23.163	23.812	24.480	25.167
31	20.477	21.044	21.628	22.229	22.847	23.483	24.137	24.810	25.501
32	20.771	21.343	21.931	22.537	23.160	23.800	24.459	25.136	25.832
33	21.062	21.639	22.232	22.842	23.469	24.114	24.777	25.459	26.160
34	21.351	21.932	22.529	23.144	23.775	24.425	25.092	25.779	26.484
35	21.637	22.222	22.824	23.442	24.078	24.732	25.404	26.095	26.805
36	21.920	22.509	23.115	23.738	24.378	25.036	25.712	26.407	27.122
37	22.200	22.793	23.403	24.030	24.675	25.337	26.017	26.716	27.435
38	22.477	23.074	23.688	24.319	24.968	25.634	26.318	27.022	27.744
39	22.750	23.352	23.969	24.604	25.257	25.927	26.616	27.323	28.049
40	23.021	23.626	24.248	24.886	25.543	26.217	26.909	27.620	28.351

表2.46 不同温度及盐度（33~37 g/kg）下溶解氧含量［mmHg/（mg/L）］

温度/℃	盐度/(g/kg)								
	33.0	33.5	34.0	34.5	35.0	35.5	36.0	36.5	37.0
0	13.634	13.682	13.730	13.779	13.827	13.876	13.924	13.973	14.023
1	13.986	14.035	14.084	14.133	14.182	14.231	14.281	14.331	14.381
2	14.340	14.389	14.439	14.489	14.539	14.589	14.639	14.690	14.741
3	14.695	14.745	14.796	14.846	14.897	14.948	14.999	15.051	15.102
4	15.052	15.103	15.154	15.205	15.257	15.309	15.360	15.412	15.465
5	15.410	15.461	15.513	15.565	15.618	15.670	15.723	15.775	15.828
6	15.768	15.821	15.873	15.926	15.979	16.032	16.086	16.139	16.193
7	16.128	16.181	16.234	16.288	16.342	16.396	16.450	16.504	16.559
8	16.488	16.542	16.596	16.650	16.705	16.759	16.814	16.869	16.924
9	16.849	16.903	16.958	17.013	17.068	17.124	17.179	17.235	17.291
10	17.209	17.265	17.320	17.376	17.432	17.488	17.544	17.600	17.657
11	17.570	17.626	17.682	17.739	17.795	17.852	17.909	17.966	18.023
12	17.931	17.988	18.045	18.102	18.159	18.216	18.274	18.332	18.390
13	18.291	18.349	18.406	18.464	18.522	18.580	18.638	18.697	18.755
14	18.651	18.709	18.768	18.826	18.884	18.943	19.002	19.061	19.120
15	19.011	19.069	19.128	19.187	19.246	19.306	19.365	19.425	19.485
16	19.369	19.428	19.488	19.547	19.607	19.667	19.727	19.788	19.848
17	19.726	19.786	19.846	19.907	19.967	20.028	20.089	20.150	20.211
18	20.083	20.143	20.204	20.265	20.326	20.387	20.449	20.510	20.572
19	20.438	20.499	20.560	20.621	20.683	20.745	20.807	20.869	20.932
20	20.791	20.853	20.915	20.977	21.039	21.101	21.164	21.227	21.290
21	21.143	21.205	21.268	21.330	21.393	21.456	21.519	21.583	21.646
22	21.493	21.556	21.619	21.682	21.745	21.809	21.873	21.937	22.001
23	21.841	21.904	21.968	22.032	22.096	22.160	22.224	22.289	22.353
24	22.187	22.251	22.315	22.379	22.444	22.508	22.573	22.638	22.704
25	22.530	22.595	22.660	22.724	22.790	22.855	22.920	22.986	23.052
26	22.872	22.937	23.002	23.067	23.133	23.199	23.265	23.331	23.397
27	23.211	23.276	23.342	23.408	23.474	23.540	23.607	23.673	23.740
28	23.547	23.613	23.679	23.746	23.812	23.879	23.946	24.013	24.081
29	23.880	23.947	24.013	24.080	24.148	24.215	24.282	24.350	24.418
30	24.211	24.278	24.345	24.412	24.480	24.548	24.616	24.684	24.753
31	24.538	24.606	24.674	24.741	24.810	24.878	24.946	25.015	25.084
32	24.863	24.931	24.999	25.067	25.136	25.205	25.274	25.343	25.412

续 表

温度/℃	盐度/(g/kg)								
	33.0	33.5	34.0	34.5	35.0	35.5	36.0	36.5	37.0
33	25.184	25.252	25.321	25.390	25.459	25.528	25.598	25.667	25.737
34	25.502	25.571	25.640	25.709	25.779	25.848	25.918	25.988	26.058
35	25.816	25.886	25.955	26.025	26.095	26.165	26.235	26.306	26.376
36	26.127	26.197	26.267	26.337	26.407	26.478	26.549	26.620	26.691
37	26.434	26.505	26.575	26.646	26.716	26.787	26.858	26.930	27.001
38	26.738	26.809	26.879	26.950	27.022	27.093	27.165	27.236	27.308
39	27.038	27.109	27.180	27.251	27.323	27.395	27.467	27.539	27.611
40	27.334	27.405	27.477	27.548	27.620	27.693	27.765	27.838	27.910

124

表 2.47 不同温度及盐度（0~40 g/kg）下溶解氮含量［mmHg/(mg/L)］

温度/℃	盐度/(g/kg)								
	0.0	5.0	10.0	15.0	20.0	25.0	30.0	35.0	40.0
0	25.359	26.321	27.321	28.359	29.438	30.558	31.721	32.929	34.183
1	26.022	27.000	28.016	29.070	30.165	31.302	32.482	33.707	34.979
2	26.688	27.681	28.713	29.783	30.895	32.048	33.245	34.487	35.775
3	27.355	28.364	29.411	30.498	31.625	32.795	34.008	35.266	36.571
4	28.024	29.048	30.111	31.213	32.356	33.542	34.771	36.046	37.367
5	28.695	29.734	30.811	31.929	33.087	34.289	35.534	36.824	38.162
6	29.366	30.419	31.512	32.645	33.818	35.035	36.296	37.602	38.956
7	30.037	31.105	32.212	33.360	34.549	35.780	37.056	38.378	39.748
8	30.708	31.790	32.912	34.074	35.278	36.524	37.815	39.152	40.537
9	31.378	32.474	33.610	34.787	36.005	37.266	38.572	39.924	41.324
10	32.047	33.157	34.307	35.498	36.730	38.006	39.326	40.693	42.107
11	32.714	33.838	35.002	36.206	37.453	38.743	40.077	41.458	42.887
12	33.379	34.517	35.694	36.912	38.173	39.476	40.825	42.220	43.663
13	34.042	35.193	36.383	37.615	38.889	40.206	41.569	42.978	44.434
14	34.702	35.866	37.069	38.314	39.601	40.932	42.308	43.731	45.201
15	35.359	36.535	37.751	39.009	40.309	41.653	43.043	44.478	45.962
16	36.011	37.200	38.429	39.700	41.013	42.370	43.772	45.221	46.718
17	36.660	37.861	39.102	40.386	41.711	43.081	44.496	45.958	47.468
18	37.303	38.517	39.771	41.066	42.404	43.786	45.214	46.688	48.211

续　表

温度/℃	盐度/(g/kg)								
	0.0	5.0	10.0	15.0	20.0	25.0	30.0	35.0	40.0
19	37.942	39.167	40.433	41.741	43.091	44.486	45.926	47.413	48.948
20	38.575	39.812	41.090	42.410	43.772	45.179	46.631	48.130	49.677
21	39.203	40.451	41.740	43.072	44.446	45.865	47.329	48.840	50.400
22	39.824	41.083	42.384	43.727	45.113	46.543	48.019	49.542	51.114
23	40.438	41.709	43.021	44.375	45.773	47.215	48.702	50.237	51.820
24	41.045	42.327	43.650	45.016	46.425	47.878	49.377	50.923	52.518
25	41.645	42.938	44.272	45.649	47.068	48.533	50.043	51.601	53.207
26	42.237	43.540	44.885	46.273	47.704	49.179	50.700	52.269	53.887
27	42.820	44.134	45.490	46.888	48.330	49.816	51.349	52.929	54.558
28	43.395	44.720	46.086	47.495	48.947	50.444	51.988	53.579	55.218
29	43.961	45.296	46.673	48.092	49.555	51.063	52.617	54.219	55.869
30	44.518	45.863	47.250	48.679	50.153	51.671	53.236	54.848	56.510
31	45.065	46.420	47.817	49.256	50.740	52.269	53.844	55.467	57.140
32	45.601	46.966	48.373	49.823	51.317	52.856	54.442	56.076	57.759
33	46.128	47.502	48.919	50.379	51.883	53.433	55.029	56.673	58.367
34	46.643	48.027	49.454	50.924	52.438	53.997	55.604	57.259	58.963
35	47.147	48.541	49.977	51.457	52.981	54.551	56.167	57.832	59.547
36	47.639	49.042	50.488	51.978	53.512	55.092	56.719	58.394	60.119
37	48.119	49.532	50.987	52.487	54.030	55.620	57.257	58.943	60.679
38	48.587	50.009	51.474	52.983	54.536	56.136	57.783	59.479	61.225
39	49.042	50.473	51.947	53.466	55.029	56.639	58.296	60.002	61.759
40	49.483	50.924	52.407	53.935	55.508	57.128	58.795	60.512	62.279

125

表 2.48　不同温度及盐度（33~37 g/kg）下溶解氮含量［mmHg/(mg/L)］

温度/℃	盐度/(g/kg)								
	33.0	33.5	34.0	34.5	35.0	35.5	36.0	36.5	37.0
0	32.440	32.562	32.684	32.806	32.929	33.052	33.176	33.300	33.425
1	33.212	33.335	33.459	33.583	33.707	33.832	33.958	34.084	34.210
2	33.984	34.109	34.234	34.360	34.487	34.613	34.740	34.868	34.996
3	34.757	34.884	35.011	35.138	35.266	35.395	35.523	35.653	35.783
4	35.530	35.658	35.787	35.916	36.046	36.176	36.306	36.437	36.568

续 表

温度/℃	盐度/(g/kg)								
	33.0	33.5	34.0	34.5	35.0	35.5	36.0	36.5	37.0
5	36.303	36.432	36.563	36.693	36.824	36.956	37.088	37.221	37.354
6	37.074	37.205	37.337	37.469	37.602	37.735	37.869	38.003	38.138
7	37.844	37.977	38.110	38.244	38.378	38.513	38.648	38.784	38.920
8	38.612	38.746	38.881	39.017	39.152	39.289	39.425	39.563	39.700
9	39.378	39.514	39.650	39.787	39.924	40.062	40.200	40.339	40.478
10	40.141	40.278	40.416	40.554	40.693	40.832	40.972	41.112	41.253
11	40.900	41.039	41.178	41.318	41.458	41.599	41.740	41.882	42.024
12	41.656	41.797	41.937	42.078	42.220	42.362	42.505	42.648	42.791
13	42.408	42.550	42.692	42.835	42.978	43.121	43.265	43.410	43.554
14	43.156	43.299	43.442	43.586	43.731	43.875	44.021	44.167	44.313
15	43.898	44.043	44.188	44.333	44.478	44.625	44.771	44.919	45.066
16	44.636	44.781	44.927	45.074	45.221	45.369	45.517	45.665	45.814
17	45.367	45.514	45.662	45.810	45.958	46.107	46.256	46.406	46.556
18	46.093	46.241	46.390	46.539	46.688	46.839	46.989	47.140	47.292
19	46.812	46.962	47.111	47.262	47.413	47.564	47.716	47.868	48.021
20	47.524	47.675	47.826	47.978	48.130	48.282	48.435	48.589	48.743
21	48.230	48.382	48.534	48.687	48.840	48.994	49.148	49.303	49.458
22	48.927	49.080	49.234	49.388	49.542	49.697	49.853	50.009	50.165
23	49.617	49.771	49.926	50.081	50.237	50.393	50.550	50.707	50.864
24	50.299	50.454	50.610	50.766	50.923	51.080	51.238	51.396	51.555
25	50.972	51.128	51.285	51.443	51.601	51.759	51.918	52.077	52.237
26	51.636	51.794	51.952	52.110	52.269	52.429	52.589	52.749	52.910
27	52.291	52.450	52.609	52.769	52.929	53.089	53.251	53.412	53.574
28	52.936	53.096	53.257	53.417	53.579	53.740	53.903	54.065	54.229
29	53.572	53.733	53.894	54.056	54.219	54.381	54.545	54.709	54.873
30	54.197	54.359	54.522	54.685	54.848	55.012	55.177	55.342	55.507
31	54.812	54.975	55.139	55.303	55.467	55.632	55.798	55.964	56.130
32	55.416	55.581	55.745	55.910	56.076	56.242	56.408	56.575	56.743
33	56.009	56.175	56.340	56.506	56.673	56.840	57.008	57.176	57.344
34	56.591	56.757	56.924	57.091	57.259	57.427	57.595	57.765	57.934
35	57.160	57.328	57.495	57.664	57.832	58.002	58.171	58.341	58.512
36	57.718	57.886	58.055	58.224	58.394	58.564	58.735	58.906	59.078
37	58.263	58.432	58.602	58.772	58.943	59.114	59.286	59.458	59.631
38	58.795	58.965	59.136	59.307	59.479	59.652	59.824	59.998	60.172
39	59.314	59.485	59.657	59.829	60.002	60.176	60.349	60.524	60.699
40	59.819	59.991	60.164	60.338	60.512	60.686	60.861	61.036	61.212

表 2.49　不同温度及盐度（0~40 g/kg）下溶解氩含量［mmHg/（mg/L）］

温度/℃	盐度/(g/kg)								
	0.0	5.0	10.0	15.0	20.0	25.0	30.0	35.0	40.0
0	7.921	8.200	8.489	8.788	9.098	9.419	9.751	10.095	10.452
1	8.141	8.425	8.718	9.023	9.338	9.665	10.002	10.352	10.715
2	8.362	8.651	8.950	9.259	9.580	9.912	10.255	10.610	10.978
3	8.585	8.879	9.183	9.497	9.823	10.160	10.509	10.869	11.243
4	8.809	9.107	9.417	9.736	10.067	10.409	10.763	11.129	11.508
5	9.034	9.338	9.652	9.976	10.312	10.660	11.019	11.390	11.774
6	9.260	9.569	9.887	10.217	10.558	10.910	11.275	11.651	12.041
7	9.488	9.801	10.124	10.459	10.805	11.162	11.531	11.913	12.308
8	9.715	10.033	10.362	10.701	11.052	11.414	11.789	12.175	12.575
9	9.944	10.266	10.600	10.944	11.299	11.667	12.046	12.438	12.842
10	10.173	10.500	10.838	11.187	11.547	11.919	12.303	12.700	13.110
11	10.403	10.734	11.077	11.430	11.795	12.172	12.561	12.962	13.377
12	10.633	10.969	11.316	11.674	12.043	12.425	12.818	13.225	13.644
13	10.863	11.203	11.555	11.917	12.291	12.677	13.076	13.487	13.911
14	11.093	11.438	11.793	12.161	12.539	12.930	13.333	13.748	14.177
15	11.323	11.672	12.032	12.404	12.787	13.182	13.589	14.009	14.442
16	11.553	11.906	12.270	12.646	13.034	13.433	13.845	14.270	14.707
17	11.782	12.140	12.508	12.888	13.280	13.684	14.100	14.529	14.971
18	12.011	12.373	12.746	13.130	13.526	13.934	14.355	14.788	15.235
19	12.240	12.605	12.982	13.371	13.771	14.183	14.608	15.046	15.497
20	12.468	12.837	13.218	13.611	14.015	14.432	14.861	15.303	15.758
21	12.695	13.068	13.453	13.850	14.258	14.679	15.112	15.558	16.018
22	12.921	13.298	13.687	14.088	14.500	14.925	15.362	15.812	16.276
23	13.146	13.527	13.920	14.325	14.741	15.170	15.611	16.065	16.533
24	13.369	13.755	14.152	14.560	14.980	15.413	15.858	16.317	16.788
25	13.592	13.981	14.382	14.794	15.218	15.655	16.104	16.566	17.042
26	13.813	14.206	14.611	15.027	15.455	15.895	16.348	16.815	17.294
27	14.033	14.430	14.838	15.258	15.689	16.134	16.591	17.061	17.544
28	14.251	14.651	15.063	15.487	15.922	16.370	16.831	17.305	17.792
29	14.468	14.871	15.287	15.714	16.153	16.605	17.070	17.548	18.039
30	14.682	15.089	15.508	15.939	16.382	16.838	17.306	17.788	18.283
31	14.895	15.306	15.728	16.163	16.609	17.069	17.541	18.026	18.525
32	15.105	15.520	15.946	16.384	16.834	17.297	17.773	18.262	18.764

续 表

温度/℃	盐度/(g/kg)								
	0.0	5.0	10.0	15.0	20.0	25.0	30.0	35.0	40.0
33	15.313	15.731	16.161	16.603	17.057	17.523	18.002	18.495	19.001
34	15.519	15.941	16.374	16.819	17.277	17.747	18.230	18.726	19.236
35	15.723	16.148	16.584	17.033	17.494	17.968	18.454	18.954	19.468
36	15.924	16.352	16.792	17.244	17.709	18.186	18.676	19.180	19.697
37	16.122	16.554	16.997	17.453	17.921	18.401	18.895	19.402	19.923
38	16.318	16.752	17.199	17.658	18.130	18.614	19.111	19.622	20.147
39	16.510	16.948	17.398	17.861	18.336	18.823	19.324	19.839	20.367
40	16.699	17.141	17.594	18.060	18.539	19.030	19.534	20.052	20.584

127

表 2.50 不同温度及盐度（33~37 g/kg）下溶解氩含量［mmHg/(mg/L)］

温度/℃	盐度/(g/kg)								
	33.0	33.5	34.0	34.5	35.0	35.5	36.0	36.5	37.0
0	9.956	9.991	10.026	10.061	10.095	10.131	10.166	10.201	10.237
1	10.211	10.246	10.281	10.317	10.352	10.388	10.424	10.460	10.496
2	10.467	10.503	10.538	10.574	10.610	10.647	10.683	10.719	10.756
3	10.724	10.760	10.796	10.833	10.869	10.906	10.943	10.980	11.017
4	10.981	11.018	11.055	11.092	11.129	11.167	11.204	11.242	11.279
5	11.240	11.277	11.315	11.352	11.390	11.428	11.466	11.504	11.542
6	11.499	11.537	11.575	11.613	11.651	11.690	11.728	11.767	11.806
7	11.759	11.797	11.836	11.874	11.913	11.952	11.991	12.030	12.069
8	12.019	12.058	12.097	12.136	12.175	12.215	12.254	12.294	12.334
9	12.279	12.319	12.358	12.398	12.438	12.477	12.517	12.558	12.598
10	12.540	12.580	12.620	12.660	12.700	12.740	12.781	12.822	12.862
11	12.800	12.841	12.881	12.922	12.962	13.003	13.044	13.085	13.127
12	13.061	13.102	13.142	13.184	13.225	13.266	13.307	13.349	13.391
13	13.321	13.362	13.403	13.445	13.487	13.528	13.570	13.612	13.655
14	13.580	13.622	13.664	13.706	13.748	13.791	13.833	13.875	13.918
15	13.840	13.882	13.924	13.967	14.009	14.052	14.095	14.138	14.181
16	14.098	14.141	14.184	14.227	14.270	14.313	14.356	14.400	14.443
17	14.356	14.399	14.443	14.486	14.529	14.573	14.617	14.661	14.705
18	14.613	14.657	14.700	14.744	14.788	14.832	14.876	14.921	14.965

续　表

温度/℃	盐度/(g/kg)								
	33.0	33.5	34.0	34.5	35.0	35.5	36.0	36.5	37.0
19	14.869	14.913	14.957	15.002	15.046	15.090	15.135	15.180	15.225
20	15.124	15.169	15.213	15.258	15.303	15.348	15.393	15.438	15.483
21	15.378	15.423	15.468	15.513	15.558	15.604	15.649	15.695	15.740
22	15.631	15.676	15.721	15.767	15.812	15.858	15.904	15.950	15.996
23	15.882	15.928	15.973	16.019	16.065	16.112	16.158	16.204	16.251
24	16.132	16.178	16.224	16.270	16.317	16.363	16.410	16.457	16.504
25	16.380	16.426	16.473	16.520	16.566	16.613	16.661	16.708	16.755
26	16.626	16.673	16.720	16.767	16.815	16.862	16.909	16.957	17.005
27	16.871	16.918	16.966	17.013	17.061	17.109	17.156	17.204	17.253
28	17.114	17.162	17.209	17.257	17.305	17.353	17.402	17.450	17.498
29	17.355	17.403	17.451	17.499	17.548	17.596	17.645	17.693	17.742
30	17.594	17.642	17.690	17.739	17.788	17.837	17.886	17.935	17.984
31	17.830	17.879	17.928	17.977	18.026	18.075	18.125	18.174	18.224
32	18.064	18.114	18.163	18.212	18.262	18.311	18.361	18.411	18.461
33	18.296	18.346	18.395	18.445	18.495	18.545	18.595	18.645	18.696
34	18.526	18.576	18.626	18.676	18.726	18.776	18.827	18.877	18.928
35	18.753	18.803	18.853	18.904	18.954	19.005	19.056	19.107	19.158
36	18.977	19.027	19.078	19.129	19.180	19.231	19.282	19.333	19.385
37	19.198	19.249	19.300	19.351	19.402	19.454	19.505	19.557	19.609
38	19.416	19.467	19.519	19.570	19.622	19.674	19.726	19.778	19.830
39	19.631	19.683	19.735	19.787	19.839	19.891	19.943	19.996	20.048
40	19.843	19.895	19.948	20.000	20.052	20.105	20.157	20.210	20.263

表 2.51　不同温度及盐度（0~40 g/kg）下溶解氮气+氩气含量［mmHg/(mg/L)］

128

温度/℃	盐度/(g/kg)								
	0.0	5.0	10.0	15.0	20.0	25.0	30.0	35.0	40.0
0	24.716	25.651	26.623	27.632	28.680	29.768	30.898	32.071	33.290
1	25.363	26.314	27.301	28.326	29.391	30.495	31.642	32.832	34.067
2	26.014	26.979	27.982	29.023	30.103	31.224	32.387	33.593	34.845
3	26.666	27.647	28.665	29.721	30.817	31.953	33.132	34.355	35.623
4	27.320	28.316	29.349	30.420	31.531	32.683	33.878	35.116	36.400

续 表

温度/℃	盐度/(g/kg)								
	0.0	5.0	10.0	15.0	20.0	25.0	30.0	35.0	40.0
5	27.975	28.985	30.033	31.119	32.246	33.413	34.623	35.877	37.177
6	28.631	29.655	30.718	31.819	32.960	34.143	35.368	36.638	37.953
7	29.287	30.326	31.402	32.518	33.674	34.871	36.112	37.396	38.727
8	29.943	30.996	32.086	33.216	34.387	35.599	36.854	38.153	39.499
9	30.598	31.665	32.769	33.913	35.098	36.324	37.594	38.908	40.268
10	31.253	32.332	33.451	34.609	35.807	37.048	38.331	39.660	41.034
11	31.905	32.999	34.131	35.302	36.514	37.768	39.066	40.408	41.797
12	32.556	33.663	34.808	35.993	37.218	38.486	39.797	41.154	42.556
13	33.205	34.324	35.482	36.680	37.919	39.200	40.525	41.895	43.311
14	33.851	34.982	36.153	37.364	38.616	39.910	41.248	42.632	44.061
15	34.493	35.637	36.821	38.045	39.309	40.617	41.967	43.364	44.807
16	35.132	36.289	37.485	38.721	39.998	41.318	42.682	44.091	45.546
17	35.767	36.936	38.144	39.392	40.682	42.014	43.390	44.812	46.281
18	36.397	37.578	38.798	40.059	41.360	42.705	44.094	45.528	47.009
19	37.023	38.215	39.447	40.720	42.033	43.390	44.791	46.237	47.730
20	37.643	38.847	40.091	41.375	42.700	44.069	45.481	46.940	48.445
21	38.258	39.473	40.728	42.024	43.361	44.741	46.165	47.635	49.152
22	38.867	40.093	41.359	42.666	44.015	45.406	46.842	48.324	49.853
23	39.469	40.706	41.984	43.302	44.661	46.064	47.512	49.005	50.545
24	40.065	41.313	42.601	43.930	45.301	46.715	48.173	49.678	51.229
25	40.653	41.912	43.211	44.550	45.932	47.357	48.827	50.342	51.905
26	41.234	42.503	43.812	45.163	46.555	47.991	49.472	50.998	52.572
27	41.807	43.086	44.406	45.767	47.170	48.617	50.108	51.645	53.230
28	42.371	43.661	44.991	46.362	47.776	49.233	50.735	52.283	53.879
29	42.927	44.227	45.567	46.949	48.373	49.840	51.353	52.912	54.518
30	43.474	44.783	46.134	47.525	48.960	50.438	51.961	53.530	55.147
31	44.011	45.330	46.691	48.093	49.537	51.025	52.559	54.138	55.766
32	44.539	45.868	47.238	48.649	50.104	51.602	53.146	54.736	56.374
33	45.056	46.395	47.774	49.196	50.660	52.169	53.723	55.323	56.971
34	45.563	46.911	48.300	49.732	51.206	52.724	54.288	55.899	57.558
35	46.059	47.416	48.815	50.256	51.740	53.269	54.843	56.463	58.132
36	46.543	47.910	49.319	50.769	52.263	53.801	55.385	57.016	58.695
37	47.016	48.392	49.810	51.270	52.774	54.322	55.915	57.557	59.246
38	47.477	48.862	50.289	51.759	53.272	54.830	56.433	58.085	59.785
39	47.926	49.320	50.756	52.235	53.757	55.325	56.939	58.600	60.310
40	48.361	49.764	51.210	52.698	54.230	55.807	57.431	59.102	60.822

129

表 2.52　不同温度及盐度（33~37 g/kg）下溶解氮气+氩气含量［mmHg/(mg/L)］

温度/℃	盐度/(g/kg)								
	33.0	33.5	34.0	34.5	35.0	35.5	36.0	36.5	37.0
0	31.597	31.715	31.833	31.952	32.071	32.191	32.311	32.432	32.553
1	32.350	32.470	32.590	32.711	32.832	32.953	33.075	33.197	33.320
2	33.105	33.226	33.348	33.470	33.593	33.716	33.840	33.964	34.088
3	33.860	33.983	34.107	34.230	34.355	34.479	34.605	34.730	34.856
4	34.615	34.740	34.865	34.990	35.116	35.243	35.369	35.497	35.624
5	35.370	35.496	35.623	35.750	35.877	36.005	36.134	36.263	36.392
6	36.124	36.252	36.380	36.509	36.638	36.767	36.897	37.027	37.158
7	36.877	37.006	37.136	37.266	37.396	37.527	37.659	37.791	37.923
8	37.628	37.759	37.890	38.021	38.153	38.286	38.419	38.552	38.686
9	38.377	38.509	38.641	38.774	38.908	39.042	39.176	39.311	39.446
10	39.123	39.256	39.390	39.525	39.660	39.795	39.931	40.067	40.204
11	39.866	40.001	40.136	40.272	40.408	40.545	40.682	40.820	40.958
12	40.606	40.742	40.879	41.016	41.154	41.292	41.430	41.569	41.709
13	41.341	41.479	41.617	41.756	41.895	42.034	42.174	42.315	42.456
14	42.073	42.212	42.351	42.491	42.632	42.772	42.914	43.056	43.198
15	42.800	42.940	43.081	43.222	43.364	43.506	43.648	43.792	43.935
16	43.522	43.663	43.805	43.948	44.091	44.234	44.378	44.522	44.667
17	44.238	44.381	44.524	44.668	44.812	44.957	45.102	45.248	45.394
18	44.948	45.093	45.237	45.382	45.528	45.674	45.820	45.967	46.114
19	45.653	45.798	45.944	46.090	46.237	46.384	46.532	46.680	46.829
20	46.351	46.497	46.644	46.792	46.940	47.088	47.237	47.386	47.536
21	47.042	47.190	47.338	47.486	47.635	47.785	47.935	48.086	48.237
22	47.726	47.875	48.024	48.174	48.324	48.475	48.626	48.778	48.930
23	48.402	48.552	48.702	48.853	49.005	49.157	49.309	49.462	49.615
24	49.070	49.221	49.373	49.525	49.678	49.831	49.984	50.138	50.293
25	49.730	49.883	50.035	50.189	50.342	50.496	50.651	50.806	50.962
26	50.382	50.535	50.689	50.844	50.998	51.153	51.309	51.465	51.622
27	51.025	51.179	51.334	51.490	51.645	51.802	51.958	52.116	52.274
28	51.658	51.814	51.970	52.126	52.283	52.441	52.598	52.757	52.916
29	52.282	52.439	52.596	52.754	52.912	53.070	53.229	53.388	53.548
30	52.897	53.054	53.212	53.371	53.530	53.690	53.850	54.010	54.171
31	53.501	53.659	53.819	53.978	54.138	54.299	54.460	54.621	54.783
32	54.094	54.254	54.414	54.575	54.736	54.898	55.060	55.222	55.385

续 表

温度/℃	盐度/(g/kg)								
	33.0	33.5	34.0	34.5	35.0	35.5	36.0	36.5	37.0
33	54.677	54.838	54.999	55.161	55.323	55.486	55.649	55.813	55.977
34	55.249	55.411	55.573	55.736	55.899	56.063	56.227	56.391	56.557
35	55.809	55.972	56.135	56.299	56.463	56.628	56.793	56.959	57.125
36	56.358	56.522	56.686	56.851	57.016	57.182	57.348	57.515	57.682
37	56.894	57.059	57.225	57.390	57.557	57.723	57.891	58.058	58.227
38	57.418	57.584	57.751	57.917	58.085	58.252	58.421	58.589	58.759
39	57.930	58.096	58.264	58.432	58.600	58.769	58.938	59.108	59.278
40	58.428	58.595	58.764	58.933	59.102	59.272	59.442	59.613	59.784

130

表 2.53 不同温度及盐度（0~40 g/kg）下溶解二氧化碳含量［mmHg/(mg/L)］

温度/℃	盐度/(g/kg)								
	0.0	5.0	10.0	15.0	20.0	25.0	30.0	35.0	40.0
0	0.222 60	0.228 47	0.234 51	0.240 69	0.247 05	0.253 57	0.260 26	0.267 13	0.274 18
1	0.231 54	0.237 63	0.243 88	0.250 30	0.256 88	0.263 64	0.270 57	0.277 69	0.284 99
2	0.240 71	0.247 01	0.253 49	0.260 13	0.266 95	0.273 94	0.281 12	0.288 49	0.296 05
3	0.250 09	0.256 62	0.263 32	0.270 19	0.277 24	0.284 48	0.291 90	0.299 52	0.307 34
4	0.259 69	0.266 44	0.273 37	0.280 47	0.287 76	0.295 24	0.302 92	0.310 79	0.318 87
5	0.269 51	0.276 48	0.283 64	0.290 98	0.298 51	0.306 24	0.314 16	0.322 29	0.330 64
6	0.279 54	0.286 74	0.294 13	0.301 71	0.309 48	0.317 46	0.325 64	0.334 03	0.342 63
7	0.289 79	0.297 22	0.304 84	0.312 66	0.320 68	0.328 90	0.337 33	0.345 98	0.354 85
8	0.300 26	0.307 92	0.315 77	0.323 83	0.332 09	0.340 56	0.349 25	0.358 16	0.367 30
9	0.310 93	0.318 82	0.326 91	0.335 21	0.343 72	0.352 44	0.361 39	0.370 56	0.379 96
10	0.321 82	0.329 94	0.338 27	0.346 81	0.355 56	0.364 54	0.373 74	0.383 17	0.392 84
11	0.332 91	0.341 27	0.349 83	0.358 61	0.367 61	0.376 84	0.386 30	0.395 99	0.405 93
12	0.344 21	0.352 80	0.361 60	0.370 62	0.379 87	0.389 35	0.399 06	0.409 02	0.419 22
13	0.355 72	0.364 54	0.373 58	0.382 84	0.392 33	0.402 06	0.412 03	0.422 24	0.432 71
14	0.367 42	0.376 47	0.385 75	0.395 25	0.404 99	0.414 96	0.425 19	0.435 66	0.446 39
15	0.379 32	0.388 61	0.398 12	0.407 86	0.417 84	0.428 06	0.438 54	0.449 27	0.460 26
16	0.391 42	0.400 93	0.410 68	0.420 66	0.430 88	0.441 35	0.452 07	0.463 06	0.474 31
17	0.403 71	0.413 45	0.423 42	0.433 64	0.444 10	0.454 82	0.465 79	0.477 03	0.488 53
18	0.416 18	0.426 15	0.436 35	0.446 80	0.457 50	0.468 46	0.479 68	0.491 16	0.502 92

续 表

温度/℃	盐度/(g/kg)								
	0.0	5.0	10.0	15.0	20.0	25.0	30.0	35.0	40.0
19	0.428 84	0.439 03	0.449 46	0.460 14	0.471 08	0.482 27	0.493 73	0.505 46	0.517 47
20	0.441 68	0.452 09	0.462 75	0.473 66	0.484 82	0.496 25	0.507 95	0.519 92	0.532 17
21	0.454 70	0.465 32	0.476 20	0.487 33	0.498 73	0.510 38	0.522 31	0.534 52	0.547 02
22	0.467 88	0.478 72	0.489 82	0.501 17	0.512 79	0.524 67	0.536 83	0.549 27	0.562 00
23	0.481 23	0.492 29	0.503 59	0.515 16	0.527 00	0.539 10	0.551 48	0.564 15	0.577 11
24	0.494 75	0.506 01	0.517 52	0.529 30	0.541 35	0.553 67	0.566 27	0.579 16	0.592 34
25	0.508 42	0.519 88	0.531 60	0.543 58	0.555 84	0.568 37	0.581 18	0.594 28	0.607 68
26	0.522 24	0.533 90	0.545 82	0.558 00	0.570 46	0.583 19	0.596 21	0.609 52	0.623 12
27	0.536 21	0.548 06	0.560 17	0.572 55	0.585 20	0.598 13	0.611 34	0.624 85	0.638 66
28	0.550 32	0.562 36	0.574 65	0.587 22	0.600 06	0.613 18	0.626 58	0.640 28	0.654 28
29	0.564 57	0.576 78	0.589 26	0.602 00	0.615 02	0.628 32	0.641 91	0.655 80	0.669 98
30	0.578 95	0.591 33	0.603 98	0.616 89	0.630 09	0.643 56	0.657 33	0.671 39	0.685 74
31	0.593 45	0.606 00	0.618 81	0.631 89	0.645 25	0.658 89	0.672 82	0.687 04	0.701 57
32	0.608 07	0.620 77	0.633 74	0.646 98	0.660 49	0.674 29	0.688 37	0.702 75	0.717 43
33	0.622 80	0.635 65	0.648 77	0.662 15	0.675 81	0.689 76	0.703 99	0.718 51	0.733 34
34	0.637 64	0.650 63	0.663 88	0.677 41	0.691 21	0.705 29	0.719 65	0.734 31	0.749 27
35	0.652 58	0.665 70	0.679 08	0.692 74	0.706 66	0.720 87	0.735 36	0.750 14	0.765 22
36	0.667 61	0.680 85	0.694 36	0.708 13	0.722 17	0.736 49	0.751 10	0.765 99	0.781 18
37	0.682 74	0.696 09	0.709 70	0.723 57	0.737 72	0.752 15	0.766 86	0.781 85	0.797 14
38	0.697 94	0.711 39	0.725 10	0.739 07	0.753 31	0.767 83	0.782 63	0.797 71	0.813 09
39	0.713 21	0.726 75	0.740 55	0.754 61	0.768 93	0.783 53	0.798 41	0.813 57	0.829 01
40	0.728 55	0.742 17	0.756 05	0.770 18	0.784 57	0.799 24	0.814 18	0.829 40	0.844 90

131

表 2.54 不同温度及盐度（33～37 g/kg）下溶解二氧化碳含量［mmHg/(mg/L)］

温度/℃	盐度/(g/kg)								
	33.0	33.5	34.0	34.5	35.0	35.5	36.0	36.5	37.0
0	0.264 36	0.265 05	0.265 74	0.266 44	0.267 13	0.267 83	0.268 53	0.269 23	0.269 93
1	0.274 82	0.275 53	0.276 25	0.276 97	0.277 69	0.278 41	0.279 13	0.279 86	0.280 59
2	0.285 52	0.286 26	0.287 00	0.287 74	0.288 49	0.289 23	0.289 98	0.290 73	0.291 49
3	0.296 45	0.297 22	0.297 98	0.298 75	0.299 52	0.300 30	0.301 07	0.301 85	0.302 63
4	0.307 62	0.308 41	0.309 20	0.310 00	0.310 79	0.311 59	0.312 39	0.313 19	0.314 00

续 表

温度/℃	盐度/(g/kg)								
	33.0	33.5	34.0	34.5	35.0	35.5	36.0	36.5	37.0
5	0.319 02	0.319 83	0.320 65	0.321 47	0.322 29	0.323 12	0.323 95	0.324 77	0.325 61
6	0.330 64	0.331 49	0.332 33	0.333 18	0.334 03	0.334 88	0.335 73	0.336 58	0.337 44
7	0.342 50	0.343 36	0.344 24	0.345 11	0.345 98	0.346 86	0.347 74	0.348 62	0.349 50
8	0.354 57	0.355 47	0.356 36	0.357 26	0.358 16	0.359 07	0.359 97	0.360 88	0.361 79
9	0.366 86	0.367 78	0.368 71	0.369 63	0.370 56	0.371 49	0.372 42	0.373 36	0.374 29
10	0.379 37	0.380 32	0.381 27	0.382 22	0.383 17	0.384 13	0.385 09	0.386 05	0.387 01
11	0.392 08	0.393 06	0.394 03	0.395 01	0.395 99	0.396 97	0.397 96	0.398 95	0.399 94
12	0.405 01	0.406 00	0.407 01	0.408 01	0.409 02	0.410 03	0.411 04	0.412 05	0.413 07
13	0.418 13	0.419 15	0.420 18	0.421 21	0.422 24	0.423 28	0.424 32	0.425 36	0.426 40
14	0.431 44	0.432 49	0.433 55	0.434 60	0.435 66	0.436 72	0.437 79	0.438 85	0.439 92
15	0.444 95	0.446 02	0.447 10	0.448 18	0.449 27	0.450 36	0.451 45	0.452 54	0.453 63
16	0.458 63	0.459 74	0.460 84	0.461 95	0.463 06	0.464 17	0.465 29	0.466 41	0.467 53
17	0.472 50	0.473 63	0.474 76	0.475 89	0.477 03	0.478 16	0.479 31	0.480 45	0.481 60
18	0.486 54	0.487 69	0.488 84	0.490 00	0.491 16	0.492 33	0.493 49	0.494 66	0.495 83
19	0.500 74	0.501 91	0.503 09	0.504 28	0.505 46	0.506 65	0.507 84	0.509 04	0.510 23
20	0.515 10	0.516 30	0.517 50	0.518 71	0.519 92	0.521 13	0.522 35	0.523 56	0.524 79
21	0.529 61	0.530 83	0.532 06	0.533 29	0.534 52	0.535 76	0.537 00	0.538 24	0.539 49
22	0.544 26	0.545 51	0.546 76	0.548 01	0.549 27	0.550 53	0.551 79	0.553 06	0.554 33
23	0.559 05	0.560 32	0.561 59	0.562 87	0.564 15	0.565 43	0.566 72	0.568 01	0.569 30
24	0.573 97	0.575 26	0.576 56	0.577 86	0.579 16	0.580 46	0.581 77	0.583 08	0.584 39
25	0.589 01	0.590 32	0.591 64	0.592 96	0.594 28	0.595 61	0.596 94	0.598 27	0.599 60
26	0.604 16	0.605 49	0.606 83	0.608 17	0.609 52	0.610 86	0.612 21	0.613 57	0.614 92
27	0.619 41	0.620 77	0.622 13	0.623 49	0.624 85	0.626 22	0.627 59	0.628 96	0.630 34
28	0.634 77	0.636 14	0.637 52	0.638 90	0.640 28	0.641 67	0.643 06	0.644 45	0.645 85
29	0.650 21	0.651 60	0.653 00	0.654 39	0.655 80	0.657 20	0.658 61	0.660 02	0.661 43
30	0.665 73	0.667 14	0.668 55	0.669 97	0.671 39	0.672 81	0.674 23	0.675 66	0.677 09
31	0.681 32	0.682 74	0.684 17	0.685 60	0.687 04	0.688 48	0.689 92	0.691 37	0.692 81
32	0.696 97	0.698 41	0.699 85	0.701 30	0.702 75	0.704 21	0.705 67	0.707 13	0.708 59
33	0.712 67	0.714 13	0.715 59	0.717 05	0.718 51	0.719 98	0.721 46	0.722 93	0.724 41
34	0.728 41	0.729 89	0.731 36	0.732 83	0.734 31	0.735 80	0.737 28	0.738 77	0.740 26
35	0.744 19	0.745 68	0.747 16	0.748 65	0.750 14	0.751 64	0.753 14	0.754 64	0.756 14
36	0.760 00	0.761 49	0.762 99	0.764 49	0.765 99	0.767 50	0.769 01	0.770 52	0.772 03
37	0.775 82	0.777 32	0.778 83	0.780 34	0.781 85	0.783 37	0.784 89	0.786 41	0.787 93
38	0.791 65	0.793 16	0.794 67	0.796 19	0.797 71	0.799 24	0.800 76	0.802 29	0.803 83
39	0.807 47	0.808 99	0.810 51	0.812 04	0.813 57	0.815 10	0.816 63	0.818 17	0.819 71
40	0.823 28	0.824 80	0.826 33	0.827 86	0.829 40	0.830 94	0.832 48	0.834 02	0.835 57

第3章 气体过饱和

前面两章重点计算了气相和液相之间的饱和度。虽然饱和浓度很重要，但在现实中，水几乎不会与气相处于平衡状态。所测定的溶解气体浓度可能大于平衡浓度，这是过饱和的，也可能小于平衡浓度，这是不饱和的。过饱和的水往往会向大气中排放气体，但速度极为缓慢，气体只在空气-水界面之间转移。气体过饱和可能会产生一种疾病，被称为气泡病（Gas Bubble Disease，GBD）。这种疾病是由在水生动物的血液和组织中形成的气泡导致的。

由于许多自然原因和人为原因，溶解气体可能变为过饱和状态（Weitkamp、Katz，1980；Colt，1986）。井水或泉水含有高浓度的氮气、氩气、二氧化碳和少量的氧气。从大坝或瀑布落下的水存在气泡夹带，导致溶解气体产生“致命浓度”（Lethal Concentrations）。在养殖系统中，泵吸一侧的空气泄露或使用某类型的曝气会产生致命气体过饱和浓度。加热水或混合不同温度的水也会产生气体过饱和。光合作用可以产生高浓度的氧气，在某些情况下，这是致命的。

在水文和海洋学研究中，溶解气体可以用作示踪剂。由于溶解度随着温度的变化而变化，因此通过测量气体还可用来研究重要的物理和生物过程（Hamme、Emerson，2004）。

与前面章节不同，本章节对气体过饱和值的产生、降低及结果进行讨论。在前面的章节中，以浓度单位（mol/kg 或 mg/L）探讨气体溶解度和气体浓度时，气体过饱和度主要取决于压力。

3.1 计算海洋学中单一气体的过饱和度

如前所述，单一气体的过度饱和（或成对气体的过度饱和比率）可以用

于研究重要的海洋过程。由于所涉及的深度范围很广，海洋化学家可以根据
135
下列方程计算单一气体的过饱和度（Millero，1996）：

$$\Delta_i = \left(\frac{c^{\dagger}}{c^{\dagger}_{o,\ s,\ \theta}} \right) \times 100 \tag{3.1}$$

式中 Δ_i——气体 i 的过饱和度；

$c^{\dagger}$——气体 i 的实测浓度；

$c^{\dagger}_{o,\ s,\ \theta}$——实测盐度和位温 θ 条件下气体 i 的标准空气溶解度。

位温指的是允许水绝热膨胀（热没有向周围传递）到水面的温度。位温低于原位水温，可以根据表或回归方程来确定。

3.2 气体过饱和度的计算及结果报告

根据几个独特的参数，对气体过饱和度结果进行报告。用单位μmol/kg、mg/L 或饱和度百分比表示的气体浓度，对气体过饱和度的影响不大，因为气泡的形成取决于压力而不是浓度。本章节将对溶解气体物理学、GBD 的物理和生理基础、气体过饱和度的计算进行讨论。

3.2.1 溶解气体物理学

液相和气相中所有溶解气体的分压之和如下。

1. 液相

$$总气体压力 = \sum_{i=1}^{n} p_i^{\mathrm{l}} + p_{\mathrm{wv}} \tag{3.2}$$

2. 气相

$$气压 = \sum_{i=1}^{n} p_i^{\mathrm{g}} + p_{\mathrm{wv}} \tag{3.3}$$

式中 p_i^{l}——液相中 i 气体的分压（气体张力），kPa、atm 或 mmHg；

p_i^{g}——气相中 i 气体的分压，kPa、atm 或 mmHg；

p_{wv}——水蒸气气压，kPa、atm 或 mmHg。

136
气体过饱和过程与气泡形成或 GBD 有关。对氧气、氮气、氩气、二氧

化碳和水蒸气的分压进行研究。在许多情况下，二氧化碳的作用可以忽略不计。如前所述，其他“次要”气体的过饱和可能对了解所发生的基本化学过程和生物过程很重要，但它们对总气体压力（Total Gas Pressure，TGP）或大气压没有显著贡献。

137

对于 i 气体而言，p_i^{l}和 p_i^{g}的值等于：

$$p_i^{\mathrm{l}} = \left(\frac{c_i}{\beta_i}\right) \times A_i \tag{3.4}$$

$$p_i^{\mathrm{g}} = \chi_i(\mathrm{BP} - p_{\mathrm{wv}}) \tag{3.5}$$

在平衡状态下，气体在液相中的分压（或气体张力）等于其在气相中的分压。根据两个参数的量度，可能出现以下三种情况。

① 过饱和：$p_i^{\mathrm{l}} > p_i^{\mathrm{g}}$ (3. 6)

② 平衡：$p_i^{\mathrm{l}} = p_i^{\mathrm{g}}$ (3. 7)

③ 不饱和：$p_i^{\mathrm{l}} < p_i^{\mathrm{g}}$ (3. 8)

例 3－1

计算在温度为 12. 9℃时主要大气气体的分压和气体张力。假设：大气压为760 mmHg，淡水环境。使用式（3. 2）和式（3. 3），根据这些数据计算 TGP 和大气压。

值	表	值	表
$c_{O_2}^* = 10.560$	1. 9	$\beta_{O_2} = 0.03581$	1. 32
$c_{N_2}^* = 17.210$	1. 10	$\beta_{N_2} = 0.01789$	1. 33
$c_{Ar}^* = 0.6452$	1. 11	$\beta_{Ar} = 0.03930$	1. 34
$c_{CO_2}^* = 0.8205$	1. 12	$\beta_{CO_2} = 1.0843$	1. 35
$A_{O_2} = 0.5318$	D－1	$\chi_{O_2} = 0.20946$	D－1
$A_{N_2} = 0.6078$	D－1	$\chi_{N_2} = 0.78084$	D－1
$A_{Ar} = 0.4260$	D－1	$\chi_{Ar} = 0.00934$	D－1
$A_{CO_2} = 0.3845$	D－1	$\chi_{CO_2} = 0.000390$	D－1
$p_{wv} = 11.158$	1. 21		

（1）根据式（3.4）：

$$p_i^1=\left(\frac{c_i}{\beta_i}\right)A_i$$

$$p_{O_2}^1=\left(\frac{10.560}{0.03581}\right)\times 0.5318=156.82\ \text{mmHg}$$

$$p_{N_2}^1=\left(\frac{17.210}{0.01789}\right)\times 0.6078=584.70\ \text{mmHg}$$

$$p_{Ar}^1=\left(\frac{0.6452}{0.03930}\right)\times 0.4260=6.99\ \text{mmHg}$$

$$p_{CO_2}^1=\left(\frac{0.8205}{1.0843}\right)\times 0.3845=0.29\ \text{mmHg}$$

（2）根据式（3.5）：

$$p_i^g=\chi_i(\text{BP}-p_{wv})$$

$$p_{O_2}^g=0.20946\times(760-11.158)=156.85\ \text{mmHg}$$

$$p_{N_2}^g=0.78084\times(760-11.158)=584.73\ \text{mmHg}$$

$$p_{Ar}^g=0.00934\times(760-11.158)=6.99\ \text{mmHg}$$

$$p_{CO_2}^g=0.000390\times(760-11.158)=0.29\ \text{mmHg}$$

（3）根据分压计算 TGP 和大气压

气　体	TGP/mmHg［式（3.2）］	大气压/mmHg［式（3.3）］
O_2	156.82	156.85
N_2	584.70	584.73
Ar	6.99	6.99
CO_2	0.29	0.29
H_2O	11.158	11.158
总计（3 个有效位数）	759.958	760.018
总计（1 个有效位数）	760.0	760.0

由于空气溶解度和本森系数的不确定性，且假定大气气体为理想气体，所以这两个参数之间有差异。在气体过饱和过程中，一般 TGP 的报告结果最接近 0.1 mmHg，因此这两个参数可以认为是相等的。

总气压（TGP）和当地大气压之间的差值被称为 Δp：

$$\Delta p = 总压 - BP \tag{3.9}$$

或者

$$总压 = BP + \Delta p \tag{3.10}$$

TGP 是分压和水蒸气压总和的绝对压力；Δp 是表压力。TGP 也可以表示为当地大气压百分比：

$$总压(\%) = \left(\frac{BP + \Delta p}{BP}\right) \times 100 \tag{3.11}$$

Δp 可以利用几种不同的仪器直接测量，与分压类似，Δp 和 TPG（%）也会出现以下三种情况。

① 过饱和：$\Delta p > 0$ 或 $TGP(\%) > 100$ (3.12)

② 平衡：$\Delta p = 0$ 或 $TGP(\%) = 100$ (3.13)

③ 不饱和：$\Delta p < 0$ 或 $TGP(\%) < 100$ (3.14)

例 3-2

如果 Δp 的测量结果为 156 mmHg，在海平面 9 340 英尺处，计算 TGP（mmHg）和 TGP（%），使用式（1.9）、式（3.10）和式（3.11）。

（1）海平面大气压

假定大气压 = 760 mmHg

（2）9 340 英尺处大气压

根据式（1.9）：

$$\lg BP = 2.880\ 814 - \frac{h'}{63\ 718.2} = 2.880\ 814 - \frac{9\ 340}{63\ 718.2} = 542.29\ \text{mmHg}$$

138

（3）海平面 TGP

根据式（3.10）：

$$总压 = BP + \Delta p = 760 + 156 = 916.0\ mmHg$$

根据式（3.11）：

$$总压(\%) = \left(\frac{BP + \Delta p}{BP}\right) \times 100 = \left(\frac{760 + 156}{760}\right) \times 100 = 120.5\%$$

（4）9 340 英尺处的 TGP

$$总气压 = 542.29 + 156 = 698.3\ mmHg$$

$$总气压(\%) = \left(\frac{542.29 + 156}{542.29}\right) \times 100 = 128.8\%$$

以相同的方式，将单一气体的压差定位为

$$\Delta p_i = p_i^l - p_i^g \tag{3.15}$$

或者

$$\Delta p_i = \frac{c_i}{\beta_i} A_i - \chi_i (BP - p_{wv}) \tag{3.16}$$

所有 Δp_i的总和等于 Δp。

单一气体的饱和百分比等于：

$$饱和度 = \left(\frac{p_i^l}{p_i^g}\right) \times 100 \tag{3.17}$$

四种主要大气气体的饱和度百分比分别简写为 O_2（%）、N_2（%）、Ar（%）和CO_2（%）。在一些气体分析中，氮气和氩气是一同测定的，Δp_{N_2+Ar}和 N_2+Ar（%）表示这一组合气体的 Δp 和饱和度百分比。TGP 是大气压的百分比，缩写为 TGP（%）。

139

3.2.2 GBD 的物理及生理学基础

高压生理学的研究表明，初始气泡的形成取决于 Δp（D'Aoust、Clark，

1980)。Δp 值是使气泡膨胀的压力。如果 $\Delta p \leqslant 0$，那么，无论单一气体的过饱和度如何，都不会形成泡沫（在混合气体潜水的地方，可能会有一些特殊的情况，这未必是真的，但它仅限于近 1 atm 压力下的水生动物)。给定的 Δp 值的影响，取决于溶解气体的组成。因此，其包含单一气体分压的 Δp 信息是有必要的。

水生动物的风险取决于 Δp，美国已根据 TGP（%）制定了水质标准。虽然两个单位之间换算很容易，但是对于如何将 110%TGP 的水质标准调整到海拔标高，并没有明确做出规定。在 600 mmHg 条件下，相比海平面的 76 mmHg，110%TGB 等于 60 mmHg。

如果 $\Delta p \leqslant 0$，一般不会形成气泡，而当水中的 $\Delta p < 0$ 时，可能会在动物体内形成泡沫。泡沫形成的条件（$\Delta p \geqslant 0$）适用于动物体内气泡的形成，而不适用于环境水。即使环境水中的溶解气体浓度接近平衡时，一些鱼类也能在鳔和眼中产生较高的分压。

3.2.3 溶解气体分析

直接测量 Δp 的首选方法是分析法（Colt，1983）。用于这类分析法的仪器通常被称为“Weiss saturometers”，这种称法并不正确，因为这些仪器测量的是 Δp，而不是饱和度。该仪器是由一根与压力测量装置相连的透气硅橡胶管组成，这根管能使所有溶解气体透过，包括水蒸气。因此，可以用该仪器直接衡量 Δp 或 TGP。这种分析法被称为透析膜扩散法（Membrane Diffusion Method，MDM）。Bouck（1982），D'Aoust 和 Clark（1980）及 Fickeisen 等人（1975）提供了有关这类仪器的更多资料。

透析膜扩散仪器至少有四种误差或操作问题。当一个单元从一种水体移动到另一种水体（或从空气移动到水中），会有一定量的气体从水中扩散到管道中（或恰恰相反）。假设空气是理想气体，进入油管的气体的摩尔数等于

$$\Delta n = \frac{V}{R}\left(\frac{\mathrm{TGP}_1}{T_2} - \frac{\mathrm{TGP}_2}{T_2}\right) \tag{3.18}$$

式中 Δn——进入油管的气体，mol；

V——管内的体积，L；

140

R——气体常数，0.082 057 463（L · atm）/(mol · K)；

TGP_1——初始总气压，atm；

TGP_2——最终总气压，atm；

T_1——初始温度，K；

T_2——最终温度，K。

通过透析膜扩散的气体与表面积和压差成正比。因此，只有当时间趋于无穷时，两种 TGP 之间会出现平衡。在测量误差范围内，油管内压力接近最终读数（TGP_2）所需的时间为 5~30 分钟。TGP 传感器的设计需要考虑内部“死区”体积、壁厚和透析膜表面积之间的整体影响。如果读数太快，就会出错。在高 TGP 中，气泡可能形成在管的外部，这将导致极低的读数误差。为了减少这种误差，传感单元应该尽可能浸于水中，或者通过摆动或移动某些单元上的特定泵送系统来除去气泡。

压力读数的误差是由压力传感器的误差或油管泄漏造成的。压力传感器的精度可以根据压力标准通过校准进行检查。检测油管泄漏比较困难，因为它们只发生在一定的 TGP 值情况下（一般 Δp 大于给定的值）。压力传感器的校准通常不会检测到油管完整性问题。Bouck（1982）开发了一种测试透析膜扩散总精准度和时间响应的仪器，但目前具备这种能力的仪器还没有实现商业应用。

要对 Δp 或 TGP 进行测量，通常都需要相关气体组分的信息。溶解氧和二氧化碳浓度可以根据标准分析方法来确定（D'Aoust、Clark，1980）。氮气和氩气是惰性气体，因此，除了使用气相色谱仪或质谱仪之外，直接测量比较困难。在 MDM 中，氮气和氩气的气体张力之和由差值决定，因为只计算总和，在气体饱和度中一同研究氮气和氩气，是较为方便的。这种气体应该被称为氮气+氩气（N_2+Ar），但有些研究者只使用 N_2。在平衡状态下，以压力为基础溶解氮气+氩气含量是 99%的氮气。

假定只有主要大气气体存在时，将式（3.2）和式（3.10）结合，得出：

$$BP + \Delta p = p^1_{O_2} + p^1_{N_2} + p^1_{Ar} + p^1_{CO_2} + p_{wv} \tag{3.19}$$

或

$$p^{l}_{N_2} + p^{l}_{Ar} + p^{l}_{CO_2} = BP + \Delta p - p^{l}_{O_2} - p_{wv} \tag{3.20}$$

141

用式（3.4）代替式（3.20）中的氧气分压得出：

$$p^{l}_{N_2+Ar+CO_2} = BP + \Delta p - \frac{c_{O_2}}{\beta_{O_2}} \times 0.531\,8 - p_{wv} \tag{3.21}$$

在气相中，氮气+氩气+二氧化碳的分压等于：

$$p^{g}_{N_2+Ar+CO_2} = \chi_{N_2+Ar}(BP - p_{wv}) \tag{3.22}$$

或

$$p^{g}_{N_2+Ar+CO_2} = 0.790\,5 \times (BP - p_{wv}) \tag{3.23}$$

与上述的假设相同，式（3.15）可写为

$$\Delta p_{N_2+Ar+CO_2} = p^{l}_{N_2+Ar+CO_2} - p^{g}_{N_2+Ar+CO_2} \tag{3.24}$$

和

$$\Delta p = \Delta p_{O_2} + \Delta p_{N_2+Ar+CO_2} \tag{3.25}$$

在自然水域，与其他主要大气气体相比，二氧化碳的分压一般较小。在本书中，$p^{l}_{N_2+Ar+CO_2}$和 $p^{g}_{N_2+Ar+CO_2}$被称为 $p^{l}_{N_2+Ar}$和 $p^{g}_{N_2+Ar}$，因为二氧化碳的贡献很小。一些学者将其进一步简化为 $p^{l}_{N_2}$和 $p^{g}_{N_2}$。实测 TGP 包括所有溶解气体的贡献，无论它们是否包括在式（3.19）中，理解这一点非常重要。一些水域含有一定量的甲烷或氢气，如果根据式（3.21）计算 $p^{l}_{N_2+Ar+CO_2}$，它们的分压的贡献包括在其中。如果总气压是根据浓度计算的，遗漏这些额外的气体可能会导致重大的误差。

例 3－3

大气压为 732.0 mmHg，Δp 为 121 mmHg，水温为 13.4℃，溶解氧浓度为 7.39 mg/L，溶解二氧化碳浓度为 6.32 mg/L，计算氧气、氩气+氮气及二氧化碳的总气压和分压；使用表 3.1 中列出的方程，并将氩气+氮气的分压与根据式（3.20）计算的分压进行对比；将 TGP 与液相气体和水蒸气气压的总和进行比较。

142

表 3.1 计算气体过饱和度（Levels①）的推荐公式

气体	压力/mmHg	Δp/mmHg	饱和度/%
总计	$BP+\Delta p$	Δp	$\left(\frac{BP+\Delta p}{BP}\right)\times 100$
N_2+Ar	$BP+\Delta p-\frac{c_{O_2}}{\beta_{O_2}}\times(0.5318)-p_{wv}$	$BP+\Delta p-\frac{c_{O_2}}{\beta_{O_2}}\times 0.5318-p_{wv}-0.7905(BP-p_{wv})$	$\left[\frac{BP+\Delta p-\frac{c_{O_2}}{\beta_{O_2}}\times 0.5318-p_{wv}}{0.7905(BP-p_{wv})}\right]\times 100$
O_2	$\frac{c_{O_2}}{\beta_{O_2}}\times(0.5318)$	$\frac{c_{O_2}}{\beta_{O_2}}\times 0.5318-0.20946(BP-p_{wv})$	$\left[\frac{\frac{c_{O_2}}{\beta_{O_2}}\times 0.5318}{0.20946(BP-p_{wv})}\right]\times 100$
CO_2	$\frac{c_{CO_2}}{\beta_{CO_2}}\times 0.3845$	$\frac{c_{CO_2}}{\beta_{CO_2}}\times 0.3845-\chi_{CO_2}(BP-p_{wv})$ ②	$\left[\frac{\frac{c_{CO_2}}{\beta_{CO_2}}\times 0.3845}{\chi_{CO_2}(BP-p_{wv})}\right]\times 100$

① BP—大气压，mmHg；Δp—根据 MDM 测量的压差，mmHg；c—气体浓度，mg/L；β—在环境温度和压力下气体的本森系数，L/（L · atm）；p_{wv}—水蒸气压力，mmHg。

② CO_2的摩尔分数正在变化；使用图 1.3 预测未来数值。

来源：Colt，1983。

143

（1）必要数据

参　数	数　值	来　源
温度	13.4℃	已知
BP	732 mmHg	已知
Δp	121 mmHg	已知
c_{O_2}	7.39 mg/L	已知
c_{CO_2}	0.632 mg/L	已知
β_{O_2}	0.03543 L/（L · atm）	表 1.32
β_{CO_2}	1.0668 L/（L · atm）	表 1.35
p_{wv}	11.529 mmHg	表 1.21

① TGP（mmHg）

$$总气压(mmHg) = BP + \Delta p = 732 + 121 = 853\ mmHg$$

② 氧气的分压（表 3.1；液相）

$$p_{O_2}^{1} = \frac{c_{O_2}}{\beta_{O_2}} \times 0.5318 = \frac{7.39}{0.03543} \times 0.5318 = 110.9\ \text{mmHg}$$

③ 二氧化碳的分压（表 3.1；液相）

$$p_{CO_2}^{1} = \frac{c_{CO_2}}{\beta_{CO_2}} \times 0.3845 = \frac{0.632}{1.0668} \times 0.3845 = 0.23\ \text{mmHg}$$

④ 氮气+氩气的分压（表 3.1；液相）

$$\begin{aligned} p_{N_2+Ar}^{1} &= BP + \Delta p - \frac{c_{O_2}}{\beta_{O_2}} \times 0.5318 - p_{wv} \\ &= 732 + 121 - 110.9 - 11.529 = 730.6\ \text{mmHg} \end{aligned}$$

⑤ 氮气+氩气的分压［式（3.19）；液相］

144

$$\begin{aligned} p_{N_2+Ar}^{1} &= BP + \Delta p - \frac{c_{O_2}}{\beta_{O_2}} \times 0.5318 - \frac{c_{CO_2}}{\beta_{CO_2}} \times 0.3845 - p_{wv} \\ &= 732 + 121 - 110.9 - 0.23 - 11.529 = 730.4\ \text{mmHg} \end{aligned}$$

（2）示例报告表

温度/℃	BP/mmHg	TGP/mmHg	DO/（mg/L）	盐度/（g/kg）	气压/mmHg		
					N_2+Ar	O_2	CO_2
13.4	732.0	853	7.39	0.0	730.6	110.9	2.3

（3）比较 TGP 和分压的总和

气 体	分压之和	气 体	式（3.21）
p_{N_2+Ar}	730.6	$p_{N_2+Ar+CO_2}$	730.6
p_{O_2}	110.9	p_{O_2}	110.9
p_{CO_2}	0.23		
p_{wv}	11.5	p_{wv}	11.5
总计	853.2	总计	853.0

TGP＝853.0 mmHg（计算如上）

表 3.1 中给出的 N_2+Ar 的分压包含二氧化碳的分压。因此，在分压之和（上面第二列）中，二氧化碳贡献的分压被统计了两次。对于 0.632 mg/L 的二氧化碳浓度来说，二氧化碳的分压只等于 0.23 mmHg。对一般水域来说，这个误差通常可以忽略不计。

例 3－4

针对例 3－3 中列出的条件，计算 Δp，Δp_{O_2}，Δp_{N_2+Ar}，Δp_{CO_2}。使用表 3.1 中列出的方程，根据式（3.25），将各个 Δp 总和与已知的 Δp 比较。

（1）Δp(mmHg)

Δp = 121 mmHg(已知)

145

（2）Δp_{O_2}(mmHg)

$$\Delta p_{O_2} = \frac{c_{O_2}}{\beta_{O_2}} \times 0.5318 - 0.20946(BP - p_{wv})$$

$$= \frac{7.39}{0.03543} \times 0.5318 - 0.20946 \times (732 - 11.529) = -39.99 \text{ mmHg}$$

（3）Δp_{N_2+Ar}(mmHg)

$$\Delta p_{N_2+Ar} = BP + \Delta p - \frac{c_{O_2}}{\beta_{O_2}} \times 0.5318 - p_{wv} - 0.7905(BP - p_{wv})$$

$$= 732 + 121 - \frac{7.39}{0.03543} \times 0.5318 - 11.529 - 0.7905 \times 732 - 11.529$$

$$= 161.02 \text{ mmHg}$$

（4）Δp_{CO_2}(mmHg)

$$\Delta p_{CO_2} = \frac{c_{CO_2}}{\beta_{CO_2}} \times 0.3845 - \chi_{CO_2}(BP - p_{wv})$$

$$= \frac{0.632}{1.0668} \times 0.3845 - 0.000390 \times (732 - 11.529) = -0.05 \text{ mmHg}$$

（5）示例报告表

温度/℃	BP/mmHg	Δp/mmHg	DO/(mg/L)	盐度/(g/kg)	Δp/mmHg		
					N_2+Ar	O_2	CO_2
13.4	732.0	853	7.39	0.0	+161.02	−39.999	−0.05

Δp = 121 mmHg(给定的)

气　体	Δp总和	式（3.24）
Δp_{N_2+Ar}	161.02	161.02
Δp_{O_2}	−39.99	−39.99
Δp_{CO_2}	−0.05	
总计	120.98	121.03

式（3.25）中单个Δp总和与已知的Δp之间的差异是由于Δp_{CO_2}被统计了两次。

3.2.4 气体过饱和度的计算及结果报告

146

气体过饱和度可以依据TGP，Δp或当地大气压百分比提交结果报告。计算气体过饱和度的推荐公式见表3.1。Δp方法是首选方法（Colt，1983），还必须对大气压、水温、盐度的情况进行分析。

例3－5

在例3－3中列出的条件下，计算TGP的百分比和氧气、氮气+氩气及二氧化碳饱和度百分比。使用表3.1中列出的方程。

（1）TGP（%）

$$\mathrm{TGP}(\%)=\left(\frac{\mathrm{BP}+\Delta p}{\mathrm{BP}}\right)\times 100=\left(\frac{732+121}{732}\right)\times 100=116.5\%$$

（2）O_2（%）

$$O_2(\%)=\left[\frac{\dfrac{c_{O_2}}{\beta_{O_2}}\times 0.5318}{0.20946(\mathrm{BP}-p_{wv})}\right]\times 100=\left[\frac{\dfrac{7.39}{0.03543}\times 0.5318}{0.20946\times(732-11.529)}\right]\times 100$$

$$=73.5\%$$

（3）N_2+Ar（%）

$$N_2 + Ar(\%) = \left[\frac{BP + \Delta p - \dfrac{c_{O_2}}{\beta_{O_2}} \times 0.5318 - p_{wv}}{0.7905(BP - p_{wv})}\right] \times 100$$

$$= \left[\frac{732 + 121 - \dfrac{7.39}{0.03543} \times 0.5318 - 11.529}{0.7905 \times (732 - 11.529)}\right] \times 100 = 128.3\%$$

147

（4）CO_2（%）

$$CO_2(\%) = \left[\frac{\dfrac{c_{CO_2}}{\beta_{CO_2}} \times 0.3845}{\chi_{CO_2}(BP - p_{wv})}\right] \times 100 = \left[\frac{\dfrac{0.632}{1.0668} \times 0.3845}{0.000390 \times (7.32 - 11.529)}\right] \times 100$$

$$= 81.1\%$$

（5）示例报告表

温度/℃	BP/mmHg	TGP/%	DO/(mg/L)	盐度/(g/kg)	饱和度百分比		
					N_2+Ar	O_2	CO_2
13.4	732.0	116.6	7.39	0.0	128.3	73.5	81.1

计算表 3.1 中的参数，需要氧气的本森系数（表 1.32，表 2.25，表 2.26）、二氧化碳的本森系数（表 1.35，表 2.31，表 2.32）及水蒸气气压（表 1.21 和表 2.41）。在某些领域，mg/L 表示的溶解氧浓度缩写为 DO，mg/L 表示的二氧化碳溶解度可缩写为 DC，这种做法很普遍。

3.2.5 根据浓度单位计算标准气体过饱和度参数

在几种类型的分析中，气体的浓度用浓度单位进行测量，计算 Δp 或 TGP。在模拟气体转移时，有必要进行单位换算。一般来说，有必要根据独立的传质方程来计算氧气、氮+氩及二氧化碳的最终浓度，然后计算最终的 Δp 或 TGP。根据 mg/L 表示的气体浓度计算标准气体过饱和度参量的公式如下所示（Colt，1983）：

$$\Delta p(\text{mmHg}) = \frac{c_{O_2}}{\beta_{O_2}} \times 0.5318 + \frac{c_{N_2}}{\beta_{N_2}} \times 0.6078 + \frac{c_{Ar}}{\beta_{Ar}} \times 0.4260 + \frac{c_{CO_2}}{\beta_{CO_2}} \times 0.3845 + p_{wv} - BP \quad (3.26)$$

148

$$\text{TGP}(\text{mmHg}) = \frac{c_{O_2}}{\beta_{O_2}} \times 0.5318 + \frac{c_{N_2}}{\beta_{N_2}} \times 0.6078 + \frac{c_{Ar}}{\beta_{Ar}} \times 0.4260 + \frac{c_{CO_2}}{\beta_{CO_2}} \times 0.3845 + p_{wv} \quad (3.27)$$

$$\text{TGP}(\%) = \left(\frac{\frac{c_{O_2}}{\beta_{O_2}} \times 0.5318 + \frac{c_{N_2}}{\beta_{N_2}} \times 0.6078 + \frac{c_{Ar}}{\beta_{Ar}} \times 0.4260 + \frac{c_{CO_2}}{\beta_{CO_2}} \times 0.3845 + p_{wv}}{BP} \right) \times 100 \quad (3.28)$$

$$N_2 + Ar(\text{mmHg}) = \left[\frac{\frac{c_{N_2}}{\beta_{N_2}} \times 0.6078 + \frac{c_{Ar}}{\beta_{Ar}} \times 0.4260}{0.7902(BP - p_{wv})} \right] \times 100 \quad (3.29)$$

这些方程是通过将式（3.4）代入式（3.2）得到的。

例 3－6

计算 Δp、TGP、N_2+Ar（mmHg）及 N_2+Ar（%）。当 BP = 745 mmHg，水温 = 7.3℃ c_{O_2} = 9.41 mg/L，c_{N_2} = 23.11 mg/L，c_{Ar} = 0.8816 mg/L，c_{CO_2} = 0.96 mg/L。使用式（3.26）～（3.29）。

必要数据

数值	表	数值	表
$c^*_{O_2}$ = 9.41	已知	β_{O_2} = 0.04066	1.32
$c^*_{N_2}$ = 23.11	已知	β_{N_2} = 0.02010	1.33
c^*_{Ar} = 0.8816	已知	β_{Ar} = 0.04458	1.34
$c^*_{CO_2}$ = 0.9600	已知	β_{CO_2} = 1.3126	1.35
p_{wv} = 7.668	1.21	BP = 745	已知

（1）Δp

$$\Delta p(\text{mmHg}) = \frac{c_{O_2}}{\beta_{O_2}} \times 0.5318 + \frac{c_{N_2}}{\beta_{N_2}} \times 0.6078 + \frac{c_{Ar}}{\beta_{Ar}} \times 0.4260 + \frac{c_{CO_2}}{\beta_{CO_2}} \times 0.3845 + p_{wv} - BP$$

$$= \frac{9.41}{0.04066} \times 0.5318 + \frac{23.11}{0.02010} \times 0.6078 + \frac{0.8816}{0.04458} \times 0.4260 + \frac{0.9600}{1.3126} \times 0.3845 + 7.668 - 745$$

$$= 93.3 \text{ mmHg}$$

149

（2）TGP(mmHg)

$$\text{TGP}(\text{mmHg}) = \frac{9.41}{0.04066} \times 0.5318 + \frac{23.11}{0.02010} \times 0.6078 + \frac{0.8816}{0.04458} \times 0.4260 + \frac{0.9600}{1.3126} \times 0.3845 + 7.668$$

$$= 838.3 \text{ mmHg}$$

（3）N_2+A_r(mmHg)

$$N_2 + Ar(\text{mmHg}) = \frac{9.41}{0.04066} \times 0.5318 + \frac{23.11}{0.02010} \times 0.6078 = 707.2 \text{ mmHg}$$

（4）N_2+Ar(%)

$$N_2 + Ar(\%) = \left[\frac{\frac{c_{N_2}}{\beta_{N_2}} \times 0.6078 + \frac{c_{Ar}}{\beta_{Ar}} \times 0.4260}{0.7905(BP - p_{wv})}\right] \times 100$$

$$= \left[\frac{\frac{9.41}{0.04066} \times 0.5318 + \frac{23.11}{0.02010} \times 0.6078}{0.7905 \times (745 - 7.668)}\right] \times 100$$

$$= 121.3\%$$

在范斯莱克法（Van Slyke Method）中（Beiningen，1973），可以同时测量氮气和氩气的体积。在分子筛柱气相色谱法中，氧气和氮气是同时测定的（D'Aoust、Clark，1980）。对于这些分析方法而言，在式（3.4）中使用的 A 和 β 的值，取决于这两种气体的物理性质。

在用 mg/L 同时测定氮气和氩气的情况下，A_{N_2+Ar}和 β_{N_2+Ar}的表观值是：

$$\beta_{N_2+Ar}=\frac{\beta_{N_2}\chi_{N_2}+\beta_{Ar}\chi_{Ar}}{\chi_{N_2}+\chi_{Ar}} \tag{3.30}$$

$$A_{N_2+Ar}=\frac{760}{1\ 000}\times\left(\frac{\beta_{N_2}\chi_{N_2}+\beta_{Ar}\chi_{Ar}}{1.250\ 43\beta_{N_2}\chi_{N_2}+1.784\ 198\beta_{Ar}\chi_{Ar}}\right) \tag{3.31}$$

150

式中　N_2+Ar——氮气和氩气的组合；

β——每种气体的本森系数，L/(L · atm)；

χ——每种气体的摩尔分数，量纲为 1。

通常，假定气体摩尔分数的值等于气体在空气中的值。

例 3－7

在水温为 7.3℃和盐度为 0 g/kg 条件下，依据式（3.30）和式（3.31）计算 β_{N_2+Ar}和 A_{N_2+Ar}的值。

必要数据

数值	表	数值	表
χ_{N_2} = 0.780 84	D－1	β_{N_2} = 0.020 10	1.33
χ_{Ar} = 0.009 34	D－1	β_{Ar} = 0.044 58	1.34

（1）β_{N_2+Ar}

$$\beta_{N_2+Ar}=\frac{\beta_{N_2}\chi_{N_2}+\beta_{Ar}\chi_{Ar}}{\chi_{N_2}+\chi_{Ar}}$$

$$=\frac{0.020\ 10\times0.780\ 84+0.044\ 58\times0.009\ 34}{0.780\ 84+0.009\ 34}=0.020\ 39\ \text{L/(L · atm)}$$

（2）A_{N_2+Ar}

$$A_{N_2+Ar} = \frac{760}{1\,000} \times \left(\frac{\beta_{N_2}\chi_{N_2} + \beta_{Ar}\chi_{Ar}}{1.250\,40\beta_{N_2}\chi_{N_2} + 1.784\,195\beta_{Ar}\chi_{Ar}} \right)$$

$$= \frac{760}{1\,000} \times \frac{0.020\,10 \times 0.780\,84 + 0.044\,58 \times 0.009\,34}{1.250\,40 \times 0.020\,10 \times 0.780\,84 + 1.784\,195 \times 0.044\,58 \times 0.009\,34}$$

$$= 0.601\,2$$

151

如果同时测定氮气和氩气，那么，式（3.26）~（3.29）可写成：

$$\Delta p(\text{mmHg}) = \frac{c_{O_2}}{\beta_{O_2}} \times 0.531\,8 + \frac{c_{N_2+Ar}}{\beta_{N_2+Ar}} \cdot A_{N_2+Ar} + \frac{c_{CO_2}}{\beta_{CO_2}} \times 0.384\,5 + p_{wv} - \text{BP} \tag{3.32}$$

$$\text{TGP}(\text{mmHg}) = \frac{c_{O_2}}{\beta_{O_2}} \times 0.531\,8 + \frac{c_{N_2+Ar}}{\beta_{N_2+Ar}} \cdot A_{N_2+Ar} + \frac{c_{CO_2}}{\beta_{CO_2}} \times 0.384\,5 + p_{wv} \tag{3.33}$$

$$\text{TGP}(\%) = \left(\frac{\frac{c_{O_2}}{\beta_{O_2}} \times 0.531\,8 + \frac{c_{N_2+Ar}}{\beta_{N_2+Ar}} \cdot A_{N_2+Ar} + \frac{c_{CO_2}}{\beta_{CO_2}} \times 0.384\,5 + p_{wv}}{\text{BP}} \right) \times 100 \tag{3.34}$$

$$N_2 + \text{Ar}(\text{mmHg}) = \frac{c_{N_2+Ar}}{\beta_{N_2+Ar}} \cdot A_{N_2+Ar} \tag{3.35}$$

$$N_2 + \text{Ar}(\%) = \left[\frac{\frac{c_{N_2+Ar}}{\beta_{N_2+Ar}} \cdot A_{N_2+Ar}}{0.790\,5(\text{BP} - p_{wv})} \right] \times 100 \tag{3.36}$$

由式（3.30）计算得到的 A_{N_2+Ar}值，如表 3.2 所示，随温度和盐度的变化而变化。依据式（3.31）计算淡水和海水条件下得到的 β_{N_2+Ar}的值，如表 3.3~3.5 所示。

根据浓度单位计算的 Δp 和 N_2+Ar 与通过 MDM 计算的结果相比不太精确，原因在于需要测量的数量较多，存在隐抽样及存储问题，并且 A_{N_2+Ar}和 β_{N_2+Ar}的值具有不确定性（Colt，1983）。

表 3.2 不同温度及盐度下 A_{N_2+Ar} 的溶解度

温度/℃	盐度/(g/kg)								
	0.0	5.0	10.0	15.0	20.0	25.0	30.0	35.0	40.0
0	0.601 1	0.601 1	0.601 1	0.601 0	0.601 0	0.601 0	0.601 0	0.601 0	0.601 0
1	0.601 1	0.601 1	0.601 1	0.601 1	0.601 0	0.601 0	0.601 0	0.601 0	0.601 0
2	0.601 1	0.601 1	0.601 1	0.601 1	0.601 1	0.601 0	0.601 0	0.601 0	0.601 0
3	0.601 1	0.601 1	0.601 1	0.601 1	0.601 1	0.601 0	0.601 0	0.601 0	0.601 0
4	0.601 1	0.601 1	0.601 1	0.601 1	0.601 1	0.601 1	0.601 0	0.601 0	0.601 0
5	0.601 2	0.601 1	0.601 1	0.601 1	0.601 1	0.601 1	0.601 1	0.601 0	0.601 0
6	0.601 2	0.601 1	0.601 1	0.601 1	0.601 1	0.601 1	0.601 1	0.601 0	0.601 0
7	0.601 2	0.601 2	0.601 1	0.601 1	0.601 1	0.601 1	0.601 1	0.601 1	0.601 0
8	0.601 2	0.601 2	0.601 2	0.601 1	0.601 1	0.601 1	0.601 1	0.601 1	0.601 1
9	0.601 2	0.601 2	0.601 2	0.601 1	0.601 1	0.601 1	0.601 1	0.601 1	0.601 1
10	0.601 2	0.601 2	0.601 2	0.601 2	0.601 1	0.601 1	0.601 1	0.601 1	0.601 1
11	0.601 2	0.601 2	0.601 2	0.601 2	0.601 2	0.601 1	0.601 1	0.601 1	0.601 1
12	0.601 2	0.601 2	0.601 2	0.601 2	0.601 2	0.601 1	0.601 1	0.601 1	0.601 1
13	0.601 2	0.601 2	0.601 2	0.601 2	0.601 2	0.601 2	0.601 1	0.601 1	0.601 1
14	0.601 2	0.601 2	0.601 2	0.601 2	0.601 2	0.601 2	0.601 2	0.601 1	0.601 1
15	0.601 3	0.601 2	0.601 2	0.601 2	0.601 2	0.601 2	0.601 2	0.601 2	0.601 1
16	0.601 3	0.601 3	0.601 2	0.601 2	0.601 2	0.601 2	0.601 2	0.601 2	0.601 2
17	0.601 3	0.601 3	0.601 3	0.601 2	0.601 2	0.601 2	0.601 2	0.601 2	0.601 2
18	0.601 3	0.601 3	0.601 3	0.601 2	0.601 2	0.601 2	0.601 2	0.601 2	0.601 2
19	0.601 3	0.601 3	0.601 3	0.601 3	0.601 2	0.601 2	0.601 2	0.601 2	0.601 2
20	0.601 3	0.601 3	0.601 3	0.601 3	0.601 3	0.601 2	0.601 2	0.601 2	0.601 2
21	0.601 3	0.601 3	0.601 3	0.601 3	0.601 3	0.601 3	0.601 2	0.601 2	0.601 2
22	0.601 3	0.601 3	0.601 3	0.601 3	0.601 3	0.601 3	0.601 3	0.601 2	0.601 2
23	0.601 4	0.601 3	0.601 3	0.601 3	0.601 3	0.601 3	0.601 3	0.601 3	0.601 2
24	0.601 4	0.601 4	0.601 3	0.601 3	0.601 3	0.601 3	0.601 3	0.601 3	0.601 2
25	0.601 4	0.601 4	0.601 3	0.601 3	0.601 3	0.601 3	0.601 3	0.601 3	0.601 3
26	0.601 4	0.601 4	0.601 4	0.601 3	0.601 3	0.601 3	0.601 3	0.601 3	0.601 3
27	0.601 4	0.601 4	0.601 4	0.601 4	0.601 3	0.601 3	0.601 3	0.601 3	0.601 3
28	0.601 4	0.601 4	0.601 4	0.601 4	0.601 4	0.601 3	0.601 3	0.601 3	0.601 3
29	0.601 4	0.601 4	0.601 4	0.601 4	0.601 4	0.601 4	0.601 3	0.601 3	0.601 3
30	0.601 4	0.601 4	0.601 4	0.601 4	0.601 4	0.601 4	0.601 4	0.601 3	0.601 3
31	0.601 5	0.601 4	0.601 4	0.601 4	0.601 4	0.601 4	0.601 4	0.601 4	0.601 3
32	0.601 5	0.601 5	0.601 4	0.601 4	0.601 4	0.601 4	0.601 4	0.601 4	0.601 4

续 表

温度/℃	盐度/(g/kg)								
	0.0	5.0	10.0	15.0	20.0	25.0	30.0	35.0	40.0
33	0.601 5	0.601 5	0.601 5	0.601 4	0.601 4	0.601 4	0.601 4	0.601 4	0.601 4
34	0.601 5	0.601 5	0.601 5	0.601 5	0.601 4	0.601 4	0.601 4	0.601 4	0.601 4
35	0.601 5	0.601 5	0.601 5	0.601 5	0.601 5	0.601 4	0.601 4	0.601 4	0.601 4
36	0.601 5	0.601 5	0.601 5	0.601 5	0.601 5	0.601 4	0.601 4	0.601 4	0.601 4
37	0.601 5	0.601 5	0.601 5	0.601 5	0.601 5	0.601 5	0.601 4	0.601 4	0.601 4
38	0.601 6	0.601 5	0.601 5	0.601 5	0.601 5	0.601 5	0.601 5	0.601 4	0.601 4
39	0.601 6	0.601 6	0.601 5	0.601 5	0.601 5	0.601 5	0.601 5	0.601 5	0.601 4
40	0.601 6	0.601 6	0.601 6	0.601 5	0.601 5	0.601 5	0.601 5	0.601 5	0.601 5

153

表 3.3 不同温度下氮气+氩气的本森系数 [β，$L_{真实气体}/(L \cdot atm)$]

温度/℃	Δt/℃									
	0.0	0.1	0.2	0.3	0.4	0.5	0.6	0.7	0.8	0.9
0	0.024 32	0.024 26	0.024 19	0.024 13	0.024 07	0.024 01	0.023 94	0.023 88	0.023 82	0.023 76
1	0.023 70	0.023 64	0.023 58	0.023 52	0.023 46	0.023 40	0.023 34	0.023 28	0.023 22	0.023 17
2	0.023 11	0.023 05	0.022 99	0.022 94	0.022 88	0.022 82	0.022 77	0.022 71	0.022 65	0.022 60
3	0.022 54	0.022 49	0.022 43	0.022 38	0.022 32	0.022 27	0.022 22	0.022 16	0.022 11	0.022 06
4	0.022 00	0.021 95	0.021 90	0.021 85	0.021 79	0.021 74	0.021 69	0.021 64	0.021 59	0.021 54
5	0.021 49	0.021 44	0.021 39	0.021 34	0.021 29	0.021 24	0.021 19	0.021 14	0.021 09	0.021 05
6	0.021 00	0.020 95	0.020 90	0.020 85	0.020 81	0.020 76	0.020 71	0.020 67	0.020 62	0.020 57
7	0.020 53	0.020 48	0.020 44	0.020 39	0.020 34	0.020 30	0.020 25	0.020 21	0.020 17	0.020 12
8	0.020 08	0.020 03	0.019 99	0.019 95	0.019 90	0.019 86	0.019 82	0.019 77	0.019 73	0.019 69
9	0.019 65	0.019 61	0.019 56	0.019 52	0.019 48	0.019 44	0.019 40	0.019 36	0.019 32	0.019 28
10	0.019 24	0.019 20	0.019 16	0.019 12	0.019 08	0.019 04	0.019 00	0.018 96	0.018 92	0.018 88
11	0.018 84	0.018 81	0.018 77	0.018 73	0.018 69	0.018 65	0.018 62	0.018 58	0.018 54	0.018 50
12	0.018 47	0.018 43	0.018 39	0.018 36	0.018 32	0.018 29	0.018 25	0.018 21	0.018 18	0.018 14
13	0.018 11	0.018 07	0.018 04	0.018 00	0.017 97	0.017 93	0.017 90	0.017 86	0.017 83	0.017 80
14	0.017 76	0.017 73	0.017 69	0.017 66	0.017 63	0.017 59	0.017 56	0.017 53	0.017 50	0.017 46
15	0.017 43	0.017 40	0.017 37	0.017 33	0.017 30	0.017 27	0.017 24	0.017 21	0.017 18	0.017 15
16	0.017 11	0.017 08	0.017 05	0.017 02	0.016 99	0.016 96	0.016 93	0.016 90	0.016 87	0.016 84
17	0.016 81	0.016 78	0.016 75	0.016 72	0.016 69	0.016 66	0.016 64	0.016 61	0.016 58	0.016 55
18	0.016 52	0.016 49	0.016 46	0.016 44	0.016 41	0.016 38	0.016 35	0.016 32	0.016 30	0.016 27
19	0.016 24	0.016 21	0.016 19	0.016 16	0.016 13	0.016 11	0.016 08	0.016 05	0.016 03	0.016 00

续 表

温度/℃	Δt/℃									
	0.0	0.1	0.2	0.3	0.4	0.5	0.6	0.7	0.8	0.9
20	0.015 97	0.015 95	0.015 92	0.015 90	0.015 87	0.015 84	0.015 82	0.015 79	0.015 77	0.015 74
21	0.015 72	0.015 69	0.015 67	0.015 64	0.015 62	0.015 59	0.015 57	0.015 54	0.015 52	0.015 50
22	0.015 47	0.015 45	0.015 42	0.015 40	0.015 38	0.015 35	0.015 33	0.015 31	0.015 28	0.015 26
23	0.015 24	0.015 21	0.015 19	0.015 17	0.015 14	0.015 12	0.015 10	0.015 08	0.015 05	0.015 03
24	0.015 01	0.014 99	0.014 97	0.014 94	0.014 92	0.014 90	0.014 88	0.014 86	0.014 84	0.014 81
25	0.014 79	0.014 77	0.014 75	0.014 73	0.014 71	0.014 69	0.014 67	0.014 65	0.014 63	0.014 61
26	0.014 58	0.014 56	0.014 54	0.014 52	0.014 50	0.014 48	0.014 46	0.014 44	0.014 42	0.014 40
27	0.014 39	0.014 37	0.014 35	0.014 33	0.014 31	0.014 29	0.014 27	0.014 25	0.014 23	0.014 21
28	0.014 19	0.014 18	0.014 16	0.014 14	0.014 12	0.014 10	0.014 08	0.014 06	0.014 05	0.014 03
29	0.014 01	0.013 99	0.013 97	0.013 96	0.013 94	0.013 92	0.013 90	0.013 89	0.013 87	0.013 85
30	0.013 83	0.013 82	0.013 80	0.013 78	0.013 77	0.013 75	0.013 73	0.013 72	0.013 70	0.013 68
31	0.013 67	0.013 65	0.013 63	0.013 62	0.013 60	0.013 58	0.013 57	0.013 55	0.013 54	0.013 52
32	0.013 50	0.013 49	0.013 47	0.013 46	0.013 44	0.013 43	0.013 41	0.013 40	0.013 38	0.013 36
33	0.013 35	0.013 33	0.013 32	0.013 30	0.013 29	0.013 27	0.013 26	0.013 25	0.013 23	0.013 22
34	0.013 20	0.013 19	0.013 17	0.013 16	0.013 14	0.013 13	0.013 12	0.013 10	0.013 09	0.013 07
35	0.013 06	0.013 05	0.013 03	0.013 02	0.013 00	0.012 99	0.012 98	0.012 96	0.012 95	0.012 94
36	0.012 92	0.012 91	0.012 90	0.012 88	0.012 87	0.012 86	0.012 85	0.012 83	0.012 82	0.012 81
37	0.012 79	0.012 78	0.012 77	0.012 76	0.012 74	0.012 73	0.012 72	0.012 71	0.012 69	0.012 68
38	0.012 67	0.012 66	0.012 65	0.012 63	0.012 62	0.012 61	0.012 60	0.012 59	0.012 58	0.012 56
39	0.012 55	0.012 54	0.012 53	0.012 52	0.012 51	0.012 50	0.012 48	0.012 47	0.012 46	0.012 45
40	0.012 44	0.012 43	0.012 42	0.012 41	0.012 40	0.012 39	0.012 37	0.012 36	0.012 35	0.012 34

来源：淡水，Hamme 和 Emerson（2004）。

154

表 3.4 不同温度及盐度（0~40 g/kg）下氮气+氩气的本森系数［β，$L_{真实气体}$/(L·atm)］

温度/℃	盐度/(g/kg)								
	0.0	5.0	10.0	15.0	20.0	25.0	30.0	35.0	40.0
0	0.024 32	0.023 43	0.022 58	0.021 75	0.020 96	0.020 19	0.019 45	0.018 74	0.018 05
1	0.023 70	0.022 84	0.022 02	0.021 22	0.020 45	0.019 71	0.018 99	0.018 31	0.017 64
2	0.023 11	0.022 28	0.021 48	0.020 71	0.019 97	0.019 25	0.018 56	0.017 89	0.017 25
3	0.022 54	0.021 74	0.020 97	0.020 22	0.019 50	0.018 81	0.018 14	0.017 49	0.016 87
4	0.022 00	0.021 23	0.020 48	0.019 76	0.019 06	0.018 39	0.017 74	0.017 12	0.016 51

续 表

温度/℃	盐度/(g/kg)								
	0.0	5.0	10.0	15.0	20.0	25.0	30.0	35.0	40.0
5	0.021 49	0.020 74	0.020 02	0.019 32	0.018 64	0.017 99	0.017 36	0.016 75	0.016 17
6	0.021 00	0.020 27	0.019 57	0.018 89	0.018 24	0.017 61	0.016 99	0.016 41	0.015 84
7	0.020 53	0.019 82	0.019 14	0.018 49	0.017 85	0.017 24	0.016 64	0.016 07	0.015 52
8	0.020 08	0.019 40	0.018 74	0.018 10	0.017 48	0.016 89	0.016 31	0.015 75	0.015 22
9	0.019 65	0.018 99	0.018 35	0.017 73	0.017 13	0.016 55	0.015 99	0.015 45	0.014 93
10	0.019 24	0.018 59	0.017 97	0.017 37	0.016 79	0.016 23	0.015 68	0.015 16	0.014 65
11	0.018 84	0.018 22	0.017 61	0.017 03	0.016 46	0.015 92	0.015 39	0.014 88	0.014 38
12	0.018 47	0.017 86	0.017 27	0.016 70	0.016 15	0.015 62	0.015 10	0.014 61	0.014 12
13	0.018 11	0.017 52	0.016 94	0.016 39	0.015 85	0.015 34	0.014 83	0.014 35	0.013 88
14	0.017 76	0.017 19	0.016 63	0.016 09	0.015 57	0.015 06	0.014 57	0.014 10	0.013 64
15	0.017 43	0.016 87	0.016 33	0.015 80	0.015 29	0.014 80	0.014 32	0.013 86	0.013 42
16	0.017 11	0.016 57	0.016 04	0.015 53	0.015 03	0.014 55	0.014 09	0.013 63	0.013 20
17	0.016 81	0.016 28	0.015 76	0.015 26	0.014 78	0.014 31	0.013 86	0.013 42	0.012 99
18	0.016 52	0.016 00	0.015 50	0.015 01	0.014 54	0.014 08	0.013 63	0.013 20	0.012 79
19	0.016 24	0.015 73	0.015 24	0.014 77	0.014 30	0.013 86	0.013 42	0.013 00	0.012 60
20	0.015 97	0.015 48	0.015 00	0.014 53	0.014 08	0.013 64	0.013 22	0.012 81	0.012 41
21	0.015 72	0.015 23	0.014 76	0.014 31	0.013 87	0.013 44	0.013 02	0.012 62	0.012 23
22	0.015 47	0.015 00	0.014 54	0.014 09	0.013 66	0.013 24	0.012 84	0.012 44	0.012 06
23	0.015 24	0.014 77	0.014 32	0.013 89	0.013 46	0.013 05	0.012 66	0.012 27	0.011 90
24	0.015 01	0.014 56	0.014 12	0.013 69	0.013 27	0.012 87	0.012 48	0.012 10	0.011 74
25	0.014 79	0.014 35	0.013 92	0.013 50	0.013 09	0.012 70	0.012 31	0.011 94	0.011 58
26	0.014 58	0.014 15	0.013 73	0.013 32	0.012 92	0.012 53	0.012 15	0.011 79	0.011 44
27	0.014 39	0.013 96	0.013 54	0.013 14	0.012 75	0.012 37	0.012 00	0.011 64	0.011 30
28	0.014 19	0.013 77	0.013 37	0.012 97	0.012 59	0.012 21	0.011 85	0.011 50	0.011 16
29	0.014 01	0.013 60	0.013 20	0.012 81	0.012 43	0.012 07	0.011 71	0.011 36	0.011 03
30	0.013 83	0.013 43	0.013 04	0.012 65	0.012 28	0.011 92	0.011 57	0.011 23	0.010 90
31	0.013 67	0.013 27	0.012 88	0.012 51	0.012 14	0.011 79	0.011 44	0.011 11	0.010 78
32	0.013 50	0.013 11	0.012 73	0.012 36	0.012 00	0.011 65	0.011 32	0.010 99	0.010 67
33	0.013 35	0.012 96	0.012 59	0.012 23	0.011 87	0.011 53	0.011 19	0.010 87	0.010 56
34	0.013 20	0.012 82	0.012 45	0.012 09	0.011 75	0.011 41	0.011 08	0.010 76	0.010 45
35	0.013 06	0.012 69	0.012 32	0.011 97	0.011 62	0.011 29	0.010 97	0.010 65	0.010 35
36	0.012 92	0.012 55	0.012 20	0.011 85	0.011 51	0.011 18	0.010 86	0.010 55	0.010 25
37	0.012 79	0.012 43	0.012 08	0.011 73	0.011 40	0.011 07	0.010 76	0.010 45	0.010 15
38	0.012 67	0.012 31	0.011 96	0.011 62	0.011 29	0.010 97	0.010 66	0.010 35	0.010 06
39	0.012 55	0.012 20	0.011 85	0.011 52	0.011 19	0.010 87	0.010 56	0.010 26	0.009 97
40	0.012 44	0.012 09	0.011 75	0.011 41	0.011 09	0.010 78	0.010 47	0.010 18	0.009 89

来源：Hamme 和 Emerson（2004）。

155

表 3.5 不同温度及盐度（33~37 g/kg）下氮气+氩气的本森系数［β，$L_{真实气体}/(L \cdot atm)$］

温度/℃	盐度/(g/kg)								
	33.0	33.5	34.0	34.5	35.0	35.5	36.0	36.5	37.0
0	0.019 02	0.018 95	0.018 88	0.018 81	0.018 74	0.018 67	0.018 60	0.018 53	0.018 46
1	0.018 58	0.018 51	0.018 44	0.018 37	0.018 31	0.018 24	0.018 17	0.018 10	0.018 04
2	0.018 15	0.018 09	0.018 02	0.017 96	0.017 89	0.017 83	0.017 76	0.017 70	0.017 63
3	0.017 75	0.017 69	0.017 62	0.017 56	0.017 49	0.017 43	0.017 37	0.017 31	0.017 24
4	0.017 36	0.017 30	0.017 24	0.017 18	0.017 12	0.017 05	0.016 99	0.016 93	0.016 87
5	0.016 99	0.016 93	0.016 87	0.016 81	0.016 75	0.016 69	0.016 63	0.016 57	0.016 52
6	0.016 64	0.016 58	0.016 52	0.016 46	0.016 41	0.016 35	0.016 29	0.016 23	0.016 18
7	0.016 30	0.016 24	0.016 19	0.016 13	0.016 07	0.016 02	0.015 96	0.015 90	0.015 85
8	0.015 97	0.015 92	0.015 86	0.015 81	0.015 75	0.015 70	0.015 65	0.015 59	0.015 54
9	0.015 66	0.015 61	0.015 56	0.015 50	0.015 45	0.015 40	0.015 34	0.015 29	0.015 24
10	0.015 36	0.015 31	0.015 26	0.015 21	0.015 16	0.015 10	0.015 05	0.015 00	0.014 95
11	0.015 08	0.015 03	0.014 98	0.014 93	0.014 88	0.014 83	0.014 78	0.014 73	0.014 68
12	0.014 80	0.014 75	0.014 71	0.014 66	0.014 61	0.014 56	0.014 51	0.014 46	0.014 41
13	0.014 54	0.014 49	0.014 44	0.014 40	0.014 35	0.014 30	0.014 25	0.014 21	0.014 16
14	0.014 29	0.014 24	0.014 19	0.014 15	0.014 10	0.014 05	0.014 01	0.013 96	0.013 92
15	0.014 05	0.014 00	0.013 95	0.013 91	0.013 86	0.013 82	0.013 77	0.013 73	0.013 68
16	0.013 81	0.013 77	0.013 72	0.013 68	0.013 63	0.013 59	0.013 55	0.013 50	0.013 46
17	0.013 59	0.013 55	0.013 50	0.013 46	0.013 42	0.013 37	0.013 33	0.013 29	0.013 24
18	0.013 38	0.013 33	0.013 29	0.013 25	0.013 20	0.013 16	0.013 12	0.013 08	0.013 04
19	0.013 17	0.013 13	0.013 09	0.013 04	0.013 00	0.012 96	0.012 92	0.012 88	0.012 84
20	0.012 97	0.012 93	0.012 89	0.012 85	0.012 81	0.012 77	0.012 73	0.012 69	0.012 65
21	0.012 78	0.012 74	0.012 70	0.012 66	0.012 62	0.012 58	0.012 54	0.012 50	0.012 46
22	0.012 60	0.012 56	0.012 52	0.012 48	0.012 44	0.012 40	0.012 36	0.012 33	0.012 29
23	0.012 42	0.012 38	0.012 35	0.012 31	0.012 27	0.012 23	0.012 19	0.012 16	0.012 12
24	0.012 25	0.012 22	0.012 18	0.012 14	0.012 10	0.012 07	0.012 03	0.011 99	0.011 96
25	0.012 09	0.012 05	0.012 02	0.011 98	0.011 94	0.011 91	0.011 87	0.011 83	0.011 80
26	0.011 93	0.011 90	0.011 86	0.011 83	0.011 79	0.011 75	0.011 72	0.011 68	0.011 65
27	0.011 78	0.011 75	0.011 71	0.011 68	0.011 64	0.011 61	0.011 57	0.011 54	0.011 50
28	0.011 64	0.011 61	0.011 57	0.011 54	0.011 50	0.011 47	0.011 43	0.011 40	0.011 36
29	0.011 50	0.011 47	0.011 43	0.011 40	0.011 36	0.011 33	0.011 30	0.011 26	0.011 23
30	0.011 37	0.011 33	0.011 30	0.011 27	0.011 23	0.011 20	0.011 17	0.011 13	0.011 10
31	0.011 24	0.011 21	0.011 17	0.011 14	0.011 11	0.011 07	0.011 04	0.011 01	0.010 98
32	0.011 12	0.011 08	0.011 05	0.011 02	0.010 99	0.010 95	0.010 92	0.010 89	0.010 86

续 表

温度/℃	盐度/(g/kg)								
	33.0	33.5	34.0	34.5	35.0	35.5	36.0	36.5	37.0
33	0.011 00	0.010 97	0.010 93	0.010 90	0.010 87	0.010 84	0.010 81	0.010 77	0.010 74
34	0.010 89	0.010 85	0.010 82	0.010 79	0.010 76	0.010 73	0.010 70	0.010 66	0.010 63
35	0.010 78	0.010 74	0.010 71	0.010 68	0.010 65	0.010 62	0.010 59	0.010 56	0.010 53
36	0.010 67	0.010 64	0.010 61	0.010 58	0.010 55	0.010 52	0.010 49	0.010 46	0.010 43
37	0.010 57	0.010 54	0.010 51	0.010 48	0.010 45	0.010 42	0.010 39	0.010 36	0.010 33
38	0.010 47	0.010 44	0.010 41	0.010 38	0.010 35	0.010 32	0.010 30	0.010 27	0.010 24
39	0.010 38	0.010 35	0.010 32	0.010 29	0.010 26	0.010 23	0.010 20	0.010 18	0.010 15
40	0.010 29	0.010 26	0.010 24	0.010 21	0.010 18	0.010 15	0.010 12	0.010 09	0.010 06

来源：Hamme 和 Emerson（2004）。

156

例 3-8

已知 BP=745 mmHg，水温=7.3℃，c_{O_2}=9.41 mg/L，c_{N_2+Ar}=23.99 mg/L，c_{CO_2}=0.96 mg/L 时，计算 Δp 和 N_2+Ar（mmHg），可使用式（3.32）和式（3.35），例 3-7 中的 β_{N_2+Ar} 和 A_{N_2+Ar}，以及例 3-6 中的本森系数和 p_{wv}。

（1）Δp

$$\Delta p(\text{mmHg}) = \frac{c_{O_2}}{\beta_{O_2}} \times 0.531\,8 + \frac{c_{N_2+Ar}}{\beta_{N_2}} \cdot A_{N_2} + \frac{c_{CO_2}}{\beta_{CO_2}} \times 0.384\,5 + p_{wv} - \text{BP}$$

$$= \frac{9.41}{0.040\,66} \times 0.531\,8 + \frac{23.99}{0.020\,39} \times 0.601\,2 + \frac{0.96}{1.312\,6} \times 0.384\,5 + 7.668 - 745$$

$$= 93.4 \text{ mmHg}$$

157

（2）N_2+Ar（mmHg）

$$N_2 + Ar(\text{mmHg}) = \frac{c_{N_2+Ar}}{\beta_{N_2+Ar}}(A_{N_2+Ar}) = \frac{23.99}{0.020\,39} \times 0.601\,2 = 707.4 \text{ mmHg}$$

例 3-9

假定 β_{N_2} 和 A_{N_2} 可以使用，计算例 3-8 中的 Δp 和 N_2+Ar（mmHg）。比较例 3-6 和例 3-8 的计算结果。可使用例 3-6 中的本森系数和 p_{wv}。

（1）Δp

$$\Delta p(\text{mmHg}) = \frac{c_{O_2}}{\beta_{O_2}} \times 0.5318 + \frac{c_{N_2+Ar}}{\beta_{N_2}} \cdot A_{N_2} + \frac{c_{CO_2}}{\beta_{CO_2}} \times 0.3845 + p_{wv} - BP$$

$$= \frac{9.41}{0.04066} \times 0.5318 + \frac{23.99}{0.02010} \times 0.6078 + \frac{0.96}{1.3126} \times 0.3845 + 7.668 - 745$$

$$= 111.5 \text{ mmHg}$$

（2）N_2+Ar（mmHg）

$$N_2 + Ar(\text{mmHg}) = \frac{c_{N_2+Ar}}{\beta_{N_2}} \cdot A_{N_2} = \frac{23.99}{0.02010} \times 0.6078 = 725.4 \text{ mmHg}$$

（3）比较例 3－6、例 3－8 及例 3－9。

示　例	方　　法	Δp/mmHg	N_2+Ar/mmHg
3－6	所有气体的 β 和 A 值	93.3	707.2
3－8	c_{N_2+Ar}，β_{N_2+Ar}和 A_{N_2+Ar}	93.4	707.4
3－9	c_{N_2+Ar}和 A_{N_2}	111.5	725.4

只要 β_{N_2+Ar}和 A_{N_2+Ar}可以使用，就可以通过 c_{N_2+Ar}计算得出每种气体的 Δp 和 N_2+Ar。利用本森系数和氮气 A 值计算 N_2+Ar，会导致一个正误差即 18.2 mmHg，这在 Δp 中也会产生正误差即 18.2 mmHg。气体长期处于过饱和状态，Δp 介于 20～40 mmHg，这可能是致命的（Bouck，1976；Cornacchia、Colt，1984）。在这些条件下，使用 β_{N_2+Ar}和 A_{N_2+Ar}是必需的。当 Δp 大于150 mmHg，这些修正可以忽略不计。

3.2.6 转换旧的气体过饱和度数据

在气体过饱和的早期，与目前推荐的方式相比，气体饱和度数据分析采用的方式不同。TGP 作为大气压百分比［TGP(%)］通常从以下方程计算得出

$$\mathrm{TGP}'(\%) = \left(\frac{\mathrm{BP} + \Delta p - p_{wv}}{\mathrm{BP}}\right) \times 100 \tag{3.37}$$

或

$$\Delta p = \Delta p' + p_{wv} \tag{3.38}$$

推荐形式转换的值等于：

$$\mathrm{TGP}(\%) = \mathrm{TGP}'(\%) + \frac{100p_{wv}}{\mathrm{BP}} \tag{3.39}$$

$$\Delta p = \Delta p' + p_{wv} \tag{3.40}$$

158

要在式（3.37）和式（3.38）与式（3.39）和式（3.40）之间进行换算，大气压和水温必须是已知的。这两种形式之间的差异很大程度上取决于水温，而这对于温度低于10℃的情况并不重要，尤其是 Δp 值处在“致命”的范围（>150 mmHg）时。在一些研究中，报告了 N_2+Ar（%）和 O_2（%）的信息，但是 Δp 或 TGP 的信息被忽略了。Δp 可以使用以下式来计算：

$$\Delta p = \left[\frac{N_2 + \mathrm{Ar}(\%)}{100} - 1\right] \times 0.7905(\mathrm{BP} - p_{wv}) + \left[\frac{O_2(\%)}{100} - 1\right] \times 0.20496(\mathrm{BP} - p_{wv}) \tag{3.41}$$

如果 O_2（%）不是已知的，就无法计算 Δp。

例 3－10

通过式（3.37）计算出的 TGP（%）为105.7%，如果水温为28.5℃，大气压为650 mmHg，盐度为0 g/kg，通过式（3.39）和式（3.40）计算 TGP（%）和 Δp 值。

必要数据

参数	值	来源
温度	28.5℃	已知
BP	650 mmHg	已知
p_{wv}	29.200 mmHg	表1.21

（1）TGP（%）

$$\text{TGP}(\%) = \text{TGP}'(\%) + \frac{100p_{wv}}{\text{BP}} = 105.7 + \frac{100 \times 29.200}{650} = 110.2\%$$

（2）Δp

根据式（3.10），Δp 可以根据 TGP（%）值：

$$\Delta p = 66.3 \text{ mmHg}$$

159

（3）比较 Δp 和 $\Delta p'$

$$\Delta p = \Delta p' + p_{wv} \text{ 或 } \Delta p' = \Delta p - p_{wv} = 66.3 - 29.200 = 37.1 \text{ mmHg}$$

$\Delta p'$值只是 Δp 值的 44%。TPG（%）和 Δp 方程这两种形式之间的误差在较高温度下会大一些。这个例子还说明了为什么 Δp 方法是首选方法，因为它更容易评估这种变化的重要性。从 105.7%到 110.2%的变动幅度，并不像从 37.1 mmHg 到 66.3 mmHg 的变动幅度那么容易理解。

例 3－11

根据例 3－5 中 N_2+Ar（%）和 O_2（%）值计算 Δp，与例 3－4 中给出的 Δp 进行比较，假定大气压为 732 mmHg，温度为 13.4℃（p_{wv} = 11.529 mmHg）。

$$\Delta p = \left[\frac{N_2 + \text{Ar}(\%)}{100} - 1\right] \times 0.7905(\text{BP} - p_{wv})$$
$$+ \left[\frac{O_2(\%)}{100} - 1\right] \times 0.20496 \times (\text{BP} - p_{wv})$$
$$= \left(\frac{128.3}{100} - 1\right) \times 0.7905 \times (732 - 11.529)$$
$$+ \left(\frac{73.5}{100} - 1\right) \times 0.20496 \times (732 - 11.529)$$
$$= 121.9 \text{ mmHg}$$

例 3－4 中 Δp 为 121.0 mmHg。

在气体过饱和度研究的早期，有人认为 GBD 是由氮气引起的，因此，

只报告了 N_2（%）的信息。如果能对 O_2（%）做到推测准确，通过式（3.41）计算可以粗略估算 Δp 值。在许多情况下，旧数据无法转换，因为用于计算参数的方程尚未完全阐明。

溶解氧仪器比气体过饱和度测量设备要普遍得多，因此，在 GBD 报告中只分析了 DO。当气体过饱和是由空气夹带或加热引起时，可以通过 O_2（%）粗略估计 N_2+Ar（%）。当氧气浓度升高是由加热和光合作用引起的，O_2（%）与 N_2+Ar（%）几乎没有关系，很难估算 Δp 或 TGP。

3.2.7 深度对气体过饱和度的影响

根据当地大气压测定 Δp 或 TGP（%），水生动物在深处的实际 Δp 或 TGP（%）被称为非补偿 Δp_{uncomp} 或 TGP_{uncomp}（%）（Colt，1983），等于

160

$$\Delta p_{uncomp} = \Delta p - \rho g Z \tag{3.42}$$

$$TGP_{uncomp} = \left[\frac{BP + \Delta p}{BP + \rho g Z}\right] \tag{3.43}$$

淡水条件下的 ρg 值如表 1.29 所示，海洋条件下的 ρg 值如表 2.43 所示。血压是另一种倾向于保持溶解气体在溶液中的补偿压力。式（3.36）可以改写成：

$$\Delta p_{uncomp} = \Delta p - \rho g Z - p_{blood} \tag{3.44}$$

式中，p_{blood} 为动物最低血压，mmHg。

假设动物体内的 Δp 等于环境水的 Δp，不会形成 GBD，除非 $\Delta p_{uncomp}>0$ 或 TGP>100%。对于 $\Delta p_{uncomp}<0$ 或 TGP<100%，GBD 不会发生，因为不可能形成气泡。$\Delta p_{uncomp}=0$ 或 TGP=100%的深度，被称为静压补偿深度。

$$Z_{uncomp} = \frac{\Delta p}{\rho g} \tag{3.45}$$

水生动物通过停留在深处可以承受大的 Δp，如果它们被迫停留在表面，可能会快速死亡。这种情况发生在哥伦比亚河和蛇河的鱼梯上（Weitkamp、Katz，1980）。当水通过溢洪道时，空气夹带会产生高气体过饱和度。

表 3.6 和表 3.7 已经介绍了深度对 Δp_{uncomp} 或 TGP_{uncomp} 的影响。式（3.42）和式（3.43）与表 3.6 和表 3.7，是以假设 Δp 及温度与深度相一致为基础。这些假设在湖泊和水库中是不成立的。

表 3.6　深度对未补偿 Δ*p* 的影响（温度 = 20℃，大气压 = 760 mmHg，盐度 = 0.0 g/kg）

深度/m	Δp/mmHg									
	0	25	50	75	100	125	150	175	200	225
0.0	0.0	25.0	50.0	75.0	100.0	125.0	150.0	175.0	200.0	225.0
0.1	-7.3	17.7	42.7	67.7	92.7	117.7	142.7	167.7	192.7	217.7
0.2	-14.7	10.3	35.3	60.3	85.3	110.3	135.3	160.3	185.3	210.3
0.3	-22.0	3.0	28.0	53.0	78.0	103.0	128.0	153.0	178.0	203.0
0.4	-29.4	-4.4	20.6	45.6	70.6	95.6	120.6	145.6	170.6	195.6
0.5	-36.7	-11.7	13.3	38.3	63.3	88.3	113.3	138.3	163.3	188.3
0.6	-44.1	-19.1	5.9	30.9	55.9	80.9	105.9	130.9	155.9	180.9
0.7	-51.4	-26.4	-1.4	23.6	48.6	73.6	98.6	123.6	148.6	173.6
0.8	-58.7	-33.7	-8.7	16.3	41.3	66.3	91.3	116.3	141.3	166.3
0.9	-66.1	-41.1	-16.1	8.9	33.9	58.9	83.9	108.9	133.9	158.9
1.0	-73.4	-48.4	-23.4	1.6	26.6	51.6	76.6	101.6	126.6	151.6
1.1	-80.8	-55.8	-30.8	-5.8	19.2	44.2	69.2	94.2	119.2	144.2
1.2	-88.1	-63.1	-38.1	-13.1	11.9	36.9	61.9	86.9	111.9	136.9
1.3	-95.5	-70.5	-45.5	-20.5	4.5	29.5	54.5	79.5	104.5	129.5
1.4	-102.8	-77.8	-52.8	-27.8	-2.8	22.2	47.2	72.2	97.2	122.2
1.5	-110.1	-85.1	-60.1	-35.1	-10.1	14.9	39.9	64.9	89.9	114.9
1.6	-117.5	-92.5	-67.5	-42.5	-17.5	7.5	32.5	57.5	82.5	107.5
1.7	-124.8	-99.8	-74.8	-49.8	-24.8	0.2	25.2	50.2	75.2	100.2
1.8	-132.2	-107.2	-82.2	-57.2	-32.2	-7.2	17.8	42.8	67.8	92.8
1.9	-139.5	-114.5	-89.5	-64.5	-39.5	-14.5	10.5	35.5	60.5	85.5
2.0	-146.8	-121.8	-96.8	-71.8	-46.8	-21.8	3.2	28.2	53.2	78.2
2.1	-154.2	-129.2	-104.2	-79.2	-54.2	-29.2	-4.2	20.8	45.8	70.8
2.2	-161.5	-136.5	-111.5	-86.5	-61.5	-36.5	-11.5	13.5	38.5	63.5
2.3	-168.9	-143.9	-118.9	-93.9	-68.9	-43.9	-18.9	6.1	31.1	56.1
2.4	-176.2	-151.2	-126.2	-101.2	-76.2	-51.2	-26.2	-1.2	23.8	48.8
2.5	-183.6	-158.6	-133.6	-108.6	-83.6	-58.6	-33.6	-8.6	16.4	41.4
2.6	-190.9	-165.9	-140.9	-115.9	-90.9	-65.9	-40.9	-15.9	9.1	34.1
2.7	-198.2	-173.2	-148.2	-123.2	-98.2	-73.2	-48.2	-23.2	1.8	26.8
2.8	-205.6	-180.6	-155.6	-130.6	-105.6	-80.6	-55.6	-30.6	-5.6	19.4
2.9	-212.9	-187.9	-162.9	-137.9	-112.9	-87.9	-62.9	-37.9	-12.9	12.1
3.0	-220.3	-195.3	-170.3	-145.3	-120.3	-95.3	-70.3	-45.3	-20.3	4.7
3.1	-227.6	-202.6	-177.6	-152.6	-127.6	-102.6	-77.6	-52.6	-27.6	-2.6
3.2	-235.0	-210.0	-185.0	-160.0	-135.0	-110.0	-85.0	-60.0	-35.0	-10.0

续 表

深度/m	Δp/mmHg									
	0	25	50	75	100	125	150	175	200	225
3.3	-242.3	-217.3	-192.3	-167.3	-142.3	-117.3	-92.3	-67.3	-42.3	-17.3
3.4	-249.6	-224.6	-199.6	-174.6	-149.6	-124.6	-99.6	-74.6	-49.6	-24.6
3.5	-257.0	-232.0	-207.0	-182.0	-157.0	-132.0	-107.0	-82.0	-57.0	-32.0
3.6	-264.3	-239.3	-214.3	-189.3	-164.3	-139.3	-114.3	-89.3	-64.3	-39.3
3.7	-271.7	-246.7	-221.7	-196.7	-171.7	-146.7	-121.7	-96.7	-71.7	-46.7
3.8	-279.0	-254.0	-229.0	-204.0	-179.0	-154.0	-129.0	-104.0	-79.0	-54.0
3.9	-286.4	-261.4	-236.4	-211.4	-186.4	-161.4	-136.4	-111.4	-86.4	-61.4
4.0	-293.7	-268.7	-243.7	-218.7	-193.7	-168.7	-143.7	-118.7	-93.7	-68.7

162

表 3.7 深度对当地大气压百分比表示的未补偿 TGP 的影响
(温度=20℃，气压=760 mmHg，盐度=0.0 g/kg)

深度/m	TGP/%									
	100	105	110	115	120	125	130	135	140	145
0.0	100.0	105.0	110.0	115.0	120.0	125.0	130.0	135.0	140.0	145.0
0.1	99.0	104.0	108.9	113.9	118.9	123.8	128.8	133.7	138.7	143.6
0.2	98.1	103.0	107.9	112.8	117.7	122.6	127.5	132.4	137.3	142.3
0.3	97.2	102.0	106.9	111.8	116.6	121.5	126.3	131.2	136.1	140.9
0.4	96.3	101.1	105.9	110.7	115.5	120.3	125.2	130.0	134.8	139.6
0.5	95.4	100.2	104.9	109.7	114.5	119.2	124.0	128.8	133.5	138.3
0.6	94.5	99.2	104.0	108.7	113.4	118.2	122.9	127.6	132.3	137.1
0.7	93.7	98.3	103.0	107.7	112.4	117.1	121.8	126.4	131.1	135.8
0.8	92.8	97.5	102.1	106.7	111.4	116.0	120.7	125.3	130.0	134.6
0.9	92.0	96.6	101.2	105.8	110.4	115.0	119.6	124.2	128.8	133.4
1.0	91.2	95.7	100.3	104.9	109.4	114.0	118.5	123.1	127.7	132.2
1.1	90.4	94.9	99.4	104.0	108.5	113.0	117.5	122.0	126.6	131.1
1.2	89.6	94.1	98.6	103.1	107.5	112.0	116.5	121.0	125.5	129.9
1.3	88.8	93.3	97.7	102.2	106.6	111.1	115.5	119.9	124.4	128.8
1.4	88.1	92.5	96.9	101.3	105.7	110.1	114.5	118.9	123.3	127.7
1.5	87.3	91.7	96.1	100.4	104.8	109.2	113.5	117.9	122.3	126.6
1.6	86.6	90.9	95.3	99.6	103.9	108.3	112.6	116.9	121.3	125.6
1.7	85.9	90.2	94.5	98.8	103.1	107.4	111.7	116.0	120.3	124.5
1.8	85.2	89.4	93.7	98.0	102.2	106.5	110.7	115.0	119.3	123.5
1.9	84.5	88.7	92.9	97.2	101.4	105.6	109.8	114.1	118.3	122.5

续 表

深度/m	TGP/%									
	100	105	110	115	120	125	130	135	140	145
2.0	83.8	88.0	92.2	96.4	100.6	104.8	108.9	113.1	117.3	121.5
2.1	83.1	87.3	91.4	95.6	99.8	103.9	108.1	112.2	116.4	120.5
2.2	82.5	86.6	90.7	94.8	99.0	103.1	107.2	111.3	115.5	119.6
2.3	81.8	85.9	90.0	94.1	98.2	102.3	106.4	110.5	114.5	118.6
2.4	81.2	85.2	89.3	93.4	97.4	101.5	105.5	109.6	113.6	117.7
2.5	80.5	84.6	88.6	92.6	96.7	100.7	104.7	108.7	112.8	116.8
2.6	79.9	83.9	87.9	91.9	95.9	99.9	103.9	107.9	111.9	115.9
2.7	79.3	83.3	87.2	91.2	95.2	99.1	103.1	107.1	111.0	115.0
2.8	78.7	82.6	86.6	90.5	94.5	98.4	102.3	106.3	110.2	114.1
2.9	78.1	82.0	85.9	89.8	93.7	97.6	101.5	105.5	109.4	113.3
3.0	77.5	81.4	85.3	89.2	93.0	96.9	100.8	104.7	108.5	112.4
3.1	77.0	80.8	84.6	88.5	92.3	96.2	100.0	103.9	107.7	111.6
3.2	76.4	80.2	84.0	87.8	91.7	95.5	99.3	103.1	106.9	110.8
3.3	75.8	79.6	83.4	87.2	91.0	94.8	98.6	102.4	106.2	109.9
3.4	75.3	79.0	82.8	86.6	90.3	94.1	97.9	101.6	105.4	109.1
3.5	74.7	78.5	82.2	85.9	89.7	93.4	97.2	100.9	104.6	108.4
3.6	74.2	77.9	81.6	85.3	89.0	92.7	96.5	100.2	103.9	107.6
3.7	73.7	77.4	81.0	84.7	88.4	92.1	95.8	99.5	103.1	106.8
3.8	73.1	76.8	80.5	84.1	87.8	91.4	95.1	98.7	102.4	106.1
3.9	72.6	76.3	79.9	83.5	87.2	90.8	94.4	98.1	101.7	105.3
4.0	72.1	75.7	79.3	82.9	86.6	90.2	93.8	97.4	101.0	104.6

例 3-12

163

如果大气压为 770.0 mmHg，Δp = 150.0 mmHg，水温为 19℃，计算：(1) TGP（%）和 TGP_{uncomp}；(2) Δp_{uncomp}；(3) 补偿深度。

必要数据

参数	值	来源
BP	770.0 mmHg	已知
Δp	150.0 mmHg	已知
温度	19.0℃	已知
Z	2 m	已知
ρg	73.439 mmHg/m	表 1.29

（1）TGP（%）

$$TGP(\%) = \left(\frac{BP + \Delta p}{BP}\right) \times 100 = \left(\frac{770.0 + 150.0}{770}\right) \times 100 = 119.5\%$$

TGP_{uncomp}

$$TGP_{uncomp} = \frac{BP + \Delta p}{BP + \rho g Z} = \frac{770 + 150}{770.0 + 73.439 \times 2} = 100.3\%$$

（2）Δp_{uncomp}

$$\Delta p_{uncomp} = \Delta p - \rho g Z = 150 - 73.439 \times 2.0 = 3.1\ mmHg$$

（3）补偿深度

$$Z_{uncomp} = \frac{\Delta p}{\rho g} = \frac{150.0}{73.439} = 2.04\ m$$

164 **例 3－13**

河水经过核电站时，水温可以从 9℃加热到 10℃。氧气、氮气及氩气的初始浓度分别为 10.8 mg/L、19.85 mg/L 和 0.76 mg/L。如果大气压为 752.5 mmHg，计算来自工厂废水中的 Δp，得到排放废水的深度，以防止气体过饱和的问题。可以对二氧化碳忽略不计，并假定废水不会上升到表面，使用式（3.26）和式（3.45）。

必 要 数 据

值	表	值	表
c_{O_2} = 10.8 mg/L	已知	β_{O_2} = 0.031 68	1.32
c_{N_2} = 19.85 mg/L	已知	β_{N_2} = 0.016 02	1.33
c_{Ar} = 0.76 mg/L	已知	β_{Ar} = 0.034 81	1.34
p_{wv} = 16.482 mmHg	1.21	BP = 752.5 mmHg	已知
T_0 = 9.0℃	已知	$T_0 + \Delta T$ = 19.0℃	已知
ρg = 73.439 mmHg/m	1.29		

（1）Δp

$$\Delta p(mmHg) = \frac{C_{O_2}}{\beta_{O_2}} \times 0.5318 + \frac{C_{N_2}}{\beta_{N_2}} \times 0.6078 + \frac{C_{Ar}}{\beta_{Ar}} \times 0.4260 + p_{wv} - BP$$

$$= \frac{10.8}{0.03168} \times 0.5318 + \frac{19.85}{0.01602} \times 0.6078 + \frac{0.76}{0.03481} \times 0.4260 + 16.482 - 752.5$$

$$= 207.7 \text{ mmHg}$$

（2）补偿深度

$$Z_{\text{uncomp}} = \frac{\Delta p}{\rho g} = \frac{207.7}{73.439} = 2.8 \text{ m}$$

3.3 物理、化学及生物过程对气体过饱和的影响

本章节讨论物理、化学及生物过程对气体过饱和的影响，着重介绍水生养殖系统中常见的过程。

3.3.1 加热及冷却水

165

溶解气体的溶解度随温度的升高而降低。如果加热的水超过摄氏几度，那么养殖系统使用水之前，过量的溶解气体必须被去除。水可以通过冷却解决过饱和问题。

水受到任何温度变化时产生的饱和度百分比，可以由下列方程计算出来：

$$\text{饱和度}(\%) = \frac{c_i}{c_f^*} \times 100 \tag{3.46}$$

式中 c_i——初始温度下气体浓度（质量或体积单位）；

c_f^*——最终温度下气体的饱和浓度（基于质量或体积）。

如果假设水最初是饱和的，则可从以下方程计算饱和度百分比：

$$\text{饱和度}(\%) = \frac{c_i^*}{c_f^*} \times 100 \tag{3.47}$$

单一气体的过度饱和不会产生 GBD，因此，通过 Δp ［式（3.20）］对加热和冷却的影响可以进行充分描述。对于水最初处于饱和状态的假设，浓度

（c 值）应该在初始温度下计算，而本生系数和蒸气压必须以最终温度为基础。

$$\Delta p = \frac{c^*_{O_2,\ T_1}}{\beta_{O_2,\ T_f}} \times 0.531\ 8 + \frac{c^*_{N_2+Ar,\ T_1}}{\beta^*_{N_2+Ar,\ T_f}} \cdot A_{N_2+Ar} + \frac{c^*_{CO_2,\ T_1}}{\beta^*_{CO_2,\ T_f}} \times 0.384\ 5 + p_{wv,\ T_f} - BP \tag{3.48}$$

一般情况下，单一气体的浓度必须在初始温度下进行测量。假设水在初始温度下为饱和的，在加热水的条件下得到的 Δp，见表 3.8（淡水条件）和表 3.9（海洋条件）。冷却的水产生负 Δp。只要溶解氧不会降低到临界浓度，负 Δp 似乎不会对水生动物的分析产生影响。在加压加热的水系统中，额外施压，不会使过饱和水脱气。一旦加热的水排至大气压，就会发生脱气。过饱和气体的损失主要出现在气-水界面，而高浓度溶解气体过饱和则极为稳定。

166

表 3.8　水由 T_o 加热到 $T_o+\Delta t$ 时 Δp（mmHg）的变化
（大气压 = 760 mmHg，盐度 = 0.0 g/kg）

温度/℃	Δt/℃									
	1	2	3	4	5	6	7	8	9	10
0	19.1	39.6	60.2	80.9	101.7	122.5	143.4	164.3	185.3	206.2
1	18.7	38.7	58.9	79.1	99.4	119.8	140.1	160.6	181.0	201.4
2	18.2	37.9	57.6	77.4	97.2	117.1	137.0	156.9	176.8	196.8
3	17.8	37.1	56.3	75.7	95.1	114.5	133.9	153.3	172.8	192.2
4	17.4	36.2	55.1	74.0	93.0	111.9	130.9	149.9	168.9	187.8
5	17.1	35.5	53.9	72.4	91.0	109.5	128.0	146.5	165.0	183.5
6	16.7	34.7	52.8	70.9	89.0	107.1	125.2	143.3	161.3	179.4
7	16.4	34.0	51.7	69.4	87.1	104.8	122.5	140.1	157.7	175.3
8	16.0	33.3	50.6	67.9	85.2	102.5	119.8	137.0	154.2	171.4
9	15.7	32.7	49.6	66.5	83.4	100.3	117.2	134.1	150.9	167.6
10	15.5	32.0	48.6	65.2	81.7	98.2	114.7	131.2	147.6	163.9
11	15.2	31.4	47.6	63.8	80.0	96.2	112.3	128.4	144.4	160.3
12	14.9	30.8	46.7	62.6	78.4	94.2	109.9	125.6	141.3	156.9
13	14.7	30.3	45.8	61.3	76.8	92.3	107.7	123.0	138.3	153.5
14	14.5	29.7	45.0	60.2	75.3	90.4	105.5	120.5	135.4	150.3
15	14.3	29.2	44.1	59.0	73.8	88.6	103.3	118.0	132.6	147.1
16	14.1	28.7	43.3	57.9	72.4	86.9	101.3	115.6	129.9	144.1

续 表

温度/℃	Δt/℃									
	1	2	3	4	5	6	7	8	9	10
17	14.0	28.3	42.6	56.8	71.0	85.2	99.3	113.3	127.2	141.1
18	13.8	27.8	41.9	55.8	69.7	83.6	97.3	111.1	124.7	138.3
19	13.7	27.4	41.2	54.8	68.4	82.0	95.5	108.9	122.3	135.5
20	13.5	27.0	40.5	53.9	67.2	80.5	93.7	106.8	119.9	132.9
21	13.4	26.7	39.8	53.0	66.0	79.0	92.0	104.8	117.6	130.3
22	13.4	26.3	39.2	52.1	64.9	77.6	90.3	102.9	115.4	127.9
23	13.3	26.0	38.7	51.3	63.8	76.3	88.7	101.1	113.3	125.5
24	13.2	25.7	38.1	50.5	62.8	75.0	87.2	99.3	111.3	123.3
25	13.2	25.4	37.6	49.7	61.8	73.8	85.7	97.6	109.4	121.1
26	13.1	25.1	37.1	49.0	60.8	72.6	84.3	95.9	107.5	119.0
27	13.1	24.9	36.6	48.3	59.9	71.5	83.0	94.4	105.7	117.0
28	13.1	24.7	36.2	47.7	59.1	70.4	81.7	92.9	104.0	115.1
29	13.1	24.5	35.8	47.0	58.2	69.4	80.4	91.5	102.4	113.3
30	13.1	24.3	35.4	46.5	57.5	68.4	79.3	90.1	100.8	111.5
31	13.1	24.1	35.0	45.9	56.7	67.5	78.2	88.8	99.4	109.9
32	13.2	24.0	34.7	45.4	56.0	66.6	77.1	87.6	98.0	108.3
33	13.2	23.8	34.4	44.9	55.4	65.8	76.1	86.4	96.6	106.8
34	13.3	23.7	34.1	44.5	54.8	65.0	75.2	85.3	95.4	105.4
35	13.4	23.6	33.9	44.1	54.2	64.3	74.3	84.3	94.2	104.0
36	13.4	23.6	33.7	43.7	53.7	63.6	73.5	83.3	93.1	102.8
37	13.5	23.5	33.4	43.3	53.2	62.9	72.7	82.4	92.0	101.6
38	13.6	23.5	33.3	43.0	52.7	62.4	72.0	81.5	91.0	100.5
39	13.8	23.5	33.1	42.7	52.3	61.8	71.3	80.7	90.1	99.4
40	13.9	23.4	33.0	42.5	51.9	61.3	70.6	80.0	89.2	98.5

表 3.9 水由 T_o 加热到 $T_o+\Delta t$ 时 Δp（mmHg）的变化
（大气压=760 mmHg，盐度=35.0 g/kg）

温度/℃	Δt/℃									
	1	2	3	4	5	6	7	8	9	10
0	16.0	34.6	53.1	71.8	90.4	109.1	127.8	146.5	165.1	183.8
1	15.7	33.8	52.0	70.2	88.5	106.7	125.0	143.2	161.4	179.6
2	15.4	33.2	50.9	68.8	86.6	104.4	122.3	140.1	157.9	175.6

续 表

温度/℃	Δt/℃									
	1	2	3	4	5	6	7	8	9	10
3	15.1	32.5	49.9	67.3	84.8	102.2	119.6	137.0	154.4	171.7
4	14.8	31.8	48.9	65.9	83.0	100.0	117.1	134.0	151.0	167.9
5	14.5	31.2	47.9	64.6	81.3	97.9	114.6	131.2	147.7	164.3
6	14.3	30.6	47.0	63.3	79.6	95.9	112.2	128.4	144.6	160.7
7	14.1	30.1	46.1	62.0	78.0	93.9	109.8	125.7	141.5	157.2
8	13.8	29.5	45.2	60.8	76.4	92.0	107.6	123.1	138.5	153.9
9	13.6	29.0	44.3	59.6	74.9	90.2	105.4	120.5	135.6	150.7
10	13.5	28.5	43.5	58.5	73.5	88.4	103.2	118.1	132.8	147.5
11	13.3	28.0	42.7	57.4	72.1	86.6	101.2	115.7	130.1	144.5
12	13.1	27.6	42.0	56.4	70.7	85.0	99.2	113.4	127.5	141.6
13	13.0	27.2	41.3	55.3	69.4	83.4	97.3	111.2	125.0	138.8
14	12.9	26.7	40.6	54.4	68.1	81.8	95.5	109.0	122.6	136.0
15	12.8	26.4	39.9	53.4	66.9	80.3	93.7	107.0	120.2	133.4
16	12.7	26.0	39.3	52.5	65.7	78.9	92.0	105.0	118.0	130.9
17	12.6	25.7	38.7	51.7	64.6	77.5	90.3	103.1	115.8	128.4
18	12.5	25.3	38.1	50.8	63.5	76.2	88.7	101.2	113.7	126.1
19	12.5	25.0	37.6	50.1	62.5	74.9	87.2	99.5	111.7	123.8
20	12.4	24.8	37.1	49.3	61.5	73.7	85.7	97.8	109.7	121.7
21	12.4	24.5	36.6	48.6	60.6	72.5	84.3	96.1	107.9	119.6
22	12.4	24.3	36.1	47.9	59.7	71.4	83.0	94.6	106.1	117.6
23	12.3	24.0	35.7	47.3	58.8	70.3	81.7	93.1	104.4	115.7
24	12.3	23.8	35.3	46.7	58.0	69.3	80.5	91.7	102.8	113.9
25	12.4	23.7	34.9	46.1	57.2	68.3	79.4	90.3	101.3	112.2
26	12.4	23.5	34.5	45.5	56.5	67.4	78.2	89.1	99.8	110.5
27	12.4	23.3	34.2	45.0	55.8	66.5	77.2	87.8	98.4	109.0
28	12.5	23.2	33.9	44.6	55.2	65.7	76.2	86.7	97.1	107.5
29	12.5	23.1	33.6	44.1	54.5	64.9	75.3	85.6	95.9	106.1
30	12.6	23.0	33.4	43.7	54.0	64.2	74.4	84.6	94.7	104.8
31	12.7	22.9	33.2	43.3	53.4	63.5	73.6	83.6	93.6	103.5
32	12.8	22.9	33.0	43.0	53.0	62.9	72.8	82.7	92.5	102.4
33	12.9	22.9	32.8	42.7	52.5	62.3	72.1	81.9	91.6	101.3
34	13.0	22.8	32.6	42.4	52.1	61.8	71.4	81.1	90.7	100.3
35	13.1	22.8	32.5	42.1	51.7	61.3	70.8	80.4	89.8	99.3
36	13.3	22.8	32.4	41.9	51.4	60.8	70.3	79.7	89.1	98.4

续 表

温度/℃	Δt/℃									
	1	2	3	4	5	6	7	8	9	10
37	13.4	22.9	32.3	41.7	51.1	60.4	69.8	79.1	88.4	97.6
38	13.6	22.9	32.2	41.5	50.8	60.1	69.3	78.5	87.7	96.9
39	13.7	23.0	32.2	41.4	50.6	59.7	68.9	78.0	87.1	96.2
40	13.9	23.0	32.2	41.3	50.4	59.4	68.5	77.6	86.6	95.6

例 3-14

168

当水从9.3℃加热到17.8℃时，计算氧气、氮气、氩气、二氧化碳和总气体浓度（mg/L）的饱和度百分比。假设水在温度9℃下饱和，且加热时没有气体损失，要校正因加热而引起体积变化的气体浓度。

必 要 数 据

气体	9.3℃	17.8℃	来源
O_2	11.476	9.506	表1.9
N_2	18.575	15.642	表1.10
Ar	0.700 7	0.581 3	表1.11
CO_2	0.928 8	0.699 5	表1.12
总和	31.680 5	26.428 8	

（1）各种气体

$$O_2(\%) = \frac{11.476}{9.506} \times 100 = 120.7\%$$

$$N_2(\%) = \frac{18.575}{15.642} \times 100 = 118.8\%$$

$$Ar(\%) = \frac{0.700\,7}{0.581\,3} \times 100 = 120.7\%$$

$$CO_2(\%) = \frac{0.928\,8}{0.699\,5} \times 100 = 132.8\%$$

(2) 总溶解气体

$$总气体(\%) = \frac{31.6805}{26.4288} \times 100 = 119.9\%$$

169

(3) 校正体积变化的最终气体浓度

必 要 数 据

	9.3℃	17.8℃	来 源
ρ(kg/L)	0.999 760	0.998 634	表 7.1

如果气体浓度用 mg/kg 表示，最终浓度等于初始浓度，因为水的质量是守恒的。

$$c^{\dagger}_{final} = c^{\dagger}_{initial}$$

或者用体积单位表示浓度

$$\rho_{final} c^{*}_{final} = \rho_{initial} c^{*}_{initial}$$

$$c^{*}_{fina} = \frac{\rho_{initial}}{\rho_{finial}} \cdot c^{*}_{initial} = \frac{0.999760}{0.998634} \cdot c^{*}_{initial} = 1.001128 c^{*}_{initial}$$

将这一系数用于表值，得到以下最终浓度：

必 要 数 据

气 体	9.3℃	17.8℃	来 源
O_2	11.476	9.517	表 1.9 及以上
N_2	18.575	15.660	表 1.10 及以上
Ar	0.700 7	0.582 0	表 1.11 及以上
CO_2	0.928 8	0.700 3	表 1.12 及以上
总和	31.680 5	26.459 3	

$$O_2(\%) = \frac{11.476}{9.517} \times 100 = 120.6\%$$

$$N_2(\%) = \frac{18.575}{15.660} \times 100 = 118.6\%$$

$$Ar(\%)=\frac{0.7007}{0.5820}\times 100=120.4\%$$

$$CO_2(\%)=\frac{0.9288}{0.7003}\times 100=132.6\%$$

在这种情况下，密度变化对气体过饱和产生的影响不大。

3.3.2 不同温度下的水混合

不同温度下的水混合，会导致溶解气体的过饱和。这并不像上一节讨论的加热的影响那么显著。由于气体的溶解度与温度不是线性关系，所以不同温度下的水的混合会导致过饱和。不考虑温度范围内热容量的变化，不同温度下水的混合物的最终温度等于：

$$T_f=\frac{T_1Q_1+T_2Q_2}{Q_1+Q_2} \tag{3.49}$$

式中 T_f——混合物最终温度,℃;

T_1——溪流的温度#1,℃;

T_2——溪流的温度#2,℃;

Q_1——水流#1，m^3/s;

Q_2——水流#2，m^3/s。

所产生的水的单一气体的饱和度百分比为

$$饱和度(\%)=\frac{c_1\dfrac{Q_1}{Q_T}+c_2\dfrac{Q_2}{Q_T}}{c_f^*}\times 100 \tag{3.50}$$

式中 c_1——#1 中溶解气体的浓度，mg/L;

c_2——#2 中溶解气体的浓度，mg/L;

c_f^*——最终温度下饱和浓度，mg/L;

Q_T——总流量，m^3/s。

如果假设 $c_1=c_1^*$，$c_2=c_2^*$，式（3.50）可写为

$$饱和度(\%) = \frac{c_1^* \frac{Q_1}{Q_T} + c_2^* \frac{Q_2}{Q_T}}{c_f^*} \times 100 \tag{3.51}$$

式中 c_1^*——在 T_1 下溶解气体的饱和浓度，mg/L；

c_2^*——在 T_2 下溶解气体的饱和浓度，mg/L。

171

表 3.10 混合等量水在温度从 T_o 加热到 $T_o+\Delta t$ 时 Δp（mmHg）的变化（大气压=760 mmHg，盐度=0.0 g/kg）

温度/℃	Δt/℃									
	2	4	6	8	10	12	14	16	18	20
0	-0.8	0.5	2.6	5.5	9.0	13.2	17.9	23.1	28.7	34.8
1	-0.9	0.4	2.5	5.3	8.7	12.8	17.3	22.3	27.8	33.7
2	-0.9	0.4	2.4	5.1	8.4	12.3	16.8	21.6	26.9	32.6
3	-0.9	0.3	2.3	4.9	8.2	12.0	16.2	21.0	26.1	31.6
4	-0.9	0.3	2.2	4.8	7.9	11.6	15.7	20.3	25.3	30.6
5	-0.9	0.3	2.1	4.6	7.7	11.2	15.3	19.7	24.5	29.7
6	-0.9	0.3	2.1	4.5	7.5	10.9	14.8	19.1	23.8	28.8
7	-0.9	0.3	2.0	4.4	7.3	10.6	14.4	18.6	23.1	27.9
8	-0.8	0.3	2.0	4.3	7.1	10.3	14.0	18.0	22.4	27.1
9	-0.8	0.3	2.0	4.2	6.9	10.1	13.6	17.5	21.8	26.3
10	-0.7	0.3	2.0	4.1	6.8	9.8	13.3	17.1	21.2	25.5
11	-0.6	0.4	2.0	4.1	6.6	9.6	13.0	16.6	20.6	24.8
12	-0.6	0.5	2.0	4.0	6.5	9.4	12.6	16.2	20.0	24.1
13	-0.5	0.5	2.0	4.0	6.4	9.2	12.4	15.8	19.5	23.4
14	-0.4	0.6	2.1	4.0	6.3	9.1	12.1	15.4	19.0	22.8
15	-0.3	0.7	2.1	4.0	6.3	8.9	11.8	15.0	18.5	22.2
16	-0.1	0.8	2.2	4.0	6.2	8.8	11.6	14.7	18.0	21.6
17	0.0	0.9	2.3	4.0	6.2	8.6	11.4	14.4	17.6	21.0
18	0.1	1.0	2.3	4.1	6.1	8.5	11.2	14.1	17.2	20.5
19	0.3	1.1	2.4	4.1	6.1	8.4	11.0	13.8	16.8	20.0
20	0.4	1.3	2.5	4.2	6.1	8.3	10.8	13.5	16.4	19.5
21	0.6	1.4	2.6	4.2	6.1	8.3	10.7	13.3	16.1	19.0
22	0.7	1.5	2.7	4.3	6.1	8.2	10.5	13.1	15.7	18.5
23	0.9	1.7	2.9	4.4	6.1	8.2	10.4	12.8	15.4	18.1
24	1.1	1.9	3.0	4.4	6.2	8.1	10.3	12.6	15.1	17.7

续 表

温度/℃	Δt/℃									
	2	4	6	8	10	12	14	16	18	20
25	1.3	2.0	3.1	4.5	6.2	8.1	10.2	12.4	14.8	17.3
26	1.5	2.2	3.3	4.6	6.3	8.1	10.1	12.3	14.6	16.9
27	1.6	2.4	3.4	4.8	6.3	8.1	10.0	12.1	14.3	16.6
28	1.8	2.6	3.6	4.9	6.4	8.1	10.0	12.0	14.1	16.2
29	2.1	2.8	3.8	5.0	6.5	8.1	9.9	11.8	13.8	15.9
30	2.3	3.0	3.9	5.1	6.5	8.1	9.8	11.7	13.6	15.6
31	2.5	3.2	4.1	5.3	6.6	8.2	9.8	11.6	13.4	15.3
32	2.7	3.4	4.3	5.4	6.7	8.2	9.8	11.5	13.2	15.0
33	2.9	3.6	4.5	5.6	6.8	8.2	9.8	11.4	13.0	14.7
34	3.2	3.8	4.7	5.7	6.9	8.3	9.7	11.3	12.8	14.4
35	3.4	4.0	4.9	5.9	7.1	8.3	9.7	11.2	12.7	14.2
36	3.6	4.3	5.1	6.1	7.2	8.4	9.7	11.1	12.5	13.9
37	3.9	4.5	5.3	6.2	7.3	8.5	9.7	11.0	12.4	13.7
38	4.1	4.7	5.5	6.4	7.4	8.6	9.7	11.0	12.2	13.4
39	4.4	5.0	5.7	6.6	7.6	8.6	9.8	10.9	12.1	13.2
40	4.6	5.2	5.9	6.7	7.7	8.7	9.8	10.9	11.9	13.0

表 3.11 混合等量水在温度从 T_o 加热到 $T_o+\Delta t$ 时 Δp（mmHg）的变化（大气压=760 mmHg，盐度=35.0 g/kg）

172

温度/℃	Δt/℃									
	2	4	6	8	10	12	14	16	18	20
0	−2.0	−0.8	1.1	3.6	6.7	10.4	14.4	18.9	23.8	29.0
1	−2.0	−0.8	1.1	3.5	6.5	10.1	14.0	18.4	23.1	28.1
2	−1.9	−0.8	1.0	3.4	6.4	9.8	13.6	17.8	22.4	27.3
3	−1.8	−0.7	1.0	3.4	6.2	9.5	13.2	17.3	21.7	26.5
4	−1.8	−0.7	1.0	3.3	6.1	9.3	12.9	16.8	21.1	25.7
5	−1.7	−0.6	1.0	3.2	5.9	9.0	12.5	16.4	20.5	24.9
6	−1.6	−0.6	1.1	3.2	5.8	8.8	12.2	15.9	19.9	24.2
7	−1.5	−0.5	1.1	3.2	5.7	8.6	11.9	15.5	19.4	23.5
8	−1.4	−0.4	1.1	3.2	5.6	8.4	11.6	15.1	18.9	22.9
9	−1.3	−0.3	1.2	3.2	5.5	8.3	11.4	14.7	18.4	22.2
10	−1.2	−0.2	1.3	3.2	5.5	8.1	11.1	14.4	17.9	21.6

续 表

温度/℃	Δt/℃									
	2	4	6	8	10	12	14	16	18	20
11	−1.0	−0.1	1.3	3.2	5.4	8.0	10.9	14.0	17.4	21.0
12	−0.9	0.0	1.4	3.2	5.4	7.9	10.7	13.7	17.0	20.5
13	−0.8	0.1	1.5	3.2	5.3	7.8	10.5	13.4	16.6	20.0
14	−0.6	0.3	1.6	3.3	5.3	7.7	10.3	13.2	16.2	19.4
15	−0.5	0.4	1.7	3.3	5.3	7.6	10.1	12.9	15.8	19.0
16	−0.3	0.5	1.8	3.4	5.3	7.5	10.0	12.7	15.5	18.5
17	−0.1	0.7	1.9	3.5	5.3	7.5	9.8	12.4	15.2	18.1
18	0.0	0.9	2.0	3.6	5.4	7.4	9.7	12.2	14.9	17.6
19	0.2	1.0	2.2	3.7	5.4	7.4	9.6	12.0	14.6	17.2
20	0.4	1.2	2.3	3.7	5.4	7.4	9.5	11.8	14.3	16.8
21	0.6	1.4	2.5	3.9	5.5	7.4	9.4	11.7	14.0	16.5
22	0.8	1.6	2.6	4.0	5.6	7.4	9.4	11.5	13.8	16.1
23	1.0	1.7	2.8	4.1	5.6	7.4	9.3	11.3	13.5	15.8
24	1.2	1.9	2.9	4.2	5.7	7.4	9.2	11.2	13.3	15.5
25	1.4	2.1	3.1	4.3	5.8	7.4	9.2	11.1	13.1	15.1
26	1.6	2.3	3.3	4.5	5.9	7.4	9.2	11.0	12.9	14.9
27	1.9	2.5	3.5	4.6	6.0	7.5	9.1	10.9	12.7	14.6
28	2.1	2.8	3.7	4.8	6.1	7.5	9.1	10.8	12.5	14.3
29	2.3	3.0	3.9	4.9	6.2	7.6	9.1	10.7	12.4	14.0
30	2.6	3.2	4.1	5.1	6.3	7.7	9.1	10.6	12.2	13.8
31	2.8	3.4	4.3	5.3	6.4	7.7	9.1	10.6	12.0	13.6
32	3.0	3.6	4.5	5.4	6.6	7.8	9.1	10.5	11.9	13.3
33	3.3	3.9	4.7	5.6	6.7	7.9	9.1	10.4	11.8	13.1
34	3.5	4.1	4.9	5.8	6.8	8.0	9.1	10.4	11.6	12.9
35	3.8	4.4	5.1	6.0	7.0	8.0	9.2	10.3	11.5	12.7
36	4.0	4.6	5.3	6.2	7.1	8.1	9.2	10.3	11.4	12.5
37	4.3	4.8	5.5	6.3	7.2	8.2	9.2	10.3	11.3	12.3
38	4.6	5.1	5.8	6.5	7.4	8.3	9.3	10.2	11.2	12.1
39	4.8	5.3	6.0	6.7	7.5	8.4	9.3	10.2	11.1	11.9
40	5.1	5.6	6.2	6.9	7.7	8.5	9.4	10.2	11.0	11.8

173 使用式（3.51）可以，不需要测量流#1和流#2中溶解气体浓度。在 T_o 和 $T_o+\Delta t$ 下混合两种相同流速的水得到的 Δp，在淡水条件表3.10和海洋条件表3.11中已经给出。每种气体的最终浓度等于 $(c_1^*+c_2^*)/2$，本森系数在 T_f

下计算得出：

$$\Delta p = \frac{c^*_{O_2, T_1} + c^*_{O_2, T_2}}{2\beta_{T_f}} \times 0.531\,8 + \frac{c^*_{N_2, T_1} + c^*_{N_2, T_2}}{2\beta_{T_f}} \times 0.607\,8 + \frac{c^*_{Ar, T_1} + c^*_{Ar, T_2}}{2\beta_{T_f}} \times 0.426\,0 + \frac{c^*_{CO_2, T_1} + c^*_{CO_2, T_2}}{\beta_{T_f}} \times 0.384\,5 + p_{wv, T_f} - BP \tag{3.52}$$

例 3－15

在爱达荷州南部通道系统中，将温度为4℃的地表水与温度为40℃的地热水混合。混合水的最终温度为28℃和4 000 LPM[①] 是有必要的。假设两种水最初都是饱和的，计算混合水流中 N_2+Ar 饱和度百分比与所需的流量。校正因混合而造成体积变化的气体浓度。

必 要 数 据

温度/℃	$c^*_{N_2}$/(mg/L)	来 源	密度/(kg/L)	来 源
4	21.006	表 1.10	0.999 975	表 7.1
28	13.165	表 1.10	0.996 237	表 7.1
40	11.119	表 1.10	0.992 220	表 7.1

（1）计算所需的流量

$$T_f = \frac{T_1 Q_1 + T_2 Q_2}{Q_1 + Q_2}$$

$$28.0 = \frac{4_1 Q_1 + 40(4\,000 - Q_1)}{4\,000}$$

$$Q_1 = 1\,333 \text{ LPM}$$

$$Q_2 = 2\,667 \text{ LPM}$$

（2）饱和度百分比

① LPM 即 Liter per minute，升/分钟。

$$饱和度(\%) = \frac{c_1^* \frac{Q_1}{Q_T} + c_2^* \frac{Q_2}{Q_T}}{c_f^*} \times 100$$

$$= \frac{21.006 \times \frac{1\ 333}{4\ 000} + 11.119 \times \frac{2\ 667}{4\ 000}}{13.165} \times 100 = 109.49\%$$

（3）校正密度变化的最终浓度

174

用质量表示，混合后的最终浓度等于

$$c_{4℃}^{\dagger} \times \frac{1\ 333}{4\ 000} + c_{40℃}^{\dagger} \times \frac{2\ 667}{4\ 000} = c_{28℃}^{\dagger}$$

或用体积单位表示

$$\rho_{4℃} c_{4℃}^{*} \times \frac{1\ 333}{4\ 000} + \rho_{40℃} c_{40℃}^{*} \times \frac{2\ 667}{4\ 000} = \rho_{28℃} c_{28℃}^{*}$$

$$c_{28℃}^{\dagger} = \frac{\rho_{4℃} c_{4℃}^{*} \times \frac{1\ 333}{4\ 000} + \rho_{40℃} c_{40℃}^{*} \times \frac{2\ 667}{4\ 000}}{\rho_{28℃}}$$

$$= \frac{0.999\ 975 \times 21.006 \times \frac{1\ 333}{4\ 000} + 0.992\ 220 \times 11.119 \times \frac{2\ 667}{4\ 000}}{0.996\ 237}$$

$$= 14.410\ 2\ \text{mg/L}$$

$$饱和度(\%) = \frac{14.410\ 2}{13.165} \times 100 = 109.46\%$$

混合两种水的影响远远小于加热水的影响。密度的变化对混合水饱和度的影响可以忽略不计。

3.3.3 混合不同盐度的水

不同盐度的水的混合可能导致溶解气体的过饱和。这并不像上一章节讨论的加热对溶解气体过饱和的影响明显。由于气体的溶解度与盐度不是线性

关系，不同盐度的水的混合会导致过饱和度。不考虑密度随盐度的变化，不同盐度下水的混合物的最终盐度为

175

$$S_f = \frac{S_1 Q_1 + S_2 Q_2}{Q_1 + Q_2} \tag{3.53}$$

式中 S_f——混合物的最终盐度，g/kg；

S_1——流#1 的盐度，g/kg；

S_2——流#2 的盐度，g/kg；

Q_1——流#1 的流量，m^3/s；

Q_2——流#2 的流量，m^3/s。

导致水中单一气体的饱和度百分比为

$$饱和度(\%) = \frac{c_1 \dfrac{Q_1}{Q_T} + c_2 \dfrac{Q_2}{Q_T}}{c_f^*} \times 100 \tag{3.54}$$

式中 c_1——流#1 溶解气体的实测浓度，mg/L；

c_2——流#2 溶解气体的实测浓度，mg/L；

c_f^*——最终温度下的饱和浓度，mg/L；

Q_T——总流量，m^3/s。

如果假设 $c_1 = c_1^*$，$c_2 = c_2^*$，式（3.43）可写成

$$饱和度(\%) = \frac{c_1^* \dfrac{Q_1}{Q_T} + c_2^* \dfrac{Q_2}{Q_T}}{c_f^*} \times 100 \tag{3.55}$$

式中 c_1^*——在 S_1 下溶解气体的饱和浓度，mg/L；

c_2^*——在 S_2 下溶解气体的饱和浓度，mg/L。

式（3.44）可以使用，不需要测量流#1 和流#2 中溶解气体浓度。在 S_o 和 $S_o+\Delta S$ 下混合两种流量相同的水得到的 Δp，可以表示海洋条件表 3.12。每种气体的最终浓度等于（$c_1^*+c_2^*$）/2，在 T_f 下本森系数计算得出：

$$\Delta p = \frac{c^*_{O_2,\ S_1} + c^*_{O_2,\ S_2}}{2\beta_{S_f}} \times 0.5318 + \frac{c^*_{N_2,\ S_1} + c^*_{N_2,\ S_2}}{2\beta_{S_f}} \times 0.6078$$

$$+\frac{c^*_{Ar,\ S_1}+c^*_{Ar,\ S_2}}{2\beta_{S_f}}\times 0.4260+\frac{c^*_{CO_2,\ S_1}+c^*_{CO_2,\ S_2}}{\beta_{S_f}}\times 0.3845$$

$$+p^{S_f}_{wv}-BP \tag{3.56}$$

176

表 3.12 混合等量水增加 ΔS 时 Δp（mmHg）的变化
（大气压=760 mmHg，盐度为 0.0 g/kg）

温度/℃	ΔS/(g/kg)									
	0	5	10	15	20	25	30	35	40	45
0	0.0	0.1	0.5	1.1	2.0	3.1	4.5	6.2	8.1	10.2
1	0.0	0.1	0.5	1.1	2.0	3.1	4.4	6.1	7.9	10.1
2	0.0	0.1	0.5	1.1	1.9	3.0	4.4	5.9	7.8	9.9
3	0.0	0.1	0.5	1.1	1.9	3.0	4.3	5.8	7.6	9.7
4	0.0	0.1	0.5	1.0	1.9	2.9	4.2	5.7	7.5	9.5
5	0.0	0.1	0.5	1.0	1.8	2.9	4.1	5.6	7.4	9.3
6	0.0	0.1	0.4	1.0	1.8	2.8	4.0	5.5	7.2	9.2
7	0.0	0.1	0.4	1.0	1.8	2.8	4.0	5.4	7.1	9.0
8	0.0	0.1	0.4	1.0	1.7	2.7	3.9	5.3	7.0	8.8
9	0.0	0.1	0.4	1.0	1.7	2.7	3.8	5.2	6.8	8.7
10	0.0	0.1	0.4	0.9	1.7	2.6	3.8	5.1	6.7	8.5
11	0.0	0.1	0.4	0.9	1.6	2.6	3.7	5.0	6.6	8.4
12	0.0	0.1	0.4	0.9	1.6	2.5	3.6	5.0	6.5	8.2
13	0.0	0.1	0.4	0.9	1.6	2.5	3.6	4.9	6.4	8.1
14	0.0	0.1	0.4	0.9	1.6	2.4	3.5	4.8	6.3	8.0
15	0.0	0.1	0.4	0.9	1.5	2.4	3.5	4.7	6.2	7.8
16	0.0	0.1	0.4	0.8	1.5	2.4	3.4	4.6	6.1	7.7
17	0.0	0.1	0.4	0.8	1.5	2.3	3.3	4.6	6.0	7.6
18	0.0	0.1	0.4	0.8	1.5	2.3	3.3	4.5	5.9	7.4
19	0.0	0.1	0.4	0.8	1.4	2.2	3.2	4.4	5.8	7.3
20	0.0	0.1	0.4	0.8	1.4	2.2	3.2	4.4	5.7	7.2
21	0.0	0.1	0.4	0.8	1.4	2.2	3.1	4.3	5.6	7.1
22	0.0	0.1	0.3	0.8	1.4	2.1	3.1	4.2	5.5	7.0
23	0.0	0.1	0.3	0.8	1.4	2.1	3.1	4.2	5.4	6.9
24	0.0	0.1	0.3	0.8	1.3	2.1	3.0	4.1	5.4	6.8
25	0.0	0.1	0.3	0.7	1.3	2.1	3.0	4.0	5.3	6.7
26	0.0	0.1	0.3	0.7	1.3	2.0	2.9	4.0	5.2	6.6
27	0.0	0.1	0.3	0.7	1.3	2.0	2.9	3.9	5.1	6.5

续 表

温度/℃	ΔS/(g/kg)									
	0	5	10	15	20	25	30	35	40	45
28	0.0	0.1	0.3	0.7	1.3	2.0	2.8	3.9	5.1	6.4
29	0.0	0.1	0.3	0.7	1.2	1.9	2.8	3.8	5.0	6.3
30	0.0	0.1	0.3	0.7	1.2	1.9	2.8	3.8	4.9	6.3
31	0.0	0.1	0.3	0.7	1.2	1.9	2.7	3.7	4.9	6.2
32	0.0	0.1	0.3	0.7	1.2	1.9	2.7	3.7	4.8	6.1
33	0.0	0.1	0.3	0.7	1.2	1.8	2.7	3.6	4.7	6.0
34	0.0	0.1	0.3	0.7	1.2	1.8	2.6	3.6	4.7	5.9
35	0.0	0.1	0.3	0.7	1.2	1.8	2.6	3.5	4.6	5.9
36	0.0	0.1	0.3	0.6	1.1	1.8	2.6	3.5	4.6	5.8
37	0.0	0.1	0.3	0.6	1.1	1.8	2.5	3.5	4.5	5.7
38	0.0	0.1	0.3	0.6	1.1	1.7	2.5	3.4	4.5	5.7
39	0.0	0.1	0.3	0.6	1.1	1.7	2.5	3.4	4.4	5.6
40	0.0	0.1	0.3	0.6	1.1	1.7	2.5	3.3	4.4	5.5

例 3-16

177

考虑盐度为 5 g/kg 和 35 g/kg 流量相同的两种水。如果这两种水在 28℃下氮气饱和，计算混合水的氮气饱和度，校正因混合而引起体积变化的气体浓度。

必要数据

盐度/(g/kg)	$c^*_{N_2}$/(mg/L)	来 源	密度/(kg/L)	来 源
5	12.776	表 2.13	0.999 978	表 7.2
35	10.670	表 2.13	1.026 163	表 7.2

(1) 计算最终盐度和 $c^*_{N_2}$

$$S_f = \frac{S_1 Q_1 + S_2 Q_2}{Q_1 + Q_2}$$

$$= \frac{5.0 \times 1 + 35.0 \times 1}{2} = 20 \text{ g/kg}$$

$$c^*_{N_2} = 11.678\ \text{mg/L}(20\ \text{g/kg}，28℃，表 2.13)$$

$$\rho = 1.011\ 161\ \text{kg/L}(20\ \text{g/kg}，28℃，表 7.2)$$

（2）计算饱和度百分比

$$N_2\ 饱和度(\%) = \frac{c_1^* \dfrac{Q_1}{Q_T} + c_2^* \dfrac{Q_2}{Q_T}}{c_f^*} \times 100 = \frac{12.776 \times \dfrac{1}{2} + 10.670 \times \dfrac{1}{2}}{11.678} \times 100$$

$$= 100.39\%$$

（3）校正密度变化的最终浓度

如果用质量表示，混合后最终浓度等于

$$c^\dagger_{5\ \text{g/kg}} \times \frac{1}{2} + c^\dagger_{35\ \text{g/kg}} \times \frac{1}{2} = c^\dagger_{20\ \text{g/kg}}$$

或用体积单位表示

$$\rho_{5\ \text{g/kg}} c^*_{5\ \text{g/kg}} \times \frac{1}{2} + \rho_{35\ \text{g/kg}} c^*_{35\ \text{g/kg}} \times \frac{1}{2} = \rho_{20\ \text{g/kg}} c^*_{20\ \text{g/kg}}$$

178

$$c^*_{20\ \text{g/kg}} = \frac{\rho_{5\ \text{g/kg}} c^*_{5\ \text{g/kg}} \times \dfrac{1}{2} + \rho_{35\ \text{g/kg}} c^*_{35\ \text{g/kg}} \times \dfrac{1}{2}}{\rho_{20\ \text{g/kg}}}$$

$$= \frac{0.999\ 978 \times 12.776 \times \dfrac{1}{2} + 1.026\ 163 \times 10.670 \times \dfrac{1}{2}}{1.011\ 161}$$

$$= 11.732\ \text{mg/L}$$

$$饱和度(\%) = \frac{11.732}{11.678} \times 100 = 100.46\%$$

3.3.4 气泡夹带

当气泡向下进入水柱或当气体和水在高压下同时存在时，会产生气体过饱和。在表 1.31 中，在 40 m 深处和 25℃下氧气的平衡浓度为 31.78 mg/L，而表面氧气的平衡浓度为14.62 mg/L。如果溶解氧的环境浓度在40 m时低于31.78 mg/L，氧气将从气泡转移到水中。需要注意的是，溶解氧的浓度相对于这个深度的平衡浓度来说不是过饱和的，但是相对于14.62 mg/L的表面浓度来说，过饱和程度很高。在大坝、瀑布和急流中，这种机制可能会产生气体过饱和。使用扩散曝气或气举泵，也会产生致命的溶解气体浓度（Colt、Westers，1982；Cornacchia、Colt，1984）。在海洋环境中，波浪产生大量的小气泡，这些小气泡被带到水柱中可以溶解（Schudlich、Emerson，1996）。

同样的道理，如果压力水分配系统中存在气体，也会产生气体过饱和。这种情况可能是由于泵的吸力面有泄漏，进水口结构堵塞，导致流动的水没有完全充满管道，或进气管没有全部浸没。在海水中，由于气泡较小，导致气体传输率显著增加，空气夹带现象较为严重（Kils，1976/1977）。

气泡夹带所产生的溶解气体浓度主要取决于气泡浸没深度、气泡夹带量以及混合程度和湍流程度。计算气泡夹带引起的溶解气体浓度，一般没有通用程序。在水产养殖应用程序使用扩散曝气，就会得到气泡浸没范围，即Δp都介于18~44 mmHg/m。

例3-17

在一个新的大坝模型研究中，观察到气泡在春季径流中下降至8 m。如果假定浸没式气泡的Δp为30 mmHg/m，计算坝下Δp。

$$\Delta p = 30\ \text{mmHg/m} \times 8 = 240\ \text{mmHg}$$

179

第 4 章　大气中惰性气体的溶解度

根据标准空气溶解度（$c_o^\dagger$）和本森系数，使用附录 A 中的方程，可以算出氦气、氖气、氪气和氙气的溶解度随温度及盐度的变化关系，淡水和海洋条件下的数值如下表所示：

气　体	$c_o^\dagger$（nmol/kg）	β/［L/(L·atm)］
	表	表
氦气（He）		
淡水	4.1	4.3
0~40 g/kg	4.2	4.4
氖气（Ne）		
淡水	4.5	4.7
0~40 g/kg	4.6	4.8
氪气（Kr）		
淡水	4.9	4.11
0~40 g/kg	4.10	4.12
氙气（Xe）		
淡水	4.13	4.15
0~40 g/kg	4.14	4.16

一旦确定了给定温度和盐度的 $c_o^\dagger$值，就可以根据前面介绍的方程（表 1.4~1.6）对溶解度的深度、标高或大气压进行调整。其他溶解度单位的换算系数见表 1.1，本森系数用于计算具有任何摩尔分数的气体的溶解度。

180

例 4-1

在温度为 20℃和盐度为 35 g/kg 的条件下，以 nmol/kg 和 mg/L 为单位，计算标准空气下氦气、氖气、氪气、氙气的溶解度。使用式（1.1）和表

1.1 中列出的换算系数。

输 入 数 据

气　体	$c_o^{\dagger}$（nmol/kg）	来　源	换算因子	来　源
He	1.663 0	表 4.2	$4.002\ 63\times10^{-6}$	表 1.1
Ne	6.827	表 4.6	$20.108\ 3\times10^{-6}$	表 1.1
Kr	2.440 2	表 4.10	83.803×10^{-6}	表 1.1
Xn	0.333 59	表 4.14	131.293×10^{-6}	表 1.1

ρ = 1.024 76 kg/L（20℃ 和 35 g/kg；表 7.2）

依据式（1.1）：

$$c_o^* = c_{o\rho_w}^{\dagger} \times \text{换算因子}$$

氦气：$c_o^* = 1.663\ 0\ \text{nmol/kg} \times 1.024\ 76\ \text{kg/L} \times 4.002\ 6 \times 10^{-6}$

$= 6.821 \times 10^{-6}\ \text{mg/L}$

氖气：$c_o^* = 6.827\ \text{nmol/kg} \times 1.024\ 76\ \text{kg/L} \times 20.180 \times 10^{-6}$

$= 1.412 \times 10^{-4}\ \text{mg/L}$

氪气：$c_o^* = 2.440\ 2\ \text{nmol/kg} \times 1.024\ 76\ \text{kg/L} \times 83.80 \times 10^{-6}$

$= 2.096 \times 10^{-4}\ \text{mg/L}$

氙气：$c_o^* = 0.333\ 59\ \text{nmol/kg} \times 1.024\ 76\ \text{kg/L} \times 131.29 \times 10^{-6}$

$= 4.488 \times 10^{-5}\ \text{mg/L}$

例 4－2

在深度为 1 573 m、温度为 4.3℃的淡水条件下，计算氦气、氖气、氪气和氙气的溶解度（nmol/kg）。使用式（1.8）计算当地大气压，利用式（1.5）调整压差。

输 入 数 据

气　体	$c_o^{\dagger}$（nmol/kg）	来　源
He	2.130 7	表 4.1
Ne	9.609	表 4.5
Kr	4.832 5	表 4.9
Xn	0.761 83	表 4.13

p_{wv} = 6.228 mmHg（表 1.21）

依据式（1.8）：

$$\lg \mathrm{BP} = 2.880\,814 - \frac{h}{19\,421.3} = 2.880\,814 - \frac{1\,573}{19\,421.3} = 2.799\,820$$

$$\mathrm{BP} = 630.70\ \mathrm{mmHg}$$

181 依据式（1.5）：

$$c_p^{\dagger}(\mathrm{atm}) = c_o^{\dagger}\left(\frac{\mathrm{BP} - p_{\mathrm{wv}}}{1 - p_{\mathrm{wv}}}\right)$$

或

$$c_p^{\dagger}(\mathrm{mmHg}) = c_o^{\dagger}\left(\frac{\mathrm{BP} - p_{\mathrm{wv}}}{760 - p_{\mathrm{wv}}}\right)$$

$$c_p^{\dagger}(\mathrm{mmHg}) = c_o^{\dagger} \times \frac{630.70 - 6.228}{760 - 6.228} = 0.828\,46 c_o^{\dagger}$$

氦气：$c_p^{\dagger} = 2.130\,7 \times 0.828\,46 = 1.765\,2\ \mathrm{nmol/kg}$

氖气：$c_p^{\dagger} = 9.609 \times 0.828\,46 = 7.961\ \mathrm{nmol/kg}$

氪气：$c_p^{\dagger} = 4.832\,5 \times 0.828\,46 = 4.004\ \mathrm{nmol/kg}$

氙气：$c_p^{\dagger} = 0.761\,83 \times 0.828\,46 = 0.631\,1\ \mathrm{nmol/kg}$

例 4－3

在温度为 13.0℃ 和盐度为 35 g/kg 的条件下，计算惰性气体的本森系数。

输入数据

气 体	β/［L/(L·atm)］	来 源
He	7.527 5	表 4.4
Ne	9.207	表 4.8
Kr	5.921	表 4.12
Xn	0.106 78	表 4.16

需要注意的是，氦气、氖气和氪气的本森系数是按比例调整的，适合用

表格形式表示。

$$\beta_{He} = 7.5275/1000 = 0.0075275\ L/(L\cdot atm)$$

$$\beta_{Ne} = 9.207/1000 = 0.009207\ L/(L\cdot atm)$$

$$\beta_{Kr} = 5.921/1000 = 0.005921\ L/(L\cdot atm)$$

$$\beta_{Xn} = 0.10678 = 0.10678\ L/(L\cdot atm)$$

182

表 4.1　不同温度下大气中的氦气在淡水中的饱和度（nmol/kg，1 atm 湿空气）

温度/℃	Δt/℃									
	0.0	0.1	0.2	0.3	0.4	0.5	0.6	0.7	0.8	0.9
0	2. 186 5	2. 185 1	2. 183 7	2. 182 3	2. 180 9	2. 179 5	2. 178 1	2. 176 7	2. 175 3	2. 173 9
1	2. 172 5	2. 171 2	2. 169 8	2. 168 5	2. 167 1	2. 165 8	2. 164 5	2. 163 1	2. 161 8	2. 160 5
2	2. 159 2	2. 157 9	2. 156 6	2. 155 3	2. 154 0	2. 152 7	2. 151 5	2. 150 2	2. 148 9	2. 147 7
3	2. 146 4	2. 145 2	2. 143 9	2. 142 7	2. 141 5	2. 140 2	2. 139 0	2. 137 8	2. 136 6	2. 135 4
4	2. 134 2	2. 133 0	2. 131 8	2. 130 7	2. 129 5	2. 128 3	2. 127 2	2. 126 0	2. 124 8	2. 123 7
5	2. 122 6	2. 121 4	2. 120 3	2. 119 2	2. 118 0	2. 116 9	2. 115 8	2. 114 7	2. 113 6	2. 112 5
6	2. 111 4	2. 110 3	2. 109 2	2. 108 1	2. 107 1	2. 106 0	2. 104 9	2. 103 9	2. 102 8	2. 101 8
7	2. 100 7	2. 099 7	2. 098 6	2. 097 6	2. 096 6	2. 095 6	2. 094 5	2. 093 5	2. 092 5	2. 091 5
8	2. 090 5	2. 089 5	2. 088 5	2. 087 5	2. 086 6	2. 085 6	2. 084 6	2. 083 6	2. 082 7	2. 081 7
9	2. 080 7	2. 079 8	2. 078 8	2. 077 9	2. 077 0	2. 076 0	2. 075 1	2. 074 1	2. 073 2	2. 072 3
10	2. 071 4	2. 070 5	2. 069 6	2. 068 7	2. 067 8	2. 066 9	2. 066 0	2. 065 1	2. 064 2	2. 063 3
11	2. 062 4	2. 061 5	2. 060 7	2. 059 8	2. 058 9	2. 058 1	2. 057 2	2. 056 4	2. 055 5	2. 054 7
12	2. 053 8	2. 053 0	2. 052 1	2. 051 3	2. 050 5	2. 049 7	2. 048 8	2. 048 0	2. 047 2	2. 046 4
13	2. 045 6	2. 044 8	2. 044 0	2. 043 2	2. 042 4	2. 041 6	2. 040 8	2. 040 0	2. 039 2	2. 038 4
14	2. 037 7	2. 036 9	2. 036 1	2. 035 4	2. 034 6	2. 033 8	2. 033 1	2. 032 3	2. 031 6	2. 030 8
15	2. 030 1	2. 029 3	2. 028 6	2. 027 8	2. 027 1	2. 026 4	2. 025 6	2. 024 9	2. 024 2	2. 023 5
16	2. 022 8	2. 022 0	2. 021 3	2. 020 6	2. 019 9	2. 019 2	2. 018 5	2. 017 8	2. 017 1	2. 016 4
17	2. 015 7	2. 015 0	2. 014 4	2. 013 7	2. 013 0	2. 012 3	2. 011 6	2. 011 0	2. 010 3	2. 009 6
18	2. 009 0	2. 008 3	2. 007 6	2. 007 0	2. 006 3	2. 005 7	2. 005 0	2. 004 4	2. 003 7	2. 003 1
19	2. 002 4	2. 001 8	2. 001 2	2. 000 5	1. 999 9	1. 999 3	1. 998 6	1. 998 0	1. 997 4	1. 996 8
20	1. 996 2	1. 995 5	1. 994 9	1. 994 3	1. 993 7	1. 993 1	1. 992 5	1. 991 9	1. 991 3	1. 990 7
21	1. 990 1	1. 989 5	1. 988 9	1. 988 3	1. 987 7	1. 987 1	1. 986 5	1. 985 9	1. 985 4	1. 984 8
22	1. 984 2	1. 983 6	1. 983 1	1. 982 5	1. 981 9	1. 981 3	1. 980 8	1. 980 2	1. 979 6	1. 979 1

续 表

温度/℃	Δt/℃									
	0.0	0.1	0.2	0.3	0.4	0.5	0.6	0.7	0.8	0.9
23	1.978 5	1.978 0	1.977 4	1.976 8	1.976 3	1.975 7	1.975 2	1.974 6	1.974 1	1.973 5
24	1.973 0	1.972 4	1.971 9	1.971 4	1.970 8	1.970 3	1.969 8	1.969 2	1.968 7	1.968 2
25	1.967 6	1.967 1	1.966 6	1.966 1	1.965 5	1.965 0	1.964 5	1.964 0	1.963 4	1.962 9
26	1.962 4	1.961 9	1.961 4	1.960 9	1.960 4	1.959 9	1.959 3	1.958 8	1.958 3	1.957 8
27	1.957 3	1.956 8	1.956 3	1.955 8	1.955 3	1.954 8	1.954 3	1.953 8	1.953 4	1.952 9
28	1.952 4	1.951 9	1.951 4	1.950 9	1.950 4	1.949 9	1.949 4	1.949 0	1.948 5	1.948 0
29	1.947 5	1.947 0	1.946 6	1.946 1	1.945 6	1.945 1	1.944 6	1.944 2	1.943 7	1.943 2
30	1.942 8	1.942 3	1.941 8	1.941 3	1.940 9	1.940 4	1.939 9	1.939 5	1.939 0	1.938 5
31	1.938 1	1.937 6	1.937 2	1.936 7	1.936 2	1.935 8	1.935 3	1.934 9	1.934 4	1.933 9
32	1.933 5	1.933 0	1.932 6	1.932 1	1.931 7	1.931 2	1.930 8	1.930 3	1.929 9	1.929 4
33	1.929 0	1.928 5	1.928 1	1.927 6	1.927 2	1.926 7	1.926 3	1.925 8	1.925 4	1.924 9
34	1.924 5	1.924 0	1.923 6	1.923 1	1.922 7	1.922 3	1.921 8	1.921 4	1.920 9	1.920 5
35	1.920 0	1.919 6	1.919 2	1.918 7	1.918 3	1.917 8	1.917 4	1.917 0	1.916 5	1.916 1
36	1.915 6	1.915 2	1.914 8	1.914 3	1.913 9	1.913 5	1.913 0	1.912 6	1.912 1	1.911 7
37	1.911 3	1.910 8	1.910 4	1.910 0	1.909 5	1.909 1	1.908 7	1.908 2	1.907 8	1.907 4
38	1.906 9	1.906 5	1.906 0	1.905 6	1.905 2	1.904 7	1.904 3	1.903 9	1.903 4	1.903 0
39	1.902 6	1.902 1	1.901 7	1.901 3	1.900 8	1.900 4	1.900 0	1.899 5	1.899 1	1.898 7
40	1.898 2	1.897 8	1.897 3	1.896 9	1.896 5	1.896 0	1.895 6	1.895 2	1.894 7	1.894 3

来源：Weiss（1971）。

183

表 4.2 不同温度及盐度（0~40 g/kg）下大气中的氦气在淡水中的饱和度（nmol/kg，1 atm 湿空气）

温度/℃	盐度/(g/kg)								
	0.0	5.0	10.0	15.0	20.0	25.0	30.0	35.0	40.0
0	2.186 5	2.121 4	2.058 3	1.997 0	1.937 5	1.879 8	1.823 9	1.769 6	1.716 9
1	2.172 5	2.108 4	2.046 1	1.985 6	1.927 0	1.870 1	1.814 8	1.761 2	1.709 2
2	2.159 2	2.095 9	2.034 5	1.974 8	1.916 9	1.860 8	1.806 2	1.753 3	1.701 9
3	2.146 4	2.084 0	2.023 4	1.964 5	1.907 4	1.851 9	1.798 0	1.745 7	1.695 0
4	2.134 2	2.072 6	2.012 8	1.954 7	1.898 3	1.843 5	1.790 3	1.738 6	1.688 4
5	2.122 6	2.061 8	2.002 7	1.945 3	1.889 6	1.835 5	1.782 9	1.731 8	1.682 2
6	2.111 4	2.051 4	1.993 1	1.936 4	1.881 3	1.827 9	1.775 9	1.725 4	1.676 4
7	2.100 7	2.041 5	1.983 9	1.927 9	1.873 5	1.820 6	1.769 3	1.719 3	1.670 8

续　表

温度/℃	盐度/(g/kg)								
	0.0	5.0	10.0	15.0	20.0	25.0	30.0	35.0	40.0
8	2.0905	2.0320	1.9751	1.9197	1.8660	1.8137	1.7629	1.7136	1.6656
9	2.0807	2.0229	1.9667	1.9120	1.8588	1.8072	1.7569	1.7081	1.6606
10	2.0714	2.0142	1.9586	1.9046	1.8520	1.8009	1.7512	1.7029	1.6559
11	2.0624	2.0059	1.9510	1.8975	1.8455	1.7950	1.7458	1.6979	1.6514
12	2.0538	1.9980	1.9436	1.8907	1.8393	1.7893	1.7406	1.6933	1.6472
13	2.0456	1.9903	1.9366	1.8843	1.8334	1.7839	1.7357	1.6888	1.6432
14	2.0377	1.9830	1.9298	1.8781	1.8277	1.7787	1.7310	1.6846	1.6394
15	2.0301	1.9760	1.9234	1.8721	1.8223	1.7738	1.7265	1.6805	1.6358
16	2.0228	1.9693	1.9172	1.8665	1.8171	1.7690	1.7222	1.6767	1.6323
17	2.0157	1.9628	1.9112	1.8610	1.8121	1.7645	1.7182	1.6730	1.6291
18	2.0090	1.9565	1.9055	1.8558	1.8073	1.7602	1.7143	1.6695	1.6260
19	2.0024	1.9505	1.9000	1.8507	1.8028	1.7560	1.7105	1.6662	1.6230
20	1.9962	1.9448	1.8947	1.8459	1.7984	1.7520	1.7069	1.6630	1.6201
21	1.9901	1.9392	1.8896	1.8412	1.7941	1.7482	1.7035	1.6599	1.6174
22	1.9842	1.9338	1.8846	1.8367	1.7900	1.7445	1.7001	1.6569	1.6148
23	1.9785	1.9285	1.8798	1.8323	1.7860	1.7409	1.6969	1.6541	1.6123
24	1.9730	1.9235	1.8752	1.8281	1.7822	1.7375	1.6938	1.6513	1.6099
25	1.9676	1.9185	1.8707	1.8240	1.7785	1.7341	1.6908	1.6486	1.6075
26	1.9624	1.9137	1.8663	1.8200	1.7748	1.7308	1.6879	1.6460	1.6052
27	1.9573	1.9091	1.8620	1.8161	1.7713	1.7276	1.6850	1.6435	1.6030
28	1.9524	1.9045	1.8578	1.8123	1.7679	1.7245	1.6823	1.6410	1.6008
29	1.9475	1.9000	1.8537	1.8086	1.7645	1.7215	1.6795	1.6386	1.5986
30	1.9428	1.8957	1.8497	1.8049	1.7612	1.7185	1.6768	1.6362	1.5965
31	1.9381	1.8914	1.8458	1.8013	1.7579	1.7155	1.6742	1.6338	1.5944
32	1.9335	1.8871	1.8419	1.7977	1.7546	1.7126	1.6715	1.6315	1.5923
33	1.9290	1.8830	1.8381	1.7942	1.7514	1.7097	1.6689	1.6291	1.5903
34	1.9245	1.8788	1.8343	1.7907	1.7483	1.7068	1.6663	1.6268	1.5882
35	1.9200	1.8747	1.8305	1.7873	1.7451	1.7039	1.6637	1.6244	1.5861
36	1.9156	1.8707	1.8267	1.7838	1.7419	1.7010	1.6611	1.6221	1.5840
37	1.9113	1.8666	1.8230	1.7804	1.7388	1.6981	1.6584	1.6197	1.5818
38	1.9069	1.8626	1.8192	1.7769	1.7356	1.6952	1.6558	1.6172	1.5796
39	1.9026	1.8585	1.8155	1.7734	1.7324	1.6923	1.6531	1.6148	1.5774
40	1.8982	1.8545	1.8117	1.7699	1.7291	1.6893	1.6503	1.6123	1.5751

来源：Weiss（1971）。

184

表 4.3　不同温度下氦气的本森系数［β，$10^3 \times L_{真实气体}$/(L · atm)，10℃时表值为 8.971 8，本森系数为 8.971 8/1 000 或 0.008 971 8 L/(L · atm)］

温度/℃	Δt/℃									
	0.0	0.1	0.2	0.3	0.4	0.5	0.6	0.7	0.8	0.9
0	9.412 6	9.407 0	9.401 5	9.396 0	9.390 5	9.385 1	9.379 6	9.374 2	9.368 9	9.363 5
1	9.358 2	9.352 9	9.347 6	9.342 4	9.337 1	9.331 9	9.326 8	9.321 6	9.316 5	9.311 4
2	9.306 3	9.301 2	9.296 2	9.291 2	9.286 2	9.281 2	9.276 3	9.271 4	9.266 5	9.261 6
3	9.256 8	9.251 9	9.247 1	9.242 4	9.237 6	9.232 9	9.228 2	9.223 5	9.218 8	9.214 2
4	9.209 6	9.205 0	9.200 4	9.195 8	9.191 3	9.186 8	9.182 3	9.177 9	9.173 4	9.169 0
5	9.164 6	9.160 2	9.155 9	9.151 6	9.147 3	9.143 0	9.138 7	9.134 5	9.130 2	9.126 1
6	9.121 9	9.117 7	9.113 6	9.109 5	9.105 4	9.101 3	9.097 3	9.093 2	9.089 2	9.085 2
7	9.081 3	9.077 3	9.073 4	9.069 5	9.065 6	9.061 8	9.057 9	9.054 1	9.050 3	9.046 5
8	9.042 8	9.039 0	9.035 3	9.031 6	9.027 9	9.024 3	9.020 6	9.017 0	9.013 4	9.009 8
9	9.006 3	9.002 8	8.999 2	8.995 7	8.992 3	8.988 8	8.985 4	8.981 9	8.978 6	8.975 2
10	8.971 8	8.968 5	8.965 2	8.961 8	8.958 6	8.955 3	8.952 1	8.948 8	8.945 6	8.942 4
11	8.939 3	8.936 1	8.933 0	8.929 9	8.926 8	8.923 7	8.920 7	8.917 6	8.914 6	8.911 6
12	8.908 6	8.905 7	8.902 7	8.899 8	8.896 9	8.894 0	8.891 2	8.888 3	8.885 5	8.882 7
13	8.879 9	8.877 1	8.874 3	8.871 6	8.868 9	8.866 2	8.863 5	8.860 8	8.858 1	8.855 5
14	8.852 9	8.850 3	8.847 7	8.845 2	8.842 6	8.840 1	8.837 6	8.835 1	8.832 6	8.830 1
15	8.827 7	8.825 3	8.822 9	8.820 5	8.818 1	8.815 8	8.813 4	8.811 1	8.808 8	8.806 5
16	8.804 3	8.802 0	8.799 8	8.797 6	8.795 4	8.793 2	8.791 0	8.788 9	8.786 7	8.784 6
17	8.782 5	8.780 4	8.778 4	8.776 3	8.774 3	8.772 3	8.770 3	8.768 3	8.766 3	8.764 4
18	8.762 4	8.760 5	8.758 6	8.756 7	8.754 9	8.753 0	8.751 2	8.749 4	8.747 6	8.745 8
19	8.744 0	8.742 2	8.740 5	8.738 8	8.737 1	8.735 4	8.733 7	8.732 0	8.730 4	8.728 8
20	8.727 2	8.725 6	8.724 0	8.722 4	8.720 9	8.719 3	8.717 8	8.716 3	8.714 8	8.713 4
21	8.711 9	8.710 5	8.709 0	8.707 6	8.706 2	8.704 9	8.703 5	8.702 1	8.700 8	8.699 5
22	8.698 2	8.696 9	8.695 6	8.694 4	8.693 1	8.691 9	8.690 7	8.689 5	8.688 3	8.687 1
23	8.686 0	8.684 9	8.683 7	8.682 6	8.681 5	8.680 5	8.679 4	8.678 3	8.677 3	8.676 3
24	8.675 3	8.674 3	8.673 3	8.672 4	8.671 4	8.670 5	8.669 6	8.668 7	8.667 8	8.666 9
25	8.666 1	8.665 2	8.664 4	8.663 6	8.662 8	8.662 0	8.661 2	8.660 5	8.659 7	8.659 0
26	8.658 3	8.657 6	8.656 9	8.656 2	8.655 6	8.654 9	8.654 3	8.653 7	8.653 1	8.652 5
27	8.651 9	8.651 3	8.650 8	8.650 3	8.649 7	8.649 2	8.648 8	8.648 3	8.647 8	8.647 4
28	8.646 9	8.646 5	8.646 1	8.645 7	8.645 3	8.645 0	8.644 6	8.644 3	8.643 9	8.643 6
29	8.643 3	8.643 1	8.642 8	8.642 5	8.642 3	8.642 1	8.641 8	8.641 6	8.641 4	8.641 3
30	8.641 1	8.641 0	8.640 8	8.640 7	8.640 6	8.640 5	8.640 4	8.640 3	8.640 3	8.640 2
31	8.640 2	8.640 2	8.640 2	8.640 2	8.640 2	8.640 3	8.640 3	8.640 4	8.640 5	8.640 5

续 表

温度/℃	Δt/℃									
	0.0	0.1	0.2	0.3	0.4	0.5	0.6	0.7	0.8	0.9
32	8.640 6	8.640 8	8.640 9	8.641 0	8.641 2	8.641 3	8.641 5	8.641 7	8.641 9	8.642 1
33	8.642 4	8.642 6	8.642 9	8.643 2	8.643 4	8.643 7	8.644 0	8.644 4	8.644 7	8.645 0
34	8.645 4	8.645 8	8.646 2	8.646 6	8.647 0	8.647 4	8.647 8	8.648 3	8.648 7	8.649 2
35	8.649 7	8.650 2	8.650 7	8.651 2	8.651 8	8.652 3	8.652 9	8.653 5	8.654 0	8.654 6
36	8.655 3	8.655 9	8.656 5	8.657 2	8.657 8	8.658 5	8.659 2	8.659 9	8.660 6	8.661 3
37	8.662 1	8.662 8	8.663 6	8.664 3	8.665 1	8.665 9	8.666 7	8.667 6	8.668 4	8.669 2
38	8.670 1	8.671 0	8.671 8	8.672 7	8.673 6	8.674 6	8.675 5	8.676 4	8.677 4	8.678 4
39	8.679 3	8.680 3	8.681 3	8.682 4	8.683 4	8.684 4	8.685 5	8.686 5	8.687 6	8.688 7
40	8.689 8	8.690 9	8.692 0	8.693 2	8.694 3	8.695 5	8.696 7	8.697 8	8.699 0	8.700 2

来源：Weiss（1971）。

185

表 4.4 不同温度及盐度（0~40 g/kg）下氮气的本森系数[β，$10^3 \times L_{真实气体}$/(L·atm)，10℃、35 g/kg 时表值为 7.575 4，本森系数为 7.575 4/1 000 或 0.007 575 4 L/(L·atm)]

温度/℃	盐度/(g/kg)								
	0.0	5.0	10.0	15.0	20.0	25.0	30.0	35.0	40.0
0	9.412 6	9.168 5	8.930 8	8.699 3	8.473 7	8.254 0	8.040 0	7.831 6	7.628 5
1	9.358 2	9.117 6	8.883 2	8.654 9	8.432 4	8.215 6	8.004 4	7.798 6	7.598 1
2	9.306 3	9.069 1	8.837 9	8.612 6	8.393 0	8.179 1	7.970 6	7.767 4	7.569 4
3	9.256 8	9.022 8	8.794 7	8.572 4	8.355 7	8.144 4	7.938 6	7.737 9	7.542 3
4	9.209 6	8.978 7	8.753 6	8.534 2	8.320 2	8.111 6	7.908 3	7.710 0	7.516 7
5	9.164 6	8.936 8	8.714 6	8.497 9	8.286 6	8.080 6	7.879 7	7.683 8	7.492 7
6	9.121 9	8.896 9	8.677 5	8.463 6	8.254 8	8.051 3	7.852 7	7.659 1	7.470 2
7	9.081 3	8.859 1	8.642 5	8.431 1	8.224 8	8.023 7	7.827 4	7.636 0	7.449 2
8	9.042 8	8.823 4	8.609 3	8.400 4	8.196 6	7.997 7	7.803 7	7.614 3	7.429 6
9	9.006 3	8.789 5	8.578 0	8.371 5	8.170 0	7.973 3	7.781 4	7.594 1	7.411 4
10	8.971 8	8.757 6	8.548 5	8.344 3	8.145 1	7.950 6	7.760 7	7.575 4	7.394 5
11	8.939 3	8.727 5	8.520 7	8.318 8	8.121 8	7.929 3	7.741 5	7.558 1	7.379 0
12	8.908 6	8.699 2	8.494 7	8.295 0	8.100 0	7.909 6	7.723 7	7.542 1	7.364 8
13	8.879 9	8.672 7	8.470 4	8.272 8	8.079 8	7.891 4	7.707 3	7.527 5	7.351 9
14	8.852 9	8.648 0	8.447 8	8.252 2	8.061 2	7.874 6	7.692 3	7.514 2	7.340 2
15	8.827 7	8.624 9	8.426 7	8.233 1	8.044 0	7.859 2	7.678 6	7.502 2	7.329 8

续 表

温度/℃	盐度/(g/kg)								
	0.0	5.0	10.0	15.0	20.0	25.0	30.0	35.0	40.0
16	8.804 3	8.603 5	8.407 3	8.215 6	8.028 2	7.845 2	7.666 3	7.491 4	7.320 6
17	8.782 5	8.583 7	8.389 4	8.199 5	8.013 9	7.832 5	7.655 2	7.481 9	7.312 6
18	8.762 4	8.565 5	8.373 1	8.184 9	8.001 0	7.821 2	7.645 4	7.473 6	7.305 7
19	8.744 0	8.548 9	8.358 2	8.171 7	7.989 4	7.811 2	7.636 9	7.466 5	7.300 0
20	8.727 2	8.533 8	8.344 8	8.160 0	7.979 2	7.802 5	7.629 6	7.460 6	7.295 4
21	8.711 9	8.520 3	8.332 9	8.149 6	7.970 3	7.795 0	7.623 5	7.455 9	7.291 9
22	8.698 2	8.508 2	8.322 3	8.140 5	7.962 7	7.788 8	7.618 6	7.452 2	7.289 4
23	8.686 0	8.497 5	8.313 2	8.132 8	7.956 4	7.783 8	7.614 9	7.449 7	7.288 1
24	8.675 3	8.488 3	8.305 4	8.126 4	7.951 3	7.780 0	7.612 3	7.448 3	7.287 7
25	8.666 1	8.480 5	8.299 0	8.121 3	7.947 5	7.777 3	7.610 8	7.447 9	7.288 5
26	8.658 3	8.474 1	8.293 9	8.117 5	7.944 8	7.775 9	7.610 5	7.448 6	7.290 2
27	8.651 9	8.469 1	8.290 1	8.114 9	7.943 4	7.775 5	7.611 2	7.450 4	7.292 9
28	8.646 9	8.465 3	8.287 6	8.113 5	7.943 1	7.776 3	7.613 0	7.453 2	7.296 6
29	8.643 3	8.462 9	8.286 3	8.113 4	7.944 0	7.778 2	7.615 9	7.456 9	7.301 3
30	8.641 1	8.461 8	8.286 3	8.114 4	7.946 1	7.781 2	7.619 8	7.461 7	7.307 0
31	8.640 2	8.462 0	8.287 5	8.116 6	7.949 2	7.785 3	7.624 8	7.467 5	7.313 5
32	8.640 6	8.463 5	8.290 0	8.120 0	7.953 5	7.790 5	7.630 7	7.474 3	7.321 1
33	8.642 4	8.466 2	8.293 6	8.124 5	7.958 9	7.796 7	7.637 7	7.482 0	7.329 5
34	8.645 4	8.470 1	8.298 4	8.130 2	7.965 4	7.803 9	7.645 7	7.490 7	7.338 8
35	8.649 7	8.475 3	8.304 4	8.137 0	7.972 9	7.812 2	7.654 7	7.500 3	7.349 1
36	8.655 3	8.481 7	8.311 6	8.144 9	7.981 5	7.821 4	7.664 6	7.510 9	7.360 2
37	8.662 1	8.489 2	8.319 9	8.153 9	7.991 2	7.831 7	7.675 5	7.522 3	7.372 2
38	8.670 1	8.498 0	8.329 3	8.163 9	8.001 9	7.843 0	7.687 3	7.534 7	7.385 1
39	8.679 3	8.507 9	8.339 8	8.175 1	8.013 6	7.855 3	7.700 1	7.548 0	7.398 9
40	8.689 8	8.519 0	8.351 5	8.187 3	8.026 3	7.868 5	7.713 8	7.562 1	7.413 4

来源：Weiss（1971）。

186

表 4.5 不同温度下大气中的氖气在淡水中的饱和度（nmol/kg，1 atm 湿空气）

温度/℃	Δt/℃									
	0.0	0.1	0.2	0.3	0.4	0.5	0.6	0.7	0.8	0.9
0	10.084	10.072	10.060	10.049	10.037	10.025	10.014	10.002	9.991	9.979
1	9.968	9.956	9.945	9.934	9.922	9.911	9.900	9.889	9.878	9.866

续 表

温度/℃	Δt/℃									
	0.0	0.1	0.2	0.3	0.4	0.5	0.6	0.7	0.8	0.9
2	9.855	9.844	9.833	9.822	9.811	9.800	9.789	9.779	9.768	9.757
3	9.746	9.735	9.725	9.714	9.703	9.693	9.682	9.672	9.661	9.651
4	9.640	9.630	9.619	9.609	9.599	9.589	9.578	9.568	9.558	9.548
5	9.538	9.527	9.517	9.507	9.497	9.487	9.477	9.467	9.458	9.448
6	9.438	9.428	9.418	9.409	9.399	9.389	9.380	9.370	9.360	9.351
7	9.341	9.332	9.322	9.313	9.303	9.294	9.285	9.275	9.266	9.257
8	9.247	9.238	9.229	9.220	9.211	9.202	9.193	9.184	9.175	9.166
9	9.157	9.148	9.139	9.130	9.121	9.112	9.103	9.095	9.086	9.077
10	9.069	9.060	9.051	9.043	9.034	9.026	9.017	9.009	9.000	8.992
11	8.983	8.975	8.966	8.958	8.950	8.942	8.933	8.925	8.917	8.909
12	8.900	8.892	8.884	8.876	8.868	8.860	8.852	8.844	8.836	8.828
13	8.820	8.813	8.805	8.797	8.789	8.781	8.774	8.766	8.758	8.750
14	8.743	8.735	8.728	8.720	8.713	8.705	8.698	8.690	8.683	8.675
15	8.668	8.660	8.653	8.646	8.638	8.631	8.624	8.617	8.609	8.602
16	8.595	8.588	8.581	8.574	8.567	8.560	8.553	8.546	8.539	8.532
17	8.525	8.518	8.511	8.504	8.497	8.491	8.484	8.477	8.470	8.464
18	8.457	8.450	8.444	8.437	8.430	8.424	8.417	8.411	8.404	8.398
19	8.391	8.385	8.378	8.372	8.366	8.359	8.353	8.347	8.340	8.334
20	8.328	8.322	8.315	8.309	8.303	8.297	8.291	8.285	8.279	8.273
21	8.267	8.261	8.255	8.249	8.243	8.237	8.231	8.225	8.219	8.213
22	8.208	8.202	8.196	8.190	8.185	8.179	8.173	8.168	8.162	8.156
23	8.151	8.145	8.140	8.134	8.128	8.123	8.117	8.112	8.107	8.101
24	8.096	8.090	8.085	8.080	8.074	8.069	8.064	8.059	8.053	8.048
25	8.043	8.038	8.033	8.027	8.022	8.017	8.012	8.007	8.002	7.997
26	7.992	7.987	7.982	7.977	7.972	7.967	7.962	7.958	7.953	7.948
27	7.943	7.938	7.934	7.929	7.924	7.919	7.915	7.910	7.905	7.901
28	7.896	7.892	7.887	7.883	7.878	7.873	7.869	7.865	7.860	7.856
29	7.851	7.847	7.842	7.838	7.834	7.829	7.825	7.821	7.817	7.812
30	7.808	7.804	7.800	7.795	7.791	7.787	7.783	7.779	7.775	7.771
31	7.767	7.763	7.759	7.755	7.751	7.747	7.743	7.739	7.735	7.731
32	7.727	7.723	7.720	7.716	7.712	7.708	7.704	7.701	7.697	7.693
33	7.690	7.686	7.682	7.679	7.675	7.671	7.668	7.664	7.661	7.657
34	7.654	7.650	7.647	7.643	7.640	7.636	7.633	7.630	7.626	7.623
35	7.619	7.616	7.613	7.610	7.606	7.603	7.600	7.597	7.593	7.590

续 表

温度/℃	Δt/℃									
	0.0	0.1	0.2	0.3	0.4	0.5	0.6	0.7	0.8	0.9
36	7.587	7.584	7.581	7.578	7.575	7.571	7.568	7.565	7.562	7.559
37	7.556	7.553	7.550	7.547	7.545	7.542	7.539	7.536	7.533	7.530
38	7.527	7.524	7.522	7.519	7.516	7.513	7.511	7.508	7.505	7.503
39	7.500	7.497	7.495	7.492	7.490	7.487	7.484	7.482	7.479	7.477
40	7.474	7.472	7.469	7.467	7.464	7.462	7.460	7.457	7.455	7.453

来源：Hamme 和 Emerson（2004）。

187

表 4.6 不同温度及盐度（0~40 g/kg）下大气中的氖气在淡水中的饱和度（nmol/kg，1 atm 湿空气）

温度/℃	盐度/(g/kg)								
	0.0	5.0	10.0	15.0	20.0	25.0	30.0	35.0	40.0
0	10.084	9.766	9.459	9.161	8.873	8.593	8.323	8.061	7.807
1	9.968	9.656	9.353	9.061	8.777	8.502	8.236	7.978	7.728
2	9.855	9.549	9.251	8.963	8.684	8.414	8.152	7.898	7.652
3	9.746	9.444	9.152	8.869	8.594	8.328	8.070	7.821	7.578
4	9.640	9.344	9.056	8.777	8.507	8.245	7.991	7.745	7.507
5	9.538	9.246	8.963	8.688	8.422	8.165	7.915	7.672	7.438
6	9.438	9.151	8.872	8.602	8.340	8.087	7.840	7.602	7.370
7	9.341	9.059	8.784	8.519	8.261	8.011	7.769	7.533	7.305
8	9.247	8.969	8.699	8.438	8.184	7.938	7.699	7.467	7.243
9	9.157	8.883	8.617	8.359	8.109	7.867	7.631	7.403	7.182
10	9.069	8.799	8.537	8.283	8.037	7.798	7.566	7.341	7.123
11	8.983	8.718	8.460	8.210	7.967	7.732	7.503	7.281	7.066
12	8.900	8.639	8.385	8.139	7.899	7.667	7.442	7.223	7.011
13	8.820	8.563	8.313	8.070	7.834	7.605	7.383	7.167	6.958
14	8.743	8.489	8.242	8.003	7.771	7.545	7.326	7.113	6.907
15	8.668	8.418	8.175	7.939	7.710	7.487	7.271	7.061	6.857
16	8.595	8.349	8.109	7.876	7.650	7.431	7.218	7.011	6.810
17	8.525	8.282	8.046	7.816	7.593	7.377	7.167	6.962	6.764
18	8.457	8.217	7.984	7.758	7.538	7.325	7.117	6.915	6.719
19	8.391	8.155	7.925	7.702	7.485	7.274	7.070	6.870	6.677
20	8.328	8.095	7.868	7.648	7.434	7.226	7.024	6.827	6.636

续　表

温度/℃	盐度/(g/kg)								
	0.0	5.0	10.0	15.0	20.0	25.0	30.0	35.0	40.0
21	8.267	8.037	7.813	7.596	7.385	7.179	6.980	6.785	6.597
22	8.208	7.981	7.760	7.546	7.337	7.134	6.937	6.745	6.559
23	8.151	7.927	7.709	7.497	7.291	7.091	6.897	6.707	6.523
24	8.096	7.875	7.660	7.451	7.248	7.050	6.857	6.670	6.488
25	8.043	7.825	7.613	7.406	7.205	7.010	6.820	6.635	6.455
26	7.992	7.777	7.567	7.363	7.165	6.972	6.784	6.602	6.424
27	7.943	7.731	7.524	7.322	7.126	6.936	6.750	6.569	6.394
28	7.896	7.686	7.482	7.283	7.089	6.901	6.717	6.539	6.365
29	7.851	7.644	7.442	7.245	7.054	6.868	6.686	6.510	6.338
30	7.808	7.603	7.404	7.209	7.020	6.836	6.657	6.482	6.312
31	7.767	7.564	7.367	7.175	6.988	6.806	6.629	6.456	6.288
32	7.727	7.527	7.332	7.143	6.958	6.778	6.602	6.431	6.265
33	7.690	7.492	7.299	7.112	6.929	6.751	6.577	6.408	6.243
34	7.654	7.458	7.268	7.082	6.901	6.725	6.554	6.386	6.223
35	7.619	7.426	7.238	7.054	6.876	6.701	6.531	6.366	6.204
36	7.587	7.396	7.210	7.028	6.851	6.679	6.511	6.347	6.187
37	7.556	7.367	7.183	7.004	6.829	6.658	6.491	6.329	6.171
38	7.527	7.340	7.158	6.981	6.807	6.638	6.473	6.313	6.156
39	7.500	7.315	7.135	6.959	6.787	6.620	6.457	6.298	6.143
40	7.474	7.291	7.113	6.939	6.769	6.604	6.442	6.284	6.131

来源：Hamme 和 Emerson（2004）。

表4.7　不同温度下氖气在淡水中的本森系数［β，$10^3 \times$ $L_{真实气体}$/(L·atm)，10℃时表值为11.319；本森系数为11.319/1 000或0.001 131 9 L/(L·atm)］

188

温度/℃	Δt/℃									
	0.0	0.1	0.2	0.3	0.4	0.5	0.6	0.7	0.8	0.9
0	12.511	12.497	12.483	12.469	12.456	12.442	12.428	12.415	12.401	12.387
1	12.374	12.360	12.347	12.333	12.320	12.307	12.293	12.280	12.267	12.254
2	12.241	12.227	12.214	12.201	12.188	12.176	12.163	12.150	12.137	12.124
3	12.112	12.099	12.086	12.074	12.061	12.049	12.036	12.024	12.011	11.999
4	11.987	11.974	11.962	11.950	11.938	11.926	11.914	11.902	11.890	11.878
5	11.866	11.854	11.842	11.830	11.818	11.807	11.795	11.783	11.772	11.760

续 表

温度/℃	Δt/℃									
	0.0	0.1	0.2	0.3	0.4	0.5	0.6	0.7	0.8	0.9
6	11.749	11.737	11.726	11.714	11.703	11.692	11.681	11.669	11.658	11.647
7	11.636	11.625	11.614	11.603	11.592	11.581	11.570	11.559	11.548	11.537
8	11.527	11.516	11.505	11.495	11.484	11.473	11.463	11.452	11.442	11.431
9	11.421	11.411	11.400	11.390	11.380	11.370	11.360	11.349	11.339	11.329
10	11.319	11.309	11.299	11.290	11.280	11.270	11.260	11.250	11.241	11.231
11	11.221	11.212	11.202	11.193	11.183	11.174	11.164	11.155	11.145	11.136
12	11.127	11.117	11.108	11.099	11.090	11.081	11.072	11.063	11.054	11.045
13	11.036	11.027	11.018	11.009	11.000	10.992	10.983	10.974	10.966	10.957
14	10.948	10.940	10.931	10.923	10.914	10.906	10.898	10.889	10.881	10.873
15	10.864	10.856	10.848	10.840	10.832	10.824	10.816	10.808	10.800	10.792
16	10.784	10.776	10.768	10.760	10.753	10.745	10.737	10.730	10.722	10.714
17	10.707	10.699	10.692	10.684	10.677	10.670	10.662	10.655	10.648	10.640
18	10.633	10.626	10.619	10.612	10.605	10.598	10.591	10.584	10.577	10.570
19	10.563	10.556	10.549	10.542	10.536	10.529	10.522	10.516	10.509	10.502
20	10.496	10.489	10.483	10.476	10.470	10.464	10.457	10.451	10.445	10.438
21	10.432	10.426	10.420	10.414	10.408	10.402	10.395	10.389	10.384	10.378
22	10.372	10.366	10.360	10.354	10.349	10.343	10.337	10.331	10.326	10.320
23	10.315	10.309	10.304	10.298	10.293	10.287	10.282	10.277	10.271	10.266
24	10.261	10.256	10.251	10.245	10.240	10.235	10.230	10.225	10.220	10.215
25	10.210	10.206	10.201	10.196	10.191	10.187	10.182	10.177	10.173	10.168
26	10.163	10.159	10.154	10.150	10.145	10.141	10.137	10.132	10.128	10.124
27	10.120	10.115	10.111	10.107	10.103	10.099	10.095	10.091	10.087	10.083
28	10.079	10.075	10.071	10.068	10.064	10.060	10.056	10.053	10.049	10.045
29	10.042	10.038	10.035	10.031	10.028	10.025	10.021	10.018	10.015	10.011
30	10.008	10.005	10.002	9.999	9.996	9.993	9.990	9.987	9.984	9.981
31	9.978	9.975	9.972	9.969	9.967	9.964	9.961	9.959	9.956	9.953
32	9.951	9.948	9.946	9.944	9.941	9.939	9.936	9.934	9.932	9.930
33	9.928	9.925	9.923	9.921	9.919	9.917	9.915	9.913	9.911	9.909
34	9.908	9.906	9.904	9.902	9.901	9.899	9.897	9.896	9.894	9.893
35	9.891	9.890	9.889	9.887	9.886	9.885	9.883	9.882	9.881	9.880
36	9.879	9.878	9.877	9.876	9.875	9.874	9.873	9.872	9.871	9.871
37	9.870	9.869	9.868	9.868	9.867	9.867	9.866	9.866	9.865	9.865
38	9.865	9.864	9.864	9.864	9.864	9.864	9.863	9.863	9.863	9.863
39	9.863	9.863	9.864	9.864	9.864	9.864	9.865	9.865	9.865	9.866
40	9.866	9.867	9.867	9.868	9.868	9.869	9.870	9.870	9.871	9.872

来源：Hamme 和 Emerson（2004）。

189

表 4.8 不同温度及盐度（0～40 g/kg）下氖气在淡水中的本森系数[β，$10^3 \times L_{真实气体}$/(L·atm)，10℃、35 g/kg 时表值为 9.411，本森系数为 9.411/1 000 或 0.009 411 L/(L·atm)]

温度/℃	盐度/(g/kg)								
	0.0	5.0	10.0	15.0	20.0	25.0	30.0	35.0	40.0
0	12.511	12.166	11.831	11.504	11.186	10.877	10.576	10.283	9.998
1	12.374	12.035	11.704	11.383	11.070	10.766	10.470	10.181	9.901
2	12.241	11.907	11.582	11.266	10.958	10.658	10.367	10.083	9.807
3	12.112	11.783	11.464	11.153	10.850	10.555	10.268	9.988	9.717
4	11.987	11.664	11.349	11.043	10.745	10.454	10.172	9.897	9.629
5	11.866	11.548	11.239	10.937	10.643	10.357	10.079	9.808	9.544
6	11.749	11.436	11.131	10.835	10.545	10.264	9.990	9.723	9.463
7	11.636	11.328	11.028	10.736	10.451	10.173	9.903	9.640	9.384
8	11.527	11.223	10.928	10.640	10.360	10.086	9.820	9.561	9.309
9	11.421	11.123	10.832	10.548	10.272	10.002	9.740	9.484	9.236
10	11.319	11.025	10.739	10.459	10.187	9.921	9.663	9.411	9.166
11	11.221	10.932	10.649	10.374	10.105	9.844	9.589	9.340	9.098
12	11.127	10.841	10.563	10.291	10.027	9.769	9.517	9.272	9.034
13	11.036	10.755	10.480	10.212	9.951	9.697	9.449	9.207	8.972
14	10.948	10.671	10.400	10.137	9.879	9.628	9.384	9.145	8.913
15	10.864	10.591	10.324	10.064	9.810	9.562	9.321	9.086	8.856
16	10.784	10.514	10.251	9.994	9.744	9.500	9.261	9.029	8.802
17	10.707	10.441	10.181	9.928	9.681	9.440	9.204	8.975	8.751
18	10.633	10.371	10.115	9.865	9.621	9.382	9.150	8.924	8.703
19	10.563	10.304	10.051	9.804	9.563	9.328	9.099	8.875	8.657
20	10.496	10.240	9.991	9.747	9.509	9.277	9.050	8.829	8.614
21	10.432	10.180	9.933	9.693	9.458	9.228	9.005	8.786	8.573
22	10.372	10.123	9.879	9.641	9.409	9.183	8.962	8.746	8.535
23	10.315	10.069	9.828	9.593	9.364	9.140	8.921	8.708	8.499
24	10.261	10.018	9.780	9.548	9.321	9.100	8.884	8.673	8.467
25	10.210	9.970	9.735	9.506	9.282	9.063	8.849	8.640	8.436
26	10.163	9.926	9.694	9.467	9.245	9.029	8.817	8.611	8.409
27	10.120	9.885	9.655	9.431	9.212	8.997	8.788	8.584	8.384
28	10.079	9.847	9.620	9.398	9.181	8.969	8.762	8.559	8.362
29	10.042	9.812	9.588	9.368	9.153	8.944	8.738	8.538	8.342
30	10.008	9.781	9.559	9.341	9.129	8.921	8.718	8.519	8.325
31	9.978	9.753	9.533	9.318	9.107	8.902	8.700	8.504	8.311

续 表

温度/℃	盐度/(g/kg)								
	0.0	5.0	10.0	15.0	20.0	25.0	30.0	35.0	40.0
32	9.951	9.728	9.510	9.297	9.089	8.885	8.686	8.491	8.300
33	9.928	9.707	9.491	9.280	9.074	8.872	8.674	8.481	8.292
34	9.908	9.689	9.476	9.266	9.062	8.861	8.665	8.474	8.286
35	9.891	9.675	9.463	9.256	9.053	8.854	8.660	8.470	8.284
36	9.879	9.664	9.454	9.249	9.047	8.850	8.658	8.469	8.285
37	9.870	9.657	9.449	9.245	9.045	8.850	8.659	8.471	8.288
38	9.865	9.654	9.447	9.245	9.047	8.853	8.663	8.477	8.295
39	9.863	9.654	9.449	9.248	9.052	8.859	8.670	8.486	8.305
40	9.866	9.658	9.455	9.256	9.060	8.869	8.682	8.498	8.318

来源：Hamme 和 Emerson（2004）。

190

表 4.9 不同温度下大气中的氮气在淡水中的饱和度（nmol/kg，1 atm 湿空气）

温度/℃	Δt/℃									
	0.0	0.1	0.2	0.3	0.4	0.5	0.6	0.7	0.8	0.9
0	5.553 3	5.534 8	5.516 4	5.498 1	5.479 9	5.461 7	5.443 6	5.425 7	5.407 8	5.390 0
1	5.372 3	5.354 6	5.337 1	5.319 6	5.302 2	5.285 0	5.267 7	5.250 6	5.233 6	5.216 6
2	5.199 7	5.182 9	5.166 2	5.149 5	5.132 9	5.116 4	5.100 0	5.083 7	5.067 4	5.051 3
3	5.035 1	5.019 1	5.003 2	4.987 3	4.971 5	4.955 7	4.940 1	4.924 5	4.909 0	4.893 5
4	4.878 2	4.862 9	4.847 6	4.832 5	4.817 4	4.802 4	4.787 4	4.772 5	4.757 7	4.743 0
5	4.728 3	4.713 7	4.699 1	4.684 7	4.670 3	4.655 9	4.641 6	4.627 4	4.613 3	4.599 2
6	4.585 2	4.571 2	4.557 3	4.543 5	4.529 7	4.516 0	4.502 4	4.488 8	4.475 3	4.461 8
7	4.448 4	4.435 1	4.421 8	4.408 6	4.395 4	4.382 3	4.369 2	4.356 3	4.343 3	4.330 5
8	4.317 6	4.304 9	4.292 2	4.279 5	4.267 0	4.254 4	4.241 9	4.229 5	4.217 2	4.204 8
9	4.192 6	4.180 4	4.168 2	4.156 1	4.144 1	4.132 1	4.120 2	4.108 3	4.096 4	4.084 6
10	4.072 9	4.061 2	4.049 6	4.038 0	4.026 5	4.015 0	4.003 6	3.992 2	3.980 8	3.969 6
11	3.958 3	3.947 1	3.936 0	3.924 9	3.913 9	3.902 9	3.891 9	3.881 0	3.870 1	3.859 3
12	3.848 6	3.837 8	3.827 2	3.816 5	3.806 0	3.795 4	3.784 9	3.774 5	3.764 1	3.753 7
13	3.743 4	3.733 1	3.722 9	3.712 7	3.702 5	3.692 4	3.682 4	3.672 3	3.662 4	3.652 4
14	3.642 5	3.632 7	3.622 9	3.613 1	3.603 4	3.593 7	3.584 0	3.574 4	3.564 8	3.555 3
15	3.545 8	3.536 3	3.526 9	3.517 5	3.508 2	3.498 9	3.489 6	3.480 4	3.471 2	3.462 1
16	3.453 0	3.443 9	3.434 9	3.425 8	3.416 9	3.408 0	3.399 1	3.390 2	3.381 4	3.372 6

续 表

温度/℃	Δt/℃									
	0.0	0.1	0.2	0.3	0.4	0.5	0.6	0.7	0.8	0.9
17	3.3638	3.3551	3.3464	3.3378	3.3292	3.3206	3.3121	3.3036	3.2951	3.2867
18	3.2782	3.2699	3.2615	3.2532	3.2450	3.2367	3.2285	3.2203	3.2122	3.2041
19	3.1960	3.1879	3.1799	3.1719	3.1640	3.1561	3.1482	3.1403	3.1325	3.1247
20	3.1169	3.1092	3.1015	3.0938	3.0862	3.0785	3.0710	3.0634	3.0559	3.0484
21	3.0409	3.0334	3.0260	3.0186	3.0113	3.0040	2.9967	2.9894	2.9821	2.9749
22	2.9677	2.9606	2.9534	2.9463	2.9392	2.9322	2.9252	2.9182	2.9112	2.9042
23	2.8973	2.8904	2.8836	2.8767	2.8699	2.8631	2.8563	2.8496	2.8429	2.8362
24	2.8295	2.8229	2.8163	2.8097	2.8031	2.7966	2.7900	2.7836	2.7771	2.7706
25	2.7642	2.7578	2.7514	2.7451	2.7388	2.7325	2.7262	2.7199	2.7137	2.7075
26	2.7013	2.6951	2.6890	2.6829	2.6768	2.6707	2.6646	2.6586	2.6526	2.6466
27	2.6406	2.6347	2.6287	2.6228	2.6170	2.6111	2.6053	2.5994	2.5936	2.5879
28	2.5821	2.5764	2.5707	2.5650	2.5593	2.5536	2.5480	2.5424	2.5368	2.5312
29	2.5257	2.5201	2.5146	2.5091	2.5037	2.4982	2.4928	2.4873	2.4819	2.4766
30	2.4712	2.4659	2.4605	2.4552	2.4499	2.4447	2.4394	2.4342	2.4290	2.4238
31	2.4186	2.4134	2.4083	2.4032	2.3981	2.3930	2.3879	2.3829	2.3778	2.3728
32	2.3678	2.3628	2.3579	2.3529	2.3480	2.3431	2.3382	2.3333	2.3284	2.3236
33	2.3187	2.3139	2.3091	2.3043	2.2996	2.2948	2.2901	2.2854	2.2807	2.2760
34	2.2713	2.2667	2.2620	2.2574	2.2528	2.2482	2.2436	2.2390	2.2345	2.2300
35	2.2254	2.2209	2.2165	2.2120	2.2075	2.2031	2.1987	2.1942	2.1898	2.1855
36	2.1811	2.1767	2.1724	2.1681	2.1638	2.1595	2.1552	2.1509	2.1467	2.1424
37	2.1382	2.1340	2.1298	2.1256	2.1214	2.1172	2.1131	2.1090	2.1048	2.1007
38	2.0966	2.0926	2.0885	2.0844	2.0804	2.0764	2.0724	2.0684	2.0644	2.0604
39	2.0564	2.0525	2.0485	2.0446	2.0407	2.0368	2.0329	2.0290	2.0252	2.0213
40	2.0175	2.0137	2.0099	2.0060	2.0023	1.9985	1.9947	1.9910	1.9872	1.9835

来源：Weiss 和 Kyser（1978）。

191

表 4.10 不同温度及盐度（0~40 g/kg）下氪气在海水中的饱和度（nmol/kg，1 atm 湿空气）

温度/℃	盐度/(g/kg)								
	0.0	5.0	10.0	15.0	20.0	25.0	30.0	35.0	40.0
0	5.5533	5.3384	5.1319	4.9333	4.7424	4.5589	4.3825	4.2129	4.0499
1	5.3723	5.1655	4.9667	4.7755	4.5917	4.4150	4.2451	4.0817	3.9246

续 表

温度/℃	盐度/(g/kg)								
	0.0	5.0	10.0	15.0	20.0	25.0	30.0	35.0	40.0
2	5.1997	5.0006	4.8092	4.6251	4.4480	4.2778	4.1140	3.9565	3.8051
3	5.0351	4.8434	4.6590	4.4816	4.3110	4.1469	3.9890	3.8371	3.6910
4	4.8782	4.6934	4.5157	4.3447	4.1802	4.0220	3.8697	3.7231	3.5822
5	4.7283	4.5503	4.3789	4.2140	4.0554	3.9027	3.7557	3.6143	3.4782
6	4.5852	4.4135	4.2482	4.0892	3.9361	3.7887	3.6468	3.5103	3.3789
7	4.4484	4.2828	4.1233	3.9698	3.8220	3.6798	3.5428	3.4109	3.2839
8	4.3176	4.1578	4.0039	3.8557	3.7130	3.5756	3.4432	3.3158	3.1930
9	4.1926	4.0383	3.8897	3.7465	3.6087	3.4759	3.3480	3.2248	3.1061
10	4.0729	3.9239	3.7804	3.6420	3.5088	3.3804	3.2568	3.1376	3.0228
11	3.9583	3.8144	3.6757	3.5420	3.4132	3.2890	3.1694	3.0542	2.9431
12	3.8486	3.7094	3.5754	3.4461	3.3215	3.2015	3.0857	2.9742	2.8667
13	3.7434	3.6089	3.4792	3.3542	3.2337	3.1175	3.0055	2.8975	2.7934
14	3.6425	3.5125	3.3870	3.2661	3.1495	3.0370	2.9286	2.8240	2.7231
15	3.5458	3.4200	3.2986	3.1816	3.0686	2.9598	2.8547	2.7534	2.6557
16	3.4530	3.3312	3.2137	3.1004	2.9911	2.8856	2.7838	2.6857	2.5910
17	3.3638	3.2460	3.1322	3.0225	2.9166	2.8144	2.7158	2.6206	2.5288
18	3.2782	3.1641	3.0540	2.9476	2.8450	2.7460	2.6504	2.5581	2.4690
19	3.1960	3.0855	2.9787	2.8757	2.7762	2.6802	2.5875	2.4980	2.4116
20	3.1169	3.0098	2.9064	2.8065	2.7101	2.6170	2.5271	2.4402	2.3564
21	3.0409	2.9371	2.8369	2.7400	2.6465	2.5562	2.4689	2.3847	2.3033
22	2.9677	2.8671	2.7699	2.6760	2.5853	2.4976	2.4130	2.3312	2.2521
23	2.8973	2.7998	2.7055	2.6144	2.5264	2.4413	2.3591	2.2797	2.2029
24	2.8295	2.7349	2.6435	2.5551	2.4696	2.3870	2.3072	2.2301	2.1555
25	2.7642	2.6724	2.5837	2.4979	2.4150	2.3348	2.2572	2.1823	2.1098
26	2.7013	2.6122	2.5261	2.4428	2.3623	2.2844	2.2091	2.1362	2.0658
27	2.6406	2.5542	2.4706	2.3897	2.3115	2.2358	2.1626	2.0918	2.0233
28	2.5821	2.4982	2.4170	2.3385	2.2625	2.1889	2.1178	2.0490	1.9824
29	2.5257	2.4442	2.3653	2.2890	2.2152	2.1437	2.0746	2.0076	1.9429
30	2.4712	2.3921	2.3155	2.2413	2.1695	2.1001	2.0328	1.9677	1.9047
31	2.4186	2.3417	2.2673	2.1952	2.1255	2.0579	1.9925	1.9292	1.8679
32	2.3678	2.2931	2.2208	2.1508	2.0829	2.0172	1.9536	1.8920	1.8323
33	2.3187	2.2462	2.1759	2.1078	2.0418	1.9779	1.9160	1.8560	1.7979
34	2.2713	2.2008	2.1324	2.0662	2.0020	1.9399	1.8796	1.8212	1.7647
35	2.2254	2.1569	2.0904	2.0260	1.9636	1.9031	1.8445	1.7876	1.7325

续 表

温度/℃	盐度/(g/kg)								
	0.0	5.0	10.0	15.0	20.0	25.0	30.0	35.0	40.0
36	2.181 1	2.114 4	2.049 8	1.987 1	1.926 4	1.867 5	1.810 4	1.755 1	1.701 5
37	2.138 2	2.073 4	2.010 5	1.949 5	1.890 4	1.833 1	1.777 5	1.723 6	1.671 4
38	2.096 6	2.033 6	1.972 4	1.913 1	1.855 6	1.799 8	1.745 7	1.693 2	1.642 3
39	2.056 4	1.995 1	1.935 6	1.877 9	1.821 9	1.767 6	1.714 8	1.663 7	1.614 1
40	2.017 5	1.957 8	1.899 9	1.843 8	1.789 2	1.736 3	1.685 0	1.635 2	1.586 8

来源：Weiss 和 Kyser（1978）。

192

表4.11 不同温度下氮气的本森系数［β，$100\times L_{真实气体}/(L\cdot atm)$，10℃时值为8.086，本森系数为8.086/100或0.080 86 L/(L·atm)］

温度/℃	Δt/℃									
	0.0	0.1	0.2	0.3	0.4	0.5	0.6	0.7	0.8	0.9
0	10.979	10.942	10.906	10.870	10.834	10.799	10.763	10.728	10.693	10.658
1	10.623	10.588	10.554	10.520	10.485	10.451	10.418	10.384	10.351	10.317
2	10.284	10.251	10.218	10.186	10.153	10.121	10.089	10.057	10.025	9.993
3	9.962	9.930	9.899	9.868	9.837	9.806	9.776	9.745	9.715	9.684
4	9.654	9.625	9.595	9.565	9.536	9.506	9.477	9.448	9.419	9.390
5	9.362	9.333	9.305	9.276	9.248	9.220	9.192	9.165	9.137	9.110
6	9.082	9.055	9.028	9.001	8.974	8.947	8.921	8.894	8.868	8.842
7	8.816	8.790	8.764	8.738	8.713	8.687	8.662	8.636	8.611	8.586
8	8.561	8.536	8.512	8.487	8.463	8.438	8.414	8.390	8.366	8.342
9	8.318	8.295	8.271	8.248	8.224	8.201	8.178	8.155	8.132	8.109
10	8.086	8.064	8.041	8.019	7.996	7.974	7.952	7.930	7.908	7.886
11	7.865	7.843	7.821	7.800	7.779	7.757	7.736	7.715	7.694	7.673
12	7.653	7.632	7.611	7.591	7.570	7.550	7.530	7.510	7.490	7.470
13	7.450	7.430	7.410	7.391	7.371	7.352	7.332	7.313	7.294	7.275
14	7.256	7.237	7.218	7.199	7.180	7.162	7.143	7.125	7.106	7.088
15	7.070	7.052	7.034	7.016	6.998	6.980	6.962	6.945	6.927	6.910
16	6.892	6.875	6.857	6.840	6.823	6.806	6.789	6.772	6.755	6.738
17	6.722	6.705	6.689	6.672	6.656	6.639	6.623	6.607	6.591	6.574
18	6.558	6.543	6.527	6.511	6.495	6.479	6.464	6.448	6.433	6.417
19	6.402	6.387	6.371	6.356	6.341	6.326	6.311	6.296	6.281	6.267

续 表

温度/℃	Δt/℃									
	0.0	0.1	0.2	0.3	0.4	0.5	0.6	0.7	0.8	0.9
20	6.252	6.237	6.223	6.208	6.194	6.179	6.165	6.151	6.136	6.122
21	6.108	6.094	6.080	6.066	6.052	6.038	6.025	6.011	5.997	5.984
22	5.970	5.956	5.943	5.930	5.916	5.903	5.890	5.877	5.864	5.850
23	5.837	5.824	5.812	5.799	5.786	5.773	5.760	5.748	5.735	5.723
24	5.710	5.698	5.685	5.673	5.661	5.649	5.636	5.624	5.612	5.600
25	5.588	5.576	5.564	5.552	5.541	5.529	5.517	5.505	5.494	5.482
26	5.471	5.459	5.448	5.436	5.425	5.414	5.402	5.391	5.380	5.369
27	5.358	5.347	5.336	5.325	5.314	5.303	5.292	5.282	5.271	5.260
28	5.249	5.239	5.228	5.218	5.207	5.197	5.186	5.176	5.166	5.155
29	5.145	5.135	5.125	5.115	5.105	5.095	5.085	5.075	5.065	5.055
30	5.045	5.035	5.025	5.016	5.006	4.996	4.987	4.977	4.968	4.958
31	4.949	4.939	4.930	4.920	4.911	4.902	4.893	4.883	4.874	4.865
32	4.856	4.847	4.838	4.829	4.820	4.811	4.802	4.793	4.784	4.775
33	4.767	4.758	4.749	4.741	4.732	4.723	4.715	4.706	4.698	4.689
34	4.681	4.672	4.664	4.656	4.647	4.639	4.631	4.623	4.614	4.606
35	4.598	4.590	4.582	4.574	4.566	4.558	4.550	4.542	4.534	4.526
36	4.518	4.511	4.503	4.495	4.487	4.480	4.472	4.464	4.457	4.449
37	4.442	4.434	4.427	4.419	4.412	4.404	4.397	4.390	4.382	4.375
38	4.368	4.361	4.353	4.346	4.339	4.332	4.325	4.318	4.311	4.304
39	4.297	4.290	4.283	4.276	4.269	4.262	4.255	4.248	4.242	4.235
40	4.228	4.221	4.215	4.208	4.201	4.195	4.188	4.182	4.175	4.169

来源：Weiss 和 Kyser（1978）。

193

表 4.12 不同温度及盐度（0~40 g/kg）下氮气的本森系数[β，100×$L_{真实气体}$/(L·atm)，10℃、35 g/kg 时值为 6.398，本森系数为 6.398/100 或 0.063 98 L/(L·atm)]

温度/℃	盐度/(g/kg)								
	0.0	5.0	10.0	15.0	20.0	25.0	30.0	35.0	40.0
0	10.979	10.596	10.226	9.869	9.525	9.193	8.872	8.562	8.264
1	10.623	10.254	9.899	9.555	9.224	8.904	8.595	8.297	8.009
2	10.284	9.929	9.587	9.256	8.937	8.628	8.331	8.043	7.766
3	9.962	9.620	9.290	8.971	8.664	8.366	8.079	7.802	7.535

续 表

温度/℃	盐度/(g/kg)								
	0.0	5.0	10.0	15.0	20.0	25.0	30.0	35.0	40.0
4	9.654	9.325	9.007	8.700	8.403	8.117	7.840	7.572	7.314
5	9.362	9.044	8.737	8.441	8.155	7.878	7.611	7.353	7.104
6	9.082	8.776	8.480	8.194	7.918	7.651	7.393	7.144	6.903
7	8.816	8.520	8.235	7.959	7.692	7.434	7.185	6.944	6.712
8	8.561	8.276	8.000	7.734	7.476	7.227	6.987	6.754	6.529
9	8.318	8.043	7.777	7.519	7.270	7.030	6.797	6.572	6.354
10	8.086	7.820	7.563	7.314	7.073	6.841	6.616	6.398	6.187
11	7.865	7.607	7.359	7.118	6.885	6.660	6.442	6.232	6.028
12	7.653	7.404	7.163	6.931	6.705	6.487	6.277	6.073	5.875
13	7.450	7.209	6.976	6.751	6.533	6.322	6.118	5.921	5.730
14	7.256	7.023	6.798	6.580	6.369	6.164	5.967	5.775	5.590
15	7.070	6.845	6.627	6.415	6.211	6.013	5.821	5.636	5.456
16	6.892	6.674	6.463	6.258	6.060	5.868	5.682	5.503	5.328
17	6.722	6.510	6.306	6.107	5.915	5.729	5.549	5.375	5.206
18	6.558	6.354	6.155	5.963	5.777	5.596	5.422	5.252	5.088
19	6.402	6.203	6.011	5.825	5.644	5.469	5.299	5.135	4.976
20	6.252	6.059	5.873	5.692	5.517	5.347	5.182	5.023	4.868
21	6.108	5.921	5.740	5.565	5.395	5.230	5.070	4.915	4.764
22	5.970	5.789	5.613	5.443	5.277	5.117	4.962	4.811	4.665
23	5.837	5.662	5.491	5.325	5.165	5.009	4.858	4.712	4.570
24	5.710	5.539	5.374	5.213	5.057	4.906	4.759	4.616	4.478
25	5.588	5.422	5.261	5.105	4.953	4.806	4.663	4.525	4.391
26	5.471	5.309	5.153	5.001	4.854	4.711	4.572	4.437	4.306
27	5.358	5.201	5.049	4.901	4.758	4.619	4.484	4.353	4.225
28	5.249	5.097	4.949	4.806	4.666	4.531	4.399	4.272	4.148
29	5.145	4.997	4.853	4.713	4.578	4.446	4.318	4.194	4.073
30	5.045	4.901	4.761	4.625	4.493	4.364	4.240	4.119	4.001
31	4.949	4.808	4.672	4.540	4.411	4.286	4.165	4.047	3.932
32	4.856	4.719	4.587	4.458	4.333	4.211	4.092	3.977	3.866
33	4.767	4.634	4.505	4.379	4.257	4.138	4.023	3.911	3.802
34	4.681	4.551	4.426	4.303	4.184	4.069	3.956	3.847	3.741
35	4.598	4.472	4.350	4.230	4.114	4.002	3.892	3.785	3.682
36	4.518	4.396	4.276	4.160	4.047	3.937	3.830	3.726	3.625
37	4.442	4.322	4.206	4.093	3.982	3.875	3.771	3.669	3.570

续 表

温度/℃	盐度/(g/kg)								
	0.0	5.0	10.0	15.0	20.0	25.0	30.0	35.0	40.0
38	4.368	4.251	4.138	4.027	3.920	3.815	3.713	3.614	3.518
39	4.297	4.183	4.072	3.965	3.860	3.758	3.658	3.562	3.467
40	4.228	4.117	4.009	3.904	3.802	3.702	3.605	3.511	3.419

来源：Weiss 和 Kyser（1978）。

194

表 4.13 不同温度下大气中的氙气在淡水中的饱和度（nmol/kg，1 atm 湿空气）

温度/℃	Δt/℃									
	0.0	0.1	0.2	0.3	0.4	0.5	0.6	0.7	0.8	0.9
0	0.904 66	0.900 97	0.897 30	0.893 65	0.890 01	0.886 40	0.882 81	0.879 23	0.875 67	0.872 13
1	0.868 61	0.865 10	0.861 62	0.858 15	0.854 70	0.851 26	0.847 85	0.844 45	0.841 07	0.837 70
2	0.834 35	0.831 02	0.827 71	0.824 41	0.821 13	0.817 87	0.814 62	0.811 39	0.808 17	0.804 97
3	0.801 79	0.798 62	0.795 47	0.792 34	0.789 22	0.786 11	0.783 02	0.779 95	0.776 89	0.773 85
4	0.770 82	0.767 81	0.764 81	0.761 83	0.758 87	0.755 91	0.752 97	0.750 05	0.747 14	0.744 25
5	0.741 37	0.738 50	0.735 65	0.732 81	0.729 99	0.727 18	0.724 38	0.721 60	0.718 83	0.716 08
6	0.713 34	0.710 61	0.707 90	0.705 20	0.702 51	0.699 83	0.697 17	0.694 52	0.691 89	0.689 27
7	0.686 66	0.684 06	0.681 47	0.678 90	0.676 34	0.673 80	0.671 26	0.668 74	0.666 23	0.663 73
8	0.661 25	0.658 78	0.656 31	0.653 87	0.651 43	0.649 00	0.646 59	0.644 19	0.641 80	0.639 42
9	0.637 05	0.634 69	0.632 35	0.630 01	0.627 69	0.625 38	0.623 08	0.620 79	0.618 51	0.616 25
10	0.613 99	0.611 75	0.609 51	0.607 29	0.605 07	0.602 87	0.600 68	0.598 50	0.596 32	0.594 16
11	0.592 01	0.589 87	0.587 74	0.585 62	0.583 51	0.581 41	0.579 32	0.577 24	0.575 17	0.573 11
12	0.571 06	0.569 02	0.566 99	0.564 96	0.562 95	0.560 95	0.558 96	0.556 97	0.555 00	0.553 03
13	0.551 08	0.549 13	0.547 19	0.545 26	0.543 34	0.541 43	0.539 53	0.537 64	0.535 75	0.533 88
14	0.532 01	0.530 15	0.528 30	0.526 46	0.524 63	0.522 81	0.520 99	0.519 19	0.517 39	0.515 60
15	0.513 82	0.512 04	0.510 28	0.508 52	0.506 77	0.505 03	0.503 30	0.501 58	0.499 86	0.498 15
16	0.496 45	0.494 76	0.493 07	0.491 40	0.489 73	0.488 06	0.486 41	0.484 76	0.483 12	0.481 49
17	0.479 87	0.478 25	0.476 64	0.475 04	0.473 45	0.471 86	0.470 28	0.468 71	0.467 14	0.465 58
18	0.464 03	0.462 49	0.460 95	0.459 42	0.457 89	0.456 38	0.454 87	0.453 37	0.451 87	0.450 38
19	0.448 90	0.447 42	0.445 95	0.444 49	0.443 04	0.441 59	0.440 14	0.438 71	0.437 28	0.435 85
20	0.434 44	0.433 03	0.431 62	0.430 23	0.428 83	0.427 45	0.426 07	0.424 70	0.423 33	0.421 97
21	0.420 61	0.419 27	0.417 92	0.416 59	0.415 26	0.413 93	0.412 61	0.411 30	0.409 99	0.408 69
22	0.407 40	0.406 11	0.404 82	0.403 55	0.402 27	0.401 01	0.399 75	0.398 49	0.397 24	0.396 00

续　表

温度/℃	Δt/℃									
	0.0	0.1	0.2	0.3	0.4	0.5	0.6	0.7	0.8	0.9
23	0.394 76	0.393 52	0.392 30	0.391 07	0.389 86	0.388 64	0.387 44	0.386 24	0.385 04	0.383 85
24	0.382 66	0.381 48	0.380 31	0.379 14	0.377 97	0.376 81	0.375 66	0.374 51	0.373 37	0.372 23
25	0.371 09	0.369 96	0.368 84	0.367 72	0.366 60	0.365 49	0.364 39	0.363 29	0.362 19	0.361 10
26	0.360 02	0.358 93	0.357 86	0.356 79	0.355 72	0.354 66	0.353 60	0.352 55	0.351 50	0.350 45
27	0.349 41	0.348 38	0.347 35	0.346 32	0.345 30	0.344 28	0.343 27	0.342 26	0.341 25	0.340 25
28	0.339 26	0.338 27	0.337 28	0.336 30	0.335 32	0.334 34	0.333 37	0.332 41	0.331 45	0.330 49
29	0.329 53	0.328 58	0.327 64	0.326 70	0.325 76	0.324 83	0.323 90	0.322 97	0.322 05	0.321 13
30	0.320 22	0.319 31	0.318 40	0.317 50	0.316 60	0.315 71	0.314 82	0.313 93	0.313 05	0.312 17
31	0.311 29	0.310 42	0.309 55	0.308 68	0.307 82	0.306 97	0.306 11	0.305 26	0.304 42	0.303 57
32	0.302 73	0.301 90	0.301 07	0.300 24	0.299 41	0.298 59	0.297 77	0.296 96	0.296 14	0.295 34
33	0.294 53	0.293 73	0.292 93	0.292 14	0.291 35	0.290 56	0.289 77	0.288 99	0.288 21	0.287 44
34	0.286 67	0.285 90	0.285 13	0.284 37	0.283 61	0.282 86	0.282 11	0.281 36	0.280 61	0.279 87
35	0.279 13	0.278 39	0.277 66	0.276 93	0.276 20	0.275 47	0.274 75	0.274 03	0.273 32	0.272 60
36	0.271 90	0.271 19	0.270 48	0.269 78	0.269 09	0.268 39	0.267 70	0.267 01	0.266 32	0.265 64
37	0.264 96	0.264 28	0.263 60	0.262 93	0.262 26	0.261 59	0.260 93	0.260 27	0.259 61	0.258 95
38	0.258 30	0.257 65	0.257 00	0.256 36	0.255 71	0.255 07	0.254 44	0.253 80	0.253 17	0.252 54
39	0.251 91	0.251 29	0.250 67	0.250 05	0.249 43	0.248 82	0.248 20	0.247 60	0.246 99	0.246 38
40	0.245 78	0.245 18	0.244 59	0.243 99	0.243 40	0.242 81	0.242 22	0.241 64	0.241 06	0.240 48

来源：Hamme 和 Severinghaus（2007），Wood 和 Caputi（1966）。

195

表 4.14　不同温度及盐度（0～40g/kg）下大气中的氙气在海水中的饱和度（nmol/kg，1 atm 湿空气）

温度/℃	盐度/(g/kg)								
	0.0	5.0	10.0	15.0	20.0	25.0	30.0	35.0	40.0
0	0.904 66	0.863 85	0.824 89	0.787 69	0.752 16	0.718 23	0.685 84	0.654 91	0.625 37
1	0.868 61	0.829 78	0.792 69	0.757 26	0.723 41	0.691 07	0.660 18	0.630 67	0.602 48
2	0.834 35	0.797 39	0.762 07	0.728 31	0.696 05	0.665 22	0.635 75	0.607 59	0.580 67
3	0.801 79	0.766 60	0.732 95	0.700 77	0.670 01	0.640 60	0.612 48	0.585 60	0.559 89
4	0.770 82	0.737 30	0.705 23	0.674 56	0.645 22	0.617 16	0.590 32	0.564 64	0.540 09
5	0.741 37	0.709 42	0.678 85	0.649 60	0.621 61	0.594 83	0.569 20	0.544 67	0.521 20
6	0.713 34	0.682 89	0.653 74	0.625 83	0.599 12	0.573 54	0.549 06	0.525 62	0.503 19
7	0.686 66	0.657 62	0.629 81	0.603 18	0.577 68	0.553 25	0.529 86	0.507 45	0.486 00

续 表

温度/℃	盐度/(g/kg)								
	0.0	5.0	10.0	15.0	20.0	25.0	30.0	35.0	40.0
8	0.661 25	0.633 56	0.607 02	0.581 60	0.557 24	0.533 90	0.511 54	0.490 12	0.469 59
9	0.637 05	0.610 63	0.585 30	0.561 02	0.537 75	0.515 45	0.494 07	0.473 58	0.453 93
10	0.613 99	0.588 77	0.564 59	0.541 40	0.519 16	0.497 84	0.477 39	0.457 78	0.438 98
11	0.592 01	0.567 94	0.544 84	0.522 68	0.501 42	0.481 03	0.461 46	0.442 70	0.424 69
12	0.571 06	0.548 06	0.526 00	0.504 82	0.484 49	0.464 98	0.446 26	0.428 29	0.411 04
13	0.551 08	0.529 11	0.508 02	0.487 77	0.468 32	0.449 65	0.431 73	0.414 52	0.397 99
14	0.532 01	0.511 02	0.490 85	0.471 49	0.452 88	0.435 01	0.417 85	0.401 36	0.385 52
15	0.513 82	0.493 75	0.474 47	0.455 94	0.438 13	0.421 02	0.404 58	0.388 78	0.373 59
16	0.496 45	0.477 26	0.458 82	0.441 08	0.424 04	0.407 65	0.391 89	0.376 74	0.362 18
17	0.479 87	0.461 52	0.443 86	0.426 89	0.410 56	0.394 86	0.379 76	0.365 23	0.351 27
18	0.464 03	0.446 47	0.429 58	0.413 32	0.397 68	0.382 63	0.368 15	0.354 22	0.340 82
19	0.448 90	0.432 09	0.415 92	0.400 35	0.385 36	0.370 93	0.357 05	0.343 68	0.330 82
20	0.434 44	0.418 35	0.402 86	0.387 94	0.373 57	0.359 74	0.346 42	0.333 59	0.321 24
21	0.420 61	0.405 21	0.390 37	0.376 07	0.362 30	0.349 03	0.336 25	0.323 93	0.312 07
22	0.407 40	0.392 64	0.378 42	0.364 71	0.351 51	0.338 77	0.326 50	0.314 68	0.303 28
23	0.394 76	0.380 62	0.366 99	0.353 85	0.341 17	0.328 95	0.317 17	0.305 81	0.294 86
24	0.382 66	0.369 11	0.356 05	0.343 44	0.331 28	0.319 55	0.308 24	0.297 32	0.286 79
25	0.371 09	0.358 10	0.345 57	0.333 47	0.321 80	0.310 54	0.299 67	0.289 18	0.279 06
26	0.360 02	0.347 56	0.335 54	0.323 93	0.312 73	0.301 91	0.291 46	0.281 38	0.271 65
27	0.349 41	0.337 47	0.325 93	0.314 79	0.304 03	0.293 63	0.283 60	0.273 90	0.264 54
28	0.339 26	0.327 80	0.316 73	0.306 03	0.295 69	0.285 70	0.276 05	0.266 73	0.257 72
29	0.329 53	0.318 54	0.307 91	0.297 63	0.287 70	0.278 10	0.268 82	0.259 85	0.251 18
30	0.320 22	0.309 66	0.299 45	0.289 58	0.280 04	0.270 81	0.261 88	0.253 25	0.244 90
31	0.311 29	0.301 16	0.291 35	0.281 87	0.272 69	0.263 81	0.255 23	0.246 92	0.238 88
32	0.302 73	0.293 00	0.283 58	0.274 47	0.265 65	0.257 11	0.248 84	0.240 84	0.233 10
33	0.294 53	0.285 18	0.276 13	0.267 37	0.258 89	0.250 67	0.242 71	0.235 01	0.227 55
34	0.286 67	0.277 69	0.268 99	0.260 56	0.252 40	0.244 49	0.236 83	0.229 42	0.222 23
35	0.279 13	0.270 50	0.262 14	0.254 03	0.246 18	0.238 57	0.231 19	0.224 04	0.217 12
36	0.271 90	0.263 60	0.255 56	0.247 76	0.240 21	0.232 88	0.225 77	0.218 89	0.212 21
37	0.264 96	0.256 98	0.249 25	0.241 75	0.234 47	0.227 42	0.220 57	0.213 93	0.207 50
38	0.258 30	0.250 63	0.243 19	0.235 97	0.228 97	0.222 17	0.215 58	0.209 18	0.202 97
39	0.251 91	0.244 54	0.237 38	0.230 43	0.223 69	0.217 14	0.210 78	0.204 61	0.198 62
40	0.245 78	0.238 69	0.231 80	0.225 11	0.218 61	0.212 31	0.206 18	0.200 23	0.194 45

来源：Hamme 和 Severinghaus（2007），Wood 和 Caputi（1966）。

196

表 4.15 不同温度下氙气在淡水中的本森系数

[β, $L_{真实气体}/(L \cdot atm)$]

温度/℃	Δt/℃									
	0.0	0.1	0.2	0.3	0.4	0.5	0.6	0.7	0.8	0.9
0	0.225 08	0.224 17	0.223 27	0.222 37	0.221 48	0.220 59	0.219 71	0.218 83	0.217 96	0.217 09
1	0.216 22	0.215 36	0.214 50	0.213 65	0.212 80	0.211 96	0.211 12	0.210 28	0.209 45	0.208 62
2	0.207 80	0.206 98	0.206 17	0.205 36	0.204 55	0.203 75	0.202 95	0.202 16	0.201 37	0.200 58
3	0.199 80	0.199 02	0.198 25	0.197 48	0.196 71	0.195 95	0.195 19	0.194 43	0.193 68	0.192 94
4	0.192 19	0.191 45	0.190 71	0.189 98	0.189 25	0.188 53	0.187 81	0.187 09	0.186 37	0.185 66
5	0.184 95	0.184 25	0.183 55	0.182 85	0.182 16	0.181 47	0.180 78	0.180 10	0.179 42	0.178 74
6	0.178 07	0.177 40	0.176 73	0.176 07	0.175 41	0.174 75	0.174 10	0.173 45	0.172 80	0.172 16
7	0.171 52	0.170 88	0.170 24	0.169 61	0.168 98	0.168 36	0.167 74	0.167 12	0.166 50	0.165 89
8	0.165 28	0.164 67	0.164 07	0.163 46	0.162 87	0.162 27	0.161 68	0.161 09	0.160 50	0.159 92
9	0.159 34	0.158 76	0.158 18	0.157 61	0.157 04	0.156 47	0.155 91	0.155 35	0.154 79	0.154 23
10	0.153 68	0.153 13	0.152 58	0.152 04	0.151 49	0.150 95	0.150 41	0.149 88	0.149 35	0.148 82
11	0.148 29	0.147 77	0.147 24	0.146 72	0.146 21	0.145 69	0.145 18	0.144 67	0.144 16	0.143 66
12	0.143 15	0.142 65	0.142 16	0.141 66	0.141 17	0.140 68	0.140 19	0.139 70	0.139 22	0.138 74
13	0.138 26	0.137 78	0.137 31	0.136 84	0.136 37	0.135 90	0.135 43	0.134 97	0.134 51	0.134 05
14	0.133 59	0.133 14	0.132 69	0.132 24	0.131 79	0.131 34	0.130 90	0.130 46	0.130 02	0.129 58
15	0.129 15	0.128 71	0.128 28	0.127 85	0.127 42	0.127 00	0.126 58	0.126 15	0.125 74	0.125 32
16	0.124 90	0.124 49	0.124 08	0.123 67	0.123 26	0.122 86	0.122 45	0.122 05	0.121 65	0.121 25
17	0.120 86	0.120 46	0.120 07	0.119 68	0.119 29	0.118 90	0.118 52	0.118 13	0.117 75	0.117 37
18	0.116 99	0.116 62	0.116 24	0.115 87	0.115 50	0.115 13	0.114 76	0.114 40	0.114 03	0.113 67
19	0.113 31	0.112 95	0.112 59	0.112 24	0.111 88	0.111 53	0.111 18	0.110 83	0.110 48	0.110 14
20	0.109 79	0.109 45	0.109 11	0.108 77	0.108 43	0.108 10	0.107 76	0.107 43	0.107 10	0.106 77
21	0.106 44	0.106 11	0.105 79	0.105 46	0.105 14	0.104 82	0.104 50	0.104 18	0.103 86	0.103 55
22	0.103 23	0.102 92	0.102 61	0.102 30	0.101 99	0.101 69	0.101 38	0.101 08	0.100 78	0.100 48
23	0.100 18	0.099 88	0.099 58	0.099 29	0.098 99	0.098 70	0.098 41	0.098 12	0.097 83	0.097 54
24	0.097 26	0.096 97	0.096 69	0.096 41	0.096 13	0.095 85	0.095 57	0.095 29	0.095 02	0.094 74
25	0.094 47	0.094 20	0.093 93	0.093 66	0.093 39	0.093 12	0.092 86	0.092 59	0.092 33	0.092 07
26	0.091 81	0.091 55	0.091 29	0.091 03	0.090 78	0.090 52	0.090 27	0.090 01	0.089 76	0.089 51
27	0.089 26	0.089 02	0.088 77	0.088 52	0.088 28	0.088 04	0.087 79	0.087 55	0.087 31	0.087 07
28	0.086 84	0.086 60	0.086 36	0.086 13	0.085 90	0.085 66	0.085 43	0.085 20	0.084 97	0.084 75
29	0.084 52	0.084 29	0.084 07	0.083 84	0.083 62	0.083 40	0.083 18	0.082 96	0.082 74	0.082 52
30	0.082 31	0.082 09	0.081 88	0.081 66	0.081 45	0.081 24	0.081 03	0.080 82	0.080 61	0.080 40
31	0.080 19	0.079 99	0.079 78	0.079 58	0.079 37	0.079 17	0.078 97	0.078 77	0.078 57	0.078 37
32	0.078 18	0.077 98	0.077 78	0.077 59	0.077 40	0.077 20	0.077 01	0.076 82	0.076 63	0.076 44

续 表

温度/℃	Δt/℃									
	0.0	0.1	0.2	0.3	0.4	0.5	0.6	0.7	0.8	0.9
33	0.076 25	0.076 06	0.075 88	0.075 69	0.075 51	0.075 32	0.075 14	0.074 96	0.074 77	0.074 59
34	0.074 41	0.074 24	0.074 06	0.073 88	0.073 70	0.073 53	0.073 35	0.073 18	0.073 01	0.072 83
35	0.072 66	0.072 49	0.072 32	0.072 15	0.071 98	0.071 82	0.071 65	0.071 48	0.071 32	0.071 15
36	0.070 99	0.070 83	0.070 67	0.070 50	0.070 34	0.070 18	0.070 03	0.069 87	0.069 71	0.069 55
37	0.069 40	0.069 24	0.069 09	0.068 93	0.068 78	0.068 63	0.068 48	0.068 33	0.068 18	0.068 03
38	0.067 88	0.067 73	0.067 58	0.067 44	0.067 29	0.067 15	0.067 00	0.066 86	0.066 72	0.066 58
39	0.066 43	0.066 29	0.066 15	0.066 01	0.065 88	0.065 74	0.065 60	0.065 46	0.065 33	0.065 19
40	0.065 06	0.064 92	0.064 79	0.064 66	0.064 53	0.064 40	0.064 26	0.064 13	0.064 01	0.063 88

来源：Hamme 和 Severinghaus（2007），Wood 和 Caputi（1966）。

197

表 4.16 不同温度及盐度（0~40 g/kg）下氙气的本森系数 [β, $L_{真实气体}$/(L·atm)]

温度/℃	盐度/(g/kg)								
	0.0	5.0	10.0	15.0	20.0	25.0	30.0	35.0	40.0
0	0.225 08	0.215 80	0.206 89	0.198 35	0.190 15	0.182 29	0.174 75	0.167 53	0.160 60
1	0.216 22	0.207 39	0.198 91	0.190 77	0.182 96	0.175 47	0.168 28	0.161 39	0.154 78
2	0.207 80	0.199 39	0.191 32	0.183 57	0.176 12	0.168 98	0.162 12	0.155 55	0.149 23
3	0.199 80	0.191 79	0.184 10	0.176 71	0.169 61	0.162 80	0.156 26	0.149 98	0.143 95
4	0.192 19	0.184 56	0.177 23	0.170 19	0.163 42	0.156 92	0.150 67	0.144 68	0.138 92
5	0.184 95	0.177 69	0.170 70	0.163 98	0.157 52	0.151 32	0.145 35	0.139 62	0.134 12
6	0.178 07	0.171 14	0.164 47	0.158 06	0.151 90	0.145 98	0.140 28	0.134 81	0.129 55
7	0.171 52	0.164 91	0.158 55	0.152 43	0.146 55	0.140 89	0.135 45	0.130 22	0.125 19
8	0.165 28	0.158 97	0.152 91	0.147 07	0.141 45	0.136 04	0.130 84	0.125 84	0.121 03
9	0.159 34	0.153 32	0.147 53	0.141 95	0.136 59	0.131 42	0.126 45	0.121 66	0.117 06
10	0.153 68	0.147 94	0.142 41	0.137 08	0.131 95	0.127 01	0.122 26	0.117 68	0.113 27
11	0.148 29	0.142 81	0.137 53	0.132 43	0.127 53	0.122 81	0.118 26	0.113 87	0.109 65
12	0.143 15	0.137 92	0.132 87	0.128 00	0.123 31	0.118 80	0.114 44	0.110 25	0.106 20
13	0.138 26	0.133 26	0.128 43	0.123 78	0.119 29	0.114 97	0.110 80	0.106 78	0.102 91
14	0.133 59	0.128 81	0.124 20	0.119 75	0.115 46	0.111 32	0.107 32	0.103 47	0.099 76
15	0.129 15	0.124 57	0.120 16	0.115 90	0.111 79	0.107 83	0.104 00	0.100 31	0.096 75
16	0.124 90	0.120 53	0.116 31	0.112 23	0.108 30	0.104 50	0.100 83	0.097 30	0.093 88
17	0.120 86	0.116 67	0.112 63	0.108 73	0.104 96	0.101 32	0.097 81	0.094 41	0.091 14

续　表

温度/℃	盐度/(g/kg)								
	0.0	5.0	10.0	15.0	20.0	25.0	30.0	35.0	40.0
18	0.116 99	0.112 99	0.109 12	0.105 38	0.101 77	0.098 28	0.094 91	0.091 66	0.088 51
19	0.113 31	0.109 48	0.105 77	0.102 19	0.098 73	0.095 38	0.092 15	0.089 03	0.086 01
20	0.109 79	0.106 12	0.102 57	0.099 14	0.095 82	0.092 61	0.089 51	0.086 51	0.083 61
21	0.106 44	0.102 92	0.099 52	0.096 23	0.093 05	0.089 97	0.086 99	0.084 11	0.081 32
22	0.103 23	0.099 87	0.096 60	0.093 45	0.090 39	0.087 44	0.084 58	0.081 81	0.079 14
23	0.100 18	0.096 95	0.093 82	0.090 79	0.087 86	0.085 02	0.082 27	0.079 62	0.077 04
24	0.097 26	0.094 16	0.091 16	0.088 25	0.085 44	0.082 71	0.080 07	0.077 52	0.075 04
25	0.094 47	0.091 50	0.088 62	0.085 83	0.083 13	0.080 51	0.077 97	0.075 51	0.073 13
26	0.091 81	0.088 96	0.086 19	0.083 51	0.080 92	0.078 40	0.075 96	0.073 60	0.071 31
27	0.089 26	0.086 53	0.083 87	0.081 30	0.078 80	0.076 38	0.074 04	0.071 76	0.069 56
28	0.086 84	0.084 21	0.081 66	0.079 19	0.076 79	0.074 46	0.072 20	0.070 01	0.067 89
29	0.084 52	0.082 00	0.079 55	0.077 17	0.074 86	0.072 62	0.070 45	0.068 34	0.066 30
30	0.082 31	0.079 88	0.077 53	0.075 24	0.073 02	0.070 87	0.068 77	0.066 74	0.064 77
31	0.080 19	0.077 86	0.075 60	0.073 40	0.071 26	0.069 19	0.067 17	0.065 22	0.063 32
32	0.078 18	0.075 94	0.073 76	0.071 64	0.069 59	0.067 59	0.065 65	0.063 76	0.061 93
33	0.076 25	0.074 10	0.072 00	0.069 96	0.067 98	0.066 06	0.064 19	0.062 37	0.060 60
34	0.074 41	0.072 34	0.070 32	0.068 36	0.066 45	0.064 60	0.062 80	0.061 04	0.059 34
35	0.072 66	0.070 67	0.068 72	0.066 84	0.065 00	0.063 21	0.061 47	0.059 78	0.058 13
36	0.070 99	0.069 07	0.067 20	0.065 38	0.063 61	0.061 88	0.060 20	0.058 57	0.056 98
37	0.069 40	0.067 55	0.065 75	0.063 99	0.062 28	0.060 62	0.059 00	0.057 42	0.055 88
38	0.067 88	0.066 10	0.064 36	0.062 67	0.061 02	0.059 41	0.057 85	0.056 33	0.054 84
39	0.066 43	0.064 72	0.063 04	0.061 41	0.059 82	0.058 27	0.056 76	0.055 28	0.053 85
40	0.065 06	0.063 40	0.061 79	0.060 21	0.058 68	0.057 18	0.055 72	0.054 30	0.052 91

199

第5章　痕量气体在大气中的溶解度

根据附录A中给出的方程式计算得出标准空气溶解度（$c_o^{\dagger}$）和本森系数（β）表示的氢气、甲烷和一氧化二氮的溶解度与温度和盐度的函数关系。淡水和海洋条件下的数值已给出，这些数据如下所示：

气　体	$C_o^{\dagger}$（nmol/kg）	β/［L/(L・atm)］
	表	表
氢气（H_2）		
淡水	5.1	5.3
0～40 g/kg	5.2	5.4
甲烷（CH_4）		
淡水	5.5	5.7
0～40 g/kg	5.6	5.8
一氧化二氮（N_2O）		
淡水	5.9	5.11
0～40 g/kg	5.10	5.12

一旦确定了给定温度和盐度的 $c_o^{\dagger}$值，溶解度可以通过前面介绍的方程式根据深度、海拔或气压进行校正。其他溶解度单位的换算系数见表1.1。本森系数可用于计算具有任意摩尔分数的气体的溶解度。

200

例5－1

在浓度为10.5 mg/L、温度为32℃的淡水条件下，用式（1.19）和本森系数，计算每种痕量气体的气体张力。

输 入 数 据

参　数	值	来　源
β_{H_2}	0.016 82	表 5.3
β_{CH_4}	0.028 10	表 5.7
β_{N_2O}	0.456 6	表 5.11
A_{H_2}	8.455 8	表 D－1
A_{CH_4}	1.059 3	表 D－1
A_{N_2O}	0.384 1	表 D－1

p_{wv} = 6.228 mmHg(表 1.21)

根据式（1.19）:

$$\text{气体张力(mmHg)} = c\left[\frac{A_i}{\beta_i}\right]$$

$$p^1_{H_2} = 10.5 \times \frac{8.455\ 8}{0.016\ 82} = 5\ 278.59\ \text{mmHg}$$

$$p^1_{CH_4} = 10.5 \times \frac{1.059\ 3}{0.281\ 0} = 395.82\ \text{mmHg}$$

$$p^l_{N_2O} = 10.5 \times \frac{0.384\ 1}{0.456\ 6} = 8.83\ \text{mmHg}$$

低浓度的氢气或甲烷气体对总气压会产生显著的影响。

201

表 5.1　不同温度下大气中的氢气在淡水中的饱和度（nmol/kg，1 atm 湿空气）

温度/℃	Δt/℃ 0.0	0.1	0.2	0.3	0.4	0.5	0.6	0.7	0.8	0.9
0	0.533 63	0.532 93	0.532 24	0.531 55	0.530 86	0.530 17	0.529 49	0.528 81	0.528 13	0.527 45
1	0.526 78	0.526 10	0.525 43	0.524 77	0.524 10	0.523 44	0.522 78	0.522 12	0.521 47	0.520 81
2	0.520 16	0.519 51	0.518 87	0.518 22	0.517 58	0.516 94	0.516 31	0.515 67	0.515 04	0.514 41
3	0.513 78	0.513 15	0.512 53	0.511 91	0.511 29	0.510 67	0.510 06	0.509 44	0.508 83	0.508 22
4	0.507 62	0.507 01	0.506 41	0.505 81	0.505 21	0.504 62	0.504 02	0.503 43	0.502 84	0.502 25
5	0.501 67	0.501 08	0.500 50	0.499 92	0.499 34	0.498 77	0.498 19	0.497 62	0.497 05	0.496 48

续 表

温度/℃	Δt/℃									
	0.0	0.1	0.2	0.3	0.4	0.5	0.6	0.7	0.8	0.9
6	0.495 92	0.495 35	0.494 79	0.494 23	0.493 67	0.493 12	0.492 56	0.492 01	0.491 46	0.490 91
7	0.490 36	0.489 82	0.489 28	0.488 74	0.488 20	0.487 66	0.487 12	0.486 59	0.486 06	0.485 53
8	0.485 00	0.484 47	0.483 95	0.483 42	0.482 90	0.482 38	0.481 86	0.481 35	0.480 83	0.480 32
9	0.479 81	0.479 30	0.478 79	0.478 28	0.477 78	0.477 28	0.476 78	0.476 28	0.475 78	0.475 28
10	0.474 79	0.474 30	0.473 81	0.473 32	0.472 83	0.472 34	0.471 86	0.471 37	0.470 89	0.470 41
11	0.469 93	0.469 46	0.468 98	0.468 51	0.468 04	0.467 57	0.467 10	0.466 63	0.466 16	0.465 70
12	0.465 23	0.464 77	0.464 31	0.463 85	0.463 40	0.462 94	0.462 49	0.462 03	0.461 58	0.461 13
13	0.460 69	0.460 24	0.459 79	0.459 35	0.458 91	0.458 46	0.458 02	0.457 59	0.457 15	0.456 71
14	0.456 28	0.455 85	0.455 41	0.454 98	0.454 56	0.454 13	0.453 70	0.453 28	0.452 85	0.452 43
15	0.452 01	0.451 59	0.451 17	0.450 75	0.450 34	0.449 92	0.449 51	0.449 10	0.448 69	0.448 28
16	0.447 87	0.447 46	0.447 06	0.446 65	0.446 25	0.445 85	0.445 45	0.445 05	0.444 65	0.444 25
17	0.443 86	0.443 46	0.443 07	0.442 68	0.442 28	0.441 89	0.441 51	0.441 12	0.440 73	0.440 35
18	0.439 96	0.439 58	0.439 20	0.438 82	0.438 44	0.438 06	0.437 68	0.437 30	0.436 93	0.436 55
19	0.436 18	0.435 81	0.435 44	0.435 07	0.434 70	0.434 33	0.433 96	0.433 60	0.433 23	0.432 87
20	0.432 51	0.432 15	0.431 78	0.431 42	0.431 07	0.430 71	0.430 35	0.430 00	0.429 64	0.429 29
21	0.428 94	0.428 58	0.428 23	0.427 88	0.427 54	0.427 19	0.426 84	0.426 49	0.426 15	0.425 81
22	0.425 46	0.425 12	0.424 78	0.424 44	0.424 10	0.423 76	0.423 42	0.423 09	0.422 75	0.422 42
23	0.422 08	0.421 75	0.421 42	0.421 09	0.420 76	0.420 43	0.420 10	0.419 77	0.419 44	0.419 12
24	0.418 79	0.418 46	0.418 14	0.417 82	0.417 50	0.417 17	0.416 85	0.416 53	0.416 22	0.415 90
25	0.415 58	0.415 26	0.414 95	0.414 63	0.414 32	0.414 00	0.413 69	0.413 38	0.413 07	0.412 76
26	0.412 45	0.412 14	0.411 83	0.411 52	0.411 22	0.410 91	0.410 60	0.410 30	0.409 99	0.409 69
27	0.409 39	0.409 09	0.408 78	0.408 48	0.408 18	0.407 88	0.407 59	0.407 29	0.406 99	0.406 69
28	0.406 40	0.406 10	0.405 81	0.405 51	0.405 22	0.404 93	0.404 63	0.404 34	0.404 05	0.403 76
29	0.403 47	0.403 18	0.402 89	0.402 61	0.402 32	0.402 03	0.401 74	0.401 46	0.401 17	0.400 89
30	0.400 60	0.400 32	0.400 04	0.399 76	0.399 47	0.399 19	0.398 91	0.398 63	0.398 35	0.398 07
31	0.397 79	0.397 51	0.397 24	0.396 96	0.396 68	0.396 41	0.396 13	0.395 86	0.395 58	0.395 31
32	0.395 03	0.394 76	0.394 49	0.394 21	0.393 94	0.393 67	0.393 40	0.393 13	0.392 86	0.392 59
33	0.392 32	0.392 05	0.391 78	0.391 51	0.391 24	0.390 97	0.390 71	0.390 44	0.390 17	0.389 91
34	0.389 64	0.389 38	0.389 11	0.388 85	0.388 58	0.388 32	0.388 06	0.387 79	0.387 53	0.387 27
35	0.387 01	0.386 74	0.386 48	0.386 22	0.385 96	0.385 70	0.385 44	0.385 18	0.384 92	0.384 66
36	0.384 40	0.384 14	0.383 89	0.383 63	0.383 37	0.383 11	0.382 85	0.382 60	0.382 34	0.382 08
37	0.381 83	0.381 57	0.381 31	0.381 06	0.380 80	0.380 55	0.380 29	0.380 04	0.379 78	0.379 53
38	0.379 28	0.379 02	0.378 77	0.378 51	0.378 26	0.378 01	0.377 75	0.377 50	0.377 25	0.377 00
39	0.376 74	0.376 49	0.376 24	0.375 99	0.375 73	0.375 48	0.375 23	0.374 98	0.374 73	0.374 48
40	0.374 23	0.373 97	0.373 72	0.373 47	0.373 22	0.372 97	0.372 72	0.372 47	0.372 22	0.371 97

来源：Weiss（1971）。

表5.2 不同温度及盐度（0~40 g/kg）下大气中的氢气在海水中的饱和度（nmol/kg，1 atm湿空气）

温度/℃	盐度/(g/kg)								
	0.0	5.0	10.0	15.0	20.0	25.0	30.0	35.0	40.0
0	0.533 63	0.517 22	0.501 33	0.485 95	0.471 05	0.456 61	0.442 62	0.429 06	0.415 93
1	0.526 78	0.510 71	0.495 16	0.480 09	0.465 50	0.451 35	0.437 63	0.424 34	0.411 46
2	0.520 16	0.504 43	0.489 20	0.474 44	0.460 14	0.446 27	0.432 83	0.419 79	0.407 15
3	0.513 78	0.498 38	0.483 45	0.468 99	0.454 97	0.441 37	0.428 18	0.415 40	0.402 99
4	0.507 62	0.492 53	0.477 90	0.463 72	0.449 98	0.436 64	0.423 70	0.411 16	0.398 98
5	0.501 67	0.486 88	0.472 54	0.458 64	0.445 16	0.432 07	0.419 38	0.407 06	0.395 11
6	0.495 92	0.481 42	0.467 37	0.453 73	0.440 50	0.427 66	0.415 20	0.403 11	0.391 37
7	0.490 36	0.476 15	0.462 36	0.448 99	0.436 00	0.423 40	0.411 17	0.399 29	0.387 76
8	0.485 00	0.471 05	0.457 53	0.444 40	0.431 66	0.419 29	0.407 27	0.395 61	0.384 28
9	0.479 81	0.466 13	0.452 86	0.439 97	0.427 46	0.415 31	0.403 51	0.392 04	0.380 91
10	0.474 79	0.461 37	0.448 34	0.435 69	0.423 40	0.411 46	0.399 86	0.388 60	0.377 65
11	0.469 93	0.456 76	0.443 97	0.431 54	0.419 47	0.407 74	0.396 34	0.385 27	0.374 50
12	0.465 23	0.452 30	0.439 73	0.427 53	0.415 67	0.404 14	0.392 94	0.382 05	0.371 46
13	0.460 69	0.447 98	0.435 64	0.423 65	0.411 99	0.400 66	0.389 64	0.378 93	0.368 52
14	0.456 28	0.443 80	0.431 67	0.419 89	0.408 43	0.397 29	0.386 45	0.375 91	0.365 67
15	0.452 01	0.439 75	0.427 83	0.416 24	0.404 98	0.394 02	0.383 36	0.372 99	0.362 91
16	0.447 87	0.435 82	0.424 10	0.412 71	0.401 63	0.390 85	0.380 36	0.370 16	0.360 23
17	0.443 86	0.432 01	0.420 49	0.409 29	0.398 39	0.387 78	0.377 46	0.367 42	0.357 64
18	0.439 96	0.428 31	0.416 99	0.405 97	0.395 24	0.384 81	0.374 65	0.364 76	0.355 13
19	0.436 18	0.424 73	0.413 58	0.402 74	0.392 19	0.381 92	0.371 91	0.362 18	0.352 70
20	0.432 51	0.421 24	0.410 28	0.399 61	0.389 22	0.379 11	0.369 26	0.359 67	0.350 33
21	0.428 94	0.417 85	0.407 07	0.396 57	0.386 34	0.376 38	0.366 68	0.357 24	0.348 03
22	0.425 46	0.414 56	0.403 94	0.393 60	0.383 54	0.373 73	0.364 17	0.354 87	0.345 80
23	0.422 08	0.411 35	0.400 90	0.390 72	0.380 81	0.371 15	0.361 73	0.352 56	0.343 63
24	0.418 79	0.408 22	0.397 94	0.387 91	0.378 15	0.368 63	0.359 36	0.350 32	0.341 51
25	0.415 58	0.405 18	0.395 05	0.385 18	0.375 56	0.366 18	0.357 04	0.348 13	0.339 45
26	0.412 45	0.402 21	0.392 23	0.382 51	0.373 03	0.363 79	0.354 78	0.346 00	0.337 43
27	0.409 39	0.399 30	0.389 48	0.379 90	0.370 56	0.361 45	0.352 57	0.343 91	0.335 47
28	0.406 40	0.396 46	0.386 78	0.377 35	0.368 14	0.359 17	0.350 41	0.341 87	0.333 54
29	0.403 47	0.393 69	0.384 15	0.374 85	0.365 78	0.356 93	0.348 30	0.339 87	0.331 66
30	0.400 60	0.390 96	0.381 57	0.372 40	0.363 46	0.354 73	0.346 22	0.337 92	0.329 81
31	0.397 79	0.388 29	0.379 03	0.370 00	0.361 18	0.352 58	0.344 19	0.335 99	0.328 00
32	0.395 03	0.385 67	0.376 54	0.367 64	0.358 95	0.350 46	0.342 18	0.334 10	0.326 21

续 表

温度/℃	盐度/(g/kg)								
	0.0	5.0	10.0	15.0	20.0	25.0	30.0	35.0	40.0
33	0.392 32	0.383 09	0.374 10	0.365 32	0.356 75	0.348 38	0.340 21	0.332 24	0.324 46
34	0.389 64	0.380 55	0.371 68	0.363 03	0.354 58	0.346 33	0.338 27	0.330 40	0.322 72
35	0.387 01	0.378 05	0.369 30	0.360 77	0.352 43	0.344 30	0.336 35	0.328 59	0.321 01
36	0.384 40	0.375 57	0.366 95	0.358 53	0.350 32	0.342 29	0.334 45	0.326 79	0.319 31
37	0.381 83	0.373 12	0.364 62	0.356 32	0.348 22	0.340 30	0.332 56	0.325 01	0.317 62
38	0.379 28	0.370 69	0.362 31	0.354 13	0.346 13	0.338 32	0.330 69	0.323 23	0.315 95
39	0.376 74	0.368 28	0.360 02	0.351 95	0.344 06	0.336 36	0.328 83	0.321 47	0.314 28
40	0.374 23	0.365 88	0.357 74	0.349 78	0.342 00	0.334 40	0.326 97	0.319 71	0.312 61

来源：Weiss（1971）。

203

表 5.3 不同温度下氢气在淡水中的本森系数
[β, $L_{真实气体}$/(L · atm)]

温度/℃	Δt/℃									
	0.0	0.1	0.2	0.3	0.4	0.5	0.6	0.7	0.8	0.9
0	0.021 89	0.021 86	0.021 83	0.021 81	0.021 78	0.021 75	0.021 73	0.021 70	0.021 67	0.021 65
1	0.021 62	0.021 59	0.021 57	0.021 54	0.021 51	0.021 49	0.021 46	0.021 44	0.021 41	0.021 38
2	0.021 36	0.021 33	0.021 31	0.021 28	0.021 26	0.021 23	0.021 21	0.021 18	0.021 16	0.021 13
3	0.021 11	0.021 08	0.021 06	0.021 03	0.021 01	0.020 99	0.020 96	0.020 94	0.020 91	0.020 89
4	0.020 87	0.020 84	0.020 82	0.020 80	0.020 77	0.020 75	0.020 73	0.020 70	0.020 68	0.020 66
5	0.020 63	0.020 61	0.020 59	0.020 57	0.020 54	0.020 52	0.020 50	0.020 48	0.020 45	0.020 43
6	0.020 41	0.020 39	0.020 37	0.020 34	0.020 32	0.020 30	0.020 28	0.020 26	0.020 24	0.020 22
7	0.020 19	0.020 17	0.020 15	0.020 13	0.020 11	0.020 09	0.020 07	0.020 05	0.020 03	0.020 01
8	0.019 99	0.019 97	0.019 95	0.019 92	0.019 90	0.019 88	0.019 86	0.019 84	0.019 83	0.019 81
9	0.019 79	0.019 77	0.019 75	0.019 73	0.019 71	0.019 69	0.019 67	0.019 65	0.019 63	0.019 61
10	0.019 59	0.019 57	0.019 55	0.019 54	0.019 52	0.019 50	0.019 48	0.019 46	0.019 44	0.019 43
11	0.019 41	0.019 39	0.019 37	0.019 35	0.019 33	0.019 32	0.019 30	0.019 28	0.019 26	0.019 25
12	0.019 23	0.019 21	0.019 19	0.019 18	0.019 16	0.019 14	0.019 12	0.019 11	0.019 09	0.019 07
13	0.019 06	0.019 04	0.019 02	0.019 01	0.018 99	0.018 97	0.018 96	0.018 94	0.018 92	0.018 91
14	0.018 89	0.018 87	0.018 86	0.018 84	0.018 83	0.018 81	0.018 79	0.018 78	0.018 76	0.018 75
15	0.018 73	0.018 72	0.018 70	0.018 68	0.018 67	0.018 65	0.018 64	0.018 62	0.018 61	0.018 59
16	0.018 58	0.018 56	0.018 55	0.018 53	0.018 52	0.018 50	0.018 49	0.018 47	0.018 46	0.018 44
17	0.018 43	0.018 42	0.018 40	0.018 39	0.018 37	0.018 36	0.018 34	0.018 33	0.018 32	0.018 30

续 表

温度/℃	Δt/℃									
	0.0	0.1	0.2	0.3	0.4	0.5	0.6	0.7	0.8	0.9
18	0.018 29	0.018 27	0.018 26	0.018 25	0.018 23	0.018 22	0.018 21	0.018 19	0.018 18	0.018 17
19	0.018 15	0.018 14	0.018 13	0.018 11	0.018 10	0.018 09	0.018 07	0.018 06	0.018 05	0.018 03
20	0.018 02	0.018 01	0.018 00	0.017 98	0.017 97	0.017 96	0.017 95	0.017 93	0.017 92	0.017 91
21	0.017 90	0.017 88	0.017 87	0.017 86	0.017 85	0.017 83	0.017 82	0.017 81	0.017 80	0.017 79
22	0.017 77	0.017 76	0.017 75	0.017 74	0.017 73	0.017 72	0.017 70	0.017 69	0.017 68	0.017 67
23	0.017 66	0.017 65	0.017 64	0.017 63	0.017 61	0.017 60	0.017 59	0.017 58	0.017 57	0.017 56
24	0.017 55	0.017 54	0.017 53	0.017 52	0.017 51	0.017 49	0.017 48	0.017 47	0.017 46	0.017 45
25	0.017 44	0.017 43	0.017 42	0.017 41	0.017 40	0.017 39	0.017 38	0.017 37	0.017 36	0.017 35
26	0.017 34	0.017 33	0.017 32	0.017 31	0.017 30	0.017 29	0.017 28	0.017 27	0.017 26	0.017 25
27	0.017 24	0.017 23	0.017 22	0.017 21	0.017 21	0.017 20	0.017 19	0.017 18	0.017 17	0.017 16
28	0.017 15	0.017 14	0.017 13	0.017 12	0.017 11	0.017 10	0.017 10	0.017 09	0.017 08	0.017 07
29	0.017 06	0.017 05	0.017 04	0.017 04	0.017 03	0.017 02	0.017 01	0.017 00	0.016 99	0.016 98
30	0.016 98	0.016 97	0.016 96	0.016 95	0.016 94	0.016 94	0.016 93	0.016 92	0.016 91	0.016 90
31	0.016 90	0.016 89	0.016 88	0.016 87	0.016 86	0.016 86	0.016 85	0.016 84	0.016 83	0.016 83
32	0.016 82	0.016 81	0.016 80	0.016 80	0.016 79	0.016 78	0.016 77	0.016 77	0.016 76	0.016 75
33	0.016 75	0.016 74	0.016 73	0.016 72	0.016 72	0.016 71	0.016 70	0.016 70	0.016 69	0.016 68
34	0.016 68	0.016 67	0.016 66	0.016 66	0.016 65	0.016 64	0.016 64	0.016 63	0.016 62	0.016 62
35	0.016 61	0.016 60	0.016 60	0.016 59	0.016 58	0.016 58	0.016 57	0.016 57	0.016 56	0.016 55
36	0.016 55	0.016 54	0.016 54	0.016 53	0.016 52	0.016 52	0.016 51	0.016 51	0.016 50	0.016 49
37	0.016 49	0.016 48	0.016 48	0.016 47	0.016 47	0.016 46	0.016 45	0.016 45	0.016 44	0.016 44
38	0.016 43	0.016 43	0.016 42	0.016 42	0.016 41	0.016 41	0.016 40	0.016 40	0.016 39	0.016 39
39	0.016 38	0.016 38	0.016 37	0.016 37	0.016 36	0.016 36	0.016 35	0.016 35	0.016 34	0.016 34
40	0.016 33	0.016 33	0.016 32	0.016 32	0.016 31	0.016 31	0.016 30	0.016 30	0.016 29	0.016 29

来源：Weiss（1971）。

204

表 5.4 不同温度及盐度（0~40 g/kg）下氢气的本森系数［β，$L_{真实气体}/(L \cdot atm)$］

温度/℃	盐度/(g/kg)								
	0.0	5.0	10.0	15.0	20.0	25.0	30.0	35.0	40.0
0	0.021 89	0.021 30	0.020 73	0.020 17	0.019 63	0.019 11	0.018 59	0.018 10	0.017 61
1	0.021 62	0.021 04	0.020 48	0.019 94	0.019 41	0.018 89	0.018 39	0.017 90	0.017 43
2	0.021 36	0.020 80	0.020 25	0.019 71	0.019 20	0.018 69	0.018 20	0.017 72	0.017 25

续 表

温度/℃	盐度/(g/kg)								
	0.0	5.0	10.0	15.0	20.0	25.0	30.0	35.0	40.0
3	0.021 11	0.020 56	0.020 02	0.019 50	0.018 99	0.018 49	0.018 01	0.017 54	0.017 08
4	0.020 87	0.020 33	0.019 80	0.019 29	0.018 79	0.018 30	0.017 83	0.017 37	0.016 92
5	0.020 63	0.020 10	0.019 59	0.019 09	0.018 60	0.018 12	0.017 66	0.017 20	0.016 76
6	0.020 41	0.019 89	0.019 39	0.018 89	0.018 41	0.017 95	0.017 49	0.017 05	0.016 61
7	0.020 19	0.019 69	0.019 19	0.018 71	0.018 24	0.017 78	0.017 33	0.016 89	0.016 47
8	0.019 99	0.019 49	0.019 00	0.018 53	0.018 06	0.017 61	0.017 17	0.016 75	0.016 33
9	0.019 79	0.019 30	0.018 82	0.018 35	0.017 90	0.017 46	0.017 03	0.016 60	0.016 19
10	0.019 59	0.019 11	0.018 64	0.018 19	0.017 74	0.017 31	0.016 88	0.016 47	0.016 07
11	0.019 41	0.018 94	0.018 48	0.018 03	0.017 59	0.017 16	0.016 75	0.016 34	0.015 94
12	0.019 23	0.018 77	0.018 31	0.017 87	0.017 44	0.017 02	0.016 61	0.016 21	0.015 82
13	0.019 06	0.018 60	0.018 16	0.017 72	0.017 30	0.016 89	0.016 49	0.016 09	0.015 71
14	0.018 89	0.018 44	0.018 01	0.017 58	0.017 17	0.016 76	0.016 36	0.015 98	0.015 60
15	0.018 73	0.018 29	0.017 86	0.017 45	0.017 04	0.016 64	0.016 25	0.015 87	0.015 50
16	0.018 58	0.018 15	0.017 72	0.017 31	0.016 91	0.016 52	0.016 14	0.015 76	0.015 39
17	0.018 43	0.018 01	0.017 59	0.017 19	0.016 79	0.016 41	0.016 03	0.015 66	0.015 30
18	0.018 29	0.017 87	0.017 46	0.017 07	0.016 68	0.016 30	0.015 92	0.015 56	0.015 21
19	0.018 15	0.017 74	0.017 34	0.016 95	0.016 57	0.016 19	0.015 83	0.015 47	0.015 12
20	0.018 02	0.017 62	0.017 22	0.016 84	0.016 46	0.016 09	0.015 73	0.015 38	0.015 03
21	0.017 90	0.017 50	0.017 11	0.016 73	0.016 36	0.016 00	0.015 64	0.015 29	0.014 95
22	0.017 77	0.017 38	0.017 00	0.016 63	0.016 26	0.015 90	0.015 55	0.015 21	0.014 88
23	0.017 66	0.017 27	0.016 90	0.016 53	0.016 17	0.015 82	0.015 47	0.015 13	0.014 80
24	0.017 55	0.017 17	0.016 80	0.016 43	0.016 08	0.015 73	0.015 39	0.015 06	0.014 73
25	0.017 44	0.017 07	0.016 70	0.016 34	0.015 99	0.015 65	0.015 32	0.014 99	0.014 67
26	0.017 34	0.016 97	0.016 61	0.016 26	0.015 91	0.015 57	0.015 24	0.014 92	0.014 60
27	0.017 24	0.016 88	0.016 52	0.016 18	0.015 84	0.015 50	0.015 18	0.014 86	0.014 54
28	0.017 15	0.016 79	0.016 44	0.016 10	0.015 76	0.015 43	0.015 11	0.014 79	0.014 49
29	0.017 06	0.016 71	0.016 36	0.016 02	0.015 69	0.015 37	0.015 05	0.014 74	0.014 43
30	0.016 98	0.016 63	0.016 29	0.015 95	0.015 62	0.015 30	0.014 99	0.014 68	0.014 38
31	0.016 90	0.016 55	0.016 21	0.015 88	0.015 56	0.015 25	0.014 93	0.014 63	0.014 33
32	0.016 82	0.016 48	0.016 15	0.015 82	0.015 50	0.015 19	0.014 88	0.014 58	0.014 29
33	0.016 75	0.016 41	0.016 08	0.015 76	0.015 45	0.015 14	0.014 83	0.014 54	0.014 25
34	0.016 68	0.016 34	0.016 02	0.015 70	0.015 39	0.015 09	0.014 79	0.014 49	0.014 21
35	0.016 61	0.016 28	0.015 96	0.015 65	0.015 34	0.015 04	0.014 74	0.014 45	0.014 17
36	0.016 55	0.016 22	0.015 91	0.015 60	0.015 29	0.015 00	0.014 70	0.014 42	0.014 14

续 表

温度/℃	盐度/(g/kg)								
	0.0	5.0	10.0	15.0	20.0	25.0	30.0	35.0	40.0
37	0.016 49	0.016 17	0.015 86	0.015 55	0.015 25	0.014 95	0.014 67	0.014 38	0.014 10
38	0.016 43	0.016 12	0.015 81	0.015 51	0.015 21	0.014 92	0.014 63	0.014 35	0.014 07
39	0.016 38	0.016 07	0.015 76	0.015 46	0.015 17	0.014 88	0.014 60	0.014 32	0.014 05
40	0.016 33	0.016 02	0.015 72	0.015 42	0.015 13	0.014 85	0.014 57	0.014 29	0.014 02

来源：Weiss（1971）。

表 5.5 不同温度下大气中的甲烷在淡水中的饱和度（nmol/kg，1 atm 湿空气）

温度/℃	Δt/℃									
	0.0	0.1	0.2	0.3	0.4	0.5	0.6	0.7	0.8	0.9
0	4.534 7	4.520 6	4.506 5	4.492 5	4.478 5	4.464 7	4.450 9	4.437 2	4.423 5	4.409 9
1	4.396 4	4.382 9	4.369 5	4.356 2	4.343 0	4.329 8	4.316 6	4.303 6	4.290 6	4.277 6
2	4.264 8	4.252 0	4.239 2	4.226 5	4.213 9	4.201 3	4.188 8	4.176 4	4.164 0	4.151 7
3	4.139 4	4.127 2	4.115 1	4.103 0	4.091 0	4.079 0	4.067 1	4.055 2	4.043 5	4.031 7
4	4.020 0	4.008 4	3.996 8	3.985 3	3.973 9	3.962 4	3.951 1	3.939 8	3.928 5	3.917 4
5	3.906 2	3.895 1	3.884 1	3.873 1	3.862 2	3.851 3	3.840 5	3.829 7	3.819 0	3.808 3
6	3.797 7	3.787 1	3.776 6	3.766 1	3.755 7	3.745 3	3.734 9	3.724 7	3.714 4	3.704 2
7	3.694 1	3.684 0	3.673 9	3.663 9	3.654 0	3.644 1	3.634 2	3.624 4	3.614 6	3.604 9
8	3.595 2	3.585 6	3.576 0	3.566 4	3.556 9	3.547 4	3.538 0	3.528 6	3.519 3	3.510 0
9	3.500 7	3.491 5	3.482 4	3.473 2	3.464 1	3.455 1	3.446 1	3.437 1	3.428 2	3.419 3
10	3.410 5	3.401 7	3.392 9	3.384 2	3.375 5	3.366 8	3.358 2	3.349 6	3.341 1	3.332 6
11	3.324 2	3.315 7	3.307 3	3.299 0	3.290 7	3.282 4	3.274 2	3.266 0	3.257 8	3.249 7
12	3.241 6	3.233 5	3.225 5	3.217 5	3.209 6	3.201 6	3.193 7	3.185 9	3.178 1	3.170 3
13	3.162 5	3.154 8	3.147 1	3.139 5	3.131 9	3.124 3	3.116 7	3.109 2	3.101 7	3.094 3
14	3.086 9	3.079 5	3.072 1	3.064 8	3.057 5	3.050 2	3.043 0	3.035 8	3.028 6	3.021 4
15	3.014 3	3.007 3	3.000 2	2.993 2	2.986 2	2.979 2	2.972 3	2.965 4	2.958 5	2.951 6
16	2.944 8	2.938 0	2.931 3	2.924 5	2.917 8	2.911 1	2.904 5	2.897 9	2.891 3	2.884 7
17	2.878 1	2.871 6	2.865 1	2.858 7	2.852 2	2.845 8	2.839 4	2.833 1	2.826 8	2.820 5
18	2.814 2	2.807 9	2.801 7	2.795 5	2.789 3	2.783 1	2.777 0	2.770 9	2.764 8	2.758 8
19	2.752 7	2.746 7	2.740 8	2.734 8	2.728 9	2.723 0	2.717 1	2.711 2	2.705 4	2.699 5
20	2.693 8	2.688 0	2.682 2	2.676 5	2.670 8	2.665 1	2.659 5	2.653 8	2.648 2	2.642 6
21	2.637 0	2.631 5	2.626 0	2.620 5	2.615 0	2.609 5	2.604 1	2.598 7	2.593 3	2.587 9

续 表

温度/℃	Δt/℃									
	0.0	0.1	0.2	0.3	0.4	0.5	0.6	0.7	0.8	0.9
22	2.582 5	2.577 2	2.571 9	2.566 6	2.561 3	2.556 0	2.550 8	2.545 6	2.540 4	2.535 2
23	2.530 1	2.524 9	2.519 8	2.514 7	2.509 6	2.504 6	2.499 5	2.494 5	2.489 5	2.484 5
24	2.479 6	2.474 6	2.469 7	2.464 8	2.459 9	2.455 0	2.450 2	2.445 3	2.440 5	2.435 7
25	2.430 9	2.426 2	2.421 4	2.416 7	2.412 0	2.407 3	2.402 6	2.398 0	2.393 3	2.388 7
26	2.384 1	2.379 5	2.374 9	2.370 3	2.365 8	2.361 3	2.356 8	2.352 3	2.347 8	2.343 3
27	2.338 9	2.334 4	2.330 0	2.325 6	2.321 2	2.316 9	2.312 5	2.308 2	2.303 9	2.299 6
28	2.295 3	2.291 0	2.286 7	2.282 5	2.278 3	2.274 0	2.269 8	2.265 6	2.261 5	2.257 3
29	2.253 2	2.249 0	2.244 9	2.240 8	2.236 7	2.232 7	2.228 6	2.224 6	2.220 5	2.216 5
30	2.212 5	2.208 5	2.204 5	2.200 6	2.196 6	2.192 7	2.188 7	2.184 8	2.180 9	2.177 1
31	2.173 2	2.169 3	2.165 5	2.161 6	2.157 8	2.154 0	2.150 2	2.146 4	2.142 7	2.138 9
32	2.135 1	2.131 4	2.127 7	2.124 0	2.120 3	2.116 6	2.112 9	2.109 3	2.105 6	2.102 0
33	2.098 3	2.094 7	2.091 1	2.087 5	2.083 9	2.080 4	2.076 8	2.073 2	2.069 7	2.066 2
34	2.062 7	2.059 2	2.055 7	2.052 2	2.048 7	2.045 2	2.041 8	2.038 4	2.034 9	2.031 5
35	2.028 1	2.024 7	2.021 3	2.017 9	2.014 6	2.011 2	2.007 8	2.004 5	2.001 2	1.997 9
36	1.994 5	1.991 2	1.988 0	1.984 7	1.981 4	1.978 1	1.974 9	1.971 6	1.968 4	1.965 2
37	1.962 0	1.958 8	1.955 6	1.952 4	1.949 2	1.946 0	1.942 9	1.939 7	1.936 6	1.933 4
38	1.930 3	1.927 2	1.924 1	1.921 0	1.917 9	1.914 8	1.911 7	1.908 7	1.905 6	1.902 6
39	1.899 5	1.896 5	1.893 5	1.890 5	1.887 4	1.884 4	1.881 4	1.878 5	1.875 5	1.872 5
40	1.869 6	1.866 6	1.863 6	1.860 7	1.857 8	1.854 9	1.851 9	1.849 0	1.846 1	1.843 2

来源：Weiss（1971）。

206

表 5.6 不同温度及盐度（0~40 g/kg）下大气中的甲烷在海水中的饱和度（nmol/kg，1 atm 湿空气）

温度/℃	盐度/(g/kg)								
	0.0	5.0	10.0	15.0	20.0	25.0	30.0	35.0	40.0
0	4.534 7	4.355 0	4.182 6	4.017 2	3.858 3	3.705 8	3.559 4	3.418 8	3.283 8
1	4.396 4	4.223 6	4.057 8	3.898 5	3.745 6	3.598 8	3.457 8	3.322 3	3.192 1
2	4.264 8	4.098 5	3.938 9	3.785 5	3.638 3	3.496 8	3.360 8	3.230 2	3.104 7
3	4.139 4	3.979 3	3.825 6	3.677 8	3.535 9	3.399 5	3.268 3	3.142 3	3.021 1
4	4.020 0	3.865 8	3.717 6	3.575 1	3.438 2	3.306 6	3.180 0	3.058 3	2.941 3
5	3.906 2	3.757 5	3.614 5	3.477 1	3.345 0	3.217 9	3.095 7	2.978 1	2.865 1
6	3.797 7	3.654 1	3.516 2	3.383 5	3.255 9	3.133 1	3.015 0	2.901 4	2.792 1

续　表

温度/℃	盐度/(g/kg)								
	0.0	5.0	10.0	15.0	20.0	25.0	30.0	35.0	40.0
7	3.694 1	3.555 5	3.422 3	3.294 1	3.170 8	3.052 2	2.938 0	2.828 1	2.722 3
8	3.595 2	3.461 3	3.332 6	3.208 7	3.089 5	2.974 7	2.864 2	2.757 9	2.655 5
9	3.500 7	3.371 3	3.246 8	3.127 0	3.011 6	2.900 6	2.793 6	2.690 6	2.591 5
10	3.410 5	3.285 3	3.164 8	3.048 9	2.937 2	2.829 6	2.726 0	2.626 2	2.530 1
11	3.324 2	3.203 0	3.086 4	2.974 1	2.865 9	2.761 7	2.661 3	2.564 5	2.471 3
12	3.241 6	3.124 3	3.011 3	2.902 4	2.797 6	2.696 5	2.599 2	2.505 3	2.414 9
13	3.162 5	3.048 8	2.939 3	2.833 8	2.732 1	2.634 1	2.539 6	2.448 5	2.360 7
14	3.086 9	2.976 6	2.870 4	2.768 0	2.669 3	2.574 2	2.482 5	2.394 0	2.308 7
15	3.014 3	2.907 4	2.804 3	2.704 9	2.609 1	2.516 7	2.427 6	2.341 7	2.258 8
16	2.944 8	2.841 0	2.740 9	2.644 4	2.551 3	2.461 5	2.374 9	2.291 4	2.210 8
17	2.878 1	2.777 3	2.680 0	2.586 3	2.495 8	2.408 5	2.324 3	2.243 0	2.164 6
18	2.814 2	2.716 1	2.621 6	2.530 4	2.442 4	2.357 5	2.275 6	2.196 5	2.120 2
19	2.752 7	2.657 4	2.565 5	2.476 8	2.391 1	2.308 5	2.228 7	2.151 7	2.077 4
20	2.693 8	2.601 0	2.511 5	2.425 2	2.341 8	2.261 3	2.183 6	2.108 6	2.036 2
21	2.637 0	2.546 8	2.459 6	2.375 5	2.294 3	2.215 9	2.140 2	2.067 1	1.996 5
22	2.582 5	2.494 6	2.409 7	2.327 8	2.248 6	2.172 2	2.098 4	2.027 1	1.958 2
23	2.530 1	2.444 4	2.361 6	2.281 7	2.204 6	2.130 0	2.058 0	1.988 5	1.921 3
24	2.479 6	2.396 0	2.315 3	2.237 4	2.162 1	2.089 4	2.019 1	1.951 2	1.885 6
25	2.430 9	2.349 4	2.270 7	2.194 6	2.121 2	2.050 2	1.981 6	1.915 2	1.851 2
26	2.384 1	2.304 5	2.227 7	2.153 4	2.081 6	2.012 3	1.945 3	1.880 5	1.817 9
27	2.338 9	2.261 2	2.186 1	2.113 6	2.043 5	1.975 7	1.910 2	1.846 9	1.785 7
28	2.295 3	2.219 4	2.146 0	2.075 1	2.006 6	1.940 4	1.876 3	1.814 4	1.754 5
29	2.253 2	2.179 0	2.107 3	2.038 0	1.971 0	1.906 2	1.843 5	1.782 9	1.724 4
30	2.212 5	2.139 9	2.069 8	2.002 0	1.936 5	1.873 1	1.811 8	1.752 5	1.695 1
31	2.173 2	2.102 2	2.033 6	1.967 2	1.903 1	1.841 0	1.781 0	1.722 9	1.666 8
32	2.135 1	2.065 7	1.998 5	1.933 5	1.870 7	1.809 9	1.751 2	1.694 3	1.639 3
33	2.098 3	2.030 3	1.964 5	1.900 9	1.839 3	1.779 8	1.722 2	1.666 5	1.612 6
34	2.062 7	1.996 0	1.931 6	1.869 2	1.808 9	1.750 6	1.694 1	1.639 5	1.586 6
35	2.028 1	1.962 8	1.899 6	1.838 5	1.779 4	1.722 1	1.666 8	1.613 2	1.561 4
36	1.994 5	1.930 5	1.868 6	1.808 6	1.750 6	1.694 5	1.640 2	1.587 7	1.536 8
37	1.962 0	1.899 1	1.838 4	1.779 6	1.722 7	1.667 7	1.614 4	1.562 8	1.512 9
38	1.930 3	1.868 7	1.809 1	1.751 4	1.695 5	1.641 5	1.589 2	1.538 6	1.489 6
39	1.899 5	1.839 0	1.780 5	1.723 9	1.669 0	1.616 0	1.564 6	1.514 9	1.466 8
40	1.869 6	1.810 1	1.752 7	1.697 0	1.643 2	1.591 1	1.540 7	1.491 8	1.444 5

来源：Weiss（1971）。

207

表 5.7 不同温度下甲烷在淡水中的本森系数

[β, $L_{真实气体}/(L\cdot atm)$]

温度/℃	Δt/℃									
	0.0	0.1	0.2	0.3	0.4	0.5	0.6	0.7	0.8	0.9
0	0. 057 49	0. 057 32	0. 057 14	0. 056 97	0. 056 79	0. 056 62	0. 056 45	0. 056 28	0. 056 11	0. 055 94
1	0. 055 77	0. 055 60	0. 055 43	0. 055 27	0. 055 10	0. 054 94	0. 054 77	0. 054 61	0. 054 45	0. 054 29
2	0. 054 13	0. 053 97	0. 053 81	0. 053 65	0. 053 49	0. 053 34	0. 053 18	0. 053 03	0. 052 87	0. 052 72
3	0. 052 57	0. 052 41	0. 052 26	0. 052 11	0. 051 96	0. 051 81	0. 051 66	0. 051 52	0. 051 37	0. 051 22
4	0. 051 08	0. 050 93	0. 050 79	0. 050 65	0. 050 50	0. 050 36	0. 050 22	0. 050 08	0. 049 94	0. 049 80
5	0. 049 66	0. 049 52	0. 049 39	0. 049 25	0. 049 11	0. 048 98	0. 048 84	0. 048 71	0. 048 57	0. 048 44
6	0. 048 31	0. 048 18	0. 048 05	0. 047 92	0. 047 79	0. 047 66	0. 047 53	0. 047 40	0. 047 27	0. 047 15
7	0. 047 02	0. 046 90	0. 046 77	0. 046 65	0. 046 52	0. 046 40	0. 046 28	0. 046 16	0. 046 03	0. 045 91
8	0. 045 79	0. 045 67	0. 045 55	0. 045 44	0. 045 32	0. 045 20	0. 045 08	0. 044 97	0. 044 85	0. 044 74
9	0. 044 62	0. 044 51	0. 044 39	0. 044 28	0. 044 17	0. 044 05	0. 043 94	0. 043 83	0. 043 72	0. 043 61
10	0. 043 50	0. 043 39	0. 043 28	0. 043 17	0. 043 07	0. 042 96	0. 042 85	0. 042 75	0. 042 64	0. 042 54
11	0. 042 43	0. 042 33	0. 042 22	0. 042 12	0. 042 02	0. 041 92	0. 041 81	0. 041 71	0. 041 61	0. 041 51
12	0. 041 41	0. 041 31	0. 041 21	0. 041 11	0. 041 01	0. 040 92	0. 040 82	0. 040 72	0. 040 63	0. 040 53
13	0. 040 43	0. 040 34	0. 040 24	0. 040 15	0. 040 06	0. 039 96	0. 039 87	0. 039 78	0. 039 68	0. 039 59
14	0. 039 50	0. 039 41	0. 039 32	0. 039 23	0. 039 14	0. 039 05	0. 038 96	0. 038 87	0. 038 78	0. 038 70
15	0. 038 61	0. 038 52	0. 038 44	0. 038 35	0. 038 26	0. 038 18	0. 038 09	0. 038 01	0. 037 92	0. 037 84
16	0. 037 76	0. 037 67	0. 037 59	0. 037 51	0. 037 42	0. 037 34	0. 037 26	0. 037 18	0. 037 10	0. 037 02
17	0. 036 94	0. 036 86	0. 036 78	0. 036 70	0. 036 62	0. 036 54	0. 036 47	0. 036 39	0. 036 31	0. 036 23
18	0. 036 16	0. 036 08	0. 036 01	0. 035 93	0. 035 85	0. 035 78	0. 035 70	0. 035 63	0. 035 56	0. 035 48
19	0. 035 41	0. 035 34	0. 035 26	0. 035 19	0. 035 12	0. 035 05	0. 034 98	0. 034 90	0. 034 83	0. 034 76
20	0. 034 69	0. 034 62	0. 034 55	0. 034 48	0. 034 41	0. 034 35	0. 034 28	0. 034 21	0. 034 14	0. 034 07
21	0. 034 01	0. 033 94	0. 033 87	0. 033 81	0. 033 74	0. 033 67	0. 033 61	0. 033 54	0. 033 48	0. 033 41
22	0. 033 35	0. 033 28	0. 033 22	0. 033 16	0. 033 09	0. 033 03	0. 032 97	0. 032 90	0. 032 84	0. 032 78
23	0. 032 72	0. 032 66	0. 032 60	0. 032 53	0. 032 47	0. 032 41	0. 032 35	0. 032 29	0. 032 23	0. 032 17
24	0. 032 11	0. 032 06	0. 032 00	0. 031 94	0. 031 88	0. 031 82	0. 031 76	0. 031 71	0. 031 65	0. 031 59
25	0. 031 54	0. 031 48	0. 031 42	0. 031 37	0. 031 31	0. 031 26	0. 031 20	0. 031 15	0. 031 09	0. 031 04
26	0. 030 98	0. 030 93	0. 030 87	0. 030 82	0. 030 77	0. 030 71	0. 030 66	0. 030 61	0. 030 55	0. 030 50
27	0. 030 45	0. 030 40	0. 030 35	0. 030 29	0. 030 24	0. 030 19	0. 030 14	0. 030 09	0. 030 04	0. 029 99
28	0. 029 94	0. 029 89	0. 029 84	0. 029 79	0. 029 74	0. 029 69	0. 029 64	0. 029 59	0. 029 55	0. 029 50
29	0. 029 45	0. 029 40	0. 029 35	0. 029 31	0. 029 26	0. 029 21	0. 029 17	0. 029 12	0. 029 07	0. 029 03
30	0. 028 98	0. 028 93	0. 028 89	0. 028 84	0. 028 80	0. 028 75	0. 028 71	0. 028 66	0. 028 62	0. 028 57
31	0. 028 53	0. 028 49	0. 028 44	0. 028 40	0. 028 35	0. 028 31	0. 028 27	0. 028 23	0. 028 18	0. 028 14

续　表

温度/℃	Δt/℃									
	0.0	0.1	0.2	0.3	0.4	0.5	0.6	0.7	0.8	0.9
32	0.028 10	0.028 06	0.028 01	0.027 97	0.027 93	0.027 89	0.027 85	0.027 81	0.027 76	0.027 72
33	0.027 68	0.027 64	0.027 60	0.027 56	0.027 52	0.027 48	0.027 44	0.027 40	0.027 36	0.027 32
34	0.027 29	0.027 25	0.027 21	0.027 17	0.027 13	0.027 09	0.027 05	0.027 02	0.026 98	0.026 94
35	0.026 90	0.026 87	0.026 83	0.026 79	0.026 76	0.026 72	0.026 68	0.026 65	0.026 61	0.026 57
36	0.026 54	0.026 50	0.026 47	0.026 43	0.026 40	0.026 36	0.026 33	0.026 29	0.026 26	0.026 22
37	0.026 19	0.026 15	0.026 12	0.026 08	0.026 05	0.026 02	0.025 98	0.025 95	0.025 92	0.025 88
38	0.025 85	0.025 82	0.025 78	0.025 75	0.025 72	0.025 69	0.025 66	0.025 62	0.025 59	0.025 56
39	0.025 53	0.025 50	0.025 46	0.025 43	0.025 40	0.025 37	0.025 34	0.025 31	0.025 28	0.025 25
40	0.025 22	0.025 19	0.025 16	0.025 13	0.025 10	0.025 07	0.025 04	0.025 01	0.024 98	0.024 95

来源：Weiss（1971）。

表 5.8　不同温度及盐度（0~40 g/kg）下甲烷的本森系数［β，$L_{真实气体}/(L\cdot atm)$］

208

温度/℃	盐度/(g/kg)								
	0.0	5.0	10.0	15.0	20.0	25.0	30.0	35.0	40.0
0	0.057 49	0.055 44	0.053 46	0.051 55	0.049 71	0.047 93	0.046 22	0.044 57	0.042 97
1	0.055 77	0.053 79	0.051 89	0.050 05	0.048 28	0.046 57	0.044 92	0.043 32	0.041 79
2	0.054 13	0.052 23	0.050 39	0.048 62	0.046 91	0.045 27	0.043 68	0.042 14	0.040 66
3	0.052 57	0.050 73	0.048 97	0.047 26	0.045 61	0.044 03	0.042 49	0.041 01	0.039 58
4	0.051 08	0.049 31	0.047 61	0.045 96	0.044 38	0.042 84	0.041 36	0.039 93	0.038 55
5	0.049 66	0.047 96	0.046 32	0.044 73	0.043 20	0.041 71	0.040 29	0.038 90	0.037 57
6	0.048 31	0.046 67	0.045 08	0.043 55	0.042 07	0.040 64	0.039 26	0.037 92	0.036 63
7	0.047 02	0.045 44	0.043 90	0.042 42	0.040 99	0.039 61	0.038 27	0.036 98	0.035 73
8	0.045 79	0.044 26	0.042 78	0.041 35	0.039 96	0.038 63	0.037 33	0.036 08	0.034 88
9	0.044 62	0.043 14	0.041 71	0.040 32	0.038 98	0.037 69	0.036 43	0.035 22	0.034 05
10	0.043 50	0.042 07	0.040 68	0.039 34	0.038 04	0.036 79	0.035 58	0.034 40	0.033 27
11	0.042 43	0.041 04	0.039 70	0.038 40	0.037 14	0.035 93	0.034 75	0.033 62	0.032 52
12	0.041 41	0.040 07	0.038 76	0.037 50	0.036 29	0.035 11	0.033 97	0.032 86	0.031 80
13	0.040 43	0.039 13	0.037 87	0.036 65	0.035 46	0.034 32	0.033 21	0.032 14	0.031 11
14	0.039 50	0.038 24	0.037 01	0.035 83	0.034 68	0.033 57	0.032 49	0.031 45	0.030 44
15	0.038 61	0.037 38	0.036 19	0.035 04	0.033 93	0.032 85	0.031 80	0.030 79	0.029 81
16	0.037 76	0.036 56	0.035 41	0.034 29	0.033 20	0.032 16	0.031 14	0.030 16	0.029 20

续 表

温度/℃	盐度/(g/kg)								
	0.0	5.0	10.0	15.0	20.0	25.0	30.0	35.0	40.0
17	0.036 94	0.035 78	0.034 66	0.033 57	0.032 51	0.031 49	0.030 50	0.029 55	0.028 62
18	0.036 16	0.035 03	0.033 94	0.032 88	0.031 85	0.030 86	0.029 90	0.028 96	0.028 06
19	0.035 41	0.034 31	0.033 25	0.032 22	0.031 22	0.030 25	0.029 31	0.028 40	0.027 52
20	0.034 69	0.033 62	0.032 59	0.031 58	0.030 61	0.029 67	0.028 75	0.027 87	0.027 01
21	0.034 01	0.032 96	0.031 95	0.030 98	0.030 03	0.029 11	0.028 22	0.027 35	0.026 51
22	0.033 35	0.032 33	0.031 35	0.030 39	0.029 47	0.028 57	0.027 70	0.026 86	0.026 04
23	0.032 72	0.031 73	0.030 77	0.029 83	0.028 93	0.028 05	0.027 21	0.026 38	0.025 58
24	0.032 11	0.031 15	0.030 21	0.029 30	0.028 42	0.027 56	0.026 73	0.025 92	0.025 14
25	0.031 54	0.030 59	0.029 67	0.028 78	0.027 92	0.027 09	0.026 27	0.025 49	0.024 72
26	0.030 98	0.030 06	0.029 16	0.028 29	0.027 45	0.026 63	0.025 83	0.025 06	0.024 32
27	0.030 45	0.029 55	0.028 67	0.027 82	0.026 99	0.026 19	0.025 41	0.024 66	0.023 93
28	0.029 94	0.029 05	0.028 20	0.027 36	0.026 55	0.025 77	0.025 01	0.024 27	0.023 55
29	0.029 45	0.028 58	0.027 74	0.026 93	0.026 13	0.025 37	0.024 62	0.023 90	0.023 19
30	0.028 98	0.028 13	0.027 31	0.026 51	0.025 73	0.024 98	0.024 25	0.023 54	0.022 85
31	0.028 53	0.027 70	0.026 89	0.026 11	0.025 34	0.024 60	0.023 89	0.023 19	0.022 51
32	0.028 10	0.027 28	0.026 49	0.025 72	0.024 97	0.024 25	0.023 54	0.022 86	0.022 19
33	0.027 68	0.026 88	0.026 10	0.025 35	0.024 61	0.023 90	0.023 21	0.022 54	0.021 89
34	0.027 29	0.026 50	0.025 73	0.024 99	0.024 27	0.023 57	0.022 89	0.022 23	0.021 59
35	0.026 90	0.026 13	0.025 38	0.024 65	0.023 94	0.023 25	0.022 58	0.021 93	0.021 30
36	0.026 54	0.025 78	0.025 04	0.024 32	0.023 62	0.022 95	0.022 29	0.021 65	0.021 03
37	0.026 19	0.025 44	0.024 71	0.024 01	0.023 32	0.022 65	0.022 00	0.021 38	0.020 76
38	0.025 85	0.025 11	0.024 40	0.023 70	0.023 03	0.022 37	0.021 73	0.021 11	0.020 51
39	0.025 53	0.024 80	0.024 10	0.023 41	0.022 74	0.022 10	0.021 47	0.020 86	0.020 27
40	0.025 22	0.024 50	0.023 81	0.023 13	0.022 47	0.021 84	0.021 22	0.020 61	0.020 03

来源：Weiss（1971）。

209

表 5.9 不同温度下空气中的 NO_2 的饱和度

（nmol/kg，1 atm 湿空气）

温度/℃	Δt/℃									
	0.0	0.1	0.2	0.3	0.4	0.5	0.6	0.7	0.8	0.9
0	18.728	18.649	18.570	18.492	18.414	18.336	18.259	18.182	18.106	18.030
1	17.955	17.880	17.805	17.731	17.658	17.584	17.511	17.439	17.367	17.295

续 表

温度/℃	Δt/℃									
	0.0	0.1	0.2	0.3	0.4	0.5	0.6	0.7	0.8	0.9
2	17.224	17.153	17.083	17.012	16.943	16.873	16.805	16.736	16.668	16.600
3	16.533	16.466	16.399	16.333	16.267	16.201	16.136	16.071	16.006	15.942
4	15.878	15.815	15.752	15.689	15.626	15.564	15.503	15.441	15.380	15.319
5	15.259	15.199	15.139	15.079	15.020	14.961	14.903	14.845	14.787	14.729
6	14.672	14.615	14.558	14.502	14.446	14.390	14.334	14.279	14.224	14.170
7	14.115	14.061	14.007	13.954	13.901	13.848	13.795	13.743	13.691	13.639
8	13.587	13.536	13.485	13.434	13.384	13.333	13.283	13.234	13.184	13.135
9	13.086	13.037	12.989	12.941	12.893	12.845	12.798	12.750	12.703	12.657
10	12.610	12.564	12.518	12.472	12.426	12.381	12.336	12.291	12.246	12.202
11	12.158	12.114	12.070	12.026	11.983	11.940	11.897	11.854	11.812	11.770
12	11.728	11.686	11.644	11.603	11.561	11.520	11.480	11.439	11.398	11.358
13	11.318	11.278	11.239	11.199	11.160	11.121	11.082	11.043	11.005	10.967
14	10.929	10.891	10.853	10.815	10.778	10.741	10.704	10.667	10.630	10.594
15	10.557	10.521	10.485	10.449	10.414	10.378	10.343	10.308	10.273	10.238
16	10.204	10.169	10.135	10.101	10.067	10.033	9.999	9.966	9.932	9.899
17	9.866	9.833	9.801	9.768	9.736	9.703	9.671	9.639	9.608	9.576
18	9.544	9.513	9.482	9.451	9.420	9.389	9.358	9.328	9.297	9.267
19	9.237	9.207	9.177	9.147	9.118	9.089	9.059	9.030	9.001	8.972
20	8.943	8.915	8.886	8.858	8.830	8.801	8.773	8.746	8.718	8.690
21	8.663	8.635	8.608	8.581	8.554	8.527	8.500	8.474	8.447	8.421
22	8.394	8.368	8.342	8.316	8.290	8.265	8.239	8.213	8.188	8.163
23	8.138	8.112	8.087	8.063	8.038	8.013	7.989	7.964	7.940	7.916
24	7.892	7.868	7.844	7.820	7.796	7.773	7.749	7.726	7.702	7.679
25	7.656	7.633	7.610	7.587	7.565	7.542	7.519	7.497	7.475	7.452
26	7.430	7.408	7.386	7.364	7.343	7.321	7.299	7.278	7.256	7.235
27	7.214	7.192	7.171	7.150	7.129	7.109	7.088	7.067	7.047	7.026
28	7.006	6.985	6.965	6.945	6.925	6.905	6.885	6.865	6.846	6.826
29	6.806	6.787	6.767	6.748	6.729	6.709	6.690	6.671	6.652	6.633
30	6.615	6.596	6.577	6.558	6.540	6.521	6.503	6.485	6.466	6.448
31	6.430	6.412	6.394	6.376	6.358	6.341	6.323	6.305	6.288	6.270
32	6.253	6.236	6.218	6.201	6.184	6.167	6.150	6.133	6.116	6.099
33	6.082	6.066	6.049	6.032	6.016	5.999	5.983	5.967	5.950	5.934
34	5.918	5.902	5.886	5.870	5.854	5.838	5.822	5.806	5.791	5.775
35	5.759	5.744	5.728	5.713	5.698	5.682	5.667	5.652	5.637	5.622

续 表

温度/℃	Δt/℃									
	0.0	0.1	0.2	0.3	0.4	0.5	0.6	0.7	0.8	0.9
36	5.607	5.592	5.577	5.562	5.547	5.532	5.518	5.503	5.488	5.474
37	5.459	5.445	5.430	5.416	5.402	5.388	5.373	5.359	5.345	5.331
38	5.317	5.303	5.289	5.275	5.261	5.248	5.234	5.220	5.207	5.193
39	5.180	5.166	5.153	5.139	5.126	5.113	5.099	5.086	5.073	5.060
40	5.047	5.034	5.021	5.008	4.995	4.982	4.969	4.956	4.943	4.931

来源：Weiss（1971）。

210

表 5.10 不同温度及盐度（0~40 g/kg）下大气中的 N_2O 在海水中的饱和度（nmol/kg，1 atm 湿空气）

温度/℃	盐度/(g/kg)								
	0.0	5.0	10.0	15.0	20.0	25.0	30.0	35.0	40.0
0	18.728	18.098	17.490	16.902	16.335	15.787	15.257	14.746	14.251
1	17.955	17.355	16.777	16.218	15.677	15.155	14.651	14.164	13.693
2	17.224	16.653	16.102	15.570	15.055	14.558	14.077	13.612	13.163
3	16.533	15.989	15.464	14.957	14.466	13.992	13.533	13.090	12.661
4	15.878	15.360	14.860	14.376	13.908	13.455	13.018	12.595	12.185
5	15.259	14.765	14.287	13.825	13.379	12.947	12.529	12.124	11.733
6	14.672	14.200	13.744	13.303	12.877	12.464	12.065	11.678	11.304
7	14.115	13.665	13.229	12.808	12.400	12.006	11.624	11.254	10.896
8	13.587	13.157	12.740	12.338	11.948	11.570	11.205	10.851	10.508
9	13.086	12.674	12.276	11.891	11.517	11.156	10.806	10.467	10.139
10	12.610	12.216	11.835	11.466	11.108	10.762	10.427	10.102	9.788
11	12.158	11.780	11.415	11.062	10.719	10.387	10.066	9.755	9.453
12	11.728	11.366	11.016	10.677	10.349	10.031	9.722	9.423	9.134
13	11.318	10.972	10.636	10.311	9.996	9.691	9.395	9.108	8.830
14	10.929	10.596	10.274	9.962	9.660	9.366	9.082	8.807	8.539
15	10.557	10.238	9.929	9.629	9.339	9.057	8.784	8.519	8.262
16	10.204	9.897	9.600	9.312	9.033	8.762	8.499	8.245	7.998
17	9.866	9.572	9.286	9.009	8.741	8.480	8.227	7.982	7.745
18	9.544	9.261	8.986	8.720	8.461	8.211	7.968	7.732	7.503
19	9.237	8.964	8.700	8.444	8.195	7.953	7.719	7.492	7.271
20	8.943	8.681	8.426	8.179	7.940	7.707	7.481	7.262	7.050

续　表

温度/℃	盐度/(g/kg)								
	0.0	5.0	10.0	15.0	20.0	25.0	30.0	35.0	40.0
21	8.663	8.410	8.165	7.927	7.696	7.471	7.254	7.042	6.837
22	8.394	8.151	7.914	7.685	7.462	7.246	7.036	6.832	6.634
23	8.138	7.902	7.674	7.453	7.238	7.029	6.827	6.630	6.439
24	7.892	7.665	7.445	7.231	7.023	6.822	6.626	6.436	6.252
25	7.656	7.437	7.224	7.018	6.818	6.623	6.434	6.250	6.072
26	7.430	7.219	7.013	6.814	6.620	6.432	6.250	6.072	5.900
27	7.214	7.009	6.811	6.618	6.431	6.249	6.072	5.901	5.734
28	7.006	6.808	6.616	6.430	6.249	6.073	5.902	5.736	5.574
29	6.806	6.615	6.429	6.249	6.074	5.903	5.738	5.577	5.421
30	6.615	6.429	6.250	6.075	5.905	5.740	5.580	5.424	5.273
31	6.430	6.251	6.077	5.908	5.743	5.584	5.428	5.277	5.131
32	6.253	6.079	5.911	5.747	5.587	5.433	5.282	5.136	4.994
33	6.082	5.914	5.751	5.592	5.437	5.287	5.141	4.999	4.861
34	5.918	5.755	5.596	5.442	5.292	5.147	5.005	4.868	4.734
35	5.759	5.601	5.447	5.298	5.153	5.011	4.874	4.740	4.610
36	5.607	5.453	5.304	5.159	5.018	4.881	4.747	4.617	4.491
37	5.459	5.310	5.165	5.024	4.888	4.754	4.625	4.499	4.376
38	5.317	5.172	5.032	4.895	4.762	4.632	4.506	4.384	4.265
39	5.180	5.039	4.902	4.769	4.640	4.514	4.392	4.273	4.157
40	5.047	4.910	4.777	4.648	4.522	4.400	4.281	4.165	4.053

来源：Weiss（1971）。

211

表 5.11　不同温度下 N_2O 在淡水中的本森系数

[β，$L_{真实气体}$/(L·atm)]

温度/℃	Δt/℃									
	0.0	0.1	0.2	0.3	0.4	0.5	0.6	0.7	0.8	0.9
0	1.319 7	1.314 2	1.308 7	1.303 2	1.297 8	1.292 3	1.287 0	1.281 6	1.276 3	1.271 0
1	1.265 8	1.260 5	1.255 3	1.250 2	1.245 0	1.239 9	1.234 8	1.229 8	1.224 8	1.219 8
2	1.214 8	1.209 9	1.204 9	1.200 1	1.195 2	1.190 4	1.185 6	1.180 8	1.176 0	1.171 3
3	1.166 6	1.161 9	1.157 3	1.152 6	1.148 0	1.143 5	1.138 9	1.134 4	1.129 9	1.125 4
4	1.121 0	1.116 6	1.112 2	1.107 8	1.103 4	1.099 1	1.094 8	1.090 5	1.086 3	1.082 0
5	1.077 8	1.073 6	1.069 4	1.065 3	1.061 2	1.057 1	1.053 0	1.048 9	1.044 9	1.040 9

续 表

温度/℃	Δt/℃									
	0.0	0.1	0.2	0.3	0.4	0.5	0.6	0.7	0.8	0.9
6	1.036 9	1.032 9	1.029 0	1.025 1	1.021 2	1.017 3	1.013 4	1.009 6	1.005 7	1.001 9
7	0.998 1	0.994 4	0.990 6	0.986 9	0.983 2	0.979 5	0.975 9	0.972 2	0.968 6	0.965 0
8	0.961 4	0.957 8	0.954 3	0.950 7	0.947 2	0.943 7	0.940 2	0.936 8	0.933 3	0.929 9
9	0.926 5	0.923 1	0.919 7	0.916 4	0.913 0	0.909 7	0.906 4	0.903 1	0.899 9	0.896 6
10	0.893 4	0.890 2	0.887 0	0.883 8	0.880 6	0.877 5	0.874 3	0.871 2	0.868 1	0.865 0
11	0.861 9	0.858 9	0.855 8	0.852 8	0.849 8	0.846 8	0.843 8	0.840 9	0.837 9	0.835 0
12	0.832 1	0.829 2	0.826 3	0.823 4	0.820 5	0.817 7	0.814 8	0.812 0	0.809 2	0.806 4
13	0.803 6	0.800 9	0.798 1	0.795 4	0.792 7	0.790 0	0.787 3	0.784 6	0.781 9	0.779 3
14	0.776 6	0.774 0	0.771 4	0.768 8	0.766 2	0.763 6	0.761 0	0.758 5	0.755 9	0.753 4
15	0.750 9	0.748 4	0.745 9	0.743 4	0.741 0	0.738 5	0.736 1	0.733 6	0.731 2	0.728 8
16	0.726 4	0.724 0	0.721 7	0.719 3	0.716 9	0.714 6	0.712 3	0.710 0	0.707 7	0.705 4
17	0.703 1	0.700 8	0.698 6	0.696 3	0.694 1	0.691 8	0.689 6	0.687 4	0.685 2	0.683 0
18	0.680 9	0.678 7	0.676 5	0.674 4	0.672 3	0.670 1	0.668 0	0.665 9	0.663 8	0.661 7
19	0.659 7	0.657 6	0.655 5	0.653 5	0.651 5	0.649 4	0.647 4	0.645 4	0.643 4	0.641 4
20	0.639 4	0.637 5	0.635 5	0.633 6	0.631 6	0.629 7	0.627 8	0.625 8	0.623 9	0.622 0
21	0.620 1	0.618 3	0.616 4	0.614 5	0.612 7	0.610 8	0.609 0	0.607 2	0.605 3	0.603 5
22	0.601 7	0.599 9	0.598 1	0.596 4	0.594 6	0.592 8	0.591 1	0.589 3	0.587 6	0.585 9
23	0.584 1	0.582 4	0.580 7	0.579 0	0.577 3	0.575 6	0.574 0	0.572 3	0.570 6	0.569 0
24	0.567 3	0.565 7	0.564 1	0.562 4	0.560 8	0.559 2	0.557 6	0.556 0	0.554 4	0.552 8
25	0.551 3	0.549 7	0.548 1	0.546 6	0.545 0	0.543 5	0.542 0	0.540 4	0.538 9	0.537 4
26	0.535 9	0.534 4	0.532 9	0.531 4	0.529 9	0.528 5	0.527 0	0.525 5	0.524 1	0.522 6
27	0.521 2	0.519 8	0.518 3	0.516 9	0.515 5	0.514 1	0.512 7	0.511 3	0.509 9	0.508 5
28	0.507 1	0.505 8	0.504 4	0.503 0	0.501 7	0.500 3	0.499 0	0.497 6	0.496 3	0.495 0
29	0.493 7	0.492 4	0.491 0	0.489 7	0.488 4	0.487 2	0.485 9	0.484 6	0.483 3	0.482 0
30	0.480 8	0.479 5	0.478 3	0.477 0	0.475 8	0.474 5	0.473 3	0.472 1	0.470 8	0.469 6
31	0.468 4	0.467 2	0.466 0	0.464 8	0.463 6	0.462 4	0.461 3	0.460 1	0.458 9	0.457 7
32	0.456 6	0.455 4	0.454 3	0.453 1	0.452 0	0.450 8	0.449 7	0.448 6	0.447 5	0.446 3
33	0.445 2	0.444 1	0.443 0	0.441 9	0.440 8	0.439 7	0.438 6	0.437 6	0.436 5	0.435 4
34	0.434 3	0.433 3	0.432 2	0.431 2	0.430 1	0.429 1	0.428 0	0.427 0	0.425 9	0.424 9
35	0.423 9	0.422 9	0.421 9	0.420 8	0.419 8	0.418 8	0.417 8	0.416 8	0.415 8	0.414 9
36	0.413 9	0.412 9	0.411 9	0.410 9	0.410 0	0.409 0	0.408 1	0.407 1	0.406 1	0.405 2
37	0.404 2	0.403 3	0.402 4	0.401 4	0.400 5	0.399 6	0.398 7	0.397 7	0.396 8	0.395 9
38	0.395 0	0.394 1	0.393 2	0.392 3	0.391 4	0.390 5	0.389 6	0.388 8	0.387 9	0.387 0
39	0.386 1	0.385 3	0.384 4	0.383 5	0.382 7	0.381 8	0.381 0	0.380 1	0.379 3	0.378 4
40	0.377 6	0.376 8	0.375 9	0.375 1	0.374 3	0.373 5	0.372 6	0.371 8	0.371 0	0.370 2

来源：Weiss（1971）。

表 5.12 不同温度及盐度（0~40 g/kg）下 N_2O 的本森系数 [β, $L_{真实气体}/(L \cdot atm)$]

温度/℃	盐度/(g/kg)								
	0.0	5.0	10.0	15.0	20.0	25.0	30.0	35.0	40.0
0	1.319 7	1.280 4	1.242 4	1.205 4	1.169 6	1.134 8	1.101 0	1.068 3	1.036 5
1	1.265 8	1.228 4	1.192 2	1.157 0	1.122 9	1.089 8	1.057 7	1.026 5	0.996 2
2	1.214 8	1.179 3	1.144 8	1.111 3	1.078 8	1.047 2	1.016 6	0.986 9	0.958 0
3	1.166 6	1.132 7	1.099 9	1.068 0	1.037 0	1.006 9	0.977 7	0.949 3	0.921 8
4	1.121 0	1.088 7	1.057 4	1.027 0	0.997 4	0.968 7	0.940 8	0.913 7	0.887 5
5	1.077 8	1.047 0	1.017 1	0.988 1	0.959 9	0.932 5	0.905 9	0.880 0	0.854 9
6	1.036 9	1.007 5	0.979 0	0.951 3	0.924 3	0.898 1	0.872 7	0.848 0	0.823 9
7	0.998 1	0.970 1	0.942 8	0.916 3	0.890 6	0.865 5	0.841 2	0.817 6	0.794 6
8	0.961 4	0.934 6	0.908 5	0.883 1	0.858 5	0.834 6	0.811 3	0.788 7	0.766 7
9	0.926 5	0.900 8	0.875 9	0.851 7	0.828 1	0.805 1	0.782 9	0.761 2	0.740 1
10	0.893 4	0.868 8	0.845 0	0.821 7	0.799 2	0.777 2	0.755 8	0.735 1	0.714 9
11	0.861 9	0.838 4	0.815 5	0.793 3	0.771 6	0.750 6	0.730 1	0.710 2	0.690 8
12	0.832 1	0.809 5	0.787 6	0.766 2	0.745 5	0.725 3	0.705 6	0.686 5	0.667 9
13	0.803 6	0.782 0	0.761 0	0.740 5	0.720 6	0.701 2	0.682 3	0.664 0	0.646 1
14	0.776 6	0.755 9	0.735 7	0.716 0	0.696 9	0.678 3	0.660 1	0.642 5	0.625 3
15	0.750 9	0.731 0	0.711 6	0.692 7	0.674 3	0.656 4	0.639 0	0.622 0	0.605 5
16	0.726 4	0.707 3	0.688 6	0.670 5	0.652 8	0.635 6	0.618 8	0.602 5	0.586 6
17	0.703 1	0.684 7	0.666 7	0.649 3	0.632 3	0.615 7	0.599 6	0.583 9	0.568 6
18	0.680 9	0.663 1	0.645 9	0.629 1	0.612 7	0.596 7	0.581 2	0.566 1	0.551 3
19	0.659 7	0.642 6	0.626 0	0.609 8	0.594 0	0.578 6	0.563 6	0.549 1	0.534 9
20	0.639 4	0.623 0	0.607 0	0.591 4	0.576 1	0.561 3	0.546 9	0.532 8	0.519 1
21	0.620 1	0.604 3	0.588 8	0.573 8	0.559 1	0.544 8	0.530 9	0.517 3	0.504 1
22	0.601 7	0.586 4	0.571 5	0.557 0	0.542 8	0.529 0	0.515 6	0.502 5	0.489 7
23	0.584 1	0.569 4	0.555 0	0.540 9	0.527 3	0.513 9	0.500 9	0.488 3	0.475 9
24	0.567 3	0.553 1	0.539 1	0.525 6	0.512 4	0.499 5	0.486 9	0.474 7	0.462 7
25	0.551 3	0.537 5	0.524 0	0.510 9	0.498 1	0.485 6	0.473 5	0.461 6	0.450 1
26	0.535 9	0.522 6	0.509 5	0.496 9	0.484 5	0.472 4	0.460 6	0.449 2	0.438 0
27	0.521 2	0.508 3	0.495 7	0.483 4	0.471 4	0.459 7	0.448 3	0.437 2	0.426 4
28	0.507 1	0.494 6	0.482 4	0.470 5	0.458 9	0.447 6	0.436 6	0.425 8	0.415 3
29	0.493 7	0.481 5	0.469 7	0.458 2	0.446 9	0.436 0	0.425 2	0.414 8	0.404 6
30	0.480 8	0.469 0	0.457 5	0.446 4	0.435 4	0.424 8	0.414 4	0.404 3	0.394 4
31	0.468 4	0.457 0	0.445 9	0.435 0	0.424 4	0.414 1	0.404 0	0.394 2	0.384 6

续 表

温度/℃	盐度/(g/kg)								
	0.0	5.0	10.0	15.0	20.0	25.0	30.0	35.0	40.0
32	0.4566	0.4455	0.4347	0.4241	0.4139	0.4038	0.3940	0.3845	0.3751
33	0.4452	0.4345	0.4240	0.4137	0.4037	0.3940	0.3844	0.3751	0.3661
34	0.4343	0.4239	0.4137	0.4037	0.3940	0.3845	0.3752	0.3662	0.3574
35	0.4239	0.4137	0.4038	0.3941	0.3846	0.3754	0.3664	0.3576	0.3490
36	0.4139	0.4040	0.3943	0.3849	0.3756	0.3667	0.3579	0.3493	0.3409
37	0.4042	0.3946	0.3852	0.3760	0.3670	0.3583	0.3497	0.3414	0.3332
38	0.3950	0.3856	0.3764	0.3675	0.3587	0.3502	0.3418	0.3337	0.3258
39	0.3861	0.3770	0.3680	0.3593	0.3507	0.3424	0.3343	0.3263	0.3186
40	0.3776	0.3687	0.3599	0.3514	0.3431	0.3349	0.3270	0.3193	0.3117

来源：Weiss（1971）。

第6章　卤水中气体的溶解度

213

河口和海水中的主要离子比例恒定，它是精准确定溶解度关系的一个必备因素。而卤水的离子组分有很大的不确定性（Sherwood et al.，1991）。因此，在给定的盐度和温度下，死海、大盐湖或南极湖中气体的溶解度完全不同。大多数盐湖以氯化钠（NaCl）为主，因此，在无法获得特定信息时，可以使用氯化钠的溶解度数据。浓度之间转化、质量单位换算为浓度单位或体积单位的过程，会因为某一特定卤水密度随温度和盐度变化的不确定性而变得复杂。

向深海含水层注入二氧化碳（Portier、Rochelle，2005），并以二氧化碳水合物的形式将二氧化碳封存在海底得到了人们极大的关注（Duan et al.，2006）。因此，二氧化碳（Duan et al.，2006）的溶解度关系涵盖的温度及压力范围比氧气的要广泛（Sherwood et al.，1991）。此外，二氧化碳的溶解度关系可以用来估算任意离子组成的卤水、海水和盐水的溶解度。本书没有介绍高压二氧化碳溶解度信息，对这个应用程序感兴趣的读者可以查看 Duan 等人（2006）及 Duan 和 Sun（2003）的文献，或者使用他们先进的在线计算器，或者下载程序（http：//www. geochem-model. org/）进行计算。有关惰性气体溶解度的信息是由 Smith 和 Kennedy（1983）提出的，但这与本书使用的方法不一致。

在标准空气饱和浓度（μmol/kg 和 mg/L）和本森系数［$L_{真实气体}$/(L · atm)］条件下，依据附录 A 中的方程，可以计算氧气和二氧化碳的溶解度随 NaCl 卤水盐度及温度变化的关系。具体数据如下所示。

214

1. NaCl 卤水中的标准空气饱和浓度

气　体	$c_o^{\dagger}$/(μmol/kg)	c_o^{*}/(mg/L)
	表	表
氧气		
0～120 g/kg	6.1	6.7
120～240 g/kg	6.2	6.8

续 表

气 体	$c_o^{\dagger}$/(μmol/kg)	c_o^{*}/(mg/L)
	表	表
二氧化碳（2010）		
0~120 g/kg	6.3	6.9
120~240 g/kg	6.4	6.10
二氧化碳（2030）		
0~120 g/kg	6.5	6.11
120~240 g/kg	6.6	6.12

2. NaCl 卤水中的本森系数

气 体	本森系数（β）[$L_{真实气体}$/(L·atm)]
	表
氧气	
0~120 g/kg	6.13
120~240 g/kg	6.14
二氧化碳	
0~120 g/kg	6.15
120~240 g/kg	6.16

3. NaCl 盐水中的水蒸气压力（p_{wv}）

用 mmHg 表示的 NaCl 盐水的水蒸气压力，如表 6.17（0~120 g/kg）和表 6.18（120~240 g/kg）所示。

4. NaCl 盐水中水的密度

NaCl 卤水的密度如表 6.19（0~120 g/kg）和表 6.20（120~240 g/kg）所示。

215

例 6-1

比较 0℃与 35℃条件下，海水（表 2.1）与 NaCl 卤水中标准空气下氧气的溶解度（μmol/kg）的值。假定测量的两种水域的盐度均为 30 g/kg。

输 入 数 据

温度/℃	卤　水	海　水
0	363.19	361.74
35	182.84	182.20

至少在低盐度时，这两种情况下溶解度相当接近。

216

表 6.1　不同温度及盐度（0~120 g/kg）下大气中的氧气在 NaCl 卤水中的饱和度（μmol/kg，1 atm 湿空气）

温度/℃	盐度/(g/kg)								
	0	15	30	45	60	75	90	105	120
0	454.66	406.68	363.19	323.82	288.26	256.18	227.31	201.37	178.10
1	442.18	395.88	353.86	315.80	281.37	250.29	222.29	197.10	174.48
2	430.36	385.65	345.03	308.19	274.84	244.71	217.52	193.05	171.05
3	419.13	375.93	336.63	300.96	268.63	239.39	212.99	189.19	167.79
4	408.44	366.67	328.63	294.07	262.71	234.33	208.67	185.52	164.67
5	398.25	357.83	320.99	287.48	257.05	229.48	204.53	182.00	161.69
6	388.50	349.37	313.67	281.17	251.63	224.83	200.56	178.63	158.83
7	379.15	341.26	306.66	275.12	246.43	220.37	196.75	175.38	156.08
8	370.19	333.47	299.91	269.29	241.41	216.07	193.08	172.25	153.43
9	361.56	325.97	293.42	263.68	236.58	211.93	189.53	169.23	150.86
10	353.26	318.75	287.15	258.27	231.92	207.92	186.10	166.31	148.38
11	345.25	311.78	281.10	253.04	227.41	204.04	182.78	163.48	145.97
12	337.51	305.04	275.25	247.97	223.04	200.28	179.56	160.73	143.63
13	330.04	298.53	269.59	243.07	218.80	196.64	176.43	158.05	141.36
14	322.81	292.22	264.10	238.31	214.69	193.09	173.39	155.45	139.14
15	315.82	286.11	258.79	233.69	210.69	189.65	170.44	152.92	136.99
16	309.04	280.19	253.63	229.21	206.82	186.31	167.56	150.46	134.88
17	302.48	274.46	248.63	224.86	203.05	183.05	164.76	148.06	132.83
18	296.13	268.89	243.77	220.64	199.38	179.88	162.03	145.72	130.83
19	289.97	263.50	239.06	216.54	195.82	176.81	159.38	143.44	128.89
20	284.01	258.28	234.49	212.56	192.37	173.81	156.80	141.22	126.99
21	278.24	253.21	230.07	208.70	189.01	170.91	154.29	139.06	125.14
22	272.66	248.31	225.78	204.95	185.75	168.08	151.85	136.96	123.34
23	267.27	243.57	221.62	201.33	182.60	165.35	149.48	134.93	121.59
24	262.06	238.99	217.61	197.82	179.54	162.69	147.19	132.95	119.89

续 表

温度/℃	盐度/(g/kg)								
	0	15	30	45	60	75	90	105	120
25	257.03	234.57	213.73	194.43	176.59	160.13	144.97	131.04	118.25
26	252.19	230.31	209.99	191.16	173.74	157.65	142.83	129.19	116.66
27	247.53	226.21	206.39	188.01	170.99	155.27	140.76	127.41	115.13
28	243.05	222.27	202.93	184.98	168.35	152.97	138.77	125.69	113.66
29	238.76	218.49	199.62	182.08	165.82	150.77	136.87	124.05	112.25
30	234.66	214.88	196.44	179.30	163.40	148.66	135.04	122.48	110.90
31	230.75	211.43	193.42	176.66	161.09	146.66	133.31	120.98	109.62
32	227.03	208.16	190.54	174.14	158.90	144.75	131.66	119.56	108.40
33	223.51	205.05	187.82	171.76	156.82	142.95	130.11	118.23	107.26
34	220.18	202.12	185.25	169.52	154.87	141.26	128.65	116.97	106.19
35	217.05	199.37	182.84	167.41	153.04	139.68	127.29	115.81	105.20
36	214.13	196.81	180.60	165.46	151.34	138.22	126.03	114.73	104.28
37	211.41	194.42	178.52	163.65	149.78	136.87	124.87	113.75	103.45
38	208.90	192.23	176.61	161.99	148.35	135.65	123.83	112.87	102.71
39	206.62	190.24	174.88	160.50	147.07	134.55	122.90	112.09	102.06
40	204.55	188.44	173.32	159.17	145.93	133.59	122.09	111.41	101.51

来源：方程 16，Sherwood 等（1991）。

217

表 6.2 不同温度及盐度（120～240 g/kg）下大气中的氧气在 NaCl 卤水中的饱和度（μmol/kg，1 atm 湿空气）

温度/℃	盐度/(g/kg)								
	120	135	150	165	180	195	210	225	240
0	178.10	157.26	138.63	122.01	107.21	94.05	82.37	72.03	62.88
1	174.48	154.21	136.07	119.87	105.42	92.57	81.15	71.02	62.05
2	171.05	151.31	133.63	117.83	103.73	91.16	79.99	70.07	61.28
3	167.79	148.56	131.32	115.89	102.11	89.82	78.88	69.16	60.54
4	164.67	145.93	129.11	114.05	100.57	88.55	77.83	68.30	59.84
5	161.69	143.41	127.00	112.28	99.10	87.33	76.83	67.48	59.18
6	158.83	141.00	124.97	110.58	97.69	86.16	75.87	66.70	58.54
7	156.08	138.68	123.02	108.95	96.33	85.03	74.94	65.94	57.92
8	153.43	136.44	121.13	107.37	95.01	83.94	74.04	65.20	57.33
9	150.86	134.27	119.31	105.84	93.74	82.89	73.18	64.50	56.75

续　表

温度/℃	盐度/(g/kg)								
	120	135	150	165	180	195	210	225	240
10	148.38	132.17	117.54	104.36	92.51	81.87	72.33	63.81	56.19
11	145.97	130.13	115.82	102.92	91.31	80.87	71.51	63.14	55.65
12	143.63	128.15	114.15	101.52	90.14	79.90	70.71	62.48	55.12
13	141.36	126.22	112.53	100.15	89.00	78.96	69.93	61.84	54.59
14	139.14	124.35	110.94	98.82	87.88	78.03	69.17	61.21	54.08
15	136.99	122.51	109.39	97.52	86.80	77.12	68.42	60.60	53.58
16	134.88	120.73	107.88	96.25	85.73	76.24	67.69	60.00	53.09
17	132.83	118.98	106.41	95.00	84.69	75.37	66.97	59.41	52.61
18	130.83	117.28	104.96	93.79	83.67	74.52	66.26	58.83	52.14
19	128.89	115.62	103.56	92.60	82.67	73.69	65.57	58.26	51.68
20	126.99	114.00	102.18	91.44	81.70	72.87	64.90	57.70	51.22
21	125.14	112.43	100.84	90.31	80.75	72.08	64.24	57.16	50.77
22	123.34	110.89	99.54	89.21	79.82	71.30	63.59	56.63	50.34
23	121.59	109.40	98.27	88.13	78.91	70.55	62.96	56.11	49.91
24	119.89	107.95	97.04	87.09	78.04	69.81	62.35	55.60	49.50
25	118.25	106.54	95.84	86.08	77.18	69.10	61.76	55.11	49.10
26	116.66	105.19	94.69	85.10	76.36	68.41	61.19	54.64	48.72
27	115.13	103.88	93.57	84.16	75.57	67.74	60.64	54.19	48.34
28	113.66	102.62	92.50	83.25	74.80	67.11	60.11	53.75	47.99
29	112.25	101.41	91.48	82.38	74.07	66.50	59.60	53.33	47.65
30	110.90	100.26	90.50	81.55	73.38	65.92	59.12	52.94	47.33
31	109.62	99.17	89.57	80.77	72.72	65.37	58.67	52.57	47.03
32	108.40	98.13	88.69	80.03	72.10	64.86	58.25	52.23	46.76
33	107.26	97.16	87.87	79.34	71.53	64.38	57.86	51.91	46.50
34	106.19	96.25	87.10	78.70	70.99	63.94	57.50	51.62	46.28
35	105.20	95.41	86.39	78.11	70.50	63.54	57.18	51.37	46.08
36	104.28	94.64	85.75	77.57	70.07	63.19	56.89	51.15	45.91
37	103.45	93.94	85.17	77.10	69.68	62.88	56.65	50.96	45.77
38	102.71	93.32	84.66	76.68	69.35	62.62	56.45	50.81	45.67
39	102.06	92.79	84.23	76.34	69.08	62.41	56.30	50.71	45.60
40	101.51	92.34	83.87	76.06	68.86	62.26	56.19	50.64	45.57

来源：方程 16，Sherwood 等（1991）。

218

表 6.3 不同温度及盐度（0~120 g/kg）下大气中的二氧化碳在 NaCl 卤水中的饱和度（μmol/kg，1 atm 湿空气，摩尔分数 = 390 μmol）

温度/℃	盐度/(g/kg)								
	0	15	30	45	60	75	90	105	120
0	29.652	28.009	26.475	25.042	23.702	22.449	21.276	20.179	19.150
1	28.513	26.943	25.476	24.106	22.824	21.626	20.504	19.453	18.469
2	27.432	25.931	24.528	23.217	21.991	20.843	19.769	18.763	17.820
3	26.413	24.976	23.633	22.378	21.203	20.104	19.075	18.111	17.207
4	25.445	24.069	22.783	21.580	20.455	19.401	18.415	17.490	16.623
5	24.526	23.208	21.975	20.822	19.743	18.733	17.787	16.900	16.068
6	23.655	22.391	21.209	20.103	19.068	18.098	17.190	16.338	15.540
7	22.827	21.615	20.480	19.419	18.425	17.494	16.622	15.804	15.037
8	22.041	20.877	19.788	18.768	17.814	16.920	16.081	15.295	14.558
9	21.293	20.175	19.129	18.149	17.232	16.372	15.566	14.810	14.101
10	20.580	19.505	18.499	17.558	16.676	15.849	15.074	14.346	13.664
11	19.902	18.868	17.901	16.995	16.147	15.351	14.605	13.905	13.248
12	19.256	18.261	17.331	16.459	15.642	14.876	14.157	13.483	12.850
13	18.639	17.682	16.786	15.946	15.159	14.422	13.729	13.080	12.469
14	18.050	17.128	16.265	15.457	14.698	13.987	13.320	12.694	12.105
15	17.489	16.601	15.769	14.990	14.259	13.573	12.930	12.325	11.758
16	16.952	16.096	15.293	14.542	13.837	13.175	12.554	11.971	11.424
17	16.019	15.214	14.460	13.753	13.090	12.468	11.884	11.336	10.820
18	15.568	14.790	14.061	13.378	12.737	12.135	11.570	11.039	10.540
19	15.135	14.383	13.678	13.017	12.397	11.814	11.268	10.754	10.271
20	14.718	13.991	13.309	12.669	12.068	11.505	10.976	10.478	10.011
21	14.316	13.612	12.952	12.332	11.751	11.206	10.693	10.212	9.759
22	13.930	13.248	12.609	12.009	11.446	10.918	10.422	9.955	9.516
23	13.558	12.897	12.278	11.698	11.153	10.641	10.160	9.707	9.282
24	13.198	12.558	11.959	11.396	10.868	10.372	9.906	9.467	9.055
25	12.850	12.230	11.649	11.104	10.592	10.112	9.660	9.235	8.835
26	12.516	11.916	11.353	10.824	10.328	9.861	9.423	9.011	8.623
27	12.192	11.611	11.065	10.552	10.071	9.619	9.194	8.794	8.418
28	11.881	11.316	10.787	10.290	9.823	9.384	8.972	8.584	8.219
29	11.579	11.032	10.518	10.036	9.583	9.157	8.757	8.381	8.026
30	11.286	10.755	10.257	9.789	9.350	8.937	8.548	8.183	7.839
31	11.005	10.489	10.006	9.552	9.125	8.724	8.347	7.992	7.658

续　表

温度/℃	盐度/(g/kg)								
	0	15	30	45	60	75	90	105	120
32	10. 731	10. 231	9. 761	9. 320	8. 906	8. 517	8. 150	7. 806	7. 481
33	10. 466	9. 980	9. 524	9. 096	8. 694	8. 316	7. 960	7. 625	7. 310
34	10. 210	9. 738	9. 296	8. 880	8. 489	8. 122	7. 776	7. 451	7. 145
35	9. 961	9. 503	9. 073	8. 669	8. 289	7. 932	7. 597	7. 281	6. 983
36	9. 720	9. 275	8. 857	8. 465	8. 096	7. 749	7. 423	7. 116	6. 826
37	9. 485	9. 052	8. 647	8. 265	7. 907	7. 570	7. 253	6. 954	6. 673
38	9. 257	8. 837	8. 443	8. 072	7. 724	7. 396	7. 088	6. 798	6. 524
39	9. 036	8. 628	8. 244	7. 884	7. 545	7. 227	6. 927	6. 645	6. 379
40	8. 820	8. 424	8. 051	7. 701	7. 371	7. 062	6. 770	6. 496	6. 238

来源：方程 1，Duan 等（2006）。

表 6. 4　不同温度及盐度（120~240 g/kg）下大气中的二氧化碳在 NaCl 卤水中的饱和度（μmol/kg，1 atm 湿空气，摩尔分数=390 μmol）

219

温度/℃	盐度/(g/kg)								
	120	135	150	165	180	195	210	225	240
0	19. 150	18. 187	17. 283	16. 435	15. 639	14. 892	14. 190	13. 530	12. 910
1	18. 469	17. 546	16. 680	15. 868	15. 106	14. 390	13. 717	13. 084	12. 489
2	17. 820	16. 936	16. 107	15. 329	14. 598	13. 911	13. 266	12. 659	12. 088
3	17. 207	16. 359	15. 564	14. 817	14. 116	13. 457	12. 838	12. 255	11. 707
4	16. 623	15. 810	15. 047	14. 331	13. 657	13. 025	12. 430	11. 870	11. 344
5	16. 068	15. 287	14. 555	13. 867	13. 220	12. 613	12. 041	11. 503	10. 997
6	15. 540	14. 790	14. 086	13. 425	12. 804	12. 220	11. 670	11. 153	10. 667
7	15. 037	14. 316	13. 640	13. 005	12. 407	11. 846	11. 317	10. 820	10. 351
8	14. 558	13. 865	13. 215	12. 603	12. 029	11. 488	10. 980	10. 501	10. 050
9	14. 101	13. 435	12. 809	12. 220	11. 667	11. 147	10. 657	10. 196	9. 762
10	13. 664	13. 023	12. 420	11. 854	11. 321	10. 820	10. 348	9. 904	9. 485
11	13. 248	12. 630	12. 050	11. 504	10. 991	10. 508	10. 054	9. 625	9. 222
12	12. 850	12. 255	11. 696	11. 170	10. 675	10. 210	9. 771	9. 358	8. 969
13	12. 469	11. 896	11. 357	10. 850	10. 373	9. 924	9. 501	9. 102	8. 727
14	12. 105	11. 552	11. 032	10. 543	10. 083	9. 650	9. 241	8. 857	8. 494
15	11. 758	11. 224	10. 722	10. 250	9. 806	9. 388	8. 993	8. 622	8. 272
16	11. 424	10. 908	10. 424	9. 968	9. 539	9. 135	8. 754	8. 396	8. 057

续 表

温度/℃	盐度/(g/kg)								
	120	135	150	165	180	195	210	225	240
17	10.820	10.336	9.880	9.451	9.047	8.666	8.308	7.970	7.651
18	10.540	10.071	9.630	9.215	8.824	8.455	8.108	7.780	7.472
19	10.271	9.817	9.390	8.987	8.609	8.252	7.915	7.598	7.299
20	10.011	9.571	9.157	8.767	8.400	8.054	7.728	7.421	7.131
21	9.759	9.333	8.932	8.554	8.199	7.863	7.547	7.249	6.968
22	9.516	9.103	8.715	8.349	8.004	7.679	7.373	7.084	6.811
23	9.282	8.882	8.505	8.150	7.816	7.501	7.204	6.924	6.659
24	9.055	8.667	8.302	7.958	7.634	7.328	7.040	6.768	6.511
25	8.835	8.459	8.105	7.771	7.456	7.160	6.880	6.617	6.367
26	8.623	8.258	7.915	7.591	7.286	6.998	6.727	6.471	6.229
27	8.418	8.064	7.730	7.416	7.120	6.841	6.577	6.329	6.094
28	8.219	7.875	7.552	7.247	6.959	6.688	6.432	6.191	5.963
29	8.026	7.693	7.378	7.082	6.803	6.540	6.292	6.057	5.836
30	7.839	7.515	7.210	6.922	6.651	6.395	6.154	5.927	5.712
31	7.658	7.343	7.047	6.768	6.504	6.256	6.022	5.800	5.591
32	7.481	7.176	6.888	6.617	6.361	6.120	5.892	5.677	5.474
33	7.310	7.013	6.734	6.470	6.222	5.987	5.766	5.557	5.360
34	7.145	6.856	6.585	6.328	6.087	5.859	5.644	5.441	5.249
35	6.983	6.703	6.439	6.190	5.955	5.733	5.524	5.327	5.140
36	6.826	6.554	6.297	6.055	5.827	5.611	5.408	5.216	5.035
37	6.673	6.408	6.159	5.923	5.701	5.492	5.294	5.107	4.931
38	6.524	6.267	6.024	5.795	5.579	5.376	5.183	5.002	4.830
39	6.379	6.129	5.893	5.670	5.460	5.262	5.075	4.899	4.732
40	6.238	5.994	5.765	5.548	5.344	5.151	4.969	4.798	4.635

来源：方程 1，Duan 等（2006）。

220

表 6.5　不同温度及盐度（0~120 g/kg）下大气中的二氧化碳在 NaCl 卤水中的饱和度（μmol/kg，1 atm 湿空气，摩尔分数 = 440 μmol）

温度/℃	盐度/(g/kg)								
	0	15	30	45	60	75	90	105	120
0	33.454	31.600	29.869	28.252	26.741	25.327	24.004	22.766	21.605
1	32.168	30.397	28.742	27.196	25.751	24.398	23.132	21.947	20.836

续　表

温度/℃	盐度/(g/kg)								
	0	15	30	45	60	75	90	105	120
2	30.949	29.255	27.673	26.194	24.810	23.516	22.304	21.169	20.105
3	29.799	28.178	26.663	25.246	23.922	22.682	21.521	20.433	19.413
4	28.707	27.154	25.703	24.347	23.077	21.889	20.775	19.732	18.754
5	27.671	26.183	24.792	23.492	22.274	21.135	20.067	19.066	18.128
6	26.687	25.261	23.928	22.680	21.512	20.418	19.394	18.433	17.532
7	25.754	24.386	23.106	21.908	20.787	19.737	18.753	17.830	16.964
8	24.867	23.553	22.325	21.175	20.098	19.089	18.143	17.256	16.424
9	24.023	22.762	21.581	20.476	19.441	18.471	17.562	16.709	15.909
10	23.218	22.006	20.871	19.809	18.814	17.881	17.006	16.186	15.416
11	22.453	21.287	20.196	19.174	18.217	17.319	16.477	15.688	14.946
12	21.724	20.602	19.552	18.569	17.647	16.783	15.972	15.212	14.497
13	21.028	19.949	18.938	17.991	17.103	16.271	15.490	14.756	14.068
14	20.364	19.324	18.351	17.438	16.583	15.781	15.028	14.321	13.657
15	19.732	18.730	17.791	16.912	16.087	15.313	14.587	13.906	13.265
16	19.125	18.159	17.254	16.406	15.611	14.864	14.164	13.506	12.888
17	18.072	17.164	16.314	15.516	14.769	14.067	13.408	12.789	12.207
18	17.564	16.686	15.864	15.093	14.369	13.691	13.053	12.454	11.892
19	17.076	16.227	15.432	14.686	13.986	13.329	12.712	12.133	11.588
20	16.605	15.784	15.015	14.293	13.616	12.980	12.383	11.822	11.294
21	16.152	15.357	14.612	13.914	13.258	12.642	12.064	11.521	11.010
22	15.715	14.946	14.225	13.549	12.914	12.318	11.758	11.231	10.736
23	15.296	14.551	13.853	13.197	12.582	12.005	11.462	10.952	10.472
24	14.890	14.169	13.492	12.857	12.261	11.702	11.176	10.681	10.216
25	14.497	13.798	13.143	12.528	11.950	11.408	10.898	10.419	9.968
26	14.121	13.443	12.808	12.212	11.652	11.126	10.631	10.166	9.729
27	13.756	13.099	12.483	11.905	11.362	10.852	10.372	9.921	9.497
28	13.404	12.767	12.170	11.609	11.082	10.587	10.122	9.684	9.273
29	13.064	12.446	11.867	11.323	10.812	10.331	9.880	9.455	9.055
30	12.733	12.134	11.572	11.044	10.548	10.082	9.644	9.232	8.844
31	12.416	11.834	11.289	10.776	10.295	9.842	9.417	9.017	8.640
32	12.107	11.542	11.013	10.515	10.048	9.609	9.195	8.807	8.441
33	11.807	11.260	10.745	10.262	9.809	9.382	8.981	8.603	8.247
34	11.519	10.987	10.487	10.018	9.577	9.163	8.773	8.406	8.061
35	11.238	10.721	10.236	9.780	9.352	8.949	8.570	8.214	7.878

续 表

温度/℃	盐度/(g/kg)								
	0	15	30	45	60	75	90	105	120
36	10. 966	10. 464	9. 993	9. 550	9. 134	8. 743	8. 374	8. 028	7. 702
37	10. 700	10. 213	9. 755	9. 325	8. 921	8. 540	8. 182	7. 846	7. 528
38	10. 444	9. 970	9. 525	9. 107	8. 714	8. 344	7. 996	7. 669	7. 361
39	10. 194	9. 734	9. 301	8. 895	8. 513	8. 153	7. 815	7. 497	7. 197
40	9. 951	9. 504	9. 083	8. 688	8. 317	7. 967	7. 638	7. 329	7. 037

来源：方程 1，Duan 等（2006）。

221

表 6.6 不同温度及盐度（120~240 g/kg）下大气中的二氧化碳在 NaCl 卤水中的饱和度（μmol/kg，1 atm 湿空气，摩尔分数=440 μmol）

温度/℃	盐度/(g/kg)								
	120	135	150	165	180	195	210	225	240
0	21. 605	20. 518	19. 499	18. 542	17. 644	16. 802	16. 010	15. 265	14. 565
1	20. 836	19. 795	18. 819	17. 903	17. 042	16. 235	15. 475	14. 762	14. 090
2	20. 105	19. 108	18. 172	17. 294	16. 469	15. 694	14. 966	14. 282	13. 637
3	19. 413	18. 457	17. 559	16. 717	15. 926	15. 183	14. 484	13. 826	13. 208
4	18. 754	17. 837	16. 976	16. 168	15. 408	14. 695	14. 024	13. 392	12. 798
5	18. 128	17. 247	16. 421	15. 645	14. 915	14. 230	13. 585	12. 978	12. 407
6	17. 532	16. 686	15. 892	15. 146	14. 446	13. 787	13. 167	12. 583	12. 034
7	16. 964	16. 152	15. 389	14. 672	13. 998	13. 364	12. 768	12. 207	11. 678
8	16. 424	15. 643	14. 909	14. 219	13. 571	12. 961	12. 387	11. 847	11. 338
9	15. 909	15. 157	14. 451	13. 787	13. 163	12. 576	12. 024	11. 503	11. 013
10	15. 416	14. 692	14. 012	13. 374	12. 773	12. 207	11. 675	11. 174	10. 701
11	14. 946	14. 249	13. 595	12. 979	12. 400	11. 855	11. 342	10. 859	10. 404
12	14. 497	13. 826	13. 195	12. 602	12. 044	11. 519	11. 024	10. 558	10. 119
13	14. 068	13. 421	12. 813	12. 241	11. 703	11. 196	10. 719	10. 269	9. 845
14	13. 657	13. 033	12. 447	11. 895	11. 376	10. 887	10. 426	9. 992	9. 583
15	13. 265	12. 663	12. 097	11. 564	11. 063	10. 591	10. 146	9. 727	9. 332
16	12. 888	12. 307	11. 761	11. 246	10. 762	10. 306	9. 877	9. 472	9. 090
17	12. 207	11. 661	11. 146	10. 662	10. 207	9. 777	9. 373	8. 992	8. 632
18	11. 892	11. 362	10. 865	10. 396	9. 955	9. 539	9. 147	8. 778	8. 430
19	11. 588	11. 075	10. 593	10. 140	9. 712	9. 310	8. 930	8. 572	8. 234

续 表

温度/℃	盐度/(g/kg)								
	120	135	150	165	180	195	210	225	240
20	11.294	10.798	10.331	9.891	9.477	9.087	8.719	8.372	8.045
21	11.010	10.529	10.077	9.651	9.250	8.872	8.515	8.179	7.862
22	10.736	10.270	9.832	9.419	9.030	8.664	8.318	7.992	7.684
23	10.472	10.021	9.596	9.195	8.818	8.463	8.128	7.811	7.513
24	10.216	9.778	9.366	8.978	8.612	8.268	7.942	7.636	7.346
25	9.968	9.543	9.144	8.767	8.412	8.078	7.762	7.465	7.184
26	9.729	9.317	8.929	8.564	8.220	7.895	7.589	7.300	7.027
27	9.497	9.097	8.721	8.367	8.033	7.718	7.420	7.140	6.875
28	9.273	8.885	8.520	8.176	7.851	7.545	7.257	6.985	6.727
29	9.055	8.679	8.324	7.990	7.675	7.378	7.098	6.834	6.584
30	8.844	8.478	8.134	7.810	7.504	7.215	6.943	6.686	6.444
31	8.640	8.285	7.950	7.635	7.338	7.058	6.794	6.544	6.308
32	8.441	8.096	7.771	7.465	7.177	6.904	6.647	6.405	6.176
33	8.247	7.913	7.597	7.300	7.019	6.755	6.505	6.269	6.047
34	8.061	7.735	7.429	7.140	6.867	6.610	6.367	6.138	5.922
35	7.878	7.562	7.264	6.983	6.718	6.468	6.232	6.010	5.799
36	7.702	7.394	7.104	6.831	6.574	6.331	6.101	5.885	5.680
37	7.528	7.230	6.948	6.683	6.432	6.196	5.973	5.762	5.563
38	7.361	7.070	6.796	6.538	6.295	6.065	5.848	5.643	5.450
39	7.197	6.915	6.648	6.397	6.160	5.937	5.726	5.527	5.339
40	7.037	6.763	6.504	6.259	6.029	5.812	5.606	5.413	5.230

来源：方程 1，Duan 等（2006）。

表 6.7 不同温度及盐度（0~120 g/kg）下大气中的氧气在 NaCl 卤水中的饱和度（mg/L，1 atm 湿空气）

222

温度/℃	盐度/(g/kg)								
	0	15	30	45	60	75	90	105	120
0	14.545	13.160	11.886	10.717	9.646	8.668	7.775	6.963	6.225
1	14.147	12.811	11.581	10.450	9.415	8.467	7.602	6.814	6.097
2	13.769	12.479	11.291	10.198	9.195	8.277	7.438	6.673	5.976
3	13.410	12.164	11.015	9.957	8.986	8.096	7.281	6.538	5.861
4	13.069	11.864	10.753	9.728	8.787	7.923	7.132	6.409	5.750
5	12.742	11.578	10.502	9.509	8.596	7.758	6.989	6.286	5.645

续表

温度/℃	盐度/(g/kg)								
	0	15	30	45	60	75	90	105	120
6	12.430	11.303	10.261	9.299	8.413	7.599	6.852	6.168	5.543
7	12.131	11.040	10.030	9.098	8.238	7.446	6.720	6.055	5.446
8	11.843	10.787	9.809	8.904	8.069	7.300	6.593	5.945	5.352
9	11.567	10.544	9.595	8.717	7.905	7.158	6.470	5.839	5.261
10	11.300	10.309	9.389	8.536	7.748	7.021	6.352	5.737	5.173
11	11.043	10.082	9.189	8.361	7.595	6.888	6.237	5.637	5.087
12	10.795	9.863	8.996	8.192	7.448	6.760	6.125	5.541	5.004
13	10.554	9.651	8.810	8.029	7.304	6.635	6.016	5.447	4.923
14	10.322	9.445	8.629	7.870	7.165	6.513	5.911	5.356	4.844
15	10.097	9.246	8.453	7.715	7.030	6.395	5.808	5.267	4.768
16	9.879	9.053	8.283	7.566	6.899	6.281	5.709	5.180	4.693
17	9.667	8.866	8.118	7.420	6.771	6.169	5.611	5.096	4.620
18	9.463	8.685	7.957	7.279	6.647	6.061	5.517	5.013	4.549
19	9.264	8.508	7.802	7.142	6.527	5.955	5.425	4.933	4.479
20	9.072	8.338	7.651	7.008	6.410	5.852	5.335	4.855	4.412
21	8.886	8.172	7.504	6.879	6.296	5.753	5.248	4.779	4.346
22	8.706	8.012	7.362	6.754	6.185	5.656	5.163	4.705	4.282
23	8.531	7.857	7.225	6.632	6.078	5.562	5.081	4.634	4.219
24	8.363	7.707	7.092	6.515	5.975	5.471	5.001	4.564	4.159
25	8.200	7.563	6.963	6.401	5.874	5.382	4.924	4.497	4.100
26	8.044	7.423	6.839	6.291	5.778	5.297	4.849	4.432	4.044
27	7.893	7.289	6.720	6.186	5.684	5.215	4.777	4.369	3.989
28	7.748	7.160	6.605	6.084	5.595	5.136	4.708	4.308	3.936
29	7.609	7.036	6.495	5.986	5.508	5.060	4.641	4.250	3.886
30	7.476	6.917	6.390	5.893	5.426	4.988	4.578	4.195	3.838
31	7.349	6.804	6.289	5.804	5.347	4.919	4.517	4.142	3.792
32	7.229	6.697	6.194	5.719	5.273	4.853	4.460	4.092	3.748
33	7.114	6.594	6.103	5.639	5.202	4.791	4.405	4.044	3.707
34	7.006	6.498	6.017	5.563	5.135	4.732	4.354	4.000	3.669
35	6.904	6.407	5.937	5.492	5.073	4.678	4.306	3.958	3.633
36	6.808	6.322	5.862	5.426	5.014	4.627	4.262	3.920	3.600
37	6.720	6.244	5.792	5.365	4.961	4.580	4.221	3.885	3.570
38	6.638	6.171	5.728	5.308	4.911	4.537	4.184	3.853	3.543
39	6.562	6.105	5.670	5.257	4.867	4.498	4.151	3.825	3.519
40	6.494	6.045	5.617	5.212	4.827	4.464	4.122	3.800	3.498

来源：方程 16，Sherwood 等（1991）。

223

表 6.8　不同温度及盐度（120~240 g/kg）下大气中的氧气在 NaCl 卤水中的饱和度（mg/L，1 atm 湿空气）

温度/℃	盐度/(g/kg)								
	120	135	150	165	180	195	210	225	240
0	6.225	5.556	4.951	4.405	3.912	3.469	3.070	2.714	2.394
1	6.097	5.447	4.858	4.326	3.845	3.413	3.024	2.675	2.362
2	5.976	5.344	4.770	4.251	3.782	3.360	2.979	2.638	2.332
3	5.861	5.245	4.686	4.180	3.722	3.309	2.937	2.603	2.303
4	5.750	5.151	4.606	4.112	3.665	3.261	2.897	2.570	2.276
5	5.645	5.060	4.529	4.047	3.610	3.215	2.859	2.538	2.249
6	5.543	4.974	4.455	3.984	3.558	3.171	2.822	2.507	2.224
7	5.446	4.890	4.384	3.924	3.507	3.129	2.787	2.478	2.200
8	5.352	4.810	4.316	3.866	3.458	3.087	2.752	2.449	2.176
9	5.261	4.732	4.249	3.810	3.410	3.047	2.719	2.422	2.154
10	5.173	4.657	4.185	3.755	3.364	3.009	2.687	2.395	2.132
11	5.087	4.583	4.123	3.702	3.319	2.971	2.655	2.369	2.110
12	5.004	4.512	4.062	3.650	3.275	2.934	2.624	2.343	2.089
13	4.923	4.443	4.002	3.600	3.233	2.898	2.594	2.318	2.069
14	4.844	4.375	3.944	3.551	3.191	2.863	2.565	2.294	2.048
15	4.768	4.309	3.888	3.503	3.150	2.829	2.536	2.270	2.029
16	4.693	4.245	3.833	3.456	3.110	2.795	2.508	2.246	2.009
17	4.620	4.182	3.779	3.410	3.071	2.762	2.480	2.223	1.990
18	4.549	4.120	3.726	3.365	3.033	2.730	2.453	2.201	1.971
19	4.479	4.060	3.675	3.321	2.996	2.698	2.426	2.178	1.953
20	4.412	4.002	3.625	3.278	2.959	2.667	2.400	2.157	1.935
21	4.346	3.945	3.576	3.236	2.923	2.637	2.375	2.135	1.917
22	4.282	3.890	3.528	3.195	2.889	2.607	2.350	2.115	1.900
23	4.219	3.836	3.482	3.155	2.855	2.579	2.326	2.094	1.883
24	4.159	3.784	3.437	3.116	2.822	2.551	2.302	2.075	1.866
25	4.100	3.733	3.393	3.079	2.790	2.524	2.279	2.055	1.850
26	4.044	3.684	3.351	3.043	2.759	2.497	2.257	2.037	1.835
27	3.989	3.636	3.310	3.008	2.729	2.472	2.236	2.019	1.820
28	3.936	3.591	3.270	2.974	2.700	2.448	2.215	2.002	1.806
29	3.886	3.547	3.233	2.942	2.673	2.424	2.196	1.985	1.792
30	3.838	3.505	3.197	2.911	2.646	2.402	2.177	1.970	1.780
31	3.792	3.466	3.163	2.882	2.621	2.381	2.159	1.955	1.768
32	3.748	3.428	3.130	2.854	2.598	2.361	2.143	1.941	1.756

续 表

温度/℃	盐度/(g/kg)								
	120	135	150	165	180	195	210	225	240
33	3.707	3.393	3.100	2.828	2.576	2.343	2.127	1.929	1.746
34	3.669	3.359	3.072	2.804	2.556	2.326	2.113	1.917	1.737
35	3.633	3.329	3.045	2.782	2.537	2.310	2.101	1.907	1.728
36	3.600	3.300	3.021	2.762	2.520	2.296	2.089	1.898	1.721
37	3.570	3.275	3.000	2.744	2.505	2.284	2.079	1.890	1.715
38	3.543	3.252	2.981	2.728	2.492	2.274	2.071	1.884	1.711
39	3.519	3.232	2.964	2.714	2.481	2.265	2.065	1.879	1.707
40	3.498	3.215	2.950	2.703	2.473	2.259	2.060	1.876	1.706

来源：方程 16，Sherwood 人（1991）。

224

表 6.9 不同温度及盐度（0~120 g/kg）下空气中的二氧化碳在 NaCl 卤水中的饱和度（mg/L，1 atm 湿空气，摩尔分数=390 μmol）

温度/℃	盐度/(g/kg)								
	0	15	30	45	60	75	90	105	120
0	1.3047	1.2466	1.1917	1.1398	1.0909	1.0446	1.0009	0.9597	0.9206
1	1.2546	1.1991	1.1467	1.0971	1.0504	1.0062	0.9644	0.9250	0.8877
2	1.2071	1.1541	1.1040	1.0566	1.0119	0.9696	0.9297	0.8920	0.8563
3	1.1623	1.1115	1.0636	1.0183	0.9755	0.9351	0.8969	0.8608	0.8266
4	1.1197	1.0711	1.0252	0.9819	0.9409	0.9022	0.8656	0.8311	0.7984
5	1.0793	1.0328	0.9888	0.9473	0.9081	0.8710	0.8359	0.8028	0.7715
6	1.0409	0.9964	0.9542	0.9144	0.8768	0.8413	0.8077	0.7760	0.7459
7	1.0045	0.9617	0.9213	0.8832	0.8471	0.8130	0.7808	0.7504	0.7216
8	0.9699	0.9288	0.8901	0.8535	0.8189	0.7862	0.7553	0.7260	0.6984
9	0.9369	0.8975	0.8603	0.8252	0.7919	0.7605	0.7309	0.7028	0.6763
10	0.9054	0.8676	0.8319	0.7981	0.7662	0.7361	0.7076	0.6806	0.6551
11	0.8755	0.8392	0.8049	0.7724	0.7417	0.7128	0.6854	0.6595	0.6350
12	0.8470	0.8121	0.7791	0.7479	0.7184	0.6905	0.6642	0.6393	0.6157
13	0.8198	0.7862	0.7544	0.7244	0.6961	0.6693	0.6439	0.6199	0.5973
14	0.7938	0.7614	0.7309	0.7020	0.6747	0.6489	0.6245	0.6015	0.5796
15	0.7690	0.7379	0.7085	0.6807	0.6544	0.6295	0.6060	0.5838	0.5628
16	0.7453	0.7153	0.6869	0.6601	0.6348	0.6109	0.5883	0.5669	0.5466

续 表

温度/℃	盐度/(g/kg)								
	0	15	30	45	60	75	90	105	120
17	0.7041	0.6760	0.6493	0.6242	0.6004	0.5779	0.5567	0.5366	0.5176
18	0.6842	0.6570	0.6313	0.6070	0.5840	0.5623	0.5418	0.5224	0.5040
19	0.6651	0.6388	0.6139	0.5905	0.5683	0.5473	0.5275	0.5087	0.4909
20	0.6466	0.6212	0.5972	0.5745	0.5531	0.5328	0.5136	0.4955	0.4783
21	0.6288	0.6042	0.5810	0.5591	0.5384	0.5188	0.5002	0.4827	0.4661
22	0.6117	0.5879	0.5655	0.5443	0.5242	0.5053	0.4873	0.4704	0.4544
23	0.5952	0.5722	0.5505	0.5300	0.5106	0.4923	0.4749	0.4585	0.4430
24	0.5793	0.5570	0.5360	0.5162	0.4974	0.4797	0.4629	0.4470	0.4320
25	0.5639	0.5423	0.5220	0.5028	0.4846	0.4675	0.4512	0.4359	0.4213
26	0.5491	0.5282	0.5085	0.4899	0.4724	0.4557	0.4400	0.4251	0.4111
27	0.5347	0.5145	0.4955	0.4775	0.4605	0.4444	0.4291	0.4147	0.4011
28	0.5209	0.5014	0.4829	0.4654	0.4490	0.4334	0.4186	0.4047	0.3915
29	0.5075	0.4886	0.4707	0.4538	0.4378	0.4227	0.4084	0.3949	0.3822
30	0.4946	0.4762	0.4589	0.4425	0.4270	0.4124	0.3985	0.3855	0.3731
31	0.4821	0.4643	0.4475	0.4316	0.4166	0.4024	0.3890	0.3763	0.3643
32	0.4699	0.4527	0.4364	0.4210	0.4065	0.3927	0.3797	0.3674	0.3558
33	0.4581	0.4414	0.4256	0.4107	0.3966	0.3833	0.3707	0.3588	0.3475
34	0.4468	0.4306	0.4153	0.4008	0.3871	0.3742	0.3620	0.3504	0.3395
35	0.4357	0.4200	0.4052	0.3911	0.3779	0.3653	0.3535	0.3423	0.3317
36	0.4251	0.4098	0.3954	0.3818	0.3689	0.3568	0.3453	0.3344	0.3241
37	0.4146	0.3998	0.3859	0.3726	0.3602	0.3484	0.3372	0.3267	0.3167
38	0.4045	0.3902	0.3766	0.3638	0.3517	0.3402	0.3294	0.3192	0.3095
39	0.3947	0.3808	0.3676	0.3552	0.3434	0.3323	0.3218	0.3119	0.3025
40	0.3852	0.3716	0.3589	0.3468	0.3354	0.3246	0.3144	0.3048	0.2956

来源：方程1，Duan等（2006）。

表6.10 不同温度及盐度（120~240 g/kg）下大气中的二氧化碳在NaCl卤水中的饱和度（mg/L，1 atm湿空气，摩尔分数=390 μmol）

225

温度/℃	盐度/(g/kg)								
	120	135	150	165	180	195	210	225	240
0	0.9206	0.8838	0.8489	0.8160	0.7848	0.7554	0.7275	0.7011	0.6761
1	0.8877	0.8524	0.8191	0.7876	0.7578	0.7296	0.7030	0.6777	0.6539

续　表

温度/℃	盐度/(g/kg)								
	120	135	150	165	180	195	210	225	240
2	0. 856 3	0. 822 6	0. 790 7	0. 760 6	0. 732 1	0. 705 1	0. 679 6	0. 655 5	0. 632 6
3	0. 826 6	0. 794 4	0. 763 9	0. 735 0	0. 707 7	0. 681 9	0. 657 5	0. 634 4	0. 612 5
4	0. 798 4	0. 767 5	0. 738 3	0. 710 7	0. 684 5	0. 659 8	0. 636 4	0. 614 2	0. 593 3
5	0. 771 5	0. 741 9	0. 713 9	0. 687 4	0. 662 4	0. 638 7	0. 616 3	0. 595 0	0. 574 9
6	0. 745 9	0. 717 6	0. 690 7	0. 665 3	0. 641 3	0. 618 6	0. 597 1	0. 576 7	0. 557 4
7	0. 721 6	0. 694 4	0. 668 6	0. 644 3	0. 621 2	0. 599 4	0. 578 8	0. 559 2	0. 540 7
8	0. 698 4	0. 672 3	0. 647 6	0. 624 2	0. 602 1	0. 581 1	0. 561 3	0. 542 5	0. 524 8
9	0. 676 3	0. 651 2	0. 627 5	0. 605 0	0. 583 8	0. 563 7	0. 544 6	0. 526 6	0. 509 5
10	0. 655 1	0. 631 0	0. 608 2	0. 586 6	0. 566 2	0. 546 9	0. 528 6	0. 511 3	0. 494 9
11	0. 635 0	0. 611 8	0. 589 9	0. 569 1	0. 549 5	0. 530 9	0. 513 4	0. 496 7	0. 480 9
12	0. 615 7	0. 593 4	0. 572 3	0. 552 4	0. 533 5	0. 515 7	0. 498 7	0. 482 7	0. 467 6
13	0. 597 3	0. 575 8	0. 555 6	0. 536 4	0. 518 2	0. 501 0	0. 484 7	0. 469 3	0. 454 7
14	0. 579 6	0. 559 0	0. 539 5	0. 521 0	0. 503 5	0. 487 0	0. 471 3	0. 456 5	0. 442 4
15	0. 562 8	0. 542 9	0. 524 1	0. 506 3	0. 489 5	0. 473 6	0. 458 5	0. 444 2	0. 430 7
16	0. 546 6	0. 527 5	0. 509 4	0. 492 2	0. 476 0	0. 460 6	0. 446 1	0. 432 3	0. 419 3
17	0. 517 6	0. 499 6	0. 482 6	0. 466 5	0. 451 2	0. 436 8	0. 423 2	0. 410 2	0. 398 0
18	0. 504 0	0. 486 6	0. 470 2	0. 454 6	0. 439 9	0. 426 0	0. 412 8	0. 400 3	0. 388 5
19	0. 490 9	0. 474 2	0. 458 3	0. 443 2	0. 429 0	0. 415 6	0. 402 8	0. 390 8	0. 379 3
20	0. 478 3	0. 462 1	0. 446 7	0. 432 2	0. 418 5	0. 405 5	0. 393 1	0. 381 5	0. 370 5
21	0. 466 1	0. 450 4	0. 435 6	0. 421 5	0. 408 3	0. 395 7	0. 383 8	0. 372 5	0. 361 8
22	0. 454 4	0. 439 2	0. 424 8	0. 411 3	0. 398 4	0. 386 2	0. 374 7	0. 363 8	0. 353 5
23	0. 443 0	0. 428 3	0. 414 4	0. 401 3	0. 388 9	0. 377 1	0. 366 0	0. 355 4	0. 345 5
24	0. 432 0	0. 417 8	0. 404 4	0. 391 7	0. 379 6	0. 368 3	0. 357 5	0. 347 3	0. 337 7
25	0. 421 3	0. 407 6	0. 394 6	0. 382 3	0. 370 7	0. 359 6	0. 349 2	0. 339 4	0. 330 0
26	0. 411 1	0. 397 8	0. 385 2	0. 373 3	0. 362 0	0. 351 4	0. 341 3	0. 331 7	0. 322 7
27	0. 401 1	0. 388 2	0. 376 1	0. 364 5	0. 353 6	0. 343 3	0. 333 5	0. 324 3	0. 315 6
28	0. 391 5	0. 379 0	0. 367 2	0. 356 0	0. 345 5	0. 335 5	0. 326 0	0. 317 1	0. 308 6
29	0. 382 2	0. 370 1	0. 358 6	0. 347 8	0. 337 6	0. 327 9	0. 318 8	0. 310 1	0. 301 9
30	0. 373 1	0. 361 4	0. 350 3	0. 339 8	0. 329 9	0. 320 5	0. 311 7	0. 303 3	0. 295 4
31	0. 364 3	0. 353 0	0. 342 2	0. 332 1	0. 322 5	0. 313 4	0. 304 8	0. 296 7	0. 289 0
32	0. 355 8	0. 344 8	0. 334 4	0. 324 5	0. 315 2	0. 306 4	0. 298 1	0. 290 3	0. 282 8
33	0. 347 5	0. 336 8	0. 326 7	0. 317 2	0. 308 2	0. 299 7	0. 291 6	0. 284 0	0. 276 8
34	0. 339 5	0. 329 1	0. 319 4	0. 310 1	0. 301 4	0. 293 1	0. 285 3	0. 277 9	0. 270 9
35	0. 331 7	0. 321 6	0. 312 2	0. 303 2	0. 294 7	0. 286 7	0. 279 1	0. 272 0	0. 265 2

续 表

温度/℃	盐度/(g/kg)								
	120	135	150	165	180	195	210	225	240
36	0.324 1	0.314 4	0.305 2	0.296 5	0.288 3	0.280 5	0.273 1	0.266 2	0.259 6
37	0.316 7	0.307 2	0.298 3	0.289 9	0.281 9	0.274 4	0.267 3	0.260 5	0.254 2
38	0.309 5	0.300 3	0.291 7	0.283 5	0.275 8	0.268 5	0.261 6	0.255 0	0.248 9
39	0.302 5	0.293 6	0.285 2	0.277 3	0.269 8	0.262 7	0.256 0	0.249 7	0.243 7
40	0.295 6	0.287 0	0.278 9	0.271 2	0.263 9	0.257 0	0.250 5	0.244 4	0.238 6

来源：方程 1，Duan 等（2006）。

226

表 6.11 不同温度及盐度（0~120 g/kg）下大气中的二氧化碳在 NaCl 卤水中的饱和度（mg/L，1 atm 湿空气，摩尔分数=440 μmol）

温度/℃	盐度/(g/kg)								
	0	15	30	45	60	75	90	105	120
0	1.471 9	1.406 4	1.344 5	1.286 0	1.230 7	1.178 6	1.129 3	1.082 7	1.038 7
1	1.415 5	1.352 9	1.293 7	1.237 8	1.185 0	1.135 2	1.088 1	1.043 5	1.001 5
2	1.361 9	1.302 0	1.245 5	1.192 1	1.141 6	1.093 9	1.048 9	1.006 3	0.966 1
3	1.311 3	1.254 1	1.200 0	1.148 8	1.100 6	1.055 0	1.011 9	0.971 1	0.932 6
4	1.263 3	1.208 5	1.156 7	1.107 8	1.061 5	1.017 9	0.976 6	0.937 6	0.900 7
5	1.217 7	1.165 2	1.115 6	1.068 7	1.024 5	0.982 6	0.943 1	0.905 7	0.870 4
6	1.174 4	1.124 1	1.076 6	1.031 7	0.989 2	0.949 1	0.911 3	0.875 4	0.841 6
7	1.133 3	1.085 0	1.039 5	0.996 4	0.955 7	0.917 3	0.880 9	0.846 6	0.814 1
8	1.094 2	1.047 9	1.004 2	0.962 9	0.923 8	0.887 0	0.852 1	0.819 1	0.787 9
9	1.057 0	1.012 6	0.970 6	0.931 0	0.893 5	0.858 1	0.824 6	0.792 9	0.763 0
10	1.021 5	0.978 8	0.938 5	0.900 5	0.864 5	0.830 4	0.798 3	0.767 9	0.739 1
11	0.987 8	0.946 8	0.908 0	0.871 4	0.836 8	0.804 1	0.773 2	0.744 0	0.716 4
12	0.955 6	0.916 2	0.878 9	0.843 7	0.810 5	0.779 0	0.749 3	0.721 2	0.694 6
13	0.924 9	0.887 0	0.851 1	0.817 3	0.785 3	0.755 1	0.726 5	0.699 4	0.673 9
14	0.895 6	0.859 1	0.824 6	0.792 0	0.761 2	0.732 1	0.704 6	0.678 6	0.654 0
15	0.867 6	0.832 5	0.799 3	0.767 9	0.738 3	0.710 2	0.683 7	0.658 7	0.635 0
16	0.840 8	0.807 0	0.775 0	0.744 8	0.716 2	0.689 2	0.663 7	0.639 5	0.616 7
17	0.794 4	0.762 6	0.732 6	0.704 2	0.677 4	0.652 0	0.628 1	0.605 4	0.583 9
18	0.771 9	0.741 2	0.712 2	0.684 8	0.658 9	0.634 4	0.611 2	0.589 3	0.568 6
19	0.750 3	0.720 7	0.692 6	0.666 2	0.641 1	0.617 5	0.595 1	0.573 9	0.553 9

续　表

温度/℃	盐度/(g/kg)								
	0	15	30	45	60	75	90	105	120
20	0.729 5	0.700 8	0.673 8	0.648 2	0.624 0	0.601 1	0.579 5	0.559 0	0.539 6
21	0.709 4	0.681 7	0.655 5	0.630 8	0.607 4	0.585 3	0.564 4	0.544 6	0.525 9
22	0.690 1	0.663 3	0.638 0	0.614 1	0.591 4	0.570 0	0.549 8	0.530 7	0.512 6
23	0.671 5	0.645 6	0.621 1	0.597 9	0.576 1	0.555 4	0.535 8	0.517 3	0.499 8
24	0.653 5	0.628 4	0.604 7	0.582 4	0.561 2	0.541 2	0.522 2	0.504 3	0.487 4
25	0.636 2	0.611 9	0.588 9	0.567 3	0.546 8	0.527 4	0.509 1	0.491 7	0.475 4
26	0.619 5	0.595 9	0.573 7	0.552 8	0.532 9	0.514 2	0.496 4	0.479 7	0.463 8
27	0.603 3	0.580 5	0.559 0	0.538 7	0.519 5	0.501 3	0.484 1	0.467 9	0.452 5
28	0.587 7	0.565 6	0.544 8	0.525 1	0.506 5	0.488 9	0.472 3	0.456 6	0.441 7
29	0.572 6	0.551 2	0.531 1	0.512 0	0.494 0	0.476 9	0.460 8	0.445 6	0.431 2
30	0.558 0	0.537 3	0.517 7	0.499 2	0.481 8	0.465 3	0.449 6	0.434 9	0.420 9
31	0.543 9	0.523 8	0.504 9	0.486 9	0.470 0	0.454 0	0.438 9	0.424 6	0.411 0
32	0.530 2	0.510 7	0.492 3	0.475 0	0.458 6	0.443 1	0.428 4	0.414 5	0.401 4
33	0.516 9	0.498 0	0.480 2	0.463 4	0.447 5	0.432 4	0.418 2	0.404 8	0.392 0
34	0.504 1	0.485 8	0.468 5	0.452 2	0.436 8	0.422 2	0.408 4	0.395 3	0.383 0
35	0.491 6	0.473 9	0.457 1	0.441 3	0.426 3	0.412 2	0.398 8	0.386 1	0.374 2
36	0.479 6	0.462 3	0.446 1	0.430 7	0.416 2	0.402 5	0.389 5	0.377 2	0.365 6
37	0.467 8	0.451 1	0.435 3	0.420 4	0.406 3	0.393 0	0.380 4	0.368 5	0.357 3
38	0.456 4	0.440 2	0.424 9	0.410 4	0.396 8	0.383 9	0.371 6	0.360 1	0.349 2
39	0.445 3	0.429 6	0.414 8	0.400 7	0.387 5	0.374 9	0.363 1	0.351 9	0.341 3
40	0.434 5	0.419 3	0.404 9	0.391 2	0.378 4	0.366 2	0.354 7	0.343 8	0.333 5

来源：方程 1，Duan 等（2006）。

227

表 6.12　不同温度及盐度（120~240 g/kg）下大气中的二氧化碳在 NaCl 卤水中的饱和度（mg/L，1 atm 湿空气，摩尔分数=440 μmol）

温度/℃	盐度/(g/kg)								
	120	135	150	165	180	195	210	225	240
0	1.038 7	0.997 1	0.957 8	0.920 6	0.885 4	0.852 2	0.820 7	0.791 0	0.762 8
1	1.001 5	0.961 7	0.924 1	0.888 6	0.855 0	0.823 2	0.793 1	0.764 6	0.737 7
2	0.966 1	0.928 1	0.892 1	0.858 1	0.826 0	0.795 5	0.766 8	0.739 5	0.713 7
3	0.932 6	0.896 2	0.861 8	0.829 3	0.798 5	0.769 4	0.741 8	0.715 7	0.691 0

续 表

温度/℃	盐度/(g/kg)								
	120	135	150	165	180	195	210	225	240
4	0.900 7	0.865 9	0.832 9	0.801 8	0.772 3	0.744 4	0.718 0	0.693 0	0.669 3
5	0.870 4	0.837 0	0.805 4	0.775 6	0.747 3	0.720 6	0.695 3	0.671 3	0.648 6
6	0.841 6	0.809 6	0.779 3	0.750 6	0.723 5	0.697 9	0.673 6	0.650 6	0.628 9
7	0.814 1	0.783 4	0.754 3	0.726 9	0.700 9	0.676 3	0.653 0	0.630 9	0.610 0
8	0.787 9	0.758 5	0.730 6	0.704 2	0.679 2	0.655 6	0.633 3	0.612 1	0.592 1
9	0.763 0	0.734 7	0.707 9	0.682 6	0.658 6	0.635 9	0.614 4	0.594 1	0.574 9
10	0.739 1	0.711 9	0.686 2	0.661 9	0.638 8	0.617 0	0.596 4	0.576 9	0.558 4
11	0.716 4	0.690 2	0.665 5	0.642 1	0.620 0	0.599 0	0.579 2	0.560 4	0.542 6
12	0.694 6	0.669 5	0.645 7	0.623 2	0.601 9	0.581 8	0.562 7	0.544 6	0.527 5
13	0.673 9	0.649 7	0.626 8	0.605 1	0.584 6	0.565 2	0.546 9	0.529 5	0.513 0
14	0.654 0	0.630 7	0.608 6	0.587 8	0.568 1	0.549 4	0.531 7	0.515 0	0.499 2
15	0.635 0	0.612 5	0.591 3	0.571 3	0.552 3	0.534 3	0.517 3	0.501 1	0.485 9
16	0.616 7	0.595 1	0.574 7	0.555 3	0.537 0	0.519 7	0.503 3	0.487 8	0.473 1
17	0.583 9	0.563 6	0.544 4	0.526 3	0.509 1	0.492 8	0.477 4	0.462 8	0.449 0
18	0.568 6	0.549 0	0.530 5	0.512 9	0.496 3	0.480 6	0.465 7	0.451 6	0.438 3
19	0.553 9	0.535 0	0.517 0	0.500 1	0.484 0	0.468 8	0.454 5	0.440 9	0.428 0
20	0.539 6	0.521 3	0.504 0	0.487 6	0.472 1	0.457 4	0.443 6	0.430 4	0.418 0
21	0.525 9	0.508 2	0.491 4	0.475 6	0.460 6	0.446 4	0.433 0	0.420 3	0.408 2
22	0.512 6	0.495 5	0.479 3	0.464 0	0.449 5	0.435 8	0.422 8	0.410 5	0.398 8
23	0.499 8	0.483 2	0.467 6	0.452 8	0.438 7	0.425 5	0.412 9	0.401 0	0.389 8
24	0.487 4	0.471 4	0.456 2	0.441 9	0.428 3	0.415 5	0.403 3	0.391 8	0.380 9
25	0.475 4	0.459 9	0.445 2	0.431 3	0.418 2	0.405 8	0.394 0	0.382 9	0.372 4
26	0.463 8	0.448 8	0.434 6	0.421 1	0.408 4	0.396 4	0.385 0	0.374 3	0.364 1
27	0.452 5	0.438 0	0.424 3	0.411 3	0.399 0	0.387 3	0.376 3	0.365 9	0.356 0
28	0.441 7	0.427 6	0.414 3	0.401 7	0.389 8	0.378 5	0.367 8	0.357 8	0.348 2
29	0.431 2	0.417 5	0.404 6	0.392 4	0.380 9	0.370 0	0.359 6	0.349 9	0.340 6
30	0.420 9	0.407 7	0.395 2	0.383 4	0.372 2	0.361 6	0.351 6	0.342 2	0.333 2
31	0.411 0	0.398 2	0.386 1	0.374 7	0.363 8	0.353 6	0.343 9	0.334 7	0.326 1
32	0.401 4	0.389 0	0.377 3	0.366 2	0.355 7	0.345 7	0.336 3	0.327 5	0.319 1
33	0.392 0	0.380 0	0.368 6	0.357 9	0.347 7	0.338 1	0.329 0	0.320 4	0.312 3
34	0.383 0	0.371 3	0.360 3	0.349 9	0.340 0	0.330 7	0.321 9	0.313 5	0.305 7
35	0.374 2	0.362 9	0.352 2	0.342 1	0.332 5	0.323 5	0.314 9	0.306 8	0.299 2
36	0.365 6	0.354 7	0.344 3	0.334 5	0.325 2	0.316 4	0.308 2	0.300 3	0.292 9
37	0.357 3	0.346 6	0.336 6	0.327 1	0.318 1	0.309 6	0.301 5	0.293 9	0.286 8

续 表

温度/℃	盐度/(g/kg)								
	120	135	150	165	180	195	210	225	240
38	0.349 2	0.338 8	0.329 1	0.319 9	0.311 1	0.302 9	0.295 1	0.287 7	0.280 8
39	0.341 3	0.331 2	0.321 8	0.312 8	0.304 4	0.296 4	0.288 8	0.281 7	0.274 9
40	0.333 5	0.323 8	0.314 6	0.306 0	0.297 7	0.290 0	0.282 7	0.275 7	0.269 2

来源：方程 1，Duan 等（2006）。

228

表 6.13 不同温度及盐度（0~120 g/kg）下氧气在 NaCl 卤水中的本森系数［β，$L_{真实气体}$/(L·atm)］

温度/℃	盐度/(g/kg)								
	0	15	30	45	60	75	90	105	120
0	0.048 94	0.044 27	0.039 99	0.036 05	0.032 45	0.029 15	0.026 15	0.023 42	0.020 93
1	0.047 62	0.043 12	0.038 97	0.035 17	0.031 68	0.028 49	0.025 58	0.022 93	0.020 51
2	0.046 37	0.042 02	0.038 02	0.034 33	0.030 96	0.027 86	0.025 04	0.022 46	0.020 11
3	0.045 18	0.040 98	0.037 11	0.033 54	0.030 27	0.027 27	0.024 52	0.022 02	0.019 73
4	0.044 05	0.039 99	0.036 24	0.032 79	0.029 61	0.026 70	0.024 03	0.021 59	0.019 37
5	0.042 98	0.039 05	0.035 42	0.032 07	0.028 98	0.026 16	0.023 56	0.021 19	0.019 03
6	0.041 95	0.038 15	0.034 63	0.031 38	0.028 39	0.025 64	0.023 11	0.020 80	0.018 70
7	0.040 97	0.037 28	0.033 87	0.030 72	0.027 81	0.025 14	0.022 68	0.020 43	0.018 38
8	0.040 03	0.036 45	0.033 14	0.030 08	0.027 26	0.024 66	0.022 27	0.020 08	0.018 07
9	0.039 12	0.035 66	0.032 44	0.029 47	0.026 73	0.024 20	0.021 87	0.019 73	0.017 78
10	0.038 25	0.034 89	0.031 77	0.028 88	0.026 21	0.023 75	0.021 48	0.019 40	0.017 49
11	0.037 41	0.034 15	0.031 12	0.028 31	0.025 72	0.023 32	0.021 11	0.019 08	0.017 21
12	0.036 60	0.033 44	0.030 50	0.027 77	0.025 24	0.022 90	0.020 75	0.018 77	0.016 95
13	0.035 82	0.032 75	0.029 89	0.027 24	0.024 78	0.022 50	0.020 40	0.018 47	0.016 69
14	0.035 06	0.032 08	0.029 30	0.026 72	0.024 33	0.022 11	0.020 06	0.018 17	0.016 44
15	0.034 34	0.031 44	0.028 74	0.026 23	0.023 89	0.021 73	0.019 73	0.017 89	0.016 19
16	0.033 63	0.030 82	0.028 19	0.025 75	0.023 47	0.021 37	0.019 42	0.017 61	0.015 95
17	0.032 95	0.030 22	0.027 66	0.025 28	0.023 06	0.021 01	0.019 11	0.017 35	0.015 72
18	0.032 30	0.029 63	0.027 15	0.024 83	0.022 67	0.020 66	0.018 81	0.017 09	0.015 50
19	0.031 66	0.029 07	0.026 65	0.024 39	0.022 29	0.020 33	0.018 52	0.016 83	0.015 28
20	0.031 05	0.028 53	0.026 17	0.023 97	0.021 92	0.020 01	0.018 23	0.016 59	0.015 07
21	0.030 46	0.028 00	0.025 71	0.023 56	0.021 56	0.019 69	0.017 96	0.016 35	0.014 87
22	0.029 89	0.027 50	0.025 26	0.023 17	0.021 21	0.019 39	0.017 70	0.016 12	0.014 67

续　表

温度/℃	盐度/(g/kg)								
	0	15	30	45	60	75	90	105	120
23	0.029 34	0.027 01	0.024 83	0.022 79	0.020 88	0.019 10	0.017 44	0.015 90	0.014 48
24	0.028 81	0.026 54	0.024 42	0.022 42	0.020 56	0.018 82	0.017 20	0.015 69	0.014 29
25	0.028 30	0.026 09	0.024 02	0.022 07	0.020 25	0.018 55	0.016 96	0.015 48	0.014 11
26	0.027 81	0.025 66	0.023 64	0.021 73	0.019 95	0.018 29	0.016 74	0.015 29	0.013 94
27	0.027 35	0.025 25	0.023 27	0.021 41	0.019 67	0.018 04	0.016 52	0.015 10	0.013 78
28	0.026 91	0.024 85	0.022 92	0.021 11	0.019 40	0.017 80	0.016 31	0.014 92	0.013 63
29	0.026 49	0.024 48	0.022 59	0.020 81	0.019 14	0.017 58	0.016 12	0.014 75	0.013 48
30	0.026 09	0.024 13	0.022 28	0.020 54	0.018 90	0.017 37	0.015 93	0.014 59	0.013 34
31	0.025 71	0.023 79	0.021 98	0.020 28	0.018 67	0.017 17	0.015 76	0.014 44	0.013 22
32	0.025 36	0.023 48	0.021 71	0.020 03	0.018 46	0.016 98	0.015 60	0.014 30	0.013 10
33	0.025 03	0.023 19	0.021 45	0.019 81	0.018 26	0.016 81	0.015 45	0.014 18	0.012 99
34	0.024 72	0.022 92	0.021 21	0.019 60	0.018 08	0.016 65	0.015 31	0.014 06	0.012 89
35	0.024 44	0.022 67	0.020 99	0.019 41	0.017 92	0.016 51	0.015 19	0.013 96	0.012 80
36	0.024 18	0.022 44	0.020 79	0.019 24	0.017 77	0.016 38	0.015 08	0.013 86	0.012 72
37	0.023 95	0.022 24	0.020 62	0.019 08	0.017 64	0.016 27	0.014 99	0.013 78	0.012 65
38	0.023 74	0.022 06	0.020 46	0.018 95	0.017 52	0.016 18	0.014 91	0.013 72	0.012 60
39	0.023 56	0.021 91	0.020 33	0.018 84	0.017 43	0.016 10	0.014 84	0.013 67	0.012 56
40	0.023 41	0.021 78	0.020 22	0.018 75	0.017 36	0.016 04	0.014 80	0.013 63	0.012 53

来源：方程 18 和方程 19，Sherwood 等（1991）。

229

表 6.14　不同温度及盐度（120~240 g/kg）下氧气在 NaCl 卤水中的本森系数 [β，$L_{真实气体}$/(L · atm)]

温度/℃	盐度/(g/kg)								
	120	135	150	165	180	195	210	225	240
0	0.020 93	0.018 68	0.016 65	0.014 81	0.013 15	0.011 66	0.010 32	0.009 12	0.008 05
1	0.020 51	0.018 32	0.016 34	0.014 55	0.012 93	0.011 48	0.010 17	0.008 99	0.007 94
2	0.020 11	0.017 98	0.016 05	0.014 30	0.012 72	0.011 30	0.010 02	0.008 87	0.007 84
3	0.019 73	0.017 66	0.015 78	0.014 07	0.012 53	0.011 14	0.009 88	0.008 76	0.007 75
4	0.019 37	0.017 35	0.015 51	0.013 85	0.012 34	0.010 98	0.009 75	0.008 65	0.007 66
5	0.019 03	0.017 06	0.015 26	0.013 64	0.012 16	0.010 83	0.009 63	0.008 55	0.007 57
6	0.018 70	0.016 77	0.015 02	0.013 43	0.011 99	0.010 69	0.009 51	0.008 45	0.007 49
7	0.018 38	0.016 50	0.014 79	0.013 24	0.011 83	0.010 55	0.009 39	0.008 35	0.007 41

续 表

温度/℃	盐度/(g/kg)								
	120	135	150	165	180	195	210	225	240
8	0.018 07	0.016 24	0.014 57	0.013 05	0.011 67	0.010 42	0.009 28	0.008 26	0.007 34
9	0.017 78	0.015 99	0.014 35	0.012 87	0.011 52	0.010 29	0.009 18	0.008 17	0.007 27
10	0.017 49	0.015 74	0.014 15	0.012 69	0.011 37	0.010 16	0.009 07	0.008 09	0.007 20
11	0.017 21	0.015 51	0.013 95	0.012 52	0.011 22	0.010 04	0.008 97	0.008 00	0.007 13
12	0.016 95	0.015 28	0.013 75	0.012 36	0.011 08	0.009 93	0.008 88	0.007 92	0.007 06
13	0.016 69	0.015 06	0.013 56	0.012 20	0.010 95	0.009 81	0.008 78	0.007 85	0.007 00
14	0.016 44	0.014 84	0.013 38	0.012 04	0.010 82	0.009 70	0.008 69	0.007 77	0.006 93
15	0.016 19	0.014 63	0.013 20	0.011 89	0.010 69	0.009 59	0.008 60	0.007 69	0.006 87
16	0.015 95	0.014 43	0.013 02	0.011 74	0.010 56	0.009 49	0.008 51	0.007 62	0.006 81
17	0.015 72	0.014 23	0.012 85	0.011 59	0.010 44	0.009 39	0.008 43	0.007 55	0.006 76
18	0.015 50	0.014 04	0.012 69	0.011 45	0.010 32	0.009 29	0.008 34	0.007 48	0.006 70
19	0.015 28	0.013 85	0.012 53	0.011 32	0.010 21	0.009 19	0.008 26	0.007 41	0.006 64
20	0.015 07	0.013 67	0.012 37	0.011 19	0.010 09	0.009 10	0.008 18	0.007 35	0.006 59
21	0.014 87	0.013 49	0.012 22	0.011 06	0.009 99	0.009 00	0.008 10	0.007 28	0.006 54
22	0.014 67	0.013 32	0.012 08	0.010 93	0.009 88	0.008 91	0.008 03	0.007 22	0.006 48
23	0.014 48	0.013 16	0.011 94	0.010 81	0.009 78	0.008 83	0.007 96	0.007 16	0.006 44
24	0.014 29	0.013 00	0.011 80	0.010 70	0.009 68	0.008 75	0.007 89	0.007 10	0.006 39
25	0.014 11	0.012 84	0.011 67	0.010 58	0.009 59	0.008 67	0.007 82	0.007 05	0.006 34
26	0.013 94	0.012 70	0.011 54	0.010 48	0.009 49	0.008 59	0.007 76	0.007 00	0.006 30
27	0.013 78	0.012 56	0.011 42	0.010 38	0.009 41	0.008 52	0.007 70	0.006 95	0.006 26
28	0.013 63	0.012 43	0.011 31	0.010 28	0.009 33	0.008 45	0.007 64	0.006 90	0.006 22
29	0.013 48	0.012 30	0.011 20	0.010 19	0.009 25	0.008 39	0.007 59	0.006 86	0.006 19
30	0.013 34	0.012 18	0.011 10	0.010 10	0.009 18	0.008 33	0.007 54	0.006 82	0.006 15
31	0.013 22	0.012 07	0.011 01	0.010 02	0.009 11	0.008 27	0.007 49	0.006 78	0.006 12
32	0.013 10	0.011 97	0.010 92	0.009 95	0.009 05	0.008 22	0.007 45	0.006 75	0.006 10
33	0.012 99	0.011 88	0.010 84	0.009 89	0.009 00	0.008 18	0.007 42	0.006 72	0.006 07
34	0.012 89	0.011 79	0.010 77	0.009 83	0.008 95	0.008 14	0.007 39	0.006 69	0.006 06
35	0.012 80	0.011 72	0.010 71	0.009 78	0.008 91	0.008 10	0.007 36	0.006 67	0.006 04
36	0.012 72	0.011 65	0.010 66	0.009 73	0.008 87	0.008 08	0.007 34	0.006 66	0.006 03
37	0.012 65	0.011 60	0.010 62	0.009 70	0.008 85	0.008 06	0.007 33	0.006 65	0.006 03
38	0.012 60	0.011 56	0.010 58	0.009 67	0.008 83	0.008 05	0.007 32	0.006 65	0.006 03
39	0.012 56	0.011 53	0.010 56	0.009 66	0.008 82	0.008 04	0.007 32	0.006 65	0.006 04
40	0.012 53	0.011 51	0.010 55	0.009 65	0.008 82	0.008 05	0.007 33	0.006 66	0.006 05

来源：方程 18 和方程 19，Sherwood 等（1991）。

表 6.15　不同温度及盐度（0~120 g/kg）下二氧化碳在 NaCl 卤水中的本森系数［β，$L_{真实气体}/(L\cdot atm)$，1 atm 湿空气］

温度/℃	盐度/(g/kg)								
	0	15	30	45	60	75	90	105	120
0	1.702 6	1.626 8	1.555 2	1.487 5	1.423 6	1.363 3	1.306 2	1.252 4	1.201 5
1	1.638 0	1.565 6	1.497 1	1.432 4	1.371 3	1.313 6	1.259 1	1.207 6	1.158 9
2	1.576 9	1.507 6	1.442 1	1.380 2	1.321 8	1.266 6	1.214 5	1.165 2	1.118 6
3	1.519 0	1.452 7	1.390 0	1.330 8	1.274 9	1.222 0	1.172 1	1.124 9	1.080 3
4	1.464 2	1.400 6	1.340 6	1.283 9	1.230 3	1.179 7	1.131 9	1.086 7	1.044 0
5	1.412 1	1.351 3	1.293 8	1.239 4	1.188 1	1.139 6	1.093 7	1.050 4	1.009 4
6	1.362 8	1.304 4	1.249 3	1.197 2	1.147 9	1.101 4	1.057 4	1.015 9	0.976 6
7	1.316 0	1.259 9	1.207 0	1.157 0	1.109 8	1.065 1	1.022 9	0.983 0	0.945 3
8	1.271 5	1.217 7	1.166 9	1.118 9	1.073 5	1.030 6	0.990 1	0.951 8	0.915 6
9	1.229 1	1.177 5	1.128 7	1.082 6	1.039 0	0.997 8	0.958 9	0.922 0	0.887 2
10	1.188 9	1.139 2	1.092 3	1.048 0	1.006 1	0.966 5	0.929 1	0.893 7	0.860 2
11	1.150 6	1.102 8	1.057 7	1.015 1	0.974 8	0.936 7	0.900 7	0.866 7	0.834 5
12	1.114 1	1.068 2	1.024 8	0.983 7	0.944 9	0.908 3	0.873 6	0.840 9	0.809 9
13	1.079 4	1.035 1	0.993 3	0.953 8	0.916 5	0.881 2	0.847 8	0.816 3	0.786 4
14	1.046 3	1.003 6	0.963 3	0.925 3	0.889 3	0.855 3	0.823 2	0.792 8	0.764 0
15	1.014 7	0.973 6	0.934 7	0.898 1	0.863 4	0.830 6	0.799 6	0.770 3	0.742 6
16	0.984 5	0.944 9	0.907 4	0.872 0	0.838 6	0.807 0	0.777 1	0.748 8	0.722 1
17	0.931 2	0.893 9	0.858 7	0.825 5	0.794 0	0.764 3	0.736 2	0.709 6	0.684 5
18	0.906 0	0.870 0	0.835 9	0.803 8	0.773 4	0.744 6	0.717 4	0.691 7	0.667 4
19	0.881 9	0.847 0	0.814 0	0.782 9	0.753 5	0.725 7	0.699 4	0.674 5	0.651 0
20	0.858 6	0.824 9	0.793 0	0.762 9	0.734 4	0.707 5	0.682 0	0.657 9	0.635 2
21	0.836 3	0.803 6	0.772 7	0.743 6	0.716 0	0.689 9	0.665 3	0.642 0	0.619 9
22	0.814 8	0.783 2	0.753 3	0.725 0	0.698 3	0.673 1	0.649 2	0.626 6	0.605 2
23	0.794 2	0.763 5	0.734 5	0.707 1	0.681 3	0.656 8	0.633 7	0.611 8	0.591 1
24	0.774 3	0.744 6	0.716 5	0.689 9	0.664 9	0.641 1	0.618 7	0.597 5	0.577 4
25	0.755 2	0.726 3	0.699 1	0.673 4	0.649 1	0.626 1	0.604 3	0.583 7	0.564 3
26	0.736 8	0.708 8	0.682 4	0.657 4	0.633 8	0.611 5	0.590 4	0.570 5	0.551 6
27	0.719 0	0.691 9	0.666 3	0.642 0	0.619 2	0.597 5	0.577 0	0.557 7	0.539 4
28	0.701 9	0.675 6	0.650 7	0.627 2	0.605 0	0.584 0	0.564 1	0.545 3	0.527 6
29	0.685 5	0.659 9	0.635 8	0.612 9	0.591 4	0.571 0	0.551 7	0.533 4	0.516 2
30	0.669 6	0.644 8	0.621 3	0.599 1	0.578 2	0.558 4	0.539 6	0.521 9	0.505 1
31	0.654 3	0.630 2	0.607 4	0.585 9	0.565 5	0.546 2	0.528 0	0.510 8	0.494 5

续 表

温度/℃	盐度/(g/kg)								
	0	15	30	45	60	75	90	105	120
32	0.6396	0.6161	0.5940	0.5730	0.5532	0.5345	0.5168	0.5001	0.4843
33	0.6254	0.6026	0.5810	0.5606	0.5414	0.5232	0.5060	0.4897	0.4743
34	0.6117	0.5895	0.5685	0.5487	0.5300	0.5123	0.4955	0.4797	0.4647
35	0.5984	0.5768	0.5564	0.5372	0.5189	0.5017	0.4854	0.4700	0.4555
36	0.5856	0.5646	0.5448	0.5260	0.5083	0.4915	0.4757	0.4607	0.4465
37	0.5733	0.5528	0.5335	0.5152	0.4980	0.4817	0.4662	0.4517	0.4379
38	0.5614	0.5414	0.5226	0.5048	0.4880	0.4721	0.4571	0.4429	0.4295
39	0.5499	0.5304	0.5121	0.4948	0.4784	0.4629	0.4483	0.4345	0.4214
40	0.5387	0.5198	0.5019	0.4851	0.4691	0.4540	0.4398	0.4263	0.4135

来源：方程 1，Duan 等 （2006）。

231

表 6.16 不同温度及盐度（120～240 g/kg）下二氧化碳在 NaCl 卤水中的本森系数［β，$L_{真实气体}/(L \cdot atm)$，1 atm 湿空气］

温度/℃	盐度/(g/kg)								
	120	135	150	165	180	195	210	225	240
0	1.2015	1.1534	1.1079	1.0649	1.0242	0.9858	0.9494	0.9149	0.8823
1	1.1589	1.1129	1.0694	1.0283	0.9894	0.9526	0.9178	0.8849	0.8537
2	1.1186	1.0746	1.0330	0.9936	0.9564	0.9211	0.8878	0.8563	0.8264
3	1.0803	1.0382	0.9983	0.9606	0.9249	0.8912	0.8593	0.8291	0.8004
4	1.0440	1.0036	0.9654	0.9293	0.8951	0.8627	0.8321	0.8032	0.7757
5	1.0094	0.9707	0.9341	0.8994	0.8667	0.8356	0.8063	0.7785	0.7522
6	0.9766	0.9394	0.9043	0.8711	0.8396	0.8098	0.7817	0.7550	0.7298
7	0.9453	0.9097	0.8759	0.8440	0.8138	0.7853	0.7582	0.7326	0.7084
8	0.9156	0.8813	0.8489	0.8183	0.7893	0.7618	0.7358	0.7113	0.6880
9	0.8872	0.8543	0.8232	0.7937	0.7659	0.7395	0.7145	0.6909	0.6685
10	0.8602	0.8286	0.7986	0.7703	0.7435	0.7181	0.6941	0.6714	0.6499
11	0.8345	0.8040	0.7752	0.7480	0.7222	0.6978	0.6746	0.6528	0.6321
12	0.8099	0.7806	0.7529	0.7266	0.7018	0.6783	0.6560	0.6350	0.6150
13	0.7864	0.7582	0.7315	0.7062	0.6823	0.6597	0.6382	0.6180	0.5988
14	0.7640	0.7368	0.7111	0.6867	0.6637	0.6419	0.6212	0.6017	0.5832
15	0.7426	0.7164	0.6915	0.6681	0.6459	0.6248	0.6049	0.5861	0.5682
16	0.7221	0.6968	0.6729	0.6502	0.6288	0.6085	0.5893	0.5711	0.5539

续　表

温度/℃	盐度/(g/kg)								
	120	135	150	165	180	195	210	225	240
17	0.684 5	0.660 7	0.638 2	0.616 9	0.596 7	0.577 7	0.559 6	0.542 5	0.526 3
18	0.667 4	0.644 4	0.622 6	0.602 0	0.582 5	0.564 1	0.546 6	0.530 1	0.514 5
19	0.651 0	0.628 7	0.607 7	0.587 7	0.568 9	0.551 0	0.534 1	0.518 1	0.503 0
20	0.635 2	0.613 6	0.593 2	0.573 9	0.555 7	0.538 4	0.522 1	0.506 6	0.491 9
21	0.619 9	0.599 1	0.579 3	0.560 6	0.543 0	0.526 2	0.510 4	0.495 4	0.481 2
22	0.605 2	0.585 0	0.565 9	0.547 8	0.530 7	0.514 5	0.499 2	0.484 7	0.470 9
23	0.591 1	0.571 5	0.553 0	0.535 4	0.518 9	0.503 2	0.488 3	0.474 3	0.461 0
24	0.577 4	0.558 5	0.540 5	0.523 5	0.507 4	0.492 2	0.477 8	0.464 2	0.451 3
25	0.564 3	0.545 9	0.528 5	0.512 0	0.496 4	0.481 7	0.467 7	0.454 5	0.442 0
26	0.551 6	0.533 8	0.516 9	0.500 9	0.485 8	0.471 5	0.457 9	0.445 1	0.433 0
27	0.539 4	0.522 0	0.505 7	0.490 2	0.475 5	0.461 6	0.448 5	0.436 1	0.424 3
28	0.527 6	0.510 7	0.494 8	0.479 8	0.465 6	0.452 1	0.439 4	0.427 3	0.415 9
29	0.516 2	0.499 8	0.484 4	0.469 8	0.456 0	0.442 9	0.430 5	0.418 8	0.407 8
30	0.505 1	0.489 3	0.474 3	0.460 1	0.446 7	0.434 0	0.422 0	0.410 7	0.399 9
31	0.494 5	0.479 1	0.464 5	0.450 8	0.437 7	0.425 4	0.413 7	0.402 7	0.392 3
32	0.484 3	0.469 3	0.455 1	0.441 7	0.429 1	0.417 1	0.405 8	0.395 1	0.384 9
33	0.474 3	0.459 8	0.446 0	0.433 0	0.420 7	0.409 0	0.398 0	0.387 6	0.377 8
34	0.464 7	0.450 6	0.437 2	0.424 5	0.412 6	0.401 3	0.390 6	0.380 5	0.370 9
35	0.455 5	0.441 7	0.428 7	0.416 4	0.404 7	0.393 7	0.383 3	0.373 5	0.364 2
36	0.446 5	0.433 1	0.420 5	0.408 5	0.397 1	0.386 4	0.376 3	0.366 8	0.357 7
37	0.437 9	0.424 8	0.412 5	0.400 8	0.389 8	0.379 4	0.369 5	0.360 2	0.351 5
38	0.429 5	0.416 8	0.404 8	0.393 4	0.382 7	0.372 6	0.363 0	0.353 9	0.345 4
39	0.421 4	0.409 0	0.397 3	0.386 3	0.375 8	0.365 9	0.356 6	0.347 8	0.339 5
40	0.413 5	0.401 5	0.390 1	0.379 3	0.369 1	0.359 5	0.350 4	0.341 9	0.333 8

来源：方程 1，Duan 等（2006）。

232

表 6.17　不同温度及盐度（0~120 g/kg）下水蒸气压（mmHg）在 NaCl 卤水中的变化

温度/℃	盐度/(g/kg)								
	0	15	30	45	60	75	90	105	120
0	4.573	4.533	4.493	4.451	4.408	4.363	4.315	4.265	4.210
1	4.917	4.874	4.830	4.786	4.740	4.691	4.640	4.585	4.527
2	5.284	5.237	5.190	5.143	5.093	5.041	4.986	4.927	4.865

续 表

温度/℃	盐度/(g/kg)								
	0	15	30	45	60	75	90	105	120
3	5.674	5.624	5.574	5.523	5.469	5.413	5.354	5.291	5.224
4	6.090	6.037	5.983	5.927	5.870	5.810	5.747	5.679	5.607
5	6.533	6.475	6.417	6.358	6.297	6.232	6.164	6.092	6.014
6	7.004	6.942	6.880	6.816	6.751	6.682	6.609	6.531	6.448
7	7.504	7.438	7.372	7.304	7.233	7.159	7.081	6.998	6.909
8	8.036	7.965	7.894	7.821	7.746	7.666	7.583	7.494	7.398
9	8.601	8.525	8.449	8.371	8.290	8.205	8.116	8.020	7.918
10	9.200	9.119	9.038	8.954	8.868	8.777	8.681	8.579	8.470
11	9.836	9.750	9.662	9.573	9.481	9.384	9.281	9.172	9.056
12	10.511	10.418	10.325	10.229	10.131	10.027	9.918	9.801	9.676
13	11.225	11.126	11.027	10.925	10.819	10.709	10.592	10.467	10.334
14	11.982	11.877	11.770	11.662	11.549	11.431	11.306	11.173	11.031
15	12.784	12.671	12.558	12.442	12.322	12.196	12.063	11.921	11.769
16	13.632	13.512	13.391	13.267	13.139	13.005	12.863	12.712	12.550
17	14.529	14.401	14.272	14.140	14.004	13.861	13.709	13.548	13.376
18	15.477	15.341	15.204	15.063	14.918	14.765	14.604	14.433	14.249
19	16.479	16.334	16.188	16.039	15.884	15.722	15.550	15.367	15.172
20	17.538	17.384	17.228	17.069	16.904	16.731	16.549	16.354	16.146
21	18.656	18.491	18.326	18.157	17.981	17.798	17.603	17.396	17.175
22	19.835	19.660	19.484	19.304	19.118	18.923	18.716	18.496	18.261
23	21.079	20.893	20.706	20.515	20.317	20.109	19.890	19.656	19.406
24	22.390	22.193	21.994	21.791	21.581	21.360	21.127	20.879	20.613
25	23.772	23.563	23.352	23.136	22.913	22.679	22.431	22.168	21.885
26	25.228	25.006	24.782	24.553	24.316	24.068	23.805	23.525	23.226
27	26.761	26.525	26.288	26.045	25.794	25.530	25.251	24.955	24.637
28	28.374	28.124	27.873	27.615	27.349	27.069	26.774	26.459	26.122
29	30.071	29.806	29.540	29.267	28.984	28.688	28.375	28.041	27.685
30	31.856	31.575	31.293	31.004	30.705	30.391	30.059	29.706	29.328
31	33.732	33.435	33.136	32.830	32.513	32.180	31.829	31.455	31.055
32	35.703	35.389	35.072	34.748	34.412	34.061	33.689	33.293	32.869
33	37.773	37.440	37.105	36.763	36.408	36.036	35.642	35.223	34.775
34	39.946	39.595	39.240	38.878	38.503	38.109	37.693	37.250	36.776
35	42.227	41.855	41.481	41.098	40.701	40.285	39.845	39.377	38.876
36	44.620	44.227	43.831	43.426	43.007	42.568	42.103	41.608	41.078

续　表

温度/℃	盐度/(g/kg)								
	0	15	30	45	60	75	90	105	120
37	47.129	46.714	46.296	45.868	45.425	44.961	44.470	43.948	43.388
38	49.759	49.321	48.879	48.428	47.960	47.470	46.952	46.400	45.809
39	52.514	52.052	51.586	51.110	50.616	50.099	49.552	48.970	48.346
40	55.401	54.913	54.421	53.919	53.398	52.853	52.276	51.661	51.004

来源：方程 23，Sherwood 等（1991）。

233

表 6.18　不同温度及盐度（120~240 g/kg）下水蒸气压（mmHg）在 NaCl 卤水中的变化

温度/℃	盐度/(g/kg)								
	120	135	150	165	180	195	210	225	240
0	4.210	4.152	4.090	4.022	3.950	3.872	3.789	3.700	3.606
1	4.527	4.464	4.397	4.325	4.247	4.163	4.074	3.979	3.877
2	4.865	4.797	4.725	4.647	4.563	4.474	4.378	4.275	4.166
3	5.224	5.152	5.074	4.990	4.901	4.804	4.701	4.591	4.474
4	5.607	5.529	5.446	5.356	5.260	5.156	5.046	4.928	4.802
5	6.014	5.931	5.842	5.745	5.642	5.531	5.412	5.286	5.151
6	6.448	6.359	6.263	6.159	6.049	5.930	5.802	5.667	5.523
7	6.909	6.813	6.710	6.600	6.481	6.353	6.217	6.072	5.917
8	7.398	7.296	7.186	7.067	6.940	6.804	6.658	6.502	6.337
9	7.918	7.809	7.691	7.564	7.428	7.282	7.126	6.959	6.782
10	8.470	8.353	8.227	8.091	7.945	7.789	7.622	7.444	7.255
11	9.056	8.930	8.795	8.650	8.495	8.328	8.149	7.959	7.756
12	9.676	9.542	9.398	9.243	9.077	8.899	8.708	8.504	8.288
13	10.334	10.191	10.037	9.872	9.694	9.504	9.300	9.082	8.851
14	11.031	10.878	10.714	10.538	10.348	10.145	9.927	9.695	9.448
15	11.769	11.606	11.431	11.243	11.040	10.823	10.591	10.343	10.080
16	12.550	12.376	12.189	11.988	11.773	11.541	11.294	11.030	10.749
17	13.376	13.191	12.991	12.777	12.547	12.301	12.037	11.755	11.456
18	14.249	14.052	13.840	13.611	13.366	13.104	12.823	12.523	12.204
19	15.172	14.962	14.736	14.493	14.232	13.952	13.653	13.334	12.994
20	16.146	15.923	15.682	15.424	15.146	14.848	14.530	14.190	13.829
21	17.175	16.937	16.682	16.407	16.111	15.795	15.456	15.094	14.710

续 表

温度/℃	盐度/(g/kg)								
	120	135	150	165	180	195	210	225	240
22	18.261	18.008	17.736	17.444	17.130	16.793	16.433	16.049	15.640
23	19.406	19.137	18.848	18.538	18.204	17.846	17.463	17.055	16.621
24	20.613	20.328	20.021	19.691	19.337	18.956	18.550	18.116	17.655
25	21.885	21.583	21.257	20.906	20.530	20.126	19.695	19.234	18.745
26	23.226	22.904	22.558	22.187	21.787	21.359	20.901	20.412	19.893
27	24.637	24.296	23.929	23.535	23.111	22.657	22.171	21.652	21.102
28	26.122	25.760	25.372	24.954	24.504	24.023	23.507	22.958	22.374
29	27.685	27.301	26.889	26.446	25.970	25.459	24.913	24.331	23.712
30	29.328	28.922	28.485	28.016	27.511	26.970	26.392	25.775	25.119
31	31.055	30.625	30.162	29.665	29.131	28.559	27.946	27.293	26.598
32	32.869	32.414	31.925	31.399	30.834	30.227	29.579	28.887	28.153
33	34.775	34.294	33.776	33.219	32.621	31.980	31.294	30.562	29.785
34	36.776	36.267	35.719	35.131	34.498	33.820	33.095	32.321	31.499
35	38.876	38.338	37.759	37.137	36.468	35.751	34.984	34.166	33.297
36	41.078	40.510	39.898	39.241	38.534	37.777	36.966	36.102	35.184
37	43.388	42.788	42.142	41.447	40.701	39.901	39.045	38.132	37.162
38	45.809	45.175	44.493	43.760	42.972	42.128	41.224	40.260	39.236
39	48.346	47.677	46.957	46.184	45.352	44.461	43.507	42.490	41.409
40	51.004	50.298	49.538	48.722	47.845	46.904	45.898	44.825	43.685

来源：方程 23，Sherwood 等（1991）。

234

表 6.19 不同温度及盐度（0~120 g/kg）下水的密度（kg/m^3）在 NaCl 卤水中的变化

温度/℃	盐度/(g/kg)								
	0	15	30	45	60	75	90	105	120
0	999.8	1 011.3	1 022.8	1 034.3	1 045.8	1 057.4	1 069.0	1 080.6	1 092.4
1	999.9	1 011.3	1 022.7	1 034.2	1 045.7	1 057.2	1 068.8	1 080.4	1 092.1
2	999.9	1 011.3	1 022.7	1 034.1	1 045.5	1 057.0	1 068.6	1 080.2	1 091.9
3	999.9	1 011.3	1 022.6	1 034.0	1 045.4	1 056.9	1 068.4	1 080.0	1 091.6
4	999.9	1 011.2	1 022.5	1 033.9	1 045.2	1 056.7	1 068.2	1 079.7	1 091.3
5	999.9	1 011.2	1 022.5	1 033.7	1 045.1	1 056.5	1 067.9	1 079.4	1 091.1
6	999.9	1 011.1	1 022.3	1 033.6	1 044.9	1 056.3	1 067.7	1 079.2	1 090.8

续 表

温度/℃	盐度/(g/kg)								
	0	15	30	45	60	75	90	105	120
7	999.9	1 011.0	1 022.2	1 033.4	1 044.7	1 056.0	1 067.4	1 078.9	1 090.4
8	999.8	1 011.0	1 022.1	1 033.3	1 044.5	1 055.8	1 067.2	1 078.6	1 090.1
9	999.8	1 010.8	1 021.9	1 033.1	1 044.3	1 055.5	1 066.9	1 078.3	1 089.8
10	999.7	1 010.7	1 021.8	1 032.9	1 044.1	1 055.3	1 066.6	1 078.0	1 089.5
11	999.6	1 010.6	1 021.6	1 032.7	1 043.8	1 055.0	1 066.3	1 077.7	1 089.1
12	999.5	1 010.5	1 021.4	1 032.5	1 043.6	1 054.8	1 066.0	1 077.3	1 088.8
13	999.4	1 010.3	1 021.3	1 032.3	1 043.3	1 054.5	1 065.7	1 077.0	1 088.4
14	999.3	1 010.1	1 021.1	1 032.0	1 043.1	1 054.2	1 065.4	1 076.7	1 088.0
15	999.1	1 010.0	1 020.8	1 031.8	1 042.8	1 053.9	1 065.1	1 076.3	1 087.7
16	999.0	1 009.8	1 020.6	1 031.5	1 042.5	1 053.6	1 064.7	1 076.0	1 087.3
17	998.8	1 009.6	1 020.4	1 031.3	1 042.2	1 053.3	1 064.4	1 075.6	1 086.9
18	998.6	1 009.4	1 020.1	1 031.0	1 041.9	1 052.9	1 064.0	1 075.2	1 086.5
19	998.5	1 009.1	1 019.9	1 030.7	1 041.6	1 052.6	1 063.7	1 074.8	1 086.1
20	998.3	1 008.9	1 019.6	1 030.4	1 041.3	1 052.3	1 063.3	1 074.5	1 085.7
21	998.0	1 008.7	1 019.4	1 030.1	1 041.0	1 051.9	1 062.9	1 074.1	1 085.3
22	997.8	1 008.4	1 019.1	1 029.8	1 040.6	1 051.6	1 062.6	1 073.7	1 084.9
23	997.6	1 008.1	1 018.8	1 029.5	1 040.3	1 051.2	1 062.2	1 073.3	1 084.5
24	997.3	1 007.9	1 018.5	1 029.2	1 040.0	1 050.8	1 061.8	1 072.9	1 084.1
25	997.1	1 007.6	1 018.2	1 028.9	1 039.6	1 050.5	1 061.4	1 072.5	1 083.6
26	996.8	1 007.3	1 017.9	1 028.5	1 039.3	1 050.1	1 061.0	1 072.1	1 083.2
27	996.6	1 007.0	1 017.6	1 028.2	1 038.9	1 049.7	1 060.6	1 071.6	1 082.8
28	996.3	1 006.7	1 017.2	1 027.8	1 038.5	1 049.3	1 060.2	1 071.2	1 082.3
29	996.0	1 006.4	1 016.9	1 027.5	1 038.2	1 048.9	1 059.8	1 070.8	1 081.9
30	995.7	1 006.1	1 016.5	1 027.1	1 037.8	1 048.5	1 059.4	1 070.4	1 081.5
31	995.4	1 005.7	1 016.2	1 026.8	1 037.4	1 048.2	1 059.0	1 070.0	1 081.0
32	995.1	1 005.4	1 015.8	1 026.4	1 037.0	1 047.8	1 058.6	1 069.5	1 080.6
33	994.7	1 005.1	1 015.5	1 026.0	1 036.6	1 047.3	1 058.2	1 069.1	1 080.1
34	994.4	1 004.7	1 015.1	1 025.6	1 036.2	1 046.9	1 057.7	1 068.7	1 079.7
35	994.0	1 004.3	1 014.8	1 025.3	1 035.8	1 046.5	1 057.3	1 068.2	1 079.2
36	993.7	1 004.0	1 014.4	1 024.9	1 035.4	1 046.1	1 056.9	1 067.8	1 078.8
37	993.3	1 003.6	1 014.0	1 024.5	1 035.0	1 045.7	1 056.5	1 067.3	1 078.3
38	993.0	1 003.2	1 013.6	1 024.1	1 034.6	1 045.3	1 056.0	1 066.9	1 077.9
39	992.6	1 002.9	1 013.2	1 023.7	1 034.2	1 044.9	1 055.6	1 066.5	1 077.4
40	992.2	1 002.5	1 012.8	1 023.3	1 033.8	1 044.4	1 055.2	1 066.0	1 077.0

来源：方程 22，Sherwood 等（1991）。

235

表 6.20 不同温度及盐度（120~240 g/kg）下水的密度（kg/m^3）在 NaCl 卤水中的变化

温度/℃	盐度/(g/kg)								
	120	135	150	165	180	195	210	225	240
0	1 092.4	1 104.2	1 116.1	1 128.2	1 140.3	1 152.5	1 164.9	1 177.4	1 190.0
1	1 092.1	1 103.9	1 115.8	1 127.8	1 139.9	1 152.2	1 164.5	1 177.0	1 189.6
2	1 091.9	1 103.7	1 115.5	1 127.5	1 139.6	1 151.8	1 164.1	1 176.6	1 189.2
3	1 091.6	1 103.4	1 115.2	1 127.2	1 139.2	1 151.4	1 163.7	1 176.2	1 188.8
4	1 091.3	1 103.1	1 114.9	1 126.8	1 138.9	1 151.0	1 163.3	1 175.8	1 188.3
5	1 091.1	1 102.8	1 114.6	1 126.5	1 138.5	1 150.6	1 162.9	1 175.3	1 187.9
6	1 090.8	1 102.4	1 114.2	1 126.1	1 138.1	1 150.2	1 162.5	1 174.9	1 187.5
7	1 090.4	1 102.1	1 113.9	1 125.7	1 137.7	1 149.8	1 162.1	1 174.5	1 187.0
8	1 090.1	1 101.8	1 113.5	1 125.3	1 137.3	1 149.4	1 161.6	1 174.0	1 186.5
9	1 089.8	1 101.4	1 113.1	1 124.9	1 136.9	1 149.0	1 161.2	1 173.5	1 186.1
10	1 089.5	1 101.0	1 112.7	1 124.5	1 136.5	1 148.5	1 160.7	1 173.1	1 185.6
11	1 089.1	1 100.7	1 112.4	1 124.1	1 136.1	1 148.1	1 160.3	1 172.6	1 185.1
12	1 088.8	1 100.3	1 112.0	1 123.7	1 135.6	1 147.6	1 159.8	1 172.1	1 184.6
13	1 088.4	1 099.9	1 111.6	1 123.3	1 135.2	1 147.2	1 159.3	1 171.6	1 184.1
14	1 088.0	1 099.5	1 111.1	1 122.9	1 134.7	1 146.7	1 158.9	1 171.1	1 183.6
15	1 087.7	1 099.1	1 110.7	1 122.4	1 134.3	1 146.3	1 158.4	1 170.7	1 183.1
16	1 087.3	1 098.7	1 110.3	1 122.0	1 133.8	1 145.8	1 157.9	1 170.2	1 182.6
17	1 086.9	1 098.3	1 109.9	1 121.6	1 133.4	1 145.3	1 157.4	1 169.6	1 182.0
18	1 086.5	1 097.9	1 109.5	1 121.1	1 132.9	1 144.8	1 156.9	1 169.1	1 181.5
19	1 086.1	1 097.5	1 109.0	1 120.7	1 132.4	1 144.3	1 156.4	1 168.6	1 181.0
20	1 085.7	1 097.1	1 108.6	1 120.2	1 132.0	1 143.9	1 155.9	1 168.1	1 180.5
21	1 085.3	1 096.7	1 108.1	1 119.7	1 131.5	1 143.4	1 155.4	1 167.6	1 179.9
22	1 084.9	1 096.2	1 107.7	1 119.3	1 131.0	1 142.9	1 154.9	1 167.1	1 179.4
23	1 084.5	1 095.8	1 107.2	1 118.8	1 130.5	1 142.4	1 154.4	1 166.5	1 178.9
24	1 084.1	1 095.4	1 106.8	1 118.3	1 130.0	1 141.9	1 153.9	1 166.0	1 178.3
25	1 083.6	1 094.9	1 106.3	1 117.9	1 129.5	1 141.4	1 153.3	1 165.5	1 177.8
26	1 083.2	1 094.5	1 105.9	1 117.4	1 129.1	1 140.9	1 152.8	1 164.9	1 177.2
27	1 082.8	1 094.0	1 105.4	1 116.9	1 128.6	1 140.4	1 152.3	1 164.4	1 176.7
28	1 082.3	1 093.6	1 104.9	1 116.4	1 128.1	1 139.8	1 151.8	1 163.9	1 176.1
29	1 081.9	1 093.1	1 104.5	1 115.9	1 127.6	1 139.3	1 151.3	1 163.3	1 175.6
30	1 081.5	1 092.7	1 104.0	1 115.5	1 127.1	1 138.8	1 150.7	1 162.8	1 175.1
31	1 081.0	1 092.2	1 103.5	1 115.0	1 126.6	1 138.3	1 150.2	1 162.3	1 174.5

续　表

温度/℃	盐度/(g/kg)								
	120	135	150	165	180	195	210	225	240
32	1 080.6	1 091.8	1 103.1	1 114.5	1 126.1	1 137.8	1 149.7	1 161.8	1 174.0
33	1 080.1	1 091.3	1 102.6	1 114.0	1 125.6	1 137.3	1 149.2	1 161.2	1 173.4
34	1 079.7	1 090.8	1 102.1	1 113.5	1 125.1	1 136.8	1 148.7	1 160.7	1 172.9
35	1 079.2	1 090.4	1 101.6	1 113.1	1 124.6	1 136.3	1 148.2	1 160.2	1 172.3
36	1 078.8	1 089.9	1 101.2	1 112.6	1 124.1	1 135.8	1 147.6	1 159.6	1 171.8
37	1 078.3	1 089.5	1 100.7	1 112.1	1 123.6	1 135.3	1 147.1	1 159.1	1 171.3
38	1 077.9	1 089.0	1 100.2	1 111.6	1 123.1	1 134.8	1 146.6	1 158.6	1 170.8
39	1 077.4	1 088.5	1 099.8	1 111.1	1 122.6	1 134.3	1 146.1	1 158.1	1 170.2
40	1 077.0	1 088.1	1 099.3	1 110.7	1 122.2	1 133.8	1 145.6	1 157.6	1 169.7

来源：方程 22，Sherwood 等（1991）。

237

第7章　水的物理性质

本章节介绍水的重要物理性质随温度（0~40℃）及盐度（0~40 g/kg）的变化关系：

表	性　质
7.1	$\rho_{淡水}$
7.2	$\rho_{海水}$（0~40 g/kg）
7.3	$\rho_{海水}$（33~37 g/kg）
7.4	比重
7.5	蒸气压
7.6	热容（C_p）
7.7	黏度
7.8	运动粘度
7.9	表面张力
7.10	蒸发热

用于生成这些表的方程见附录B。

238

表7.1　不同温度下淡水中水的密度（kg/L）

温度/℃	Δt/℃									
	0.0	0.1	0.2	0.3	0.4	0.5	0.6	0.7	0.8	0.9
0	0.999 843	0.999 849	0.999 856	0.999 862	0.999 868	0.999 874	0.999 880	0.999 886	0.999 891	0.999 896
1	0.999 902	0.999 906	0.999 911	0.999 916	0.999 920	0.999 924	0.999 928	0.999 932	0.999 936	0.999 940
2	0.999 943	0.999 946	0.999 949	0.999 952	0.999 955	0.999 957	0.999 959	0.999 962	0.999 964	0.999 965
3	0.999 967	0.999 969	0.999 970	0.999 971	0.999 972	0.999 973	0.999 974	0.999 974	0.999 975	0.999 975
4	0.999 975	0.999 975	0.999 975	0.999 974	0.999 974	0.999 973	0.999 972	0.999 971	0.999 970	0.999 968
5	0.999 967	0.999 965	0.999 963	0.999 961	0.999 959	0.999 957	0.999 954	0.999 952	0.999 949	0.999 946
6	0.999 943	0.999 940	0.999 936	0.999 933	0.999 929	0.999 925	0.999 922	0.999 918	0.999 913	0.999 909

续　表

温度/℃	Δt/℃									
	0.0	0.1	0.2	0.3	0.4	0.5	0.6	0.7	0.8	0.9
7	0.999 904	0.999 900	0.999 895	0.999 890	0.999 885	0.999 879	0.999 874	0.999 868	0.999 863	0.999 857
8	0.999 851	0.999 845	0.999 839	0.999 832	0.999 826	0.999 819	0.999 812	0.999 805	0.999 798	0.999 791
9	0.999 783	0.999 776	0.999 768	0.999 760	0.999 753	0.999 744	0.999 736	0.999 728	0.999 719	0.999 711
10	0.999 702	0.999 693	0.999 684	0.999 675	0.999 666	0.999 656	0.999 647	0.999 637	0.999 627	0.999 617
11	0.999 607	0.999 597	0.999 587	0.999 576	0.999 566	0.999 555	0.999 544	0.999 533	0.999 522	0.999 511
12	0.999 500	0.999 488	0.999 477	0.999 465	0.999 453	0.999 441	0.999 429	0.999 417	0.999 404	0.999 392
13	0.999 379	0.999 366	0.999 354	0.999 341	0.999 328	0.999 314	0.999 301	0.999 288	0.999 274	0.999 260
14	0.999 246	0.999 232	0.999 218	0.999 204	0.999 190	0.999 175	0.999 161	0.999 146	0.999 131	0.999 117
15	0.999 102	0.999 086	0.999 071	0.999 056	0.999 040	0.999 025	0.999 009	0.998 993	0.998 977	0.998 961
16	0.998 945	0.998 929	0.998 912	0.998 896	0.998 879	0.998 862	0.998 845	0.998 828	0.998 811	0.998 794
17	0.998 777	0.998 759	0.998 742	0.998 724	0.998 706	0.998 689	0.998 671	0.998 653	0.998 634	0.998 616
18	0.998 598	0.998 579	0.998 560	0.998 542	0.998 523	0.998 504	0.998 485	0.998 466	0.998 446	0.998 427
19	0.998 407	0.998 388	0.998 368	0.998 348	0.998 328	0.998 308	0.998 288	0.998 268	0.998 247	0.998 227
20	0.998 206	0.998 186	0.998 165	0.998 144	0.998 123	0.998 102	0.998 081	0.998 059	0.998 038	0.998 016
21	0.997 995	0.997 973	0.997 951	0.997 929	0.997 907	0.997 885	0.997 863	0.997 841	0.997 818	0.997 796
22	0.997 773	0.997 750	0.997 727	0.997 705	0.997 681	0.997 658	0.997 635	0.997 612	0.997 588	0.997 565
23	0.997 541	0.997 517	0.997 494	0.997 470	0.997 446	0.997 422	0.997 397	0.997 373	0.997 349	0.997 324
24	0.997 299	0.997 275	0.997 250	0.997 225	0.997 200	0.997 175	0.997 150	0.997 124	0.997 099	0.997 074
25	0.997 048	0.997 022	0.996 997	0.996 971	0.996 945	0.996 919	0.996 893	0.996 866	0.996 840	0.996 813
26	0.996 787	0.996 760	0.996 734	0.996 707	0.996 680	0.996 653	0.996 626	0.996 599	0.996 571	0.996 544
27	0.996 517	0.996 489	0.996 462	0.996 434	0.996 406	0.996 378	0.996 350	0.996 322	0.996 294	0.996 266
28	0.996 237	0.996 209	0.996 180	0.996 152	0.996 123	0.996 094	0.996 065	0.996 036	0.996 007	0.995 978
29	0.995 949	0.995 919	0.995 890	0.995 860	0.995 831	0.995 801	0.995 771	0.995 741	0.995 711	0.995 681
30	0.995 651	0.995 621	0.995 591	0.995 560	0.995 530	0.995 499	0.995 468	0.995 438	0.995 407	0.995 376
31	0.995 345	0.995 314	0.995 283	0.995 251	0.995 220	0.995 189	0.995 157	0.995 126	0.995 094	0.995 062
32	0.995 030	0.994 998	0.994 966	0.994 934	0.994 902	0.994 870	0.994 837	0.994 805	0.994 772	0.994 740
33	0.994 707	0.994 674	0.994 641	0.994 608	0.994 575	0.994 542	0.994 509	0.994 476	0.994 443	0.994 409
34	0.994 376	0.994 342	0.994 308	0.994 275	0.994 241	0.994 207	0.994 173	0.994 139	0.994 105	0.994 070
35	0.994 036	0.994 002	0.993 967	0.993 932	0.993 898	0.993 863	0.993 828	0.993 793	0.993 758	0.993 723
36	0.993 688	0.993 653	0.993 618	0.993 582	0.993 547	0.993 512	0.993 476	0.993 440	0.993 405	0.993 369
37	0.993 333	0.993 297	0.993 261	0.993 225	0.993 188	0.993 152	0.993 116	0.993 079	0.993 043	0.993 006
38	0.992 970	0.992 933	0.992 896	0.992 859	0.992 822	0.992 785	0.992 748	0.992 711	0.992 673	0.992 636
39	0.992 599	0.992 561	0.992 524	0.992 486	0.992 448	0.992 410	0.992 373	0.992 335	0.992 297	0.992 259
40	0.992 220	0.992 182	0.992 144	0.992 105	0.992 067	0.992 028	0.991 990	0.991 951	0.991 913	0.991 874

来源：Millero 和 Poisson（1982）。

239

表 7.2 不同温度及盐度（0~40 g/kg）下水的密度（kg/L）

温度/℃	盐度/(g/kg)								
	0.0	5.0	10.0	15.0	20.0	25.0	30.0	35.0	40.0
0	0.999 84	1.003 91	1.007 95	1.011 99	1.016 01	1.020 04	1.024 07	1.028 11	1.032 15
1	0.999 90	1.003 95	1.007 98	1.011 99	1.016 00	1.020 01	1.024 03	1.028 05	1.032 07
2	0.999 94	1.003 98	1.007 98	1.011 98	1.015 97	1.019 97	1.023 97	1.027 97	1.031 98
3	0.999 97	1.003 98	1.007 97	1.011 95	1.015 93	1.019 91	1.023 90	1.027 89	1.031 88
4	0.999 97	1.003 97	1.007 95	1.011 91	1.015 88	1.019 84	1.023 81	1.027 79	1.031 77
5	0.999 97	1.003 95	1.007 91	1.011 86	1.015 81	1.019 76	1.023 71	1.027 68	1.031 64
6	0.999 94	1.003 91	1.007 85	1.011 79	1.015 72	1.019 66	1.023 60	1.027 55	1.031 51
7	0.999 90	1.003 86	1.007 79	1.011 71	1.015 63	1.019 55	1.023 48	1.027 42	1.031 36
8	0.999 85	1.003 79	1.007 70	1.011 61	1.015 52	1.019 43	1.023 35	1.027 27	1.031 21
9	0.999 78	1.003 71	1.007 61	1.011 50	1.015 40	1.019 30	1.023 21	1.027 12	1.031 04
10	0.999 70	1.003 61	1.007 50	1.011 39	1.015 27	1.019 16	1.023 05	1.026 95	1.030 86
11	0.999 61	1.003 50	1.007 38	1.011 25	1.015 13	1.019 00	1.022 89	1.026 78	1.030 68
12	0.999 50	1.003 38	1.007 25	1.011 11	1.014 97	1.018 84	1.022 71	1.026 59	1.030 48
13	0.999 38	1.003 25	1.007 11	1.010 96	1.014 81	1.018 66	1.022 52	1.026 39	1.030 27
14	0.999 25	1.003 11	1.006 95	1.010 79	1.014 63	1.018 48	1.022 33	1.026 19	1.030 06
15	0.999 10	1.002 95	1.006 78	1.010 61	1.014 44	1.018 28	1.022 12	1.025 97	1.029 83
16	0.998 94	1.002 78	1.006 61	1.010 43	1.014 25	1.018 07	1.021 91	1.025 75	1.029 60
17	0.998 78	1.002 61	1.006 42	1.010 23	1.014 04	1.017 86	1.021 68	1.025 52	1.029 36
18	0.998 60	1.002 42	1.006 22	1.010 02	1.013 82	1.017 63	1.021 45	1.025 27	1.029 11
19	0.998 41	1.002 22	1.006 01	1.009 80	1.013 60	1.017 40	1.021 21	1.025 02	1.028 85
20	0.998 21	1.002 01	1.005 79	1.009 58	1.013 36	1.017 15	1.020 95	1.024 76	1.028 58
21	0.997 99	1.001 79	1.005 56	1.009 34	1.013 12	1.016 90	1.020 69	1.024 50	1.028 31
22	0.997 77	1.001 56	1.005 33	1.009 09	1.012 86	1.016 64	1.020 43	1.024 22	1.028 02
23	0.997 54	1.001 32	1.005 08	1.008 84	1.012 60	1.016 37	1.020 15	1.023 94	1.027 73
24	0.997 30	1.001 07	1.004 82	1.008 57	1.012 33	1.016 09	1.019 86	1.023 64	1.027 43
25	0.997 05	1.000 81	1.004 56	1.008 30	1.012 05	1.015 81	1.019 57	1.023 34	1.027 13
26	0.996 79	1.000 54	1.004 28	1.008 02	1.011 76	1.015 51	1.019 27	1.023 04	1.026 81
27	0.996 52	1.000 26	1.004 00	1.007 73	1.011 47	1.015 21	1.018 96	1.022 72	1.026 49
28	0.996 24	0.999 98	1.003 71	1.007 43	1.011 16	1.014 90	1.018 64	1.022 40	1.026 16
29	0.995 95	0.999 68	1.003 40	1.007 12	1.010 85	1.014 58	1.018 32	1.022 07	1.025 83
30	0.995 65	0.999 38	1.003 10	1.006 81	1.010 53	1.014 25	1.017 99	1.021 73	1.025 48
31	0.995 34	0.999 07	1.002 78	1.006 49	1.010 20	1.013 92	1.017 65	1.021 38	1.025 13
32	0.995 03	0.998 75	1.002 45	1.006 16	1.009 86	1.013 58	1.017 30	1.021 03	1.024 77

续　表

温度/℃	盐度/(g/kg)								
	0.0	5.0	10.0	15.0	20.0	25.0	30.0	35.0	40.0
33	0.994 71	0.998 42	1.002 12	1.005 82	1.009 52	1.013 23	1.016 95	1.020 67	1.024 41
34	0.994 38	0.998 08	1.001 78	1.005 47	1.009 17	1.012 87	1.016 58	1.020 31	1.024 04
35	0.994 04	0.997 74	1.001 43	1.005 12	1.008 81	1.012 51	1.016 22	1.019 93	1.023 66
36	0.993 69	0.997 39	1.001 07	1.004 76	1.008 44	1.012 14	1.015 84	1.019 55	1.023 28
37	0.993 33	0.997 03	1.000 71	1.004 39	1.008 07	1.011 76	1.015 46	1.019 17	1.022 89
38	0.992 97	0.996 66	1.000 34	1.004 01	1.007 69	1.011 38	1.015 07	1.018 78	1.022 49
39	0.992 60	0.996 29	0.999 96	1.003 63	1.007 31	1.010 99	1.014 68	1.018 38	1.022 09
40	0.992 22	0.995 91	0.999 58	1.003 24	1.006 91	1.010 59	1.014 28	1.017 97	1.021 68

来源：Millero 和 Poisson（1982）。

表 7.3　不同温度及盐度（33~37 g/kg）下水的密度（kg/L）　240

温度/℃	盐度/(g/kg)								
	33.0	33.5	34.0	34.5	35.0	35.5	36.0	36.5	37.0
0	1.026 49	1.026 90	1.027 30	1.027 70	1.028 11	1.028 51	1.028 91	1.029 32	1.029 72
1	1.026 44	1.026 84	1.027 24	1.027 64	1.028 05	1.028 45	1.028 85	1.029 25	1.029 65
2	1.026 37	1.026 77	1.027 17	1.027 57	1.027 97	1.028 37	1.028 77	1.029 17	1.029 58
3	1.026 29	1.026 69	1.027 09	1.027 49	1.027 89	1.028 28	1.028 68	1.029 08	1.029 48
4	1.026 20	1.026 59	1.026 99	1.027 39	1.027 79	1.028 18	1.028 58	1.028 98	1.029 38
5	1.026 09	1.026 49	1.026 88	1.027 28	1.027 68	1.028 07	1.028 47	1.028 87	1.029 26
6	1.025 97	1.026 37	1.026 76	1.027 16	1.027 55	1.027 95	1.028 34	1.028 74	1.029 13
7	1.025 84	1.026 24	1.026 63	1.027 03	1.027 42	1.027 81	1.028 21	1.028 60	1.029 00
8	1.025 70	1.026 10	1.026 49	1.026 88	1.027 27	1.027 67	1.028 06	1.028 45	1.028 85
9	1.025 55	1.025 94	1.026 34	1.026 73	1.027 12	1.027 51	1.027 90	1.028 29	1.028 69
10	1.025 39	1.025 78	1.026 17	1.026 56	1.026 95	1.027 34	1.027 73	1.028 12	1.028 52
11	1.025 22	1.025 61	1.026 00	1.026 39	1.026 78	1.027 17	1.027 56	1.027 94	1.028 33
12	1.025 04	1.025 42	1.025 81	1.026 20	1.026 59	1.026 98	1.027 37	1.027 76	1.028 14
13	1.024 84	1.025 23	1.025 62	1.026 01	1.026 39	1.026 78	1.027 17	1.027 56	1.027 94
14	1.024 64	1.025 03	1.025 41	1.025 80	1.026 19	1.026 57	1.026 96	1.027 35	1.027 73
15	1.024 43	1.024 82	1.025 20	1.025 59	1.025 97	1.026 36	1.026 74	1.027 13	1.027 52
16	1.024 21	1.024 59	1.024 98	1.025 36	1.025 75	1.026 13	1.026 52	1.026 90	1.027 29
17	1.023 98	1.024 36	1.024 75	1.025 13	1.025 52	1.025 90	1.026 28	1.026 67	1.027 05
18	1.023 74	1.024 12	1.024 51	1.024 89	1.025 27	1.025 66	1.026 04	1.026 42	1.026 81

续 表

温度/℃	盐度/(g/kg)								
	33.0	33.5	34.0	34.5	35.0	35.5	36.0	36.5	37.0
19	1.023 49	1.023 88	1.024 26	1.024 64	1.025 02	1.025 40	1.025 79	1.026 17	1.026 55
20	1.023 24	1.023 62	1.024 00	1.024 38	1.024 76	1.025 14	1.025 53	1.025 91	1.026 29
21	1.022 97	1.023 35	1.023 73	1.024 11	1.024 50	1.024 88	1.025 26	1.025 64	1.026 02
22	1.022 70	1.023 08	1.023 46	1.023 84	1.024 22	1.024 60	1.024 98	1.025 36	1.025 74
23	1.022 42	1.022 80	1.023 18	1.023 56	1.023 94	1.024 31	1.024 69	1.025 07	1.025 45
24	1.022 13	1.022 51	1.022 89	1.023 26	1.023 64	1.024 02	1.024 40	1.024 78	1.025 16
25	1.021 83	1.022 21	1.022 59	1.022 97	1.023 34	1.023 72	1.024 10	1.024 48	1.024 86
26	1.021 53	1.021 90	1.022 28	1.022 66	1.023 04	1.023 41	1.023 79	1.024 17	1.024 55
27	1.021 21	1.021 59	1.021 97	1.022 34	1.022 72	1.023 10	1.023 47	1.023 85	1.024 23
28	1.020 89	1.021 27	1.021 65	1.022 02	1.022 40	1.022 77	1.023 15	1.023 53	1.023 90
29	1.020 57	1.020 94	1.021 32	1.021 69	1.022 07	1.022 44	1.022 82	1.023 19	1.023 57
30	1.020 23	1.020 60	1.020 98	1.021 35	1.021 73	1.022 10	1.022 48	1.022 85	1.023 23
31	1.019 89	1.020 26	1.020 64	1.021 01	1.021 38	1.021 76	1.022 13	1.022 51	1.022 88
32	1.019 54	1.019 91	1.020 28	1.020 66	1.021 03	1.021 41	1.021 78	1.022 15	1.022 53
33	1.019 18	1.019 55	1.019 93	1.020 30	1.020 67	1.021 05	1.021 42	1.021 79	1.022 17
34	1.018 82	1.019 19	1.019 56	1.019 93	1.020 31	1.020 68	1.021 05	1.021 43	1.021 80
35	1.018 45	1.018 82	1.019 19	1.019 56	1.019 93	1.020 31	1.020 68	1.021 05	1.021 42
36	1.018 07	1.018 44	1.018 81	1.019 18	1.019 55	1.019 93	1.020 30	1.020 67	1.021 04
37	1.017 68	1.018 05	1.018 43	1.018 80	1.019 17	1.019 54	1.019 91	1.020 28	1.020 65
38	1.017 29	1.017 66	1.018 03	1.018 41	1.018 78	1.019 15	1.019 52	1.019 89	1.020 26
39	1.016 90	1.017 27	1.017 64	1.018 01	1.018 38	1.018 75	1.019 12	1.019 49	1.019 86
40	1.016 49	1.016 86	1.017 23	1.017 60	1.017 97	1.018 34	1.018 71	1.019 08	1.019 45

来源：Millero 和 Poisson（1982）。

241

表 7.4 不同温度及盐度下水的比重（kN/m^3，$g=9.806\ 65\ m/s^2$）

温度/℃	盐度/(g/kg)								
	0.0	5.0	10.0	15.0	20.0	25.0	30.0	35.0	40.0
0	9.805	9.845	9.885	9.924	9.964	10.003	10.043	10.082	10.122
1	9.806	9.845	9.885	9.924	9.964	10.003	10.042	10.082	10.121
2	9.806	9.846	9.885	9.924	9.963	10.002	10.042	10.081	10.120
3	9.806	9.846	9.885	9.924	9.963	10.002	10.041	10.080	10.119

续 表

温度/℃	盐度/(g/kg)								
	0.0	5.0	10.0	15.0	20.0	25.0	30.0	35.0	40.0
4	9.806	9.846	9.885	9.923	9.962	10.001	10.040	10.079	10.118
5	9.806	9.845	9.884	9.923	9.962	10.000	10.039	10.078	10.117
6	9.806	9.845	9.884	9.922	9.961	9.999	10.038	10.077	10.116
7	9.806	9.844	9.883	9.921	9.960	9.998	10.037	10.076	10.114
8	9.805	9.844	9.882	9.921	9.959	9.997	10.036	10.074	10.113
9	9.805	9.843	9.881	9.919	9.958	9.996	10.034	10.073	10.111
10	9.804	9.842	9.880	9.918	9.956	9.995	10.033	10.071	10.109
11	9.803	9.841	9.879	9.917	9.955	9.993	10.031	10.069	10.107
12	9.802	9.840	9.878	9.916	9.953	9.991	10.029	10.067	10.106
13	9.801	9.839	9.876	9.914	9.952	9.990	10.028	10.065	10.104
14	9.799	9.837	9.875	9.912	9.950	9.988	10.026	10.063	10.101
15	9.798	9.836	9.873	9.911	9.948	9.986	10.024	10.061	10.099
16	9.796	9.834	9.871	9.909	9.946	9.984	10.021	10.059	10.097
17	9.795	9.832	9.870	9.907	9.944	9.982	10.019	10.057	10.095
18	9.793	9.830	9.868	9.905	9.942	9.980	10.017	10.054	10.092
19	9.791	9.828	9.866	9.903	9.940	9.977	10.015	10.052	10.090
20	9.789	9.826	9.863	9.901	9.938	9.975	10.012	10.049	10.087
21	9.787	9.824	9.861	9.898	9.935	9.972	10.010	10.047	10.084
22	9.785	9.822	9.859	9.896	9.933	9.970	10.007	10.044	10.081
23	9.783	9.820	9.856	9.893	9.930	9.967	10.004	10.041	10.079
24	9.780	9.817	9.854	9.891	9.928	9.964	10.001	10.039	10.076
25	9.778	9.815	9.851	9.888	9.925	9.962	9.999	10.036	10.073
26	9.775	9.812	9.849	9.885	9.922	9.959	9.996	10.033	10.070
27	9.772	9.809	9.846	9.882	9.919	9.956	9.993	10.029	10.066
28	9.770	9.806	9.843	9.880	9.916	9.953	9.989	10.026	10.063
29	9.767	9.804	9.840	9.877	9.913	9.950	9.986	10.023	10.060
30	9.764	9.801	9.837	9.873	9.910	9.946	9.983	10.020	10.057
31	9.761	9.798	9.834	9.870	9.907	9.943	9.980	10.016	10.053
32	9.758	9.794	9.831	9.867	9.903	9.940	9.976	10.013	10.050
33	9.755	9.791	9.827	9.864	9.900	9.936	9.973	10.009	10.046
34	9.751	9.788	9.824	9.860	9.897	9.933	9.969	10.006	10.042
35	9.748	9.784	9.821	9.857	9.893	9.929	9.966	10.002	10.039
36	9.745	9.781	9.817	9.853	9.889	9.926	9.962	9.998	10.035
37	9.741	9.778	9.814	9.850	9.886	9.922	9.958	9.995	10.031

续 表

温度/℃	盐度/(g/kg)								
	0.0	5.0	10.0	15.0	20.0	25.0	30.0	35.0	40.0
38	9.738	9.774	9.810	9.846	9.882	9.918	9.954	9.991	10.027
39	9.734	9.770	9.806	9.842	9.878	9.914	9.951	9.987	10.023
40	9.730	9.766	9.802	9.838	9.874	9.911	9.947	9.983	10.019

来源：Millero 和 Poisson（1982）。

242

表 7.5 不同温度及盐度下水蒸气压（mmHg）

温度/℃	盐度/(g/kg)								
	0.0	5.0	10.0	15.0	20.0	25.0	30.0	35.0	40.0
0	4.58	4.57	4.56	4.54	4.53	4.52	4.51	4.49	4.48
1	4.92	4.91	4.90	4.89	4.87	4.86	4.85	4.83	4.82
2	5.29	5.28	5.26	5.25	5.24	5.22	5.21	5.19	5.18
3	5.68	5.67	5.65	5.64	5.62	5.61	5.59	5.58	5.56
4	6.10	6.08	6.07	6.05	6.03	6.02	6.00	5.98	5.97
5	6.54	6.52	6.51	6.49	6.47	6.45	6.44	6.42	6.40
6	7.01	6.99	6.98	6.96	6.94	6.92	6.90	6.88	6.86
7	7.51	7.49	7.47	7.45	7.43	7.41	7.39	7.37	7.35
8	8.04	8.02	8.00	7.98	7.96	7.94	7.92	7.89	7.87
9	8.61	8.59	8.56	8.54	8.52	8.50	8.47	8.45	8.42
10	9.21	9.18	9.16	9.14	9.11	9.09	9.06	9.04	9.01
11	9.84	9.82	9.79	9.77	9.74	9.71	9.69	9.66	9.63
12	10.52	10.49	10.46	10.44	10.41	10.38	10.35	10.32	10.29
13	11.23	11.20	11.17	11.14	11.11	11.08	11.05	11.02	10.99
14	11.99	11.96	11.93	11.89	11.86	11.83	11.80	11.76	11.73
15	12.79	12.76	12.72	12.69	12.66	12.62	12.59	12.55	12.51
16	13.64	13.60	13.57	13.53	13.49	13.46	13.42	13.38	13.34
17	14.53	14.49	14.46	14.42	14.38	14.34	14.30	14.26	14.22
18	15.48	15.44	15.40	15.36	15.32	15.28	15.23	15.19	15.15
19	16.48	16.44	16.40	16.35	16.31	16.26	16.22	16.17	16.13
20	17.54	17.49	17.45	17.40	17.36	17.31	17.26	17.21	17.16
21	18.66	18.61	18.56	18.51	18.46	18.41	18.36	18.31	18.25
22	19.83	19.78	19.73	19.68	19.63	19.57	19.52	19.46	19.41
23	21.08	21.02	20.97	20.91	20.86	20.80	20.74	20.68	20.62

续 表

温度/℃	盐度/(g/kg)								
	0.0	5.0	10.0	15.0	20.0	25.0	30.0	35.0	40.0
24	22.39	22.33	22.27	22.21	22.15	22.09	22.03	21.97	21.90
25	23.77	23.70	23.64	23.58	23.52	23.45	23.39	23.32	23.25
26	25.22	25.15	25.09	25.02	24.96	24.89	24.82	24.75	24.68
27	26.75	26.68	26.61	26.54	26.47	26.40	26.33	26.25	26.18
28	28.36	28.29	28.22	28.14	28.07	27.99	27.91	27.83	27.75
29	30.06	29.98	29.90	29.82	29.74	29.66	29.58	29.50	29.41
30	31.84	31.76	31.68	31.59	31.51	31.42	31.33	31.25	31.15
31	33.71	33.63	33.54	33.45	33.36	33.27	33.18	33.08	32.99
32	35.68	35.59	35.50	35.40	35.31	35.21	35.12	35.02	34.91
33	37.75	37.65	37.56	37.46	37.36	37.25	37.15	37.05	36.94
34	39.92	39.82	39.71	39.61	39.50	39.40	39.29	39.18	39.06
35	42.20	42.09	41.98	41.87	41.76	41.65	41.53	41.41	41.29
36	44.59	44.48	44.36	44.24	44.12	44.00	43.88	43.76	43.63
37	47.10	46.98	46.85	46.73	46.61	46.48	46.35	46.22	46.08
38	49.73	49.60	49.47	49.34	49.21	49.07	48.94	48.80	48.65
39	52.48	52.34	52.21	52.07	51.93	51.79	51.65	51.50	51.35
40	55.36	55.22	55.08	54.93	54.78	54.64	54.48	54.33	54.17

来源：Ambrose 和 Lawrenson（1972）。

表 7.6 不同温度及盐度下水的热容 [C_p, J/(g·C)]

243

温度/℃	盐度/(g/kg)								
	0.0	5.0	10.0	15.0	20.0	25.0	30.0	35.0	40.0
0	4.2174	4.1812	4.1466	4.1130	4.0804	4.0484	4.0172	3.9865	3.9564
1	4.2138	4.1781	4.1439	4.1108	4.0785	4.0470	4.0161	3.9858	3.9561
2	4.2105	4.1752	4.1415	4.1088	4.0769	4.0458	4.0152	3.9853	3.9559
3	4.2074	4.1726	4.1393	4.1070	4.0755	4.0447	4.0146	3.9850	3.9559
4	4.2046	4.1702	4.1374	4.1054	4.0743	4.0439	4.0141	3.9848	3.9560
5	4.2020	4.1681	4.1356	4.1041	4.0733	4.0432	4.0137	3.9847	3.9563
6	4.1996	4.1661	4.1340	4.1028	4.0724	4.0427	4.0135	3.9849	3.9567
7	4.1974	4.1643	4.1326	4.1018	4.0717	4.0423	4.0134	3.9851	3.9572
8	4.1954	4.1627	4.1313	4.1009	4.0711	4.0420	4.0135	3.9854	3.9578
9	4.1936	4.1612	4.1302	4.1001	4.0707	4.0419	4.0136	3.9858	3.9585

续 表

温度/℃	盐度/(g/kg)								
	0.0	5.0	10.0	15.0	20.0	25.0	30.0	35.0	40.0
10	4.1919	4.1599	4.1293	4.0995	4.0704	4.0418	4.0139	3.9864	3.9593
11	4.1903	4.1587	4.1284	4.0989	4.0701	4.0419	4.0142	3.9870	3.9602
12	4.1889	4.1577	4.1277	4.0985	4.0700	4.0420	4.0146	3.9876	3.9611
13	4.1877	4.1567	4.1271	4.0982	4.0699	4.0422	4.0150	3.9883	3.9620
14	4.1865	4.1559	4.1265	4.0979	4.0699	4.0425	4.0156	3.9891	3.9630
15	4.1855	4.1552	4.1261	4.0977	4.0700	4.0428	4.0161	3.9899	3.9640
16	4.1845	4.1545	4.1257	4.0976	4.0701	4.0432	4.0167	3.9907	3.9650
17	4.1837	4.1540	4.1254	4.0975	4.0703	4.0436	4.0173	3.9915	3.9660
18	4.1829	4.1535	4.1251	4.0975	4.0705	4.0440	4.0180	3.9923	3.9671
19	4.1822	4.1530	4.1249	4.0976	4.0708	4.0445	4.0186	3.9932	3.9681
20	4.1816	4.1527	4.1248	4.0976	4.0710	4.0449	4.0193	3.9940	3.9691
21	4.1811	4.1523	4.1247	4.0977	4.0713	4.0454	4.0199	3.9948	3.9701
22	4.1806	4.1521	4.1246	4.0978	4.0716	4.0459	4.0206	3.9956	3.9711
23	4.1801	4.1518	4.1246	4.0980	4.0719	4.0464	4.0212	3.9964	3.9720
24	4.1797	4.1516	4.1246	4.0981	4.0723	4.0468	4.0218	3.9972	3.9729
25	4.1794	4.1515	4.1246	4.0983	4.0726	4.0473	4.0224	3.9979	3.9738
26	4.1791	4.1513	4.1246	4.0985	4.0729	4.0477	4.0230	3.9986	3.9746
27	4.1788	4.1512	4.1246	4.0986	4.0732	4.0482	4.0235	3.9993	3.9754
28	4.1786	4.1511	4.1247	4.0988	4.0735	4.0486	4.0241	3.9999	3.9761
29	4.1784	4.1511	4.1247	4.0990	4.0737	4.0490	4.0246	4.0005	3.9768
30	4.1782	4.1510	4.1248	4.0991	4.0740	4.0493	4.0250	4.0010	3.9774
31	4.1781	4.1510	4.1248	4.0993	4.0743	4.0497	4.0254	4.0015	3.9780
32	4.1780	4.1510	4.1249	4.0995	4.0745	4.0500	4.0258	4.0020	3.9785
33	4.1779	4.1510	4.1250	4.0996	4.0747	4.0502	4.0262	4.0024	3.9790
34	4.1779	4.1510	4.1251	4.0998	4.0749	4.0505	4.0265	4.0028	3.9794
35	4.1779	4.1511	4.1252	4.0999	4.0751	4.0507	4.0267	4.0031	3.9798
36	4.1779	4.1511	4.1253	4.1000	4.0753	4.0510	4.0270	4.0034	3.9801
37	4.1779	4.1512	4.1254	4.1002	4.0755	4.0511	4.0272	4.0036	3.9803
38	4.1780	4.1513	4.1255	4.1003	4.0756	4.0513	4.0274	4.0038	3.9806
39	4.1782	4.1515	4.1257	4.1005	4.0758	4.0515	4.0276	4.0040	3.9807
40	4.1784	4.1516	4.1258	4.1006	4.0759	4.0516	4.0277	4.0041	3.9809

来源：Millero 等 (1973)。

244

表 7.7　不同温度及盐度下水的黏度［（N·s/m²）×10³，10℃、35 g/kg 时表值为 1.386 4，黏度是 1.386 4×10⁻³或者 0.001 386 4 Ns/m²］

温度/℃	盐度/(g/kg)								
	0.0	5.0	10.0	15.0	20.0	25.0	30.0	35.0	40.0
0	1.791 2	1.804 3	1.817 5	1.830 7	1.844 0	1.857 4	1.870 9	1.884 5	1.898 2
1	1.730 9	1.743 9	1.756 9	1.769 8	1.782 9	1.796 0	1.809 3	1.822 6	1.836 0
2	1.673 8	1.686 6	1.699 3	1.712 1	1.724 9	1.737 8	1.750 8	1.763 9	1.777 1
3	1.619 5	1.632 3	1.644 8	1.657 3	1.669 9	1.682 6	1.695 3	1.708 2	1.721 1
4	1.568 0	1.580 6	1.592 9	1.605 2	1.617 6	1.630 1	1.642 6	1.655 2	1.667 9
5	1.519 0	1.531 5	1.543 6	1.555 7	1.567 9	1.580 1	1.592 4	1.604 8	1.617 3
6	1.472 4	1.484 7	1.496 7	1.508 6	1.520 6	1.532 6	1.544 7	1.556 9	1.569 1
7	1.428 0	1.440 2	1.452 0	1.463 7	1.475 5	1.487 3	1.499 2	1.511 2	1.523 2
8	1.385 7	1.397 8	1.409 4	1.421 0	1.432 5	1.444 2	1.455 9	1.467 6	1.479 5
9	1.345 3	1.357 3	1.368 8	1.380 1	1.391 6	1.403 0	1.414 5	1.426 1	1.437 7
10	1.306 8	1.318 7	1.330 0	1.341 2	1.352 4	1.363 7	1.375 0	1.386 4	1.397 8
11	1.270 0	1.281 8	1.292 9	1.304 0	1.315 0	1.326 1	1.337 3	1.348 5	1.359 8
12	1.234 9	1.246 6	1.257 5	1.268 4	1.279 3	1.290 2	1.301 2	1.312 2	1.323 3
13	1.201 2	1.212 8	1.223 6	1.234 4	1.245 1	1.255 9	1.266 7	1.277 6	1.288 5
14	1.169 0	1.180 5	1.191 2	1.201 8	1.212 4	1.223 0	1.233 6	1.244 3	1.255 1
15	1.138 2	1.149 6	1.160 1	1.170 6	1.181 0	1.191 5	1.202 0	1.212 5	1.223 1
16	1.108 7	1.120 0	1.130 4	1.140 7	1.151 0	1.161 3	1.171 6	1.182 0	1.192 5
17	1.080 3	1.091 5	1.101 8	1.112 0	1.122 1	1.132 3	1.142 5	1.152 8	1.163 1
18	1.053 2	1.064 2	1.074 4	1.084 4	1.094 5	1.104 5	1.114 6	1.124 7	1.134 8
19	1.027 1	1.038 1	1.048 1	1.058 0	1.067 9	1.077 8	1.087 7	1.097 7	1.107 7
20	1.002 0	1.012 9	1.022 8	1.032 6	1.042 4	1.052 1	1.061 9	1.071 8	1.081 7
21	0.977 9	0.988 7	0.998 5	1.008 2	1.017 8	1.027 5	1.037 1	1.046 9	1.056 6
22	0.954 7	0.965 4	0.975 1	0.984 7	0.994 2	1.003 7	1.013 3	1.022 9	1.032 5
23	0.932 4	0.943 1	0.952 6	0.962 1	0.971 5	0.980 9	0.990 3	0.999 8	1.009 3
24	0.911 0	0.921 5	0.931 0	0.940 3	0.949 6	0.958 9	0.968 2	0.977 6	0.987 0
25	0.890 3	0.900 7	0.910 1	0.919 3	0.928 5	0.937 7	0.946 9	0.956 1	0.965 4
26	0.870 4	0.880 7	0.890 0	0.899 1	0.908 2	0.917 3	0.926 4	0.935 5	0.944 7
27	0.851 2	0.861 4	0.870 6	0.879 6	0.888 6	0.897 6	0.906 6	0.915 6	0.924 6
28	0.832 6	0.842 8	0.851 9	0.860 8	0.869 7	0.878 6	0.887 5	0.896 4	0.905 3
29	0.814 7	0.824 9	0.833 8	0.842 7	0.851 5	0.860 2	0.869 0	0.877 8	0.886 7
30	0.797 5	0.807 5	0.816 4	0.825 1	0.833 8	0.842 5	0.851 2	0.859 9	0.868 6
31	0.780 8	0.790 8	0.799 6	0.808 2	0.816 8	0.825 4	0.834 0	0.842 6	0.851 2

续 表

温度/℃	盐度/(g/kg)								
	0.0	5.0	10.0	15.0	20.0	25.0	30.0	35.0	40.0
32	0.764 7	0.774 6	0.783 3	0.791 8	0.800 3	0.808 8	0.817 3	0.825 8	0.834 4
33	0.749 1	0.758 9	0.767 5	0.776 0	0.784 4	0.792 8	0.801 2	0.809 7	0.818 1
34	0.734 0	0.743 8	0.752 3	0.760 7	0.769 0	0.777 3	0.785 7	0.794 0	0.802 4
35	0.719 4	0.729 1	0.737 6	0.745 9	0.754 1	0.762 4	0.770 6	0.778 8	0.787 1
36	0.705 3	0.714 9	0.723 3	0.731 5	0.739 7	0.747 8	0.756 0	0.764 2	0.772 3
37	0.691 7	0.701 2	0.709 5	0.717 7	0.725 7	0.733 8	0.741 9	0.749 9	0.758 0
38	0.678 4	0.687 9	0.696 1	0.704 2	0.712 2	0.720 2	0.728 2	0.736 2	0.744 2
39	0.665 6	0.675 0	0.683 2	0.691 2	0.699 1	0.707 0	0.714 9	0.722 8	0.730 7
40	0.653 1	0.662 5	0.670 6	0.678 5	0.686 4	0.694 2	0.702 0	0.709 8	0.717 7

来源：Riley 和 Skirrow（1975）。

245

表 7.8 不同温度及盐度下水的运动黏度［$(m^2/s)\times 10^6$，10℃、35 g/kg 时表值是 1.350 0，运动黏度是 $1.350\,0\times 10^{-6}$ 或 0.000 001 350 0 m^2/s］

温度/℃	盐度/(g/kg)								
	0.0	5.0	10.0	15.0	20.0	25.0	30.0	35.0	40.0
0	1.791 5	1.797 3	1.803 1	1.809 0	1.814 9	1.820 9	1.826 9	1.833 0	1.839 1
1	1.731 1	1.737 1	1.742 9	1.748 9	1.754 8	1.760 8	1.766 8	1.772 9	1.779 0
2	1.673 9	1.680 0	1.685 9	1.691 8	1.697 8	1.703 8	1.709 8	1.715 9	1.722 0
3	1.619 6	1.625 8	1.631 8	1.637 7	1.643 7	1.649 7	1.655 8	1.661 8	1.667 9
4	1.568 0	1.574 3	1.580 3	1.586 3	1.592 3	1.598 3	1.604 4	1.610 4	1.616 5
5	1.519 0	1.525 5	1.531 5	1.537 5	1.543 5	1.549 5	1.555 5	1.561 6	1.567 7
6	1.472 4	1.479 0	1.485 0	1.491 0	1.497 0	1.503 0	1.509 1	1.515 1	1.521 2
7	1.428 1	1.434 7	1.440 8	1.446 8	1.452 8	1.458 8	1.464 8	1.470 9	1.476 9
8	1.385 9	1.392 5	1.398 6	1.404 6	1.410 6	1.416 6	1.422 6	1.428 7	1.434 7
9	1.345 6	1.352 3	1.358 4	1.364 4	1.370 4	1.376 4	1.382 4	1.388 4	1.394 4
10	1.307 2	1.314 0	1.320 1	1.326 1	1.332 1	1.338 1	1.344 0	1.350 0	1.356 0
11	1.270 5	1.277 3	1.283 5	1.289 5	1.295 4	1.301 4	1.307 4	1.313 3	1.319 3
12	1.235 5	1.242 3	1.248 5	1.254 5	1.260 4	1.266 4	1.272 3	1.278 3	1.284 2
13	1.202 0	1.208 9	1.215 0	1.221 0	1.226 9	1.232 9	1.238 8	1.244 7	1.250 6
14	1.169 9	1.176 9	1.183 0	1.189 0	1.194 9	1.200 8	1.206 7	1.212 6	1.218 5
15	1.139 2	1.146 2	1.152 3	1.158 3	1.164 2	1.170 1	1.176 0	1.181 8	1.187 7
16	1.109 9	1.116 8	1.122 9	1.128 9	1.134 8	1.140 7	1.146 5	1.152 4	1.158 2

续　表

温度/℃	盐度/(g/kg)								
	0.0	5.0	10.0	15.0	20.0	25.0	30.0	35.0	40.0
17	1.081 7	1.088 7	1.094 8	1.100 7	1.106 6	1.112 4	1.118 3	1.124 1	1.129 9
18	1.054 6	1.061 7	1.067 8	1.073 7	1.079 5	1.085 4	1.091 2	1.097 0	1.102 7
19	1.028 7	1.035 8	1.041 8	1.047 7	1.053 6	1.059 4	1.065 1	1.070 9	1.076 7
20	1.003 8	1.010 9	1.016 9	1.022 8	1.028 6	1.034 4	1.040 1	1.045 9	1.051 6
21	0.979 9	0.986 9	0.993 0	0.998 8	1.004 6	1.010 4	1.016 1	1.021 8	1.027 5
22	0.956 9	0.963 9	0.970 0	0.975 8	0.981 6	0.987 3	0.993 0	0.998 7	1.004 4
23	0.934 7	0.941 8	0.947 8	0.953 6	0.959 4	0.965 1	0.970 8	0.976 4	0.982 1
24	0.913 4	0.920 5	0.926 5	0.932 3	0.938 0	0.943 7	0.949 4	0.955 0	0.960 6
25	0.892 9	0.900 0	0.906 0	0.911 8	0.917 5	0.923 1	0.928 7	0.934 3	0.939 9
26	0.873 2	0.880 3	0.886 2	0.892 0	0.897 6	0.903 3	0.908 9	0.914 4	0.920 0
27	0.854 1	0.861 2	0.867 1	0.872 9	0.878 5	0.884 1	0.889 7	0.895 2	0.900 8
28	0.835 8	0.842 8	0.848 8	0.854 5	0.860 1	0.865 7	0.871 2	0.876 7	0.882 2
29	0.818 0	0.825 1	0.831 0	0.836 7	0.842 3	0.847 9	0.853 4	0.858 9	0.864 3
30	0.800 9	0.808 0	0.813 9	0.819 6	0.825 1	0.830 7	0.836 1	0.841 6	0.847 0
31	0.784 4	0.791 5	0.797 4	0.803 0	0.808 6	0.814 0	0.819 5	0.824 9	0.830 4
32	0.768 5	0.775 5	0.781 4	0.787 0	0.792 5	0.798 0	0.803 4	0.808 8	0.814 2
33	0.753 1	0.760 1	0.765 9	0.771 5	0.777 0	0.782 5	0.787 9	0.793 3	0.798 6
34	0.738 2	0.745 2	0.751 0	0.756 6	0.762 0	0.767 5	0.772 8	0.778 2	0.783 5
35	0.723 7	0.730 8	0.736 5	0.742 1	0.747 5	0.752 9	0.758 3	0.763 6	0.768 9
36	0.709 8	0.716 8	0.722 6	0.728 1	0.733 5	0.738 9	0.744 2	0.749 5	0.754 8
37	0.696 3	0.703 3	0.709 0	0.714 5	0.719 9	0.725 3	0.730 6	0.735 8	0.741 1
38	0.683 2	0.690 2	0.695 9	0.701 4	0.706 8	0.712 1	0.717 3	0.722 6	0.727 8
39	0.670 5	0.677 5	0.683 2	0.688 7	0.694 0	0.699 3	0.704 5	0.709 8	0.714 9
40	0.658 3	0.665 2	0.670 9	0.676 3	0.681 6	0.686 9	0.692 1	0.697 3	0.702 5

来源：Riley 和 Skirrow（1975），Millero 和 Poisson（1981）。

246

表 7.9　不同温度及盐度下水的表面张力 [(N/m) $\times 10^3$，10℃、35 g/kg 时表值为 74.97，表面张力是 74.97×10^{-3} 或 0.074 97 N/m]

温度/℃	盐度/(g/kg)								
	0.0	5.0	10.0	15.0	20.0	25.0	30.0	35.0	40.0
0	75.64	75.75	75.86	75.97	76.08	76.19	76.30	76.41	76.52
1	75.50	75.61	75.72	75.83	75.94	76.05	76.16	76.27	76.38

续 表

温度/℃	盐度/(g/kg)								
	0.0	5.0	10.0	15.0	20.0	25.0	30.0	35.0	40.0
2	75.35	75.46	75.57	75.68	75.79	75.90	76.01	76.13	76.24
3	75.21	75.32	75.43	75.54	75.65	75.76	75.87	75.98	76.09
4	75.06	75.17	75.28	75.40	75.51	75.62	75.73	75.84	75.95
5	74.92	75.03	75.14	75.25	75.36	75.47	75.58	75.69	75.80
6	74.78	74.89	75.00	75.11	75.22	75.33	75.44	75.55	75.66
7	74.63	74.74	74.85	74.96	75.07	75.18	75.29	75.41	75.52
8	74.49	74.60	74.71	74.82	74.93	75.04	75.15	75.26	75.37
9	74.34	74.45	74.57	74.68	74.79	74.90	75.01	75.12	75.23
10	74.20	74.31	74.42	74.53	74.64	74.75	74.86	74.97	75.08
11	74.06	74.17	74.28	74.39	74.50	74.61	74.72	74.83	74.94
12	73.91	74.02	74.13	74.24	74.35	74.46	74.57	74.69	74.80
13	73.77	73.88	73.99	74.10	74.21	74.32	74.43	74.54	74.65
14	73.62	73.73	73.85	73.96	74.07	74.18	74.29	74.40	74.51
15	73.48	73.59	73.70	73.81	73.92	74.03	74.14	74.25	74.36
16	73.34	73.45	73.56	73.67	73.78	73.89	74.00	74.11	74.22
17	73.19	73.30	73.41	73.52	73.63	73.74	73.85	73.97	74.08
18	73.05	73.16	73.27	73.38	73.49	73.60	73.71	73.82	73.93
19	72.90	73.01	73.13	73.24	73.35	73.46	73.57	73.68	73.79
20	72.76	72.87	72.98	73.09	73.20	73.31	73.42	73.53	73.64
21	72.62	72.73	72.84	72.95	73.06	73.17	73.28	73.39	73.50
22	72.47	72.58	72.69	72.80	72.91	73.02	73.14	73.25	73.36
23	72.33	72.44	72.55	72.66	72.77	72.88	72.99	73.10	73.21
24	72.18	72.29	72.40	72.52	72.63	72.74	72.85	72.96	73.07
25	72.04	72.15	72.26	72.37	72.48	72.59	72.70	72.81	72.92
26	71.90	72.01	72.12	72.23	72.34	72.45	72.56	72.67	72.78
27	71.75	71.86	71.97	72.08	72.19	72.30	72.42	72.53	72.64
28	71.61	71.72	71.83	71.94	72.05	72.16	72.27	72.38	72.49
29	71.46	71.57	71.68	71.80	71.91	72.02	72.13	72.24	72.35
30	71.32	71.43	71.54	71.65	71.76	71.87	71.98	72.09	72.20
31	71.18	71.29	71.40	71.51	71.62	71.73	71.84	71.95	72.06
32	71.03	71.14	71.25	71.36	71.47	71.58	71.69	71.81	71.92
33	70.89	71.00	71.11	71.22	71.33	71.44	71.55	71.66	71.77
34	70.74	70.85	70.96	71.08	71.19	71.30	71.41	71.52	71.63
35	70.60	70.71	70.82	70.93	71.04	71.15	71.26	71.37	71.48

续　表

温度/℃	盐度/(g/kg)								
	0.0	5.0	10.0	15.0	20.0	25.0	30.0	35.0	40.0
36	70.46	70.57	70.68	70.79	70.90	71.01	71.12	71.23	71.34
37	70.31	70.42	70.53	70.64	70.75	70.86	70.97	71.09	71.20
38	70.17	70.28	70.39	70.50	70.61	70.72	70.83	70.94	71.05
39	70.02	70.13	70.25	70.36	70.47	70.58	70.69	70.80	70.91
40	69.88	69.99	70.10	70.21	70.32	70.43	70.54	70.65	70.76

来源：Riley 和 Skirrow（1975）。

247

表 7.10　蒸发热（MJ/kg）

温度/℃	Δt/℃									
	0.0	0.1	0.2	0.3	0.4	0.5	0.6	0.7	0.8	0.9
0	2.502 5	2.502 3	2.502 1	2.501 8	2.501 6	2.501 3	2.501 1	2.500 9	2.500 6	2.500 4
1	2.500 1	2.499 9	2.499 7	2.499 4	2.499 2	2.499 0	2.498 7	2.498 5	2.498 2	2.498 0
2	2.497 8	2.497 5	2.497 3	2.497 0	2.496 8	2.496 6	2.496 3	2.496 1	2.495 9	2.495 6
3	2.495 4	2.495 1	2.494 9	2.494 7	2.494 4	2.494 2	2.493 9	2.493 7	2.493 5	2.493 2
4	2.493 0	2.492 8	2.492 5	2.492 3	2.492 0	2.491 8	2.491 6	2.491 3	2.491 1	2.490 8
5	2.490 6	2.490 4	2.490 1	2.489 9	2.489 7	2.489 4	2.489 2	2.488 9	2.488 7	2.488 5
6	2.488 2	2.488 0	2.487 7	2.487 5	2.487 3	2.487 0	2.486 8	2.486 6	2.486 3	2.486 1
7	2.485 8	2.485 6	2.485 4	2.485 1	2.484 9	2.484 6	2.484 4	2.484 2	2.483 9	2.483 7
8	2.483 4	2.483 2	2.483 0	2.482 7	2.482 5	2.482 3	2.482 0	2.481 8	2.481 5	2.481 3
9	2.481 1	2.480 8	2.480 6	2.480 3	2.480 1	2.479 9	2.479 6	2.479 4	2.479 2	2.478 9
10	2.478 7	2.478 4	2.478 2	2.478 0	2.477 7	2.477 5	2.477 2	2.477 0	2.476 8	2.476 5
11	2.476 3	2.476 1	2.475 8	2.475 6	2.475 3	2.475 1	2.474 9	2.474 6	2.474 4	2.474 1
12	2.473 9	2.473 7	2.473 4	2.473 2	2.473 0	2.472 7	2.472 5	2.472 2	2.472 0	2.471 8
13	2.471 5	2.471 3	2.471 0	2.470 8	2.470 6	2.470 3	2.470 1	2.469 9	2.469 6	2.469 4
14	2.469 1	2.468 9	2.468 7	2.468 4	2.468 2	2.467 9	2.467 7	2.467 5	2.467 2	2.467 0
15	2.466 7	2.466 5	2.466 3	2.466 0	2.465 8	2.465 6	2.465 3	2.465 1	2.464 8	2.464 6
16	2.464 4	2.464 1	2.463 9	2.463 6	2.463 4	2.463 2	2.462 9	2.462 7	2.462 5	2.462 2
17	2.462 0	2.461 7	2.461 5	2.461 3	2.461 0	2.460 8	2.460 5	2.460 3	2.460 1	2.459 8
18	2.459 6	2.459 4	2.459 1	2.458 9	2.458 6	2.458 4	2.458 2	2.457 9	2.457 7	2.457 4
19	2.457 2	2.457 0	2.456 7	2.456 5	2.456 3	2.456 0	2.455 8	2.455 5	2.455 3	2.455 1
20	2.454 8	2.454 6	2.454 3	2.454 1	2.453 9	2.453 6	2.453 4	2.453 2	2.452 9	2.452 7
21	2.452 4	2.452 2	2.452 0	2.451 7	2.451 5	2.451 2	2.451 0	2.450 8	2.450 5	2.450 3

续 表

温度/℃	Δt/℃									
	0.0	0.1	0.2	0.3	0.4	0.5	0.6	0.7	0.8	0.9
22	2.4500	2.4498	2.4496	2.4493	2.4491	2.4489	2.4486	2.4484	2.4481	2.4479
23	2.4477	2.4474	2.4472	2.4469	2.4467	2.4465	2.4462	2.4460	2.4458	2.4455
24	2.4453	2.4450	2.4448	2.4446	2.4443	2.4441	2.4438	2.4436	2.4434	2.4431
25	2.4429	2.4427	2.4424	2.4422	2.4419	2.4417	2.4415	2.4412	2.4410	2.4407
26	2.4405	2.4403	2.4400	2.4398	2.4396	2.4393	2.4391	2.4388	2.4386	2.4384
27	2.4381	2.4379	2.4376	2.4374	2.4372	2.4369	2.4367	2.4364	2.4362	2.4360
28	2.4357	2.4355	2.4353	2.4350	2.4348	2.4345	2.4343	2.4341	2.4338	2.4336
29	2.4333	2.4331	2.4329	2.4326	2.4324	2.4322	2.4319	2.4317	2.4314	2.4312
30	2.4310	2.4307	2.4305	2.4302	2.4300	2.4298	2.4295	2.4293	2.4291	2.4288
31	2.4286	2.4283	2.4281	2.4279	2.4276	2.4274	2.4271	2.4269	2.4267	2.4264
32	2.4262	2.4260	2.4257	2.4255	2.4252	2.4250	2.4248	2.4245	2.4243	2.4240
33	2.4238	2.4236	2.4233	2.4231	2.4229	2.4226	2.4224	2.4221	2.4219	2.4217
34	2.4214	2.4212	2.4209	2.4207	2.4205	2.4202	2.4200	2.4197	2.4195	2.4193
35	2.4190	2.4188	2.4186	2.4183	2.4181	2.4178	2.4176	2.4174	2.4171	2.4169
36	2.4166	2.4164	2.4162	2.4159	2.4157	2.4155	2.4152	2.4150	2.4147	2.4145
37	2.4143	2.4140	2.4138	2.4135	2.4133	2.4131	2.4128	2.4126	2.4124	2.4121
38	2.4119	2.4116	2.4114	2.4112	2.4109	2.4107	2.4104	2.4102	2.4100	2.4097
39	2.4095	2.4093	2.4090	2.4088	2.4085	2.4083	2.4081	2.4078	2.4076	2.4073
40	2.4071	2.4069	2.4066	2.4064	2.4062	2.4059	2.4057	2.4054	2.4052	2.4050

来源：Brooker（1967）。

参考文献[1]

[1] Ambrose, D., Lawrenson, I. J. 1972. The vapor pressure of water. J. Chem. Thermody, 4, 755 – 761.

[2] Beiningen, K. T. 1973. A manual for measuring dissolved oxygen and nitrogen gas concentrations in water with the Van Slyke-Neill apparatus. Fish Commission of Oregon, Portland, OR.

[3] Benson, B. B., Krause, D. 1980. The concentration and isotopic fractionation of gases infreshwater in equilibrium with the atmosphere. Oxygen. Limn. Oceanogr., 25, 662 – 671.

[4] Benson, B. B., Krause, D. 1984. The concentration and isotopic fractionation of oxygen dissolved in freshwater and seawater in equilibrium with the atmosphere. Limn. Oceanogr., 29, 620 – 632.

[5] Bouck, G. R. 1982. Gasometer: an inexpensive device for continuous monitoring of dissolvedgases and supersaturation. Trans. Am. Fish. Soc., 111, 505 – 516.

[6] Brooker, D. B. 1967. Mathematical model of the psychrometric chart. Trans. Am. Soc. Ag. Eng., 10, 558 – 560, 563.

[7] Colt, J. 1983. The computation and reporting of dissolved gas levels. Water Res., 17, 841 – 849.

[8] Colt, J. 1986. Gas supersaturation — impact on the design and operation of aquatic systems. Aquacult. Eng., 5, 49 – 85.

[9] Colt, J., Westers, H. 1982. Production of gas supersaturation by aeration. Trans. Am. Fish. Soc., 111, 342 – 360.

[10] Cornacchia, J., Colt, J. E. 1984. The effects of dissolved gas supersaturation on larval stripedbass Morone saxatilis (Walbaum). J. Fish Dis., 7, 15 – 27.

[11] Crozier, T. E., Yamamoto, S. 1974. Solubility of hydrogen in water, seawater, and

① 译者注：为了方便读者查阅，本书参考文献格式同原著。

NaCl solutions. J. Chem. Eng. Data, 19, 242 – 244.

[12] D'Aoust, B. G., Clark, M. J. R. 1980. Analysis of supersaturated air in natural waters andreservoirs. Trans. Am. Fish. Soc., 109, 708 – 724.

[13] DOE, 1994. Handbook of Methods for the Analysis of the Various Parameters of theCarbon Dioxide System in Seawater, Version 2.1, Dickson, A. G. Goyet, C. (eds.), CDIAC – 74, Oak Ridge National Laboratory, Oak Ridge, TN.

[14] Duan, Z., Sun, R. 2003. An improved model calculating CO_2 solubility in pure water andaqueous NaCl solutions from 273 to 533 K and from 0 to 2000 bar. Chem. Geol., 193, 257 – 271.

[15] Duan, Z., Sun, R., Zhu, C., Chou, I.-M. 2006. An improved model for the calculation of CO_2 solubility in aqueous solutions containing Na^+, K^+, Ca^{2+}, Mg^{2+}, and SO_4^{2-}. Mar. Chem., 98, 131 – 139.

[16] Fickeisen, D. H., Schneider, M. J., Montgomery, J. C. 1975. A comparative evaluation of the weiss saturometer. Trans. Am. Fish. Soc., 104, 816 – 820.

[17] Goff, J. A., Gratch, S. 1946. Low-pressure properties of water from 2160 to 212F. Trans. Am. Soc. Heat. Vent. Eng., 52, 95 – 122.

250 [18] Green, E. J., Carritt, D. E. 1967. New tables for oxygen saturation of seawater. J. Mar. Res., 25, 140 – 147.

[19] Hamme, R. C., Emerson, S. R. 2004. The solubility of neon, nitrogen and argon in distilled and seawater. Deep-Sea Res., 51, 1517 – 1528.

[20] Hamme, R. C., Severinghaus, J. P. 2007. Trace gas disequilibra during deep-water formation. Deep-Sea Res., 54, 939 – 950.

[21] Hutchinson, G. E. 1957. A Treatise on Limnology, Vol. 1, John Wiley and Sons, New York, NY.

[22] IPCC, 2007. Climate Change 2007: The Physical Science Basis. Contribution of Working Group I to the Fourth Assessment Report of the Intergovernmental Panel on Climate Change, Solomon, S., Qin, D., Manning, M., Chen, Z., Marquis, M., Averyt, K. B., Tignor, M., Miller, H. L. (eds.), p. 996. Cambridge University Press, Cambridge.

[23] Kils, U. 1976. The salinity effect on aeration in mariculture. Meeresforsch., 25, 210 – 216.

[24] Korson, L., Drost-Hansen, W., Millero, F. J. 1969. Viscosity of water at various temperatures. J. Phys. Chem., 73, 34 – 39.

[25] Lewis, E., Wallace, D. 1998. Program Developed for CO_2 System Calculations, Carbon Dioxide Information Analysis Center, Oak Ridge National Laboratory, Oak Ridge, TN 10/4/09 <http://cdiac.ornl.gov/oceans/co2rprt.html>.

[26] Lutgens, F. K., Tarbuck, E. J. 1995. The Atmosphere, 6th ed., Prentice Hall, Upper Saddle River, NJ.

[27] Millero, F. J. 1974. Seawater as a Multi-Component Electrolyte Solution. The Sea Goldberg, E. D., (ed.), Vol. 5, pp. 1-80. Wiley-Interscience, New York, NY.

[28] Millero, F. J. 1996. Chemical Oceanography, 2nd ed., CRC Press, Boca Raton, FL.

[29] Millero, F. J., Poisson, A. 1981. International one-atmosphere equation of state of seawater. Deep-Sea Res., 28A, 625-629.

[30] Millero, F. J., Perron, G., Desnoyers, J. E. 1973. Heat capacity of seawater solutions from 5℃ to 35℃ and 0.5 to 22‰ chlorinity. J. Geophy. Res., 78, 4499-4507.

[31] Mortimer, C. H. 1981. The oxygen content of air-saturated fresh waters over ranges of temperature and atmospheric pressure of limnological interest. Mitt. Int. Ver. Liminol., 22, 1-23.

[32] Portier, S., Rochelle, C. 2005. Modelling CO_2 solubility in pure water and NaCl-type waters from 0℃ to 300℃ and from 1 to 300 bar. Application to the Utsira Formation at Sleipner. Chem. Geol., 217, 187-199.

[33] Riley, J. P., Skirrow, G. (eds.), 1975. Chemical Oceanography, Vol. 2, 2nd ed. Academic Press, New York, NY.

[34] Robinson, R. A. 1954. The vapor pressure and osmotic equivalent of sea water. J. Mar. Biol. Assoc. UK, 33, 449-455.

[35] Schudlich, R., Emerson, S. 1996. Gas supersaturation in the surface ocean: the role of heat flux, gas exchange, and bubbles. Deep-Sea Res., 43, 569-589.

[36] Sengers, J. M. H. L., Klein, M., Gallagher, J. S. 1972. Pressure - volume - temperature relationships of gases; virial coefficients. American Institute of Physics Handbook, Zemansky, M. W. (ed.), 3rd ed. Pages 4-204 to 4-227. McGraw-Hill, New York, NY.

[37] Sherwood, J. E., Stagnitti, F., Kokkinn, M. J. 1991. Dissolved oxygen concentrations in hypersaline waters. Limn. Oceanogr., 36, 235-250.

[38] Smith, S. P., Kennedy, B. M. 1983. The solubility of noble gases in water in NaCl brine. Geochim. Cosochim. Acta, 47, 503-515.

[39] Standard Methods, 2005. Standard Methods for the Examination of Water and

Wastewater, 21st ed. , American Public Health Association, Washington, DC.

[40] Stringer, E. T. 1972. Foundations of Climatology, W. H. Freedman, San Francisco, CA.

251

[41] Weiss, R. F. 1971. Solubility of helium and neon in water and seawater. J. Chem. Eng. Data, 16, 235 - 241.

[42] Weiss, R. F. 1974. Carbon dioxide in water and seawater: the solubility of a non-ideal gas. Mar. Chem. , 2, 203 - 215.

[43] Weiss, R. F. , Kyser, T. K. 1978. Solubility of krypton in water and seawater. J. Chem. Eng. Data, 23, 69 - 72.

[44] Weiss, R. F. , Price, B. A. 1980. Nitrous oxide solubility in water and seawater. Mar. Chem. , 8, 347 - 359.

[45] Weitkamp, D. E. , Katz, M. 1980. A review of dissolved gas supersaturation literature. Trans. Am. Fish. Soc. , 109, 659 - 702.

[46] Wood, D. , Caputi, R. 1966. Solubilities of Kr and Xe in fresh and sea water. Technical Report, U. S. Naval Radiological Defense Laboratory, San Francisco, California, USA (quoted in Hamme and Severinghaus, 2007).

[47] Yamamoto, S. , Alcaukas, J. B. , Crozier, T. E. 1976. Solubility of methane in distilled water and seawater. J. Chem. Eng. Data, 19, 242 - 244.

附录A：计算气体溶解度

本文使用的随温度及盐度变化溶解度数据如本附录所示。以下缩写词将在本附录中使用。

参数	缩写	单位或值
温度	t	摄氏度（℃）
温度	T	开尔文（℃+273.15）
盐度	S	g/kg
水的密度	ρ	kg/m^3 或 kg/L
气体常数	R	0.082 056 01（atm·L）/(mol·K)

1. 大气气体：淡水、河口和海洋

1）计算标准情况下气体的溶解度（μmol/kg）

（1）氧气

氧气的溶解度公式基于本森式（22）和Krause（1984）：

$$c_o^{\dagger} = 0.20946\left[\frac{F(1-p_{wv})(1-\theta_o)}{k_{o,s}M_w}\right] \tag{A-1}$$

式中 $c_o^{\dagger}$——标准空气溶解度，μmol/kg；

F——盐度系数；

p_{wv}——水的蒸气压，atm，据Green及Carritt，1967；

θ_o——基于氧气的第二维里系数的常数；

$k_{o,s}$——氧气的亨利系数，atm；

M_w——海盐平均分子质量，67.793 3 g/mol。

关于F、θ_o和$k_{o,s}$的详细方程如下，用盐度（S）、温度（t℃）和温度（T°K）表示：

$$F = 1\,000 - 0.716\,582 \times S \tag{A-2}$$

254

$$(1 - \theta_o) = 0.999\,025 + 1.426 \times 10^{-5} t - 6.436 \times 10^{-3} t^2 \tag{A-3}$$

$$\ln k_{o,s} = 3.718\,14 + 5\,596.17/T - 1\,049\,668/T^2 + S(0.022\,503\,4 - 13.608\,3/T + 2\,565.68/T^2) \tag{A-4}$$

随温度及盐度变化的氧气亨利常数的值如表 A－1 所示。

（2）氮气和氩气

氮气和氩气的溶解度方程式以 Hamme 和 Emerson （2004） 提出的方程（1） 为基础：

$$\ln C = A_0 + A_1 T_s + A_2 T_s^2 + A_3 T_s^3 + S(B_0 + B_1 T_s^2 + B_2 T_s^2) \tag{A-5}$$

其中

$$T_s = \ln\left(\frac{298.15 - t}{273.15 + t}\right) \tag{A-6}$$

氮气和氩气的常数值如下：

常　数	氮　气	氩　气
A_0	6.429 31	2.791 50
A_1	2.927 04	3.176 09
A_2	4.325 31	4.131 16
A_3	4.691 49	4.903 79
B_0	$-7.441\,29\times10^{-3}$	$-6.962\,33\times10^{-3}$
B_1	$-8.025\,66\times10^{-3}$	$-7.666\,670\times10^{-3}$
B_2	$-1.467\,75\times10^{-2}$	$-1.168\,88\times10^{-2}$

（3）二氧化碳

二氧化碳的溶解度方程式由 $k_o^\dagger$发展而来（Weiss，1974），参数如下：

$$k_o^\dagger = \frac{\beta}{\rho \cdot MV} \tag{A-7}$$

式中　$k_o^\dagger$——溶解度参数，mol/(kg · atm)；

β——本森系数，L/(L · atm)；

ρ——水的密度，kg/L；

MV——STP 下二氧化碳摩尔体积，L。

表 A-1　在大气压下，氧气的亨利定律常数随温度及盐度的变化关系

温度/℃	盐度/(g/kg)								
	0	5	10	15	20	25	30	35	40
0	25 264	26 173	27 115	28 090	29 101	30 149	31 233	32 358	33 522
1	25 974	26 899	27 857	28 850	29 878	30 943	32 045	33 187	34 369
2	26 688	27 630	28 605	29 614	30 659	31 741	32 861	34 020	35 220
3	27 407	28 365	29 356	30 382	31 443	32 542	33 679	34 856	36 074
4	28 130	29 103	30 111	31 153	32 231	33 346	34 500	35 694	36 930
5	28 856	29 845	30 869	31 927	33 021	34 153	35 324	36 535	37 787
6	29 585	30 590	31 629	32 703	33 814	34 962	36 150	37 377	38 647
7	30 317	31 337	32 392	33 482	34 608	35 773	36 976	38 221	39 507
8	31 051	32 086	33 156	34 262	35 404	36 584	37 804	39 065	40 367
9	31 787	32 837	33 922	35 043	36 201	37 397	38 632	39 909	41 228
10	32 524	33 589	34 689	35 825	36 998	38 210	39 461	40 753	42 088
11	33 262	34 341	35 456	36 607	37 795	39 022	40 289	41 596	42 947
12	34 000	35 094	36 223	37 389	38 592	39 834	41 116	42 439	43 804
13	34 739	35 847	36 990	38 171	39 388	40 645	41 941	43 280	44 660
14	35 477	36 599	37 757	38 951	40 183	41 454	42 766	44 118	45 514
15	36 214	37 350	38 522	39 730	40 976	42 262	43 587	44 955	46 365
16	36 950	38 100	39 285	40 507	41 768	43 067	44 407	45 788	47 213
17	37 685	38 848	40 047	41 282	42 556	43 870	45 223	46 619	48 057
18	38 418	39 594	40 806	42 055	43 342	44 669	46 036	47 446	48 898
19	39 148	40 337	41 562	42 824	44 125	45 465	46 846	48 268	49 734
20	39 876	41 077	42 315	43 590	44 904	46 257	47 651	49 087	50 566
21	40 600	41 814	43 065	44 353	45 679	47 045	48 452	49 901	51 393
22	41 322	42 548	43 811	45 111	46 450	47 828	49 248	50 709	52 214
23	42 039	43 277	44 552	45 865	47 216	48 606	50 038	51 512	53 030
24	42 752	44 002	45 289	46 613	47 976	49 379	50 823	52 309	53 839
25	43 461	44 723	46 021	47 357	48 732	50 147	51 602	53 100	54 642
26	44 165	45 438	46 748	48 095	49 482	50 908	52 375	53 885	55 438
27	44 864	46 148	47 469	48 828	50 225	51 663	53 142	54 663	56 227
28	45 558	46 853	48 184	49 554	50 963	52 411	53 901	55 433	57 009
29	46 245	47 551	48 894	50 274	51 693	53 153	54 654	56 197	57 783

续 表

温度/℃	盐度/(g/kg)								
	0	5	10	15	20	25	30	35	40
30	46 927	48 243	49 596	50 987	52 417	53 887	55 398	56 952	58 549
31	47 602	48 929	50 292	51 693	53 134	54 614	56 136	57 700	59 307
32	48 271	49 607	50 981	52 392	53 842	55 333	56 865	58 439	60 057
33	48 933	50 279	51 662	53 083	54 544	56 044	57 586	59 170	60 797
34	49 588	50 943	52 336	53 767	55 237	56 747	58 298	59 892	61 529
35	50 235	51 600	53 002	54 442	55 921	57 441	59 002	60 605	62 251
36	50 875	52 249	53 660	55 109	56 598	58 126	59 696	61 309	62 964
37	51 507	52 890	54 310	55 768	57 265	58 803	60 382	62 003	63 668
38	52 131	53 522	54 951	56 418	57 924	59 470	61 058	62 688	64 361
39	52 746	54 146	55 583	57 059	58 573	60 128	61 724	63 363	65 044
40	53 353	54 761	56 207	57 691	59 213	60 776	62 381	64 027	65 718

来源：方程 30，Benson 和 Krause（1984）。

256

计算 $k_o^\dagger$的方程式为

$$\ln k_o^\dagger = A_1 + A_2(100/T) + A_3\ln(T/100) + A_4T_S^3 + S(B_1 + B_2(T/100) + B_3(T/100)^2) \quad (A-8)$$

式（A－8）的常数值如下：

常　数	mol/(kg · atm)
A_1	−60. 240 9
A_2	93. 451 7
A_3	23. 358 5
B_1	0. 023 517
B_2	−0. 023 656
B_3	0. 004 703 6

$k_o^\dagger$和 k_o^* 值如表 A－2 和表 A－3 所示。

标准空气下二氧化碳的溶解度如下：

$$c_o^\dagger = \chi k_o^\dagger(p - p_{wv})\exp\left[p\left(\frac{B + 2\delta}{RT}\right) + \bar{V}\left(\frac{1 - p}{RT}\right)\right] \quad (A-9)$$

式中 $c_o^\dagger$——标准空气溶解度，mol/kg；

χ——干气中二氧化碳的摩尔分数，量纲为1；

$k_o^\dagger$——溶解度参数，mol/(kg·atm)；

p——气压，atm；

p_{wv}——水的蒸气压，atm［以式（1.10）为基础，Weiss and Price, 1980］；

B——二氧化碳的第二维里系数，cm^3/mol；

δ——二氧化碳和空气的交叉维里系数，cm^3/mol；

$\bar{V}$——二氧化碳的局部摩尔体积，32.3 cm^3/mol；

R——气体摩尔常数，0.082 056 01 atm·L/(mol·K)；

T——绝对温度，273.15+℃。

$$B = -1\,636.75 + 12.040\,8T - 3.279\,57 \times 10^{-2}T^2 + 3.165\,28 \times 10^{-5}T^3 \quad (A-10)$$

$$\delta = 57.7 - 0.118T \quad (A-11)$$

需要注意的是，当上述方程式中 B、δ、$\bar{V}$以 cm^3/mol 为单位时，在式（A-9）中需换算为L/mol，式（A-9）中 $c_o^\dagger$的单位是mol/kg，而不是μmol/kg。

257

表A-2 二氧化碳溶解系数［$k_o^\dagger$，10^2×mol/(kg·atm)］随温度及盐度的变化关系［10℃、35 g/kg时表值为4.388，溶解系数是4.388×10^{-2}或0.043 88 mol/(kg·atm)］

温度/℃	盐度/(g/kg)								
	0	5	10	15	20	25	30	35	40
0	7.758	7.528	7.305	7.089	6.880	6.676	6.479	6.287	6.101
1	7.458	7.238	7.024	6.817	6.616	6.421	6.232	6.048	5.870
2	7.174	6.963	6.758	6.560	6.367	6.180	5.999	5.822	5.651
3	6.904	6.702	6.506	6.316	6.131	5.952	5.777	5.608	5.444
4	6.649	6.455	6.267	6.084	5.907	5.735	5.568	5.405	5.248
5	6.407	6.221	6.040	5.865	5.695	5.529	5.369	5.213	5.062
6	6.177	5.999	5.825	5.657	5.493	5.335	5.180	5.031	4.885
7	5.959	5.787	5.621	5.459	5.302	5.149	5.001	4.857	4.718
8	5.752	5.587	5.427	5.271	5.120	4.974	4.831	4.693	4.558
9	5.554	5.396	5.242	5.093	4.948	4.807	4.670	4.537	4.407
10	5.367	5.215	5.067	4.923	4.784	4.648	4.516	4.388	4.263

续 表

温度/℃	盐度/(g/kg)								
	0	5	10	15	20	25	30	35	40
11	5. 189	5. 042	4. 900	4. 762	4. 627	4. 497	4. 370	4. 247	4. 127
12	5. 019	4. 878	4. 741	4. 608	4. 479	4. 353	4. 231	4. 112	3. 997
13	4. 857	4. 721	4. 590	4. 462	4. 337	4. 216	4. 098	3. 984	3. 873
14	4. 703	4. 572	4. 446	4. 322	4. 202	4. 086	3. 972	3. 862	3. 755
15	4. 556	4. 430	4. 308	4. 189	4. 074	3. 961	3. 852	3. 746	3. 643
16	4. 416	4. 295	4. 177	4. 063	3. 951	3. 843	3. 738	3. 635	3. 536
17	4. 282	4. 166	4. 052	3. 942	3. 834	3. 730	3. 628	3. 530	3. 433
18	4. 155	4. 042	3. 933	3. 826	3. 723	3. 622	3. 524	3. 429	3. 336
19	4. 033	3. 924	3. 819	3. 716	3. 616	3. 519	3. 425	3. 333	3. 243
20	3. 916	3. 812	3. 710	3. 611	3. 515	3. 421	3. 330	3. 241	3. 154
21	3. 805	3. 704	3. 606	3. 510	3. 417	3. 327	3. 239	3. 153	3. 070
22	3. 699	3. 601	3. 507	3. 414	3. 325	3. 237	3. 152	3. 069	2. 989
23	3. 597	3. 503	3. 412	3. 322	3. 236	3. 151	3. 069	2. 989	2. 911
24	3. 499	3. 409	3. 321	3. 235	3. 151	3. 069	2. 990	2. 912	2. 837
25	3. 406	3. 319	3. 233	3. 150	3. 070	2. 991	2. 914	2. 839	2. 766
26	3. 317	3. 232	3. 150	3. 070	2. 992	2. 916	2. 841	2. 769	2. 699
27	3. 231	3. 150	3. 070	2. 993	2. 917	2. 844	2. 772	2. 702	2. 634
28	3. 149	3. 071	2. 994	2. 919	2. 846	2. 775	2. 705	2. 638	2. 572
29	3. 071	2. 995	2. 920	2. 848	2. 778	2. 709	2. 642	2. 576	2. 512
30	2. 995	2. 922	2. 850	2. 780	2. 712	2. 645	2. 580	2. 517	2. 455
31	2. 923	2. 852	2. 783	2. 715	2. 649	2. 585	2. 522	2. 461	2. 401
32	2. 854	2. 785	2. 718	2. 653	2. 589	2. 527	2. 466	2. 406	2. 349
33	2. 787	2. 721	2. 656	2. 593	2. 531	2. 471	2. 412	2. 354	2. 298
34	2. 723	2. 659	2. 596	2. 535	2. 476	2. 417	2. 360	2. 305	2. 250
35	2. 662	2. 600	2. 539	2. 480	2. 422	2. 366	2. 311	2. 257	2. 204
36	2. 603	2. 543	2. 484	2. 427	2. 371	2. 316	2. 263	2. 211	2. 160
37	2. 546	2. 488	2. 431	2. 376	2. 322	2. 269	2. 217	2. 167	2. 118
38	2. 492	2. 436	2. 381	2. 327	2. 275	2. 224	2. 174	2. 125	2. 077
39	2. 439	2. 385	2. 332	2. 280	2. 229	2. 180	2. 131	2. 084	2. 038
40	2. 389	2. 336	2. 285	2. 235	2. 186	2. 138	2. 091	2. 045	2. 000

来源：Weiss（1974）。

表 A-3 不同温度及盐度下二氧化碳溶解系数［k_o^*，100×mol/(L·atm)，10℃、35 g/kg 时表值为 4.507，溶解系数是 4.507×10^{-2} 或 0.045 07 mol/(kg·atm)］

温度/℃	盐度/(g/kg)								
	0	5	10	15	20	25	30	35	40
0	7.758	7.558	7.364	7.175	6.990	6.810	6.635	6.465	6.298
1	7.458	7.267	7.081	6.899	6.723	6.550	6.382	6.219	6.060
2	7.174	6.991	6.813	6.639	6.469	6.304	6.143	5.986	5.833
3	6.905	6.730	6.558	6.392	6.229	6.070	5.916	5.766	5.619
4	6.650	6.481	6.317	6.157	6.001	5.849	5.701	5.556	5.416
5	6.408	6.246	6.088	5.935	5.785	5.639	5.497	5.358	5.223
6	6.178	6.023	5.871	5.724	5.580	5.440	5.303	5.170	5.040
7	5.959	5.810	5.665	5.523	5.385	5.251	5.119	4.991	4.867
8	5.751	5.608	5.469	5.333	5.200	5.071	4.945	4.822	4.702
9	5.554	5.417	5.282	5.152	5.024	4.900	4.779	4.660	4.545
10	5.366	5.234	5.105	4.979	4.857	4.737	4.621	4.507	4.396
11	5.187	5.060	4.936	4.816	4.698	4.583	4.470	4.361	4.254
12	5.017	4.895	4.776	4.659	4.546	4.435	4.327	4.222	4.119
13	4.855	4.737	4.623	4.511	4.402	4.295	4.191	4.090	3.991
14	4.700	4.587	4.477	4.369	4.264	4.162	4.062	3.964	3.869
15	4.553	4.444	4.338	4.234	4.133	4.034	3.938	3.844	3.752
16	4.412	4.307	4.205	4.105	4.008	3.913	3.820	3.729	3.641
17	4.278	4.177	4.078	3.982	3.889	3.797	3.708	3.620	3.535
18	4.149	4.052	3.958	3.865	3.775	3.686	3.600	3.516	3.434
19	4.027	3.933	3.842	3.753	3.666	3.581	3.498	3.417	3.337
20	3.910	3.820	3.732	3.646	3.562	3.480	3.400	3.322	3.245
21	3.798	3.711	3.626	3.544	3.463	3.384	3.306	3.231	3.157
22	3.691	3.607	3.526	3.446	3.368	3.291	3.217	3.144	3.073
23	3.589	3.508	3.429	3.352	3.277	3.203	3.131	3.061	2.992
24	3.491	3.413	3.337	3.263	3.190	3.119	3.050	2.982	2.915
25	3.397	3.322	3.249	3.177	3.107	3.038	2.971	2.906	2.842
26	3.307	3.235	3.164	3.095	3.027	2.961	2.897	2.833	2.771
27	3.221	3.151	3.083	3.016	2.951	2.887	2.825	2.764	2.704
28	3.138	3.071	3.005	2.941	2.878	2.816	2.756	2.697	2.639
29	3.059	2.994	2.931	2.869	2.808	2.748	2.690	2.633	2.578
30	2.983	2.920	2.859	2.799	2.741	2.683	2.627	2.572	2.518
31	2.910	2.850	2.791	2.733	2.676	2.621	2.567	2.514	2.462

续 表

温度/℃	盐度/(g/kg)								
	0	5	10	15	20	25	30	35	40
32	2.840	2.782	2.725	2.669	2.615	2.561	2.509	2.457	2.407
33	2.773	2.717	2.662	2.608	2.555	2.504	2.453	2.403	2.355
34	2.708	2.654	2.601	2.549	2.498	2.449	2.400	2.352	2.305
35	2.646	2.594	2.543	2.493	2.444	2.396	2.348	2.302	2.257
36	2.587	2.536	2.487	2.439	2.391	2.345	2.299	2.254	2.211
37	2.529	2.481	2.433	2.387	2.341	2.296	2.252	2.209	2.166
38	2.474	2.428	2.382	2.337	2.292	2.249	2.207	2.165	2.124
39	2.421	2.376	2.332	2.288	2.246	2.204	2.163	2.123	2.083
40	2.370	2.327	2.284	2.242	2.201	2.161	2.121	2.082	2.044

来源：Weiss（1974）。

259

式（A－9）可以写为

$$c_o^\dagger = \chi F^\dagger \tag{A-12}$$

其中

$$F^\dagger = k_o(p - p_{wv})\exp\left[p\left(\frac{B + 2\delta}{RT}\right) + \bar{V}\left(\frac{1 - p}{RT}\right)\right] \tag{A-13}$$

式（A－12）和式（A－13）可以用于计算标准空气下二氧化碳随摩尔分数变化的气体溶解浓度或气体溶解量。在计算标准空气下气体溶解浓度时，式（A－16）中的 p 为 1 atm，而计算气体溶解浓度时，为当地气压（atm）。

2）计算本森系数

（1）氧气

氧气的本森系数是建立在 Benson 和 Krause（1980）提出的式（A－16）基础之上。

$$\beta^1 = \frac{\rho}{k_o M}[1 - \theta_o(1 + p_{wv})] \tag{A-14}$$

式中 β^1——本森系数，mol/(L·atm)；

ρ——水的密度，kg/L；

k_o——亨利定律常数，atm［见式（A－4）］；

M——水分子质量，18.015 3 g/mol；

θ_o——基于氧气的第二维里系数的常量［见式（A－3）］；

p_{wv}——水的蒸气压，atm（Green and Carritt，1967）。

式（A－14）适于淡水条件，将 M 的值代入式（A－14），以 μmol/（L·atm）为单位表示本森系数：

$$\beta^1 = 5.550\,8 \times 10^7 \frac{\rho}{k_o}[1 - \theta_o(1 + p_{wv})] \tag{A－15}$$

式（A－15）乘以氧气的分子体积（22.392 L），将公式转换算传统单位［$L_{真实气体}$/（L·atm）］：

$$\beta^1 = 1.242\,94 \times 10^4 \frac{\rho}{k_o}[1 - \theta_o(1 + p_{wv})] \tag{A－16}$$

对于理想气体，式（A－16）的第一个常数值应为 $1.244\,16\times10^4$。

将式（A－16）转化用于海洋条件（Benson and Krause，1984），需要用 $k_{o,s}$代替 k_o，并将修正的盐度系数（F）加入到式（A－16）中： 260

$$\beta^1 = 1.242\,94 \times 10^4 \frac{\rho F}{1\,000 k_{o,s}}[1 - \theta_o(1 + p_{wv})] \tag{A－17}$$

式（A－2）中的盐度系数必须除以 1 000，以保持单位一致。因此，当盐度接近 0 时，$k_{o,s} \to k_o$，$F \to 1.00$，式（A－17）还原为式（A－15）。

（2）氮气和氩气

氮气和氩气的本森系数建立在 Hamme 和 Emerson（2004）提出的式 3 的基础之上。

$$\beta = \frac{\rho(c_o^\dagger \times 10^{-6})MV}{(1 - p_{wv})\chi} \tag{A－18}$$

式中 β——本森系数，L/（L·atm）；

ρ——水的密度，kg/L；

$c_o^\dagger$——标准气体溶解度，μmol/kg［式（A－5）用 μmol × 10^6/kg 表示］；

MV——摩尔体积，L/mol；

p_{wv}——水的蒸气压，atm［基于 Ambrose 和 Lawrenson（1972），式（1.1）］；

χ——标准大气压下气体的摩尔分数，量纲为 1。

氮气和氩气的 MV 和 χ 的值可以查询表 D－1。

（3）二氧化碳

二氧化碳的本森系数基于 Weiss（1974）。式（A－7）可改写为

$$\beta = k_o^{\dagger} \rho MV \tag{A-19}$$

2. 稀有气体：淡水、河口和海洋

（1）氦气、氪气

氦气（Weiss，1971）和氪气（Weiss and Kyser，1978）的标准空气溶解度（nmol/kg）基于以下方程。

$$\ln c_o^{\dagger} = A_1 + A_2(100/T) + A_3\ln(T/100) + A_4(T/100) + S(B_1 + B_2(T/100) + B_3(T/100)^2) \tag{A-20}$$

261

氦气和氪气的传统单位是 mL/kg，在下面两个方程中转化为 nmol/kg：

$$c_o^{\dagger}(\text{nmol/kg，氦气}) = c_o^{\dagger}(\text{mL/kg，氦气}) \times \frac{10^9\ \text{nmol/mol}}{22\,426\ \text{mL/mol}} \tag{A-21}$$

$$c_o^{\dagger}(\text{nmol/kg，氪气}) = c_o^{\dagger}(\text{mL/kg，氪气}) \times \frac{10^9\ \text{nmol/mol}}{22\,351\ \text{mL/mol}} \tag{A-22}$$

这两种气体的回归常数如下所示：

常数	氦气（He）		氪气（Kr）	
	$c_o^{\dagger}$（mL/kg）	β（L/(L·atm)）	$c_o^{\dagger}$（mL/kg）	β（L/(L·atm)）
A_1	−167.217 8	−34.626 1	−112.684 0	−57.259 6
A_2	216.344 2	43.028 5	153.581 7	87.424 2
A_3	139.203 2	14.139 1	74.469 0	22.933 2
A_4	−22.620 2	—	−10.018 9	—
B_1	−0.044 781	−0.042 340	−0.011 213	−0.008 723
B_2	0.023 541	0.022 624	−0.001 84	−0.002 793
B_3	−0.003 426 6	−0.003 312 0	0.001 120 1	0.001 239 8

氦气（Weiss，1971）和氪气（Weiss and Kyser，1978）的本森系数的得出（L/(L·atm)）基于下面的关系：

$$\ln\beta = A_1 + A_2(100/T) + A_3\ln(T/100) + S[B_1 + B_2(T/100) + B_3(T/100)^2] \tag{A-23}$$

这两种气体的回归常数如上表所示，一般来说，因为这些气体的溶解度较低，所以要给出 1 000β_{He}和 100β_{kr}。

（2）氖气和氙气

氖气（Hamme and Emerson，2004）和氙气（Wood and Caputi，1966）在标准空气下气体的溶解度（nmol/kg）基于以下方程：

$$\ln c = A_0 + A_1T_s + A_2T_s^2 + S(B_0 + B_1T_s^2) \tag{A-24}$$

其中，

$$T_s = \ln\left(\frac{298.15 - t}{273.15 + t}\right) \tag{A-25}$$

氖气和氙气的常量值如下：

常　量	氖气（nmol/kg）	氙气（μmol/kg）
A_0	2.181 56	−7.485 88
A_1	1.291 08	5.087 63
A_2	2.125 04	4.220 78
B_0	$-5.947\,7\times10^{-3}$	$-8.177\,91\times10^{-3}$
B_1	$-5.138\,96\times10^{-3}$	$-1.201\,72\times10^{-2}$

氙气的溶解度必须乘以 1 000 才能转化为 nmol/kg。上述氙气的回归方程和回归常数是根据 Hamme 和 Severinghaus（2007）所拟合的 Wood 和 Caputi（1966）的数据得出的，但 Hamme 和 Severinghaus（2007）并没有公布这些数据，只是用作为个人交流。根据 Hamme 和 Severinghaus（2007）的分析，Wood 和 Caputi（1966）的数据被认为高 2%。在本书中介绍的所有气体中，氙气的溶解度是最不充分的一种，预计将来可获得更多的溶解度信息。

262 氪气和氙气的本森系数根据 $c_o^\dagger$通过以下方程计算。

$$\beta = \frac{\rho(c_o^\dagger \times 10^{-9})MV}{(1 - p_{wv})\chi} \quad (A-26)$$

在氮气和氩气的本森系数部分对该方程中的参数进行了讨论。这两种气体的参数与本森系数方程中的参数之间的唯一差别是，这两种气体在标准空气下的气体溶解度用 nmol/kg 表示，因此，该浓度必须乘以 10^{-9}来转化为 mol/kg。

3. 痕量气体：淡水，河口和海洋

(1) 氢气、甲烷

氢气（Crozier and Yamamoto，1974）和甲烷（Yamamoto et al.，1976）的本森系数基于以下方程：

$$\ln\beta = A_1 + A_2(100/T) + A_3\ln(T/100) + S[B_1 + B_2(T/100) + B_3(T/100)^2] \quad (A-27)$$

263 其中

常量	氢气（L/(L·atm)）	甲烷（L/(L·atm)）
A_1	−39.961 1	−67.196 2
A_2	53.938 1	99.162 4
A_3	16.313 5	27.901 5
B_1	−0.036 249	−0.072 909
B_2	0.017 566	0.041 674
B_3	−0.002 301 0	−0.006 460 3

因为没有关于这两种气体在标准空气下的气体溶解度的信息，这些参数是使用修改后的式（1.13）根据本森系数和摩尔分数计算得到的：

$$c_o^\dagger(H_2) = \rho\left(\frac{1\,000K_{H_2}\beta_{H_2}\chi_{H_2}}{22\,428}\right)\left(\frac{BP - p_{wv}}{760}\right)10^9 \quad (A-28)$$

式中 $c_o^\dagger$——标准气体溶解度，μmol/kg；

BP——标准大气压，760 mmHg；

χ_{H_2}——大气中氢气的摩尔分数。

式（1.13）中的原始单位是 mg/L，因此，将其除以氢气的摩尔体积（22 428 mL/mol），再乘以 10^9 转化为 μmol/L，最后，乘以水的密度换算成 μmol/kg。对甲烷而言，式（A-28）可以改写为

$$c_o^{\dagger}(CH_4) = \rho\left(\frac{1\,000 K_{CH_4}\beta_{CH_4}\chi_{CH_4}}{22\,360}\right)\left(\frac{BP - p_{wv}}{760}\right)10^9 \qquad (A-29)$$

（2）一氧化二氮

一氧化二氮的溶解度方程根据 $k_o^{\dagger}$（Weiss and Price，1980）研究而来，它与研究二氧化碳的溶解度方程一样（Weiss，1974；Weiss and Price，1980）。其参数等于：

$$k_o^{\dagger} = \frac{\beta}{\rho \cdot MV} \qquad (A-30)$$

式中 $k_o^{\dagger}$——溶解度参数，mol/(kg · atm)；

β——本森系数，L/(L · atm)；

ρ——水的密度，kg/L；

MV——STP 下二氧化碳的分子量，L。

264

计算 $k_o^{\dagger}$ 的方程为

$$\ln k_o^{\dagger} = A_1 + A_2(100/T) + A_3\ln(T/100) + A_4 T_s^3 + S[B_1 + B_2(T/100) + B_3(T/100)^2] \qquad (A-31)$$

式（A-31）中的参数值如下：

常 数	mol/(kg · atm)
A_1	-64.853 9
A_2	100.252 0
A_3	25.204 9
B_1	-0.062 544
B_2	0.035 337
B_3	-0.005 469 9

一氧化二氮的标准气体溶解度如下：

$$c_o^\dagger = \chi k_o^\dagger (p - p_{wv}) \exp\left[p\left(\frac{B + 2\delta}{RT}\right) + \bar{V}\left(\frac{1 - p}{RT}\right)\right] \quad (A-32)$$

这些参数是用来确定二氧化碳的，因此，本章节只介绍一些一氧化二氮的具体信息：

$\bar{V}$ = 一氧化二氮的局部摩尔体积（32.3 cm³/mol）。

$$\frac{(B + 2\delta)}{RT} = 0.047\,39 - 9.456\,3/I - 6.427 \times 10^{-5} T \quad (A-33)$$

需要注意的是，虽然上式中 B、δ 和 $\bar{V}$ 的单位是 cm³/mol，但它们应用于式（A－32）时，必须换算为 L/mol。式（A－32）中 $c_o^\dagger$ 的单位是 mol/kg，而不是 μmol/kg。Weiss 和 Price（1980）也提出参数 $F^\dagger$ 和 F^*，可以用来计算标准空气下一氧化二氮随摩尔分数变化的气体溶解度。这是有用的，因为一氧化二氮的摩尔分数在大气中增加。

一氧化二氮的本森系数用式（A－30）计算：

$$\beta = k_o^\dagger \cdot \rho \cdot MV \quad (A-34)$$

265

4. 主要大气气体：NaCl 卤水

1）标准空气下计算气体溶解度（μmol/kg）

（1）氧气

氧气的溶解度关系式是建立在 Sherwoodet 等人（1991）提出的式（16）的基础之上：

$$c_o^\dagger = \frac{0.209\,46}{k_o}(5.550\,9 \times 10^{-2} - 3.839\,9 \times 10^{-5} S)(1 - p_{wv}) \exp B \quad (A-35)$$

式中 $c_o^\dagger$——标准气体溶解度，mol/kg；

k_o——亨利定律常数，atm；

p_{wv}——水的蒸气压，atm（Sherwood et al.，1991）；

B——氧气的第二维里系数，1/atm。

$$B = -0.009\,75 + 1.426 \times 10^{-5} t - 6.436 \times 10^{-8} t^2 \quad (A-36)$$

Sherwood 等人提出的（1991）式 16 最初是用 c_o^* 表示的，因此删除 ρ_s 是必要的。

（2）二氧化碳

二氧化碳的溶解度关系式是建立在 Duan 和 Sun（2006）提出的式（1）的基础之上：

$$\ln(m_{CO_2}) = \ln(y_{CO_2}\phi_{CO_2}p) - \mu_{CO_2}^{1(0)}/RT - 2\lambda_{CO_2-Na}(m_{Na} + m_K + 2m_{Ca} + 2m_{Mg}) - \zeta_{CO_2-Na-Cl}m_{Cl}(m_{Na} + m_K + m_{Mg} + m_{Ca}) + 0.07m_{SO_4} \quad (A-37)$$

式中 p——总压力，bar；

T——绝对温度，K；

R——气体摩尔常数；

m——溶解在水中的组分的摩尔浓度，mol/kg；

y_{CO_2}——气相中 CO_2 的摩尔分数；

ϕ_{CO_2}——CO_2 的逸度系数；

$\mu_{CO_2}^{1(0)}/RT$——液相中 CO_2 的标准化学势；

λ_{CO_2-Na}——CO_2 和 Na^+ 之间的交互参数；

$\zeta_{CO_2-Na-Cl}$——CO_2、Na^+ 和 Cl 之间的交互参数。

y_{CO_2} 由下式推导而来：

$$y_{CO_2} = \frac{p - p_{wv}}{p} \quad (A-38)$$

式中，p_{wv} 为水的蒸气压，bar。

266

$\mu_{CO_2}^{1(0)}$、λ_{CO_2-Na} 和 $\zeta_{CO_2-Na-Cl}$ 是根据 Duan 和 Sun（2003）的方程（7）和表 1.2 中的回归系数计算而来。当 $T>290$ K 时，Duan 和 Sun（2006）修改了 $\mu_{CO_2}^{1(0)}/RT$ 的变量，但没有公布（R. Sun, personal communication, May 26, 2010）。下面的回归系数用于 $T>290$ K 时的情况：

$C_1 = 134.720\,67$

$C_2 = -3.672\,729\,1E-1$

$C_3 = -14\,132.405$

$C_4 = 4.780\,906\,3E-4$

$C_5 = -5\,622.808\,0$

$C_6 = 7.918\,155\,9E-2$

$$C_7 = -1.2283602E-2$$

$$C_8 = -2.9597665$$

$$C_9 = 6.5155997E-1$$

$$C_{10} = 7.4901468E-4$$

$$C_{11} = 0.0$$

ϕ_{CO_2}是根据 Duan 等（2006）提出的方程 2 和表 1 中的回归系数计算得出的。Duan 等（2006）与 Duan 和 Sun（2003）研究的溶解度关系式用于纯二氧化碳（$\chi_{CO_2}=1.00$），$c_o^{\dagger}$和 c_o^{*} 根据下述方程计算得出：

$$c_o^{\dagger}(\mu mol/kg) = 10^6 m_{CO_2}\left(\frac{p}{p-p_{wv}}\right)[\chi_{CO_2}(p-p_{wv})] \tag{A-39}$$

$$c_o^{*}(mg/L) = MW_{CO_2}\rho m_{CO_2}\left(\frac{p}{p-p_{wv}}\right)[\chi_{CO_2}(p-p_{wv})] \tag{A-40}$$

式中 m_{CO_2}——纯二氧化碳的溶解度［式（A-37）］；

p——总压力，atm；

p_{wv}——水的蒸气压，atm；

MW_{CO_2}——二氧化碳分子量，mg/mol；

ρ——水的密度，kg/L。

2）计算本森系数

（1）氧气

氧气的本森系数建立在 Sherwoodet 等（1991）提出的方程（19）基础之上：

$$\beta = K_o \times MV \tag{A-41}$$

267

式中 β——本森系数，L/(L · atm)；

K_o——常数，mol/(L · atm)；

MV——分子体积，22.392 L/mol。

其中，

$$K_o = \frac{\rho}{k_o}(5.5509 \times 10^{-2} - 3.8399 \times 10^{-5}S) \tag{A-42}$$

式中ρ为水的密度，kg/L［基于Sherwood等（1991）提出的方程（22）］。

（2）二氧化碳

二氧化碳的本森系数是根据Duan和Sun（2006）提出的有关m_{CO_2}的方程（1）和以下方程计算得出的：

$$\beta[\mathrm{L/(L \cdot atm)}] = MV_{CO_2}\rho m_{CO_2}\left(\frac{p}{p - p_{wv}}\right) \qquad (A-43)$$

式中，MV_{CO_2}为二氧化碳分子体积，L/mol。

其他参数是用来表示式（A－38）～（A－40）的。

269

附录 B：计算水的物理性质

本书中使用的水的物理性质的基础将在本附录中介绍。以下参数将在本附录中使用：

参　数	缩　写	单位或值
温度	t	摄氏度（℃）
温度	T	开尔文（℃+273.15）
盐度	S	g/kg
含氯量	CL	g/kg
水的密度	ρ	kg/m^3
重力加速度	g	$9.806\,65\ m/s^2$

1. 水的密度（ρ，kg/m^3）

在温度为 0~40℃、盐度为 0.5~43 g/kg 条件下，基于 Millero 和 Poisson（1981）的 1 个标准大气压的海水状态方程如下

$$\rho = \rho_0 + AS + BS^{3/2} + CS^2 \tag{B-1}$$

$$A = A_0 + A_1 t + A_2 t^2 + A_3 t^3 + A_4 t^4 \tag{B-2}$$

$$B = B_0 + B_1 t + B_2 t^2 + B_3 t^3 \tag{B-3}$$

$$C = C_1 \tag{B-4}$$

$$\rho_0 = D_0 + D_1 t + D_2 t^2 + D_3 t^3 + D_4 t^5 \tag{B-5}$$

270

式（B-1）		式（B-2）		式（B-3）		式（B-4）	
A 值		B 值		C 值		D 值	
A_0	$8.244\,93\times10^{-1}$	B	$-5.724\,66\times10^{-3}$	C_0	$4.831\,4\times10^{-4}$	D_0	999.842 594
A_1	$-4.089\,9\times10^{-3}$	B	$1.022\,7\times10^{-4}$			D_1	$6.793\,952\times10^{-2}$

续 表

式（B-1）		式（B-2）		式（B-3）	式（B-4）	
A_2	7.6438×10^{-5}	B	-1.6546×10^{-6}		D_2	-9.095290×10^{-3}
A_3	-8.2467×10^{-7}				D_3	1.001685×10^{-4}
A_4	5.3875×10^{-5}				D_4	1.120083×10^{-6}
					D_5	6.536332×10^{-5}

对于温度为 0～35℃ 和盐度为 0～260 g/kg 的 NaCl 卤水来说，利用 Sherwood 等人（1991）提出的方程（22）可以得到：

$$A_0 = 0.999792$$

$$A_1 = 6.92234 \times 10^{-5}$$

$$A_2 = -8.15399 \times 10^{-6}$$

$$A_3 = 4.25067 \times 10^{-8}$$

$$A_4 = 7.68124 \times 10^{-4}$$

$$A_5 = -1.46445 \times 10^{-7}$$

$$A_6 = 1.60452 \times 10^{-8}$$

$$A_7 = -4.10220 \times 10^{-6}$$

$$A_8 = 4.04168 \times 10^{-8}$$

$$A_9 = 7.64930 \times 10^{-11}$$

$$A_{10} = 1.38698 \times 10^{-7}$$

$$A_{11} = -1.79894 \times 10^{-9}$$

$$\rho = 1000.0[A_0 + A_1 t + A_2 t^2 + A_3 t^3 + A_4 S + A_5 S^2 + A_6 S^{3/2} + A_7 tS + A_8 t^2 S + A_9 t^3 S + A_{10} tS^{3/2} + A_{11} t^2 S^{3/2}] \tag{B-6}$$

初始单位是 g/mL，乘以 1 000 转化为 kg/m^3。

2. 水的比重（γ，kN/m^3）

水的比重是根据水的密度（Millero and Poisson，1981）和本附录第一个表中列出的重力加速度（g）的值得出的

$$\gamma = \frac{\rho g}{1\ 000} \tag{B-7}$$

271

3. 水的静水压头（mmHg/m，kPa）

静水压头是建立在水的密度（Millero and Poisson，1981）和适当的压力单位的基础之上：

$$静水压头(mmHg/m) = \frac{760\ mmHg}{(101\ 325\ Pa/\rho g)} \tag{B-8}$$

$$静水压头(kPa/m) = \frac{101\ 325\ kPa}{(101\ 325\ Pa/\rho g)} \tag{B-9}$$

4. 水的动态黏度（μ，N s/m^2）

水的动态黏度是建立在 Korson 等人（1969）和 Millero（1974）提出的方程基础之上：

$$\mu 20 = 1.002\ 0 \times 10^{-3}(在\ 20℃\ 淡水中) \tag{B-10}$$

$$\mu_t = \mu_{20}^{*} 10^{**}\left[\frac{1.170\ 9(20-t) - 0.001\ 827(t-20)^2}{t+89.93}\right] \tag{B-11}$$

$$CL = (S - 0.03)/1.805 \tag{B-12}$$

$$CL_V = (CL)\left(\frac{\rho}{1\ 000.0}\right) \tag{B-13}$$

$$A = 0.000\ 366 + 5.185 \times 10^{-5}(t - 5.0) \tag{B-14}$$

$$B = 0.002\ 756 + 3.300 \times 10^{-5}(t - 5.0) \tag{B-15}$$

$$\mu = \mu_t[1.0 + A(CL_V)^{1/2} + B(CL_V)] \tag{B-16}$$

要注意的是，这些表值用（N s/m^2）× 10^3 表示。例如，在温度为 20℃且盐度为 20 g/kg 条件下，黏度是 1.042 4×10^{-3} N s/m^2。

5. 水的运动黏度（ν，m^2/s）

水的运动黏度基于动态黏度（Korson et al.，1969；Millero，1974）和水的密度（Millero and Poisson，1981）：

$$\nu = \frac{\mu}{\rho} \tag{B-17}$$

要注意的是，这些表值用（m^2/s）$\times 10^6$表示。例如，在温度为 20℃、盐度为 20 g/kg 条件下，运动黏度是 1.0286×10^{-6} m^2/s。 [272]

6. 水的热容 [C_p，kJ/(kg·K)]

水的热容是基于 Millero 等人（1973）提出的方程：

$$C_p^o = 4.2174 - 3.720283 \times 10^{-3}t + 1.412855 \times 10^{-4}t^2 - 2.654387 \times 10^{-6}t^3 + 2.093236 \times 10^{-8}t^4 \quad (B-18)$$

$$CL = S/1.80655 \quad (B-19)$$

$$A = -(13.81 - 0.1938t + 0.0025t^2)/(1000.0) \quad (B-20)$$

$$B = (0.43 - 0.0099t + 0.0001t^2)/(1000.0) \quad (B-21)$$

$$C_p = C_p^o + A(CL) + B(CL)^{3/2} \quad (B-22)$$

7. 水的汽化潜热（LHV，MJ/kg）

水的汽化潜热基于 Brooker（1967）提出的方程：

$$\mathrm{LHV(MJ/kg)} = 2.502535259 - 0.00238576424t \quad (B-23)$$

8. 水的表面张力（σ，N/m）

N/m 表示的水的表面张力是基于 Riley 和 Skirrow（1975）提出的方程：

$$\sigma(\mathrm{N/m}) = \frac{75.64 - 0.144t + 0.0221S}{1000} \quad (B-24)$$

9. 淡水蒸气压（p_{wv}）

用四个不同的方程式算出水蒸气压对本书中溶解度关系的影响：

[273]

溶解度关系		蒸气压力源
气体	参考文献	参考文献
O_2	Benson 和 Krause（1984）	Green 和 Carritt（1967）
O_2（盐水）	Sherwood 等人（1991）	Sherwood 等人（1991）
N_2和 Ar	Hamme 和 Emerson（2004）	Ambrose 和 Lawrenson（1972）
CO_2	Weiss（1974），Weiss 和 Price（1980）	Goff 和 Gratch 拟合的方程（1946）及 Robinson（1954）

Ambrose 和 Lawrenson（1972）给出的溶解度关系是最复杂的，这是典

型的河口和海洋盐度的首选。Weiss（1974）提出的溶解度关系对于电子表格应用来说是最简单和最实用的。Sherwood 等人（1991）提出了 NaCl 卤水的方程，在没有具体位置信息的情况下，则可用于实际卤水中。原始的蒸气压方程用于单一气体溶解度方程，试图得出和作者一样的结果。实用其他蒸气压力关系，可能会改变溶解度参数的小数点最后一位。下面给出的水蒸气方程用原始单位表示。

（1）水蒸气压力（p_{wv}，atm）（Green and Carritt，1967）

$$A = 5.370 \times 10^{-4}$$

$$B = 18.1973$$

$$C = 1.0 - 373.16/T$$

$$D = 3.1813 \times 10^{-7}$$

$$E = 26.1205$$

$$F = 1.0 - T/373.16$$

$$G = 1.8726 \times 10^{-2}$$

$$H = 8.03945$$

$$X = 5.02802$$

$$Y = 373.16/T$$

$$p_{wv} = (1.0 - AS) \times \exp[B \times C + D(1.0 - \exp EF) - G(1.0 - \exp HC) + X\ln(Y)] \tag{B-25}$$

（2）水蒸气压力（p_{wv}，atm）（Sherwood et al.，1991）

$$A_1 = 48.4171$$

$$A_2 = -6821.5$$

$$A_3 = -5.0903$$

$$A_4 = -5.8785 \times 10^{-4}$$

$$A_5 = -1.2276 \times 10^{-8}$$

$$A_6 = -6.93 \times 10^{-9}$$

$$\ln(p_{wv}) = A_1 + A_2\left(\frac{1}{T}\right) + A_3\ln(T) + A_4S + A_5S^2 + A_6S^3 \qquad (B-26)$$

（3）水蒸气压（p_{wv}，kPa）（Ambrose and Lawrenson，1972）

274

淡水的水蒸气压用 Chebyshev 提出的多项式表示：

$$T\lg p_{wv}^0 = \frac{1}{2}a_0 + \left[\sum_{k=1}^{11} a_K E_K(x)\right] \qquad (B-27)$$

其中，

$$x = \frac{2T - 921}{375} \qquad (B-28)$$

T 为 1968 年国际实用温标测量开尔文温度。

Chebyshev 多项式的系数为：

a_0 = 2 794. 014 4	a_6 = 0. 137 1
a_1 = 1 430. 618 1	a_7 = 0. 062 9
a_2 = − 18. 246 5	a_8 = 0. 026 1
a_3 = 7. 687 5	a_9 = 0. 020 0
a_4 = − 0. 032 8	a_{10} = 0. 011 7
a_5 = 0. 272 8	a_{11} = 0. 006 7

Chebyshev 多项式等于：

$E_0(x) = 1$

$E_1(x) = x$

$E_2(x) = 2x^2 - 1$

$E_3(x) = 4x^3 - 3x$

$E_4(x) = 8x^4 - 8x^2 + 1$

$E_5(x) = 16x^5 - 20x^3 + 5x$

$E_6(x) = 32x^6 - 48x^4 + 18x^2 - 1$

$E_7(x) = 64x^7 - 112x^5 + 56x^3 - 7x$

$E_8(x) = 128x^8 - 256x^6 + 160x^4 - 32x^2 + 1$

$$E_9(x) = 256x^9 - 576x^7 + 432x^5 - 120x^3 + 9x$$

275

$$E_{10}(x) = 512x^{10} - 1\,280x^8 + 1\,120x^6 - 400x^4 + 50x^2 - 1$$

$$E_{11}(x) = 1\,024x^{11} - 2\,816x^9 + 2\,816x^7 - 1\,232x^5 + 220x^3 - 11x$$

海水的水蒸气压（DOE，1994）与纯水的水蒸气压相关：

$$p_{wv}^{s} = p_{wv}^{o}\exp\left(-0.018\phi\sum_{B} m_B/m^o\right) \tag{B-29}$$

对于海水而言，

$$\sum_{B} m_B/m^o = \frac{31.998S}{1\,000 - 1.005S} = \psi \tag{B-30}$$

或者

$$p_{wv}^{s} = p_{wv}^{o}\exp(-0.018\phi\psi) \tag{B-31}$$

海水的渗透系数（Millero，1974）的值等于：

$$\phi = 0.907\,99 - 0.089\,92\left(\frac{\psi}{2}\right) + 0.184\,58\left(\frac{\psi}{2}\right)^2 - 0.073\,958\left(\frac{\psi}{2}\right)^3 - 0.002\,21\left(\frac{\psi}{2}\right)^4 \tag{B-32}$$

用 atm 表示的水蒸气压（p_{wv}）（Weiss and Price，1980）：

$$p_{wv} = \exp\left[24.454\,3 - 67.450\,9\left(\frac{100}{T}\right) - 4.848\,9\ln\left(\frac{T}{100}\right) - 0.000\,544S\right] \tag{B-33}$$

附录 C：计算机程序

这些计算机程序是对本书中的表格的补充。它们是用 FORTRAN 99 编写的，是为 XP 系统下的 32 位 Windows 系统计算机而设计。使用适当的 FORTRAN 编译器，它们可以移植到其他操作系统。它们使用的函数和关系式与本书中生成的相同。这些程序可从以下网址下载：

http：//www. elsevierdirect. com/companion. jsp？ISBN59780124159167

1. AIRSAT

这个程序将计算标准空气溶解度和大气、惰性气体及痕量气体的空气溶解度。它假定空气是湿的（见表 D－1 所列摩尔分数数据）。由于二氧化碳和一氧化二氮的摩尔分数在逐步增加，因此，可以在程序中指定这两种气体的摩尔分数。如果没有提供任何数值，这个程序将默认表 D－1 中列出的数值。该程序计算单一温度、盐度及压力下的溶解度信息。该程序还计算这些数值组合的水的物理性质。

需要两个文件：

AIRSAT_DATA. TXT

AIRSAT. EXE

双击 AIRSAT. EXE 时，可以执行此程序。溶解度数据写入 AIRSAT. OUT。AIRSAT_DATA. TXT 和 AIRSAT. OUT 简单的文本文件，可以用 WORD 或记事本打开。一般来说，AIRSAT_DATA. TXT 和 AIRSAT. EXE 的扩展显示不出来。AIRSAT_DATA. TXT 的例子如表 C－1 所示。前四行指定大气气体、惰性气体、痕量气体和水的物理性质的输出。如果不需要特定部分的输出，在第 42～44 列中输入 “No”。气压可以指定为标高、kPa、mmHg、mbar 或 atm。只需要一个值，必须在第 42～49 列中输入该值，并且必须包含小数点。下面两行表示温度（℃）和盐度（g/kg），接着是二氧化碳和一氧化二氮的摩尔分数（μatm）和这两个参数的最大值。研究这些气体的溶解度关系可以假设$\chi \ll 1.0$。该程序将比较每个参数的输入值与最大值。两个参数的输入值必须小于各自的最大摩尔分数值。对于较大的摩尔分数值，应该使用 ARBSAT。

表 C－1　AIRSAT 的样本值输入

Interested in atmospheric gases?		XXXyesXXXXXXXXX
Interested in noble gases?		XXXyesXXXXXXXXX
Interested in trace gases??		XXXyesXXXXXXXXX
Interested in physical properties of water?		XXXyesXXXXXXXXX
Elevation（m）	XXX	XXXXXXXXX
Pressure（kPa）	XXX	XXXXXXXXX
Pressure（mmHg）	XXX760.00	XXXXXXXXX
Pressure（mbar）	XXX	XXXXXXXXX
Pressure（atm）	XXX	XXXXXXXXX
Temperature（℃）	XXX20.00000XXXXXXXXX	
Salinity（g/kg）	XXX35.00000XXXXXXXXX	
Mole fraction of CO_2（μatm）	XXX390.0000XXXXXXXXX	
Mole fraction of N_2O（μatm）	XXX0.319000XXXXXXXXX	
Maximum mole fraction of CO_2（μatm）	XXX1500.000XXXXXXXXX	
Maximum mole fraction of N_2O（μatm）	XXX10.00000XXXXXXXXX	

0123456789	0123456789	0123456789	0123456789	0123456789	012345679
0	1	2	3	4	5

注：(1) 大气压力可以用 kPa、mmHg、mbar 或 atm 来表示，只输入一种。

(2) 二氧化碳和一氧化二氮的最大摩尔分数是大气浓度关系的近似极限。对于较高的值而言，可以使用任意摩尔分数程序。

279

表 C－2　AIRSAT 输出

STANDARD AIR SOLUBILITY OR AIR SOLUBILITY－ATMOSPHERIC GASES

Temperature（℃）＝20.000

Salinity（g/kg）＝35.000

Elevation（m）＝0.00000

Pressure（kPa）＝101.325

Pressure（mmHg）＝760.000

Pressure（mbar）＝1013.250

Pressure（atm）＝1.00000

续 表

Mole fraction of CO_2 (μatm) = 390.0000
Mole fraction of N_2O (μatm) = 0.3190

PARAMETER	OXYGEN	NITROGEN	ARGON	CARBON DIOXIDE
C+ (MASS)				
μmol/kg	225.5361	419.7732	11.0745	12.3111
mg/kg	7.2167	11.7595	0.4424	0.5418
mL real/kg	5.0502	9.4046	0.2480	0.2741
mL ideal/kg	5.0552	9.4088	0.2482	0.2759
μg-atm/kg	451.0721			
C^* (VOLUME)				
μmol/L	231.1210	430.1680	11.3488	12.6160
mg/L	7.3954	12.0507	0.4534	0.5552
mL real/L	5.1753	9.6375	0.2541	0.2809
mL ideal/L	5.1803	9.6418	0.2544	0.2828
μg-atm/L	462.2420			
BUNSEN COEFFICIENT				
L real/(L atm)	0.02527903	0.01262844	0.02783961	0.73946960
mg/(L mmHg)	0.04753090	0.02077711	0.06534798	1.92338000
mg/(L kPa)	0.35651110	0.15584120	0.49015020	14.42654000
GAS TENSION PER mg/L				
mmHg/(mg/L)	21.0389	48.1299	15.3027	0.519918

STANDARD AIR SOLUBILITY OR AIR SOLUBILITY – NOBLE GASES
Temperature (℃) = 20.000
Salinity (g/kg) = 35.000
Pressure (kPa) = 101.325
Elevation (m) = 0.00000
Pressure (mmHg) = 760.000
Pressure (mbar) = 1013.250
Pressure (atm) = 1.00000
Mole fraction of CO_2 (μatm) = 390.0000
Mole fraction of N_2O (μatm) = 0.3190

PARAMETER	HELIUM	NEON	KRYPTON	XENON
C+ (MASS)				
nmol/kg	1.6630	6.8271	2.4402	0.3336

280

续 表

PARAMETER	HELIUM	NEON	KRYPTON	XENON
mg/kg	0. 66562E - 05	0. 13777E - 03	0. 20449E - 03	0. 43797E - 04
mL real/kg	0. 37294E - 04	0. 15309E - 03	0. 54542E - 04	0. 74257E - 05
mL ideal/kg	0. 37274E - 04	0. 15302E - 03	0. 54696E - 04	0. 74771E - 05
C^* (VOLUME)				
nmol/L	1. 7041	6. 8271	2. 5007	0. 3419
mg/L	0. 68210E - 05	0. 14118E - 03	0. 20956E - 03	0. 44882E - 04
mL real/L	0. 38217E - 04	0. 15688E - 03	0. 55892E - 04	0. 76096E - 05
mL ideal/L	0. 38197E - 04	0. 15681E - 03	0. 56050E - 04	0. 76623E - 05
BUNSEN COEFFICIENT				
L real/(L atm)	0. 00746062	0. 00882931	0. 05022508	0. 08651219
mg/(L mmHg)	0. 00175207	0. 01045495	0. 24777284	0. 67138230
mg/(L kPa)	0. 01314159	0. 07841857	1. 85844920	5. 03578200
GAS TENSION PER mg/L				
mmHg/(mg/L)	570. 754	95. 6485	4. 03595	1. 489464

STANDARD AIR SOLUBILITY OR AIR SOLUBILITY - TRACE GASES
Temperature (℃) = 20. 000
Salinity (g/kg) = 35. 000
Elevation (m) = 0. 00000
Pressure (kPa) = 101. 325
Pressure (mmHg) = 760. 000
Pressure (mbar) = 1013. 250
Pressure (atm) = 1. 00000
Mole fraction of CO_2 (μatm) = 390. 0000
Mole fraction of N_2O (μatm) = 0. 3190

281

PARAMETER	HYDROGEN	METHANE	NITROUS OXIDE
C+ (MASS)			
nmol/kg	0. 359670	2. 108627	7. 26230
mg/kg	0. 72502E - 06	0. 33829E - 04	0. 31964E - 03
mL real/kg	0. 80667E - 05	0. 47149E - 04	0. 16154E - 03
mL ideal/kg	0. 80616E - 05	0. 47263E - 04	0. 16278E - 03
nmol/L	0. 368577	2. 160842	7. 44214
mg/L	0. 74298E - 06	0. 34666E - 04	0. 32755E - 03
mL real/L	0. 82664E - 05	0. 48316E - 04	0. 16554E - 03
mL ideal/L	0. 82613E - 05	0. 48433E - 04	0. 16681E - 03

续　表

PARAMETER	HYDROGEN	METHANE	NITROUS OXIDE
BUNSEN COEFFICIENT			
L real/(L atm)	0.01537815	0.02786696	0.53282344
mg/(L mmHg)	0.00181867	0.02630824	1.38725500
mg/(L kPa)	0.01364114	0.19732804	10.40527000
GAS TENSION PER mg/L			
mmHg/(mg/L)	549.8528	38.01090	0.056909

PHYSICAL PROPERTIES OF WATER
Temperature (℃) = 20.000
Salinity (g/kg) = 35.000
Elevation (m) = 0.00000

	KPA	MM HG	MBAR	ATM
Pressure	101.3250	760.0000	1013.250	1.000000
Vapor pressure	2.2946	17.2112	22.946	0.022646

DENSITY OF WATER = 1024.763 kg/m^3
SPECIFIC WEIGHT OF WATER = 10.0495 kN/m^3
SPECIFIC WEIGHT OF WATER = 75.3774 mmHg/m
HEAT CAPACITY OF WATER = 3.99401 J/(g·C)
VISCOSITY OF WATER = 1.07178×10^{-3} $N\cdot s/m^2$
KINEMATIC VISCOSITY OF WATER = 1.04588×10^{-6} m^2/s
SURFACE TENSION OF WATER = 73.53350×10^{-3} N/m
HEAT OF VAPORIZATION = 2.45482 MJ/kg

该程序的输出分为四个主要部分：大气气体、惰性气体、痕量气体和物理性质。程序的示例输出如表 C－2 所示。溶解度分为四个部分：

$c^{\dagger}$（以质量为基础）

μmol/kg（或表示惰性气体和痕量气体的 nmol/L）；

mg/kg；

STP/kg 下以 mL 表示的真实气体；

STP/kg 下用 mL 表示的理想气体；

μg-atm/kg（仅用于氧气）。

c（以体积为基础）

μmol/L（或表示惰性气体和痕量气体的 nmol/L）；

mg/L；

STP/L 下表示真实气体的 mL；

STP/L 下表示理想气体的 mL；

mg-atm/L（仅适用氧气）。

本森系数（β）

$L_{真实气体}$/(L · atm)；

mg/(L · mmHg)；

mg/(L · kPa)。

气体张力

mmHg/(mg/L)。

惰性气体的本森系数用标准单位表示。在本文中，将氦气、氖气和氪气的本森系数按比例调整，使其更适合表格形式。重新运行另一种温度、盐度、压力或摩尔分数的组合，首先必须删除输出文件。要更改输入数据，就用记事本或 WORD 打开 AIRSAT_DATA. txt。如果使用 WORD，文件必须保存为文本文件（在“另存为”的选项下方）。

282

2. ARBSAT

该程序计算任意摩尔分数的大气、惰性气体和痕量气体的溶解度。它假设气体为湿的理想气体，可以用于比大气值大很多的摩尔分数，但精确度会降低。

需要两个文件：

ARBSAT_DATA. TXT

ARBSAT. EXE

当双击 ARBSAT. EXE 时，可以执行此程序。溶解度数据写入 ARBSAT. OUT。ARBSAT_ DATA. TXT 和 ARBSAT. OUT 是简单的文本文件，可以用 WORD 或记事本打开。

气压可以指定为标高，kPa、mmHg、mbar 或 atm。只需要一个值，接下来是温度和盐度。每一种气体的摩尔分数可以指定为百分比或 μatm。每种气体只需要一个数值。

如果没有输入指定气体的摩尔分数信息，此程序默认不对该气体进行处理，也不会为该气体编写输出数据。该程序中的示例输入文件和输出文件如表 C－3 和表 C－4 所示。输出参数与 AIRSAT 相似，除了不是 mmHg/(mg/L)，而是每一种气体的总气体张力。要重新运行另一种温度、盐度、压力或摩尔分数的组合，首先必须删除输出文件。因为这个程序考虑了较为广泛的溶解度，在某些条件下，输出信息可能会显示出更重要的数字，而这些数字是合理的。

表 C－3 ARBSAT 的样本值输入

Elevation (m)	XXX	XXX	
Pressure (kPa)	XXX	XXX	
Pressure (mmHg)	XXX 760.00	XXX	
Pressure (mbar)	XXX	XXX	
Pressure (atm)	XXX	XXX	
Temperature (℃)	XXX 20.00000	XXX	
Salinity (g/kg)	XXX 35.00000	XXX	
Oxygen	XXX 50.000	XXX	XXX
Nitrogen	XXX	XXX	XXX
Argon	XXX	XXX	XXX
Carbon Dioxide	XXX	XXX	XXX
Helium	XXX 100.0	XXX	XXX
Neon	XXX	XXX	XXX
Krypton	XXX	XXX	XXX
Xenon	XXX	XXX	XXX
Hydrogen	XXX	XXX	XXX
Methane	XXX 10.0	XXX	XXX
Nitrous Oxide	XXX	XXX	XXX

注释：(1) 大气压力可以用海拔、kPa、mmHg、mbar 或 atm 来表示，只输入一种。
(2) 每种气体的摩尔分数可以指定为百分比或 μatm，每种气体只输入一种。

表 C－4 ARBSAT 输出

283

SOLUBILITY－OXYGEN
Temperature (℃) = 20.000
Salinity (g/kg) = 35.000
Elevation (m) = 0.00000
Pressure (kPa) = 101.325
Pressure (mmHg) = 760.000
Pressure (mbar) = 1013.250

续 表

Pressure (atm) = 1.00000	
Mole fraction0.50000000	
C^* (MASS)	
μmol/kg	538.351
mg/kg	17.2262
mL real/kg	12.0548
mL ideal/kg	12.0666
μg-atm/kg	1076.7030
C^* (VOLUME)	
μmol/L	551.683
mg/L	17.6527
mL · real/L	12.3533
mL · ideal/L	12.3654
μg-atm/L	1103.3652
BUNSEN COEFFICIENT	
L · real/(L · atm)	0.025279032000
mg/(L · mmHg)	0.047530900000
mg/(L · kPa)	0.356511100000
GAS TENSION	
mmHg	371.3950
SOLUBILITY - HELIUM	
Temperature (℃) = 20.000	
Salinity (g/kg) = 35.000	
Elevation (m) = 0.00000	
Pressure (kPa) = 101.325	
Pressure (mmHg) = 760.000	
Pressure (mbar) = 1013.250	
Pressure (atm) = 1.00000	
Mole fraction1.00000000	
C^* (MASS)	
nmol/kg	317286.50
mg/kg	1.2700
mL real/kg	7.1155
mL ideal/kg	7.1117
C^* (VOLUME)	
nmol/L	325143.43

续 表

mg/L		1. 3014
mL · real/L		7. 2917
mL · ideal/L		7. 2878
BUNSEN COEFFICIENT		
L · real/(L · atm)		0. 007460622100
mg/(L · mmHg)		0. 001752068100
mg/(L · kPa)		0. 013141592000
GAS TENSION		
mmHg		742. 7902
SOLUBILITY – METHANE		
Temperature (℃)	=	20. 000
Salinity (g/kg)	=	35. 000
Elevation (m)	=	0. 00000
Pressure (kPa)	=	101. 325
Pressure (mmHg)	=	760. 000
Pressure (mbar)	=	1013. 250
Pressure (atm)	=	1. 00000
Mole fraction		0. 10000000
C^+ (MASS)		
nmol/kg		118862. 82
mg/kg		1. 9069
mL · real/kg		2. 6578
mL · ideal/kg		2. 6642
C^* (VOLUME)		
nmol/L		121806. 22
mg/L		1. 9541
mL · real/L		2. 7236
mL · ideal/L		2. 7302
BUNSEN COEFFICIENT		
L · real/(L · atm)		0. 027866960000
mg/(L · mmHg)		0. 026308242000
mg/(L · kPa)		0. 197328040000
GAS TENSION		
mmHg		74. 2785

附录D：补充信息

本附录包含以下三个表：

表D－1　气体的性质

气　体	分子量/g	摩尔体积（$L_{真实气体,标准状况}$）	第二维里系数（cm^3/mol，标准状况）[a]	干气中的摩尔分数/atm	K^b	A^c
氧气（O_2）	31.998	22.392	−22	0.209 46[d]	1.428 99	0.531 8
氮气（N_2）	28.014	22.404	−10	0.780 84[d]	1.250 40	0.607 8
氩气（Ar）	39.948	22.393	−21	0.009 34[d]	1.783 95	0.426 0
二氧化碳（CO_2）	44.009	22.263	−151	379 μatm[e]	1.976 78	0.384 5
氦气（He）	4.002 6	22.426	112.0	5.24 μatm[d]	0.178 48	4.258 2
氖气（Ne）	20.180	22.424	110.4	18.18 μatm[d]	0.899 93	0.844 5
氪气（Kr）	83.80	22.351	−62.9	1.14 μatm[d]	3.749 27	0.202 7
氙气（Xe）	131.29	22.260	−153.7	0.09 μatm[d]	5.898 02	0.128 9
氢气（H_2）	2.015 8	22.428	113.7	0.55 μatm[d]	0.089 88	8.455 8
甲烷（CH_4）	16.043	22.360	−53.6	1.774 μatm[e]	0.717 49	1.059 3
一氧化二氮（N_2O）	44.013	22.243	−171	0.319 μatm[e]	1.978 73	0.384 1

[a]基于Sengers等（1972）提出的He、Ne、Kr、Xe、H_2和CH_4；其他人提出的每种气体的主要成分。

[b] $k_i = \dfrac{\text{分子量(mg)}}{\text{真实气体的摩尔体积}}$（mL，标准状况）。

[c] $A_i = \dfrac{760\ \text{mmHg/atm}}{(1\,000\ \text{mL/L})(k\ \text{mg/ml})}$；分压（mmHg）$= \left[\dfrac{G}{\beta_i}\right] Ai$。

[d] Lutgens 和 Tarbuck （1995）。

[e] IPPC （2007）；2007 年的数值。

表 D－2　本书中关键符号的定义

符　号	定　　义
A	$A = 760/1\,000\ K$，对于特定气体；$PP^l = CA/\beta$
atm	标准大气压，101. 325 kPa 或 760 mmHg
c	气体浓度（mol/kg，mol/L，mg/L，mL/L）
c_o	在 1 atm 和湿空气中的标准空气饱和度（mol/kg、mol/L、mg/L、mL/L）
c_p	p 压力和湿空气下空气饱和度（mol/kg、mol/L、mg/L、mL/L）
$c_{p,x}$	p 压力、任意摩尔分数和湿气体下的饱和度（mol/kg、mol/L、mg/L、mL/L）
F	$F = c_o/x$ 由 Weiss 和 Price （1980）推导的关系式，计算气体在大气浓度增加下的溶解度。
K	气体在 STP 下的分子量/分子体积
p	压力（atm、mmHg、psi 或 kPa）
p_{hydro}	深水静水压力（atm、mmHg、psi 或 kPa）
p_{wv}	水的蒸汽压（atm、mmHg、psi 或 kPa）
p^g	气相气体分压（mmHg）
p^l	液相中气体的气体张力（mmHg）
p_t	深度 z 下的总压力，大气压力和静水压力之和（mmHg）
STP	标准温度及压力，亦称标准状况（压力为 1 atm，温度为 0℃ ）
TGP	气体总气压简称总气压，水蒸气和气体分压之和（mmHg）
TGP%	气体总气压表示为当地大气压的百分比（%）
$\text{TGP}_{\text{uncomp}}$	无补偿气体总气压，水生生物在深度 z 处的总气压
Z	水面下的生物或扩散深度
β	气体本森系数（L/(L atm)）
γ	水的比重（pg）（kN/m^3、kPa/m、mmHg/m）
Δp	总气压与当地气压之差

续 表

符 号	定 义
Δp_i	第 i 个气体的分压和气体张力的差异
χ	气体的摩尔分数，等于用十进制分数表示的干气成分百分比
†	应用于 c、c_o、c_p、$c_{p,x}$或 F 的上标，说明溶解度是在质量基础上表达的（μmol/kg、mol/kg、mg/kg、mL/kg）
*	应用于 c、c_o、c_p、$c_{p,x}$或 F 的上标，说明溶解度是在体积基础上表达的（μmol/kg、mol/kg、mg/kg、mL/kg）

289

表 D－3 单位及换算

	单 位		转 换	
	单 位	缩 写	换算为	乘 以
浓度	毫克/千克	mg/kg	mg/L	ρ
	微摩尔/千克	μmol/kg	μmol/L	ρ
	毫微摩尔/千克	nmol/kg	nmol/L	ρ
	微摩尔/千克	μmol/kg	mol/L	$\rho\times10^{-6}$
	毫微摩尔/千克	nmol/kg	mol/L	$\rho\times10^{-9}$
密度（ρ）	千克/升	kg/L		
长度	毫米	mm	m	1/1 000
	英尺	ft	m	0. 304 8
质量	千克	kg	g	1 000
	克	g	kg	10^{-3}
	毫克	mg	kg	10^{-6}
压力	毫米汞柱	mmHg	atm	1/760
	千帕	kPa	atm	1/101. 325
	平方英寸	psi	atm	1/14. 695 9
	毫巴	mbar	atm	0.986923×10^{-3}
	巴	bar	atm	0. 986 923
温度	摄氏度	℃	℉	℉ = ℃×9/5+32
	华氏温度	℉	℃	℃ = （℉－32）×5/9
	绝对温标	°K	℃	℃ = °K－273. 15
时间	秒	s		

续 表

	单 位		转 换	
	单 位	缩 写	换算为	乘 以
体积	立方厘米	cm^3	L	1/100
	公升	L	dm^3	1.000
	立方分米	dm^3	L	1.000
	立方米	m^3	L	1 000
	加仑	gal	L	3.785
	立方英尺	ft^3	L	28.317
重量	英镑	lb	N	4.448
	牛顿	N	kN	10^{-3}